Handbuch
des Emissionshandelsrechts

Michael Adam
Helmar Hentschke
Stefan Kopp-Assenmacher

Handbuch des Emissionshandelsrechts

 Springer

Michael Adam
Rechtsanwalt
Hermann-Günther-Straße 4
13158 Berlin

Dr. Helmar Hentschke
Rechtsanwalt
Mangerstraße 24
14467 Potsdam
helmar.hentschke@dombert.de

Stefan Kopp-Assenmacher
Rechtsanwalt
Thomasiusstraße
10557 Berlin
post@kopp-assenmacher.de

ISBN-10 3-540-23640-6 Springer Berlin Heidelberg New York
ISBN-13 978-3-540-23640-5 Springer Berlin Heidelberg New York

Bibliografische Information Der Deutschen Bibliothek
Die Deutsche Bibliothek verzeichnet diese Publikation in der Deutschen Nationalbibliografie; detaillierte bibliografische Daten sind im Internet über <http://dnb.ddb.de> abrufbar.

Dieses Werk ist urheberrechtlich geschützt. Die dadurch begründeten Rechte, insbesondere die der Übersetzung, des Nachdrucks, des Vortrags, der Entnahme von Abbildungen und Tabellen, der Funksendung, der Mikroverfilmung oder der Vervielfältigung auf anderen Wegen und der Speicherung in Datenverarbeitungsanlagen, bleiben, auch bei nur auszugsweiser Verwertung, vorbehalten. Eine Vervielfältigung dieses Werkes oder von Teilen dieses Werkes ist auch im Einzelfall nur in den Grenzen der gesetzlichen Bestimmungen des Urheberrechtsgesetzes der Bundesrepublik Deutschland vom 9. September 1965 in der jeweils geltenden Fassung zulässig. Sie ist grundsätzlich vergütungspflichtig. Zuwiderhandlungen unterliegen den Strafbestimmungen des Urheberrechtsgesetzes.

Springer ist ein Unternehmen von Springer Science+Business Media

springer.de

© Springer-Verlag Berlin Heidelberg 2006
Printed in Germany

Die Wiedergabe von Gebrauchsnamen, Handelsnamen, Warenbezeichnungen usw. in diesem Werk berechtigt auch ohne besondere Kennzeichnung nicht zu der Annahme, dass solche Namen im Sinne der Warenzeichen- und Markenschutz-Gesetzgebung als frei zu betrachten wären und daher von jedermann benutzt werden dürften.

Einbandgestaltung: Erich Kirchner, Heidelberg

SPIN 11340782   64/3153-5 4 3 2 1 0 – Gedruckt auf säurefreiem Papier

Vorwort

Damit der Emissionshandel in Deutschland pünktlich zum 01.01.2005 starten konnte, musste der deutsche Gesetzgeber unter starkem Zeitdruck im Jahr 2004 die rechtlichen Voraussetzungen hierfür schaffen. Als die Betreiber emissionshandelspflichtiger Anlagen dann im Verlaufe des Jahres 2004 erstmalig mit der neuen Rechtsmaterie konfrontiert waren und ihre Anträge auf Zuteilung von Emissionsberechtigungen stellten, stand ihnen schon aus Zeitgründen nur wenig Fachliteratur zur Verfügung. Die Literatur, die verfügbar war, konnte zu Fragen, die sich erst aus dem praktischen Umgang mit den neuen Rechtsvorschriften ergaben, oft keine Antworten vorhalten.

Wir haben die Konzeption des vorliegenden Handbuchs daraufhin angelegt, unseren Lesern einen umfassenden, aber dennoch kompakten Überblick über das Emissionshandelsrecht zu vermitteln. Bereits vorhandene Erfahrungen aus der Praxis mit dem neuen Recht sind in die Darstellung eingeflossen. Der ausführliche Anhang gibt die wichtigsten Rechtstexte zum Emissionshandelsrecht wieder.

Für unersetzliche Unterstützung bei Redaktion und Fertigstellung des Manuskripts zu diesem Buch danken die Autoren Frau Helga Assenmacher, Frau Manuela Jeschke, Frau Silvia Kühnke, Frau Waltraud Otte und Herrn Thomas Lehnen. Besonderer Dank gilt der umsichtigen Betreuung durch den Verlag.

Berlin, im November 2005

Michael Adam
Helmar Hentschke
Stefan Kopp-Assenmacher

Inhaltsverzeichnis

Vorwort V

Abkürzungsverzeichnis XVII

Kapitel 1 Grundlagen 1
  1.1 Internationales Klimaschutzrecht 1
  1.2 Konzeption des Emissionshandelsrechts 3
  1.3 Nationale Klimaschutzgesetzgebung 5

Kapitel 2 Emissionshandelspflichtigkeit von Anlagen 9
  2.1 Ausüben einer „Tätigkeit" 9
  2.2 Emissionserheblichkeit 10
  2.3 Emissionshandelspflichtige Anlagen der Energiewirtschaft 10
  2.4 Emissionshandelspflichtige Anlagen der Industrie 11
  2.5 Anlagenumfang 12
      2.5.1 Anlagenkern 12
      2.5.2 Nebeneinrichtungen 13
      2.5.3 Gemeinsame Anlagen 13
  2.6 Emissionshandelsfreie Anlagen 14
      2.6.1 Forschungs- und Entwicklungsanlagen 14
      2.6.2 Abfallverbrennungsanlagen 14
      2.6.3 EEG-Anlagen 14
  2.7 Genehmigungsverfahren 15
      2.7.1 „Verzahnung" mit dem Immissionsschutzrecht 15
          2.7.1.1 Erweiterungen der Vorsorgepflicht 16
          2.7.1.2 Befugnisse der Immissionsschutzbehörden 17
      2.7.2 Emissionsgenehmigung 18
          2.7.2.1 „Integrierte" Emissionsgenehmigung 19
          2.7.2.2 „Abstrakte" Emissionsgenehmigung 19
  2.8 Die nachträgliche Anordnung 20

2.9 Weitere Bestandsanlagen.. 21
2.10 „Isolierte" Emissionsgenehmigung 21
2.11 Behördliche Zuständigkeiten.. 22

    2.11.1 Deutsche Emissionshandelsstelle (DEHSt)................................... 23

        2.11.1.1 Zuteilung und Abgabe von Emissionsberechtigungen........ 23
        2.11.1.2 Überwachungsaufgaben.. 24
        2.11.1.3 Registeraufgaben 25
        2.11.1.4 Sanktionen 25
        2.11.1.5 Sonstige Aufgaben 26

    2.11.2 Landesbehörden.. 26

        2.11.2.1 Emissionsgenehmigung 27
        2.11.2.2 Emissionsbericht... 27

    2.11.3 Übertragung von Zuständigkeiten... 27

Kapitel 3 Emissionshandelsrecht in der betrieblichen Praxis....................... 29

3.1 Anforderungen an die Betriebsorganisation 29

    3.1.1 Geschäftsleitung 29
    3.1.2 Umweltbeauftragte.. 30

3.2 Neue Anforderungen 31

    3.2.1 Zuteilungsverfahren 31
    3.2.2 Emissionsüberwachung 32
    3.2.3 Abgabe von Berechtigungen... 32

3.3 Anpassen der Betriebsorganisation 33

    3.3.1 Administrative Aufgaben.. 33
    3.3.2 Operative Aufgaben.. 34
    3.3.3 Neue Schnittstellen 35

Kapitel 4 Zuteilungsverfahren 2005 bis 2007 39

4.1 Antragsverfahren 39

    4.1.1 Antragsfrist und Ausschlusswirkung 40
    4.1.2 Wiedereinsetzung.. 41
    4.1.3 Antragsunterlagen 42

        4.1.3.1 Umfang und Vollständigkeit... 43

4.1.3.2 Nachreichen von Unterlagen..44
4.2 Sachverständige (§ 10 TEHG)...45

4.2.1 Verifizierung der Angaben im Zuteilungsantrag 45
4.2.2 Vorgaben für die Prüfung 45
4.2.3 Sachverständige Stellen 48

4.2.3.1 Antrag auf Bekanntgabe 48
4.2.3.2 Eignungskriterien...48
4.2.3.3 Bekanntgabe...51

4.2.4 Rechtsverhältnis zwischen sachverständiger Stelle und
Verantwortlichem 52

4.3 Zuteilungsregeln für bestehende Anlagen 53

4.3.1 Grandfathering..53
4.3.2 Alt-Kraftwerke auf Stein- und Braunkohlebasis.......................56
4.3.3 Zuteilungsantrag bei der Mitverbrennung von Biomasse 57
4.3.4 Härtefallregelung..58
4.3.5 Angemeldete Emissionen..58

4.3.5.1 Berechnungsgrundlage...59
4.3.5.2 Antragserfordernisse nach § 8 ZuG 2007 59
4.3.5.3 Ex-post-Kontrolle 60

4.4 Zuteilung für Neuanlagen 60

4.4.1 Neuanlagen als Ersatzanlagen...61
4.4.2 Neuanlagen als zusätzliche Anlagen...62

4.4.2.1 Benchmark-System..62
4.4.2.2 Ermittlung der Zuteilung..63
4.4.2.3 Beste verfügbare Techniken...64
4.4.2.4 Benchmarks im ZuG 2007 65
4.4.2.5 Benchmarks in der ZuV 2007 66
4.4.2.6 Ermittlung ohne festgelegte Benchmarks 66
4.4.2.7 Ex-post-Korrektur 67
4.4.2.8 Kapazitätserweiterungen..67

4.5 Optionsregeln 68
4.6 Einstellung des Betriebes...70

4.6.1 Sonderfall: „Kalte Reserve"...70
4.6.2 Sonderfall: Produktionsverlagerungen......................................71
4.6.3 Wirkung des Widerrufs...72

4.7 Early Actions 73

4.7.1 Zeitpunkt der Modernisierungsmaßnahme 73
4.7.2 Berechnungsverfahren für Emissionsminderungen 75
4.7.3 Nicht anerkannte Emissionsminderungen 75
4.7.4 Erstmalige Inbetriebnahme 76
4.7.5 Kapazitätserweiterungen 76
4.7.6 KWK-Anlagen 77

4.8 Erfassung prozessbedingter Emissionen 78

4.8.1 Grundregel 79
4.8.2 Einzelfälle 79

    4.8.2.1 Anlagen zur Produktion von Zementklinkern,
             Branntkalk oder Dolomit 79
    4.8.2.2 Anlagen der Eisen und Stahl produzierenden Industrie
             (Hochöfen, Stahlwerke) 79
    4.8.2.3 Ermittlung der Kuppelgase 80
    4.8.2.4 Anlagen der Mineralölindustrie 81
    4.8.2.5 Erforderliche Antragsangaben 81

4.9 Sonderzuteilung für KWK-Anlagen 81

4.9.1 Berechnungsverfahren 82
4.9.2 Abrechnung 82
4.9.3 Ex-post-Kontrolle 83

4.10 Sonderzuteilung für Kernkraftwerke 84

4.11 Anlagenfonds und einheitliche Anlage 84

4.11.1 Anlagenfonds nach § 24 TEHG 85
4.11.2 Glockenbildung 86

4.12 Zuteilungsentscheidung 88

4.13 Elektronischer Datenaustausch 89

4.13.1 Hardware und Software 89
4.13.2 Elektronische Signatur 90
4.13.3 Vertretungsprobleme 91

Kapitel 5 CO_2-Ermittlung und Berichterstattung 93

5.1 „Monitoring-Guidelines" 93

5.2 Monitoringkonzept 94

5.3 Aufbau der Guidelines 94

5.4 Grundsätze der Überwachung und Berichterstattung 95

5.5 Anforderungen an die Überwachung 96
5.6 Genehmigung der Überwachungsmethode 97

    5.6.1 Überwachungsmethoden 97
    5.6.2 Änderung der Überwachungsmethode 98
    5.6.3 Einzelne Emissionsüberwachungsmethoden 98

        5.6.3.1 Die Berechnung der Emissionen aus der Verbrennung 99
        5.6.3.2 Die Berechnung der Prozessemissionen 100

5.7 Die Genauigkeit der Datenermittlung 100

    5.7.1 Hierarchie der Ebenen 101
    5.7.2 Genehmigung des Ebenenkonzepts 101
    5.7.3 Ebenenkonzeption der ersten Handelsperiode 102
    5.7.4 Abweichen vom Ebenenkonzept 102

5.8 Der CO_2-Emissionsbericht 102
5.9 Prüfung des Emissionsberichts durch sachverständige Stellen 104

    5.9.1 Überwachungs- und Berichtspflichten 104
    5.9.2 Prüfung des Emissionsberichts 106

        5.9.2.1 Sachverständige Stellen 106
        5.9.2.2 Bekanntgabe 106
        5.9.2.3 Gutachter nach dem Umweltauditgesetz 106
        5.9.2.4 Gutachter nach § 36 Abs. 1 GewO 107
        5.9.2.5 Sonstige sachverständige Stellen 107
        5.9.2.6 Gutachter aus anderen Mitgliedstaaten 107

    5.9.3 Gegenstand der Prüfung 108

        5.9.3.1 Grundsätze 108
        5.9.3.2 Methodik 108
        5.9.3.3 Erstellung des Berichts über die Emissionserklärung 109

    5.9.4 Stichprobenprüfung 109
    5.9.5 Rechtsverordnung nach § 5 Abs. 3 Satz 4 TEHG 110

5.10 Bekanntgabe aus der Sicht des Sachverständigen 110

Kapitel 6 Abgabepflicht 111

6.1 Gegenstand der Abgabepflicht 111
6.2 Erfüllung der Abgabepflicht 112

    6.2.1 Überweisung 112

6.2.2 Frist 113
6.3 Geltungsdauer von Berechtigungen 113

    6.3.1 Banking 114
    6.3.2 Borrowing 115
    6.3.3 Verzicht 116

Kapitel 7 Sanktionen 117

7.1 Sanktionssystem 117
7.2 Sanktionen wegen der Verletzung der Kardinalpflichten 117

    7.2.1 Verletzung der Berichtspflicht - Kontosperrung 118
        7.2.1.1 Voraussetzungen 118
        7.2.1.2 Rechtsschutz gegen Kontosperrung 119

    7.2.2 Verletzung der Abgabepflicht 120
        7.2.2.1 Rechtsnatur der Zahlungspflicht 120
        7.2.2.2 Systematik 122
        7.2.2.3 Zahlungspflicht 122
        7.2.2.4 Schätzung der Emissionen 124
        7.2.2.5 Fortbestehen der Abgabepflicht 125
        7.2.2.6 Rechtsschutz 126

    7.2.3 Anprangerung (§ 18 Abs. 4 TEHG) 126

7.3 Anwendbarkeit des Ordnungsrechts nach dem BImSchG 127
7.4 Strafbarkeit von genehmigungsloser Freisetzung von
    Treibhausgasen 128

    7.4.1 § 325 Abs. 1 StGB 128
    7.4.2 § 325 Abs. 2 StGB 129
    7.4.3 § 327 Abs. 2 Nr. 1 StGB 130

7.5 Ordnungswidrigkeiten 132

    7.5.1 Einordnung der Ordnungswidrigkeitentatbestände 132
    7.5.2 Ordnungswidrigkeiten nach dem TEHG im Überblick 133
    7.5.3 Ordnungswidrigkeiten nach dem ZuG 2007 im Überblick 134
    7.5.4 Ordnungswidrigkeit nach der ZuV 2007 im Überblick 134

7.6 Strafverfahrensrechtliche Hinweise 134

    7.6.1 Ermittlungsverfahren 135

7.6.1.1 Konsultation mit einem Verteidiger 135
7.6.1.2 Akteneinsicht 136
7.6.1.3 Maßnahmen bei Durchsuchungen 136
7.6.1.4 Einstellung des Ermittlungsverfahrens 138

7.6.2 Strafbefehlsverfahren 140

7.7 Hinweise zum Ordnungswidrigkeitenverfahren 141

7.7.1 Bußgeldverfahren 141

7.7.1.1 Anhörung 142
7.7.1.2 Akteneinsicht 142
7.7.1.3 Einstellung des Verfahrens 143
7.7.1.4 Bußgeldbescheid 143
7.7.1.5 Rechtsbehelf gegen Bußgeldbescheid 143

7.7.2 Sanktionen 145
7.7.3 Nebenfolgen 146

Kapitel 8 Handel mit Emissionsberechtigungen 147

8.1 Unterscheidung zwischen Emissionsgenehmigung und Emissionsberechtigung 147

8.2 Rechtliche Einordnung der Emissionsberechtigung und des Übertragungsakts 147

8.2.1 Rechtliche Qualität der Emissionsberechtigung 148
8.2.2 Einordnung des Übertragungsakts 149

8.3 Voraussetzungen für die Beteiligung am Handel mit Emissionsberechtigungen 151

8.3.1 EU-Registerverordnung 151
8.3.2 Unterscheidung von Personen- und Anlagenkonten 152
8.3.3 Weitere Arten von Konten 153
8.3.4 CITL 153
8.3.5 Tabellen 154
8.3.6 Gebühren 154
8.3.7 Nutzungsbedingungen 154
8.3.8 Zugriff auf Konten und Register 156
8.3.9 Transaktionen 156

8.4 Anwendbarkeit von Vorschriften über die Kreditaufsicht 157

8.4.1 Kreditwesengesetz 157
8.4.2 Wertpapierhandelsgesetz 158

8.5 Rechtliche Rahmenbedingungen des Handels mit Berechtigungen 159

    8.5.1 Verpflichtungsgeschäft beim Handel mit
    Emissionsberechtigungen 159
    8.5.2 Verfügungsgeschäft beim Handel mit
    Emissionsberechtigungen 160

        8.5.2.1 Einigung 160
        8.5.2.2 Eintragung 161

    8.5.3 Gutgläubiger Erwerb 162
    8.5.4 Kreditsicherheit 163
    8.5.5 Zwangsvollstreckung 163
    8.5.6 Rechtsanwendung bei grenzüberschreitenden Veräußerungen 164

        8.5.6.1 Unabwendbarkeit des UN-Übereinkommens (CISG) 164
        8.5.6.2 Geltung der Regelungen des internationalen
        Privatrechts 165

8.6 Entwicklung von Handelsplattformen 165

    8.6.1 Abwicklung 166
    8.6.2 Möglichkeiten des Handels 167

8.7 Umsatzsteuerpflichtigkeit von Veräußerungen 168

Kapitel 9 Rechtsschutz 169

9.1 Systematik des Rechtsschutzes 169

9.2 Europarechtliche Ebene 170

    9.2.1 Individualrechtsschutz 170
    9.2.2 Mitgliedstaatlicher Rechtsschutz 172

9.3 Mitgliedstaatliche Umsetzungsakte 172

    9.3.1 Individualrechtsschutz 173
    9.3.2 Rechtsschutz eines Bundeslandes 173

9.4 Rechtsschutz gegen die Teilnahme am Emissionshandel 174

9.5 Vollzug des nationalen Rechts 175

    9.5.1 Zuteilungsentscheidung 176

        9.5.1.1 Verhältnis DEHSt - Zuteilungsadressat 176
        9.5.1.2 Konkurrenz zwischen Zuteilungsadressaten 177
        9.5.1.3 Gerichtsstand 178

9.5.2 Sonstige Vollzugsentscheidungen.. 178
9.6 Handel und Rechtsschutz.. 179

Kapitel 10 Entwicklung des Emissionshandelsrechts 181

10.1 Projekt-Mechanismen-Gesetz (ProMechG).. 182

    10.1.1 CDM und JI im System flexibler Klimaschutzinstrumente 183
    10.1.2 Funktionsweise von CDM und JI... 184

        10.1.2.1 Clean Development Mechanism 184
        10.1.2.2 Joint Implementation 185

10.2 NAP II und ZuG 2012 187

    10.2.1 Grandfathering.. 188
    10.2.2 Benchmarks 188
    10.2.3 Förderung der KWK 190
    10.2.4 „De Minimis"-Regelung und Auctioning 190
    10.2.5 Sonstige Änderungen 191

10.3 Ausblick... 191

Anhänge

EU-Emissionshandelsrichtlinie (EH-Richtlinie).. 195

Richtlinie 2003/87/EG des Europäischen Parlaments und des Rates 195

Anhänge I bis V.. 212

Monitoring-Guidelines... 221

Entscheidung der Kommission 221

Anhang I... 224

Anhang II.. 267

Anhang III 275

Anhang IV 281

Anhang V 286

Anhang VI 290

Anhang VII... 295

Anhang VIII 300

Anhang IX 305

Anhang X 310

Anhang XI 316

Treibhausgas-Emissionshandelsgesetz (TEHG) 319

Gesetz über den Handel mit Berechtigungen zur Emission von
Treibhausgasen 319

Anhang 1 332

Anhang 2 335

Anhang 3 337

Anhang 4 339

Zuteilungsgesetz 2007 (ZuG 2007) 341

Gesetz über den nationalen Zuteilungsplan 341

Anhänge 356

Zuteilungsverordnung 2007 (ZuV 2007) 361

Verordnung über die Zuteilung von Treibhausgas-
Emissionsberechtigungen 361

Anhänge 377

EU-Registerverordnung 387

Projekt-Mechanismen-Gesetz (ProMechG) 495

Literaturverzeichnis 507

Stichwortverzeichnis 515

Abkürzungsverzeichnis

A.A./a.A.	andere Ansicht
a.E.	am Ende
a.F.	alte Fassung
a.a.O.	am angegebenen Ort
AAU	Assigned Amount Units
ABl.	Amtsblatt
Abs.	Absatz
AGBG	Gesetz über Allgemeine Geschäftsbedingungen
AKStPO	Alternativkommentar zur Strafprozessordnung
Alt.	Alternative
AO	Abgabenordnung
Art.	Artikel
AT	Allgemeiner Teil
AtG	Atomgesetz
AUR	Agrar- und Umweltrecht
BAnz.	Bundesanzeiger
Beschl.	Beschluss
BFH	Bundesfinanzhof
BGB	Bürgerliches Gesetzbuch
BGBl.	Bundesgesetzblatt
BGH	Bundesgerichtshof
BImSchG	Bundes-Immissionsschutzgesetz
BImSchV	Bundes-Immissionsschutzverordnung
BMU	Bundesministerium für Umwelt, Naturschutz und Reaktorsicherheit

BStBl.	Bundessteuerblatt
BT	Bundestag
BVerfG	Bundesverfassungsgericht
BVerfGE	Entscheidung des Bundesverfassungsgerichts
BVerfGG	Bundesverfassungsgerichtsgesetz
BVerwG	Bundesverwaltungsgericht
BVerwGE	Entscheidung des Bundesverwaltungsgerichts
BVT	Beste verfügbare Technik
BWpVerwG	Bundeswertpapierverwaltungsgesetz
bzw.	beziehungsweise
ca.	circa
CDM	Clean Development Mechanism
CER	Certified Emission Reductions
CITL	Community Independant Transaction Log
CISG	United Nations Convention on Contracts for the International Sale of Goods (UN-Übereinkommen über Verträge über den internationalen Warenkauf)
d.h.	das heißt
DAU	Deutsche Akkreditierungs- und Zulassungsgesellschaft für Umweltgutachter
DB	Der Betrieb
DENA	Deutsche Energie-Agentur GmbH
DEHSt	Deutsche Emissionshandelsstelle
DNA	Designated National Authority
DOE	Designated Operational Entity
DÖV	Die Öffentliche Verwaltung
DRiZ	Deutsche Richterzeitung
Drs.	Drucksache
DVBl.	Deutsches Verwaltungsblatt
e.V.	eingetragener Verein
EEG	Erneuerbare Energiengesetz
EG	Europäische Gemeinschaft

EGBGB	Einführungsgesetz zum Bürgerlichen Gesetzbuch
EGV	EG-Vertrag
EHKostV	Emissionshandelskostenverordnung
EH-Richtlinie	Emissionshandelsrichtlinie (2003/87/EG)
EnBW	Energiewirtschaft Baden-Württemberg
endg.	endgültig
EPER	European Pollutant Emission Register
ERU	Emission Reduction Units
et	Energierechtliche Tagesfragen
EU	Europäische Union
EuG	Europäisches Gericht erster Instanz
EuGH	Europäischer Gerichtshof
EuGHE	Entscheidung des Europäischen Gerichtshofs
EUR	Euro
EurUP	Zeitschrift für Europäisches Umwelt- und Planungsrecht
EuZW	Europäische Zeitschrift für Wirtschaftsrecht
f.	folgende
FAZ	Frankfurter Allgemeine Zeitung
ff.	fortfolgende
Fn.	Fußnote
FS	Festschrift
g	Gramm
GA	Goltdammer's Archiv für Strafrecht
GewO	Gewerbeordnung
GfU	Gesellschaft für Umweltrecht
GG	Grundgesetz
GW	Gigawatt
h	Stunde
HGB	Handelsgesetzbuch
Hrsg.	Herausgeber

HWiStR	Handbuch für Wirtschaftsstrafrecht
i.d.R.	in der Regel
i.E.	im Ergebnis
i.S.d.	im Sinne des
i.V.m.	in Verbindung mit
IHK	Industrie- und Handelskammer
insb.	insbesondere
IPCC	Intergovernmental Panel on Climate Change
IVU	Richtlinie über die integrative Vermeidung und Verminderung der Umweltverschmutzung
JI	Joint Implementation
JuS	Juristische Schulung
KK	Karlsruher Kommentar
KWG	Kreditwesengesetz
KWh	Kilowattstunde
KWK	Kraft-Wärme-Kopplung
LG	Landgericht
lit.	littera
LK	Leipziger Kommentar
m.w.N.	mit weiteren Nachweisen
MilchAbgV	Milchabgabenverordnung
Mio.	Million
MW	Megawatt
n.F.	neue Fassung
NAP	Nationaler Allokationsplan
NJW	Neue Juristische Wochenschrift
Nr.	Nummer
Nrn.	Nummern
NStZ	Neue Zeitschrift für Strafrecht
NuR	Natur und Recht
NVwZ	Neue Zeitschrift für Verwaltungsrecht

NVwZ-RR	Neue Zeitschrift für Verwaltungsrecht, Rechtsprechungsreport
OLG	Oberlandesgericht
OWiG	Gesetz über Ordnungswidrigkeiten
OVG	Oberverwaltungsgericht
PDD	Project Design Document
PHA	Personal Holding Account (Personenkonto)
ProMechG	Projekt-Mechanismen-Gesetz
ProMechGebV	Projekt-Mechanismen-Gebührenverordnung
RdL	Recht der Landwirtschaft
RIW	Recht der internationalen Wirtschaft
Rn.	Randnummer
Rs.	Rechtssache
SigG	Signaturgesetz
StGB	Strafgesetzbuch
StPO	Strafprozessordnung
StrafR	Strafrecht
StV	Strafverteidiger
TEHG	Treibhausgas-Emissionshandelsgesetz
Tz.	Teilziffer
TÜV	Technischer Überwachungsverein
u.a.	unter anderem
UAbs.	Unterabsatz
UAG	Umweltauditgesetz
UAGbV	Gebührenverordnung zum Umweltauditgesetz
UIG	Umweltinformationsgesetz
UN	United Nations
UNFCCC	United Nations Framework Convention on Climate Change
UPR	Umwelt- und Planungsrecht
Urt.	Urteil

UStG	Umsatzsteuergesetz
usw.	und so weiter
v.	vom
VDE	Verband der Elektroniktechnik, Elektronik und Informationstechnik
VG	Verwaltungsgericht
VGH	Verwaltungsgerichtshof
vgl.	vergleiche
VO	Verordnung
VVDStRL	Veröffentlichung der Vereinigung Deutscher Staatsrechtslehrer
VwGO	Verwaltungsgerichtsordnung
VwVfG	Verwaltungsverfahrensgesetz
WM	Wertpapiermitteilung
WpHG	Wertpapierhandelsgesetz
z.B.	zum Beispiel
z.T.	zum Teil
ZBB	Zeitschrift für Bankrecht und Bankwirtschaft
zzgl.	zuzüglich
Ziff.	Ziffer
ZIP	Zeitschrift für Wirtschaftsrecht
ZNER	Zeitschrift für Neues Energierecht
ZPO	Zivilprozessordnung
ZStW	Zeitschrift für die gesamte Strafrechtswissenschaft
ZuG	Zuteilungsgesetz
ZUR	Zeitschrift für Umweltrecht
ZuV	Zuteilungsverordnung

Kapitel 1 Grundlagen

Seit etwa zwanzig Jahren werden im Bereich des internationalen Klimaschutzes vor allem zwei Ziele verfolgt: Zum einen die Eindämmung des so genannten „Ozonlochs" und zum anderen die Umsetzung effektiver Maßnahmen gegen eine weitere weltweite Klimaerwärmung als Folge des sog. Treibhauseffektes. Das europäische Emissionshandelssystem und die Einführung des Emissionshandels in der Bundesrepublik Deutschland sind Ergebnisse dieses fortdauernden internationalen Prozesses.

1.1 Internationales Klimaschutzrecht

Während die Weltgemeinschaft schon mit dem Wiener Rahmenübereinkommen zum Schutz der Ozonschicht vom 22.03.1985[1] und dem auf dieser Vereinbarung basierenden Montrealer Protokoll vom 16.09.1987[2] konkrete Maßnahmen zum Schutz der Ozonschicht, insbesondere durch das Verbot der Freisetzung schädlicher Stoffe wie Fluorkohlenwasserstoffe (FCKW) einleitete, gestalteten sich die Verhandlungen zum Abschluss internationaler Vereinbarungen zum Klimaschutz schwieriger. Dies resultierte daraus, dass im Gegensatz zur Entstehung des Ozonlochs die Verursachung des Treibhauseffektes (allein) durch menschliches Handeln lange umstritten war. Die Staatengemeinschaft vereinbarte zunächst die Einrichtung des „Intergovernmental Panel on Climate Change (IPCC)" im Jahr 1988 mit dem Ziel einer wissenschaftlichen Untersuchung des weltweiten Klimawandels. Mittlerweile, nicht zuletzt auch auf der Grundlage eines im Jahr 1990 veröffentlichten IPCC-Berichtes[3], vertritt eine Mehrheit der international anerkannten Wissenschaftler die Auffassung, dass das Treibhausklima durch einen antropogenen, also durch menschliches Handeln verursachten, Anstieg der sog. Treibhausgase in der Erdatmosphäre hervorgerufen wird. Besonders stark ist ein Anstieg des Treibhausgases Kohlendioxid (CO_2) in der Erdatmosphäre festzustellen. Dies ist primär eine Folge der globalen Bevölkerungsentwicklung, dem damit einhergehenden Energiemehrbedarf und der Deckung desselben durch die Verbrennung fossiler Energieträger zur Energieerzeugung. Im Ergebnis ist hierdurch die mittle-

---

[1] BGBl. 1988 II S. 902. Die Konvention ist am 22.09.1988 in Kraft getreten.
[2] BGBl. 1988 II S. 1015, ergänzt durch das Londoner Protokoll, BGBl. 1991 II S. 1332 und das Kopenhagener Protokoll, BGBl. 1993 II S. 2183.
[3] The IPCC Scientific Assessment, Climate Change, 1990. Publikationen sind im Internet unter www.ipcc.ch abrufbar.

re globale Temperatur in den letzten hundert Jahren um ca. 0,6 Grad Celsius angestiegen.[4]

Die Klimarahmenkonvention vom 09.05.1992 gilt als grundlegende völkerrechtliche Vereinbarung zum Schutz des globalen Klimas. Sie wurde auf der Klimaschutzkonferenz von Rio im Jahr 1992 unterzeichnet und ist am 21.03.1994 in Kraft getreten.[5] Die Vertragsstaaten dieser Konvention haben seitdem neun weitere Konferenzen (COP 1 bis 9) abgehalten. Auf der Klimarahmenkonvention beruht das „Kyoto-Protokoll" vom 11.12.1997[6] ebenso wie die sog. „Marrakesch-Vereinbarungen".

Das Kyoto-Protokoll beinhaltet - und zwar erstmalig - völkerrechtlich verbindliche Verpflichtungen seiner Vertragsstaaten zur Verminderung ihres CO_2-Ausstosses. So haben sich die Staaten, die im Annex B des Protokolls genannt sind, zu einer Verminderung ihrer Treibhausgasemissionen um durchschnittlich 5,2 Prozent verpflichtet. Nach Art. 4 Abs. 1 des Kyoto-Protokolls können Staaten ihre Reduktionsverpflichtungen gemeinsam erfüllen (sog. „Joint fulfillment"). Von dieser Möglichkeit hat die Europäische Gemeinschaft (bzw. nun Europäische Union) Gebrauch gemacht. Die Reduktionsverpflichtung der Europäischen Union beläuft sich auf insgesamt 8 Prozent der CO_2-Emissionen der weltweiten Emissionen im Vergleich zum Basisjahr 1989.

Zur Erfüllung ihrer Treibhausgas-Reduktionsverpflichtungen gibt das Kyoto-Protokoll den Vertragsstaaten drei „Mechanismen" an die Hand: Erstens den „Emissionsrechtehandel" (Art. 17), zweitens den „Mechanismus für eine umweltverträgliche Entwicklung" – Clean Development Mechanism – (Art. 12) und drittens die sog. „Gemeinsame Umsetzung von Reduktionsverpflichtungen" – Joint Implementation (Art. 10 und 11). Die Voraussetzungen und der Anwendungsbereich dieser drei Mechanismen sind bei der siebenten, im November 2001 in Marrakesch abgehaltenen Klimaschutzkonferenz (COP 7), in den „Marrakesh Accords"[7] weiter konkretisiert worden. Im Gegensatz zu den Mechanismen CDM und JI[8] wurde der dritte Kyoto-Mechanismus, der Handel mit Emissionsberechtigungen zwischen Staaten (Emissionshandel nach Art. 17 Kyoto-Protokoll) nicht in den europäischen Rechtsrahmen aufgenommen. Daher besteht für die Staaten der Europäischen Union auch nicht die rechtliche Möglichkeit diesen Mechanismus für ihre Reduktionsverpflichtungen zu nutzen.[9]

---

[4] *Weinreich*, in: Landmann/Rohmer, TEHG Vorb., Rn. 2.
[5] Rahmenübereinkommen der Vereinten Nationen über Klimaänderungen vom 09.05.1992, BGBl. 1993 II S. 1783.
[6] Das Kyoto-Protokoll wurde von der Bundesrepublik Deutschland im Jahr 2002 ratifiziert (BGBl. 2002 II S. 966) und trat völkerrechtlich am 16.02.2005 in Kraft.
[7] Der Text der Marrakesh-Declaration und Marrakesh-Accords kann im Internet unter www.unfccc.int/cop7 bezogen werden.
[8] Zu CDM und JI-Projekten siehe Kapitel 10.
[9] Näher dazu *Körner*, in: Körner/Vierhaus, Einleitung, Rn. 40 ff.

1.2 Konzeption des Emissionshandelsrechts

Nach der Grundkonzeption des Emissionshandelsrechts müssen alle betroffenen Betreiber die für den Betrieb ihrer Anlage erforderliche Menge an Berechtigungen zur CO_2-Emission mittels eines förmlichen Verfahrens bei einer staatlichen Stelle beantragen, die diese – nach Prüfung des Antrags – zuteilt. Dem Verfahren liegen bestimmte vom Gesetz- und Verordnungsgeber festgelegte, komplexe Berechnungsformeln zugrunde, die zweierlei sicherstellen sollen: Zum einen soll auf diese Weise gewährleistet werden, dass die Gesamtmenge der individuell zuzuteilenden Berechtigungen dem nationalen Gesamtbudget an CO_2-Emissionen entspricht, anders ausgedrückt, dass keine Kollision der innerstaatlichen Umsetzung des Emissionshandelsrechts mit den europäischen und völkerrechtlichen Verpflichtungen der Bundesrepublik Deutschland eintritt.

Zum anderen ist das Zuteilungsverfahren so konzipiert, dass es gleichzeitig ein Höchstmaß an „gerechter" Verteilung einerseits und ökologischen Steuerungseffekten andererseits erzielen soll.[10] Inwiefern dem Gesetzgeber dies gelungen ist, wird sich wohl erst in einigen Jahren offenbaren, wenn die gewünschten Effekte zugunsten des Klimaschutzes sichtbar werden oder ausbleiben, zudem aber auch der wirtschaftliche „Preis" des Systems erkennbar ist. In der Entstehungsphase wurden umfassende rechtliche Bedenken geäußert.[11] Im Detail stehen gegenwärtig noch einige Entscheidungen zu Rechtsbehelfen der betroffenen Wirtschaft aus.[12] Anschließend werden sicherlich einige Rechtsschutzverfahren folgen.[13] Auch der EuGH wird noch über die ordnungsgemäße deutsche Umsetzung des Emissionshandelssystems, insbesondere in der Frage des Zuteilungsverfahrens, zu entscheiden haben.[14] Im Sinne des Gesetz- und Verordnungsgebers hat jedenfalls jüngst das Bundesverwaltungsgericht wesentliche Teile des deutschen Emissionshandelsrechts für rechtmäßig erklärt.[15]

Ausgangspunkt für das Zuteilungsverfahren ist maßgeblich der von der Bundesregierung mit Datum vom 31.03.2004 beschlossene nationale Zuteilungsplan.[16]

---

[10] Zu Abstimmungsschwierigkeiten zwischen dem Umweltrecht im Allgemeinen und dem Emissionshandelsrecht im Besonderen, siehe *Kloepfer*, Der Handel mit Emissionsrechten im System des Umweltrechts, S. 71 ff.; siehe zu den verfassungsrechtlichen Problemen, *Burgi*, Die Rechtsstellung von Unternehmen im Emissionshandelsrecht, in: Frenz (Hrsg.), S. 59, 63 ff.

[11] Siehe zu den Bedenken vor allem: *Weidemann*, DVBl. 2004, 727 ff.

[12] Die DEHSt gibt die Zahl der gegen die Zuteilungsentscheidung eingelegten Widersprüche mit 816 (bei insgesamt 1.849 Zuteilungsentscheidungen) an. 86 Widersprüche seien zurückgenommen worden; Stand: 23.06.2005 (www.dehst.de).

[13] Hierzu auch unter Kapitel 9.

[14] Rs. T-374/04 (Deutschland ./. Kommission), ABl. EU v. 20.11.2004, C 284/25; außerdem Rs. T-387/04 (EnBW ./. Kommission), ABl. EU v. 08.01.2005, C 6/38.

[15] BVerwG, Urt. v. 30.06.2005 – 7 C 26.04.

[16] Bundesministerium für Umwelt, Naturschutz und Reaktorsicherheit (BMU), Nationaler Allokationsplan für die Bundesrepublik Deutschland 2005-2007, 31. März 2004, www.bmu.de/emissionshandel/doc/5721.php.

Er bildet die politische Grundlage für die Zuteilung und das Zuteilungsverfahren. Art. 9 EH-Richtlinie bestimmt, dass ein solcher Plan von den Mitgliedstaaten aufzustellen ist. Darin soll festgelegt sein, wie viele Zertifikate der Mitgliedstaat insgesamt in der jeweiligen Handelsperiode zuteilen will und wie sie im Einzelnen zugeteilt werden sollen. Entsprechend dieser Vorgabe gliedert sich der deutsche nationale Zuteilungsplan in einen Makroplan und einen Mikroplan.[17]

Im Makroplan drücken sich die politischen Klimaschutzziele der Bundesrepublik Deutschland in Form einer festgelegten nationalen Gesamtmenge an CO_2-Emissionen für die Zeiträume 2005-2007 und 2008-2012 aus. Demnach beträgt das Emissionsbudget für Kohlendioxid in der Periode 2005-2007 859 Mio. t CO_2/Jahr und in der Periode 2008-2012 844 Mio. t CO_2/Jahr.[18] Gleichzeitig teilt der Makroplan das nationale Emissionsbudget auf die Sektoren Energie und Industrie, Verkehr und Haushalte sowie Gewerbe, Handel und Dienstleistungen auf. Die Gesamtmenge der CO_2-Emissionen für den derzeit relevanten Sektor Energie und Industrie ist für die Periode 2005 bis 2007 auf 503 Mio. t CO_2 pro Jahr bestimmt,[19] wobei das CO_2-Emissionsbudget für die vom Emissionshandel erfassten Anlagen für diesen Zeitraum bei 499 Mio. t CO_2/Jahr liegt.[20]

Der Mikroplan bestimmt die Modalitäten für die Zuteilung der Zertifikate an die Betreiber einzelner Anlagen und berücksichtigt auch eine bestimmte Menge an Emissionsberechtigungen für Neuanlagen (sog. Reservefonds).[21] Der Mikroplan enthält insofern schon detaillierte Regeln und Berechnungsformeln für die Zuteilung im Einzelnen. Der Mikroplan bildet den Rahmen für die betroffenen Betreiber für die von ihnen zu beantragenden Emissionszertifikate. Er hält auch fest, dass die Zuteilung für die Periode 2005 bis 2007 kostenlos erfolgt.

Der Mikroplan und der Makroplan müssen aufeinander abgestimmt sein, damit die Menge der beantragten Emissionsberechtigungen, auf deren Zuteilung die Betroffenen einen Anspruch haben, mit dem nationalen Gesamtbudget an CO_2-Emissionen übereinstimmt.

Das ZuG 2007 und die ZuV 2007 setzen den nationalen Zuteilungsplan um. Um das Ziel der Reduzierung des CO_2-Ausstoßes zu erreichen, hat der Gesetzgeber in § 4 Abs. 4 ZuG 2007 einen Kürzungsfaktor vorgesehen, mit welchem die Menge der zuzuteilenden Berechtigungen über den bereits gesetzlich vorgesehenen Erfüllungsfaktor (§ 5 ZuG 2007) weiter gekürzt werden kann („zweiter Erfüllungsfaktor"). Dadurch wird eine Überschreitung der sich aus dem Makroplan ergebenden Limitierung aller nationalen CO_2-Emissionen durch eine Addition der nach dem Mikroplan erfolgten Einzelzuteilungen ausgeschlossen.[22]

---

[17] Siehe zum Nationalen Zuteilungsplan: *Schleich/Betz/Bradke/Walz*, S. 101 ff.
[18] BMU, Nationaler Allokationsplan 2005-2007, S. 17, 18.
[19] BMU, Nationaler Allokationsplan 2005-2007, S. 21; § 4 Abs. 2 ZuG 2007.
[20] BMU, Nationaler Allokationsplan 2005-2007, S. 22.
[21] BMU, Nationaler Allokationsplan 2005-2007, S. 7; s. auch § 1 ZuG 2007.
[22] Der Erfüllungsfaktor (dieser legt die Reduktionsverpflichtung einer Standardanlage fest) ist für die Zuteilungsperiode 2005-2007 durch den Gesetzgeber in § 5 ZuG 2007 mit dem Wert 0,9709 bestimmt worden, als notwendiger Kürzungsfaktor nach § 4 Abs. 4 ZuG 2007 wurde im Zuteilungsverfahren ein Wert von 0,9538 ermittelt. Daraus ergibt

1.3 Nationale Klimaschutzgesetzgebung

In Deutschland wurden schon vor der Einführung des Emissionshandels Zertifikatslösungen als umweltrechtliches Instrument einer indirekten Verhaltenssteuerung diskutiert, doch fand die staatliche Ausgabe von Emissionsrechten und deren Handelbarkeit als Ausprägung des Vorsorgeprinzips nie den Weg in die deutsche Umweltgesetzgebung.[23]

Die Umsetzung der europäischen Emissionshandelsrichtlinie vom 13.10.2003[24] (EH-Richtlinie) in das nationale Recht begann mit der Veröffentlichung eines zweiten Referentenentwurfs zum Treibhausgas-Emissionshandelsgesetz (TEHG) durch das Bundesumweltministerium am 20.10.2003. Am 13. und 14.11.2003 fanden Anhörungen der Länder und der Verbände zu diesem Entwurf statt. Am 17.12.2003 beschloss dann das Bundeskabinett den (dritten) Entwurf des TEHG. Die Zuleitung an Bundestag und Bundesrat erfolgte im Wege des Parallelverfahrens im Januar 2004, d.h. die Regierungsparteien brachten einen eigenen Gesetzentwurf in den Bundestag ein, der wortgleich mit dem vorangegangenen Kabinettsbeschluss war. Am 09.02.2004 fand dann im Umweltausschuss des Bundestages eine Sachverständigenanhörung zum TEHG-Entwurf statt.

Die Verhandlungen im Bundesrat über den TEHG-Entwurf sowie die notwendigen Änderungen des Bundes-Immissionsschutzgesetzes (BImSchG) und über eine neue Verordnung zum BImSchG (34. Verordnung) mussten wegen der Uneinigkeit der Bundesländer vertagt werden. Um eine Blockade und damit eine Verzögerung des Gesetzeswerks zum Emissionshandel durch den Bundesrat zu vermeiden, veranlasste die Bundesregierung die Integration der Vorschriften der geplanten 34. BImSchV in den TEHG-Entwurf.[25] Man war der Auffassung, dass damit die Zustimmungspflicht des Bundesrates weitgehend entfalle. Der Bundesrat rief daraufhin den Vermittlungsausschuss an und drohte mit einer Normenkontrollklage. Erst im Vermittlungsausschuss wurde die jetzige Fassung des TEHG erarbeitet und es kam zu einer Aufspaltung der Verwaltungsaufgaben zwischen Bund und Ländern. Das Gesetz über den Handel mit Berechtigungen zur Emission von Treibhausgasen (Treibhausgas-Emissionshandelsgesetz –TEHG) konnte am 15.07.2004 in Kraft treten,[26] das Gesetz über den nationalen Zuteilungsplan für

---

sich für eine Standardanlage in der ersten Handelsperiode eine Minderzuteilung von 7,4 Prozent Berechtigungen im Vergleich zu der nach der jeweiligen Basisperiode der Anlage benötigten Berechtigungsanzahl.

[23] Zur Diskussion von Zertifikatslösungen im Umweltrecht siehe *Kloepfer*, Umweltrecht, § 5 Rn. 301 ff.

[24] Richtlinie 2003/87/EG des Europäischen Parlaments und des Rates über ein System für den Handel mit Treibhausgasemissionszertifikaten in der Gemeinschaft und zur Änderung der Richtlinie 96/61 EG des Rates, vom 13.10.2003, ABl. L 275 vom 25.10.2003, S. 32.

[25] Zur Entstehungsgeschichte siehe *Frenz*, in: Frenz, Einführung, Rn. 23 ff.

[26] Art. 1 des Gesetzes zur Umsetzung der Richtlinie 2003/87/EG über ein System für den Handel mit Treibhausgasemissionszertifikaten in der Gemeinschaft vom 08.07.2004, BGBl. I S. 1578.

Treibhausgas-Emissionsberechtigungen in der Zuteilungsperiode 2007 (Zuteilungsgesetz 2007 – ZUG 2007) am 31.08.2004[27] und die Verordnung über die Zuteilung von Treibhausgas-Emissionsberechtigungen in der Zuteilungsperiode 2005 bis 2007 (Zuteilungsverordnung 2007 – ZUV 2007) am 01.9.2004.[28] Das TEHG wurde zwischenzeitlich bereits mehrfach geändert,[29] zuletzt durch Gesetz vom 22.09.2005.[30] Nunmehr hat der Gesetzgeber durch Einführung des Projekt-Mechanismen-Gesetzes (ProMechG) vom 22.9.2005, das am 30.9.2005 in Kraft getreten ist, die Rechtsgrundlagen für die Durchführung von projektbezogenen Mechanismen – Clean Development Mechanism (CDM) und Joint Implementation (JI) – in Deutschland geschaffen.[31] Das ProMechG setzt die „Linking Directive" um, mit der die Europäische Union die flexiblen Instrumente des Kyoto-Protokolls mit der EH-Richtlinie verknüpft.[32]

Mittlerweile liegt auch erste höchstrichterliche Rechsprechung vor, die den nationalen Gesetzgeber in seinen Entscheidungen bestätigt. So hat das BVerwG das Emissionshandelssystem für Treibhausgase für verfassungsgemäß erklärt.[33] Es ist sowohl im Hinblick auf die EH-Richtlinie mit den europarechtlich gewährleisteten Rechten auf Eigentum und freie Berufsausübung vereinbar als auch bezüglich seiner Zuständigkeitsregeln mit den Kompetenzbestimmungen des Grundgesetzes. Insbesondere die Genehmigungspflicht und die damit verbundene Kontingentierung der CO_2-Emissionsbefugnis seien, so das BVerwG, im Hinblick auf die erforderliche Verhältnismäßigkeitsprüfung geeignet, erforderlich und angemessen.[34]

---

[27] Zuteilungsgesetz 2007 vom 26.08.2004, BGBl. I. S. 2221. Das ZuG 2007 geht zurück auf den ursprünglichen Kabinettsentwurf eines „Gesetzes über den Nationalen Allokationsplan für Treibhausgas-Emissionsberechtigungen in der Zuteilungsperiode 2005 bis 2007 (Allokationsplan-Gesetz - NAPG)" vom 21.04.2004.

[28] Zuteilungsverordnung 2007 vom 31.08.2004, BGBl. I S. 2255.

[29] Gesetz zur Änderung des Futtermittelgesetzes und des Treibhausgas-Emissionshandelsgesetzes vom 21.07.2004, BGBl. I S. 1756; Gesetz zur Neugestaltung des Umweltinformationsgesetzes und zur Änderung der Rechtsgrundlagen zum Emissionshandel vom 22.12.2004, BGBl. I S. 3704, 3710.

[30] Art. 2 des Gesetzes zur Einführung der projektbezogenen Mechanismen nach dem Protokoll von Kyoto zum Rahmenübereinkommen der Vereinten Nationen über Klimaänderungen vom 11.12.1997, zur Umsetzung der Richtlinie 2004/101/EG und zur Änderung des Kraft-Wärme-Kopplungsgesetzes vom 22.9.2005, BGBl. I S. 2826, 2883.

[31] Das Projekt-Mechanismen-Gesetz ist Art. 1 des Gesetzes zur Einführung der projektbezogenen Mechanismen nach dem Protokoll von Kyoto, zur Umsetzung der Richtlinie 2004/101/EG und zur Änderung des Kraft-Wärme-Koppelungsgesetzes vom 22.09.2005, BGBl. I S. 2826; Näheres siehe Kapitel 10; mittlerweile liegt auch die Gebührenverordnung zum ProMechG vor: ProMechGebV vom 16.11.2005, BGBl. I S. 3166.

[32] Richtlinie 2004/101/EG des Europäischen Parlaments und des Rates vom 27.10.2004 zur Änderung der Richtlinie 2003/87/EG über ein System für den Handel mit Treibhausgasemissionszertifikaten in der Gemeinschaft im Sinne der projektbezogenen Mechanismen des Kyoto-Protokolls, ABl. EU v. 13.11.2004, L 338 S. 18.

[33] BVerwG, Urt. vom 30.6.2005 – 7 C 26/04, NVwZ 2005, 1178.

[34] BVerwG, NVwZ 2005, 1178, 1182.

Auch die jüngst ergangene Entscheidung des Europäischen Gerichts erster Instanz (EuG) stärkt im Grundsatz die Position des deutschen Gesetzgebers.[35] In dem Urteil hat der EuG eine Entscheidung der Kommission für nichtig erklärt, mit der die Kommission dem Mitgliedsstaat Großbritannien die nachträgliche Änderung seines Allokationsplans untersagt hatte.[36] Großbritannien hatte in der Änderung sein nationales Gesamtbudget an Treibhausgasemissionszertifikaten nach oben korrigiert. Der EuG hat dies nun für rechtens erklärt. Die nachträgliche Änderung sei zulässig gewesen. Diese Entscheidung ist für das deutsche Emissionshandelsrecht von Bedeutung, weil die Kommission vergleichbare Einwände gegen den deutschen Allokationsplan geltend gemacht hat.[37] Die Einwände betreffen die Möglichkeit der ex-post-Korrektur von Zuteilungsentscheidungen.[38] Die Kommission vertritt die Auffassung, dass Zuteilungsentscheidungen nachträglich nicht mehr geändert werden dürfen. Die Klage Deutschlands ist allerdings vor dem EuGH anhängig. Sollte der EuGH die Argumentation des EuG aufgreifen, bestehen für Deutschland gute Aussichten, dass auch diese Entscheidung der Kommission für nichtig erklärt wird.

---

[35] EuG, Urt. vom 23.11.2005 – T 178/05; siehe FAZ vom 24.11.2005, S. 11.
[36] Entscheidung der Kommission vom 12.4.2005, (K(2005) 1081 endg.).
[37] Entscheidung der Kommission vom 7.7.2004, (K(2004)2515/2 endg.).
[38] Siehe hierzu auch Kapitel 4.3.5.3, 4.4.2.7, 9.2.2.

Kapitel 2 Emissionshandelspflichtigkeit von Anlagen

Der Emissionshandel startete in Deutschland am 01.01.2005. Die gesetzlichen Rahmenbedingungen für den Emissionshandel in Deutschland und für die Teilnahme am Emissionshandel innerhalb der Europäischen Union werden durch das Gesetz über den Handel mit Berechtigungen zur Emission von Treibhausgasen (Treibhausgas-Emissionshandelsgesetz – TEHG) gesetzt.[1] Vom Emissionshandelssystem sollen grundsätzlich alle wesentlichen Emittenten von Treibhausgasen erfasst werden.[2] Aufgeteilt in verschiedene „Sektoren" werden alle Emittenten an einem nationalen Emissionsbugdet beteiligt.[3] Tatsächlich sind nach den Vorschriften des TEHG und des ZuG 2007 nur bestimmte Anlagen aus den Sektoren Energiewirtschaft und Industrie vom Emissionshandel erfasst.

2.1 Ausüben einer „Tätigkeit"

Nach § 1 TEHG ist es Zweck des Gesetzes, für „Tätigkeiten", durch die in besonderem Maße Treibhausgase emittiert werden, die Grundlagen für ein europaweites Handelssystem für Emissionsrechte zu schaffen. Der Anwendungsbereich des Gesetzes wird durch Anhang 1 TEHG, in Übereinstimmung mit der EH-Richtlinie,[4] zunächst auf Emissionen des Treibhausgases CO_2 begrenzt.[5]

Der Begriff der „Tätigkeit"[6] wird in § 3 Abs. 3 TEHG genannt, aber nicht definiert und ist Art. 2 Abs. 1 EH-Richtlinie entlehnt. Seinen Ursprung hat der Begriff in der „Richtlinie zur integrierten Vermeidung und Verminderung der Umweltverschmutzung", der sogenannten „IVU-Richtlinie".[7] Nach Anhang 1 TEHG – und

---

[1] Gesetz über den Handel mit Berechtigungen zur Emission von Treibhausgasen (Treibhausgas-Emissionshandelsgesetz – TEHG) vom 8.07.2004, BGBl. I S. 1578.
[2] Die abschließende Aufzählung der Treibhausgase findet sich in § 3 Abs. 2 TEHG. Näher dazu *Theuer*, in: Frenz, § 3 TEHG Rn. 8.
[3] Dazu näher *Knopp*, UPR 2004, 379, 380.
[4] Vgl. Art. 2 Abs. 1 in Verbindung mit Anhang I der EH-Richtlinie.
[5] Zur Fortentwicklung des Emissionsrechtehandels, *Körner*, in: Körner/Vierhaus, § 2 TEHG Rn. 5 ff.
[6] Kritisch zur Begriffsunschärfe – zu Recht – *Theuer*, in: Frenz, § 2 TEHG Rn. 2.
[7] Richtlinie über die integrierte Vermeidung und Verminderung der Umweltverschmutzung (RL 96/61/EG) vom 24.09.1996, ABl. EU L 257, S. 26.

damit wiederum dem Anhang I der EH-Richtlinie entsprechend – kann derzeit nur die Ausübung einer der folgend aufgezählten „Tätigkeiten" Verpflichtungen aus deutschem bzw. europäischem Emissionshandelssystem begründen:

a) Energieumwandlung und -umformung
b) Eisenmetallerzeugung und -verarbeitung
c) Mineralverarbeitende Industrie
d) Sonstige Industriezweige

Von den genannten „Tätigkeiten" gehen selbst keine Emissionen aus, sondern das relevante Treibhausgas Kohlendioxid (CO_2), wird von Anlagen emittiert, die mit dem Ziel errichtet wurden bzw. betrieben werden, die erfassten Tätigkeiten ausüben zu können.[8] Folgerichtig steht die einzelne emittierende Anlage und deren Konfiguration im Fokus des Emissionshandelsrechts, die Tätigkeit lediglich nur ein Anknüpfungspunkt.[9]

2.2 Emissionserheblichkeit

Nicht alle Anlagen, die der Ausübung einer Tätigkeit nach Anhang 1 TEHG zu dienen bestimmt sind, werden vom Emissionshandelsrecht erfasst. Wie oben bereits erwähnt, ist eine bestimmte Erheblichkeit in der Emission des Treibhausgases CO_2 Voraussetzung der Teilnahme am Emissionshandelssystem.[10]

Definiert wird die Emissionserheblichkeit über die aus Anhang 1 TEHG zu entnehmenden „Grenzwerte", wobei der Begriff des „Schwellenwertes" zutreffender ist. Wird ein dort festgelegter Grenzwert erreicht oder überschritten, ist eine Anlage grundsätzlich emissionshandelspflichtig.

2.3 Emissionshandelspflichtige Anlagen der Energiewirtschaft

Die in der Tabelle des Anhangs 1 TEHG genannten *Anlagen zur Energieumwandlung und -umformung (Ziffer I-V),* gemeint sind die emissionshandelspflichtigen Anlagen der Energiewirtschaft, entsprechen den unter Ziffer 1 im Anhang der 4.

---

[8] Zum Verhältnis von Tätigkeit und Anlage siehe auch *Schweer/von Hammerstein*, § 2 TEHG Rn. 5.
[9] In diesem Sinne auch Stellungnahme des Bundesrates, BT-Drs. 15/2540, Nr. 2 zu § 1 TEHG.
[10] Nach Art. 30 Abs. 1 EH-Richtlinie kann die EU-Kommission dem europäischen Parlament zum 31.12.2004 einen Vorschlag auf Erweiterung des Handelssystems unterbreiten: Ab 2008 kann auch von den Mitgliedstaaten die Initiative zur Erweiterung des Emissionshandels um andere Treibhausgase (§ 3 Abs. 2 TEHG) erfolgen. Bislang liegt ein Vorschlag der EU-Kommission noch nicht vor.

BImSchV genannten genehmigungsbedürftigen Anlagen,[11] wobei die Emissionshandelspflichtigkeit, auch bei der Mitverbrennung von Abfällen als Brennstoffsubstitut,[12] ab einer Feuerungswärmeleistung von 20 MW besteht.[13]

Grundsätzlich wird dieser maßgebliche Grenzwert durch die installierte, also technisch mögliche Feuerungswärmeleistung[14] einer Anlage bestimmt. Etwas anderes kann sich aus der immissionsschutzrechtlichen Genehmigung einer Anlage ergeben, wenn dort nur eine geringere Feuerungswärmeleistung genehmigt wurde, als sie anlagentechnisch möglich ist.[15] Der Inhalt der immissionsschutzrechtlichen Genehmigung einer Anlage ist in allen Fällen für die Frage der Emissionshandelspflichtigkeit maßgeblich.[16] Das kann im Einzelfall, je nach der „Genehmigungshistorie" einer Anlage, zu Problemen führen,[17] die aber nicht von der DEHSt zu lösen sind, sondern im Zusammenwirken des Betreibers der Anlage mit der jeweils zuständigen Anlagengenehmigungsbehörde.

2.4 Emissionshandelspflichtige Anlagen der Industrie

Der Kreis der emissionshandelspflichtigen Anlagen des Sektors Industrie wird ebenfalls im Wesentlichen davon bestimmt, ob diese Anlagen nach deutschem Immissionsschutzrecht bereits genehmigungsbedürftig waren.

Mineralöl- oder Schmierstoffraffinerien (Anhang 1, Ziffer VI) sind Anlagen, die zu dem Zweck errichtet und betrieben werden, Erdöl oder Erdölerzeugnisse zu destillieren oder zu raffinieren oder sonstig weiterzuverarbeiten.[18] Diese Anlagen sind nach dem Anhang zur 4. BImSchV, Ziffer 4.4, genehmigungsbedürftig.

Kokereien (Anhang 1, Ziffer VII) sind Anlagen zur Trockendestillation von Steinkohle oder Braunkohle und nach dem Anhang zur 4. BImSchV, Ziffer 1.11, genehmigungsbedürftig.

Anlagen der Eisenmetallerzeugung und -verarbeitung (Anhang 1, Ziffer VII-VIII) sind Anlagen, in denen Eisen und Stahl erzeugt, nicht aber weiterverarbeitet werden.[19] Diese Anlagen sind nach dem Anhang zur 4. BImSchV Ziffer 3.1 und 3.2 genehmigungsbedürftige Anlagen.

---

[11] Verordnung über genehmigungsbedürftige Anlagen, 4. BImSchV, vom 14.03.1997, BGBl. I S. 504, zuletzt geändert durch Gesetz vom 20.06.2005, BGBl. I S. 1687.
[12] *Kobes*, NVwZ 2004, 1153, 1154.
[13] *Theuer*, in: Frenz, § 2 TEHG Rn. 64.
[14] Vgl. *Jarass*, § 4 Rn. 18.
[15] Vgl. § 2 Nr. 1 ZuV 2007.
[16] *Schweer/von Hammerstein*, § 2 TEHG Rn. 29 ff.; vgl. auch *Körner*, in: Körner/Vierhaus, § 2 TEHG Rn. 16 ff.
[17] Siehe auch unten 2.5 zum Anlagenumfang.
[18] Anlagen zum Spalten von Kohlenwasserstoffen („Cracker"-Produktion) sind nicht vom TEHG erfasst; vgl. Auslegungshinweise der DEHSt zum TEHG, Stand: 01.09.2004, im Internet unter www.dehst.de; *Körner*, in: Körner/Vierhaus, § 2 TEHG Rn. 25.
[19] *Theuer*, in: Frenz, § 2 TEHG Rn. 20 ff.

Von den *Anlagen der mineralverarbeitenden Industrie* (Anhang 1, Ziffer X-XIII), sind Anlagen der Zementindustrie (Klinkerherstellung, Ziffer X), Anlagen der Kalkindustrie (Kalkstein und Dolomit, Ziffer XI), Anlagen der Glasindustrie (Behälter- und Flachglas, Ziffer XII) und Anlagen der keramischen Industrie (Ziffer XIII) vom Emissionshandelsrecht erfasst.

Anlagen der Zementindustrie, soweit sie der Zementklinkerherstellung dienen, sind zwar nach Ziffer 2.3 des Anhangs zur 4. BImSchV genehmigungsbedürftig, emissionshandelspflichtig sind sie jedoch erst ab einer Tagesproduktionsleistung von mehr als 500 t in Drehrohröfen oder mehr als 50 t/Tag in sonstigen Öfen. Bei genehmigungsbedürftigen Dolomitbrennanlagen (Anhang 4. BImSchV, Ziffer 2.4) ist die Emissionshandelspflichtigkeit erst ab einer Tagesproduktionsmenge von 50 Tonnen gegeben. *Anlagen zur Glasherstellung und Anlagen zum Brennen keramischer Erzeugnisse* sind im Umfang ihrer Genehmigungsbedürftigkeit nach Immissionsschutzrecht (Nr. 2.8 und Nr. 2.10 des Anhangs zur 4. BImSchV) auch emissionshandelspflichtig.

Unter dem Begriff der *Sonstigen Industriezweige* wurden Anlagen zur Zellstoffgewinnung und der Papierherstellung zusammengefasst. Diese Anlagen sind nach Anhang 4. BImSchV, dort Ziffer 6, genehmigungsbedürftig.

2.5 Anlagenumfang

Der Umfang einer emissionshandelspflichtigen Anlage wird durch § 2 Abs. 2 TEHG bestimmt. Die Vorschrift entspricht der Regelung in § 1 Abs. 2 der 4. BImSchV. Nach § 2 Abs. 2 TEHG besteht die Emissionshandelspflichtigkeit auch für eigenständig nach dem Immissionsschutzrecht zu genehmigende Anlagenteile oder Nebeneinrichtungen bestimmter industrieller oder gewerblicher Anlagen. Dies dient der Klarstellung des Falles, in dem die Hauptanlage nicht im „Tätigkeitskatalog" des Anhangs 1 TEHG aufgeführt ist. Um eine bedenkliche Aushöhlung der abschließenden Aufzählung des Anhangs 1 TEHG zu vermeiden,[20] ist die Vorschrift dahingehend auszulegen, dass der Hauptzweck des betreffenden Anlagenteils bzw. der Nebeneinrichtung der einer Tätigkeit aus dem Katalog des Anhangs 1 TEHG entsprechen muss.

2.5.1 Anlagenkern

Zur emissionshandelspflichtigen Anlage gehören alle Anlagenteile und Verfahrensschritte, die zum Betrieb der Anlage notwendig sind (§ 2 Abs. 2 Nr. 1 TEHG). Notwendig sind sie, wenn sie nicht hinweggedacht werden können, ohne dass die Durchführung der Tätigkeit im Sinn des TEHG zum Erliegen kommen müsste.[21] In der Praxis ist es hilfreich, zur Bestimmung des Anlagenkerns die in den Unter-

---

[20] Vgl. *Theuer*, in: Frenz, § 2 TEHG Rn. 32 ff.
[21] *Schweer/von Hammerstein*, § 2 TEHG Rn. 22.

lagen der immissionsschutzrechtlichen Genehmigung befindlichen Beschreibungen heranzuziehen. An diese ist die DEHSt in ihren Entscheidungen gebunden.

2.5.2 Nebeneinrichtungen

Nebeneinrichtungen (Nebenanlagen) sind nur dann emissionshandelspflichtig,[22] wenn sie mit der Hauptanlage in einem räumlichen und einem betriebstechnischen Zusammenhang stehen (also technisch damit verbunden sind) und von der betreffenden Nebeneinrichtung auch *unmittelbar* CO_2-Emissionen ausgehen.[23]

2.5.3 Gemeinsame Anlagen

Der im Immissionsschutzrecht geformte Begriff der „gemeinsamen Anlage"[24] wird durch § 2 Abs. 3 TEHG in das Emissionshandelsrecht übernommen. Eine gemeinsame Anlage besteht aus mehreren Einzelanlagen, die der Ausübung einer Tätigkeit nach Anhang 1 TEHG dienen. Diese Einzelanlagen müssen in einem engen räumlichen und betrieblichen Zusammenhang stehen, um als gemeinsame Anlage zu gelten. Durch die Addition ihrer einzelnen Leistungswerte erreichen bzw. überschreiten sie den jeweilig zutreffenden Anlagengrenzwert des Anhangs 1 TEHG. Ist in diesem Sinn eine „gemeinsame Anlage" anzunehmen, erstreckt sich die Emissionshandelspflichtigkeit auf alle Anlagenteile mit ihren verschiedenen Emissionsquellen.

Ein enger räumlicher und betrieblicher Zusammenhang ist, ebenso wie bei § 1 Abs. 3 4. BImSchV, anzunehmen, wenn die einzelnen Anlagen auf einem gemeinsamen Betriebsgelände gelegen sind (§ 2 Abs. 3 Satz 2 Nr. 1 TEHG), mit vergleichbaren Betriebseinrichtungen verbunden sind (§ 2 Abs. 3 Satz 2, Nr. 2 TEHG) und auch einem vergleichbaren technischen Zweck dienen (§ 2 Abs. 3 Satz 2, Nr. 3 TEHG).[25] Die Vorschrift ist als Auffangtatbestand konzipiert. Sie beugt einer Umgehung der Emissionshandelspflichtigkeit durch eine „kreative" Anlagengestaltung vor.

---

[22] Zum Begriff der Nebeneinrichtung *Körner,* in: Körner/Vierhaus, § 2 TEHG Rn. 47.
[23] Emissionen aus Werkskantinen, also Anlageneinrichtungen, die mit der Anlage räumlich, aber nicht technisch verbunden sind, werden folgerichtig nicht erfasst, siehe *Schweer/von Hammerstein,* § 2 TEHG Rn. 25.
[24] Vgl. dazu § 1 Abs. 3 4. BImSchV.
[25] Betriebseinrichtungen sind Anlagenteile, Maschinen, Geräte und sonstige technische Einheiten, die für den Anlagenzweck von Bedeutung sind; dazu *Theuer,* in: Frenz, § 2 TEHG Rn. 55.

2.6 Emissionshandelsfreie Anlagen

Den Vorgaben der EH-Richtlinie folgend, nimmt das TEHG bestimmte industrielle Anlagen und auch Anlagen mit energiewirtschaftlicher Funktion vom Emissionshandelsrecht aus.

2.6.1 Forschungs- und Entwicklungsanlagen

Treibhausgasemissionen, die durch Forschungs- und Entwicklungsanlagen freigesetzt werden, werden vom Emissionshandelsrecht nicht erfasst. Gemeint sind nach dem Wortlaut der EH-Richtlinie (Anhang I, Ziffer 1) Anlagen oder Anlagenteile, die für Zwecke der Forschung, Entwicklung und Prüfung neuer Produkte und Verfahren genutzt werden. Die Umsetzung dieser Vorgabe in § 2 Abs. 4 TEHG ist enger, da sie den Befreiungstatbestand auf Anlagen im „Labor- oder Technikumsmaßstab" beschränkt.[26] Für eine solche Einengung bietet jedoch die EH-Richtlinie keine Rechtsgrundlage. Folglich wird sich in einem Streitfall der Betreiber der Forschungsanlage im Zweifel auf die weiter gefasste, europarechtliche Regelung berufen können.[27]

2.6.2 Abfallverbrennungsanlagen

Anlagen nach Anhang 1 Nr. I-V (der Energieumwandlung und -umformung), die zur ausschließlichen Verbrennung von gefährlichen Abfällen oder Siedlungsabfällen errichtet wurden und betrieben werden,[28] unterliegen nicht dem TEHG (§ 2 Abs. 5 TEHG) unabhängig von der Frage, ob dort Abfälle beseitigt oder verwertet werden. Eine Mitverbrennung von Abfällen, etwa in Kraftwerken, führt dagegen nicht zu einer Befreiung dieser Anlagen der Energiewirtschaft vom Emissionshandelsrecht.[29]

2.6.3 EEG-Anlagen

Anlagen, die vom Gesetz für den Vorrang Erneuerbarer Energien erfasst werden,[30] werden durch § 2 Abs. 5, 2. Alt. TEHG vom Emissionshandel ausgenommen. Es handelt sich dabei um Anlagen, die Strom ausschließlich durch den Einsatz erneu-

---

[26] Der Gesetzgeber folgte hier dem Tatbestand des § 1 Abs. 6 4. BImSchV.
[27] *Theuer*, in: Frenz, § 2 TEHG Rn. 59.
[28] Soweit tatsächlich – und nach Genehmigungslage erlaubt – auch andere Brennstoffe als Abfall in einer derartigen Anlage eingesetzt werden, soll die Abfallverbrennungsanlage ausnahmsweise emissionshandelspflichtig sein; *Körner*, in: Körner/Vierhaus, § 2 TEHG Rn. 71.
[29] Näher dazu *Kobes*, NVwZ 2004, 513, 515 f.; *Theuer*, in: Frenz, § 2 TEHG Rn. 64.
[30] EEG-Gesetz in der Fassung vom 21.7.2004, BGBl. I S. 1918.

erbarer Energien erzeugen. Darunter fällt auch der ausschließliche Einsatz von Biomasse.[31] Dieser Brennstoff wurde durch die EH-Richtlinie, Anhang IV, mit einem CO_2-Emissionsfaktor von „Null" angesetzt.[32] Dies hat Auswirkung auf diejenigen Anlagen, die Biomasse lediglich mitverbrennen, denn die Mitverbrennung von Biomasse erfüllt nicht den Befreiungstatbestand des § 2 Abs. 5 2. Alt. TEHG.[33] Der Biomasseanteil bei der Feuerung kann sich aber positiv auf die zu erwartende Zuteilung auswirken.[34]

2.7 Genehmigungsverfahren

Die nach § 4 TEHG zwingend erforderliche Emissionsgenehmigung können die Betreiber emissionshandelspflichtiger Anlagen auf verschiedene Weise erhalten. Der Weg zur Emissionsgenehmigung ist dabei von der beim In-Kraft-Treten des TEHG vorgefundenen immissionsschutzrechtlichen Genehmigungssituation einer Anlage vorbestimmt.

2.7.1 „Verzahnung" mit dem Immissionsschutzrecht

Die Bundesregierung plante ursprünglich eine vollständige „Verzahnung" des Emissionshandelsrechts mit dem vorhandenen Immissionsschutzrecht. Dazu wollte das Bundesministerium für Umwelt, Naturschutz und Reaktorsicherheit auf der Grundlage des BImSchG eine „Verordnung über die Emission von Treibhausgasen"[35] erlassen und zugleich die Verordnung über das immissionsschutzrechtliche Genehmigungsverfahren anpassen.[36] Diese Vorhaben sind im Gesetzgebungsverfahren gescheitert. Die jetzt im TEHG vorzufindenden Regelungen sind Resultat dieses politischen Scheiterns und können ohne Kenntnis dieses Hintergrundes nur schwer nachvollzogen werden.[37]

---

[31] Die Definition „anerkannter" Biomasse findet sich in § 2 Biomasse-Verordnung vom 21.06.2001, BGBl. I S. 1234.
[32] Übernommen in Anhang 2 Teil II TEHG.
[33] *Vierhaus*, in: Körner/Vierhaus, § 3 TEHG Rn. 74.
[34] *Ebsen*, Emissionshandel in Deutschland, Rn 153 ff. Siehe dazu auch Kapitel 4.3.3.
[35] Die „34. Verordnung zum BImSchG" war als Artikel 1 einer Artikelverordnung vorgesehen, hat aber den Status einer Kabinettsvorlage des Bundesministeriums für Umwelt, Naturschutz und Reaktorsicherheit (vom 12.12.2003) nicht verlassen. Zum (angedachten) Anwendungsbereich *Marr*, EurUP 2004, 10, 12 ff.
[36] Verordnung über das Genehmigungsverfahren, 9. BImSchV, vom 29.5.1992, BGBl. I S. 1001. Diese Verordnung sollte durch Art. 2 der beabsichtigten Artikelverordnung angepasst werden.
[37] Die ursprünglich im Regierungsentwurf nur einen Absatz und zwei Sätze umfassende Vorschrift des § 4 TEHG ist – über die Zwischenschritte einer Beschlussempfehlung des Umweltausschusses des Bundestages und dem Vermittlungsergebnis von Bundestag und Bundesrat im Gesetzgebungsverfahren – auf die jetzt vorliegende, elf Absätze zählende

Auf Seiten des TEHG erreicht der Gesetzgeber die im Gesetzgebungsverfahren (Vermittlungsverfahren) zwischen Bundestag und Bundesrat grundsätzlich (wieder-) hergestellte „Verzahnung" mit dem Immissionsschutzrecht durch die Vorschrift in § 4 Abs. 6 Satz 2 TEHG, die bestimmt, dass „die Absätze 2 bis 5 im immissionsschutzrechtlichen Genehmigungsverfahren Anwendung finden, soweit sie *zusätzliche* Anforderungen enthalten".

Auf Seiten des Immissionsschutzrechts erfolgte letztlich nur eine Erweiterung der Grundpflichten der Betreiber genehmigungsbedürftiger Anlagen in § 5 Abs. 1 BImSchG durch eine entsprechende Novelle.[38]

2.7.1.1 Erweiterungen der Vorsorgepflicht

Aus § 5 Abs. 1 Satz 2 BImSchG ergibt sich, dass die Anforderungen der §§ 5 und 6 Abs. 1 TEHG von den Betreibern der nach Immissionsschutzrecht genehmigungsbedürftigen Anlagen zu erfüllen sind.

Die immissionsschutzrechtliche Vorsorgepflicht verpflichtet einen Anlagenbetreiber, technische Maßnahmen gegen schädliche Umwelteinwirkungen zu ergreifen, soweit sie Folge des von ihm zu verantwortenden Anlagenbetriebs sind bzw. sein können. Insbesondere ist aus der Vorsorgepflicht auch die Pflicht zu Emissionsminderungsmaßnahmen an einer genehmigungsbedürftigen Anlage, und zwar nach dem jeweiligen Stand der Technik, abzuleiten.[39]

Aus § 5 TEHG folgt die Pflicht des Betreibers zur korrekten Ermittlung der CO_2-Emissionen, die seine Anlage verursacht, denn nur bei richtiger und vollständiger Ermittlung der CO_2-Emissionen kann die Pflicht zur Abgabe verbrauchter Emissionsrechte nach § 6 Abs. 1 TEHG erfüllt werden.

Indem der Gesetzgeber die Erfüllung der Pflichten der §§ 5 und 6 Abs. 1 TEHG zum Gegenstand der immissionsschutzrechtlichen Vorsorgepflicht des Betreibers erhebt, bewertet er zugleich die unkontrollierte und unberechtigte Freisetzung des Treibhausgases CO_2 durch eine genehmigungsbedürftige Anlage als Möglichkeit einer schädlichen Umwelteinwirkung, gegen die Vorsorge zu treffen ist.[40] Das ist insofern problematisch, als dass es dem Gesetzgeber des TEHG gar nicht auf eine anlagenscharfe Begrenzung der CO_2 Emissionsmenge ankommt, sondern auf die Durchsetzung des Verbots der Freisetzung einer bestimmten Menge von CO_2 ohne entsprechende staatliche Berechtigung. Denn es macht hinsichtlich der Umwelteinwirkung, also der Besorgnis einer Luftverunreinigung durch CO_2,[41] keinen Unterschied, ob eine Menge des Treibhausgases CO_2 mit oder ohne staatliche Be-

---

Vorschrift angewachsen; zur Entstehungsgeschichte siehe *Schweer/von Hammerstein*, § 4 TEHG Rn. 3.

[38] Durch die Ergänzungen des Art. 2 des Gesetzes zur Umsetzung der Richtlinie 2003/87/EG über ein System für den Handel mit Treibhausgasemissionszertifikaten in der Gemeinschaft vom 08.07.2004, BGBl. I 2004, S. 1578.

[39] *Kloepfer*, Umweltrecht, § 14 Rn. 69.

[40] Zu Recht kritisch mit der Einstufung von CO_2 als „Luftschadstoff" *Theuer*, in: Frenz, § 4 TEHG Rn. 4.

[41] *Jarass*, § 3 Rn. 49 f. und § 5 Rn. 8.

rechtigung emittiert wird. Folglich ist hier eine Inkompatibilität des deutschen Immissionsschutzrechts mit dem europarechtlich motivierten Emissionshandelsrecht festzustellen.[42]

2.7.1.2 Befugnisse der Immissionsschutzbehörden

Nach § 5 Abs. 1 Satz 3 BImSchG sind Anforderungen zur Begrenzung von Treibhausgasemissionen nur zulässig, um im Hinblick auf die Erfüllung der Pflichten nach § 5 Abs. 1 Nr. 1 BImSchG sicherzustellen, dass im Einwirkungsbereich der Anlage keine schädlichen Umwelteinwirkungen entstehen können. Diese Vorschrift stellt zweierlei klar: Zum einen ist es den Immissionsschutzbehörden erlaubt, Anforderungen mit dem Ziel einer Begrenzung des Treibhausgasausstoßes einer genehmigungsbedürftigen Anlage zu stellen. Zum anderen schränkt der Gesetzgeber diese Befugnis aber dahingehend ein, dass nur Maßnahmen zulässig sind, um schädlichen Umwelteinwirkungen im Einwirkungsbereich der Anlage vorzubeugen. Da der Emissionshandel das primäre Klimaschutzinstrument ist, ist diese Einschränkung systemgerecht.[43] Zwar soll auch das Immissionsschutzrecht dem Klimaschutz dienen,[44] die dazu bestehenden Regelungs- und Eingriffskompetenzen der Immissionsschutzbehörden sind jedoch stets anlagen- bzw. standortbezogen. Der Gesetzgeber hat den Emissionsrechtehandel als effektiveres Mittel einer Reduktion von Treibhausgasen gegenüber Festsetzungen technischer Standards durch Ordnungsrecht erkannt.[45] Also ist den Immissionsschutzbehörden ein ordnungsrechtliches Vorgehen mit „globalem" Begründungsansatz verwehrt.

Der in § 5 Abs. 1 BImSchG angefügte Satz 4 verpflichtet jeden Betreiber zur effizienten Verwendung von Energie. Dies dient im Hinblick auf eine Energieerzeugung durch Verbrennung fossiler Einsatzstoffe dem Klimaschutz. Jedoch dürfen den Betreibern zur Erfüllung dieser Pflicht keine zusätzlichen, über die Anforderungen des TEHG hinausgehenden immissionsschutzrechtlichen Anforderungen, auferlegt werden. Folglich kommt auch § 5 Abs. 1 Satz 4 BImSchG nicht als Rechtsgrundlage etwa einer (nachträglichen) Anordnung zum Brennstoffeinsatzwechsel (z.B. Einsatz von Gas anstatt von Kohle), mit dem Ziel einer Treibhausgasemissionsminderung zur Anwendung.[46] Ein „ökologisch" motiviertes ordnungsrechtliches Einwirken auf den Brennstoffeinsatz einer Anlage ist nach Beginn des Emissionshandels als unverhältnismäßig anzusehen, da mit dem Instrument des Emissionshandels ökologisch definierte Emissionsminderungsziele einfacher, und zwar durch das Nutzen der ökonomischen Kräfte des Handelsmarktes, erreicht werden können.[47]

---

[42] Im Ergebnis auch *Rehbinder/Schmalholz*, UPR 2002, 1, 15. Vgl. dazu auch *Schweer/von Hammerstein*, TEHG Einleitung Rn. 51 f.
[43] Vgl. *Mager*, DÖV 2004, 561, 565.
[44] *Jarass*, § 1 Rn. 4. Näher zum Klimaschutzbegriff auch *Vierhaus/v. Schweinitz*, in: Körner/Vierhaus, § 1 TEHG Rn. 26 ff.
[45] Vgl. auch *Körner* in: Körner/Vierhaus, § 2 Rn. 68.
[46] So auch *Mager*, DÖV 2004, 561, 565.
[47] So auch *Knopp*, UPR 2004, 379, 381.

2.7.2 Emissionsgenehmigung

Die Vorschrift des § 4 TEHG setzt Art. 4 EH-Richtlinie um. Danach wird für den rechtskonformen[48] Weiterbetrieb einer emissionshandelspflichtigen Anlage nach dem 1.1.2005 eine anlagenbezogene Emissionsgenehmigung verlangt (§ 4 Abs. 1 TEHG).[49] Die Emissionsgenehmigung ist zudem Teilnahmevoraussetzung für den Handel mit Emissionsberechtigungen. Durchgreifende verfassungsrechtliche Bedenken gegen den neu geschaffenen Emissionsgenehmigungsvorbehalt bestehen nicht.[50]

Mit der Emissionsgenehmigung wird keine Emissionsobergrenze definiert, also etwa eine jährlich begrenzte CO_2-Emissionsfracht je emissionshandelspflichtiger Anlage, sondern sie erlaubt eine CO_2-Freisetzung der genehmigten Anlage als solches. Indirekt ist jedoch eine jährliche Höchstmenge an erlaubter CO_2-Freisetzung je Anlage bestimmbar. Diese Menge ergibt sich rechnerisch aus der Multiplikation der immissionsschutzrechtlich genehmigten Feuerungswärmeleistung einer Anlage mit deren Jahresvolllaststunden (ca. 8760 Stunden) und dem Emissionsfaktor des für die Anlage genehmigten und dort eingesetzten Brennstoffs.

Inhaber einer Emissionsgenehmigung ist der „Verantwortliche". Das TEHG führt diesen Rechtsbegriff neu in das deutsche Anlagenrecht ein. Definiert wird er in § 3 Abs. 5 Satz 1 TEHG.

„Verantwortlicher" ist danach jede natürliche oder juristische Person, die unmittelbare Entscheidungsgewalt über eine Tätigkeit im Sinn des Anhangs 1 TEHG innehat und die die wirtschaftlichen Risiken dieser Tätigkeit trägt. Nach § 3 Abs. 7 Satz 2 TEHG ist bei genehmigungsbedürftigen Anlagen nach Immissionsschutzrecht deren Betreiber nach dem BImSchG zugleich der Verantwortliche im Sinne des TEHG.

Der im Immissionsschutzrecht verwandte Betreiberbegriff wurde durch das BImSchG nicht legal definiert. In Literatur und Rechtsprechung wurden jedoch „Anforderungsprofile" für die Zurechnung der Betreibereigenschaft in Einzelfällen entwickelt.[51] Regelmäßig ist der Unternehmensinhaber der Betreiber, weil er den bestimmenden Einfluss auf die Lage, Beschaffenheit und den Betrieb der Anlage besitzt. Unternehmensinhaber ist derjenige, der das Unternehmen selbständig führt, also in eigenem Namen, auf eigene Rechnung und in eigener Verantwortung.[52] Unter Zugrundelegung dieser Anforderungen ist ein Unterschied zwischen

---

[48] Kritisch zur verfassungsrechtlichen Unbedenklichkeit *Weidemann*, DVBl. 2004, 727, 736.
[49] Ohne (wirksame) Emissionsgenehmigung besteht ein so genanntes „präventives Verbot mit Erlaubnisvorbehalt" der CO_2-Freisetzung aus emissionshandelspflichtigen Anlagen. Näher dazu *Theuer*, in: Frenz, § 4 TEHG Rn. 2 und *Körner* in: Körner/Vierhaus, § 4 TEHG Rn. 19.
[50] Ausführlich dazu *Kloepfer*, Der Handel mit Emissionsrechten im System des Umweltrechts, S. 71, 94 ff.
[51] Näher dazu *Jarass*, § 3 Rn. 70 ff.
[52] *Jarass*, § 3 Rn. 72.

dem Begriff des Betreibers und dem des Verantwortlichen nicht zu konstatieren.[53] Daraus folgt, dass die Begriffe des Verantwortlichen nach TEHG und der des Betreibers nach BImSchG bei genauer Betrachtung identisch sind und sein sollen.[54] Der Regelung des § 3 Abs. 5 Satz 2 TEHG kommt daher nur eine klarstellende, nicht konstitutive Bedeutung bei.[55]

2.7.2.1 „Integrierte" Emissionsgenehmigung

Für emissionshandelspflichtige Anlagen, die nach § 4 BImSchG einer Genehmigung bedürfen, denen aber eine solche Genehmigung bei In-Kraft-Treten des TEHG (am 15.07.2004) noch nicht erteilt worden war, gilt, dass im laufenden immissionsschutzrechtlichen Genehmigungsverfahren von der jeweils zuständigen Genehmigungsbehörde zu prüfen ist, ob auch die Anforderungen der Absätze 2 bis 5 des § 4 TEHG vom Betreiber erfüllt werden können.

Bevor also in diesem Fall (des § 4 Abs. 6 Satz 1 TEHG) eine Anlagengenehmigung nach § 4 BImSchG ergehen darf, ist im immissionsschutzrechtlichen Genehmigungsverfahren festzustellen, welche Regelungsinhalte („Bestimmungen", § 4 Abs. 5 TEHG), insbesondere zu den „Kardinalpflichten" des Emissionshandelsrechts, der Emissionsdatenermittlung (§ 4 Abs. 4 Nr. 3 TEHG), der Emissionsüberwachung (§ 4 Abs. 5 Nr. 4, § 5 TEHG), sowie der Verpflichtung, verbrauchte Emissionsberechtigungen abzugeben (§ 4 Abs. 5 Nr. 5; § 6 Abs. 1 TEHG), in die Anlagengenehmigung einzufließen haben. Die erst nach entsprechender Prüfung zulässige immissionsschutzrechtliche Genehmigung hat einen speziellen Emissionsgenehmigungsteil zu enthalten, der von seinem Regelungsgehalt her auch als selbständige Genehmigung ergehen könnte.[56]

2.7.2.2 „Abstrakte" Emissionsgenehmigung

Waren emissionshandelspflichtige Anlagen im Zeitpunkt des Inkrafttretens des TEHG am 15.07.2004 nach dem Immissionsschutzrecht bereits bestandskräftig genehmigt (Bestandsanlagen), hat der Gesetzgeber die Fähigkeit der betreffenden Betreiber zur Erfüllung der neuen emissionshandelsrechtlichen Pflichten aus den §§ 5 und 6 Abs. 1 TEHG grundsätzlich als gegeben unterstellt. Das folgt aus § 4 Abs. 7 Satz 3 TEHG, nach dem die Betreiber dieser emissionshandelspflichtigen Anlagen ihre Anlagen der zuständigen Behörde lediglich bis zum 15.10.2004 anzuzeigen hatten.

Die mit der Anzeige gleichzeitig erfolgte Erteilung einer Emissionsgenehmigung kraft Gesetzes in Form einer gesetzlichen Fiktion hat sowohl für die Betrei-

---

[53] Zur möglichen Rechtsentwicklung *Theuer*, in: Frenz, § 3 TEHG Rn. 26.
[54] *Theuer*, in: Frenz, § 3 TEHG Rn. 32.
[55] *Vierhaus* weist aber zu Recht darauf hin, dass der Gesetzgeber mit dem Begriff des Verantwortlichen ursprünglich eine Erweiterung des tradierten, engeren Betreiberbegriffs beabsichtigte; *Vierhaus*, in: Körner/Vierhaus, § 3 Rn. 29.
[56] Bedenken zur Vereinbarkeit der deutschen Umsetzung des Emissionsgenehmigungsrechts mit der EH-Richtlinie bei *Schweer/von Hammerstein*, § 4 TEHG Rn. 52 ff.

ber als auch für die zuständigen Immissionsschutzbehörden praktische Bedeutung.[57] Der Gesetzgeber vermeidet es damit, die Betreiber mit Verfahren zu belasten und sie Gefahr laufen zu lassen, ihre Anlagen in verbotener Weise ohne Emissionsgenehmigung ab dem 01.01.2005 weiter zu betreiben.[58] Zudem wurde den Immissionsschutzbehörden, die auch Emissionsgenehmigungsbehörden sind, die notwendige Zeit verschafft, sich mit der neuen Materie des Emissionshandelsrechts vertraut zu machen, insbesondere mit dem Recht der Emissionsgenehmigung. Somit bleibt die zuständige Behörde gehalten, nicht nur den Eingang der Anzeige zu quittieren, sondern die mit Eingang der Anzeige unterstellte Fähigkeit der Pflichtenerfüllung nach TEHG im Nachgang auch kritisch zu überprüfen. Die bestehende Emissionsgenehmigung ist in dieser Fallgestaltung als „abstrakt" zu qualifizieren.

Die damit als abstrakt zu bezeichnende Emissionsgenehmigung wird bei allen immissionsschutzrechtlich genehmigten Anlagen durch Regelungen zu den Anforderungen des Anhangs 2 des TEHG und den europarechtlichen „Monitoring-Guidelines" konkretisiert werden müssen.[59] Die Behörde muss sich (nach Abstimmung mit dem Betreiber) eine anlagenspezifische Emissionsermittlungs- und Berichtskonzeption („Monitoringkonzept") vorlegen lassen und diese Konzeption nach Prüfung genehmigen. Mit diesen weiteren Genehmigungsschritten erhält die zuvor „abstrakte" bzw. „leere" Emissionsgenehmigung ihre notwendigen anlagenbezogenen Regelungsinhalte.[60]

2.8 Die nachträgliche Anordnung

Nach § 4 Abs. 7 Satz 2 TEHG soll das immissionsschutzrechtliche Instrument der nachträglichen Anordnung des § 17 BImSchG dazu dienen, die grundsätzlich als verfassungsrechtlich geschützt anzusehenden Anlagengenehmigungen (Bestandsschutz) um die notwendigen Regelungsinhalte („Nebenbestimmungen") des Emissionshandelsrechts, insbesondere der Emissionsgenehmigung im Einzelfall anzureichern („anzupassen") und sie gegebenenfalls weiter zu „konkretisieren".[61]

Das Instrument der nachträglichen Anordnung nach § 17 BImSchG dient primär der Durchsetzung immissionsschutzrechtlicher Pflichten. Darüber hinaus können *diese* Pflichten mit Hilfe dieses Instruments konkretisiert werden.[62] Nur aus der „Verzahnung" des Emissionshandelsrechts mit dem Immissionsschutz-

---

[57] So VG Karlsruhe, NVwZ 2005, 112, 113, das eine Fiktion annimmt und keinen „fingierten Verwaltungsakt".
[58] Vgl. *Schweer/von Hammerstein*, § 4 TEHG Rn. 3.
[59] Näher dazu in Kapitel 5.
[60] Nur eine so „angereicherte" Emissionsgenehmigung bietet dem Sachverständigen im Zuteilungsverfahren einen Prüfungsgegenstand; vgl. § 14 Abs. 3 Satz 1 ZuV 2007.
[61] Näher zur verfassungsrechtlichen Unbedenklichkeit des Eingriffs des Emissionshandelsrechts in das Grundrecht aus Art. 14 GG, *Burgi*, NVwZ 2004, 1162, 1164.
[62] *Jarass*, § 17 Rn. 2.

recht in § 5 Abs. 1 BImSchG wird die Anwendung der nachträglichen Anordnung im Emissionshandelsrecht schlüssig.

Eine nachträgliche Anordnung setzt voraus, dass der Betreiber eine Rechtspflicht verletzt hat bzw. deren Verletzung droht.[63] Sollen im Wege der nachträglichen Anordnung einzelne Inhalte einer Emissionsgenehmigung in die Anlagengenehmigung „inkorporiert" werden, müssen alle Regelungen abschließenden Charakter haben, damit sich nicht als Folge des § 17 Abs. 4 BImSchG eine umfassende Änderungsgenehmigung nach § 16 BImSchG als notwendig erweist.

2.9 Weitere Bestandsanlagen

Mit zu den Bestandsanlagen im Sinn des 4 TEHG, also solchen, die eine Emissionsgenehmigung kraft Gesetzes erhalten haben, gehören auch die genehmigungsbedürftigen Anlagen, die vor Inkrafttreten des BImSchG noch nach den Vorschriften des § 16 oder des § 25 Abs. 1 der Gewerbeordnung genehmigt worden waren, da diese Genehmigungen nach der Überleitungsvorschrift in § 67 Abs. 1 BImSchG als immissionsschutzrechtliche Genehmigungen fortgelten.[64] Soweit solche Anlagen noch in Betrieb sind, ist anzunehmen, dass sie zwischenzeitlich im Wege einer wesentlichen Änderung nach § 16 BImSchG oder durch nachträgliche Anordnungen der Immissionsschutzbehörden nach § 17 BImSchG auf den aktuellen Stand der Technik gebracht worden sind. Im Übrigen gilt dies auch für Anlagen, die nach § 67 Abs. 2 BImSchG nur einer Anzeigepflicht unterlagen.[65] Damit ist auch diesen Anlagen, wie den anderen Bestandsanlagen, die nach § 4 BImSchG genehmigt wurden, die Fähigkeit zur Erfüllung der Pflichten aus §§ 5 und 6 Abs. 1 TEHG zu unterstellen.[66]

2.10 „Isolierte" Emissionsgenehmigung

Die Vorschriften des TEHG haben zunächst nur für die Freisetzung des Treibhausgases CO_2 durch eine emissionshandelspflichtige Anlage nach Anhang 1 TEHG Bedeutung. Das TEHG wurde aber so konstruiert, dass es auch für andere Anlagen bzw. Emissionsquellen Geltung erlangen kann. Lediglich Anhang 1 TEHG müsste erweitert werden.[67]

---

[63] *Jarass*, § 17 Rn. 12.
[64] *Jarass*, § 67 Rn. 5.
[65] *Schweer/von Hammerstein*, § 4 TEHG Rn. 30.
[66] A.A. etwa *Kobes*, NVwZ 2004, 1153, 1154. Dem Ergebnis zustimmend dagegen *Körner*, in: Körner/Vierhaus, § 4 TEHG Rn. 36 f. So auch im Ergebnis *Theuer*, in: Frenz, § 4 TEHG Rn. 46.
[67] *Körner*, in: Körner/Vierhaus, § 4 TEHG Rn. 3, spricht deshalb von einem „Vorratsgesetz".

Eine Emissionsgenehmigung für eine deutsche, immissionsschutzrechtlich genehmigungsfreie Anlage wäre, wenn deren Emissionshandelspflichtigkeit auf der Grundlage eines erweiterten Anhangs 1 TEHG in Frage käme, in einem „isolierten" Emissionsgenehmigungsverfahren nach den Anforderungen des § 4 Abs. 3 TEHG zu erteilen. Zuständige Emissionsgenehmigungsbehörde wäre dann allerdings (vorerst) die DEHSt.

2.11 Behördliche Zuständigkeiten

Die behördliche Zuständigkeit für den Vollzug des Emissionshandelsrechts liegt nach den Vorgaben des TEHG im Wesentlichen beim Bund, namentlich bei der beim Umweltbundesamt eingerichteten „Deutschen Emissionshandelsstelle" (DEHSt). Damit hat der Gesetzgeber die für das deutsche Umweltrecht traditionell geltende Durchführung von Umweltgesetzen durch die Länder in diesem neuen Rechtsgebiet durchbrochen.[68] Verfassungsrechtlich ist es – eigentlich – Aufgabe der Länder, Bundesgesetze als eigene Angelegenheit auszuführen.[69] Nur ausnahmsweise sieht das Grundgesetz bundeseigene Verwaltung vor.[70] Im Gesetzgebungsverfahren zum TEHG war umstritten, welche Zuständigkeiten dem Bund und welche den Ländern übertragen werden sollten.[71] Zwischenzeitlich gab es seitens der Bundesregierung den Vorschlag, allein das Umweltbundesamt mit dem Vollzug des Emissionshandelsrechts zu betrauen.[72] Verfassungsrechtliche Bedenken, insbesondere im Hinblick auf Art. 87 Abs. 3 S. 1 GG,[73] führten allerdings zu der nun geregelten Einbeziehung der Länder in die Vollzugsaufgaben.

Die Zuständigkeitsregeln des TEHG stellen vor dem Hintergrund eines (bislang) weitgehend föderal organisierten Umweltschutzes in Deutschland[74] zumindest eine Systemänderung dar, wenn nicht gar einen Systembruch. Dies dürfte allerdings dem gegenwärtigen politischen Bestreben nach einer Entflechtung und somit Zentralisierung des Umweltrechts entgegenkommen.[75]

---

[68] Siehe auch *Vierhaus/v. Schweinitz*, in: Körner/Vierhaus, § 20 TEHG Rn. 8 mit dem Hinweis, dass das UBA erstmals Vollzugsaufgaben für ein Kerngesetz des Umweltrechts erhält.

[69] Vgl. Art. 30, 83 GG.

[70] Vgl. Art. 87 ff. GG; siehe auch *Frenz*, in: Frenz, § 20 TEHG Rn. 2 mit Hinweis auf BVerfGE 108, 169, 181f..

[71] Siehe hierzu auch *Mutschler/Lang*, DB 2004, 1711, 1715.

[72] Vgl. BR-Drs. 198/04.

[73] Siehe hierzu den Beschluss des Bundesrates zur Anrufung des Vermittlungsausschusses vom 2.4.2004 zu BR-Drs. 198/04, S. 3.

[74] Siehe hierzu *Kloepfer* unter Mitarbeit von *Assenmacher/Fenner/Wustlich*, Umweltrecht in Bund und Ländern, S. 17 ff.

[75] Paradoxerweise haben sich wohl im Vorfeld des Gesetzgebungsverfahrens die Länder gerade für eine ausschließliche Bundeszuständigkeit, der Bund wiederum für eine Zuständigkeit der Länder ausgesprochen: siehe entsprechende Hinweise bei *Kloepfer*, in: Der Handel mit Emissionsrechten im System des Umweltrechts, S. 71, 105.

Auf jeden Fall wird durch die Zuständigkeitsregelung nach § 20 Abs. 1 TEHG ein – in seinen wesentlichen Zügen – einheitlicher Vollzug des Emissionshandelsrechts in Deutschland gewährleistet.[76] Im Ergebnis sind die Zuständigkeiten nun so geordnet, dass der Bund für das Emissionshandelssystem, die Länder für begleitendes immissionsschutzrechtliches Ordnungsrecht zuständig sind.

2.11.1 Deutsche Emissionshandelsstelle (DEHSt)

Die Zuständigkeit des Umweltbundesamtes wird gegenwärtig durch die Deutsche Emissionshandelsstelle (DEHSt) wahrgenommen. Die DEHSt ist keine Neben- oder Unterorganisation des Umweltbundesamtes, auch keine Beliehene, sondern eine mit plakativem Namen neu eingerichtete Fachabteilung im Umweltbundesamt. Sie soll auch nach Umzug des Umweltbundesamtes nach Dessau in Berlin verbleiben.

Normativ ist die Zuständigkeit der DEHSt „nur" auf einen Nebensatz im TEHG zurückzuführen. In § 20 Abs. 1 S. 2 TEHG heißt es lapidar: „Im Übrigen ist das Umweltbundesamt zuständig." Das „Übrige" resultiert aber aus dem Umkehrschluss aus § 20 Abs. 1 S. 1 TEHG, der nur die Durchführung von §§ 4 und 5 TEHG den Ländern zuweist. Andersherum: Der Bund vollzieht das TEHG in allen Belangen außer zu §§ 4 und 5 TEHG.

Die nach § 20 Abs. 1 S. 2 TEHG zu erfüllenden Aufgaben „im Übrigen" erstrecken sich auf so wesentliche Bereiche des Emissionshandelsrechts wie die Zuteilung und Abgabe von Emissionsberechtigungen, die Durchführung des Zuteilungsverfahrens, die Überwachung der betroffenen Anlagenbetreiber, die Führung des Emissionshandelsregisters, die Verhängung von Sanktionen sowie sonstige fachlich-wissenschaftliche Aufgaben.

2.11.1.1 Zuteilung und Abgabe von Emissionsberechtigungen

Die DEHSt ist zuständig für Zuteilung von Emissionsberechtigungen nach § 9 TEHG sowie das vorgeschaltete Zuteilungsverfahren gem. § 10 TEHG. Der Zuteilungsantrag nach § 10 Abs. 1 S. 1 TEHG ist bei der DEHSt zu stellen. Auch Anträge auf Bildung eines Anlagenfonds (§ 24 TEHG) oder einer einheitlichen Anlage (§ 25 TEHG) sind bei der DEHSt zu stellen.

Zuständige Behörde für die Zuteilungsentscheidung ist ebenfalls die DEHSt. Gegen sie richten sich dann gegebenenfalls erforderliche Rechtsbehelfe und Klagen. Soweit die Zuteilungsregeln, aber auch die Ausgabe und Überführung von Berechtigungen im ZuG 2007 geregelt sind, ist zuständige Behörde im Sinne des ZuG 2007 auch hier die DEHSt. Dies ergibt sich aus dem Verweis in § 22 ZuG 2007.

---

[76] Offenbar stand aber nicht von Anfang an die Zuweisung des Vollzugs an das Umweltbundesamt fest, sondern es wurde auch eine Übertragung der Aufgaben an das Bundesamt für Wirtschaft und Ausfuhrkontrolle in Eschborn erwogen, siehe hierzu *Kloepfer*, in: Der Handel mit Emissionsrechten im System des Umweltrechts, S. 71, 105.

Weitere Aufgabe der DEHSt ist, die sachverständigen Stellen, die zur Verifizierung des Zuteilungsantrags erforderlich sind, bekanntzugeben (§ 10 Abs. 1 S. 3 TEHG). Die DEHSt ist auch zuständige Behörde im Sinne des § 11 TEHG zur nachträglichen Überprüfung der Richtigkeit der im Zuteilungsverfahren gemachten Angaben. § 17 ZuG 2007 sieht eine vergleichbare Vorschrift für den Anwendungsbereich des ZuG 2007 vor. Hier kann die DEHSt zusätzlich einen Sachverständigen zur Überprüfung von Betreiberangaben zum Emissionswert bei Neuanlagen (§ 11 Abs. 4 S. 1 Nr. 4 ZuG 2007) beauftragen. Sie ist außerdem zuständig für einen etwaigen Widerruf bzw. eine Rückgabeentscheidung für den Fall zu viel erhaltener Emissionsberechtigungen, etwa bei einer fehlerhaft prognostizierten Zuteilung auf der Basis angemeldeter Emissionen (§ 8 Abs. 4 ZuG 2007) oder bei der Einstellung des Betriebes (§ 9 Abs. 1 ZuG 2007).

Die DEHSt ist auch zuständige Behörde für die unverzügliche Anzeige der Einstellung des Betriebes einer Anlage (§ 9 Abs. 2 ZuG 2007). Zu beachten ist, dass Stilllegungsanzeigen gem. § 4 Abs. 9 TEHG auch gegenüber der zuständigen Landesbehörde zu erfolgen haben.[77] Das TEHG schafft demnach Parallelzuständigkeiten für Bundes- und Landesbehörden.[78] Hinzu kommen außerdem noch vergleichbare, nach anderen Vorschriften zu beachtende Pflichten, wie etwa die Anzeigepflicht nach § 15 Abs. 3 BImSchG bei der Absicht der Einstellung des Betriebes. Auch wenn Anlagenbetreiber angesichts dieser scheinbaren Überregulierung den Sinn und Zweck der Mehrfachanzeigen nur schwerlich nachzuvollziehen vermögen, ist es wichtig, diese Pflichten zu beachten, da ein Verstoß regelmäßig mit Sanktionen geahndet wird.

Schließlich ist die DEHSt auch zuständige Behörde für abzugebenden Emissionsberechtigungen (§ 6 Abs. 1 TEHG) sowie für die Anerkennung von Berechtigungen und Emissionsgutschriften auf Grund von Projekten nach Art. 6 und 12 des Kyoto-Protokolls und von Drittländern, mit denen ein Abkommen über die gegenseitige Anerkennung von Berechtigungen gem. Art. 25 der EH-Richtlinie geschlossen wurde.

2.11.1.2 Überwachungsaufgaben

Die DEHSt ist zuständige Behörde für eine Vielzahl von Überwachungsaufgaben, die sich aus dem Emissionshandelsrecht ergeben. Dies gilt ohnehin für die Überwachung der ihr übertragenen Aufgaben. Dies regelt bereits § 21 Abs. 1 TEHG: Die DEHSt sowie deren Beauftragten haben in diesem Zusammenhang Zutrittsrechte zu Grundstücken (§ 21 Abs. 2 S. 1 Nr. 1 TEHG). Ihnen sind Prüfungen und Ermittlungen von Emissionen innerhalb der Geschäftszeiten gestattet (§ 21 Abs. 2

---

[77] Siehe zu den Behördenzuständigkeiten im Immissionsschutzrecht im Einzelnen: *Kloepfer* unter Mitarbeit von *Assenmacher/Fenner/Wustlich*, Umweltrecht in Bund und Ländern, S. 315 ff. zu den jeweiligen Ländern; *Jarass*, Einl. Rn. 56 m.w.N.

[78] Zum verfassungsrechtlichen Gebot klarer und widerspruchsfreier Zuständigkeitsregeln: *Schweer/von Hammerstein*, § 20 TEHG Rn. 37 f.; außerdem zur verfassungsrechtlichen Problematik der Mischverwaltung: *Schweer/von Hammerstein*, § 20 TEHG Rn. 33 ff.; *Vierhaus*, in: Körner/Vierhaus, § 20 TEHG Rn. 19 ff.

S. 1 Nr. 2 TEHG), Auskünfte zu erteilen und Unterlagen vorzulegen, die zur Erfüllung ihrer Aufgaben erforderlich sind (§ 21 Abs. 2 S. 1 Nr. 3 TEHG). Die Betroffenen können sich freilich auf ihr Recht zur Auskunftsverweigerung berufen. § 21 Abs. 3 TEHG verweist insofern auf § 52 Abs. 5 BImSchG. Das Recht zur Auskunftsverweigerung betrifft jedoch nicht die Pflicht zur Vorlage von Unterlagen.[79]

2.11.1.3 Registeraufgaben

Die DEHSt führt als zuständige Behörde gem. § 14 Abs. 1 TEHG das Emissionshandelsregister. Dies hat in Form einer standardisierten elektronischen Datenbank zu erfolgen. Aufgabe der DEHSt ist es dabei, die Konten für die Emissionsberechtigungen zu unterhalten, in denen die Ausgabe, der Besitz, die Übertragung und die Abgabe von Emissionsberechtigungen verzeichnet werden. Es ist auch Aufgabe der DEHSt als zuständiger Behörde, die abgegebenen Berechtigungen zu löschen (§ 14 Abs. 2 S. 2 TEHG). Es gehört auch zu den Aufgaben der DEHSt, bei einer Übertragung von Berechtigungen die nach § 16 Abs. 1 TEHG erforderliche Eintragung im Emissionshandelsregister vorzunehmen.

2.11.1.4 Sanktionen

Weitreichende Befugnisse kommen der DEHSt auch im Zusammenhang mit der Durchsetzung von Sanktionen bei Verstößen gegen das Emissionshandelsrecht zu. Maßgebliche Vorschriften hierzu sind §§ 17, 18 TEHG.[80] So kann die DEHSt als zuständige Behörde nach § 17 Abs. 1 TEHG die Kontosperrung für die Übertragung von Emissionsberechtigungen verfügen, wenn der nach § 5 TEHG erforderliche Emissionsbericht nicht rechtzeitig oder fehlerhaft abgegeben wird. Dadurch dass der Emissionsbericht gem. § 5 Abs. 1 TEHG i.V.m. § 20 Abs. 1 S. 1 TEHG bei der zuständigen Landesbehörde abzugeben ist, hätte es nahe gelegen, diesbezügliche Sanktionsmaßnahmen auch den Ländern zu überlassen. Dies ist aber nicht der Fall: Der Wortlaut von § 17 Abs. 1 TEHG unterscheidet zwischen der „zuständigen Behörde" und der „nach § 20 Abs. 1 Satz 1 zuständigen Behörde". Nur hinsichtlich letztgenannter Behörde sind die Landesbehörden gemeint. Das Recht, genauer gesagt: die Pflicht zur Kontosperrung[81] obliegt aber der „zuständigen Behörde". Dabei kann es sich auch in Anbetracht der insofern eindeutigen Abgrenzung der Zuständigkeiten zwischen § 20 Abs. 1 S. 1 und 2 TEHG nur um die DEHSt handeln.[82]

---

[79] Siehe hierzu ausführlich *Frenz*, in: Frenz, § 21 TEHG Rn. 27 ff. mit weiteren Hinweisen.
[80] Siehe hierzu im Einzelnen Kapitel 7.
[81] § 17 Abs. 1 TEHG räumt der Behörde kein Ermessen ein.
[82] So auch *Schweer/von Hammerstein*, § 20 TEHG Rn. 16 mit Verweis auf eine Pressemitteilung des Bundesrates vom 28.5.2004, wonach die Zuordnung der Sanktionen zur Bundesbehörde aus „Wettbewerbs- und Praktikabilitätsgründen" gesetzgeberische Absicht gewesen sei; vgl. auch *Vierhaus*, in: Körner/Vierhaus, § 20 TEHG Rn. 21.

Die DEHSt ist gem. § 18 TEHG auch zuständige Behörde für die Durchsetzung der Abgabepflicht nach § 6 Abs. 1 TEHG. Da die DEHSt bereits zuständige Behörde für die Abgabe von Berechtigungen nach § 6 Abs. 1 TEHG ist, stellen sich die zu § 17 TEHG aufgeworfenen Abgrenzungsfragen in der Zuständigkeit zwischen Bundes- und Landesbehörde hier nicht.[83]

2.11.1.5 Sonstige Aufgaben

Sonstige Aufgaben der DEHSt ergeben sich im Wesentlichen aus der – bislang – vorrangigen Aufgabenstellung des Umweltbundesamtes, nämlich der wissenschaftlichen Unterstützung des Bundesministeriums für Umwelt, Naturschutz und Reaktorsicherheit, des Aufbaus und der Führung von Fachinformationssystemen und Durchführung umweltwissenschaftlicher Forschungen.[84] Für die Fortentwicklung des Emissionshandelsrechts wird es Aufgabe der DEHSt sein, bei der Vorbereitung künftiger nationaler Allokationspläne mitzuwirken (insbesondere durch Sammlung, Aufbereitung und Bereitstellung von Daten) und vor allem auch Verfahrensfragen, wie etwa die Aufstellung von Benchmarks zu begleiten.

2.11.2 Landesbehörden

Den Landesbehörden kommt eine vergleichsweise bescheidene Vollzugsaufgabe im Emissionshandelsrecht zu. Bescheiden wirkt sie nicht nur im Vergleich zu den vielfältigen Aufgaben der zuständigen Bundesbehörde DEHSt, sondern auch im Kontext mit den ansonsten üblichen Verwaltungsaufgaben von Landesbehörden im Umwelt- und insbesondere im Immissionsschutzrecht.[85] Ob der Gesetzgeber damit einen Paradigmenwechsel eingeläutet hat, ob also hier der Versuch unternommen wird, unter dem Vorzeichen eines bundeseinheitlichen und damit auch leichter überschaubareren Vollzugs für eine Entföderalisierung des Umweltrechts Pflöcke einzuschlagen, wird sich wohl erst in Zukunft erweisen und auch maßgeblich davon abhängen, ob die DEHSt als zuständige Bundesbehörde sich den Aufgaben dauerhaft gewachsen zeigt.

§ 20 Abs. 1 S. 1 TEHG weist den Ländern den Vollzug der Aufgaben nach §§ 4 und 5 TEHG zu, jedoch nur für den Bereich der genehmigungsbedürftigen Anlagen.[86] Das heißt im Umkehrschluss, dass die DEHSt auch die Aufgaben nach §§ 4 und 5 TEHG vollzieht, soweit es sich um nicht genehmigungsbedürftige Anlagen

---

[83] Zu der Sanktion nach § 18 TEHG im Einzelnen siehe Kapitel 7.
[84] Vgl. § 2 des Gesetzes über die Errichtung eines Umweltbundesamtes vom 22.7.1974, BGBl. I S. 1505, zuletzt geändert durch Gesetz vom 2.5.1996, BGBl. I S. 660.
[85] Siehe hierzu *Kloepfer* unter Mitarbeit von *Assenmacher/Fenner/Wustlich*, Umweltrecht in Bund und Ländern, S. 308 ff.
[86] Welche Landesbehörde im Einzelnen zuständig ist, ergibt sich aus den jeweiligen landesrechtlichen Vorschriften; siehe hierzu die Übersicht bei *Kloepfer* unter Mitarbeit von *Assenmacher/Fenner/Wustlich*, Umweltrecht in Bund und Ländern, S. 315 ff. zu den jeweiligen Ländern.

handelt. Die Genehmigungsbedürftigkeit von Anlagen entscheidet sich nach § 1 4. BImSchV i.V.m. dem Anhang der 4. BImSchV. Da das deutsche Emissionshandelsrecht gem. § 2 Abs. 1 TEHG i.V.m. Anhang 1 des TEHG bislang nur genehmigungsbedürftige Anlagen in den Emissionshandel einbezieht, kommt es derzeit auf diese Unterscheidung in der Zuständigkeit nicht an. Ob es allerdings dabei bleibt, steht im Ermessen des Gesetzgebers und ist – jedenfalls gem. Art. 24 EH-Richtlinie – ab dem Jahr 2008 durchaus möglich.

2.11.2.1 Emissionsgenehmigung

Die Landesbehörden sind gem. § 20 Abs. 1 S. 1 TEHG für die Durchführung der Emissionsgenehmigung nach § 4 TEHG zuständig. Dadurch bleiben die mit der immissionsschutzrechtlichen und emissionsrechtlichen Genehmigung verbundenen Aufgaben bei derselben Verwaltungsebene. Die Landesbehörden haben den Genehmigungsantrag des Anlagenbetreibers (§ 4 Abs. 3 S. 1 TEHG) oder dessen Anzeige (§ 4 Abs. 7 S. 3 TEHG) entgegenzunehmen. Es ist auch Aufgabe der Landesbehörde, gegebenenfalls nachträgliche Anordnungen auszusprechen, wenn eine bereits früher erteilte immissionsschutzrechtliche Genehmigung an das Emissionshandelsrecht angepasst werden muss. Die nachträgliche Anordnung erfolgt über § 17 BImSchG.

Die jeweilige Landesbehörde ist auch zuständige Behörde für die Entgegennahme von Anzeigen des Anlagenbetreibers zur geplanten Änderung oder Stilllegung der Anlage (§ 4 Abs. 9 TEHG) sowie zur Annahme von Anzeigen bei Änderung der Identität oder der Rechtsform des Betreibers (§ 4 Abs. 10 TEHG).

2.11.2.2 Emissionsbericht

Die Landesbehörden sind außerdem zuständig für die Entgegennahme (§ 5 Abs. 1 S. 1 2. Hs. TEHG) und „stichprobenartige" Prüfung (§ 5 Abs. 4 TEHG) des von dem Anlagenbetreiber zu erstellenden Emissionsberichts. Außerdem hat die Landesbehörde den Emissionsbericht an die DEHSt weiterzuleiten (§ 5 Abs. 4 TEHG). Es ist auch Aufgabe der Landesbehörden, die für die Prüfung von Emissionsberichten erforderlichen Sachverständigen bekannt zu geben (§ 5 Abs. 3 TEHG).

2.11.3 Übertragung von Zuständigkeiten

Nach § 20 Abs. 2 TEHG ist dem Bundesministerium für Umwelt, Naturschutz und Reaktorsicherheit eine Rechtsverordnungsermächtigung eingeräumt, wonach die Durchführung der nach dem TEHG vorgesehenen Aufgaben des Umweltbundesamtes mit den dafür erforderlichen hoheitlichen Befugnissen ganz oder teilweise auf eine juristische Person übertragen werden darf. Ausgenommen ist allerdings die Durchführung von Sanktionen nach §§ 17 bis 19 TEHG. Die Übertragung bedarf nicht der Zustimmung des Bundesrates und soll nur dann zulässig sein, wenn die juristische Person dafür Gewähr bietet, dass die übertragenen Aufgaben ordnungsgemäß erfüllt werden. § 20 Abs. 2 TEHG sieht insofern nichts anderes als die Möglichkeit einer Beleihung vor.[87] Einzelheiten, welche Voraussetzung die juristische Person erfüllen muss, um ausreichend Gewähr für eine ordnungsgemäße Aufgabenerfüllung zu bieten, regelt katalogartig § 20 Abs. 2 S. 3 TEHG. Hierzu gehören Zuverlässigkeit und fachliche Eignung der Geschäftsführung, hinreichende Ausstattung und Organisation, ein ausreichendes Anfangskapital der juristischen Person sowie keine wirtschaftliche oder organisatorische Nähe zu einer dem Anwendungsbereich des TEHG unterfallenden Person.[88]

Derzeit sind Bestrebungen des Bundesministeriums für Umwelt, Naturschutz und Reaktorsicherheit zur Übertragung von Aufgaben im Sinne des § 20 Abs. 2 TEHG nicht zu erkennen. Die Vorschrift ist aber beachtenswert, da sie Modellcharakter für eine Aufgabenverlagerung auch auf Landesebene, etwa für die Durchführung von immissionsschutzrechtlichen Verfahren oder hinsichtlich der Überwachung haben könnte. Dadurch könnten die Landesumweltämter entlastet werden.

---

[87] Vgl. hierzu auch *Vierhaus/v. Schweinitz*, in: Körner/Vierhaus, § 20 TEHG Rn. 14.
[88] Siehe weitere Einzelheiten zu den Voraussetzungen bei *Frenz*, in: Frenz, § 20 TEHG Rn. 21 ff.

Kapitel 3 Emissionshandelsrecht in der betrieblichen Praxis

Betreiber emissionshandelspflichtiger Anlagen kommen nicht umhin, zur Erfüllung der sich aus dem Emissionshandelsrecht ergebenden neuen Anforderungen in ihren Unternehmen organisatorische Vorkehrungen vorzusehen und gegebenenfalls die vorhandene Betriebsorganisation anzupassen. Das folgende Kapitel befasst sich mit der innerbetrieblichen Erfüllung der Aufgabenstellungen aus dem Emissionshandel.

3.1 Anforderungen an die Betriebsorganisation

Der Gesetzgeber hat im TEHG keine Vorschriften über die Gestaltung bzw. über eine Anpassung der innerbetrieblichen Organisation zum Zweck der Erfüllung der Vorschriften des Emissionshandelsrechts vorgesehen. Schon deshalb wird eine selbständige betriebliche Organisationseinheit mit der speziellen Aufgabenzuweisung „Erledigung aller Fragen im Zusammenhang mit dem Emissionshandel" zum Start des Emissionshandels am 01.01.2005 in der Praxis eine seltene Ausnahme gewesen sein. Vor diesem Termin war lediglich festzustellen, dass sich auf der Adressatenseite der neuen Rechtsmaterie nur solche Betreiber finden, die Erfahrungen auf dem Gebiet des betrieblichen Umweltschutzes haben. Dies ergibt sich aus dem Umstand, dass als emissionshandelspflichtige Anlagen zunächst nur genehmigungsbedürftige Anlagen im Sinn des BImSchG in Frage kommen.[1] Damit wird es für viele Betreiber wohl nahe liegend gewesen sein, die Erfüllung der neuen Aufgaben denjenigen Mitarbeitern im Unternehmen zuzuweisen, die bereits die Aufgaben im immissionsschutzrechtlich geprägten Bereich des betrieblichen Umweltschutzes erfüllten, insbesondere vor dem Hintergrund einer unterstellten thematischen Verwandtschaft von Klimaschutz und Umweltschutz.

3.1.1 Geschäftsleitung

Aus den einschlägigen Organisationsnormen zum betrieblichen Umweltschutz ist bekannt, dass die Erfüllung der sich aus § 5 BImSchG ergebenden Betreiberpflichten einem Mitglied der Geschäftsführung oder des Vorstandes aufzuerlegen ist

---

[1] VG Karlsruhe, NVwZ 2005, 112; *Theuer,* in: Frenz, § 2 TEHG Rn. 10.

(§ 52 a Abs. 1 BImSchG). Die schriftlich zu bestellende Person hat sich vorrangig um die umweltrechtliche Pflichtenerfüllung des Unternehmens zu kümmern, die Fähigkeit zur Pflichtenerfüllung organisatorisch sicherzustellen und wird allgemein als „Ansprechpartner" für die zuständigen Umweltbehörden fungieren.[2]

Das bestellte Mitglied der Unternehmensleitung, das in der Praxis oftmals (unzutreffend) als „52 a-Verantwortlicher" bezeichnet wird,[3] erhält über die Erweiterung des Pflichtenkatalogs in § 5 Abs. 1 Satz 2 BImSchG durch das Emissionshandelsrecht auch die Verantwortung für die neue Rechtsmaterie, sofern in den emissionshandelspflichtigen Unternehmen keine andere Regelung getroffen und die zuständige Behörde darüber formell in Kenntnis gesetzt wird.

3.1.2 Umweltbeauftragte

Nach § 52 a Abs. 2 BImSchG sind die Betreiber genehmigungsbedürftiger Anlagen verpflichtet, die von ihnen getroffenen organisatorischen Maßnahmen im Bereich des betrieblichen Umweltschutzes der zuständigen Behörde in geeigneter Weise mitzuteilen.[4] Üblich ist in größeren Unternehmen, zur Vermeidung potentiellen Organisationsverschuldens[5] hierfür eigenständige Organisationseinheiten mit der Aufgabenzuweisung „Betrieblicher Umweltschutz" einzurichten.

Betreiber genehmigungsbedürftiger Anlagen müssen einen oder mehrere Betriebsbeauftragte für Immissionsschutz gemäß § 53 BImSchG bestellen. Der Betriebsbeauftragte ist dabei als Hilfsorgan des Betreibers zur Einhaltung seiner gesetzlichen Betreiberpflichten anzusehen.[6]

Die Aufgaben eines Betriebsbeauftragten für Immissionsschutz (Immissionsschutzbeauftragten) werden in § 54 BImSchG beschrieben. Der dort definierte Aufgabenkatalog ist durch das Emissionshandelsrecht nicht erweitert worden. Dies bedeutet jedoch nicht, dass der Immissionsschutzbeauftragte für die Materie des Emissionshandelsrechts nicht zuständig sein darf oder sein sollte. § 54 Abs. 1 Nr. 3 BImSchG ist zu entnehmen, dass es zu den Aufgaben des Immissionsschutzbeauftragten gehört, die Einhaltung aller Vorschriften des Immissionsschutzrechts zu überwachen, sofern sie nicht explizit einer dritten Person überantwortet werden. Da die anlagenbezogenen „Kardinalpflichten" aus §§ 5, 6 Abs. 1 TEHG mit der Vorschrift des § 5 Abs. 1 Satz 1 BImSchG in das Immissionsschutzrecht als Betreiberpflichten integriert wurden („Verzahnung von Immissionsschutzrecht und Emissionshandelsrecht"),[7] ist darin ein Anknüpfungspunkt für eine grundsätzliche Zuständigkeit des Immissionsschutzbeauftragten auch im Emissionshandel zu sehen.

---

[2] Vgl. *Jarass*, § 52 a Rn. 4.
[3] Besser geeignet wäre die Bezeichnung „Fachvorstand Umweltschutz".
[4] Zur Organisationspflicht siehe *Jarass*, § 52 a Rn. 7 f.
[5] Dazu *Kloepfer*, Umweltrecht, § 6 Rn. 152.
[6] *Jarass*, § 53 Rn. 4.
[7] Siehe Kapitel 2.7.1.

Soweit der Betreiber der emissionshandelspflichtigen Anlage den Immissionsschutzbeauftragten mit der Wahrnehmung von Aufgaben aus dem Emissionshandelsrecht betrauen möchte, muss er jedoch beachten, dass dann die Aufgabenbeschreibung des Betriebsbeauftragten nach § 55 Abs. 1 Satz 1 BImSchG anzupassen ist. Ferner muss der Betreiber dafür Sorge tragen, dass der Immissionsschutzbeauftragte über die ausreichende Fachkunde[8] für die Erfüllung seiner neuen Aufgaben verfügt (§ 55 Abs. 2 Satz 1 BImSchG) oder sie umgehend erwirbt.

3.2 Neue Anforderungen

Zu den bekannten immissionsschutzrechtlichen Anforderungen treten eine Reihe neuer Anforderungen des Emissionshandelsrechts hinzu. Teilweise waren letztere schon mit Beginn des Emissionshandels zu erfüllen. So ordnet beispielsweise § 4 TEHG an, dass ein Betreiber zum rechtmäßigen Weiterbetrieb einer emissionshandelspflichtigen Anlage ab dem 01.01.2005 eine Emissionsgenehmigung benötigt.[9] Wurde auch die Emissionsgenehmigung in den meisten Fällen kraft einer gesetzlichen Fiktion erlangt, bleibt davon doch die Betreiberpflicht unberührt, die anlagenspezifischen Inhalte vorzuschlagen und diese mit der zuständigen Behörde abzustimmen. Auch wenn weder auf Behörden- noch auf Betreiberseite aufgrund der kurzen Umsetzungsphase des Emissionshandelsrechts eine umfassende Erfüllung aller Anforderungen zum 01.01.2005 eingehalten werden konnte, wird die Duldung dieser Situation nicht unbegrenzt erfolgen können. Die innerbetriebliche Organisation muss auf eine umfassende Aufgabenerfüllung eingerichtet werden.

3.2.1 Zuteilungsverfahren

Schon im Zuteilungsverfahren waren eine Reihe verantwortungsvoller Aufgaben zu erledigen: Die kostenlose Zuteilung von CO_2-Emissionsberechtigungen, beginnend mit der Handelsperiode 2005-2007, erfolgte nur auf Antrag eines Betreibers einer emissionshandelspflichtigen Anlage, d.h. dieser gesetzliche Anspruch ist in einem Zuteilungsantrag nach § 7 ff. ZuG 2007 und § 3 ZuV 2007 geltend zu machen. Dieser Antrag ist von einem externen Sachverständigen, der sorgfältig auszuwählen und zu beauftragen ist, vor der Abgabe des Zuteilungsantrags an die zuständige Behörde verifizieren zu lassen (§ 14 ZuV 2007).[10] Gegebenenfalls müssen die Betreiber die ergehende Zuteilungsentscheidung (Verwaltungsakt) der DEHSt fristgerecht mit Widerspruch anfechten und gegebenenfalls Anfechtungsklage erheben (§ 17 ZuG 2007). Die Kosten der Zuteilung der Berechtigungen und der Einrichtung der Anlagenkonten bei dem deutschen Emissionshandelsregister sind von den Betreibern emissionshandelspflichtiger Anlagen zu prüfen und zur

---

[8] Dazu näher *Jarass*, § 55 Rn. 11 ff.
[9] Näher zur Emissionsgenehmigung oben unter 2.7.2.
[10] Näher zum Sachverständigen nach § 10 TEHG in Kapitel 4.2.

Zahlung anzuweisen. Zudem sind die zugeteilten CO_2-Berechtigungen betriebswirtschaftlich im Unternehmen zu berücksichtigen (Bilanz).[11]

3.2.2 Emissionsüberwachung

Vom 01.01.2005 an haben Betreiber die tatsächlichen CO_2-Emissionen, die aus den Anlagen (Emissionsquellen) ihres Verantwortungsbereiches stammen, korrekt zu ermitteln. Dazu haben sie für jede emissionshandelspflichtige Anlage ein „Monitoringkonzept" zu entwickeln, dieses mit der zuständigen Behörde abzustimmen und durch diese genehmigen zu lassen.[12] In diesem Zusammenhang können bedeutende Investitionsentscheidungen notwendig werden, etwa im Hinblick auf die Beschaffung neuer Messeinrichtungen.

Gemäß § 5 Abs. 1 TEHG sind die Betreiber emissionshandelspflichtiger Anlagen auch verpflichtet, die CO_2-Emissionsdaten ab dem Jahr 2005 in einem formgerechten CO_2-Emissionsbericht zusammenzufassen, der dann zum 01.03.2006 der DEHSt über die zuständige Länderbehörde vorzulegen ist.[13] Auch dieser Bericht ist von einem externen Sachverständigen zu überprüfen, der dazu vom Betreiber ausgewählt und beauftragt werden muss.

3.2.3 Abgabe von Berechtigungen

Erstmals zum 30.04.2006 haben die Betreiber emissionshandelspflichtiger Anlagen ihre verbrauchten Emissionsberechtigungen auf der Grundlage des eingereichten und geprüften Emissionsberichtes abzugeben (§ 6 Abs. 1 TEHG) oder gegebenenfalls CO_2-Berechtigungen für das Emissionsjahr 2005 am Handelsmarkt hinzuzukaufen bzw. die innerbetriebliche Entscheidung zu treffen, ob Berechtigungen aus der Zuteilung 2006 für die Abgabeverpflichtung herangezogen werden sollen. Diese Entscheidungen können im Einzelfall bedeutende wirtschaftliche Auswirkungen für das emissionshandelspflichtige Unternehmen haben.

Letztlich haben die Betreiber auch die Entscheidung zu treffen, ob CO_2-Berechtigungen, welche sie nicht benötigen, an Dritte veräußert werden, also ob sie am Emissionszertifikatehandel teilnehmen wollen.

Schon aus Gründen des hier nur skizzierten Aufgabenumfangs der sich aus dem Rechtsgebiet Emissionshandel ergibt erscheint es sinnvoll zu überprüfen, ob die vorhandene Betriebsorganisation in der Lage ist, effektiv und rechtssicher diese Aufgaben für den Betreiber erfüllen zu können.

---

[11] Dazu eingehend *Vierhaus,* in: Körner/Vierhaus, § 3 TEHG Rn. 15 ff.
[12] Näher dazu in Kapitel 5.2.
[13] Nach Anhang 2 Teil II TEHG i.V.m. Abschnitt 11 Monitoring-Guidelines. Näher dazu in Kapitel 5.

3.3 Anpassen der Betriebsorganisation

Die emissionshandelsrechtliche Pflicht zur Treibhausgasemissionskontrolle und daraus folgend die Pflicht zur CO_2-Emissionsberichterstattung lassen auf den ersten Blick eine Parallelität zum Pflichtenkreis des bereits in den emissionshandelspflichtigen Unternehmen etablierten Immissionsschutzbeauftragten erkennen.[14] Daraus eine umfassende Zuständigkeit des Immissionsschutzbeauftragten bzw. des betrieblichen Umweltschutzes abzuleiten, erscheint jedoch etwas zu kurz gegriffen: Der Emissionshandel ist als eine wesentliche operative Tätigkeit des Unternehmens einzustufen. Schon der Gesetzgeber des BImSchG hat den Aufgabenfokus des betrieblichen Umweltschutzes nicht auf die operative Durchführung bestimmter Maßnahmen zum Umweltschutz, sondern auf die Wahrnehmung von Überwachungs-, Informations- und Beratungspflichten gelegt, wobei Adressaten die Betreiber der Anlage[15] und die Beschäftigten in den Betreiberunternehmen selbst sind.[16] An diese gesetzgeberische Entscheidung anknüpfend, sollten dem betrieblichen Umweltschutz im Wesentlichen die administrativen Aufgaben des Emissionshandels zugewiesen werden.

3.3.1 Administrative Aufgaben

Bei der Aufgabenverteilung im Unternehmen sollte, sofern eine (empfehlenswerte) Stelle eines speziellen Betriebsbeauftragten für den Emissionshandel („Klimaschutzbeauftragter") in der Betriebsorganisation eines Betreibers nicht abgebildet werden kann, der Immissionsschutzbeauftragte insofern berücksichtigt werden, als seine Erfahrungen aus den immissionsschutzrechtlichen Emissionserklärungen und den entsprechenden Emissionsberichten auch im Emissionshandelsbereich genutzt werden. Des Weiteren ist es sinnvoll, dem Betriebsbeauftragten für Immissionsschutz die Zuständigkeit für alle Fragen im Zusammenhang mit der Emissionsgenehmigung zu übertragen. Daraus folgt weiterhin die Verantwortung für die Emissionsdatenerhebung (Messung oder Berechnung) sowie für die Emissionsüberwachung und den CO_2-Emissionsbericht nach dem TEHG. Diese Aufgabenverteilung stellt sicher, dass das bereits bestehende Vertrauensverhältnis zwischen Immissionsschutzbeauftragten und Immissionsschutzbehörden, die ebenfalls Emissionsgenehmigungsbehörden sind, für den Emissionshandelsbereich nutzbar gemacht werden kann.

---

[14] Näher zu den Aufgaben des Betriebsbeauftragten für Immissionsschutz *Jarass*, § 54 Rn. 10.
[15] Üblicherweise ist der Adressat nicht der Betreiber (im Rechtssinne) selbst, sondern als Adressaten kommen nur Personen, die die Betreiberpflichten wahrnehmen, z.B. Anlagenverantwortliche wie Kraftwerksleiter, in Frage. Näher zur Betreibereigenschaft siehe *Vierhaus*, in: Körner/Vierhaus, § 3 TEHG Rn. 30 ff.
[16] Näher zum Tätigkeitsprofil der Umweltbeauftragten etwa *Kloepfer*, Umweltrecht, § 5 Rn. 375 ff.

3.3.2 Operative Aufgaben

Für die Beantwortung von Fragen, die sich im Zusammenhang mit der „richtigen" Beantragung der CO_2-Emissionsberechtigungen (Zuteilungsantrag und Zuteilungsverfahren in jeder Handelsperiode) stellen, sollte grundsätzlich nur ein mit dem konkreten und geplanten Anlageneinsatz vertrauter Mitarbeiter beauftragt werden. Eine enge Verzahnung zu den Fachgebieten „Einsatzoptimierung" und „Portfoliomanagement" ist anzustreben. Damit wird sichergestellt, dass die richtigen und anlagenspezifisch besten Zuteilungsoptionen im aktuellen wie auch im zukünftigen Zuteilungsgesetz (2012) im Antragsverfahren ausgewählt werden, was ohne Kenntnis und einer eingehenden Bewertung der Prognosen zum Anlageneinsatz von einem Mitarbeiter nicht geleistet werden kann. Die bisherige, allseits nicht erwartete Preisentwicklung der Berechtigungen im ersten Jahr des Emissionshandels untermauert diese Empfehlung: Ein Zertifikatspreis, der die 18 Euro-Grenze je Berechtigung übersteigt, bewirkt in der Energiewirtschaft Änderungen in der Einsatzabfolge der Kraftwerke, verändert mithin die so genannte „Merit Order". Dies beeinflusst das wirtschaftliche Ergebnis eines Unternehmens maßgeblich. Die innerbetriebliche Organisation muss darauf vorbereitet sein, mit einer derartigen Veränderung des wirtschaftlichen Umfeldes umzugehen.

Nach der Zuteilung der Berechtigungen und der Einrichtung der CO_2-Berechtigungskonten bei dem Deutschen Emissionshandelsregister muss der Betreiber in seiner Eigenschaft als Kontoinhaber (§ 14 TEHG) Kontobevollmächtigte für seine Berechtigungskonten berufen.[17] Nur diese Bevollmächtigten haben die unmittelbare Verfügungsgewalt über ein bzw. mehrere Anlagenberechtigungskonten, mithin über die handelbaren Emissionsberechtigungen. Da allein der Betreiber für die ausreichende und fristgerechte Rückgabe der CO_2-Berechtigungen nach § 6 TEHG verantwortlich ist und bei einer Verletzung dieser Pflicht nach § 18 TEHG sanktioniert werden wird, ist zu empfehlen, Vorsorge zu treffen. Deshalb darf sich der Verantwortliche seiner Verfügungsgewalt über seine Berechtigungen nicht restlos begeben. Etwas anderes gilt nur, wenn er von der Option eines Anlagenfonds (§ 24 TEHG) Gebrauch macht und damit ein externer Treuhänder an die Stelle des Betreibers tritt.[18] Von dieser Möglichkeit hat aber nach Mitteilung der DEHSt in der Handelsperiode 2005-2007 kein Betreiber Gebrauch gemacht.[19]

Schon um den Folgen des § 18 TEHG vorzubeugen,[20] sollten innerbetriebliche Handlungsanweisungen sicherstellen, dass die vom Betreiber benannten Kontobevollmächtigten CO_2-Berechtigungen nur dann zur Veräußerung freigeben, wenn

---

[17] Es sind durch den Betreiber zwei Kontobevollmächtige zu beauftragen. Rechtsgrundlage ist Art. 23 der EU-RegisterVO, EG 2216/2004. Diese Verordnung ist vom zuständigen Gremium, dem Climate Change Comittee am 24.06.2004 verabschiedet und am 29.12.2004 im ABl. EU L 386/1 veröffentlicht worden; vgl. auch § 14 TEHG.
[18] Näher dazu in Kapitel 4.11.
[19] Mündliche Mitteilung des Leiters der DEHSt, Dr. Nantke, auf dem Kongress des Verbandes der Elektrizitätswirtschaft (VDEW) am 08.06.2005 in Berlin.
[20] Siehe dazu Kapitel 7.2.3.

im Gegenzug sichergestellt ist, dass eine fristgerechte Rückgabe einer ausreichenden Anzahl von CO_2-Berechtigungen nach § 6 TEHG dadurch nicht vereitelt werden kann. Die wirtschaftliche Bedeutung dieses Vorgehens wird wegen des „Bankingverbots" aus § 20 ZuG 2007 zum Ende der ersten Handelsperiode wachsen.[21]

Allerdings wird durch derartige Vorsichtsmaßnahmen lediglich dem primär wirtschaftlichen und dem Imageschaden der Betreiberunternehmen durch die Sanktionen des § 18 TEHG vorgebeugt,[22] denn trotz eines Verstoßes gegen die Abgabeverpflichtung aus § 6 Abs. 1 TEHG können die Anlagen rechtmäßig weiterbetrieben werden. Wie sich aus § 4 Abs. 8 Satz 3 TEHG ergibt, sind gegen einen Betreiber bei einem (vollendeten) Verstoß gegen die Abgabeverpflichtung ausschließlich die Sanktionen der §§ 17 und 18 TEHG zulässig.[23] Für die Verhängung dieser Sanktionen ist die DEHSt die allein zuständige Behörde.[24] Damit tritt auch ein Überwachungsdefizit des geltenden Emissionshandelsrechts hervor: Jeder Betreiber kann seine jährliche Abgabeverpflichtung aus der jeweils nächsten Berechtigungstranche der Handelsperiode bedienen („borrowing"). Eine tatsächliche oder wirtschaftliche Unmöglichkeit bezüglich der Abgabeverpflichtung kann daher im Einzelfall bis zum Ende der Handelsperiode unklar bleiben. Die staatliche Prüfung der Anlagenkonten auf ausreichende Deckung mit Emissionsberechtigungen ist gesetzlich nicht vorgesehen. Weder sieht das TEHG eine periodische Überprüfung des Kontenstandes durch die DEHSt vor, noch können die Immissionsschutzbehörden wegen der Sperrwirkung des § 4 Abs. 8 Satz 3 TEHG[25] etwaige Auskunftsbegehren zum Kontenstand auf § 21 TEHG oder auf §§ 52, 5 BImSchG stützen. Das Insolvenzrisiko eines Betreibers geht daher zu Lasten der Allgemeinheit, da ein etwaiges „Zertifikatsmanko" eines einzelnen Betreibers in der nächsten Zuteilung ausgeglichen werden muss.

3.3.3 Neue Schnittstellen

Der Erhalt und die Verwaltung der in der ersten Handelsperiode kostenlos zugeteilten,[26] aber hierdurch freilich keineswegs wertlosen Emissionsberechtigungen

---

[21] Zur Zulässigkeit und zum Sinn des „Banking"-Ausschlusses *Frenz,* in: Frenz, § 20 ZuG 2007 Rn. 2.
[22] Ob aus der „Anprangerung" nach § 18 Abs. 4 TEHG ein wirtschaftlicher Schaden resultieren kann, ist zweifelhaft, schon weil der Bundesanzeiger der breiten Öffentlichkeit eher unbekannt ist; *Frenz,* in: Frenz, § 18 TEHG Rn. 28.
[23] Am Ende der Handelsperiode ist eine Entwertung der Berechtigungen vorgesehen (am 30.04.2008; vgl. § 20 Satz 2 ZuG 2007). Eine nicht ausreichende Abgabe von Berechtigungen führt zur Strafzahlung nach § 18 Abs. 1 Satz 1 TEHG, lässt aber die weiter bestehende Abgabeverpflichtung nach § 18 Abs. 3 Satz 1 TEHG unberührt. Unklar ist, wie der Betreiber, der am 31.03.2008 über zu wenige Berechtigungen verfügt, bis zum 20.04.2008 seine Nachkaufpflicht (noch) erfüllen kann.
[24] *Schweer/von Hammerstein,* § 4 TEHG Rn. 49.
[25] *Theuer,* in: Frenz, § 4 TEHG Rn. 75 f.
[26] Vgl. § 18 Satz 1 ZuG 2007.

erfordert die Definition und die Einrichtung neuer Schnittstellen in der innerbetrieblichen Organisation der emissionshandelspflichtigen Unternehmen.

So ist es erforderlich, eine Schnittstelle zwischen der die CO_2-Berechtigungskonten führenden Stelle des Unternehmens und der kaufmännischen Betriebsorganisation (Buchhaltung/Steuerabteilung) einzurichten, die die CO_2-Berechtigungen zu bilanzieren[27] und Verfügungen über diese steuerrechtlich[28] zu bewerten hat.[29] Gegebenenfalls wird in Kapitalgesellschaften auch eine Schnittstelle zum „Risikomanagement" einzurichten sein, je nach Umfang der Transaktionen mit CO_2-Berechtigungen und dem wirtschaftlichen Wert dieser Transaktionen auf der Grundlage des Börsenpreises der Berechtigungen.

Da bereits im Zuteilungsverfahren, aber auch nach Erteilung der Zuteilungsbescheide, rechtliche Auseinandersetzungen mit der DEHSt nicht ausgeschlossen sind, ist eine Schnittstelle mit der Rechtsabteilung des Unternehmens zu definieren oder, soweit keine Rechtsabteilung besteht, die Entscheidung zu treffen, wer berechtigt sein soll, außerbetrieblichen Rechtsrat einzuholen. Damit kann Fristversäumnissen vorgebeugt werden.[30]

Vor der rechtsgültigen Abgabe seines Zuteilungsantrags muss der Betreiber diesen von einer externen sachverständigen Stelle verifizieren lassen (§ 10 Abs. 1 Satz 3 TEHG, § 14 ZuV 2007). Dies setzt eine entsprechende Beauftragung dieser Stelle voraus (Werkvertrag). Die sachverständigen Stellen werden bzw. sind von der DEHSt bekannt gemacht worden,[31] die Auswahl seines Sachverständigen muss der Betreiber selbst treffen. Für die nach § 5 Abs. 4 TEHG erstmals zum 31.03.2006 der DEHSt vorzulegenden CO_2-Emissionsberichte muss ein Betreiber ebenfalls externe Sachverständige mit deren Verifizierung beauftragen (§ 5 Abs. 3 TEHG).[32]

Handelsaktivitäten, also der Verkauf und der Ankauf von Emissionsberechtigungen, setzen spezielle Kenntnisse und sachliche Mittel voraus. Lediglich große emissionshandelspflichtige Unternehmen unterhalten eigene Handelshäuser, die den Börsenhandel mit CO_2-Emissionsberechtigungen ausführen können. Andere Betreiber müssen auf unternehmensfremde Händler zurückgreifen, die ihnen den

---

[27] Die Aktivierung der Berechtigungen erfolgt in der Steuerbilanz zu Anschaffungskosten, *Vierhaus;* in: Körner/Vierhaus, § 7 TEHG Rn. 42.

[28] Veräußerungen im Inland unterliegen der Umsatzsteuer; *Vierhaus,* in: Körner/Vierhaus, § 7 TEHG Rn. 46. Veräußerungen im Innenverhältnis eines Konzerns (Auftrag) sind nicht steuerpflichtig.

[29] Näher zur steuerrechtlichen Behandlung von Emissionszertifikaten *Streck/Binnewies,* DB 2004, 1116 ff.; *Vierhaus,* in: Körner/Vierhaus, § 3 TEHG Rn. 12 ff. und § 6 TEHG Rn. 22 ff.

[30] Es bestehen die allgemeinen Monatsfristen für Widerspruch und Anfechtungsklage nach den §§ 70, 74 VwGO. Zum Gerichtsstand vgl. § 20 Abs. 3 TEHG; Näheres zum Rechtsschutz unter Kapitel 9.

[31] Vgl. *Schweer/von Hammerstein,* § 10 TEHG Rn. 24 ff. Siehe auch im Internet unter www.dehst.de

[32] Zu den Anforderungen für Sachverständige siehe Kapitel 5.9.

Zugang zu den Börsen ermöglichen. Hierzu steht den Betreibern jedes Kreditinstitut zur Verfügung.

Kapitel 4 Zuteilungsverfahren 2005 bis 2007

4.1 Antragsverfahren

Die Zuteilung von Emissionsberechtigungen setzt ein Antragsverfahren voraus. Dabei ist eine Vielzahl sehr differenzierter und komplexer Zuteilungsregeln zu beachten. Für die erste Zuteilungsperiode endete die Antragsfrist am 21.09.2004, 24.00 Uhr. Dieser Zeitpunkt ergab sich aus § 10 Abs. 3 S. 1 TEHG in Verbindung mit dem Inkrafttreten des ZuG 2007 zum 31.08.2004.[1] § 10 Abs. 3 Satz 1 TEHG schreibt vor, dass Zuteilungsanträge für die erste Zuteilungsperiode innerhalb von drei Wochen nach Inkrafttreten des Gesetzes über den nationalen Zuteilungsplan gestellt werden müssen. Die ursprünglich etwas missverständlich formulierte Frist von 15 Werktagen nach Inkrafttreten des Zuteilungsgesetzes wurde kurz vor Verabschiedung des ZuG 2007 geändert.[2]

Unabhängig von dieser Frist können noch Anträge für den Fall der Aufnahme oder Erweiterung einer Tätigkeit gestellt werden (§ 10 Abs. 3 Satz 3 TEHG). Auf diese Weise werden sog. Newcomer nicht vom Verfahren ausgeschlossen. Je nach Beginn oder Erweiterung der Tätigkeit können also noch im Jahr 2005, 2006 und 2007 Anträge für die erste Zuteilungsperiode bei der DEHSt gestellt werden. Das Antragsverfahren ist insofern also auch noch für die laufende Zuteilungsperiode 2005 bis 2007 von Bedeutung.

Als bemerkenswert innovativ stellt sich die rein elektronische Durchführung des Zuteilungsverfahrens mittels Internet und E-Mail sowie entsprechender Software-Programme und elektronischer Verschlüsselungen dar. Der Gesetzgeber hat in § 4 Abs. 4 TEHG der DEHSt als zuständiger Behörde die Möglichkeit eröffnet, den Antragstellern vorzuschreiben, dass sie nur die auf den Internetseiten der DEHSt zur Verfügung gestellten elektronischen Formularvorgaben zu benutzen

---

[1] Das ZuG 2007 ist am 30.08.2004 im Bundesgesetzblatt verkündet worden und gem. § 24 ZuG 2007 am Tag danach in Kraft getreten.

[2] Gesetz zur Änderung des Futtermittelgesetzes und des Treibhausgas-Emissionshandelsgesetzes vom 21.07.2004, BGBl. I S. 1756. Ursprünglich war sogar als feststehende Frist für die Antragstellung der 15. August 2004 vorgesehen, doch musste dieses ehrgeizige Ziel wegen der zahlreichen Schwierigkeiten bei der Ausgestaltung des ZuG 2007 und der ZuV 2007 schließlich aufgegeben werden; s. hierzu auch: *Schweer/von Hammerstein*, § 10 TEHG Rn. 38; vgl. zu den Problemen der Fristberechnung: *Frenz*, in: Frenz, § 10 TEHG Rn. 21 und insb. dort Fn. 16.

haben und die vom Antragsteller ausgefüllten Formularvorlagen in elektronischer Form zu übermitteln sind. Die DEHSt hat von dieser Möglichkeit Gebrauch gemacht.[3] Die entsprechende Software – RISA-GEN II – ist den Beteiligten zur Verfügung gestellt worden. Ihre Benutzung ist obligatorisch.[4]

4.1.1 Antragsfrist und Ausschlusswirkung

Zuteilungsanträge für künftige Zuteilungsperioden sind gem. § 10 Abs. 3 Satz 1 2. Hs. TEHG jeweils bis zum 31.03. des Jahres, das der neuen Zuteilungsperiode vorangeht, bei der zuständigen Behörde zu stellen. Für die Zuteilungsperiode 2008 bis 2012 ist demnach der Antrag bis zum 31.03.2007 bei der DEHSt als derzeit zuständiger Behörde[5] einzureichen.

Von besonderer praktischer Bedeutung ist die mit der Fristenregelung des TEHG verbundene Ausschlusswirkung (Präklusion): Wer es bis zum Stichtag versäumt, den Antrag auf Zuteilung zu stellen, verliert gem. § 10 Abs. 3 Satz 2 TEHG den Anspruch auf Zuteilung. Das heißt nichts anderes, als dass durch ein Verfahrensversäumnis der materielle Anspruch auf Zuteilung von Berechtigungen entfällt.[6] Da dies weitreichende Folgen nach sich zieht, etwa weil der Betreiber mangels vorhandener Emissionsberechtigungen mit Sanktionen[7] rechnen muss, gegebenenfalls die Berechtigungen zwar auf dem Handelsmarkt nachkaufen kann, aber dadurch erhebliche Wettbewerbsnachteile erleidet, ist diese Vorschrift nicht unumstritten.[8] Im Ergebnis lässt sich die Präklusions-Klausel mit verfassungs- und verfahrensrechtlichen Anforderungen für vereinbar erklären, wenn man zugrunde legt, dass die Umsetzung des Emissionshandelsrechts, und insbesondere die Aufteilung des festgelegten Maßes an Emissionsberechtigungen unter alle Akteure, nur sachgerecht – und ebenfalls wiederum unter verfassungsrechtlichen Gesichtspunkten unbedenklich – gelingen kann, wenn sämtliche Anträge vorliegen und somit ein Maßstab für die Zuteilung im Einzelnen gebildet werden kann.[9]

Die strenge Konsequenz des Anspruchsausschlusses bei Fristversäumnis gilt freilich nicht im Falle der Aufnahme und Erweiterung der Tätigkeit nach Ablauf

---

[3] Siehe Bekanntmachung des Umweltbundesamtes vom 20.07.2004, BAnz. Nr. 139 v. 20.07.2004.
[4] Vgl. hierzu auch *Greinacher*, S. 117, 118.
[5] Nach § 20 Abs. 1 Satz 2 TEHG ist im Umkehrschluss zu § 20 Abs. 1 S. 1 TEHG das Umweltbundesamt zuständige Behörde für den Antrag auf Zuteilung. Beim Umweltbundesamt ist die Deutsche Emissionshandelsstelle (DEHSt) als eigene Abteilung des Umweltbundesamtes eingerichtet worden.
[6] Vgl. zur Rechtmäßigkeit von Präklusionen u.a. *Stelkens/Schmitz*, in: Stelkens/Bonk/Sachs, § 9 Rn. 80 m.w.N.; *Jarass*, § 10 Rn. 90 ff.; *Brandt*, NVwZ 1997, 233 ff.
[7] S. hierzu zu den Sanktionen im Einzelnen Kapitel 7.
[8] Vgl. hierzu *Körner*, in: *Körner/Vierhaus*, § 10 TEHG Rn. 21 ff.; *Frenz*, in: *Frenz*, § 10 TEHG Rn. 24 ff.; *Schweer/von Hammerstein*, § 10 TEHG Rn. 38 ff.
[9] Vgl. hierzu mit ausführlicher Darstellung der verfassungsrechtlichen Aspekte: *Schweer/von Hammerstein*, § 10 TEHG Rn. 41 ff.; s. auch *Frenz*, in: Frenz, § 10 TEHG Rn. 24 f.; *Körner*, in: Körner/Vierhaus, § 10 TEHG Rn. 21 ff.

der Frist, also nach dem 21.09.2004 bzw. dem 31.03.2007 für die Periode 2008-2012.[10]

4.1.2 Wiedereinsetzung

Die strenge Ausschlusswirkung wirft die Frage auf, ob nicht im Falle der Fristversäumnis im Sinne von § 10 Abs. 3 Satz 2 TEHG zumindest ein Wiedereinsetzungsantrag gestellt werden kann: Denn es handelt sich bei dem Antragsverfahren um ein formelles (Verwaltungs-)Verfahren, für das subsidiär das allgemeine Verwaltungsverfahrensrecht herangezogen werden kann: § 32 Abs. 1 VwVfG ermöglicht die Wiedereinsetzung in den vorigen Stand in solchen Fällen, in denen jemand ohne eigenes Verschulden (oder das seines Vertreters) eine Frist nicht einhalten konnte.[11]

Ob ein Antrag auf Wiedereinsetzung bei der Fristversäumnis nach § 10 Abs. 3 Satz 2 TEHG statthaft ist, ist fraglich: Dadurch, dass der Gesetzgeber die Ausschlussklausel des § 10 Abs. 3 Satz 2 TEHG erst im Laufe des Gesetzgebungsverfahrens ausdrücklich zur Vermeidung von Unklarheiten bei verfristeten Anträgen in das Gesetz aufgenommen hat,[12] könnte ein Fall des § 32 Abs. 5 VwVfG gegeben sein. Diese Vorschrift bestimmt, dass eine Wiedereinsetzung ausgeschlossen ist, wenn das einschlägige (Fach-)Gesetz den Ausschluss der Möglichkeit der Wiedereinsetzung ausdrücklich vorsieht.[13]

An dieser Stelle sind zwei rechtliche Ebenen zu unterscheiden: Auf der einen Ebene regelt § 10 Abs. 3 Satz 2 TEHG für sich genommen primär eine Präklusion, von deren Verfassungskonformität auszugehen ist. Auf einer zweiten Ebene könnte § 10 Abs. 3 Satz 2 TEHG auch die von § 32 Abs. 5 VwVfG erfasste Ausschlussnorm für eine Wiedereinsetzung sein.[14] Hierfür spricht, dass der Gesetzgeber in Kenntnis von § 32 VwVfG und gerade zur Präzisierung des speziellen emissionsrechtlichen Verwaltungsverfahrens die Präklusionsvorschrift des § 10 Abs. 3 Satz 2 TEHG in das Gesetz aufgenommen hat.[15] Ungeklärt ist aber tatsächlich, ob damit auch gerade der ausdrückliche Ausschluss einer Wiedereinsetzung normiert werden sollte.

---

[10] Vgl. § 10 Abs. 3 Satz 3 TEHG; s. auch § 10 Abs. 4 Satz 1 TEHG, § 9 Abs. 2 Satz 3 TEHG.

[11] Es besteht dann die Möglichkeit, innerhalb von zwei Wochen nach Fortfall des Hindernisses, das zur Fristversäumung führte, den Antrag nachzuholen.

[12] Vgl. hierzu den Vorschlag des Bundesrates zu einer ausdrücklichen Klarstellung über die Rechtsfolge für den Fall der Fristversäumnis (BT-Drs. 15/2540, Anlage 2, S. 12, Nr. 23), der von der Bundesregierung in der Sache unterstützt wurde (BT-Drs. 15/2540, Anlage 3, S. 18).

[13] Vgl. hierzu: *Stelkens/Kallerhoff*, in: Stelkens/Bonk/Sachs, § 32 Rn. 6 m.w.N.

[14] In diesem Sinne: *Körner*, in: Körner/Vierhaus, § 10 TEHG Rn. 24; a.A. *Frenz*, in: Frenz, § 10 TEHG Rn. 25 f.

[15] Insofern ist auch an die schlichte Vorrangregel des speziellen Verfahrensrechts vor dem allgemeinen Verwaltungsverfahrensrechts zu denken (vgl. § 1 VwVfG), die allerdings nur verfahrensrechtliche, nicht materiell-rechtliche Gesichtspunkte berührt.

Die Lösung dieses Problems ist mit der Frage verbunden, ob eine solche – doppelte – Einschränkung von Verfahrensrechten angesichts der massiven materiellrechtlichen Folgen für den Betroffenen überhaupt (noch) verfassungskonform ist.[16] Das Bundesverfassungsgericht hat sich mehrfach zu Ausschlussfristen geäußert.[17] Es hat dann keine Bedenken gegen die materielle Präklusion, wenn die Betroffenen hinreichend Möglichkeit hatten, ihre Ansprüche geltend zu machen und die mögliche Versäumung der Frist in ihren Verantwortungsbereich fällt.[18] Aber auch in den Fällen unverschuldeter Fristversäumnis ist eine materielle Präklusion *ohne* die Möglichkeit der Wiedereinsetzung rechtmäßig, wenn etwa bei begrenzten Kapazitäten eine Anmeldung von Ansprüchen zu einem Stichtag erforderlich ist, um die Kapazitäten gleichermaßen verteilen zu können.[19] Wegen der Grundrechtsbezogenheit der Ausschlussfrist ist jedoch immer eine Einzelfallbetrachtung geboten.

Anderes kann nur gelten, wenn der Staat selbst für die Fristverletzung durch eigenes Verhalten verantwortlich ist, etwa indem er durch Hinauszögern von Entscheidungen die Geltendmachung eines Anspruchs erschwert bzw. unzulässig verkürzt hat.[20] Dieser Fall ist angesichts des etwas turbulenten Verlaufs von Gesetz- und Verordnungsgebung in der Schlussphase der Entstehung von ZuG 2007 und ZuV 2007 wohl gegeben. Die Anspruchsberechtigten hatten kaum mehr Zeit für eine geordnete Antragstellung.[21] Aus diesem Grund wird § 10 Abs. 3 Satz 2 TEHG dahin auszulegen sein, dass ein Antrag auf Wiedereinsetzung bei unverschuldeter Fristversäumnis möglich sein muss. Ein entsprechender Fall der Präklusion ist für die Zuteilungsperiode 2005-2007 allerdings bislang nicht öffentlich geworden.

4.1.3 Antragsunterlagen

Dem schriftlichen Antrag sind die zur Prüfung des Anspruchs auf Zuteilung von Berechtigungen erforderlichen Unterlagen beizufügen. Um welche Unterlagen es sich hierbei im Einzelnen zu handeln hat, lässt § 10 Abs. 1 Satz 2 TEHG offen und verweist lediglich auf § 9 Abs. 1 TEHG: Danach besteht ein Zuteilungsanspruch „nach Maßgabe des Gesetzes über den nationalen Zuteilungsplan"; es wird somit auf das ZuG 2007 verwiesen.[22] Gleichzeitig enthält § 10 Abs. 5 Nr. 1 TEHG eine Ermächtigung zum Erlass einer Rechtsverordnung zur näheren Regelung der zu

---

[16] Für Verfassungskonformität: *Körner*, in: Körner/Vierhaus, § 10 TEHG Rn. 26; dagegen: *Schweer/von Hammerstein*, § 10 TEHG Rn. 54; *Klinski*, in: Landmann/Rohmer, § 10 TEHG Rn. 20f.
[17] Jüngst BVerfG, NVwZ-RR 2004, 81.
[18] BVerfGE 61, 82, 109 ff.
[19] Vgl. BVerwGE 13, 209, 211; BVerwGE 77, 240.
[20] Vgl. VGH München, AUR 2005, 126 f. m.w.N.; OVG Münster, NVwZ-RR 2005, 449 f.
[21] Siehe auch *Körner*, in: Körner/Vierhaus, § 10 TEHG Rn. 27.
[22] Es handelt sich um eine Rechtsgrundverweisung, vgl. hierzu auch *Körner*, in: Körner/Vierhaus, § 10 TEHG Rn. 10.

fordernden Angaben und Unterlagen sowie zur Art der beizubringenden Nachweise. Die Umsetzung erfolgte durch die ZuV 2007.

4.1.3.1 Umfang und Vollständigkeit

Allgemeine Anforderung an Umfang und Vollständigkeit des Zuteilungsantrages ist, dass die Daten und Informationen, die der Antragsteller mit dem Antrag übermittelt, im Einklang mit den Monitoring-Guidelines der EU-Kommission erhoben und angegeben werden.[23] Ist dies nicht möglich, ist der Antragsteller zu einem „im Einzelfall höchsten erreichbaren Grad an Genauigkeit und Vollständigkeit" für die Erhebung und Angabe der Daten verpflichtet.[24]

Des Weiteren ist bei der Zusammenstellung der erforderlichen Unterlagen zu berücksichtigen, auf welche Zuteilungsregeln sich der Antragsteller im Einzelnen stützt: Das ZuG 2007 sieht unterschiedliche Nachweise und Berechnungen vor, je nachdem etwa, ob die Zuteilung auf der Basis historischer Emissionen, auf der Basis angemeldeter Emissionen, für Neuanlagen als Ersatzanlagen oder zusätzliche Neuanlagen, unter Nachweis von Modernisierungsmaßnahmen oder für eine Anlage mit Kraft-Wärme-Kopplung erfolgen soll. Dementsprechend sind Einzelheiten über die „erforderlichen Angaben" im Antragsverfahren nach § 10 Abs. 1 TEHG nach den jeweiligen Zuteilungsregeln zu spezifizieren.[25]

Die Voraussetzungen für die richtige Antragstellung im Einzelnen (z.B. notwendige Angaben, Grundlagen der Berechnung und Ermittlung) regelt die ZuV 2007.[26] § 3 Abs. 2 ZuV 2007 fasst diesbezüglich nicht nur die wesentlichen Vorschriften des ZuG 2007 und der ZuV 2007 übersichtsartig zusammen, sondern bestimmt auch, dass der Antragsteller seine angewandten Berechnungsmethoden, die Grundlage für die Durchführung von antragsbezogenen Berechnungen sind, zu er-

---

[23] Entscheidung der Kommission vom 29.01.2004 (2004/156/EG) zur Festlegung von Leitlinien für Überwachung und Berichterstattung betreffend Treibhausgasemissionen gemäß der Richtlinie 2003/87/EG des Europäischen Parlaments und Rates, ABl. L 59, S. 1, berichtigt ABl. L 177, S. 4 f.

[24] Vgl. § 3 Abs. 1 ZuV 2007.

[25] Siehe § 7 Abs. 8 ZuG 2007 (Zuteilung auf der Basis historischer Emissionen); § 8 Abs. 2 ZuG 2007 (Zuteilung auf der Basis angemeldeter Emissionen); § 10 Abs. 5 ZuG 2007 (Zuteilung für Neuanlagen als Ersatzanlagen); § 11 Abs. 4 ZuG 2007 (Zuteilung für zusätzliche Neuanlagen); § 12 Abs. 6 ZuG 2007 (Sonderzuteilung für frühzeitige Emissionsminderungen); § 14 Abs. 3 ZuG 2007 (Sonderzuteilung für Anlagen mit Kraft-Wärme-Kopplung).

[26] § 3 Abs. 2 ZuV 2007 verweist auf § 5 Abs. 2 ZuV 2007 (Ermittlung der energiebedingten CO_2-Emissionen), § 6 Abs. 9 ZuV 2007 (Ermittlung der prozessbedingten CO_2-Emissionen), § 7 Abs. 3 ZuV 2007 (Ermittlung der CO_2-Emissionen auf Basis der Bilanzierung des Kohlenstoffgehalts), § 9 Abs. 4 ZuV 2007 (Ermittlung der CO_2-Emissionen durch Messung), § 10 Abs. 7 ZuV 2007 (ergänzende Angaben für die Zuteilung auf Basis historischer Emissionen), § 11 Abs. 7 ZuV 2007 (ergänzende Angaben für die Zuteilung auf Basis angemeldeter Emissionen), § 12 Abs. 6 ZuV 2007 (ergänzende Angaben für die Zuteilung für zusätzliche Neuanlagen) und § 13 Abs. 7 ZuV 2007 (ergänzende Angaben für die Zuteilung bei frühzeitigen Emissionsminderungen).

läutern und die Ableitung der Angaben nachvollziehbar darzustellen hat. Außerdem wird der Betreiber verpflichtet, die den Angaben zugrunde liegenden Einzelnachweise auf Verlangen der zuständigen Behörde bis zum Ablauf der übernächsten auf die Zuteilungsentscheidung folgende Zuteilungsperiode vorzuweisen.

4.1.3.2 Nachreichen von Unterlagen

Für das Antragsverfahren ist nicht nur bedeutsam, in welchem Umfang die Unterlagen bei der DEHSt eingereicht werden müssen, sondern ob gegebenenfalls weitere bzw. ergänzende Unterlagen nachgereicht werden können. Praktischen Anlass für diese Fragestellung bot die Unsicherheit vieler Antragsteller vor dem Fristablauf für die Zuteilungsperiode 2005-2007. Aufgrund der neuen und sehr komplexen Rechtsvorschriften kam es daher teilweise zu Haupt-, Hilfs- und Alternativanträgen und insofern zu schon rein quantitativen Problemen bei der Zusammenstellung aller notwendigen Nachweise. Die Betroffenen wollten jedoch – völlig zu Recht – ihren Zuteilungsanspruch optimal ausschöpfen, waren aber vielfach überfordert. Bislang sind aus der ersten Zuteilungsperiode keine Fälle bekannt, in denen ein Antrag wegen Unvollständigkeit zurückgewiesen wurde. Die Frage mag sich aber – angesichts der Vielzahl der noch laufenden Rechtsbehelfsverfahren – durchaus noch stellen und ist auch für künftige Antragstellungen relevant. Rechtsprechung liegt hierzu bislang nicht vor, Folgendes dürfte aber gelten:

Grundsätzlich muss der Antragsteller versuchen, alle Unterlagen, die zur Verwirklichung seines Zuteilungsanspruchs nach den rechtlichen Vorschriften erforderlich sind, beizubringen. Um dies sicherzustellen, sieht § 10 Abs. 1 Satz 3 TEHG die Notwendigkeit der Verifizierung des Antrags durch die sachverständige Stelle vor, die damit gleichsam als Korrektiv den Antrag prüft, bevor er an die Behörde weitergeleitet wird.[27] Eine Antragsergänzung nach Aufforderung durch die Behörde wie etwa nach § 10 Abs. 3 BImSchG sieht § 10 TEHG nicht vor. Die Antragsfrist dürfte aber auch gewahrt sein, wenn der Antrag nicht ganz vollständig ist, zumindest dann, wenn der Antragsteller nachweisen kann, dass er alles Erforderliche zur Beibringung der Unterlagen unternommen hat. Fehlen trotzdem bestimmte Angaben, sollte es zulässig sein, dass diese nachgereicht werden. Eine Verwerfung des Antrags bei unvollständigen Angaben dürfte nur für solche Fälle in Betracht kommen, in denen wesentliche, grundlegende Angaben fehlen, wie etwa konkrete Angaben über die Art der emittierenden Anlage und den Umfang der bisherigen oder der für die jüngere Vergangenheit oder die Zukunft hochgerechneten Emissionen.

---

[27] Siehe dazu im Einzelnen Kapitel 4.2.

4.2 Sachverständige (§ 10 TEHG)

Um sicherzustellen, dass die Angaben im Zuteilungsantrag ordnungsgemäß erfolgen, sieht das Gesetz in § 10 Abs. 1 Satz 3 TEHG deren Verifizierung durch eine sachverständige Stelle vor.

4.2.1 Verifizierung der Angaben im Zuteilungsantrag

Für die Verifizierung muss der Betreiber in die Formularmaske der Erfassungssoftware RISA-GEN die erforderlichen Angaben eintragen. Der Sachverständige muss von den Internetseiten der DEHSt[28] ebenfalls die Erfassungssoftware RISA-GEN herunterladen. Über den erweiterten Export kann der Betreiber dem Sachverständigen die XML-Dateien, die die Antragsdaten enthalten, übermitteln. Neben den Antragsdaten, die die Pflichtdokumente und Verifizierungsdokumente sowie alle freiwilligen Dokumente beinhalten, und dem Zuteilungsantrag unter Nutzung der Erfassungssoftware RISA-GEN müssen der sachverständigen Stelle weitere Unterlagen vorgelegt werden. Dazu gehören die Auflistung der Emissionsquellen, die vom Betreiber dem Zuteilungsantrag zugrunde gelegt wurden, und die in den Angaben zum Zuteilungsantrag benannten Nachweisdokumente. Zu letzteren zählen insbesondere die Genehmigungsunterlagen für die Anlage. Bei der Prüfung sollten je nach Verfügbarkeit und Erforderlichkeit auch Emissionserklärungen nach § 27 BImSchG, Anlagenfließbilder, Darstellung der Anlagenströme und Bilanzgrenzen sowie Informationen zu den eingesetzten Stoffen, sofern sich die Emissionsfaktoren und Kohlenstoffgehalte von den allgemein anerkannten Standardwerten unterscheiden. Verfügt die sachverständige Stelle dann über die notwendigen Angaben, hat sie bei ihrer Prüfung die nachfolgenden Anforderungen zu erfüllen.

4.2.2 Vorgaben für die Prüfung

Bei den Vorgaben für die Verifizierung hat die sachverständige Stelle zum einen die gesetzlichen Vorgaben in § 14 ZuV 2007 und zum anderen die Prüfungsrichtlinie zur Verifizierung von Zuteilungsanträgen der DEHSt[29] zu beachten. Hervorzuheben ist dabei, dass die Prüfungsrichtlinie nicht selbständig neben § 14 ZuV 2007 steht, sondern vor allem dessen Umsetzung und praktischer Ausfüllung dient.

In dieser Vorschrift ist der Rahmen für die Verifizierung der Zuteilungsanträge enthalten. Dabei orientiert sich die Regelung am Ablauf des Vorgangs der Verifizierung. Da die Vorgaben in § 14 ZuV 2007 sehr allgemein gehalten sind, bedurfte es noch dessen Konkretisierung. Deshalb hat die DEHSt eine Prüfungsrichtlinie

---

[28] Auf der Internetseite der DEHSt findet sich eine Übersicht der dort kostenlos zu beziehenden, für den Emissionshandel notwendigen Anwendersoftware (www.dehst.de).
[29] Auf der Internetseite www.dehst.de unter dem Stichwort „Sachverständige" abrufbar.

zur Verifizierung von Zuteilungsanträgen erstellt, aus denen sich im Einzelnen die Anforderungen an die Tätigkeit der sachverständigen Stelle im Rahmen der Verifizierung ergeben.

Die Prüfungsrichtlinie der DEHSt[30] enthält neben der allgemeinen Aufgabendefinition, den weiteren Rahmenvorschriften, den Anforderungen an Gegenstand, Methodik und Inhalt der Prüfung auch spezifische Anforderungen an die Verifizierung unter Berücksichtigung der besonderen Zuteilungsregeln in der ZuV 2007. Zudem sind der Prüfungsrichtlinie die formellen Anforderungen an die Testaterteilung, die Signatur und den Prüfungsbericht zu entnehmen. Überdies enthält die Prüfungsrichtlinie DEHSt das Format zum Prüfungsbericht.

Da die Verifizierung auf der fachlichen Kompetenz und Erfahrung eines bekannt gegebenen Sachverständigen beruhen muss, zwingt § 14 Abs. 4 ZuV 2007 den Sachverständigen dazu, die Prüfungen selbst vorzunehmen. Deshalb darf der Sachverständige nicht nur formal und nach außen hin die Verantwortung für die Verifizierung des Zuteilungsantrages übernehmen. Zwar darf der Sachverständige dabei Hilfstätigkeiten delegieren. Dazu zählen aber nicht die Einschätzung der Tauglichkeit der Belege oder Orts- und Objektbesichtigungen. Er muss bei der Einschaltung von Hilfspersonen deren ordnungsgemäße Auswahl nachweisen können. Zudem muss er die Delegation von Hilfstätigkeiten in seinem Prüfungsbericht gemäß § 14 Abs. 4 Satz 2 ZuV 2007 anzeigen.

Der Sachverständige ist nach den entsprechenden Vorschriften seiner Zulassung bzw. Bestellung zur Dokumentation seiner Tätigkeit verpflichtet. Dabei ist zu beachten, dass der nach § 14 ZuV 2007 zu erstellende Prüfungsbericht die Dokumentation nicht ersetzt. Die Dokumentation ist so vorzunehmen, dass Unbeteiligte jederzeit die Prüfung nachvollziehen können. Nach den Empfehlungen der DEHSt sollte die Dokumentation den Auftrag, das Auftragsbestätigungsschreiben, den Prüfungsplan, die Liste der eingesehenen Unterlagen, die Liste der im Rahmen der Prüfung geführten Gespräche, die Dokumentation der Prüfungshandlungen und deren Ergebnisse, den Prüfungsbericht in Kopie und bei Stichproben die Dokumentation der gezogenen Stichprobe sowie das Auswahlverfahren umfassen.

Bei der Verifizierung der Antragsdaten ist es erforderlich, dass die sachverständige Stelle dabei den aktuellen Standard von Wissenschaft, Technik und Erfahrung gewährleistet. Dies gebietet die Sorgfalt eines ordentlichen Sachverständigen. § 14 Abs. 1 und Abs. 3 ZuV 2007 schreiben vor, dass der Sachverständige die tatsachenbezogenen Angaben auf ihre Richtigkeit sowie den gesamten Antrag und die ihm vorgelegten Nachweise jeweils auf ihre innere Schlüssigkeit und Glaubwürdigkeit hin zu überprüfen hat. Dabei gilt es insbesondere zu untersuchen, ob die Angaben im Zuteilungsantrag die tatsächlich betriebene Anlage betreffen und in Übereinstimmung mit der immissionsschutzrechtlichen Genehmigung oder Anzeige stehen.

Im Wesentlichen muss der Sachverständige zunächst prüfen, ob eine Anlage in dem Umfang betrieben wird, wie dies in den Antragsunterlagen zugrunde gelegt wird. Von der Prüfung sind gemäß § 14 Abs. 2 Satz 1 ZuV 2007 Bewertungen ausgenommen, die der Antragsteller vorgenommen hat. Die abschließende Wür-

---

[30] Auf der Internetseite www.dehst.de unter dem Stichwort „Sachverständige" abrufbar.

digung dieser Bewertungen obliegt der DEHSt. Der Sachverständige prüft hier lediglich, ob die Tatsachen, auf die der Verantwortliche sich bei der Bewertung des Sachverhalts bezieht, vorliegen.

Der Sachverständige soll die Prüfung planen und – falls notwendig – einen Prüfungsplan mit dem Betreiber abstimmen. In Form eines gestuften Verfahrens soll eine System-, Prozess- und Risikoanalyse der eigentlichen Nachweisprüfung vorausgehen. Diese Vorgehensweise dient dazu, die Zuverlässigkeit der Prüfungsgrundlagen zu ermitteln. Im Rahmen des Prüfungsverfahrens erfolgt ein Abgleich der Antragsdaten mit den Nachweisen, die der Verantwortliche vorgelegt hat. Die Prüfung der Richtigkeit der Daten orientiert sich dabei an den Vorschriften der ZuV 2007. Bei den Genauigkeitsanforderungen sind die „Monitoring-Guidelines" zugrunde zu legen. Soweit diese Anforderungen nicht eingehalten werden können, muss der Antrag Daten und Informationen mit einem Grad an Genauigkeit enthalten, die dem Standard der „Monitoring-Guidelines" annähernd entsprechen. Bei der Bestimmung des „höchsten erreichbaren Grades an Genauigkeit" (§ 3 Abs. 1 ZuV 2007) gilt der Grundsatz, dass der wirtschaftliche Mehraufwand zur Beschaffung sowie zur Prüfung von Nachweisen stets im Verhältnis zu dem im jeweiligen Bereich entstehenden Anspruch auf Zuteilung stehen muss.

Die Verifizierung mündet in der Ja-Nein-Entscheidung des Sachverständigen im Hinblick auf die Erteilung des Testats, das notwendiger Bestandteil eines vollständigen Antrags an die DEHSt ist. Die Erteilung des Testats erfolgt durch den Sachverständigen in RISA-GEN in der Baumstruktur „Antrag auf Zuteilung" in der Maske „Angaben zur Verifizierung" in Form der Eintragung der dort geforderten Daten. Bei Verweigerung muss eine Nachbesserung der Angaben im Antrag erfolgen, damit das Testat positiv erteilt werden kann. Erfolgt Letzteres, trägt der Sachverständige unter dem Dokument ≥ Stammdaten als erforderliches Nachweisdokument „Prüfbericht" ein. Für die Rückübertragung der Antragsdaten an den Antragsteller verwendet der Sachverständige das Antragsexportmodul in RISA-GEN und signiert die Archivdatei, die die geprüfte Antragsdatei und sämtliche verifizierten Dokumente einschließlich des Prüfberichts enthält, mit Hilfe des Governikus-Signers. Alle verifizierten Dokumente müssen vor dem – einmaligen – Signieren in ein Archiv (z.B. zip-Datei) verpackt werden. Zusätzlich kann der Sachverständige dem Verantwortlichen den verifizierten Antrag oder den erweiterten Export von RISA-GEN zur Verfügung stellen.

Um die Prüfung für die DEHSt transparent zu machen, muss der Prüfbericht in seiner Struktur dem durch die DEHSt im Anhang zur Prüfungsrichtlinie zur Verifizierung von Zuteilungsanträgen vorgeschriebenen Format entsprechen. Die Abfassung hat am Computer zu erfolgen. Die DEHSt stellt den Anhang im Internet[31] als word-Datei zur Verfügung, in der die Abfassung des Prüfberichts unmittelbar erfolgen kann.

---

[31] Die Datei ist von der Internetseite der DEHSt (www.dehst.de/downloads) abrufbar.

4.2.3 Sachverständige Stellen

Als sachverständige Stelle im Sinne des § 10 TEHG kann nur diejenige fungieren, die durch die DEHSt bekannt gegeben wurden.

4.2.3.1 Antrag auf Bekanntgabe

Die Bekanntgabe setzt einen Antrag bei der DEHSt voraus. Im Internet[32] ist hierfür von der DEHSt ein Formular eingestellt worden. In Zukunft soll auch eine elektronische Antragstellung möglich sein. Formlos gestellte Anträge werden von der DEHSt nicht berücksichtigt. Mithin ist zwingend von dem von der DEHSt eingestellten Formular Gebrauch zu machen. Dem Antrag ist eine beglaubigte Kopie der Zulassungs- oder Bestellungsurkunde beizufügen. Sollte der Betroffene bereits einen formlosen Antrag auf Bekanntgabe gestellt haben, ist ein formgerechter Antrag nachzureichen. Liegen die formellen Voraussetzungen (formgerechter Antrag und Nachweis der Zulassung oder Bestellung) vor, wird der Name des Antragstellers in die Liste der Sachverständigen eingestellt und auf der Internetseite der DEHSt veröffentlicht. Eine Bescheidung des Antragstellers erfolgt nur im Falle der Ablehnung.

4.2.3.2 Eignungskriterien

Das Gesetz vermutet bei zwei Personengruppen, dass sie die für die Verifizierung der Antragsdaten notwendige Sachkunde besitzen. Sie werden daher als bekannt zu gebende Stellen explizit genannt. Hierbei handelt es sich zum einen um den Umweltgutachter nach dem Umweltauditgesetz und zum anderen um solche Personen, die nach § 36 Abs. 1 GewO zur Prüfung von Emissionsberichten öffentlich als Sachverständige bestellt worden sind.

Um als Umweltgutachter nach dem Umweltauditgesetz (UAG)[33] zugelassen zu werden, muss der Bewerber die für die Aufgabenwahrnehmung erforderliche Zuverlässigkeit, Unabhängigkeit und Fachkunde besitzen. Bewerber müssen zudem den Nachweis erbringen, dass sie über dokumentierte Prüfungsmethoden und -verfahren (einschließlich der Qualitätskontrolle und der Vorkehrungen zur Wahrung der Vertraulichkeit verfügen [§ 4 Abs. 1 UAG]). Die Überprüfung der persönlichen Zuverlässigkeit erfolgt sowohl im Zulassungsverfahren als auch im Rahmen der wiederkehrenden Aufsicht (§ 15 UAG). Der Antragsteller muss über Rechtsverstöße in der Vergangenheit sowie seine aktuellen wirtschaftlichen Verhältnisse Auskunft geben und ein amtliches Führungszeugnis vorlegen. Im Rahmen der wiederkehrenden Aufsicht müssen zugelassene Umweltgutachter Änderungen in Bezug auf ihre Person der Deutschen Akkreditierungs- und Zulassungs-

---

[32] Das Formular ist von der Internetseite der DEHSt (www.dehst.de) abrufbar.

[33] Umweltauditgesetz, Gesetz zur Ausführung der Verordnung (EG) Nr. 761/2001 des Europäischen Parlaments und des Rates vom 19.03.2001 über die freiwillige Beteiligung von Organisationen an einem Gemeinschaftssystem für das Umweltmanagement und die Umweltbetriebsprüfung (EMAS) in der Fassung vom 04.09.2002, BGBl. I S. 3490.

gesellschaft für Umweltgutachter (DAU) anzeigen.[34] Für die erforderliche Unabhängigkeit bietet i.d.R. derjenige keine Gewähr, der neben seiner Beschäftigung als Umweltgutachter eine Tätigkeit aufgrund eines Beamtenverhältnisses, öffentlichen Anstellungsverhältnisses oder vergleichbaren Dienstverhältnisses ausübt. Inhaber oder Angestellte von Unternehmen können nicht für Bereiche zugelassen werden, in dem das sie beschäftigende Unternehmen selbst tätig ist (vgl. § 6 UAG). Der Antragsteller muss zudem über ein einschlägiges Hochschulstudium verfügen sowie eine mindestens dreijährige eigenverantwortliche hauptberufliche Tätigkeit, bei der praktische Erkenntnisse über den betrieblichen Umweltschutz erworben wurden, nachweisen und eine Fachkundeprüfung erfolgreich abgeschlossen haben. Von der Anforderung eines Hochschulstudiums kann unter bestimmten Voraussetzungen abgesehen werden (vgl. § 7 UAG).

Die Zulassung als Umweltgutachter wird auf die Zulassungsbereiche beschränkt, für die eine Zulassung beantragt wurde und der Antragsteller die notwendige Fachkunde in einer mündlichen Prüfung nachgewiesen hat.

Die Branchen, in denen der Umweltgutachter tätig werden darf, sind nach dem „NACE-Code" bezeichnet.[35] Deshalb ist der Sachverständige zur Verifizierung von Zuteilungsanträgen nur für die Branchen berechtigt, für die er zur gutachterlichen Tätigkeit nach dem Umweltauditgesetz berechtigt ist. Zuteilungsanträge können deshalb von Sachverständigen verifiziert werden, die eine Zulassung für die Branche (gemäß NACE bzw. WZ93) besitzen, unter die das Unternehmen fällt, das den Zuteilungsantrag stellt. Einen Sonderfall bilden die in Anhang I, Ziffer I bis V TEHG genannten Anlagen, sofern das Unternehmen, das die Anlage betreibt, nicht der Abteilung 40 nach NACE zuzuordnen ist. In diesen Fällen kann die Verifizierung des Zuteilungsantrages neben den in der jeweiligen Unternehmensbranche zugelassenen Umweltgutachten auch von Sachverständigen vorgenommen werden, die – je nach Zuordnung der Feuerungsanlage – über die Zulassung für die Bereiche 40.10.1, 40.10.5, 40.30.1 und 40.30.4 oder für den Bereich „Erzeugung von Strom, Gas, Dampf und Heißwasser" verfügen. Ein Verzeichnis dieser Codes findet sich beim statistischen Bundesamt:[36] Klassifikation der Wirtschaftszweige, Ausgabe 11.93 (WZ93). Der NACE-Code ist hierarisch aufgebaut. Die Zulassung für die zweistellige Ziffer (Abt.) schließt die folgenden dreistelligen Ziffern (Gruppe) usw. ein.

Zugelassene Umweltgutachter sind ferner zur Fortbildung verpflichtet. Die DAU überprüft insofern im Rahmen der Aufsicht fortlaufend, ob die nach der Zulassung erforderlichen Fachkenntnisse vorliegen (vgl. § 15 UAG).

Die Gebühr für die Zulassung als Umweltgutachter beträgt derzeit 3.500,00 EUR zzgl. Gebühren für die mündliche Prüfung je Aufwand von derzeit 546,00 EUR bis über 1.500,00 EUR zzgl. Mehrwertsteuer. Hinzukommen die Gebühren für die regelmäßige Aufsicht nach § 15 Abs. 1 UAG (vgl. § 1 Abs. 1 UAGebV

---

[34] DAU - Deutsche Akkreditierungs- und Zulassungsgesellschaft für Umweltgutachter, Dottendorfer Straße 86, 53129 Bonn, www.dau-bonn.de.
[35] NACE bedeutet „Nomenklatur generale des activites economiques dans les communautes europennes". *Vierhaus/von Schweinitz*, in: Körner/Vierhaus, § 5 TEHG Rn. 86.
[36] Siehe www.destatis.de/download/d/klassif/wz93.pdf.

i.V.m. Nr. 11 des Gebührenverzeichnisses für Amtshandlungen der Zulassungsstelle). Informationen im Hinblick auf die Zulassung als Umweltgutachter können im Internet abgerufen werden.[37] Dort sind auch die einschlägigen Rechtsvorschriften/Richtlinien eingestellt. Im Hinblick auf die Einzelheiten des Zulassungsverfahrens und allgemeiner Rechtsvorschriften für eine Tätigkeit des Umweltgutachters sollte sich der Betroffene an die DAU[38] wenden.

Zu den nach § 10 Abs. 1 TEHG privilegierten sachverständigen Stellen gehören neben den Gutachtern nach dem Umweltauditgesetz die Personen, die nach § 36 Abs. 1 GewO zur Prüfung von Emissionsberichten öffentlich als Sachverständige bestellt worden sind.

Zuständig für die Bestellung der Sachverständigen gemäß § 36 GewO ist die IHK, in deren Bezirk der Antragsteller seinen beruflichen Hauptsitz hat. Die öffentliche Bestellung durch die IHK gilt dann unbeschränkt für das gesamte Bundesgebiet. Sie erlischt dann, wenn der Sachverständige seinen Hauptsitz aus dem IHK-Bezirk verlegt. Jedoch kann im neuen IHK-Bezirk eine vereinfachte Neubestellung erfolgen. Voraussetzung für die Bestellung als Sachverständiger sind die persönliche Eignung und der Nachweis besonderer Sachkunde in dem zu bestellenden Sachgebiet. Grundsätzlich kann die erstmalige öffentliche Bestellung und Vereidigung als Sachverständiger von natürlichen Personen im Alter zwischen 30 und 62 Jahren beantragt werden. Darüber hinaus hat der Antragsteller zum Nachweis der persönlichen Eignung sich über seine wirtschaftlichen Verhältnisse zu erklären sowie Auszüge aus dem Bundeszentralregister und gegebenenfalls dem Gewerbezentralregister vorzulegen. Für die Zeit der Bestellung ist der Sachverständige verpflichtet, alle insoweit relevanten Informationen oder Änderungen seiner persönlichen Verhältnisse der IHK unverzüglich mitzuteilen. Bei Beschwerden oder ähnlichen Anlässen, die die Unzuverlässigkeit des Sachverständigen zur Folge haben können, steht der IHK ein umfassendes Nachprüfungsrecht einschließlich des Rechts zur Nachschau zu.

Personen, die wegen einer beruflichen oder vertraglichen Bindung an eine Marktseite objektiv nicht die Gewähr einer unparteiischen und unabhängigen Tätigkeit bieten, sind von einer Tätigkeit als Sachverständige ausgeschlossen. Sind Personen für einen wesentlichen Teil potenzieller Auftraggeber nicht zumutbar oder werden von diesen nicht beauftragt, fehlt ihnen ebenfalls die persönliche Eignung.

Im Antragsverfahren für die Zulassung als Sachverständiger nach § 36 GewO muss der Sachverständige durch Antragsunterlagen überdurchschnittliche Fachkenntnisse, Erfahrungen und Kenntnisse im Hinblick auf die Verifizierung von Emissionsberichten nachweisen. Dies unterliegt einer fachlichen Überprüfung. Die erforderliche Sachkunde besitzt derjenige, der aufgrund seiner Ausbildung, seiner beruflichen Bildung und Fortbildung sowie seiner praktischen Erfahrung zur Erfüllung der ihm nach dem TEHG obliegenden Aufgaben geeignet ist. Sobald der Bewerber dies beantragt und im Rahmen der fachlichen Prüfung der Nachweis

---

[37] Die Internetseite lautet: www.umweltgutachterausschuss.de.
[38] DAU-Deutsche Akkreditierungs- und Zulassungsgesellschaft für Umweltgutachter, Dottendorfer Straße 86, 53129 Bonn, www.dau-bonn.de.

der besonderen Sachkunde nur auf einzelne Branchen bezogen erbracht wurde, wird die Bestellung nach dem TEHG auf eine Tätigkeit in diesen Branchen beschränkt.

Die Bestellung des Sachverständigen erfolgt durch die IHK grundsätzlich auf fünf Jahre. Die erste Bestellung kann aber hiervon abweichend auf einen kürzeren Zeitraum befristet werden. Für den Zeitraum der Bestellung besteht für den Sachverständigen die Pflicht zur ständigen Fortbildung. Die IHK kann jederzeit Nachweise über Weiterbildungen verlangen, die im Hinblick auf die ausgeübte Sachverständigentätigkeit erforderlich sind. Vor allem im Hinblick auf die Verlängerung der Bestellung werden die Zuverlässigkeit und Fachkunde des Sachverständigen erneut zu überprüfen sein. Die Gebühren für die Bestellung richten sich nach der jeweiligen Gebührenordnung der IHK zzgl. der im Einzelfall anfallenden Auslagen für die Fachprüfung.[39]

Zutreffend wird in der Literatur[40] davon ausgegangen, dass sich für eine sachverständige Stelle, die bereits nach dem Recht eines anderen Mitgliedstaates zur Verifizierung von Zuteilungsanträgen zugelassen worden ist, aus der Niederlassungsfreiheit (Art. 43 EGV) und der Dienstleistungsfreiheit (Art. 49, 50 EGV) ohne weitere inhaltliche Prüfung ein Anspruch auf Bekanntgabe ergibt. Dies jedoch nur dann, wenn der Sachverständige sich in dem anderen Mitgliedstaat einer Prüfung unterzogen hat, die mit der deutschen Zulassungsprüfung vergleichbar ist. Dies dürfte sich aber aus dem durch Anhang II Nr. 12 EH-Richtlinie geschaffenen Mindeststandard ergeben. Die Bekanntgabe dürfte bei den Sachverständigen aus anderen Mitgliedstaaten nur formellen Charakter haben. Es ist zudem unbeachtlich, dass der deutsche Gesetzgeber hierzu keine Regelung getroffen hat, da der Vorrang des Gemeinschaftsrechts gilt.

Das Schrifttum[41] verweist darauf, dass Personen, die nicht von § 10 Abs. 1 Satz 4 TEHG erfasst werden, ihre Kenntnisse gegenüber der DEHSt darlegen müssen, um in die Sachverständigenliste aufgenommen zu werden. § 10 Abs. 5 Nr. 3 TEHG sehe für die Voraussetzungen und das Verfahren die Regelung in einer Rechtsverordnung vor. Nach den Angaben der DEHSt[42] ist jedoch ein weiteres Zulassungsverfahren für die erste Zuteilungsperiode nicht vorgesehen, so dass es bei dem in § 10 Abs. 1 Satz 4 TEHG genannten Personenkreis sowie den Gutachtern aus anderen Mitgliedstaaten als Sachverständige für die Verifizierung der Zuteilungsmängel verbleibt.

4.2.3.3 Bekanntgabe

Zuständig für die Bekanntgabe der sachverständigen Stellen ist nach § 20 Abs. 1 Satz 2 TEHG die DEHSt.

---

[39] Die Einzelheiten sind auf der Internetseite www.svv.ihk.de abrufbar.
[40] *Schweer/von Hammerstein*, § 5 TEHG Rn. 63.
[41] *Frenz*, in Frenz, § 10 TEHG Rn. 19; *Schweer/von Hammerstein*, § 10 TEHG Rn. 26 ff.
[42] Hinweis der DEHSt auf deren Internetseite (www.dehst.de).

Liegen die Voraussetzungen einer Bekanntgabe vor, besteht ein Anspruch des Sachverständigen auf Bekanntgabe.[43]

Gegen die Ablehnung des Antrages auf Bekanntgabe kann nach dem durchzuführenden Widerspruchsverfahren die Verpflichtungsklage erhoben werden. In der Literatur[44] wird zutreffend darauf hingewiesen, dass für konkurrierende Sachverständige ein Klagerecht nicht besteht, da die Möglichkeit der Verletzung eigener Rechte nach § 42 Abs. 2 VwGO abzulehnen ist.

4.2.4 Rechtsverhältnis zwischen sachverständiger Stelle und Verantwortlichem

Dem TEHG ist über den Charakter der Rechtsverhältnisse zwischen dem Verantwortlichen und der sachverständigen Stelle unmittelbar nichts zu entnehmen. Das Gesetz überlässt es vielmehr den Beteiligten, ihre Rechtsverhältnisse selbst zu regeln. In diesem Punkt ergibt sich eine Parallele zu § 26 BImSchG. Dort werden die Rechtsbeziehungen zwischen dem Betreiber und der Messstelle auch nicht unmittelbar durch das Gesetz geregelt. §§ 26 ff. BImSchG verleihen der Messstelle keine hoheitlichen Befugnisse.[45] Die sachverständigen Stellen werden im Rahmen der Verifizierung der Zuteilungsanträge ebenfalls nicht hoheitlich tätig, da sie keine öffentlich-rechtlichen Befugnisse ausüben.[46] Deshalb ist das Verhältnis zwischen der sachverständigen Stelle und dem Verantwortlichen privatrechtlicher Natur. Der Verantwortliche schließt mit der sachverständigen Stelle einen privatrechtlichen Vertrag (in der Regel einen Werkvertrag) ab. In diesem Vertrag wird in der Regel auch die vom Verantwortlichen zu zahlende Vergütung festgesetzt. Ist das unterblieben, muss die übliche Vergütung gezahlt werden (§ 632 Abs. 2 BGB). Darüber hinaus können noch weitere Absprachen im Zusammenhang mit der Verifizierung getroffen werden (Einsatz von Hilfskräften, Haftung bei möglichen Schäden). Ist ein beabsichtigter Werkvertrag aus irgendwelchen Gründen nicht wirksam zustande gekommen, kann auch ein Anspruch auf Ersatz des Werts der Leistung nach bereicherungsrechtlichen Grundsätzen in Betracht kommen (vgl. §§ 812, 818 Abs. 2 BGB).[47] Es ist aus Gründen der Rechtssicherheit aber angeraten, einen Werkvertrag abzuschließen, um sich nicht auf Ansprüche nach bereicherungsrechtlichen Grundsätzen zu verlassen.

---

[43] Vgl. zur Parallelvorschrift des § 5 Abs. 3 TEHG *Schweer/von Hammerstein*, § 5 TEHG Rn. 65.
[44] Vgl. zur Parallelvorschrift des § 5 Abs. 3 TEHG *Schweer/von Hammerstein*, § 5 TEHG Rn. 65.
[45] *Jarass*, § 26 Rn. 23.
[46] Vgl. *Schweer/von Hammerstein*, § 5 TEHG Rn. 68 a.E.
[47] *Hansmann*, in: Landmann/Rohmer, § 26 BImSchG Rn. 81.

4.3 Zuteilungsregeln für bestehende Anlagen

Die allgemeinen und besonderen Zuteilungsregeln für die erste Zuteilungsperiode 2005 bis 2007 werden durch das ZuG 2007 und die ZuV 2007 detailliert vorgegeben.

Für bestehende Anlagen erfolgt die Zuteilung der Emissionsberechtigungen grundsätzlich nach §§ 7, 8 ZuG 2007: § 7 ZuG 2007 ist bei Anlagen anzuwenden, die bis zum 31.12.2002 in Betrieb genommen wurden. Grundlage der Berechnung sind die bisherigen, also die „historischen" Emissionen der Anlage. § 8 ZuG 2007 gilt für Anlagen, die im Zeitraum vom 01.01.2003 bis 31.12.2004 in Betrieb genommen wurden. Aufgrund der geringen „historischen" Datenbasis gelten im Zuteilungsverfahren die angemeldeten Emissionen. Mit diesen beiden Zuteilungsregeln wird ein Großteil der bis zum 31.12.2004 in Betrieb gegangenen Anlagen in Deutschland erfasst.

Bei allen Unterschieden im Detail zwischen einer Zuteilung nach § 7 und § 8 ZuG 2007,[48] ist vor allem bemerkenswert, dass nur bei Anlagen, deren Zuteilung auf § 7 ZuG 2007 basiert, die ermittelten CO_2-Emissionen mit dem (die Menge an CO_2-Emissionsberechtigungen senkenden) Erfüllungsfaktor multipliziert werden. Bei Anlagen nach § 8 ZuG 2007 findet der Erfüllungsfaktor für zwölf auf das Jahr der Inbetriebnahme folgende Kalenderjahre keine Anwendung (§ 8 Abs. 1 Satz 2 ZuG 2007). Da auch andere Zuteilungsregeln ähnliche Differenzierungen und (in der Regel) Privilegierungen aufweisen, zeigt sich, dass die aus Klimaschutzgründen mit dem Emissionshandelsrecht angestrebte Verringerung von Treibhausgasen nicht von allen Teilnehmern des neuen Systems gleichermaßen zu tragen ist.

Das Leitbild des Gesetzgebers ist dabei offensichtlich, dass moderne, modernisierte oder „ökologisch günstige" Anlagen faktisch – jedenfalls vorerst – keinen Beitrag zum Klimaschutz leisten müssen, während die „historischen" Anlagen die Reduktionsverpflichtung über den Erfüllungsfaktor zu leisten haben. Die EH-Richtlinie bietet für diese Betrachtungsweise durchaus Anknüpfungspunkte.[49] Der Gesetzgeber ist bei den Sonderbehandlungen eine teilweise über Jahre und fast Jahrzehnte reichende Bindungen eingegangen, etwa wenn Anlagen, die unter § 8 ZuG 2007 fallen, für einen Zeitraum von zwölf Jahren nach Inbetriebnahme privilegiert werden. Inwiefern der Gesetzgeber diese Bindungen über die Jahre aufrecht erhalten kann und gegebenenfalls muss, wird sich zeigen. Die Betreiber werden Bestandsschutz geltend machen.

4.3.1 Grandfathering

Für die Ermittlung der historischen Emissionen legt § 7 ZuG 2007 bestimmte Basisperioden fest, die an die Inbetriebnahme der Anlage anknüpfen und für die der durchschnittliche CO_2-Ausstoß der Anlage festgestellt wird. Von wenigen Aus-

---
[48] Hierzu im Einzelnen sogleich im Anschluss.
[49] Vgl. Nr. 7 des Anhangs III der EH-Richtlinie.

nahmen abgesehen wird in der Basisperiode ein Zeitraum von drei Jahren betrachtet:[50]

Für Anlagen, deren Inbetriebnahme bis zum 31.12.1999 erfolgte, ist Basisperiode der Zeitraum vom 01.01.2000 bis zum 31.12.2002.[51] Für Anlagen, deren Inbetriebnahme im Zeitraum vom 01.01.2000 bis zum 31.12.2000 erfolgte, ist Basisperiode der Zeitraum vom 01.01.2001 bis zum 31.12.2003.[52] Derselbe Referenzzeitraum gilt auch für Anlagen, deren Inbetriebnahme im darauffolgenden Jahr (zwischen dem 01.01.2001 und dem 31.12.2001) standfand, jedoch mit der Besonderheit, dass die für das Betriebsjahr 2001 ermittelten CO_2-Emissionen unter Berücksichtigung branchen- und anlagentypischer Einflussfaktoren auf ein volles Betriebsjahr hochzurechnen sind.[53] Diese Splittung im Berechnungsverfahren ist erforderlich, da es bei der Inbetriebnahme einer Anlage im Laufe des Jahres 2001 einer Prognostizierung der CO_2-Emissionen für das gesamte Jahr 2001 bedarf, um insgesamt eine „volle" Basisperiode von drei Jahren zu erhalten. Einzelheiten zur Art und Weise der Hochrechnung bestimmen sich nach § 10 Abs. 2 bis 5 ZuV 2007.

Für Anlagen, deren Inbetriebnahme im Zeitraum vom 01.01.2002 bis zum 31.12.2002 erfolgte, ist Basisperiode der Zeitraum vom 01.01.2002 bis zum 31.12.2003, demnach also abweichend von der sonstigen Regel ein Zeitraum von nur zwei Jahren.[54] Fehlt für die Berechnung ein „volles" Kalenderjahr, so ist auch hier entsprechend § 7 Abs. 4 Satz 2 ZuG 2007 eine Hochrechnung vorzunehmen.

Schließlich hat der Gesetzgeber in § 7 Abs. 6 ZuG 2007 die Basisperiode für (ältere) bestehende Anlagen, die im Zeitraum zwischen dem 01.01.2000 und dem 31.12.2002 eine Kapazitätserweiterung oder -verringerung erfahren haben, festgelegt, dass die Basisperiode auf der Grundlage des Stichtages der Inbetriebnahme der geänderten Kapazität bestimmt wird. Praktisch heißt dies, dass die Basisperiode für eine Anlage aus den achtziger oder neunziger Jahren bei Kapazitätserweiterung (oder -verringerung) im Jahre 2003 oder 2004 so festgelegt wird, als würde die Anlage auch erst im Jahr 2003 oder 2004 in Betrieb gegangen sein.

Für den Zeitraum der für die jeweilige Anlage einschlägigen Basisperiode sind die durchschnittlichen jährlichen CO_2-Emissionen zu ermitteln. Einzelheiten zur Bestimmung der Kohlendioxid-Emissionen enthält die ZuV 2007:

§§ 4 bis 9 ZuV 2007 stellen allgemeine Regeln zur Bestimmung der Emissionsfaktoren (§ 4 ZuV 2007), zur Bestimmung der energiebedingten Kohlendioxid-Emissionen (§ 5 ZuV 2007), zur Bestimmung der prozessbedingten Kohlendioxid-Emissionen (§ 6 ZuV 2007), zur Emissionsberechnung auf der Grundlage einer Bilanzierung des Kohlenstoffgehaltes (§ 7 ZuV 2007), zur Ermittlung der Emissionen auf der Grundlage des Eigenverbrauchs (§ 8 ZuV 2007) und zur Messung der Kohlendioxid-Emissionen (§ 9 ZuV 2007) auf. Weitere besondere Regeln der

---

[50] Eine Basisperiode von lediglich zwei Jahren sieht § 7 Abs. 5 ZuG 2007 vor.
[51] Vgl. § 7 Abs. 2 ZuG 2007.
[52] Vgl. § 7 Abs. 3 ZuG 2007.
[53] Vgl. § 7 Abs. 4 ZuG 2007.
[54] Vgl. § 7 Abs. 5 ZuG 2007.

Berechnung der Kohlendioxid-Emissionen bei Zuteilung für bestehende Anlagen auf der Basis historischer Emissionen enthält § 10 ZuV 2007.

§ 7 Abs. 9 und 10 ZuG 2007 enthalten Korrekturregeln, um die Ermittlung der CO_2-Emissionen auf der Grundlage historischer Emissionen gegebenenfalls an veränderte Bedingungen anpassen zu können:

So sind im Falle von Produktionsrückgängen, die zu CO_2-Emissionen von weniger als 60 Prozent der durchschnittlichen jährlichen CO_2-Emission in der jeweiligen Basisperiode führen, entsprechend viele Emissionsberechtigungen bis zum 30.04. des folgenden Jahres an die DEHSt zurückzugeben. Mit dieser Regelung wollte der Gesetzgeber den Anreiz vermindern, Altanlagen allein deshalb weiter zu betreiben, um auf diesem Wege die für die Zuteilungsperiode zugeteilten Rechte einzubehalten.[55] Diese Möglichkeit der nachträglichen Verschiebung der Zuteilungsmenge ist allerdings von der EU-Kommission beanstandet worden.[56] § 7 Abs. 9 ZuG 2007 wird auch teilweise in der Literatur für nicht anwendbar erklärt.[57] Eine gerichtliche Klärung des Streits vor dem EuGH steht aus.[58]

§ 7 Abs. 10 ZuG 2007 enthält eine Korrekturregel für den Fall, dass die für die Basisperiode ermittelten CO_2-Emissionen den gegenwärtigen bzw. für die Zuteilungsperiode prognostizierten CO_2-Verbrauch nicht mehr decken. Konkret muss es sich um eine Differenz von mindestens 25 Prozent handeln. Wenn dadurch für das Unternehmen, das die wirtschaftlichen Risiken der Anlage trägt, erhebliche wirtschaftliche Nachteile entstünden, erfolgt die Zuteilung nicht nach § 7 ZuG 2007, sondern auf der Grundlage angemeldeter Emissionen nach § 8 ZuG 2007.[59] Der Gesetzgeber hat bestimmte Beispiele, die Ursache einer solchen Diskrepanz zwischen CO_2-Emissionen in der Basisperiode und CO_2-Emissionen in der Handelsperiode sein können, in § 7 Abs. 10 Satz 3 ZuG 2007 aufgelistet. Typischerweise soll es sich dabei um Fälle der Reparatur, Wartung oder Modernisierung der Anlage (mit Stillstandszeiten) handeln sowie um gestufte Ausbauverfahren, Änderung der Produktionsprozesse oder von technischen Prozessen und um Anlagen, die im Laufe der Betriebszeit steigende, prozesstechnisch nicht zu vermeidende Brennstoff-Effizienzeinbußen aufweisen. Trotz der Ermittlung der CO_2-Emissionen nach § 8 ZuG 2007 in diesen Fällen bleibt es aber bei der Anwendung des Erfüllungsfaktors (§ 7 Abs. 10 Satz 2 ZuG 2007).

Die auf diese Weise ermittelten durchschnittlichen jährlichen Kohlendioxid-Emissionen der Anlage in der Basisperiode sind mit dem in § 5 ZuG 2007 festgelegten Erfüllungsfaktor von 0,9709 zu multiplizieren: Das rechnerische Produkt, das sich daraus ergibt, fällt niedriger aus als die ermittelten (tatsächlichen) Emissionen. Dieses „Minus" entspricht dem politisch gewünschten Einspareffekt an Kohlendioxid-Emissionen durch das Emissionshandelsrechts und stellt in rechtli-

---

[55] Siehe Gesetzesbegründung, BT-Drs. 15/2966, S. 20.
[56] Entscheidung der Kommission v. 07.07.2004 (K (2004) 2512/2 endg.).
[57] So: *Frenz*, in: Frenz, § 7 ZuG 2007 Rn. 46.
[58] Rs. T-374/04 (Deutschland ./. Kommission), ABl. EU v. 20.11.2004 – C 284/25.
[59] Zur Kritik an der tatbestandlichen Anknüpfung an das Merkmal der „wirtschaftlichen Nachteile", siehe *Rebentisch*, S. 113.

cher Hinsicht die Festlegung der Bundesrepublik Deutschland auf bestimmte nationale Emissionsziele sicher.[60]

Nach Bearbeitung der Anträge auf Zuteilung für die erste Zuteilungsperiode 2005 bis 2007 hat die DEHSt gem. § 4 Abs. 4 ZuG 2007 eine anteilige Kürzung der Zuteilungen vorgenommen, so dass ein „zweiter" Erfüllungsfaktor mit dem Wert 0,9537972599 entstanden ist.[61] Die Nachberechnung wurde erforderlich, weil die beantragte Menge an Emissionsberechtigungen über dem vom Gesetzgeber festgelegten Maximalbudget von 495 Mio. t CO_2 pro Jahr für die Jahre 2005 bis 2007 lag. Nach Mitteilung der DEHSt beträgt die Überschreitung für die drei Jahre zusammen ca. 42 Mio. t, also bezogen auf das Gesamtbudget eine Überschreitung in Höhe von 2,8 %.[62] Es kam daher zur Anwendung von § 4 Abs. 4 ZuG 2007.

Für diejenigen Betreiber, die nach § 7 ZuG 2007 die Zuteilung beantragt haben, heißt dies konkret, dass sie von der Gesamtmenge der für ihre Anlage ermittelten CO_2-Emissionen nur ca. 95,38 % an Emissionsberechtigungen zugeteilt bekamen. Da der weitere Anlagenbetrieb jedoch nur zulässig ist, wenn die Menge an Kohlendioxid-Emissionen auch durch entsprechende Berechtigungen gedeckt ist, müssen diese Betreiber entweder Zertifikate zukaufen oder CO_2-Emissionen einsparen.

4.3.2 Alt-Kraftwerke auf Stein- und Braunkohlebasis

Die Zuteilung für bestehende Anlagen auf der Basis des Grandfatherings weist zusätzlich einige Besonderheiten auf:

Für einige ältere Kondensationskraftwerke auf Steinkohle- oder Braunkohlebasis kündigt § 7 Abs. 7 ZuG 2007 eine spezifische Schlechterstellung bei der Zuteilung von Berechtigungen ab der zweiten Zuteilungsperiode, also ab dem 01.01.2008 an. Es handelt sich konkret um solche Steinkohle- und Braunkohlekraftwerke, die vor mehr als dreißig Jahren in Betrieb genommen wurden und nur noch über einen elektrischen Wirkungsgrad (netto) von weniger als 31 Prozent (bei Braunkohlekraftwerken) bzw. 36 Prozent (bei Steinkohlekraftwerken) ab diesem Zeitpunkt verfügen. Bei solchen Kraftwerken wird der jeweils geltende Erfüllungsfaktor um weitere 0,15 Punkte verringert. Zusätzlich müssen Braunkohlekraftwerke ab dem 01.01.2010 einen elektrischen Wirkungsgrad (netto) von mindestens 32 Prozent aufweisen. Die Definition des elektrischen Wirkungsgrades findet sich nicht in den Regelungen des Emissionshandelsrechts, sondern im Mineralölsteuergesetz.[63] Demnach handelt es sich um den Quotienten aus der Brutto-

---

[60] Vgl. hierzu auch *Vierhaus*, in: Körner/Vierhaus, § 5 ZuG 2007 Rn. 1 ff.
[61] Siehe DEHSt, Zuteilung von Emissionsberechtigungen, www.dehst.de, Stand: 23.12.2004.
[62] Siehe erste Ergebnisse des Zuteilungsverfahrens, www.dehst.de, Stand: 23.12.2004.
[63] Art. 5 des Gesetzes zur Anpassung von Verbrauchssteuer- und anderen Gesetzen an das Gemeinschaftsrecht sowie zur Änderung anderer Gesetze vom 21.12.1992, BGBl. I

Stromerzeugung, vermindert um den Betriebseigenverbrauch und der zeitgleich technisch zugeführten Energie.[64]

Ausgenommen von dieser Schlechterstellung sind wiederum Braunkohlekraftwerke, die bis zum 01.01.2010 durch eine Neuanlage ersetzt werden.

4.3.3 Zuteilungsantrag bei der Mitverbrennung von Biomasse

Durch § 2 Abs. 5 Alt. 2 TEHG werden EEG-Anlagen in Deutschland zwar vom Emissionshandel ausgenommen, bei der Verbrennung von Biomasse gilt diese Befreiung nur dann, sofern zur Stromerzeugung ausschließlich Biomasse eingesetzt worden ist bzw. wird (§ 2 Abs. 1 i.V.m. § 3 Abs. 1 EEG) und die Förderungsgrenze von 20 MW elektrischer Leistung (§ 8 Abs. 1 EEG) in der Anlage nicht überschritten wird.[65] Durch die Mitverbrennung von Biomasse werden emissionshandelspflichtige Anlagen nicht aus der Emissionshandelspflichtigkeit entlassen. Im Zuteilungsverfahren hat ein Einsatz von Biomasse in einer emissionshandelspflichtigen Anlage insofern Bedeutung, als dass dieser Brennstoff vom Gesetzgeber mit einem CO_2-Emissionsfaktor von „Null" angesetzt wurde.[66] Daraus folgt, dass in einer Bestandsanlage, die vor dem 1.1.2005 Biomasse mitverbrannte, sofern ein Zuteilungsantrag auf der Basis historischer Emissionsdaten (Grandfathering) gestellt werden sollte, für den von der Biomasseverbrennung verusachten CO_2-Anteil keine Berechtigungen zugeteilt werden. Deshalb sollte der Antragsteller statt eines Zuteilungsantrages nach § 7 ZuG 2007 einen Zuteilungsantrag nach § 7 Abs. 12 i.V.m. § 11 ZuG 2007 in Erwägung ziehen. In dieser Konstellation ist nicht der eingesetzte Brennstoff für die Zuteilung maßgeblich, sondern der CO_2-Emissionswert der erzeugten Strommenge (§ 11 Abs. 2 ZuG 2007). Deshalb wird nach § 11 Abs. 2 ZuG 2007 dann auch für die von der Biomasse verursachten CO_2-Emissionen eine Zuteilung von mindestens 365 Berechtigungen pro GW/h erfolgen können.[67]

Sofern ein Betreiber eine Bestandsanlage, die beispielsweise mit Stein- oder Braunkohle gefeuert wurde, ersetzen will (§ 10 ZuG 2007), kann er seinen Zuteilungsanspruch durch eine Mitverbrennung von Biomasse in der Ersatzanlage positiv beeinflussen. So erhält er nach § 10 Abs. 1 ZuG 2007 einen Anspruch auf die Zuteilung der Berechtigungsmenge der Altanlage und zwar für einen Zeitraum von 4 Jahren, benötigt aber für die Ersatzanlage infolge der Mitverbrennung der als CO_2-frei privilegierten Biomasse diese Berechtigungsmenge nicht mehr in vollem Umfang und kann sie anderweitig einsetzen oder am Markt veräußern.

S. 2150, 2185, in der Fassung des Gesetzes zur Fortführung der ökologischen Steuerreform vom 16.12.1999, BGBl. I S. 2432.
[64] Vgl. § 25 Abs. 3 lit. b) S. 2 Mineralölsteuergesetz.
[65] EEG-Gesetz in der Fassung vom 21.7.2004, BGBl. I S. 1918.
[66] Vgl. Festsetzung des Emissionsfaktors Biomasse in EH-Richtlinie Anhang IV und gleich lautend in Anhang 2 Teil II TEHG.
[67] *Ebsen*, Emissionshandel in Deutschland, Rn. 153.

4.3.4 Härtefallregelung

Der Gesetzgeber hat für diejenigen Betreiber, die bei einer Zuteilung aufgrund historischer Emissionen eine unzumutbare Härte erleiden würden, eine Ausweichmöglichkeit geschaffen: Statt einer Zuteilung nach § 7 ZuG 2007 wird auf Antrag des Betreibers die Zuteilung unter entsprechender Anwendung des § 8 ZuG 2007 festgelegt (§ 7 Abs. 11 ZuG 2007). § 7 Abs. 11 ZuG 2007 ergänzt als Auffangregel insoweit die Korrekturregel nach § 7 Abs. 10 ZuG 2007 und dient der verfassungsrechtlichen Absicherung des Zuteilungsverfahrens.[68] Ohne diese Klausel wäre der verfassungsrechtlich gebotene Verhältnismäßigkeitsgrundsatz verletzt.[69]

Der Gesetzgeber hat allerdings offen gelassen, was unter einer „unzumutbaren Härte" konkret zu verstehen sei.[70] Der Begriff kann im Sinne „grober Unbilligkeit" oder „übermäßiger Belastung" verstanden werden.[71] Auf jeden Fall muss eine „Deckungslücke" hinsichtlich der Emissionsberechtigungen von mehr als 25% vorliegen, da ansonsten § 7 Abs. 10 ZuG 2007 anzuwenden ist. Wann eine unzumutbare Härte gegeben ist, ist eine Frage des Einzelfalls. Sie dürfte auf jeden Fall dann vorliegen, wenn durch eine Zuteilung aufgrund der historischen Emissionen die wirtschaftliche Existenz des Unternehmens (bei dem Unternehmen muss es sich freilich um dasjenige handeln, welches die wirtschaftlichen Risiken der Anlage trägt) bedroht wäre. Verfassungsrechtlich gesehen kann es in diesem Fall zu einer Verletzung der Grundrechte des Betreibers aus Art. 12 und 14 GG kommen. Abzuwägen ist letztlich der Vorteil für die Allgemeinheit (hier: das Klimaschutzinteresse) mit dem Nachteil des Betreibers.[72] Das Umweltschutzinteresse findet dabei eine weitere verfassungsrechtliche Stütze in Art. 20 a GG. Gleichwohl dürfte es unverhältnismäßig sein, wenn Regeln des Emissionshandelsrechts gegenüber den Betreibern erdrosselnde Wirkung entfalten würden.[73] Als Maßstab könnte gelten, ob das betroffene Unternehmen zum Ausgleich des Nachteils auf seine Kapitalbasis zurückgreifen muss.[74]

4.3.5 Angemeldete Emissionen

Die Ermittlung der CO_2-Emissionen von Anlagen, deren Inbetriebnahme im Zeitraum vom 01.01.2003 bis 31.12.2004 erfolgte, findet nicht auf der Grundlage der historischen Emissionen, sondern auf Basis von angemeldeten Emissionen statt. Dies gilt ebenso für bestehende Anlagen, deren Kapazität in diesem Zeitraum er-

---

[68] Vgl. hierzu VG Würzburg, NVwZ 2005, 471, 475; siehe auch *Kloepfer*, Der Handel mit Emissionsrechten im System des Umweltrechts, S. 96; siehe auch *Körner*, in: Körner/Vierhaus, § 7 ZuG 2007 Rn. 55.
[69] So im Ergebnis *Körner*, in: Körner/Vierhaus, § 7 ZuG 2007 Rn. 55.
[70] Vgl. *Frenz*, in: Frenz, § 7 ZuG 2007 Rn. 63.
[71] Siehe *Weinreich/Marr*, NJW 2005, 1078, 1083.
[72] Vgl. *Begemann/Lustermann*, NVwZ 2004, 1292, 1296.
[73] Siehe auch *Begemann/Lustermann*, NVwZ 2004, 1292, 1296.
[74] Vgl. hierzu BVerfG, NVwZ 2004, 846, 847.

weitert wurde. Für diese Anlagen findet der Erfüllungsfaktor für 12 auf das Jahr der Inbetriebnahme folgende Kalenderjahre keine Anwendung (§ 8 Abs. 1 Satz 2 ZuG 2007).[75] Demzufolge unterliegen sie keiner CO_2-Reduktionsverpflichtung. Der Gesetzgeber wollte diese Anlagen ausdrücklich privilegieren. Er vergleicht sie mit Anlagen, die aufgrund von früheren Maßnahmen zur Emissionsminderung (early actions) bereits Vorleistungen für den Klimaschutz erbracht haben.[76] Nr. 7 des Anhangs III der EH-Richtlinie lässt solche Sonderbehandlungen zu.

4.3.5.1 Berechnungsgrundlage

Berechnungsgrundlage für die anzumeldenden Emissionen ist das rechnerische Produkt aus der Kapazität der Anlage, dem zu erwartenden durchschnittlichen jährlichen Auslastungsniveau und dem Emissionswert je erzeugter Produkteinheit. Einzelheiten hierzu ergeben sich aus den §§ 4 bis 9 ZuV 2007. Dies folgt aus § 11 ZuG 2007. Der Begriff der Produkteinheit ist weder im ZuG 2007 noch in der ZuV 2007 definiert, gleichwohl ist er an zahlreichen Stellen maßgebliches Kriterium bei der Anwendung der Zuteilungsregeln.[77] Nach seinem Wortlaut wird man davon ausgehen müssen, dass ein Produkt das Ergebnis einer menschlichen, handwerklichen oder industriellen Fertigung ist[78] und eine Produkteinheit als produktspezifisches Maß- bzw. Zählsystem fungiert.[79] Produkteinheit im Sinne des ZuG 2007 ist demnach ein auf das Produkt einer Anlage bezogenes Maß, wie etwa Kilowattstunden (kWh) für die Stromproduktion oder Tonnen (t) für die Stahlproduktion.[80]

Kann der Emissionswert je erzeugter Produkteinheit nicht ermittelt werden, so ist auf die zu erwartende durchschnittliche jährliche CO_2-Emission der Anlage abzustellen. Ein solcher Fall dürfte etwa gegeben sein, wenn innerhalb einer Anlage äußerst heterogene Produkte hergestellt werden, für die kein einheitlicher Emissionswert gebildet werden kann.[81]

4.3.5.2 Antragserfordernisse nach § 8 ZuG 2007

Ein Antrag nach § 8 ZuG 2007 muss Angaben über die zu erwartende durchschnittliche jährliche Produktionsmenge der Anlage enthalten, wie sie sich aus Kapazität und Auslastung der Anlage ergibt. Zudem sind in dem Antrag die vor-

---

[75] Zur Kritik an der gesetzlichen Formulierung: *Vierhaus*, in: Körner/Vierhaus, § 8 ZuG 2007 Rn. 11.
[76] Siehe Gesetzesbegründung, BT-Drs. 15/2966, S. 20.
[77] Vgl. etwa im ZuG 2007: § 3 Abs. 2 lit c), § 8 Abs. 1 Satz 3 u. 4, § 8 Abs. 2 Nr. 3, § 11 Abs. 1 Satz 1, § 11 Abs. 1 Satz 4, § 11 Abs. 2 Satz 1, § 11 Abs. 2 Satz 4, § 11 Abs. 3 Satz 1 u. 2, § 11 Abs. 4 Satz 1 Nr. 4, § 12 Abs. 2 Satz 1 u. 3, § 12 Abs. 3 u. 4, § 12 Abs. 6 Satz 2 Nr. 1.
[78] Vgl. *Beckmann/Hagmann*, EurUP 2005, 115, 118.
[79] Vgl. *Körner/v. Schweinitz*, in: Körner/Vierhaus, § 3 ZuG 2007 Rn. 25.
[80] Vgl. *Körner/v. Schweinitz*, in: Körner/Vierhaus, § 3 ZuG 2007 Rn. 25.
[81] Siehe Gesetzesbegründung, BT-Drs. 15/2966, S. 20.

gesehenen Brenn- und Rohstoffe zu benennen, aus denen die CO_2-Emission resultiert. Soweit der Emissionswert je erzeugter Produkteinheit bekannt ist, muss auch dieser angegeben werden. Schließlich hat der Antragsteller die zu erwartende durchschnittliche CO_2-Emission der Anlage zu beziffern. Weitere Einzelheiten regelt § 11 ZuV 2007.

4.3.5.3 Ex-post-Kontrolle

Die auf der Grundlage von § 8 ZuG 2007 zugeteilten Emissionsberechtigungen sind gegebenenfalls von der DEHSt als zuständiger Behörde zu widerrufen. Dieser Fall tritt dann ein, wenn die tatsächliche Produktionsmenge geringer ausfällt als die angemeldete. Der Widerruf *muss* erfolgen, die Behörde hat kein Ermessen.[82] Ob die Vorschrift allerdings zum Tragen kommen wird, hängt im Wesentlichen auch von dem Verfahren vor dem EuGH ab.[83] Die Kommission hält die Widerrufsbefugnis für unzulässig.[84]

Kommt es zu einem Widerruf der Zuteilungsentscheidung, erfolgt die nunmehr zu berechnende Zuteilung auf der Grundlage der tatsächlichen Produktionsmenge. Nicht vorgesehen ist eine Ex-post-Kontrolle für den Fall einer höheren tatsächlichen Produktionsmenge als angemeldet.[85] Im Laufe des Gesetzgebungsverfahrens ist eine entsprechende ursprünglich vorgesehene Regelung wieder entfallen.[86] Dieses Problem soll der Betreiber offensichtlich über den Emissionshandelsmarkt lösen, kurz gesagt die erforderlichen Berechtigungen kaufen.

4.4 Zuteilung für Neuanlagen

Für Neuanlagen erfolgt die Zuteilung der Emissionsberechtigungen grundsätzlich nach §§ 10, 11 ZuG 2007. Weitere Einzelheiten ergeben sich aus § 12 ZuV 2007. Neuanlagen sind Anlagen, die nach dem 31.12.2004 in Betrieb genommen wurden (§ 3 Abs. 2 Nr. 1 ZuG 2007). §§ 10, 11 ZuG 2007 ist gemeinsam, dass sie – im Sinne eines Innovationsanreizes[87] – privilegierende Sonderbehandlungen im Zuteilungsverfahren vorsehen, etwa durch eine mehrjährige Übertragbarkeit von (ordnungsrechtlich nicht mehr erforderlichen) Berechtigungen oder durch die Festlegung des Erfüllungsfaktors „1", also einer Zuteilung von Berechtigungen ohne Kürzung.

---

[82] Siehe auch *Vierhaus*, in: Körner/Vierhaus, § 8 ZuG 2007 Rn. 14.
[83] Rs. T-374/04 (Deutschland ./. Kommission), ABl. EU v. 20.11.2004 – C 284/25.
[84] Entscheidung der Kommission v. 07.07.2004 (K (2004) 2512/2 endg.).
[85] Siehe hierzu kritisch *Frenz*, in: Frenz, § 8 ZuG 2007 Rn. 34.
[86] Vgl. *Frenz*, in: Frenz, § 8 ZuG 2007 Rn. 34 m.w.N.
[87] So ausdrücklich die Gesetzesbegründung, BT-Drs. 15/2966, S. 21.

4.4.1 Neuanlagen als Ersatzanlagen

Ersetzt ein Betreiber eine Altanlage durch eine Neuanlage, so regelt § 10 Abs. 1 ZuG 2007, dass der Betreiber für die Neuanlage die Berechtigungen für Betriebsjahre beanspruchen, die ihm für die ersetzte Anlage zukamen.[88] Die Übertragung der Berechtigungen gilt für vier Jahre nach dem Zeitpunkt der Betriebseinstellung der Altanlage. Zusätzlich werden dem Betreiber für weitere 14 Jahre für die Neuanlage Berechtigungen ohne Anwendung eines Erfüllungsfaktors zugeteilt. Damit soll Betreibern ein „klimapolitisch notwendiger Anreiz zum Ersatz alter emissionsintensiver Anlagen" gegeben werden.[89] Die Neuanlage muss in Deutschland liegen. Anspruchsberechtigt ist außer dem Betreiber der Anlage auch dessen Rechtsnachfolger oder ein anderer Betreiber, wenn zwischen dem Betreiber der Neuanlage und dem Betreiber der ersetzten Anlage eine entsprechende Vereinbarung besteht.[90]

Der gesetzliche Terminus der „Inbetriebnahme" der Neuanlage umfasst sowohl den Regelbetrieb als auch den Probebetrieb der Anlage, jedoch erst nach dem 31.12.2004. § 10 Abs. 1 Satz 1 2. Halbsatz ZuG 2007 erweitert ausdrücklich den Begriff der Inbetriebnahme entgegen der ansonsten geltenden Begriffsbestimmung (vgl. § 3 Abs. 2 Nr. 2 ZuG 2007: erstmalige Aufnahme des Regelbetriebs).

Kommt es zu einer Kapazitätserweiterung einer bestehenden Anlage nach dem 31.12.2004, so findet für die neuen Kapazitäten eine Zuteilung für Neuanlagen als Ersatzanlagen nach § 10 ZuG 2007 statt (vgl. § 10 Abs. 6 ZuG 2007). Doch gilt dies nur für den Erweiterungsteil. Die Anlage im Übrigen wird nach §§ 7, 8 ZuG 2007 beurteilt.

Alt- und Neuanlage müssen miteinander vergleichbar sein: § 10 Abs. 1 Satz 1 ZuG 2007 verweist hierzu auf die Maßgaben des Anhangs 2 des ZuG 2007, in dem dreizehn Kategorien vergleichbarer Anlagen gebildet worden sind. Die Auflistung in Anhang 2 des ZuG 2007 ist Anhang 1 des TEHG im Wesentlichen nachgebildet.[91] Dem Gesetzgeber ging es hier um eine relative Homogenität der bezeichneten Gruppe im Hinblick auf deren Produktion und eingesetzter Technologie sowie der hierdurch bedingten Emissionseigenschaften.[92] Konkret heißt dies zum Beispiel, dass eine Übertragung von Berechtigungen von einer alten Anlage zur Herstellung von Zementklinkern auf eine neue Anlage zur Herstellung von Zementklinkern erfolgen kann, nicht jedoch eine Übertragung von Berechtigungen etwa einer alten Anlage zur Herstellung von Zementklinkern auf eine neue Anlage zum Brennen von Kalkstein oder zum Brennen keramischer Erzeugnisse.

Eine weitere Voraussetzung ist der zeitliche Zusammenhang zwischen Betriebseinstellung der Altanlage und Inbetriebnahme der Neuanlage: Grundsätzlich darf zwischen diesen beiden Vorgängen kein längerer Zeitraum als drei Monate

---

[88] Siehe Gesetzesbegründung, BT-Drs. 15/2966, S. 21; grundlegend zur Zuteilung für Neuanlagen als Ersatzanlagen: *Burgi*, Ersatzanlagen im Emissionshandelssystem, 2004.
[89] Siehe *Weinreich/Marr*, NJW 2005, 1078, 1082.
[90] Siehe hierzu auch: *Vierhaus*, in: Körner/Vierhaus, § 10 ZuG 2007 Rn. 5, 6.
[91] So auch: *Frenz*, in: Frenz, § 10 ZuG 2007, Rn. 5.
[92] Siehe Gesetzesbegründung, BT-Drs. 15/2966, S. 21.

liegen (§ 10 Abs. 1 Satz 1 ZuG 2007). Doch lassen sich die zusätzlichen Zuteilungen auch noch realisieren, wenn zwar der Zeitraum von drei Monaten abgelaufen ist, nicht aber zwei Jahre verstrichen sind. Hier muss der Betreiber allerdings nachweisen, dass die Inbetriebnahme der Neuanlage innerhalb der Dreimonatsfrist aufgrund technischer oder anderer Rahmenbedingungen der Inbetriebnahme nicht möglich war (§ 10 Abs. 3 Satz 1 ZuG 2007). Die Zuteilung der Berechtigungen erfolgt dann in Ansehung des Zeitpunktes der Inbetriebnahme der Neuanlage (§ 10 Abs. 3 Satz 2 ZuG 2007).

Die Inbetriebnahme der Neuanlage kann der Einstellung des Betriebs der Altanlage auch zeitlich vorgelagert sein, und zwar bis zu zwei Jahren, ohne dass sich an den Sonderzuteilungen Wesentliches ändert (vgl. § 10 Abs. 4 ZuG 2007). Die Zeit des Parallelbetriebes verkürzt allerdings den Zeitraum der Zuteilung für die Neuanlage: Laufen also etwa Neu- und Altanlage zwei Jahre nebeneinander, verkürzt sich der Zeitraum der Zuteilung von Berechtigungen für die Neuanlage ohne Anwendung des Erfüllungsfaktors auf zwölf statt normalerweise vierzehn Jahre (§ 10 Abs. 1 Satz 3 ZuG 2007). Liegt bereits eine Zuteilungsentscheidung nach § 11 ZuG 2007 vor, wird diese anteilig für die Zeit ab Einstellung der Altanlage widerrufen.

4.4.2 Neuanlagen als zusätzliche Anlagen

Für Neuanlagen, die nicht eine alte Anlage ersetzen (oder Kapazität erweitern), sondern als zusätzliche Anlage Kohlendioxid emittieren, bestimmt sich die Menge der zuzuteilenden Berechtigungen grundsätzlich nach einem Emissionswert je Produkteinheit (Benchmarks).[93] Die Zuteilung nach solchen generellen technischen Standards, statt nach individuellen, historischen oder prognostizierten Emissionen, stellt einen Konzeptwechsel des Gesetzgebers innerhalb des Emissionshandelsrechts dar. Er ist allerdings bereits im Anhang III (Nr. 7) der EH-Richtlinie angelegt, der für die Mitgliedstaaten ausdrücklich die Möglichkeit der Verwendung von Benchmarks bei der Aufstellung der nationalen Zuteilungspläne vorsieht.[94]

4.4.2.1 Benchmark-System

Im Gesamtsystem des deutschen Emissionshandelsrechts und der Zuteilung von Berechtigungen bildet das – anspruchsvolle[95] – Benchmark-System derzeit (noch) eine Ausnahme.[96] Die Ermittlung der zuzuteilenden Berechtigungen für die CO_2-Emissionen nach dem Benchmark-System erfolgt am Maßstab einer typisierten

---

[93] Siehe Gesetzesbegründung, BT-Drs. 15/2966, S. 21. Zu dem Unterschied zwischen deutscher und englischer Begrifflichkeit siehe *Vierhaus*, in: Körner/Vierhaus, § 11 ZuG 2007 Rn. 1.
[94] Vgl. hierzu *Michaelis/Holtwisch*, NJW 2004, 2127, 2130.
[95] So: *Burgi*, NVwZ 2004, 1162, 1165.
[96] Vgl. *Michaelis/Holtwisch*, NJW 2004, 2127, 2130.

Anlage, die der Neuanlage entspricht, aber gleichzeitig mit der besten verfügbaren Technik arbeitet.[97] Für diese Anlagenkategorie wird ein produktionsspezifischer Emissionswert gebildet (vgl. § 11 Abs. 1 ZuG 2007). Übersteigt der CO_2-Verbrauch der Neuanlage den für eine entsprechende Anlage festgesetzten Emissionswert, so werden dem Betreiber der Neuanlage Berechtigungen in der Höhe der Differenz nicht weiter zugeteilt. Er muss dann die fehlenden Berechtigungen am Markt zukaufen. Umgekehrt erhält der Betreiber aber in dem Fall, dass der CO_2-Verbrauch seiner Anlage unterhalb des festgesetzten Emissionswertes liegt, die Zuteilung am Maßstab der typisierten Neuanlage. Ihm stehen also mehr Berechtigungen zur Verfügung, als er benötigt, so dass er diesen Überhang verkaufen kann. Die Zuteilungsmethode nach dem Benchmark-System bietet demnach einen Anreiz, besonders energieeffiziente Techniken einzusetzen.

Die Zuteilung erfolgt ohne Erfüllungsfaktor (§ 11 Abs. 1 Satz 3 ZuG 2007) und für die ersten vierzehn Betriebsjahre seit Inbetriebnahme der Anlage (§ 11 Abs. 1 Satz 6 ZuG 2007). Der Gesetzgeber wollte damit den Betreibern Planungssicherheit verschaffen.[98] Die Berechtigungen werden dem nach § 6 ZuG 2007 gebildeten Reservefonds entnommen. § 6 Abs. 1 ZuG 2007 sieht ausdrücklich vor, dass Berechtigungen zur Emission von 9 Mio. t CO_2 den Zuteilungsentscheidungen nach § 11 ZuG 2007 vorbehalten bleiben. Reicht diese Menge nicht aus, muss der Staat gegebenenfalls auf eigene Rechnung Berechtigungen kaufen. Ermächtigungsnorm hierfür ist § 6 Abs. 3 ZuG 2007.

4.4.2.2 Ermittlung der Zuteilung

§ 11 Abs. 1 ZuG 2007 regelt auf der Basis des Benchmark-Systems die Ermittlung der zuzuteilenden Berechtigungen für NeuBetreiber.[99] Danach ist das rechnerische Produkt aus der zu erwartenden durchschnittlichen jährlichen Produktionsmenge, dem Emissionswert der Anlage je erzeugter Produkteinheit sowie der Anzahl der Kalenderjahre in der Zuteilungsperiode seit Inbetriebnahme zu bilden. Der Benchmark-Faktor liegt in dem produktspezifischen Emissionswert, auf den der Betreiber im Gegensatz zu den anderen Faktoren keinen Einfluss hat. Die zu erwartende durchschnittliche jährliche Produktionsmenge wird dadurch berechnet, dass die Kapazität der Anlage mit der erwarteten durchschnittlichen jährlichen Auslastung der Anlage multipliziert wird (vgl. § 12 Abs. 1 S. 2 ZuV 2007).[100] Die Betriebsdauer der Anlage (auch für Neuanlagen als zusätzliche Anlagen gilt der um den Probebetrieb erweiterte Inbetriebnahme-Begriff)[101] wird auf den Tag genau in Ansatz gebracht (§ 11 Abs. 1 S. 2 ZuG 2007).

---

[97] Vgl. *Weinreich/Marr*, NJW 2005, 1078, 1082; *Kobes*, NVwZ 2004, 1153, 1159.
[98] Siehe Gesetzesbegründung, BT-Drs. 15/2966, S. 21.
[99] Weitere Einzelheiten bestimmen sich nach § 12 ZuV 2007.
[100] Vgl. hierzu auch DEHSt, Leitfaden Zuteilungsregeln 2005-2007, Stand: 9/2004, S. 17 f., (www.dehst.de).
[101] Siehe oben – Ziff. 4.4.1 – zu Neuanlagen als Ersatzanlagen (§ 10 ZuG 2007).

Der produktionsspezifische Emissionswert ist entweder bereits gesetzlich (für die Erzeugung von Strom)[102] oder verordnungsrechtlich (für die Erzeugung von Warmwasser, Prozessdampf, Wärme (bei KWK-Anlagen), Zement und Zementklinker, Glas, Ziegel)[103] konkretisiert, oder der Gesetz- und Verordnungsgeber hat zumindest umschrieben, wie er zu ermitteln ist. Im letztgenannten Fall – es liegt also noch kein produktspezifischer Emissionswert vor – bestimmt sich der Emissionswert nach den zu erwartenden durchschnittlichen jährlichen CO_2-Emissionen, die für die jeweilige Anlage bei Anwendung der besten verfügbaren Techniken erreichbar ist (§ 11 Abs. 3 S. 1 ZuG 2007). Der Emissionswert je erzeugter Produkteinheit bestimmt sich aus dem Quotienten der durchschnittlichen jährlichen CO_2-Emissionen und der erwarteten durchschnittlichen jährlichen Produktionsmenge der Anlage (§ 12 Abs. 4 S. 1 ZuV 2007).[104]

4.4.2.3 Beste verfügbare Techniken

Der Begriff der „besten verfügbaren Techniken" ist mit der IVU-Richtlinie[105] in das Umweltrecht der EG eingeführt worden.[106] Nach Art. 2 Nr. 11 IVU-Richtlinie bezeichnen die „besten verfügbaren Techniken" den effizientesten und fortschrittlichsten Entwicklungsstand der Tätigkeiten und entsprechenden Betriebsmethoden, der spezielle Techniken als praktisch geeignet erscheinen lässt, grundsätzlich als Grundlage für die Emissionsgrenzwerte zu dienen, um Emissionen in und Auswirkungen auf die gesamte Umwelt allgemein zu vermeiden oder, wenn dies nicht möglich ist, zu vermindern. Dabei ist unter dem Begriff „Techniken" sowohl die angewandte Technologie als auch die Art und Weise, wie die Anlage geplant, gebaut, gewartet, betrieben und stillgelegt wird, zu verstehen. „Verfügbar" sind die Techniken, die in einem Maßstab entwickelt sind, der unter Berücksichtigung des Kosten-/Nutzen-Verhältnisses die Anwendung unter in dem betreffenden industriellen Sektor wirtschaftlich und technisch vertretbaren Verhältnissen ermöglicht, gleich, ob diese Techniken innerhalb des betreffenden Mitgliedstaates verwendet oder hergestellt werden, sofern sie zu vertretbaren Bedingungen für den Betreiber zugänglich sind. Dabei sind solche Techniken die „besten", die am wirksamsten zur Erreichung eines allgemein hohen Schutzniveaus für die Umwelt insgesamt beitragen.

Diese europarechtlich vorgegebene Bestimmung der „besten verfügbaren Techniken" hat der deutsche Verordnungsgeber in § 12 Abs. 3 Satz 3 ZuV 2007 deckungsgleich umgesetzt.[107] Danach sind bezogen auf das deutsche Emissionshandelsrecht die „besten verfügbaren Techniken" solche Produktionsverfahren

---

[102] § 11 Abs. 2 ZuG 2007.
[103] § 12 Abs. 2 Nrn. 2-7 ZuV 2007.
[104] Vgl. DEHSt, Leitfaden Zuteilungsregeln 2005-2007, Stand: 9/2004, S. 18, (www.dehst.de).
[105] Richtlinie 96/61/EG des Rates vom 24.09.1996 über die integrierte Vermeidung und Verminderung der Umweltverschmutzung, ABl. EU Nr. L 257 v. 10.10.1996, S. 26 ff.
[106] Siehe hierzu *Kloepfer*, Umweltrecht, § 3 Rn. 79.
[107] Vgl. *Frenz*, in: Frenz, § 11 ZuG 2007 Rn. 20.

und Betriebsweisen, die bei Gewährleistung eines hohen Schutzniveaus für die Umwelt insgesamt die Emission klimawirksamer Gase, insbesondere von CO_2, bei der Herstellung eines bestimmten Produkts auf ein Maß reduzieren, das unter Berücksichtigung des Kosten-/Nutzen-Verhältnisses, der unter wirtschaftlichen Gesichtspunkten nutzbaren Brenn- und Rohstoffe sowie der Zugänglichkeit der Techniken für den Betreiber möglich ist.

Für die Betreiber wird durch diese Begriffsbestimmung keine bestimmte Technik oder Technologie vorgegeben. Maßstab für die Technik, nach der der Emissionswert bestimmt wird, ist neben deren Umwelt-/Klimafreundlichkeit auch deren Zugänglichkeit und wirtschaftliche Vertretbarkeit. Letztere ist allerdings branchenspezifisch und nicht einzelfallbezogen: Dies bedeutet, dass es nicht auf die wirtschaftliche Vertretbarkeit für den jeweiligen konkreten Betreiber ankommt.[108]

4.4.2.4 Benchmarks im ZuG 2007

Zur Durchführung des Benchmark-Systems hat der Gesetzgeber bereits in § 11 Abs. 2 ZuG 2007 für Stromerzeugungsanlagen einen produktspezifischen Emissionswert festgelegt. Er beträgt mindestens 365 g CO_2/kWh und maximal 750 g CO_2/kWh. In dieser Spannbreite kommt es auf den bei Verwendung der besten verfügbaren Techniken erreichbaren Emissionswert der Anlage an. Der Gesetzgeber hat somit hier eine flexible und einzelfallbezogene Bildung des Emissionswertes vorgesehen.[109] Die Spannbreite ergibt sich aus dem unterschiedlichen Brennstoffeinsatz in der Stromerzeugung: Der Gesetzgeber hat für die Stromerzeugung in modernen, mit fossilen Brennstoffen gefeuerten Kraftwerken den Wert von 750 g CO_2/kWh zugrunde gelegt, für die Stromerzeugung in modernen, mit Erdgas befeuerten Anlagen einen Wert von 365 g CO_2/kWh.[110]

Bei Anlagen der Kraft-Wärme-Kopplung findet eine Differenzierung nach Strom- bzw. Wärmeerzeugung statt („Doppel-Benchmark"): Die Zuteilung für die zu erwartende Menge an Strom erfolgt auf der Basis des Emissionswertes einer technisch vergleichbaren, ausschließlich Strom erzeugenden Anlage. Die Zuteilung hinsichtlich der zu erwartenden Menge erzeugter Wärme erfolgt nach dem Emissionswert für Warmwasser erzeugende Anlagen („virtuelle Anlage").[111] Dieser Emissionswert wird nicht im ZuG 2007 festgelegt, sondern findet sich in § 12 Abs. 2 Nr. 2 und 3 ZuV 2007. Für Kraft-Wärme-Kopplungsanlagen gilt dann nicht Formel 3 des Anhangs 1 des ZuG 2007, sondern Formel 4, die den stromerzeugenden Anteil einerseits und den wärmeerzeugenden Anteil andererseits zu einer Gesamtmenge an Emissionsberechtigungen zusammenführt.

---

[108] *Epiney*, S. 257 m.w.N.
[109] *Frenz*, in: Frenz, § 11 ZuG 2007 Rn. 26.
[110] Gesetzesbegründung, BT-Drs. 15/2966, S. 22.
[111] Gesetzesbegründung, BT-Drs. 15/2966, S. 22.

4.4.2.5 Benchmarks in der ZuV 2007

§ 12 ZuV 2007 legt für zahlreiche Bereiche – z.B. Anlagen zur Erzeugung von Strom und/oder Wärme, zur Herstellung von Glas, von Ziegeln oder Zementklinkern - einen energiebezogenen Emissionswert je erzeugter Produkteinheit fest.[112]

Bei Anlagen zur Erzeugung von Warmwasser (Niedertemperaturwärme) gilt ein Emissionswert von maximal 290 g CO_2/kWh, jedoch nicht mehr als der bei Verwendung der besten verfügbaren Techniken erreichbare Emissionswert der Anlage, mindestens aber ein Wert von 215 g CO_2/kWh (§ 12 Abs. 2 Nr. 2 ZuV 2007). Überschreitet der Emissionswert der konkret zu beurteilenden Anlage den Wert von 215 g CO_2/kWh, so hat der Betreiber darzulegen, dass er seinen Wert unter Zugrundelegung der besten verfügbaren Techniken ableitet.

Bei Anlagen zur Erzeugung von Prozessdampf gilt ein Emissionswert von maximal 345 g CO_2/kWh, jedoch auch hier nicht mehr als der bei Verwendung der besten verfügbaren Techniken erreichbare Emissionswert der Anlage. Mindestens ist aber ein Emissionswert von 225 g CO_2/kWh in Ansatz zu bringen (§ 12 Abs. 2 Nr. 3 ZuV 2007). Überschreitet der Emissionswert der konkreten zu beurteilenden Anlage den Wert von 225 g CO_2/kWh, so hat der Betreiber auch hier zu begründen, dass er seinen Wert unter Zugrundelegung der besten verfügbaren Techniken ableitet.

Bei Anlagen zur Herstellung von Zement und Zementklinkern gilt in Produktionsanlagen mit drei Zyklonen ein Emissionswert von 315 g CO_2/kg erzeugten Zementklinkern, bei Anlagen mit vier Zyklonen ein Emissionswert von 285 g CO_2/kg und bei Anlagen mit fünf oder sechs Zyklonen ein Emissionswert von 275 g CO_2/kg (§ 12 Abs. 2 Nr. 5 ZuV 2007).

Bei Anlagen zur Herstellung von Glas beträgt der Emissionswert für Behälterglas 280 g CO_2/kg erzeugtem Glas und bei Flachglas 510 g CO_2/kg (§ 12 Abs. 2 Nr. 6 ZuV 2007).

Bei Anlagen zur Herstellung von Ziegeln beträgt der Emissionswert für Vormauerziegel 115 g CO_2/kg erzeugter Ziegel, bei Hintermauerziegeln 68 g CO_2/kg, bei Dachziegeln (U-Kassette) 130 g CO_2/kg und bei Dachziegeln (H-Kassette) 158 g CO_2/kg.

4.4.2.6 Ermittlung ohne festgelegte Benchmarks

Soweit für zusätzliche Neuanlagen weder im ZuG 2007 noch in der ZuV 2007 konkrete Benchmarks festgelegt sind, bestimmt sich der Emissionswert der Anlagen nach den zu erwartenden durchschnittlichen jährlichen CO_2-Emissionen, die

---

[112] Zu den Einzelheiten der Ermittlung der Benchmarks für die Energieanlagen: DEHSt, Definition und Bewertung von Emissionswerten für Strom, Warmwasser und Prozessdampf entsprechend der besten verfügbaren Techniken (BVT) im Zuteilungsverfahren für die Handelsperiode 2005-2007 (Redaktionsschluss: 22.06.2005), www.dehst.de; zu den Einzelheiten der Ermittlung der Benchmarks für die Elektrostahlwerke: DEHSt, Festlegung von Neuanlagen-Benchmarks für Elektrostahlwerke (Stand: 23.12.2004), www.dehst.de.

im Einzelfall für die jeweilige Anlage bei Verwendung der besten verfügbaren Techniken erreichbar wären (§ 11 Abs. 3 Satz 1 ZuG 2007). Diesen Wert hat der Betreiber der Anlage anzugeben (§ 12 Abs. 3 ZuV 2007). Die Wertangabe ist zu begründen. Die Begründung muss hinreichend genaue Angaben über die besten verfügbaren Produktionsverfahren und -techniken, die Möglichkeit der Effizienzverbesserung und die Informationsquellen, nach denen die besten verfügbaren Techniken ermittelt wurden, enthalten (§ 12 Abs. 3 Satz 5 ZuV 2007).

Ist die Festlegung eines Emissionswertes je Produkteinheit nicht möglich, bemisst sich die Zuteilung nach den zu erwartenden durchschnittlichen jährlichen Emissionen bei Anwendung der besten verfügbaren Techniken (§ 11 Abs. 3 Satz 2 ZuG 2007). Dies kann etwa bei solchen Anlagen der Fall sein, in denen unterschiedliche Produkte hergestellt werden. Die Regelung entspricht der Vorgehensweise bei bestehenden Anlagen, für die die Zuteilung auf der Grundlage angemeldeter Emissionen erfolgt (§ 8 ZuG 2007)[113], allerdings ergänzt um die Zugrundelegung der besten verfügbaren Techniken.[114]

4.4.2.7 Ex-post-Korrektur

Die auf der Grundlage von § 11 ZuG 2007 zugeteilten Emissionsberechtigungen sind gegebenenfalls von der DEHSt als zuständiger Behörde zu widerrufen. § 11 Abs. 5 ZuG 2007 verweist insofern auf die Regelungen in § 8 Abs. 3 und 4 ZuG 2007, die entsprechend anzuwenden sind.[115] Die Kommission hält die Widerrufsbefugnis für unzulässig[116], so dass es im Ergebnis auf die Entscheidung des EuGH im bereits anhängigen Verfahren ankommt.[117]

4.4.2.8 Kapazitätserweiterungen

Bei der Inbetriebnahme von neuen Kapazitäten einer bestehenden Anlage nach dem 31.12.2004 erfolgt die Ermittlung der zuzuteilenden Berechtigungen für den CO_2-Verbrauch ebenfalls nach den Regeln für zusätzliche Neuanlagen nach § 11 Abs. 1 bis 5 ZuG 2007 (§ 11 Abs. 6 ZuG 2007). Für die Anlage im Übrigen gelten gleichwohl weiterhin die Zuteilungsregeln nach §§ 7, 8 ZuG 2007.[118] Es kommt also zu einer zuteilungsrechtlichen Splittung ein und derselben Anlage in Alt- und Neubestand.[119] Bei einem im Rahmen der Kapazitätserweiterung stattfindenden Probebetrieb erfolgt hierfür ebenfalls bereits eine Zuteilung nach § 11 ZuG 2007.

---

[113] Siehe dazu auch Kapitel 4 unter 4.3.5.
[114] *Frenz*, in: Frenz, § 11 ZuG 2007 Rn. 40 f.
[115] Siehe dazu auch Kapitel 4 unter 4.3.5
[116] Entscheidung der Kommission v. 07.07.2004 (K (2004) 2512/2 endg.).
[117] Rs. T-374/04 (Deutschland ./. Kommission), ABl. EU v. 20.11.2004 – C 284/25.
[118] Es besteht die Möglichkeit nach § 7 Abs. 12 ZuG 2007 bzw. § 8 Abs. 6 ZuG 2007 auch hinsichtlich der bestehenden Anlage in die Zuteilung nach dem Benchmark-System zu wechseln.
[119] hierzu auch *Vierhaus*, in: Körner/Vierhaus, § 11 ZuG 2007 Rn. 23.

4.5 Optionsregeln

Betreiber können im Zuteilungsverfahren von Wahloptionen Gebrauch machen: § 7 Abs. 12 ZuG 2007 und § 8 Abs. 6 ZuG 2007 sehen vor, dass ein Betreiber beantragen kann, die Zuteilung der ihm zustehenden Berechtigungen zur CO_2-Emission statt auf der Grundlage historischer Emissionen (§ 7 ZuG 2007) bzw. angemeldeter Emissionen (§ 8 ZuG 2007) anhand der Regelung für Neuanlagen als zusätzliche Anlage (§ 11 ZuG 2007) zu erhalten. Gegebenenfalls kann ein Betreiber einer modernen Anlage durch Anwendung der Neuanlagenregel atypische Umstände in der Basisperiode umgehen.[120] Bei einem Vorgehen nach § 7 Abs. 12 ZuG 2007 bzw. § 8 Abs. 6 ZuG 2007 gilt dann das Benchmark-System auch für die bereits vor dem 01.01.2005 bestehende Anlage. Der Vorteil dieses Systemwechsels liegt für den Betreiber vor allem darin, dass die Zuteilung ohne Erfüllungsfaktor und über einen Zeitraum von vierzehn Jahren gewährt wird, der Planungssicherheit verschafft.[121] Der Nachteil liegt freilich darin, dass sich die Bestandsanlage an den besten verfügbaren Techniken messen lassen muss. Um Vor- und Nachteile vernünftig miteinander vergleichen zu können, empfiehlt es sich, die möglichen Optionen vor Antragstellung zu berechnen.

Für die Umsetzung der Wahloption trifft die ZuV 2007 weitere Regeln: § 10 Abs. 6 ZuV 2007 verweist für Bestandsanlagen, deren Zuteilung an sich auf der Basis historischer Emissionen ermittelt würde, auf die Anforderungen des § 12 Abs. 2 bis 6 ZuV 2007. Die historischen Emissionen bleiben aber nicht völlig unberücksichtigt: Sie sind Grundlage der Prognose nach § 12 Abs. 5 ZuV 2007. Weicht der Betreiber bei seiner Prognose von den historischen Daten ab, muss er dies hinreichend ausführlich begründen und aussagekräftige Unterlagen vorlegen. Für Anlagen, deren Zuteilung an sich nach den angemeldeten Emissionen erfolgen würde, gilt Entsprechendes (vgl. § 11 Abs. 6 ZuV 2007).

§ 7 Abs. 12 Satz 2 ZuG 2007 legt fest, dass die Vorschriften über den Reservefonds (§ 6 ZuG 2007) nicht angewendet werden. Dies gilt ebenfalls für die Wahloption nach § 8 Abs. 6 ZuG 2007. Der Gesetzgeber wollte offenbar nicht, dass eine (Mehr-)Zuteilung für diese Anlagen aus der Reservemenge bedient wird. Dies ist insofern folgerichtig, als es sich bei den optierenden Anlagen nicht um echte Neuanlagen handelt. Trotz der Beurteilung nach dem System für Neuanlagen bleiben diese Anlagen freilich Bestandsanlagen.[122]

Vor diesem Hintergrund ist umstritten, ob Neu- und Bestandsanlagen gleich zu behandeln sind, soweit es um die Anwendung des Kürzungsfaktors gemäß § 4 Abs. 4 ZuG 2007 geht. Für „echte" Neuanlagen gilt der Kürzungsfaktor nicht. Auf die optierenden Bestandsanlagen soll er, so jedenfalls ein Teil des Schrifttums, angewandt werden können.[123] Diese Auffassung ist nicht unproblematisch, da der

---

[120] *Weinreich/Marr*, NJW 2005, 1078, 1083.
[121] Umstritten, a.A.: DEHSt, Leitfaden Zuteilungsregeln 2005-2007, Stand: Sept. 2004 (www.dehst.de), S. 7; so wie hier: *Körner*, in: Körner/Vierhaus, § 7 ZuG 2007 Rn. 63 ff.
[122] Vgl. hierzu auch *Frenz*, in: Frenz, § 7 ZuG 2007 Rn. 67 ff. und § 8 ZuG 2007 Rn. 37 f.; *Körner*, in: Körner/Vierhaus, § 7 ZuG 2007 Rn. 60 ff.
[123] Vgl. *Marr*, in: Landmann/Rohmer, § 4 ZuG 2007 Rn. 16 m.w.N.

Wortlaut des § 7 Abs. 12 ZuG 2007 ohne Einschränkung auf die Neuanlagenregelung des § 11 ZuG 2007 verweist. Anlagen, die nach § 11 ZuG 2007 zu beurteilen sind, unterliegen jedoch gem. § 11 Abs. 1 Satz 3 ZuG 2007 nicht dem Erfüllungsfaktor nach § 5 ZuG 2007 und somit auch nicht dem Kürzungsfaktor nach § 4 Abs. 4 ZuG 2007. Denn § 4 Abs. 4 ZuG 2007 gilt explizit nur für „die Anlagen, die dem Erfüllungsfaktor unterliegen." Der überwiegende Teil des Schrifttums hält daher den Kürzungsfaktor für optierende Bestandsanlagen für nicht anwendbar und begründet dies unter anderem damit, dass es sich bei § 7 Abs. 12 ZuG 2007 um eine Rechtsgrundverweisung handele.[124] Es ist auch kein Grund ersichtlich, weswegen der Gesetzgeber optierende Bestandsanlagen entgegen seiner ausdrücklichen Gesetzesfassung weniger privilegieren wollte als Neuanlagen, zumal sie sich nach denselben Standards beurteilen lassen müssen.

Auch aus der Entstehungsgeschichte zum ZuG 2007 ergibt sich nichts anderes: Der Gesetzgeber teilte mit dem nationalen Allokationsplan und dem Zuteilungsgesetz 2007 die ihm zur Verfügung stehende Menge an Emissionsberechtigungen für die erste Handelsperiode auf der Grundlage des ihm zur Verfügung stehenden Datenmaterials über die emissionshandelspflichtigen Anlagen planerisch auf. Aus den der Allokation vorangegangenen Recherchen konnte er die Verteilungsmenge für bestimmte zu privilegierende Anlagen, also etwa den politisch gewollten „Early Action"- Anlagen, recht genau abschätzen. Gleichzeitig war dem Gesetzgeber bewusst, dass selbst bei einer belastbaren Prognose Unwägbarkeiten existieren, die geeignet sind, das nicht disponible nationale Emissionsreduktionsziel zu gefährden. Diese Unwägbarkeiten betreffen freilich sämtliche Optionsregeln, da es der Gesetzgeber damit gerade den Verantwortlichen überlässt, nach welcher Zuteilungsregel sie beschieden werden wollen. Gleichwohl hat sich der Gesetzgeber gegen solche Unwägbarkeiten mit der Kürzungsregel des § 4 Abs. 4 ZuG 2007 nur zulasten derjenigen Anlagenbetreiber, die ohnehin schon dem Erfüllungsfaktor unterliegen, abgesichert. Dies führt zu dem in der Praxis heftig umstrittenen Ergebnis, dass die Anlagen, deren Zuteilung durch den Erfüllungsfaktor bereits gekürzt wird, weitere Kürzungen hinnehmen müssen, die sich typischerweise daraus ergeben, dass andere Anlagen stärker, als dies der Gesezgeber prognostiziert hat, in den Genuß der Freistellung vom Erfüllungsfaktor kommen. Zu Recht wirft diese gesetzgeberische Entscheidung (verfassungs-)rechtliche Fragen auf, etwa im Hinblick auf eine gerechte Lastenverteilung. Bei einer juristischen Auseinandersetzung wäre zu prüfen, ob die gesetzgeberische Wertung, dass Anlagen, die vom Erfüllungsfaktor befreit sind, klimapolitisch gesehen „gute" Anlagen sind, die es zu fördern gilt, und umgekehrt die anderen, „alten" Anlagen dafür „bestraft" werden, um damit gegebenenfalls Anreize zur Modernisierung zu verstärken, rechtskonform ist.

---

[124] Vgl. *Körner*, in: Körner/Vierhaus, § 7 ZuG 2007 Rn. 66; *Frenz*, in: Frenz, § 4 ZuG 2007 Rn. 16ff.

4.6 Einstellung des Betriebes

Bei der Einstellung des Betriebes einer emissionshandelspflichtigen Anlage hat die zuständige Behörde die Zuteilungsentscheidung (§ 9 Abs. 1 Satz 1, 1. Halbsatz ZuG 2007) zu widerrufen. Die Vorschrift soll eine ungerechtfertigte Überausstattung eines Betreibers mit Berechtigungen nach einer Betriebseinstellung verhindern.[125]

Eine allgemeine Defintion des Begriffes der Betriebseinstellung findet sich im ZuG 2007 nicht. In Anlehnung an die Regelungen des Immissionsschutzrechts ist aber davon auszugehen, dass eine Betriebseinstellung vorliegt, wenn eine Anlage dauerhaft nicht mehr betrieben wird und sämtliche von der Genehmigung gedeckten Betriebshandlungen eingestellt werden.[126] Der Betrieb muss also endgültig und vollständig aufgegeben worden sein.[127]

Ein nur vorübergehender Betriebsstillstand, z.B. aufgrund von Reparaturarbeiten, eines beabsichtigten Produktionsstopps oder höherer Gewalt, stellt keine Betriebseinstellung dar, da es am Merkmal der Dauerhaftigkeit fehlt[128] Diese Fälle werden demnach vom Tatbestand des § 9 Abs. 1 ZuG 2007 nicht erfasst.[129] Im Schrifttum wird zudem gefordert, dass eine entsprechende unternehmerische Entscheidung zur Betriebseinstellung, zumindest konkludent, vom Betreiber getroffen werden müsse.[130] Die Einstellung des Betriebs ist der DEHSt unverzüglich vom Anlagenbetreiber unverzüglich, also ohne schuldhaftes Zögern, anzuzeigen (§ 9 Abs. 2 ZuG 2007).

4.6.1 Sonderfall: „Kalte Reserve"

Eine vom Betreiber gewollte, temporäre Betriebseinstellung ist des öfteren betriebswirtschaftlich motiviert („Kalte Reserve") und rechtlich nicht zu beanstanden. Nach § 18 Abs. 1 Nr. 2 BImSchG kann ein Betreiber bis zu drei Jahre seinen Anlagenbetrieb einstellen, ohne dass er Gefahr läuft die immissionsschutzrechtliche Genehmigung für seine Anlage zu verlieren. Diese Frist kann durch eine Wiederaufnahme des Betriebs unterbrochen werden, d.h. sie beginnt dann erneut zu laufen.[131] Da die Emissionsgenehmigung einer emissionshandelspflichtigen Bestandsanlage untrennbar von einer gültigen immissionsschutzrechtlichen Genehmigung abhängig ist, ist im Fall einer nur temporären Betriebseinstellung auch so lange von einem Fortbestand der Emissionsgenehmigung auszugehen, bis die Frist des § 18 Abs. 1 Nr. 2 BImSchG abgelaufen ist oder aus objektiven Gründen eine Wiederaufnahme des Betriebes in der betreffenden Anlage ausgeschlossen werden

---

[125] Vgl. *Vierhaus*, in: Körner/Vierhaus, § 9 ZuG 2007 Rn. 1.
[126] *Hansmann*, in: Landmann/Rohmer, § 18 BImSchG Rn. 26ff. m.w.N.
[127] *Hansmann*, in: Landmann/Rohmer, § 15 BImSchG Rn. 53; *Jarass*, § 15 Rn. 41.
[128] Vgl. *Jarass*, § 5 Rn. 108.
[129] Vgl. *Frenz*, in: Frenz, § 9 ZuG 2007 Rn. 1.
[130] *Frenz*, in: Frenz, § 9 ZuG 2007 Rn. 1.
[131] Näher zu den immissionsschutzrechtlichen Voraussetzungen *Jarass*, § 18 Rn. 4 f.

kann. Fraglich ist, ob – trotz befristeten Fortbestandes der Emissionsgenehmigung im Sinne der Frist nach § 18 Abs. 1 Nr. 2 BImSchG – auch der Zuteilungsanspruch fortbesteht bzw. wie mit ihm zu verfahren ist. Hierzu verhält sich § 9 ZuG 2007 nicht ausdrücklich. Denkbar ist es daher, den Begriff der „Betriebseinstellung" in § 9 Abs. 1 ZuG 2007 und die damit verbundenen Rechtsfolgen ebenfalls unter den Vorbehalt der Frist nach § 18 Abs. 1 Nr. 2 BImSchG zu stellen. Im Fall einer Betriebseinstellung, die kürzer als drei Jahre währt, könnten dann gegebenenfalls zuviel zugeteilte Emissionsberechtigungen über § 7 Abs. 9 ZuG 2007 zurückgegeben werden. Diese Zuordnung hätte den praktischen Vorteil, dass ein Verantwortlicher, der den Betrieb seiner Anlage nur vorübergehend einstellen will oder (beispielsweise aus technischen Gründen) muss, verfahrensrechtlich nur die Berechtigungen in dem Umfang des Produktionsrückgangs in der betreffenden Anlage (der ja im Fall der „Kalten Reserve" immer größer 60 Prozent sein wird) bis zum 30.04. des folgenden Jahres zurückzugeben hätte.

Systematisch einwandfrei ist diese Zuordnung jedoch freilich nicht: Zum einen ist es gerade ein Merkmal des Emissionshandelsrechts, dass Emissionsgenehmigung und der Anspruch auf Zuteilung von Emissionsberechtigungen voneinander zu unterscheiden und somit auch in gewissem Maße zu trennen sind.[132] Das heißt, dass sich aus dem Schicksal der Emissionsgenehmigung nicht zwingend etwas über das Schicksal des Zuteilungsanspruchs aussagen lässt. Zum anderen ist zu beachten, dass auch § 18 Abs. 1 Nr. 2 BImSchG zwischen dem Erlöschen der Genehmigung und der Einstellung des Betriebs unterscheidet. Das Erlöschen der Genehmigung ist – die zeitlich versetzte – Folge der Betriebseinstellung. Folgt man diesen gesetzlichen Differenzierungen, kommt es daher weder auf die Emissionsgenehmigung noch auf die Drei-Jahres-Frist, sondern ausschließlich auf die Auslegung des Tatbestandsmerkmals der Betriebseinstellung an, um die Anwendbarkeit von § 9 Abs. 1 ZuG 2007 richtig beurteilen zu können.[133] Hiernach kommt es entscheidend darauf an, wann eine Betriebseinstellung „dauerhaft" ist. Dies ist nach den Umständen des Einzelfalls zu klären und dürfte jedenfalls spätestens nach drei Jahren der Fall sein. Gegebenenfalls muss der Anlagenbetreiber eine behördliche Auskunft oder sonstigen Rat einholen. Dies erscheint auch deshalb geboten, um nicht gegen § 9 Abs. 2 ZuG 2007 („unverzüglich") zu verstoßen.

4.6.2 Sonderfall: Produktionsverlagerungen

Nach § 9 Abs. 4 ZuG 2007 unterbleibt die Widerrufsentscheidung, sofern ein Betreiber die Produktionsmenge einer stillzulegenden Anlage auf eine andere von ihm in Deutschland betriebene Anlage tatsächlich verlagert. Daraus folgt zunächst, dass eine Produktionsverlagerung auf mehrere Anlagen, also in Teilmengen, nicht zulässig ist. Des Weiteren muss die „andere" Anlage im Sinn des An-

---

[132] Siehe hierzu auch Kapitel 8.
[133] So auch *Vierhaus*, in: Körner/Vierhaus, § 9 ZuG 2007 Rn. 3f; *Beyer*, in: Landmann/Rohmer, § 9 ZuG 2007 Rn. 3; *Frenz*, in: Frenz, § 9 ZuG 2007 Rn. 1ff.

hangs 2 ZuG 2007 mit der stillgelegten Anlage vergleichbar sein.[134] Der Betreiber ist zum Nachweis der entsprechenden Mehrproduktion in der übernehmenden Anlage verpflichtet. Gelingt ihm der Nachweis nicht, legt die Behörde die Zuteilung unter Berücksichtigung der tatsächlichen Produktionsmenge neu fest.

4.6.3 Wirkung des Widerrufs

Folge eines Widerrufs durch die DEHSt ist, dass die Zuteilungsentscheidung für die Zukunft aufgehoben wird, d.h. dass der Betreiber die ausstehenden Zuteilungstranchen innerhalb der Zuteilungsperiode (§ 9 Abs. 2 Satz 3 TEHG) nicht mehr erhält. Die für das Jahr der Stilllegung bereits an ihn ausgegebenen Berechtigungen kann der Betreiber unabhängig vom Verbrauch dagegen behalten, wie dem Wortlaut des § 9 Abs. 1 Satz 1, Hs. 2 ZuG 2007 zu entnehmen ist.[135] Diese Regelung bedeutet eine vom Gesetzgeber gewollte „Stilllegungsprämie".[136]

Die Anwendung des § 9 Abs. 1 Satz 2 ZuG 2007, also die Rückgabeverpflichtung des Betreibers für „zu viel" zugeteilte Berechtigungen, ist daher beschränkt auf solche Betriebseinstellungen, die in einem Zeitraum zwischen dem Zugang einer positiven Zuteilungsentscheidung und dem Stichtag der Ausgabe der Berechtigungen durch die DEHSt (dem 28.02. eines Jahres; § 9 Abs. 2 Satz 3 TEHG) erfolgt sind. Doch selbst in diesem Fall kann der Betreiber nach § 9 Abs. 1 Satz 3 ZuG 2007 die Rückgabe der Berechtigungen verweigern, soweit er nach Maßgabe des Bereicherungsrechts (§§ 812 ff. BGB) dazu befugt ist (sogenannte Einrede der „Entreicherung", § 818 Abs. 3 BGB). Ein denkbarer Fall für die Erhebung dieser Einrede ist eine Veräußerung von Berechtigungen und die sich daraus ergebende Verpflichtung zur Übertragung der Berechtigungen gegenüber einem Dritten nach dem Zeitpunkt des Zuteilungsbescheids und noch vor der Zubuchung der Berechtigungen auf ein Anlagenkonto (Forward-Handel außerhalb des Registers). Dies setzt allerdings voraus, dass der Anlagenbetreiber zu diesem Zeitpunkt die Umstände, die später zum Widerruf der Zuteilungsentscheidung geführt haben, weder kannte noch infolge grober Fahrlässigkeit nicht kannte. Auf Entreicherung kann sich demnach ein Anlagenbetreiber nicht berufen, wenn er bei der Veräußerung der Berechtigungen wußte, dass er den Anlagenbetrieb einstellt oder dies hätte wissen müssen.[137]

Nichts anderes gilt, wenn der Betreiber die Betriebseinstellung bereits vor der Ausgabe der Berechtigungen vorgenommen hatte und dies der DEHSt – pflichtwidrig – erst verspätet anzeigt.[138]

---

[134] *Vierhaus*, in: Körner/Vierhaus, § 9 ZuG 2007 Rn. 15.
[135] *Frenz*, in: Frenz, § 9 ZuG 2007 Rn. 9.
[136] So auch *Vierhaus*, in: Körner/Vierhaus, § 9 ZuG 2007 Rn. 6.
[137] Vgl. *Vierhaus*, in: Körner/Vierhaus, § 9 ZuG 2007 Rn. 9.
[138] *Frenz*, in Frenz, § 9 ZuG 2007 Rn. 10.

4.7 Early Actions

Das Zuteilungsverfahren sieht für bereits modernisierte Bestandsanlagen eine Begünstigung vor: Frühzeitige Emissionsminderungen (early actions) werden auf Antrag bei der Zuteilung im Rahmen von § 7 ZuG 2007 dadurch berücksichtigt, dass ein Erfüllungsfaktor von 1 angesetzt wird.[139] Das heißt, dass die Zuteilung von Berechtigungen ohne Minderung erfolgt. Der Gesetzgeber hat hierzu in § 12 ZuG 2007 differenzierte Regelungen getroffen, die insbesondere nach dem Zeitpunkt der Modernisierungsmaßnahmen gestaffelt sind. § 12 ZuG 2007 dient somit dem Ausgleich von Wettbewerbsnachteilen: Denn Betreiber, die in früheren Jahren bereits in emissionsrelevante Verbesserungen ihrer Anlage investiert haben, würden über die Zuteilung nach § 7 ZuG 2007 weniger Berechtigungen erhalten als solche Betreiber, die noch zum Zeitpunkt der Zuteilung mit nicht modernisierten, emissionsträchtigen Anlagen das Verfahren bestreiten.[140] Die Berücksichtigung von Vorleistungen ist bereits ein Kriterium der EH-Richtlinie für die nationalen Zuteilungspläne.[141] Danach müssen die nationalen Zuteilungspläne Angaben darüber enthalten, wie Vorleistungen Rechnung getragen wird.

4.7.1 Zeitpunkt der Modernisierungsmaßnahme

Die Begünstigung von early actions erfolgt für Modernisierungsmaßnahmen aus dem Zeitraum 01.01.1994 bis 31.12.2002.[142] Der Erfüllungsfaktor 1 gilt für zwölf auf den Abschluss der Modernisierungsmaßnahmen folgende Kalenderjahre (§ 12 Abs. 1 Satz 2 ZuG 2007). Voraussetzung ist, dass die Modernisierungsmaßnahmen zu Emissionsminderungen geführt haben. Der Gesetzgeber hat hierzu eine nach dem Zeitpunkt der Modernisierungsmaßnahme und nach dem Grad der erforderlichen Emissionsminderung gestaffelte Regelung geschaffen. Zeitlicher Anknüpfungspunkt ist die Beendigung der letztmaligen Modernisierungsmaßnahme. Grundsätzlich gilt: Je später die in Ansatz gebrachte Modernisierungsmaßnahme in dem Zeitraum 01.01.1994 bis 31.12.2002 beendet wurde, desto größer hat der nachzuweisende Umfang der Emissionsminderung zu sein.[143] Im Einzelnen verhält es sich wie folgt:

Bei Beendigung der Modernisierungsmaßnahmen zum jeweiligen Zeitpunkt müssen folgende Emissionsminderungen nachgewiesen werden:

---

[139] *Weinreich/Marr*, NJW 2005, 1078, 1083; *Kobes*, NVwZ 2004, 1153, 1159.
[140] *Schleich/Betz/Bradke/Walz*, S. 101, 109.
[141] Nr. 7 des Anhangs III der EH-Richtlinie.
[142] Der Gesetzgeber hat diesen Zeitraum gewählt, weil er der Auffassung war, dass das „Gros der Sanierungs- und Modernisierungsmaßnahmen insbesondere im Bereich der Stromerzeugung" nach diesem Zeitpunkt eintrat, vgl. BT-Drs. 15/2966, S. 23.
[143] Vgl. hierzu DEHSt, Zuteilungsregeln 2005-2007, Stand: September 2004, S. 23 (www.dehst.de).

Beendigung der Modernisierung	Nachgewiesene Emissionsminderung	Erfüllungsfaktor 1 bis zum
31.12.1994	mindestens 7 Prozent	31.12.2006
31.12.1995	mindestens 8 Prozent	31.12.2007
31.12.1996	mindestens 9 Prozent	31.12.2008
31.12.1997	mindestens 10 Prozent	31.12.2009
31.12.1998	mindestens 11 Prozent	31.12.2010
31.12.1999	mindestens 12 Prozent	31.12.2011
31.12.2000	mindestens 13 Prozent	31.12.2012
31.12.2001	mindestens 14 Prozent	31.12.2013
31.12.2002	mindestens 15 Prozent	31.12.2014

Für nachgewiesene Emissionsminderungen von mehr als 40 Prozent sieht § 12 Abs. 1 Satz 5 ZuG 2007 eine weitere Sonderregel vor: In diesen Fällen wird der Erfüllungsfaktor 1 für die Perioden 2005-2007 und 2008-2012 angesetzt. Der Zeitraum der Privilegierung beträgt zwar in diesem Fall nur acht Jahre, ist also um vier Jahre verkürzt. Dafür beginnt der Zeitraum aber erst mit dem Beginn der ersten Zuteilungsperiode, also zum 01.01.2005, und zwar unabhängig davon, wann die Modernisierungsmaßnahme beendet wurde. Eine Anlage, die im Jahr 1994 mit einer emissionsrelevanten Wirkung von 40 Prozent modernisiert wurde, erhält demnach statt einer Zuteilung mit Erfüllungsfaktor 1 bis zum 31.12.2006 (zwölf Jahre) eine Zuteilung mit Erfüllungsfaktor 1 bis zum 31.12.2012. Für entsprechende Modernisierungen, die dagegen erst in den Jahren 2001 oder 2002 beendet wurden, stellt § 12 Abs. 1 Satz 5 ZuG 2007 eine Verschlechterung dar: Die Zuteilung mit Erfüllungsfaktor 1 ist um ein bzw. zwei Jahre verkürzt. Weder dem Gesetz noch der Gesetzesbegründung ist zu entnehmen, wie dieser offensichtliche Widerspruch zwischen § 12 Abs. 1 Satz 4 und 5 ZuG 2007 aufgelöst werden soll. Folgt man aber der grundsätzlichen Überlegung des Gesetzgebers, dass Modernisierungsmaßnahmen durch diese Regelungen belohnt werden sollen[144], muss § 12 Abs. 1 Satz 5 ZuG 2007 als Wahloption für die betroffenen Betreiber ausgelegt werden. Andernfalls würde es zu dem unsinnigen Ergebnis kommen, dass Betreiber mit einer modernisierungsbedingten Emissionsreduktion von 14 bzw. 15 Pro-

---

[144] Gesetzesbegründung, BT-Drs. 15/2966, S. 23.

zent in den Jahren 2001 bzw. 2002 besser gestellt wären als solche Betreiber mit einer Reduktion von 40 Prozent in demselben Zeitraum.[145]

4.7.2 Berechnungsverfahren für Emissionsminderungen

Für die Berechnung der Emissionsminderung sind die produktspezifischen energiebedingten Emissionen in einer Referenzperiode und in der Basisperiode 2000 bis 2002 zu vergleichen. Die produktspezifischen Emissionen sind die Emissionen je erzeugter Produkteinheit. Die gewählte Bezugsgröße muss für beide Perioden identisch sein (§ 13 Abs. 5 Satz 2 ZuV 2007). Eine Sonderzuteilung für prozessbedingte Emissionen erfolgt nicht.[146] Die Referenzperiode besteht aus drei vom Betreiber benannten, aufeinander folgenden Kalenderjahren im Zeitraum von 1991 bis 2001. Dabei handelt es sich um Zeiträume vor der Modernisierung. Der Betreiber kann sich die für ihn „besten" Jahre aussuchen; je länger die Modernisierungsmaßnahme zurückliegt, umso eingeschränkter wird er in seiner Wahl. Wurde die Modernisierungsmaßnahme bereits im Jahr 1994 beendet, kommt nur der Zeitraum 1991 bis 1993 als Referenzperiode in Betracht.

Die Festlegung der Basisperiode auf die Jahre 2000 bis 2002 gilt – abweichend von § 7 Abs. 3 bis 5 ZuG 2007 – auch für Anlagen, die erst in den Jahren 2000, 2001 oder 2002 modernisiert worden sind. Dadurch werden an frühzeitige Emissionsminderungen, die erst ab dem Jahr 2001 durchgeführt bzw. beendet worden sind, gegebenenfalls ungünstigere Anforderungen gestellt, als sie sich aus der Anwendung von Basisperioden nach § 7 Abs. 3 bis 5 ZuG 2007 ergeben würden.[147] Weitere Einzelheiten der Berechnung bestimmen sich nach § 13 ZuV 2007.

4.7.3 Nicht anerkannte Emissionsminderungen

Emissionsminderungen, die durch die ersatzlose Einstellung des Betriebes einer Anlage oder durch Produktionsrückgänge verursacht worden sind, werden nicht anerkannt (§ 12 Abs. 1 Satz 3 ZuG 2007). Damit soll sichergestellt werden, dass nur solche Emissionsminderungen anerkannt werden, die im Hinblick auf aktiven Klimaschutz unternommen wurden.[148] Nichts anderes gilt für Fälle der Emissionsminderung, die aufgrund gesetzlicher Vorgaben durchgeführt werden mussten. Hierunter fallen etwa gesetzlich festgelegte strengere Standards. Bei Emissionsminderungen dieser Art erfolgt eine entsprechend geringere Zuteilung an Emissionsberechtigungen.[149]

---

[145] A.A. *Marr*, in: Landmann/Rohmer, § 12 ZuG 2007 Rn. 11, der die Auffassung vertritt, dass § 12 Abs. 1 Satz 5 ZuG 2007 dahingehend teleologisch zu reduzieren sei, dass nur bis zum Jahr 2000 beendete Modernisierungsmaßnahmen privilegiert seien.
[146] Vgl. hierzu ausführlich im Kapitel 4 unter 4.8.
[147] *Marr*, in: Landmann/Rohmer, § 12 ZuG 2007 Rn. 12.
[148] Gesetzesbegründung, BT-Drs. 15/2966, S. 23.
[149] Vgl. *Frenz*, in: Frenz, § 12 ZuG 2007 Rn. 6.

Im Einzelfall ist zu prüfen, ob durchgeführte Modernisierungsmaßnahmen tatsächlich auf der Grundlage von gesetzlichen Vorgaben oder doch freiwillig erfolgt sind. Diese Abgrenzung ist schwierig.[150] Denn typischerweise bedarf es bei neuen Gesetzen zur Verbesserung des Umweltschutzniveaus einer Umsetzung durch Verwaltungsakt für die einzelne Anlage. Dies geschieht regelmäßig durch eine nachträgliche Anordnung nach § 17 BImSchG. Solange dies nicht geschehen ist oder gegebenenfalls ein Rechtsstreit um eine nachträgliche Anordnung aufschiebende Wirkung entfaltet hat, ist von einer Verpflichtung im Sinne von § 12 Abs. 1 Satz 3 ZuG 2007 („...durchgeführt werden müssen.") nicht auszugehen.

4.7.4 Erstmalige Inbetriebnahme

Die „Modernisierungsmaßnahme" kann im Übrigen auch darin bestehen, dass die gesamte Anlage erstmalig zwischen dem 01.01.1994 und dem 31.12.2002 in Betrieb genommen wurde. Für diesen Fall erfolgt die Zuteilung der Berechtigungen ohne Nachweis einer Emissionsminderung für zwölf auf das Jahr der Inbetriebnahme folgende Kalenderjahre (§ 12 Abs. 5 ZuG 2007). Der Gesetzgeber geht davon aus, dass die in § 12 Abs. 1 ZuG 2007 genannte Senkung der spezifischen Emissionswerte bei einer neu in Betrieb genommenen Anlage auf jeden Fall erreicht wäre.[151] Zugrunde zu legen ist ein Erfüllungsfaktor von 1; die Zuteilung erfolgt also ohne Abschlag. Diese Privilegierung gilt allerdings nur für den Regel-, nicht für den Probebetrieb.

4.7.5 Kapazitätserweiterungen

Die Sonderbehandlung für early-actions kann auch im Fall von Kapazitätserweiterungen geltend gemacht werden (vgl. § 12 Abs. 3 ZuG 2007). Gemeint sind Kapazitätserweiterungen im Zeitraum zwischen dem 01.01.1994 und dem 31.12.2002. Die Emissionsminderung ergibt sich dann aus einem Vergleich der jährlichen energiebedingten CO_2-Emissionen je erzeugter Produkteinheit aus dem erweiterten Teil der Anlage in der Basisperiode und den durchschnittlichen jährlichen energiebedingten CO_2-Emissionen je erzeugter Produkteinheit aus der Anlage vor Erweiterung in der Referenzperiode. Kurz gesagt: Die Emissionsminderung der Kapazitätserweiterung ist im Vergleich zu den Emissionen der Anlage, wie sie vor der Kapazitätserweiterung bestanden hat, zu bemessen.[152] Die Sonderzuteilung bezieht sich nur auf den erweiterten Teil.[153]

---

[150] *Körner/Vierhaus*, in: Körner/Vierhaus, § 12 ZuG 2007 Rn. 13.
[151] Gesetzesbegründung, BT-Drs. 15/2966, S. 24.
[152] Gesetzesbegründung, BT-Drs. 15/2966, S. 24.
[153] Gesetzesbegründung, BT-Drs. 15/2966, S. 23 f.

4.7.6 KWK-Anlagen

§ 12 Abs. 4 ZuG 2007 sieht für Kraft-Wärme-Kopplungsanlagen, die im Zeitraum zwischen dem 01.01.1994 und dem 31.12.2002 emissionsrelevant modernisiert worden sind, Besonderheiten vor, die im Wesentlichen daran anknüpfen, ob die Anlage vor der Modernisierung entweder nur Strom oder nur Wärme erzeugt hat. Kraft-Wärme-Kopplungsanlagen (KWK-Anlagen) sind gemäß der Begriffsbestimmung nach § 3 Abs. 2 KWK-Gesetz[154] beispielsweise Dampfturbinen-Anlagen, Gasturbinen-Anlagen, Verbrennungsmotoren-Anlagen, Dampfmotoren-Anlagen, ORC-Anlagen oder Brennstoffzellen-Anlagen, in denen Strom und Wärme erzeugt werden. Im Zuteilungsverfahren gilt grundsätzlich, dass für die Berechnung der Emissionsminderung als erzeugte Produkteinheit im Sinne von § 12 Abs. 2 ZuG 2007 die erzeugte Wärmemenge gemessen in Megajoule zugrunde zu legen ist. Nach § 13 Abs. 6 Satz 2 ZuV 2007 ist dann aber die Strom- und die Wärmeproduktion der KWK-Anlage als Wärmeäquivalent anzugeben. Dabei wird die erzeugte Strommenge über die mittlere arbeitsbezogene Stromverlustkennzahl in die Wärmemenge umgewandelt, die aufgrund der Stromproduktion nicht als Fernwärme ausgekoppelt werden konnte.[155] Es kommt die Formel 1 des Anhangs 9 der ZuV 2007 zur Anwendung. Dieses Verfahren ist allerdings verfassungsrechtlich bedenklich, da der Wortlaut des § 12 Abs. 4 ZuG 2007 eindeutig nur die Wärmemenge als die maßgebliche Produkteinheit der KWK-Anlage nennt.

Für modernisierte KWK-Anlagen, die – vor der Modernisierung – ausschließlich Strom produzierten, gilt als erzeugte Produkteinheit die erzeugte Strommenge gemessen in Kilowattstunden (kWh). Die Strom- und Wärmeproduktion der KWK-Anlage wird in diesem Fall als Stromäquivalent angegeben (§ 13 Abs. 6 Satz 4 ZuV 2007). Das heißt, dass die ausgekoppelte Wärme der (modernisierten) Anlage über die mittlere arbeitsbezogene Stromverlustkennzahl in eine Strommenge umgerechnet wird.[156] Hier gilt die Formel 2 des Anhangs 9 der ZuV 2007. Die mittlere arbeitsbezogene Stromverlustkennzahl ist im Arbeitsblatt FW 308 der Arbeitsgemeinschaft für Wärme und Heizkraftwerke e.V. (AGFW) definiert und muss anhand konkreter und hinreichend genauer Zeitreihen für die abzubildenden Energieströme dargelegt und nachgewiesen werden.[157]

---

[154] Gesetz für die Erhaltung, die Modernisierung und den Ausbau der Kraft-Wärme-Kopplung (Kraft-Wärme-Kopplungsgesetz) v. 19.03.2002, BGBl. I S. 1092, zuletzt geändert durch Art. 3 des Gesetzes zur Einführung der projektbezogenen Mechanismen vom 22.9.2005, BGBl. I S. 2826, 2883.
[155] DEHSt, Zuteilungsregeln 2005-2007, Stand: Sept. 2004, S. 26 (www.dehst.de); *Marr*, in: Landmann/Rohmer, § 12 ZuG 2007 Rn. 16.
[156] DEHSt, Zuteilungsregeln 2005-2007, Stand: Sept. 2004, S. 26 (www.dehst.de); *Marr*, in: Landmann/Rohmer, § 12 ZuG 2007 Rn. 17.
[157] DEHSt, Zuteilungsregeln 2005-2007, Stand: Sept. 2004, S. 26 (www.dehst.de); *Marr*, in: Landmann/Rohmer, § 12 ZuG 2007 Rn. 17.

4.8 Erfassung prozessbedingter Emissionen

Für prozessbedingte Emissionen hat der Gesetzgeber in § 13 ZuG 2007 eine Sonderregelung vorgesehen[158]: Für sie wird abweichend von § 7 ZuG 2007 ein Erfüllungsfaktor von 1 angesetzt, wenn der Anteil der prozessbezogenen Emissionen an den gesamten Emissionen einer Anlage zehn Prozent oder mehr beträgt. Mit der 10%-Klausel bezweckt der Gesetzgeber eine Vereinfachung des Verwaltungsaufwands. Unterhalb dieser „Bagatellgrenze"[159] soll es keine Sonderbehandlung geben.[160] Die Anwendung des § 13 ZuG 2007 bedeutet nichts anderes, als dass für die prozessbedingten Emissionen eine Zuteilung ohne Minderungsfaktor erfolgt.[161]

Der Grund für die Sonderbehandlung von prozessbedingten Emissionen liegt darin, dass diese in der Regel nur über eine Änderung des Produktionsverfahrens und nicht durch technische Maßnahmen zur Verbesserung der Energieeffizienz zu steuern sind.[162] Europarechtliche Vorgaben, aber auch Grundrechte der Betreiber bedingen diese Sonderbehandlung.[163] Das ursprünglich vom Gesetzgeber erwartete Emissionsvolumen von ca. 61 Mio. t CO_2/Jahr an prozessbedingter Emission, die unter diese Sonderregelung fallen[164], ist im Laufe des Gesetzgebungsverfahrens nach oben auf 68,8 Mio. t CO_2/Jahr korrigiert worden.[165]

Prozessbedingte Emissionen sind nach der Definition des Gesetzgebers alle Freisetzungen von Kohlendioxid in die Atmosphäre, bei denen das Kohlendioxid als Produkt einer chemischen Reaktion entsteht, die keine Verbrennung ist (§ 13 Abs. 2 S. 1 ZuG 2007).[166] Unterschieden wird demnach zwischen energiebedingten CO_2-Emissionen und prozessbedingten CO_2-Emissionen. Diese Differenzierung spiegelt sich in §§ 5, 6 ZuV 2007 wider. Für die Berechnung und Ermittlung prozessbezogener CO_2-Emissionen regelt § 6 ZuV 2007 die Anforderungen im Einzelnen.

---

[158] Nr. 3 des Anhangs III der EH-Richtlinie sieht bereits entsprechende Kriterien für die nationalen Zuteilungspläne vor; s. auch Gesetzesbegründung, BT-Drs. 15/2966, S. 24.

[159] Gesetzesbegründung, BT-Drs. 15/2966, S. 24.

[160] Zu Recht wird diese sachlich nicht nachvollziehbare Grenzziehung kritisiert: *Theuer*, in: Frenz, § 13 ZuG 2007 Rn. 15 f.; *Vierhaus/v. Schweinitz*, in: Körner/Vierhaus, § 13 ZuG 2007 Rn. 21.

[161] Der Erfüllungsfaktor 1 gilt *nur* für die prozessbedingten Emissionen: Aus Formel 6 des Anhangs 1 des ZuG 2007, auf die § 13 Abs. 2 Satz 3 ZuG 2007 verweist, wird dies deutlich. Für die anderen Emissionen der Anlage ist daher der Erfüllungsfaktor anzusetzen.

[162] DEHSt, Leitfaden Zuteilungsregeln 2005-2007, Stand: September 2004, S. 21 (www.dehst.de).

[163] Vgl. *Theuer*, in: Frenz, § 13 ZuG 2007 Rn. 9; *Giesberts/Hilf*, EurUP 2004, 21, 26.

[164] Gesetzesbegründung, BT-Drs. 15/2966, S. 24.

[165] *Marr*, in: Landmann/Rohmer, § 13 ZuG 2007 Rn. 1.

[166] Vgl. auch die ähnliche Begriffsbestimmung in Ziff. 2 lit. o) des Anhangs I der Monitoring Guidelines, Entscheidung der Kommission vom 29.01.2004, 2004/156/EG.

4.8.1 Grundregel

Detaillierte Vorgaben für die Bestimmung prozessbedingter Emissionen enthält § 6 ZuV 2007. Dabei gilt grundsätzlich Folgendes: Prozessbedingte Emissionen sind alle Freisetzungen von Kohlendioxid in die Atmosphäre, gleich ob das Kohlendioxid als unmittelbares Produkt einer chemischen Reaktion entsteht, die keine Verbrennung ist, oder im direkten technologischen Verbund mittelbar und unvermeidbar aus dieser chemischen Reaktion resultiert (§ 6 Abs. 1 Satz 1 ZuV 2007).

Prozessbedingte Emissionen sind das rechnerische Produkt aus der Aktivitätsrate des Rohstoffs pro Jahr, dem Emissionsfaktor und dem Umsetzungsfaktor des Rohstoffs. Bei einem Einsatz mehrerer emissionsrelevanter Rohstoffe in der Anlage sind die jährlichen prozessbedingten CO_2-Emissionen je Rohstoff zu ermitteln und zu addieren (§ 6 Abs. 1 Satz 3 u. 4 ZuV 2007). Anknüpfungspunkt für die Berechnung ist demnach der Rohstoffeinsatz, soweit er für die CO_2-Emission von Bedeutung ist. Die Aktivitätsrate ist die eingesetzte Menge eines CO_2-Emissionsrelevanten Stoffes pro Kalenderjahr (vgl. § 2 Nr. 5 ZuV 2007). Der Emissionsfaktor ist der Quotient aus der bei der Handhabung des Stoffes freigesetzten Menge nicht biogenen Kohlendioxids und der eingesetzten Menge dieses Stoffes (§ 2 Nr. 7 ZuV 2007). Der Emissionsfaktor bezieht sich auf den unteren Heizwert des Brennstoffes.

4.8.2 Einzelfälle

Die grundsätzlichen Bestimmungsregeln für prozessbedingte Emissionen gelten nicht für spezielle Einzelfälle. Diese sind unter § 6 Abs. 2 bis 8 ZuV 2007 gefasst und betreffen diejenigen Wirtschaftszweige, die mit ihren Produktionsprozessen besonders betroffen sind und bei denen technische Besonderheiten auftreten. Hierzu zählen:

4.8.2.1 Anlagen zur Produktion von Zementklinkern, Branntkalk oder Dolomit

Für diese Anlagen erfolgt die Ermittlung prozessbedingter Emissionen über den Produktausstoß (§ 6 Abs. 2 Satz 1 ZuV 2007). Als produktbezogene Emissionsfaktoren sind 0,53 t prozessbedingtes CO_2 je Tonne Zementklinker, 0,7848 t prozessbedingtes CO_2 je Tonne Branntkalk und 0,9132 t prozessbedingtes CO_2 je Tonne Dolomit in Ansatz zu bringen.[167]

4.8.2.2 Anlagen der Eisen und Stahl produzierenden Industrie (Hochöfen, Stahlwerke)

Für diese Anlagen erfolgt die Ermittlung der prozessbedingten Emissionen über den Rohstoffeinsatz und die Roheisenproduktion (Hochofen) bzw. über den Roh-

---

[167] Hierzu auch Anhang VII der Monitoring-Guidelines.

stoffeinsatz sowie die Kohlenstoffbilanz für den Ein- und Austrag von Kohlenstoff über Roheisen, Schrott, Stahl und andere Stoffe (Stahlwerk). Dies ergibt sich aus § 6 Abs. 3, 4 ZuV 2007. Die Vorschrift ist für die Praxis von besonderer Bedeutung, da ein Großteil der in Deutschland anerkannten prozessbedingten Emissionen – schätzungsweise 65 Prozent – aus der Eisen- und Stahlherstellung kommt.[168] Die prozessbedingten Emissionen resultieren hier in erster Linie aus dem Verfahrensweg Hochofen-Oxygenstahlwerk.[169]

Wird im Hochofenprozess Kuppelgas an Anlagen Dritter abgegeben, wird die dem Hochofen zuzurechnende Menge an prozessbedingten Kohlendioxid-Emissionen aus der gesamten Menge an prozessbedingten CO_2-Emissionen entsprechend dem Verhältnis des insgesamt anfallenden Gichtgases und der Gichtgasabgabe an Anlagen Dritter ermittelt.[170] Wird aus dem Hochofen kein Kuppelgas an Anlagen Dritter abgegeben, wird die gesamte Menge an prozessbedingten CO_2-Emissionen dem Hochofen zugerechnet.[171]

Wird in der Stahlproduktion im Oxygenstahlwerk Kuppelgas an Anlagen Dritter abgegeben, wird die dem Oxygenstahlwerk zuzurechnende Menge an prozessbedingten CO_2-Emissionen aus der gesamten Menge an prozessbedingten CO_2-Emissionen entsprechend dem Verhältnis des insgesamt anfallenden Konvertergases und der Konvertergasabgabe an Anlagen Dritter ermittelt.[172] Auch hier gilt: Wird aus dem Oxygenstahlwerk kein Kuppelgas an Anlagen Dritter abgegeben, wird die gesamte Menge an prozessbedingten CO_2-Emissionen dem Oxygenstahlwerk zugerechnet.[173]

4.8.2.3 Ermittlung der Kuppelgase

Kuppelgase, die aus Hochöfen- oder Stahlherstellungsprozessen an Dritte abgegeben werden, müssen gesondert ermittelt werden (§ 6 Abs. 5 ZuV 2007).[174] Diese prozessbedingten Emissionen müssen die Betreiber von Hochöfen und Stahlwerken aus ihrer Bilanz abziehen und den Betreibern der Drittanlagen für deren Antrag auf Zuteilung von Emissionsberechtigungen zur Verfügung stellen. Die DEHSt ist darüber zu informieren, an welche Drittanlagen die Kuppelgaslieferungen erfolgen und welche Mengen an prozessbedingten CO_2-Emissionen dadurch diesen Anlagen zuzurechnen sind. Auf diese Weise wird sichergestellt, dass prozessbedingte Emissionen aus ein und demselben Vorgang nicht bei mehreren Anlagen in Zuteilungsverfahren einfließen.[175]

---

[168] Siehe hierzu und zu der Schätzung: *Theuer*, Prozessbedingte Emissionen, S. 137 m.w.N.
[169] Vgl. *Theuer*, in: Frenz, § 13 ZuG 2007 Rn. 33.
[170] Siehe hierzu auch Formel 2 des Anhangs 2 der ZuV 2007.
[171] Vgl. *Marr*, in: Landmann/Rohmer, § 13 ZuG 2007 Rn. 12.
[172] Siehe hierzu auch Formel 2 des Anhangs 3 der ZuV 2007.
[173] Vgl. *Marr*, in: Landmann/Rohmer, § 13 ZuG 2007 Rn. 13.
[174] Siehe hierzu die Formel des Anhangs 4 der ZuV 2007.
[175] Vgl. *Marr*, in: Landmann/Rohmer, § 13 ZuG 2007 Rn. 14.

4.8.2.4 Anlagen der Mineralölindustrie

Für verschiedene Verfahren in der Mineralölindustrie legen § 6 Abs. 6 bis 8 ZuV 2007 spezielle Berechnungsregeln zur Ermittlung prozessbedingter Emissionen fest.[176] Im Einzelnen handelt es sich um prozessbedingte Emissionen für die Regeneration von Katalysatoren für Crack- und Reformprozesse in Erdölraffinerien: Hier kann aus drei Methoden zur Bestimmung der prozessbedingten Emissionen ausgewählt werden (§ 6 Abs. 6 ZuV 2007). Des Weiteren handelt es sich um prozessbedingte Emissionen, die bei der Kalzinierung von Petrokoks entstehen: Hier muss die Bestimmung der prozessbedingten Emissionen über eine vollständige Kohlenstoffbilanz des Kalzinierungsprozesses erfolgen (§ 6 Abs. 7 ZuV 2007). Schließlich handelt es sich um prozessbedingte Emissionen bei der Wasserstoffherstellung aus Kohlenwasserstoffen: Hierzu sind zwei Verfahren festgelegt, von denen das Verfahren angewandt werden muss, bei dem die Angaben zu den Einsatzstoffen für die Berechnung mit höherer Genauigkeit ermittelt werden können (§ 6 Abs. 8 ZuV 2007).

4.8.2.5 Erforderliche Antragsangaben

Der Zuteilungsantrag muss die nach den jeweiligen Berechnungsregeln erforderlichen Angaben über die Aktivitätsraten der Rohstoffe oder Produkte enthalten, die Emissionsfaktoren der Rohstoffe oder Produkte und die Einzelfaktoren der jeweils einschlägigen Berechnungsformeln der Anhänge 2 bis 7 der ZuV 2007 (§ 6 Abs. 9 ZuV 2007).

4.9 Sonderzuteilung für KWK-Anlagen

Kraft-Wärme-Kopplungs-Anlagen (KWK-Anlagen) erhalten gemäß § 14 Abs. 1 ZuG 2007 zusätzlich zur Zuteilung nach den allgemeinen Regeln eine Sonderzuteilung von Emissionsberechtigungen im Gegenwert von 27 t CO_2-Äquivalenten pro Gigawattstunde des nach Arbeitsblatt FW 308 der Arbeitsgemeinschaft für Wärme und Heizkraftwirtschaft e.V. (AGFW) ermittelten KWK-Stromanteils (KWK-Nettostromerzeugung).[177] Die Privilegierung gilt sowohl für die nach dem KWK-Gesetz geförderten als auch für nach dem KWK-Gesetz nicht geförderten Anlagen.[178] KWK-Anlagen sind gemäß der Begriffsbestimmung nach § 3 Abs. 2 KWK-Gesetz[179] etwa Dampfturbinen-Anlagen, Gasturbinen-Anlagen, Verbren-

---

[176] Siehe hierzu gehören die Formeln der Anhänge 5 bis 7 der ZuV 2007.
[177] DEHSt, Zuteilungsregeln 2005-2007, Stand: Sept. 2004, S. 26 f. (www.dehst.de).
[178] Gesetzesbegründung, BT-Drs. 15/2966, S. 25.
[179] Gesetz für die Erhaltung, die Modernisierung und den Ausbau der Kraft-Wärme-Kopplung (Kraft-Wärme-Kopplungsgesetz) v. 19.03.2002, BGBl. I S. 1092, zuletzt geändert durch Art. 3 des Gesetzes zur Einführung der projektbezogenen Mechanismen vom 22.9.2005, BGBl. I S. 2826, 2883.

nungsmotoren-Anlagen, Dampfmotoren-Anlagen, ORC-Anlagen oder Brennstoffzellen-Anlagen, in denen Strom und Wärme erzeugt wird.

Der Gesetzgeber berücksichtigt mit dieser Privilegierung die besondere Bedeutung von KWK-Anlagen zur Vermeidung von CO_2-Emissionen.[180] Dies gilt gleichermaßen für KWK-Anlagen in der öffentlichen Fernwärmeversorgung als auch für industrielle KWK-Anlagen. Im Rahmen der Zuteilung soll der Nachteil ausgeglichen werden, der KWK-Anlagen dadurch entsteht, dass der CO_2-Ausstoß bei gleichzeitiger Produktion von Strom und Wärme höher ist als bei reiner Stromerzeugung.[181] Nr. 8 des Anhangs III der EH-Richtlinie sieht ebenfalls eine Berücksichtigung sauberer Technologien – einschließlich energieeffizienter Technologien – vor.

Die Sonderzuteilung setzt einen Antrag voraus, der im Rahmen des Antrags nach § 10 Abs. 1 TEHG zu stellen ist. Eine Verifizierung der erforderlichen Angaben durch eine sachverständige Stelle entfällt (§ 14 Abs. 3 Satz 3 ZuG 2007). Dies dient der Vermeidung von doppeltem Überprüfungsaufwand.[182] Denn der Betreiber muss nach § 14 Abs. 4 ZuG 2007 jährlich eine Abrechnung nach § 8 Abs. 1 Satz 5 KWK-Gesetz vorlegen.

4.9.1 Berechnungsverfahren

Die Zuteilung bemisst sich nach dem Produkt der durchschnittlichen jährlichen Menge der KWK-Nettostromerzeugung (§ 14 Abs. 2 ZuG 2007). Maßgeblich für die Menge ist die jeweilige nach § 7 ZuG 2007 bestimmte Basisperiode. In den Fällen der Zuteilung aufgrund angemeldeter Emissionen (§ 8 ZuG 2007) sowie bei Nutzung der Wahloption nach § 7 Abs. 12 ZuG 2007 bzw. § 8 Abs. 6 ZuG 2007 ist die erwartete jährliche Nettostromerzeugung Grundlage der Berechnung. § 8 Abs. 3 und 4 ZuG 2007 finden in diesen Fällen keine Anwendung. Es gilt die Formel 7 des Anhangs 1 des ZuG 2007.

4.9.2 Abrechnung

Der Betreiber hat der zuständigen Behörde (DEHSt) gem. § 14 Abs. 4 Satz 1 ZuG 2007 bis zum 31.03. eines Jahres, erstmals im Jahr 2006, eine Abrechnung nach § 8 Abs. 1 Satz 5 KWK-Gesetz vorzulegen. § 8 Abs. 1 Satz 5 KWK-Gesetz lautet:

> „Der Betreiber der KWK-Anlage legt der zuständigen Stelle und dem Netzbetreiber bis zum 31. März jeden Jahres eine nach den anerkannten Regeln der Technik erstellte und durch einen Wirtschaftsprüfer oder vereidigten Buchprüfer testierte Abrechnung der im vorangegangenen Kalenderjahr eingespeisten KWK-Strommenge sowie Angaben zur KWK-Nettostromerzeugung, zur KWK-Nutzwärmeerzeugung sowie zu Brennstoffart und -einsatz vor; als anerkannte Regeln gelten die von der

---

[180] Gesetzesbegründung, BT-Drs. 15/2966, S. 24.
[181] Gesetzesbegründung, BT-Drs. 15/2966, S. 24.
[182] Gesetzesbegründung, BT-Drs. 15/2966, S. 25.

Arbeitsgemeinschaft Fernwärme e.V. in Nummer 4 bis 6 des Arbeitsblattes FW 308 – Zertifizierung von KWK-Anlagen – Ermittlung des KWK-Stromes – in der jeweils geltenden Fassung enthaltenen Grundlagen und Rechenmethoden."

Die Abrechnung nach § 14 Abs. 4 Satz 1 ZuG 2007 muss also Daten über die eingespeiste KWK-Strommenge, Angaben zur KWK-Nettostromerzeugung, zur KWK-Nutzwärmeerzeugung, zur Brennstoffart und zum Brennstoffeinsatz enthalten.

Das ZuG 2007 erfasst nicht nur KWK-Anlagen, die Strom in ein Netz für die allgemeine Versorgung einspeisen oder Strom einspeisen, ohne nach dem KWK-Gesetz gefördert zu werden, sondern auch etwa industrielle KWK-Anlagen, die den erzeugten Strom innerhalb ihres Betriebes verwenden. Die Abrechnung für diese KWK-Anlagen erfolgt nach § 14 Abs. 4 Satz 1 ZuG 2007, jedoch mit dem Unterschied, dass die Abrechnung anhand der KWK-Nettostromerzeugung der Anlage oder anhand der in das Netz für die allgemeine Versorgung eingespeisten KWK-Nettostrommenge zu erfolgen hat.[183]

4.9.3 Ex-post-Kontrolle

Die zuständige Behörde (DEHSt) führt eine Ex-post-Kontrolle durch (§ 14 Abs. 5 ZuG 2007). Gegebenenfalls führt dies zu einem Widerruf der Zuteilungsentscheidung für die Vergangenheit. Dies ist – ohne Ermessensspielraum der Behörde – dann der Fall, wenn bei einem Vergleich der erwarteten (und der Zuteilungsentscheidung zugrundegelegten) KWK-Nettostromerzeugung und der tatsächlich erzeugten KWK-Nettostrommenge in ein und demselben Jahr die letztgenannte Menge geringer ausfällt (§ 14 Abs. 5 Satz 1 ZuG 2007). Auf die Gründe für die Unterschreitung kommt es nicht an.[184] Die zugeteilte Menge an Berechtigungen des jeweiligen Kalenderjahrs wird dabei für jeden Prozentpunkt, um den die tatsächlich erzeugte KWK-Nettostrommenge geringer ist als die der Zuteilungsentscheidung zugrunde liegende, um fünf Prozent verringert. Der Betreiber hat die zu viel erhaltenen Berechtigungen zurückzugeben. Diese Pflicht besteht aber erst bei Bestandskraft der Widerrufsentscheidung, gegen die als Rechtsbehelf der Widerspruch und gegebenenfalls anschließend Rechtsschutz in Form der Anfechtungsklage (beides mit aufschiebender Wirkung) möglich ist.

Bei einer Differenz zwischen der tatsächlich erzeugten und der für die Zuteilungsentscheidung ermittelten Strommenge um mehr als 20 Prozent, entfällt die Zuteilung nach § 14 Abs. 1 ZuG 2007 völlig (§ 14 Abs. 6 ZuG 2007). Die Vorschrift konkretisiert nicht, ob sich die Differenz auf ein jeweiliges Kalenderjahr innerhalb der Zuteilungsperiode oder auf die Zuteilungsperiode insgesamt bezieht. In der Gesetzesbegründung heißt es lapidar, dass die Zuteilung „für Jahre" entfällt, in denen eine entsprechende Unterschreitung vorliegt.[185] Daraus wäre zu schlie-

---

[183] Siehe hierzu auch *Frenz*, in: Frenz, § 14 ZuG 2007 Rn. 13 ff.
[184] Siehe *Körner/v. Schweinitz*, in: Körner/Vierhaus, § 14 ZuG 2007 Rn. 22.
[185] Gesetzesbegründung, BT-Drs. 15/2966, S. 25.

ßen, dass die 20%-Klausel für ein Kalenderjahr gilt. Dieses Ergebnis würde jedoch bereits durch die – nicht im Ermessen der Behörde stehende, also zwingende – Anwendung des § 14 Abs. 5 ZuG 2007 erreicht. Insofern spricht vieles dafür, dass die 20%-Klausel über die ganze Zuteilungsperiode zu berechnen ist.[186]

Auch die Ex-post-Kontrolle für die KWK-Sonderzuteilung ist von der Kommission in ihrer Entscheidung vom 07.07.2004[187] für unvereinbar mit der EH-Richtlinie erklärt worden. Im Ergebnis wird es auch hier auf die Entscheidung des in dieser Sache beim EuGH anhängigen Verfahrens ankommen.[188]

4.10 Sonderzuteilung für Kernkraftwerke

Eine Sonderzuteilung erfolgt auch für Kernkraftwerke, deren Betrieb im Zeitraum 2003 bis 2007 eingestellt wurde bzw. noch wird (§ 15 Abs. 1 ZuG 2007). Diese Regelung knüpft an den sog. Atomkonsens an.[189] § 15 ZuG 2007 soll eine Kompensation für die möglicherweise entstehenden Mehremissionen durch Höherauslastung von bestehenden fossil gefeuerten Anlagen darstellen. Ab 2008 soll für Ersatzinvestitionen keine Sonderzuteilung mehr gewährt werden.[190] Für die laufende Zuteilungsperiode betrifft diese Regelung die Kernkraftwerke Stade und Obrigheim. Die Antragsfrist lief bereits am 30.09.2004 ab.

Die Sonderzuteilung umfasst Berechtigungen in einem Gegenwert von insgesamt 1,5 Mio. t CO_2-Äquivalenten jährlich. Die Gesamtmenge wird im Verhältnis zur Kapazität der Kernkraftwerke auf die eingehenden Anträge verteilt. Begünstigte der Sonderzuteilung sind die vom Antragsteller benannten Betreiber von Anlagen nach Anhang 1 Nr. 1 bis 3 des TEHG. Voraussetzung für die Ausgabe der Berechtigungen ist das Erlöschen der Berechtigung zum Leistungsbetrieb für das Kernkraftwerk, das der Zuteilung zugrunde liegt.

4.11 Anlagenfonds und einheitliche Anlage

Im Rahmen des Zuteilungsverfahrens 2005-2007 ergab sich für zahlreiche Betreiber die Frage, ob sie sich im Antragsverfahren durch die Bildung eines Anlagenfonds nach § 24 TEHG oder durch Bildung einer einheitlichen Anlage nach § 25 TEHG günstiger stellen würden.

---

[186] A.A. *Körner/v. Schweinitz*, in: Körner/Vierhaus, § 14 ZuG 2007 Rn. 28.
[187] Entscheidung der Kommission v. 7.07.2004 (K (2004) 2512/2 endg.).
[188] Rs. T-374/04 (Deutschland ./. Kommission), Abl. EU v. 20.11.2004, C 284/25.
[189] „Vereinbarung zwischen der Bundesregierung und den Energieversorgungsunternehmen" vom 14.6.2000 (www.bmu.de/atomenergie/doc/4497.php) und deren Umsetzung in der Novellierung des AtG vom 22.04.2002, BGBl. I S. 1351; vgl. aus dem Schrifttum hierzu: *Frenz*, NVwZ 2002, 561 ff.; *Wagner* NVwZ 2001, 1189 ff.; *Böhm*, NuR 2001, 61 ff.
[190] Gesetzesbegründung, BT-Drs. 15/2966, S. 25.

4.11.1 Anlagenfonds nach § 24 TEHG

§ 24 TEHG ermöglicht es bestimmten Betreibern, einen Anlagenfonds zu bilden. Unter einem Anlagenfonds ist die Zusammenfassung mehrerer Anlagen (sog. Pooling) zu verstehen.[191] Die Regelung setzt Vorgaben aus Art. 28 EH-Richtlinie um. Die Wirkung der Pool-Bildung besteht darin, dass die Erfüllung der emissionshandelsrechtlichen Pflichten nicht mehr durch den einzelnen Betreiber erfolgt, sondern durch den Anlagenfonds insgesamt, der durch einen Treuhänder vertreten wird. Dies betrifft vor allem die Zuteilung und Abgabe von Berechtigungen.[192] Dadurch dass ein Treuhänder für den Anlagenfonds nach außen auftritt, werden die einzelnen Betreiber des Pools administrativ entlastet. Antragsbefugt zur Pool-Bildung sind Anlagen aus demselben Tätigkeitsbereich nach Anhang I der EH-Richtlinie (§ 24 Abs. 1 Satz 1 TEHG). Die Antragsfrist für die Zuteilungsperiode 2005-2007 ist zum 31.07.2004 abgelaufen; für die Zuteilungsperiode 2008-2012 läuft sie zum 31.07.2007 ab (§ 24 Abs. 3 TEHG).[193]

Vorteile bei der Zuteilung von Berechtigungen ergeben sich durch die Pool-Bildung nicht. Der Vorteil des Anlagenfonds besteht in erster Linie im Vollzug des Emissionshandelsrechts durch Betreiber, die etwa als Unternehmen im Konzern oder an einem gemeinsamen Standort miteinander verbunden sind. Auswirkungen hat der Anlagenfonds auf die Verwaltung und den Handel mit Berechtigungen, gegebenenfalls auch mit steuerrechtlichen Folgen. Gleichwohl bleibt es bei einer anlagenscharfen Berichterstattung der vom Fonds erfassten Betreiber nach § 5 TEHG mit der Folge, dass das Konto des Treuhänders für die Übertragung von Berechtigungen an Dritte gesperrt wird, wenn einer der von dem Anlagenfonds erfassten Verantwortlichen keinen Bericht nach § 5 TEHG abgegeben hat (vgl. § 24 Abs. 2 Satz 3 TEHG).[194]

Der Anlagenfonds hat Auswirkungen auf die Zuteilungsentscheidung. Auch wenn dies nicht ausdrücklich in § 24 TEHG geregelt ist, ist davon auszugehen, dass bereits die Zuteilungsentscheidung gegenüber dem Treuhänder ergeht; auf jeden Fall wird die Gesamtmenge der Berechtigungen an ihn ausgegeben (§ 24 Abs. 2 Satz 1 TEHG).[195] Den Treuhänder trifft die Pflicht aus § 6 Abs. 1 TEHG die erforderliche Anzahl an Berechtigungen abzugeben, die den im vorangegangenen Kalenderjahr verursachten Gesamtemissionen der durch den Anlagenfonds erfassten Tätigkeiten entspricht (§ 24 Abs. 2 Satz 2 TEHG). Dass der Treuhänder in

---

[191] Gesetzesbegründung, BT-Drs. 15/2328, S. 17.
[192] *Kobes*, NVwZ 2004, 513, 516; *Schweer/von Hammerstein*, § 24 TEHG Rn. 1; *Frenz*, in: Frenz, § 24 TEHG Rn. 2; *Körner*, in: Körner/Vierhaus, § 24 TEHG Rn. 1; *Ebsen*, Rn. 210; *Maslaton*, § 24 Rn. 1.
[193] Der Antrag musste von den Pool-Teilnehmern einzeln gestellt werden, da erst nach der Erteilung der Erlaubnis durch die DEHSt der Treuhänder für den Pool handeln darf.
[194] Gesetzesbegründung, BT-Drs. 15/2328, S. 17.
[195] So auch *Körner*, in: Körner/Vierhaus, § 24 TEHG Rn. 14; a.A. *Frenz*, in: Frenz, § 24 TEHG Rn. 22 f.

einer besonderen Pflicht steht, ergibt sich auch aus § 24 Abs. 2 Satz 4 TEHG: Danach werden Sanktionen nach § 18 TEHG gegen den Treuhänder verhängt.[196]

4.11.2 Glockenbildung

Die Möglichkeit zur Bildung einer einheitlichen Anlage (sog. Glockenbildung) nach § 25 TEHG hat den Zweck, eine Behandlung faktisch integrierter, aber rechtlich getrennter Anlagen zu ermöglichen. Dies betrifft nur Anlagen der Mineralöl- und Stahlindustrie.[197] In diesen Industrien kann dies im Ergebnis zu einer genaueren Berichterstattung für die Emissionen führen, vor allem aber zu einer erheblichen Minimierung des Verwaltungsaufwandes der beteiligten Anlagen.[198] Aus welchem Grund der Gesetzgeber allerdings nicht auch für andere Industrien die Möglichkeit der Glockenbildung eröffnet hat, bleibt offen.[199] Die Möglichkeit einer einheitlichen Bilanzierung sehen bereits die Monitoring-Guidelines vor.

§ 25 TEHG erfasst nur Anlagen im Sinne von Anhang 1 Nr. VI (Mineralölindustrie) und VII bis IX (Stahlindustrie) des TEHG. Bei der Mineralölindustrie können somit die typischerweise zusammenwirkenden Anlagen zur Herstellung von Mineralölprodukten (Anlagen zur Destillation oder Raffination oder sonstigen Weiterverarbeitung von Erdöl oder Erdölerzeugnissen in Mineralöl- oder Schmierstoffraffinerien) eine einheitliche Anlage bilden. In der Stahlindustrie bilden die Anlagen nach Anhang 1 Nr. VII bis IX TEHG typischerweise den Verbundbetrieb eines Hüttenwerkes.[200]

Der Betrieb der Anlagen, die unter einer „Glocke" zusammengefasst werden sollen, muss von demselben Betreiber an demselben Standort in einem technischen Verbund erfolgen. Der Begriff des (Anlagen-)Betreibers ist in Art. 3 lit. f) EH-Richtlinie dahingehend bestimmt, dass es sich um eine Person handelt, die eine Anlage betreibt oder besitzt oder der – sofern in den nationalen Vorschriften vorgesehen – die ausschlaggebende wirtschaftliche Verfügungsmacht über den technischen Betrieb einer Anlage übertragen worden ist.[201] Nach deutschem Immissionsschutzrecht lässt sich der Betreiber als diejenige natürliche oder juristische Person verstehen, die die Anlage in eigenem Namen, auf eigene Rechnung und in eigener Verantwortung führt.[202] EH-Richtlinie und deutsches Immissions-

---

[196] Zu Sanktionen im Einzelnen unter Kapitel 7.
[197] Gesetzesbegründung, BT-Drs. 15/2328, S. 17. Die gesonderte Nennung der Anlagentypen zeigt an, dass nur Anlagen der jeweiligen Typen, also entweder Anlagen nach Nr. VI des Anhangs I des TEHG *oder* Anlagen nach Nr. VII bis IX des Anhangs I des TEHG eine einheitliche Anlage bilden können.
[198] *Vierhaus/v. Schweinitz*, in: Körner/Vierhaus, § 25 TEHG Rn. 1; *Theuer*, in: Frenz, § 25 TEHG Rn. 1.
[199] Kritisch hierzu: *Spieth/Hamer*, ZUR 2004, 427, 433 f.
[200] *Theuer*, in: Frenz, § 25 TEHG Rn. 4.
[201] Unter „Person" ist jede natürliche und juristische Person zu verstehen (Art. 3 lit. g) EH-Richtlinie).
[202] Vgl. *Jarass*, § 3 Rn. 81 mit Hinweis auf BVerwGE 107, 299, 301.

schutzrecht weisen insofern Übereinstimmung auf.[203] Denkbar ist der Fall, dass eine oder mehrere Anlagen von mehreren Betreibern betrieben werden, nach außen aber ein gemeinsamer Betreiber feststellbar ist.[204]

Wann „derselbe Standort" gegeben ist, lassen Gesetz und Gesetzesbegründung offen. Als Voraussetzung dürfte gelten, dass sich die Anlagen an einem Ort befinden, der räumlich abgrenzbar ist. Dies ist bei Anlagen auf demselben Betriebsgelände anzunehmen.[205] Als rechtlicher Anknüpfungspunkt bietet sich § 2 Abs. 3 TEHG bzw. § 1 Abs. 3 der 4. BImSchV an.[206] Danach ist von einer gemeinsamen Anlage auszugehen, wenn ein enger räumlicher und betrieblicher Zusammenhang vorliegt. Dieser ist gegeben, wenn die Anlagen auf demselben Betriebsgelände liegen, mit gemeinsamen Betriebseinrichtungen verbunden sind und einem vergleichbaren technischen Zweck dienen. Von einem Betrieb in einem technischen Verbund ist auszugehen, wenn ein betrieblicher Zusammenhang im Sinne von § 2 Abs. 3 TEHG bzw. § 1 Abs. 3 Satz 2 der 4. BImSchV besteht.[207]

Die Bildung der einheitlichen Anlage zielt auf eine Vereinfachung des Verwaltungsaufwandes etwa durch eine gemeinsame Emissionsermittlung[208] und Berichterstattung,[209] aber auch auf eine genauere Berichterstattung ab.[210] Folgen ergeben sich auch für das Zuteilungsverfahren: Durch die Bildung einer einheitlichen Anlage ist die „Glocke" im Zuteilungsverfahren rechtlich wie *eine* Anlage zu behandeln.[211] Das heißt, dass der Antragsteller nicht mehrere Zuteilungsanträge nach § 10 TEHG für die verschiedenen Anlagen stellt, sondern einen Zuteilungsantrag für die einheitliche Anlage.[212] Dies kann zu Erleichterungen, aber auch zu praktischen Schwierigkeiten führen:

Erleichterungen dürften sich etwa bei der Zuweisung von prozessbedingten Emissionen innerhalb der einheitlichen Anlage ergeben.[213] Dies trifft auch auf etwaige (Teil-)Stilllegungen innerhalb der einheitlichen Anlagen zu, die dann nicht als Stilllegung im Sinne von § 9 ZuG 2007 mit der Folge der Rückgabe von Berechtigungen zu werten ist.[214]

Praktische Schwierigkeiten im Zuteilungsverfahren bestehen dagegen in den Fällen, in denen verschiedene Zuteilungsregeln für einzelne Anlagen geltend ge-

---

[203] Siehe hierzu schon im Kapitel 2.7.1.
[204] So: *Theuer*, in: Frenz, § 25 TEHG Rn. 8.
[205] Vgl. hierzu *Theuer*, in: Frenz, § 25 TEHG Rn. 11; *Vierhaus/v. Schweinitz*, in: Körner/Vierhaus, § 25 TEHG Rn. 22 ff.
[206] Siehe hierzu auch *Beyer*, in: Landmann/Rohmer, § 25 TEHG Rn. 2; *Schweer/von Hammerstein*, § 25 TEHG Rn. 9. Zum Begriff der gemeinsamen Anlagen vgl. schon Kapitel 2 unter 2.5.3.
[207] Siehe *Schweer/von Hammerstein*, § 25 TEHG Rn. 9.
[208] Vgl. Teil I des Anhangs 2 des TEHG.
[209] Vgl. Teil II des Anhangs 2 des TEHG.
[210] Gesetzesbegründung, BT-Drs. 15/2328, S. 17; *Marr*, EurUP 2004, 10, 20.
[211] So auch *Vierhaus/v. Schweinitz*, in: Körner/Vierhaus, § 25 TEHG Rn. 2 u. 44; *Kobes*, NVwZ 2004, 1153, 1156.
[212] Vgl. *Theuer*, in: Frenz, § 25 TEHG Rn. 28.
[213] Vgl. § 6 ZuV 2007; hierzu auch *Theuer*, in: Frenz, § 25 TEHG Rn. 30.
[214] Hierzu ausführlich: *Vierhaus/v. Schweinitz*, in: Körner/Vierhaus, § 25 TEHG Rn. 5, 9.

macht werden sollen.²¹⁵ Dies betrifft etwa die Korrektur- und Härtefallklausel nach § 7 Abs. 10 und 11 ZuG 2007: Hier dürfte bei einer Glockenbildung auch nur eine einheitliche Betrachtungsweise und damit gegebenenfalls gerade nicht die Anwendung der Korrektur- und Härteklausel in Betracht kommen.²¹⁶ Ähnlich verhält es sich, wenn die (einheitliche) Anlage in ihren Einzelanlagen nach §§ 7, 8 oder 11 ZuG 2007 beurteilt werden könnte. Gegebenenfalls kann es effizienter sein, auf eine Glockenbildung zu verzichten. Hierzu empfiehlt es sich, alle denkbaren Varianten der Ermittlung von Berechtigungen durchzurechnen.

4.12 Zuteilungsentscheidung

Die Zuteilung der Berechtigungen an die beteiligten Betreiber erfolgt durch eine Zuteilungsentscheidung. Rechtlicher Anknüpfungspunkt ist § 10 Abs. 4 TEHG. Der materiell-rechtliche Anspruch auf die Zuteilung von Berechtigungen ergibt sich aus § 9 TEHG. Die Zuteilungsentscheidung ist ein Verwaltungsakt im Sinne des § 35 Satz 1 VwVfG, der auch elektronisch erfolgen kann (§ 37 Abs. 2 VwVfG). Die zuständige Behörde (DEHSt) legt mit der Zuteilungsentscheidung fest, welche Anzahl an Berechtigungen innerhalb der Zuteilungsperiode an die Antragsteller zuzuteilen sind.²¹⁷

Die Zuteilungsentscheidung ergeht nach den Festlegungen im ZuG 2007 und in der ZuV 2007. Die Zuteilungsentscheidung bezieht sich nur auf die jeweilige Zuteilungsperiode. Umstritten ist, ob Zuteilungsentscheidungen, die in spätere Zuteilungsperioden hineinreichen, in späteren Zuteilungsentscheidungen geändert, insbesondere geschmälert werden können.²¹⁸ Dies hängt maßgeblich von der Frage ab, welcher Selbstbindung der Gesetzgeber unterliegt und welcher Bestandsschutz mit den Zuteilungsentscheidungen verbunden ist. Der – heutige – Gesetzgeber hat einige seiner Zuteilungsregeln, die einen günstigeren Erfüllungsfaktor mit einer über die Zuteilungsperiode 2005-2007 hinausreichenden Laufzeit vorsehen, ausdrücklich mit der notwendigen Planungssicherheit für investierende Betreiber begründet. Eine Bindung künftiger Gesetzgeber ergibt sich daraus aber (noch) nicht.

Die Zuteilungsentscheidung wird durch die jährliche Ausgabe von Teilmengen der jeweils dem einzelnen Zuteilungsberechtigten für die gesamte Periode zugeteilten Gesamtmenge an Berechtigungen vollzogen.²¹⁹

Die Zuteilungsentscheidung ergeht spätestens drei Monate vor Beginn der Zuteilungsperiode (§ 10 Abs. 4 Satz 1 TEHG).²²⁰ Für die Zuteilungsperiode 2005-

---

[215] Vgl. *Beyer*, in: Landmann/Rohmer, § 25 TEHG Rn. 5.
[216] Hierzu *Theuer*, in: Frenz, § 25 TEHG Rn. 29.
[217] Vgl. *Maslaton*, § 10 Rn. 17; *Mutschler/Lang*, DB 2004, 1711, 1713.
[218] Die Möglichkeit einer Verschlechterung der Rechtsposition sieht: *Weinreich*, in: Landmann/Rohmer, § 9 TEHG Rn. 6; a.A. *Schweer/von Hammerstein*, § 9 TEHG Rn. 18.
[219] Gesetzesbegründung, BT-Drs. 15/2328, S. 12.
[220] Für die erste Zuteilungsperiode war die Frist für die Zuteilungsentscheidung auf sechs Wochen nach Ablauf der Antragsfrist bestimmt (§ 10 Abs. 4 Satz 2 TEHG).

2007 sind die Zuteilungsentscheidungen, soweit sie jedenfalls bis zum Stichtag 21.09.2004 beantragt werden konnten, ergangen.

4.13 Elektronischer Datenaustausch

Um das in § 10 TEHG geregelte Zuteilungsverfahren in jeder Handelsperiode ordnungsgemäß durchführen zu können und um über die zugeteilten CO_2-Emissionsberechtigungen auf den Anlagenkonten des Deutschen Emissionshandelsregisters verfügen zu können, muss ein Betreiber die Voraussetzungen zum ordnungsgemäßen Datenaustausch mit der DEHSt erfüllen können.
 Nach § 10 Abs. 2 TEHG in Verbindung mit § 4 Abs. 4 TEHG konnte die DEHSt für das Zuteilungsverfahren, insbesondere für die Stellung der Zuteilungsanträge, die Nutzung elektronischer Formularvorlagen verlangen, die, nachdem der Betreiber sie ausgefüllt hat, auf gleichem Wege der DEHSt zurückzusenden sind.
 Die DEHSt hat im Rahmen ihrer Zuständigkeit (§ 20 Abs. 1 Satz 2 TEHG) auf der Rechtsgrundlage des § 23 TEHG[221] die Details der elektronischen Kommunikation zwischen ihr und den Betreibern[222] zwingend[223] vorgeschrieben und diese Vorgaben veröffentlicht.[224] Für den Betreiber entfällt im Zuteilungsverfahren der sonst mit Behörden übliche Schriftverkehr. Diese Vorgaben werden auch in den zukünftigen Handelsperioden Geltung gelten.

4.13.1 Hardware und Software

Um zu einer elektronischen Kommunikation mit der DEHSt befähigt zu sein, muss ein Betreiber einer emissionshandelspflichtigen Anlage sowohl die ihm durch die DEHSt kostenlos zur Verfügung gestellte Software[225] installieren und anwenden, als auch bestimmte EDV-Hardware auf eigene Kosten beschaffen.
 Konnte der Gesetzgeber das Vorhandensein handelsüblicher Personalcomputer als Plattform für die bereitgestellte Erfassungs-Software RISA-GEN bei den vom Emissionshandel betroffenen Betreibern noch unterstellen[226], so dürften die für die

---

[221] § 23 TEHG, die grundlegende Norm für die Gestaltung des elektronischen Datenverkehrs zwischen der DEHSt und den Betreibern, erhielt seine jetzige Fassung durch das Gesetz zur Änderung des Futtermittelgesetzes und des Treibhausgas-Emissionshandelsgesetzes vom 21.07.2004, BGBl. I S. 1759.
[222] *Körner/von Schweinitz*, in: Körner/Vierhaus, § 23 TEHG Rn. 7.
[223] *Körner/von Schweinitz*, in: Körner/Vierhaus, § 23 TEHG Rn. 23.
[224] Siehe „Bekanntmachung nach § 10 Abs. 2 in Verbindung mit § 4 Abs. 4 sowie zur elektronischen Kommunikation nach § 23 des Treibhausgas-Emissionshandelsgesetzes (TEHG)" vom 20.07.2004, in: Bundesanzeiger Nr. 139 vom 28.07.2004.
[225] Diese Software kann von der Internetseite der DEHSt (www.dehst.de) geladen werden.
[226] Allerdings ist für die Funktionstüchtigkeit der von der DEHSt bereitgestellten Software ein Betriebssystem des Typs „Microsoft Windows 98" (oder neuer) erforderlich. Gege-

Authentifizierung des Absenders im elektronischen Verfahren erforderlichen Chipkartenlesegeräte nur in Ausnahmefällen bei den betroffenen Betreibern verfügbar gewesen sein.

4.13.2 Elektronische Signatur

Im Rahmen des Zuteilungsverfahrens an die DEHSt gerichtete Erklärungen eines Betreibers sind mit einer elektronischen Signatur zu versehen[227] und über die sogenannte „virtuelle Poststelle" der DEHSt zu übermitteln.[228] Die dabei relevanten Vorschriften zur elektronischen Signatur sind dem „Gesetz über Rahmenbedingungen für elektronische Signaturen"[229] zu entnehmen. Die elektronische Signatur ersetzt die bei (externem) Schriftverkehr sonst übliche Unterschrift und dient der Authentifizierung des Absenders (§ 2 Nr. 1 SigG).

Voraussetzung für die Nutzung einer elektronischen Signatur ist der Antrag des Betreibers auf die Ausstellung eines „signaturgesetzkonformen Zertifikats" bei einem (privaten) Zertifizierungsdienst nach § 4 SigG.[230] Handelt es sich bei dem Betreiber um eine juristische Person, so hat dieser dafür Sorge zu tragen, dass im Unternehmen Beschäftigte (natürliche Personen) eine elektronische Signatur erhalten. Hierzu muss der Betreiber einen Antrag auf Erteilung eines „Geschäftskundenzertifikats ohne Erteilung einer Handlungsvollmacht" stellen. Der Betreiber oder sein gesetzlicher Vertreter müssen gegenüber der selbstständig auszuwählenden Zertifizierungsstelle dazu eine schriftliche Einverständniserklärung abgeben. Darüber hinaus ist es erforderlich, eine ausreichende Vertretungsmacht durch einen aktuellen und beglaubigten Handelsregisterauszug nachzuweisen.

Nach Prüfung dieser Formalien stellt die Zertifizierungsstelle ein „qualifiziertes Zertifikat" (§ 2 Nr. 7 SigG) auf einen oder auch mehrere benannte Beschäftigte des Betreibers aus. Zuvor muss allerdings die Identität zwischen dem neuen Zertifikatsinhaber und dem Beschäftigten überprüft werden (§ 5 SigG). Dies geschieht durch die Post.[231] Das ausgestellte Zertifikat wird auf einer Chipkarte gespeichert, die der Beschäftigte erhält. Die Speicherung und Verwaltung der Daten übernimmt der Zertifizierungsdienst, ähnlich einem öffentlichen Register.[232]

---

benfalls muss somit ein Betreiber auch noch ein Betriebssystem Upgrade beschaffen und installieren lassen.

[227] *Körner/von Schweinitz,* in: Körner/Vierhaus, § 23 TEHG Rn. 18.

[228] Die „virtuelle Poststelle" wird durch eine spezielle Software verwirklicht, die eine sichere Datenverbindung zwischen dem Betreiber und der DEHSt gewährleistet und vom Bremer Online Service als Dienstleister der DEHSt betrieben wird. Näher dazu *Körner/von Schweinitz,* in: Körner/Vierhaus, § 23 TEHG Rn. 19, 30.

[229] Das Signaturgesetz ist Art. 1 des Gesetzes über Rahmenbedingungen für elektronische Signaturen und zur Änderung weiterer Vorschriften vom 16.05.2001, BGBl. I S. 876.

[230] Die DEHSt führt auf ihrer Internetseite (www.dehst.de) verschiedene Zertifizierungsdienstanbieter auf.

[231] Über das so genannte „Post-Ident-Verfahren".

[232] Im Einzelnen dazu vgl. die Signaturverordnung vom 16.11.2001, BGBl. I, S. 3074.

Bei einem elektronischen Datenaustausch zwischen der DEHSt und einem Betreiber wird außer den inhaltlichen Erklärungen des Betreibers dann auch das qualifizierte Zertifikat, welches die Identitätsdaten des beauftragten Beschäftigten beinhaltet, übertragen (§ 7 Abs. 1 SigG). Gleichzeitig wird dieses Zertifikat mit einer „qualifizierten elektronischen Signatur" (§ 2 Nr. 3 SigG) verbunden.

Der Beschäftigte des Betreibers erzeugt die elektronische Signatur mit einem nur ihm bekannten Signaturschlüssel (§ 2 Nr. 4 SigG). Dabei legt er seine Chipkarte in ein Lesegerät und gibt seinen Signaturschlüssel als Zahlenfolge ein. Dieses Verfahren ähnelt der Bedienung eines Geldautomaten mit der Eingabe eines „PIN-Codes". Auf der Empfängerseite wird die DEHSt durch einen Signatur-Prüfschlüssel (§ 2 Nr. 5 SigG) in die Lage versetzt, den Absender der elektronischen Mitteilung zweifelsfrei zu identifizieren.[233]

4.13.3 Vertretungsprobleme

Da der Zuteilungsantrag eine Willenserklärung des Betreibers darstellt[234] und auch im weiteren Zuteilungsverfahren Willenserklärungen abzugeben sind, muss sich ein Betreiber (Verantwortlicher) mit der Frage auseinander setzen, wie das Verfahren der elektronischen Kommunikation mit seinen innerbetrieblichen oder gar mit gesetzlichen Vorschriften über die Außenvertretung seines Unternehmens in Einklang zu bringen ist.

Geben im Geschäftsverkehr Vertreter schriftliche Erklärungen ab, so sind handelsrechtliche Zusätze zur Unterschrift (etwa „ppa." für den Prokuristen; § 51 HGB) vorgesehen, die den Empfänger einer Willenserklärung über den Vertreterstatus und den Umfang der Vertretungsmacht des Erklärenden informieren sollen. Solche (handelsrechtlichen) Zusätze sind der elektronischen Signatur fremd.

Es kann im qualifizierten Zertifikat lediglich eine „Handlungsvollmacht" aufgenommen werden, was aber aus zweierlei Gründen unpraktisch ist: Zum einen verlängert sich bei Beantragung eines Zertifikates mit Handlungsvollmacht die Bearbeitungsdauer und somit die Zeit bis zum Erhalt eines Zertifikates und zum anderen sollen mit dem Zuteilungsantragsverfahren in den Betrieben auch solche Beschäftigte betraut werden können, die nicht die Stellung eines Handlungsbe-

---

[233] Bei einem „Public Key-Verfahren" werden zum Ver- und Entschlüsseln der Daten zwei verschiedene Schlüssel verwendet. Was mit dem einen Schlüssel unzugänglich gemacht wurde, kann nur mit einem anderen entschlüsselt werden. Absender und Empfänger benötigen ein solches Schlüsselpaar. Mit dem öffentlichen Schlüssel des Empfängers verschlüsselt der Absender die Nachricht. Der öffentliche Schlüssel wird jedem zugänglich gemacht. Den anderen, so genannten „privaten Schlüssel", verwendet der Empfänger, um die erhaltenen Nachrichten zu entschlüsseln. Nur er ist im Besitz des privaten Schlüssels, der niemand anderem zugänglich gemacht werden darf. Bei der *digitalen Signatur* wird dieses Vorgehen umgedreht. Der Absender signiert ein Dokument mit seinem privaten Schlüssel. Der Empfänger kann dann mit dem zugehörigen öffentlichen Schlüssel die Echtheit der Unterschrift sowie die Unversehrtheit der Nachricht prüfen. Dieses Verfahren kommt beim Datenverkehr mit der DEHSt zum Einsatz.

[234] Vgl. *Körner/von Schweinitz*, in: Körner/Vierhaus, § 23 TEHG Rn. 27 ff.

vollmächtigten innehaben. Auch wenn man die „Handlungsvollmacht" im Sinn des Signaturrechts als eine Spezialvollmacht interpretierte, ließe sich damit das weitergehende Problem nicht lösen, dass in Unternehmen üblicherweise ausgehende Erklärungen verpflichtenden Inhalts durch zwei Beschäftigte zu unterzeichnen sind („Vier-Augen-Prinzip"). Im Vorfeld des Zuteilungsverfahrens erklärte die DEHSt zu dem geschilderten Problem lapidar, dass „Doppelsignaturen derzeit im elektronischen Verfahren nicht möglich seien". Die DEHSt verwies die Betreiber, die in der Vertretungsfrage Probleme sehen, auf eigene Lösungen im Rahmen ihres internen Vertretungsrechts.[235] An dieser Situation hat sich bislang nichts geändert.

Letztlich fällt es in die Risikosphäre der Betreiber, dass die in ihrem Namen und mit Wirkung für und gegen sie im elektronischen Datenverkehr abgegebenen Willenserklärungen, sei es im Zuteilungsverfahren oder später bei der Führung der Berechtigungskonten[236] im Emissionshandelsregister, ihrem wirklichen Willen entsprechen. Immerhin lässt das TEHG etwa einen rechtsgültigen Verzicht auf Berechtigungen allein durch eine einseitige, empfangsbedürftige Willenserklärung des Betreibers bzw. dessen Vertreters zu. Zu einem rechtswirksamen Zugang der Willenserklärung bei der DEHSt ist es nur erforderlich, dass die Erklärung elektronisch signiert wurde. Folge ist, dass die Berechtigungen unwiderruflich gelöscht werden müssen (§ 6 Abs. 4 Satz 6 TEHG).[237]

Um derartige Folgen abzuwenden, kann ein Betreiber innerbetriebliche Handlungsanweisungen erstellen, etwa dergestalt, dass jede abzusendende und zu signierende Erklärung an die DEHSt zuvor in Papierform zu fassen ist und sie im Rahmen der bestehenden Vertretungs- und Unterschriftenregelungen genehmigt („abgezeichnet") werden muss. Das betriebliche „Innenverhältnis" könnte so rechtssicher ausgestaltet werden. Ob eine derartige Botenstellung[238] im Außenverhältnis auch Wirkung entfalten kann, hängt aber vom Einzelfall und speziell vom Empfängerhorizont der DEHSt ab. Auch bleibt zu hoffen, dass der Gesetzgeber hier Verbesserungen schafft.

---

[235] Der Hinweis findet sich unter „FAQ Zuteilungsantrag", dort zu „Workflows", im Internet unter „www.dehst.de", Stand: 27.07.2004.
[236] Es empfiehlt sich, diejenigen Mitarbeiter mit der Kontoführung zu betrauen, die bereits über eine elektronische Signatur verfügen können.
[237] *Frenz*, in: Frenz, § 6 TEHG Rn. 36 ff.
[238] Zum Botenstatus *Heinrichs*, in: Palandt, vor § 167 Rn. 11.

Kapitel 5 CO₂-Ermittlung und Berichterstattung

Nach § 5 Abs. 1 TEHG sind die jährlichen CO_2-Emissionen emissionshandelspflichtiger Anlagen durch den Verantwortlichen (Betreiber) nach Maßgabe des Anhangs 2 Teil I TEHG zu ermitteln und das Ergebnis an die zuständige Behörde (§ 20 Abs. 1 TEHG), nach den Maßgaben des Anhangs 2 Teil II TEHG, zu berichten. Die Bundesregierung wurde durch § 5 Abs. 1 Satz 2 TEHG ermächtigt, eine Rechtsverordnung zu detaillierten Vorschriften zur Ermittlung der CO_2-Emissionen zu erlassen. Von dieser Ermächtigung hat der Gesetzgeber bislang keinen Gebrauch gemacht.[1]

5.1 „Monitoring-Guidelines"

Der Gesetzgeber hat in Anhang 2 Teil I TEHG für die CO_2-Ermittlung und in Anhang 2 Teil II TEHG auch für die CO_2-Berichterstattung vorgeschrieben, die umfangreichen und umfassenden Regelungen der „EU-Monitoring-Guidelines"[2] zu berücksichtigen. Damit mag sich ein Erlass weiterer konkretisierender Normen zu den Pflichten aus § 5 TEHG erübrigen, einfachere Regelungen wären allerdings vorzuziehen und der deutsche Gesetzgeber daran auch europarechtlich nicht gehindert.

Die EU-Kommission war zum Erlass der „Monitoring-Guidelines" (fortan: „Guidelines") durch Art. 14 Abs. 1 EH-Richtlinie beauftragt worden und ist diesem Auftrag am 29.01.2004 nachgekommen. Nach Artikel 14 Abs. 2 EH-Richtlinie sind die Mitgliedstaaten verpflichtet dafür zu sorgen, dass in ihrem Rechtsraum mit dem Beginn des Emissionshandels die Überwachung der Treibhausgasemissionen und die Berichterstattung im Einklang mit den Guidelines erfolgt.

Die deutschen Betreiber mussten die Guidelines erstmalig im Rahmen der notwendigen Datenerhebung zur Erstallokation der Emissionsberechtigungen anwenden. Nach § 3 Abs. 1 ZuV 2007 waren die Anforderungen der Guidelines dabei

---

[1] Vgl. *Vierhaus/v. Schweinitz*, in: Körner/Vierhaus, § 5 TEHG Rn. 25, 29. Die ursprünglich geplante 34. Verordnung zum BImSchG, die Regelungen zur Emissionsermittlung und Überwachung beinhaltete, scheiterte im Gesetzgebungsverfahren aufgrund von Kompetenzstreitigkeiten zwischen Bund und Ländern.
[2] Entscheidung der Kommission vom 29.01.2004 zur Festlegung von Leitlinien zur Überwachung und Berichterstattung betreffend Treibhausgasemissionen gemäß Richtlinie 2003/87/EG vom 26.02.2004, ABl. EU Nr. L 59.

"möglichst" einzuhalten. Ähnliches gilt nach § 4 Abs. 1 ZuV 2007 hinsichtlich der Ermittlung brennstoffspezifischer Emissionsfaktoren, bei der alternativ zu den Vorgaben der Guidelines, der Betreiber auch auf Standardemissionsfaktoren zurückgreifen konnte, die von der DEHSt im Internet veröffentlicht wurden.[3] Rechtstechnisch sind die Guidelines als „Anleitung" zu verstehen, d.h. den Betreibern und den Behörden ist ein grundsätzlicher Spielraum bei der anlagenspezifischen Umsetzung und Anwendung der Guidelines zuzubilligen, jedenfalls so weit die betreffenden Regelungen der Guidelines dazu überhaupt eine Möglichkeit eröffnen.

Die Guidelines sollen in der ersten Handelsperiode auf ihre Praxistauglichkeit hin getestet und gegebenenfalls verändert werden. Die EU-Kommission hat im August 2005 mit einer Befragung der „Nutzer" den Überprüfungsprozess („Stakeholder-Befragung") bereits eingeleitet. Mit einer Neufassung der Guidelines ist jedoch vor Januar 2008 nicht zu rechnen.

5.2 Monitoringkonzept

Die Guidelines enthalten Vorgaben zur Bestimmung und behördlichen Festlegung der nach § 4 Abs. 5 Nr. 3 und 4 TEHG wesentlichen Regelungsinhalte einer Emissionsgenehmigung. Diese Regelungsinhalte sind, entgegen der Tradition des deutschen Anlagengenehmigungsrechts, grundsätzlich im Weg eines „proaktiven" Handelns vom jeweiligen Betreiber vorzuschlagen und von ihm in einem „Monitoringkonzept" zu beschreiben. Dieses Konzept ist mit der zuständigen Anlagengenehmigungsbehörde abzustimmen und von dieser dann zu genehmigen.[4]

Geplant war, dass Monitoringkonzepte bereits zum Start des Emissionshandels für sämtliche emissionshandelspflichtige Anlagen vorliegen. Die Komplexität der Guidelines und diverse Auslegungsfragen, auch zwischen den zuständigen Behörden, haben in Deutschland dazu geführt, dass dieses Ziel oft nicht erreicht werden konnte. Die DEHSt hat sich der Problematik angenommen und im Juli 2005 auf ihrer Internetseite ein „Muster-Monitoring Konzept" veröffentlicht und damit den Betreibern ein wichtiges Hilfsmittel an die Hand gegeben.[5]

5.3 Aufbau der Guidelines

Die Guidelines sind in zwei Artikel und elf Anhänge gegliedert. Regelungen, die geeignet sind, den Inhalt einer Emissionsgenehmigung zu bestimmen, finden sich ausschließlich in den Anhängen.

---

[3] Die Emissionsfaktoren können im Internet unter www.dehst.de/Betreiber/Antragstellung/Antragstellung bezogen werden.
[4] Vgl. *Schweer/von Hammerstein*, § 5 TEHG Rn. 12.
[5] Das „Muster-Monitoring Konzept" liegt als Word-Dokument auf der Internetseite der DEHSt (www.dehst.de) vor.

Anhang I enthält allgemeine Vorschriften, Anhang II Sondervorschriften hinsichtlich der Genauigkeit von CO_2-Emissionsberechnungen bei der Verbrennung. Die Anhänge III bis XI enthalten spezielle Anforderungen zur Genauigkeit hinsichtlich der Ermittlung und der Berechnung von Prozessemissionen (sogenannte tätigkeitsspezifische Leitlinien).

Anhang I ist nach dem Spezialitätsprinzip gegliedert: Nach einer Einleitung (Abschnitt 1) folgen in Abschnitt 2 allgemeine Begriffsbestimmungen.[6] Abschnitt 3 enthält die „Grundsätze für die Überwachung und Berichterstattung"; Abschnitt 4 regelt im Einzelnen die Anforderungen für die „Überwachung". In Abschnitt 5 finden sich Vorschriften zu den Gegenständen der „Berichterstattung". Abschnitt 6 stellt Anforderungen an die „Aufbewahrung der Informationen" und Abschnitt 7 enthält Maßgaben für die „Qualitätssicherung und Kontrolle" bei der Emissionsermittlung und der CO_2-Berichterstattung. Abschnitt 8 nennt Referenz-„Emissionsfaktoren" für Brennstoffe, Abschnitt 9 enthält eine Liste „CO_2-neutraler Biomasse". In Abschnitt 10 finden sich Anforderungen an die Verfahren zur „Ermittlung tätigkeitsspezifischer Daten und Faktoren". Die Abschnitte 11 und 12 befassen sich mit den formalen Anforderungen an die CO_2-Emissionsberichterstattung.

5.4 Grundsätze der Überwachung und Berichterstattung

Soweit die zuständige Behörde in einer Emissionsgenehmigung Regelungen zur CO_2-Überwachung bzw. der CO_2-Berichterstattung treffen muss, müssen diese Regelungen im Einklang mit den folgenden vorgegebenen Zielen (Grundsätzen) der Guidelines stehen:

Zunächst ist der Grundsatz der *„Vollständigkeit"* zu beachten. Bei der Anlagenüberwachung sind sämtliche Emissionsquellen[7] und deren CO_2-Emissionen aus dem Einsatz von Brennstoffen (zum Zweck der Verbrennung) und, soweit vorhanden, aus Prozessen (Umsetzung von Einsatzstoffen) zu erfassen.

Der Grundsatz der *„Konsistenz"* besagt, dass in einem Berichtszeitraum nur eine Überwachungsmethode (Emissionsberechnung oder -messung) zulässig ist. Die Überwachungsmethode darf aber mit dem Ziel einer Verbesserung der Genauigkeit in der Datenermittlung nachträglich geändert werden. Voraussetzung dafür ist allerdings eine genaue Beschreibung der Methodenänderung (Dokumentation) und eine Genehmigung der Methodenänderung durch die zuständige Behörde (Emissionsgenehmigungsbehörde).

---

[6] Diese Begriffsbestimmungen sind allerdings nur für die Auslegung der Guidelines bindend.
[7] Vgl. zum Begriff *Schweer/von Hammerstein*, § 5 TEHG Rn. 23.

Nach dem Grundsatz der „*Transparenz*" müssen die gesammelten Überwachungsdaten sowohl für die zu berufenden Sachverständigen als auch für die zuständigen Behörden nachvollziehbar erfasst und entsprechend dargestellt werden.[8]

Der Grundsatz der „*Genauigkeit*" verpflichtet den Betreiber einer emissionshandelspflichtigen Anlage stets zur größtmöglichen Sorgfalt bei der Erfassung seiner Emissionsdaten.

Der Grundsatz der „*Kostenwirksamkeit*" besagt, dass das primäre Ziel einer größtmöglichen Genauigkeit bei der Datenerhebung in Relation mit den entstehenden Kosten stehen muss.[9] Diese Regelung erlaubt dem Betreiber die „Einrede der wirtschaftlichen Unzumutbarkeit" gegen überzogene behördliche Forderungen. Damit ist es nur folgerichtig, wenn die Guidelines vorgeben, in den Anlagen bereits vorhandene Emissionsüberwachungssysteme möglichst auch für die Zwecke des Monitorings im Sinne des Emissionshandelsrechts zu nutzen.

Der Grundsatz der „*Wesentlichkeit*" gilt der Emissionsberichterstattung. Der Emissionsbericht darf keine wesentlich falschen Angaben enthalten, d.h. er muss glaubwürdig sein. Jegliche „Verzerrungen" bei der Auswahl und der Darstellung von Daten durch den Betreiber sind zu vermeiden.

Der Grundsatz der „*Verlässlichkeit*" dient den Interessen des/der Adressaten eines verifizierten Emissionsberichtes, die sich auf dessen Inhalt verlassen können müssen. Dieser Grundsatz ist eher als Folge der richtigen Anwendung der übrigen Grundsätze anzusehen als eine eigenständige Forderung an einen Emissionsbericht. Schließlich kann durch die obligatorische Beauftragung eines unabhängigen Dritten (Sachverständigen) zur Überprüfung des CO_2-Emissionsberichtes vor der Abgabe an die Behörden die einem Wirtschaftsprüfertestat vergleichbare Wirkung der Verlässlichkeit erreicht werden.[10]

Der Grundsatz der „*Leistungsverbesserung bei der Überwachung und Berichterstattung*" besagt, dass der Emissionsbericht auch Mittel für die Qualitätssicherung und Qualitätskontrolle des emissionshandelspflichtigen Unternehmens sein kann.

5.5 Anforderungen an die Überwachung

In Abschnitt 4 der Guidelines finden sich Vorgaben zu dem „Ob" der CO_2-Überwachung in bestimmten Anlagenteilen und zu dem „Wie" der Erfassung der Treibhausgasemissionen in einer Anlage (bzw. von Standorten mit mehreren Anlagen).

Abschnitt 4.1 (Einschränkungen der Überwachung) enthält Bestimmungen über die Zurechnung von CO_2-Emissionen: So sind etwa CO_2-Emissionen aus Verbrennungsmotoren von Maschinen und Geräten, die zu Beförderungszwecken

---

[8] Siehe § 5 Abs. 4 TEHG.
[9] Kritisch dazu *Theuer*, in: Frenz, § 5 TEHG Rn. 22.
[10] A.A. *Schweer/von Hammerstein*, § 5 TEHG Rn. 40; zutreffend, soweit auf die öffentlich-rechtliche Wirkung des Prüfungsergebnisses des Sachverständigen abgestellt wird.

in einer emissionshandelspflichtigen Anlage genutzt werden, von Emissionsschätzungen[11] auszunehmen.

CO_2-Emissionen, die durch einen irregulären Anlagenbetrieb verursacht werden, sind dagegen wie Emissionen aus dem regulären Anlagenbetrieb zu erfassen und im Emissionsbericht zu berücksichtigen. Zu einem irregulären Anlagenbetrieb sind zu rechnen: An- und Abfahrvorgänge sowie Notfallsituationen.

Werden in einer Anlage CO_2-Emissionen durch die Ausübung verschiedener Tätigkeiten im Sinn des Anhang 1 TEHG verursacht, so sind die Emissionen aus allen Tätigkeiten überwachungsbedürftig, selbst wenn ein Grenzwert aus Anhang 1 TEHG in nur einem Tätigkeitssektor überschritten werden sollte.

Ist in einer Anlage, die nicht zum Tätigkeitsbereich der Energieumwandlung und -umformung zu zählen ist, eine zusätzliche Feuerungswärmeanlage vorhanden, so entscheidet die Emissionsgenehmigungsbehörde nach Beurteilung der örtlichen Gegebenheiten, ob es sich um eine Einzelanlage handelt oder nicht. Die behördliche Entscheidung ist in der Emissionsgenehmigung festzuhalten.

Selbst wenn in einer Anlage ausschließlich Wärme und Strom zum Zweck der Abgabe in eine andere Anlage produziert wird, werden die CO_2-Emissionen allein der produzierenden Anlage zugerechnet und sind nur dort zu erfassen.

5.6 Genehmigung der Überwachungsmethode

Die Treibhausgasemissionen einer emissionshandelspflichtigen Anlage können nach verschiedenen Methoden erfasst und überwacht werden. Deshalb hat eine verbindliche Festlegung auf eine bestimmte Überwachungsmethode in der Emissionsgenehmigung zu erfolgen.[12]

5.6.1 Überwachungsmethoden

Die Guidelines eröffnen dem Betreiber einer emissionshandelspflichtigen Anlage verschiedene Auswahlmöglichkeiten, und zwar sowohl hinsichtlich der in einer Anlage zum Einsatz kommenden Überwachungsmethode als auch zur Überwachungsmethodik. Die Wahlmöglichkeit ergibt sich bereits aus Anhang 2 zum TEHG. Dort fehlen aber detaillierte und für die Praxis erforderliche Regelungen.[13]

So kann ein Betreiber zwischen der Messung und der Berechnung der CO_2-Emissionen in seiner Anlage wählen. Auch kann er der zuständigen Behörde Vorschläge unterbreiten, welches „Ebenenkonzept" zur Ermittlung der Tätigkeitsdaten, der Emissionsfaktoren und der Oxidations- bzw. Umsetzungsfaktoren seiner Anlage zur Anwendung gelangen soll.

---

[11] Emissionsschätzungen können im Fall eines fehlenden Emissionsberichtes erfolgen, § 18 Abs. 2 TEHG. Zum Verfahren siehe *Frenz*, in: Frenz, § 18 TEHG, Rn. 20 ff.
[12] *Vierhaus/von Schweinitz*, in: Körner/Vierhaus, § 5 TEHG Rn. 31 ff.
[13] Vgl. *Theuer*, in: Frenz, § 5 TEHG Rn. 5.

Der Betreiber muss seine Vorschläge der Behörde stets genau beschreiben. Die Anforderungen an die Beschreibung sind dem Abschnitt 4.2 des Anhangs I der Guidelines zu entnehmen. Wie sich aus dem Grundsatz der „Konsistenz der Berichterstattung" ergibt, ist dieses Prozedere bei jedem Wechsel von einer Überwachungsmethode zur anderen erneut vorzunehmen.

5.6.2 Änderung der Überwachungsmethode

Grundsätzlich besteht die Pflicht, eine Überwachungsmethode in eine andere zu ändern, nur dann, wenn von der Behörde nachgewiesen wird, dass durch die Anwendung der anderen Methode genauere Daten ermittelt werden können. Allerdings muss dann auch die technische Machbarkeit in der jeweiligen Anlage festgestellt werden. Die Änderung in der Überwachung darf zudem für den Betreiber nicht wirtschaftlich unzumutbar sein.

Stellt ein Betreiber eine bislang nicht existente (bzw. erkannte) CO_2-Emission in seiner Anlage fest, so hat er unverzüglich der zuständigen Behörde Vorschläge für eine Änderung der Überwachungsmethode vorzulegen. Dies gilt auch für den Fall, dass Überwachungsfehler auftreten oder die Behörde eine Änderung der Überwachungsmethode fordert. Die Behörde muss eine Forderung selbstverständlich begründen und hat dabei darzulegen, dass die vom Betreiber bislang genutzte Überwachungsmethode mit den Bestimmungen der Guidelines nicht oder nicht mehr im Einklang steht.

5.6.3 Einzelne Emissionsüberwachungsmethoden

In den Guidelines wird die methodisch korrekte Erfassung der CO_2-Emissionen in emissionshandelspflichtigen Anlagen detailliert beschrieben. Ein Betreiber einer emissionshandelspflichtigen Anlage kann für einzelne oder für alle von ihm zu verantwortenden Emissionsquellen eine Messung der CO_2-Emissionen vorsehen. Dabei muss er aber der zuständigen Behörde nachweisen, dass die von ihm beabsichtigte Messung genauere Ergebnisse mit sich bringen wird als eine Berechnung der CO_2-Emissionen. Stimmt die Emissionsgenehmigungsbehörde einer Messung zu, hat sie vor Beginn eines Berichtszeitraumes das Messverfahren zu genehmigen.[14] Die Emissionsmessung entbindet einen Betreiber allerdings nicht davon, der Behörde zusätzlich auch (flankierende) Emissionsberechnungen vorzulegen. Damit dürfte eine Emissionsmessung allein wegen des Aufwandes (Messgeräte/Datenauswertung) und der damit verbundenen Kosten in der Praxis nur in seltenen Fällen zur Anwendung gelangen.[15]

---

[14] Näheres zu den technischen Anforderungen einer CO_2-Messung siehe Abschnitt 4.2.3 des Anhang I der Guidelines. Zu Unsicherheiten siehe Abschnitt 4.3 des Anhang I der Guidelines.

[15] Ebenso *Vierhaus,* in: Körner/Vierhaus, § 5 TEHG Rn. 47, 49 und *Theuer,* in: Frenz, § 5 TEHG Rn. 26.

Die Berechnung von CO_2-Emissionen erfolgt grundsätzlich nach der Formel *CO_2-Emissionen = Tätigkeitsdaten x Emissionsfaktor x Oxidationsfaktor*, wobei sich in den Guidelines weitere Differenzierungen für diese Berechnungsformel je nach Emissionen aus der Verbrennung (Energiewirtschaft) oder solchen aus Industrieprozessen ergeben.

5.6.3.1 Die Berechnung der Emissionen aus der Verbrennung

CO_2-Emissionen, die bei einer (beabsichtigten) Verbrennung brennbarer Stoffe mit Kohlenstoffinhalt entstehen, sind nach der folgenden Formel zu berechnen: *CO_2-Emissionen = Brennstoffverbrauch [TJ] x Emissionsfaktor [t CO_2/TJ] x Oxidationsfaktor*.

Die Tätigkeitsdaten werden bei einem Verbrennungsvorgang durch den jeweiligen Brennstoffeinsatz bestimmt. Die eingesetzte Brennstoffmenge wird als Energiegehalt in TJ (Terrajoule), also Heizwert mal Brennstoffmenge, ausgedrückt.

Emissionsfaktoren beruhen auf dem Kohlenstoffgehalt der eingesetzten Brenn- oder Einsatzstoffe. Der Emissionsfaktor wird als Tonne CO_2 je TJ ausgedrückt. Tätigkeitsspezifische Emissionsfaktoren sind nach den Vorgaben in Abschnitt 10 des Anhangs I der Guidelines zu ermitteln. Referenzemissionsfaktoren finden sich in tabellarischer Form in Abschnitt 8 des Anhangs I der Guidelines.

Auch bei verbrennungsbedingten Emissionen kann ausnahmsweise der Kohlenstoffgehalt pro Tonne eingesetzten Brennstoffs als Berechnungsbasis genutzt werden, wenn der Betreiber der Emissionsgenehmigungsbehörde nachweisen kann, dass dies zu genaueren Ergebnissen bei der CO_2-Ermittlung führen wird. Zur Umrechnung des Kohlenstoffgehalts in den jeweiligen CO_2-Wert ist dabei ein Faktor von 3,667 [t CO_2/t C] zugrunde zu legen.

Abschnitt 9 des Anhangs I der Guidelines definiert die Stoffe, die als *Biomasse* gelten. Biomasse ist mit einem Emissionsfaktor von „null" (also CO_2-neutral) anzusetzen. Da Anlagen, die ausschließlich Biomasse als Brennstoff einsetzen, in Deutschland von der Emissionshandelspflichtigkeit ausgenommen sind,[16] hat diese Vorschrift der Guidelines nur dann Bedeutung, wenn Biomasse in einer emissionshandelspflichtigen Anlage mitverbrannt wird.

Soweit *fossile Abfallstoffe* (mit-)verbrannt werden, sind entsprechend den Vorgaben aus Abschnitt 10 des Anhangs I der Guidelines spezifische Emissionsfaktoren zu ermitteln.

Bei Brenn- und Rohstoffen, die sowohl fossilen als auch Biomasse-Kohlenstoff enthalten, wird ein so genannter „gewichteter Emissionsfaktor" angewandt.[17]

Sofern eine unvollständige Oxidation nicht bereits beim Emissionsfaktor berücksichtigt werden kann, ist ein Oxidationsfaktor/Umsetzungsfaktor in die Berechnung aufzunehmen. Es handelt sich dabei um das Maß der unvollständigen Verbrennung bzw. Umsetzung des eingesetzten Kohlenstoffs in Kohlendioxid.

---

[16] Vgl. § 2 Abs. 5 TEHG; dazu *Vierhaus*, in: Körner/Vierhaus, § 2 TEHG Rn. 73 ff.; siehe auch Kapitel 2.6.3 sowie 4.3.3.
[17] Nähere Regelungen dazu in Abschnitt 10 des Anhangs I der Guidelines.

Dieser Faktor wird in Prozent ausgedrückt. Die exakte Bestimmung des Oxidationsfaktors verlangt eine Messung.[18] Referenzoxidationsfaktoren können Abschnitt 10 des Anhangs I der Guidelines entnommen werden. Bei mehreren Brennstoffströmen in einer Anlage wird ein aggregierter Oxidationsfaktor verwandt. Dabei ist dem jeweils für die Anlage wichtigsten Stoffstrom ein spezieller Oxidationsfaktor zuzuweisen; die anderen Stoffströme erhalten den Wert „1".

Sollen tätigkeitsspezifische Faktoren in einer Anlage berücksichtigt werden, ist dies vor einem Berichtszeitraum mit der zuständigen Behörde abzustimmen. Das Ergebnis wird Regelungsinhalt der anlagenspezifischen Emissionsgenehmigung.

5.6.3.2 Die Berechnung der Prozessemissionen

Bei Prozessemissionen handelt es sich um CO_2-Emissionen, die entweder Folge einer beabsichtigten oder einer unbeabsichtigten Reaktion zwischen Stoffen sind oder die durch deren Umwandlung in der industriellen Produktion entstehen. Die Berechnungsformel für Prozessemissionen lautet: *CO_2-Emissionen = Tätigkeitsdaten [t oder m^3] x Emissionsfaktor [t CO_2/t oder m^3] x Umsetzungsfaktor*.

Die in diese Formel einzusetzenden „Tätigkeitsdaten" beruhen entweder auf dem Rohstoffverbrauch, dem Durchsatz oder der Produktionsrate, jeweils ausgedrückt in t oder m^3 (Menge der umgesetzten Einsatzstoffe). Die Tätigkeitsdaten können auch geschätzt werden, wenn Messungen nicht möglich sind und keine Festlegungen in den tätigkeitsspezifischen Anhängen der Guidelines getroffen worden sind. Die für einen Berichtszeitraum anzuwendende Formel lautet: *Material C [verarbeitetes Material] = Material P [gekauftes Material] + Material S [Anfangslagerbestand] – Material E [Endlagerbestand] – Material O [Material zu anderen Zwecken]*.[19]

Der Emissionsfaktor wird als t CO_2/t oder t CO_2/m^3 ausgedrückt. Der Umsetzungsfaktor berücksichtigt den im eingesetzten Material enthaltenen Kohlenstoff, der während des zu bewertenden Prozesses nicht in CO_2 umgesetzt wird. Die Berücksichtigung eines Umsetzungsfaktors erübrigt sich, wenn die prozessbedingte Umwandlung des Kohlenstoffs bereits im Emissionsfaktor berücksichtigt werden kann.

5.7 Die Genauigkeit der Datenermittlung

Die Emissionsdatenerhebung soll an den verschiedenen relevanten Emissionsquellen so genau wie möglich erfolgen. Dabei schematisieren die Guidelines die Genauigkeitsanforderungen des Einzelfalls durch die Vorgabe sogenannter „Ebenen". Für jede Anlage hat der Betreiber ein sogenanntes Ebenenkonzept zu entwerfen, es mit der zuständigen Behörde abzustimmen und von dieser genehmigen

---

[18] Dies entspricht dem anspruchvollsten Ebenenkonzept. Näher dazu Abschnitt 4.2.2.1.2 (Tabelle 1) des Anhangs I der Guidelines.
[19] Nähere Regelungen dazu in Abschnitt 4.2.2.1.5 des Anhangs I der Guidelines.

zu lassen. Unter einem Ebenenkonzept versteht man die anlagenscharfe Festlegung verschiedener Genauigkeitsebenen zur Ermittlung der zutreffenden Formelvariablen bei der CO_2-Emissionsberechnung (Tätigkeitsdaten, Emissionsfaktoren und Oxidations- oder Umsetzungsfaktoren). Die Genauigkeitsanforderungen werden in den Anhängen II bis XI der Guidelines einzeln und tätigkeitsspezifisch beschrieben.

5.7.1 Hierarchie der Ebenen

Die in den Anhängen II bis XI der Guidelines angelegten Ebenenkonzepte wurden durch Nummerierung hierarchisch eingestuft. Dabei steht die jeweils höchste Zahl für die genaueste Datenermittlungsmethode, die auch zugleich den höchsten Aufwand bei der Ermittlung der Variablen verursacht. Soweit die Guidelines eine Auswahlmöglichkeit zwischen verschiedenen aber tätigkeitsspezifisch gleichwertigen Ebenenkonzepten beinhalten, wird dies durch eine Hinzufügung eines Buchstabens zur Nummer des Ebenenkonzeptes kenntlich gemacht.

Die Guidelines legen den Betreibern emissionshandelspflichtiger Anlagen nahe, die Anwendung des höchsten und damit anspruchvollsten Ebenenkonzeptes zu bevorzugen. Stärkere Emissionsquellen sollen soweit möglich die Ansprüche einer hierarchisch höheren Ebene erfüllen. Forderungen der Emissionsgenehmigungsbehörden kann der Betreiber unter Umständen mit der Einrede der wirtschaftlichen Unzumutbarkeit (Grundsatz der Kostenwirksamkeit) begegnen.

5.7.2 Genehmigung des Ebenenkonzepts

Der Betreiber einer Anlage legt das von ihm vorgesehene Ebenenkonzept der zuständigen Behörde zur Genehmigung vor.[20] Möchte er von der für seine Tätigkeit vorgesehenen höchsten Genauigkeitsebene in der Datenermittlung abweichen, muss er der zuständigen Behörde glaubhaft nachweisen, dass in seiner Anlage die Erfüllung der Anforderungen der höchsten Ebene entweder technisch nicht machbar ist oder zu unverhältnismäßig hohen Kosten führen würde.

Im Fall von Anlagen mit besonders hoher CO_2-Emission – hierunter sind Anlagen mit einer Gesamtjahresemission größer 500.000 t/CO_2 zu verstehen – ist eine Ausnahme von der Ebenenvorgabe zu Gunsten des Betreibers nur zulässig, wenn die Emissionsgenehmigungsbehörde ihre Absicht der EU-Kommission meldet.[21] Die EU-Kommission soll damit in die Lage versetzt werden, die Guidelines gegebenenfalls anzupassen. Ein Genehmigungsvorbehalt der EU-Kommission wird hierdurch nicht begründet.

---

[20] Im Internet unter „www.dehst.de", Stand 26.01.2005, finden sich unter „FAQ Monitoring" praktische Hinweise zu den Anforderungen eines anlagenbezogenen Monitoringkonzepts.

[21] Stichtag hierfür ist für die Emissionsgenehmigungsbehörde jeweils der 30.09. eines Jahres, beginnend mit dem Startjahr des Emissionshandels in 2005.

5.7.3 Ebenenkonzeption der ersten Handelsperiode

Die EU-Kommission hat mit der „Tabelle 1" des Anhangs I der Guidelines für den Zeitraum der ersten Handelsperiode (2005 - 2007) einen Mindeststandard für die Ebenenkonzeption vorgegeben.[22] Die dort festgelegten Ebenenanforderungen stehen in Relation zum jeweiligen Grad der CO_2-Emission einer Anlage. Nach dem Wortlaut der Guidelines stehen die Vorgaben der Tabelle 1 nur unter dem Vorbehalt der technischen Durchführbarkeit, nicht aber auch unter dem Vorbehalt der Kostenwirksamkeit. Möchte eine deutsche Emissionsgenehmigungsbehörde in der ersten Handelsperiode von den Vorgaben der Tabelle 1 zu Gunsten eines Betreibers abweichen, muss die Frage beantwortet werden, ob dies zulässig ist. Zwar spricht der Wortlaut dagegen, doch hat andererseits die EU-Kommission die Guidelines selbst der Überprüfung durch die Praxis überantwortet. Deshalb erscheint es angemessen, auch Abweichungen von den Anforderungen der Tabelle 1 im Einzelfall als erlaubt anzusehen. Man wird allerdings eine steigende Darlegungslast je nach dem Grad der Abweichung zu Gunsten eines Betreibers anzunehmen haben.[23]

5.7.4 Abweichen vom Ebenenkonzept

Sollte aus technischen Gründen in einer Anlage nur vorübergehend vom genehmigten Ebenenkonzept abgewichen werden müssen, dann hat der Betreiber ein anderes, nächst niedrigeres Konzept zur Ermittlung der CO_2-Emissionen seiner Anlage heranzuziehen.[24] Die zuständige Behörde ist über die Notwendigkeit der Änderung des Ebenenkonzepts und über die Einzelheiten des alternativen Ebenenkonzeptes unverzüglich zu unterrichten. Der Betreiber steht dabei in der Pflicht zu einer lückenlosen Dokumentation aller getroffenen Änderungen.

Wurde das Ebenenkonzept innerhalb eines Berichtszeitraums geändert, so sind die Berechnungsergebnisse, bezogen auf das jeweils geltende Ebenenkonzept, gesondert im Emissionsbericht nach § 5 TEHG auszuweisen.

5.8 Der CO_2-Emissionsbericht

Der deutsche Gesetzgeber hat in Anhang 2 Teil II TEHG spezielle Vorschriften zur CO_2-Emissionsberichterstattung erlassen. Der Verantwortliche (Betreiber) hat gemäß § 5 Abs. 1 Satz 1 TEHG der zuständigen Emissionsgenehmigungsbehörde – mit dem Jahr 2005 beginnend – jeweils bis zum 01.03. des Folgejahres einen

---

[22] Siehe dazu auch *Vierhaus/von Schweinitz,* in: Körner/Vierhaus, § 5 TEHG Rn. 27.
[23] So im Ergebnis auch die Ansicht der DEHSt in ihren FAQ-Monitoring-Hinweisen, im Internet unter „www.dehst.de". A.A. etwa *Vierhaus/von Schweinitz,* in: Körner/Vierhaus, § 5 TEHG Rn. 39.
[24] Nach Auffassung der DEHSt ist auch ein Abweichen von den Anforderungen der Tabelle 1 über mehrere Ebenen denkbar.

Emissionsbericht für jede Anlage vorzulegen.[25] Die Bundesregierung kann eine Rechtsverordnung, die der Zustimmung des Bundesrates bedarf, zu weiteren Anforderungen an die Berichterstattung erlassen (§ 5 Abs. 1 Satz 2 TEHG). Die Anforderungen der Guidelines zur Emissionsberichterstattung sind nach Anhang 2 Teil I und Teil II lit. F TEHG zu berücksichtigen. Der Emissionsbericht darf nicht mit der immissionsschutzrechtlichen Emissionserklärung verwechselt werden.[26] Der abzugebende Emissionsbericht ist nach den Kriterien des Anhangs 3 TEHG zu prüfen.

Grundsätzlich sind die Emissionsberichte und ihre Inhalte der interessierten Öffentlichkeit zugänglich zu machen, soweit im Einzelfall keine Besorgnis der Verletzung von Geschäfts- oder Betriebsgeheimnissen besteht.[27]

Ein CO_2-Emissionsbericht muss nach Abschnitt 5 des Anhangs I der Guidelines neben genauen Angaben zur Anlage, die der Identifikation der Anlage dienen, Angaben zu den Gesamtemissionen, gerundet in Tonnen CO_2 und zum gewählten Ansatz zur CO_2-Ermittlung (Berechnung/Messung) beinhalten. Weiterhin sind dort Angaben zum gewählten Ebenenkonzept und gegebenenfalls über anlagenspezifisch genutzte Tätigkeitsdaten, Emissionsfaktoren und Oxidations- bzw. Umsetzungsfaktoren zu machen. Sofern ein Massenbilanzansatz gewählt wurde, sind die zugrunde gelegten Tatsachen mitzuteilen. Darüber hinaus müssen Angaben bei einer erfolgten Veränderung im Ebenenkonzept während des Berichtszeitraums genauso enthalten sein wie Angaben zu sonstigen Veränderungen an der Anlage, soweit sie für die Berichterstattung von Bedeutung sein können.

Eingesete Brennstoffe sind nach der IPCC Nomenklatur zu bezeichnen, mitverbrannte Abfälle (auch wenn als „Sekundärbrennstoff" bezeichnet) sind entsprechend ihrer Klassifikation im Europäischen Abfallverzeichnis mit dem dort bezeichneten sechsstelligen Code anzugeben.[28]

Emissionen verschiedener Quellen, die auf nur einer Tätigkeit beruhen, können in aggregierter Form für diese eine Tätigkeit gemeldet werden.

Alle erfassten Tätigkeiten sind mit dem IPCC-Code und dem EPER-Code zu versehen. Nähere Angaben hierzu können dem Abschnitt 12.2 des Anhangs I der Guidelines entnommen werden. Diese Vorgaben dienen dem Zweck, eine Übereinstimmung der im Rahmen dieser Vorschriften bereits erfassten Betreiberdaten mit den Daten des Emissionsberichtes nach TEHG erreichen zu können.

Ob die genannten Anforderungen durch den Betreiber richtig erfüllt worden sind, wird durch die Sachverständigen, die nach § 5 Abs. 3 TEHG den Emissionsbericht vor Abgabe an die Emissionsbehörde zu prüfen haben, festzustellen sein.

Dem Abschnitt 11 des Anhangs I der Guidelines ist das Berichtsformat zu entnehmen. Der deutsche Emissionsbericht ist vom Betreiber in elektronischer Form weiterzuleiten.

---

[25] Zur Frage etwaiger Fristversäumnis bei der Abgabe des Emissionsberichtes: *Vierhaus/von Schweinitz*, in: Körner/Vierhaus, § 5 TEHG Rn. 63.
[26] *Schweer/von Hammerstein*, § 5 TEHG Rn. 11.
[27] *Vierhaus/v. Schweinitz*, in: Körner/Vierhaus, § 5 TEHG Rn. 53.
[28] Siehe Verordnung über das Europäische Abfallverzeichnis vom 10.12.2001, BGBl. I S. 3379.

Die Betreiber sind verpflichtet, ihre Emissionsberichte und die den Berichten zu Grunde liegenden Daten für mindestens zehn Jahre aufzubewahren. Informationsquellen und Gegenstände, die dieser Pflicht unterliegen, werden in Abschnitt 6 des Anhangs I der Guidelines näher bestimmt.

5.9 Prüfung des Emissionsberichts durch sachverständige Stellen

Die Prüfung von Auswirkungen des Anlagenbetriebes ist keine Neuerung des Emissionshandelsrechts. Schon das Immissionsschutzrecht sieht in den § 26 ff. BImSchG die betreibereigene Überwachung vor. Der Betreiber muss bei entsprechender behördlicher Anordnung die von seiner Anlage ausgehenden Emissionen und Immissionen durch Messstellen ermitteln lassen, sofern schädliche Umwelteinwirkungen zu befürchten sind. Gemäß § 26 BImSchG kann der Betreiber die fraglichen Ermittlungen nicht selbst durchführen, sondern muss eine Messstelle damit beauftragen. Unter den bekannt gegebenen Messstellen hat er aber die freie Wahl, sofern sie für die fraglichen Ermittlungen geeignet und bekannt gegeben wurden. In jedem Bundesland sind eine Vielzahl von Messstellen bekannt gegeben worden. Eine Übersicht ist im Internet verfügbar.[29] Die Bekanntgabe gilt grundsätzlich für das betreffende Land.[30]

5.9.1 Überwachungs- und Berichtspflichten

Im Unterschied zum Immissionsschutzrecht legt § 5 Abs. 1 TEHG dem Verantwortlichen von vornherein die Überwachungs- und Berichtspflicht auf. Er hat die Berechnungen und Messungen der Emissionen selbst vorzunehmen. § 5 TEHG setzt insofern Art. 14 Abs. 2 und 3 und Art. 15 Abs. 1 sowie die Anhänge IV und V der EH-Richtlinie um.

Insbesondere Art. 14 Abs. 3 EH-Richtlinie schreibt zwingend die betreibereigene Überwachung und Berichterstattung vor. Art. 15 i.V.m. Anhang V EH-Richtlinie überlässt es dann aber den Mitgliedsstaaten, ob die Prüfung der Überwachung und Berichterstattung von den mitgliedstaatlichen Behörden oder von unabhängigen Sachverständigen durchzuführen ist und wer die Kosten der Prüfung zu tragen hat. Die Unterscheidung zwischen Überwachung und Berichterstattung durch den Betreiber auf der einen Seite und die Prüfung der Berichte durch eine unabhängige Stelle auf der anderen Seite hat sich der deutsche Gesetzgeber im Zuge der Umsetzung der EH-Richtlinie zu eigen gemacht und diese Vorgaben in § 5 TEHG umgesetzt.

Die Emissionsüberwachungs- und Berichtserstattungspflicht ist von zentraler Bedeutung für das Emissionshandelssystem. Schließlich handelt es sich bei der

---

[29] www.luis-bb.de/i/resymesa/26/defauft.aspx.
[30] Vgl. *Jarass*, § 26 Rn. 32.

Pflicht, Emissionsberechtigungen für tatsächliche Emissionen abzugeben, um eine sogenannte Kardinalpflicht. Besondere Bedeutung erlangt die Einhaltung der Pflicht durch § 18 TEHG. Das Gesetz sieht in dieser Vorschrift eine Zahlungspflicht vor, wenn der Verantwortliche seiner Abgabepflicht nicht nachkommt. Dabei ist jedoch eine Divergenz zwischen Europarecht und deutschem Recht festzustellen. Während Art. 12 Abs. 3 EH-Richtlinie explizit klarstellt, dass für die Einhaltung der Abgabepflicht die geprüften Gesamtemissionen maßgeblich sind, knüpft der deutsche Gesetzgeber in § 6 Abs. 1 TEHG an die „verursachten Emissionen" an und geht damit über die Anforderungen der EH-Richtlinie hinaus. Der Emissionsbericht besitzt deshalb keine konstitutive Bedeutung für den Umfang der Abgabepflicht. Die Überwachungs- und Berichtspflichten sind jedoch für die Verantwortlichen solange Anhaltspunkt für die Erfüllung der Abgabepflicht nach § 6 Abs. 1 TEHG, bis die zuständige Behörde nicht verbindlich festgestellt hat, dass die Emissionsberichte unzutreffend sind.[31] Es liegt aber auf der Hand, dass die Verknüpfung von Überwachungs- und Berichtspflicht auf der einen Seite und Abgabepflicht wegen der hierfür maßgeblichen tatsächlichen Emissionen auf der anderen Seite für den Verantwortlichen unbefriedigend ist. Die Verantwortlichen werden solange im Unklaren gelassen, ob die zuständige Behörde ihre Emissionsberichte für ausreichend hält, bis letztere nach § 5 Abs. 4 Satz 2 TEHG geeignete Maßnahmen für den Fall anordnet, dass der Verantwortliche seine Emissionen nicht zuverlässig ermittelt. Da die Ausübung der Befugnis nach § 5 Abs. 4 Satz 2 TEHG seitens der Behörden an keine Frist gebunden ist, kann diese bis an die Grenze einer möglichen Verwirkung[32] ihrer Befugnisse auch noch lange Zeit nach Abgabe der Berichte Sanktionen anordnen, wenn die Berichte nicht ordnungsgemäß waren.

Trotz dieser unbefriedigenden Situation verbleibt es dabei, dass sich die Verantwortlichen zur Erfüllung ihrer Abgabepflicht solange an dem von ihnen beizubringenden Emissionsbericht zu orientieren haben, bis die Behörde das Gegenteil nachgewiesen hat. Im Übrigen sollte die Berichtspflicht, zu der die Erbringung des Emissionsberichts gehört, auch deshalb erfüllt werden, weil ein Verstoß gemäß § 17 TEHG sanktionsbewehrt ist.

---

[31] Vgl. *Schweer/von Hammerstein*, § 6 TEHG Rn. 4.
[32] Verwirkung bedeutet, dass ein Recht nicht mehr ausgeübt werden darf, wenn seit der Möglichkeit der Geltendmachung längere Zeit verstrichen ist und besondere Umstände hinzutreten, welche die verspätete Geltendmachung als Verstoß gegen Treu und Glauben erscheinen lassen. Das ist insbesondere der Fall, wenn der Verpflichtete infolge eines bestimmten Verhaltens des Berechtigten darauf vertrauen durfte, dass dieser das Recht nach so langer Zeit nicht mehr geltend machen würde (Vertrauensgrundlage), der Verpflichtete ferner tatsächlich darauf vertraut hat, dass das Recht nicht mehr ausgeübt würde (Vertrauenstatbestand), und sich infolgedessen in seinen Vorkehrungen und Maßnahmen so eingerichtet hat, dass ihm durch die spätere Durchsetzung des Rechts ein unzumutbarer Nachteil entstehen würde (Vertrauensbetätigung).

5.9.2 Prüfung des Emissionsberichts

§ 5 Abs. 3 TEHG und die Anhänge 2 bis 4 zum TEHG geben den Verantwortlichen auf, ihre Emissionsberichte von einer durch die zuständige Behörde bekannt gegebenen sachverständigen Stelle prüfen zu lassen.

5.9.2.1 Sachverständige Stellen

Zuständig für die Bekanntgabe der sachverständigen Stellen nach § 5 Abs. 3 TEHG sind gemäß § 20 Abs. 1 Satz 1 TEHG bei genehmigungsbedürftigen Anlagen im Sinne von § 4 Abs. 1 Satz 3 BImSchG die dafür nach Landesrecht zuständigen Behörden. In den übrigen Fällen ist gemäß § 20 Abs. 1 Satz 2 TEHG das Umweltbundesamt zuständig. Jedoch wird die Zuständigkeit des Umweltbundesamtes derzeit ohne praktische Bedeutung sein, da sich der Anwendungsbereich des Gesetzes gemäß § 2 TEHG bisher allein auf immissionsschutzrechtlich genehmigungsbedürftige Anlagen erstreckt. Zu beachten ist, dass sich im Hinblick auf die Bekanntgabe eine Zweiteilung der Zuständigkeit ergibt. Für die Bekanntgabe der sachverständigen Stelle zur Verifizierung der Angaben im Zuteilungsantrag ist gemäß § 20 Abs. 1 Satz 2 TEHG das Umweltbundesamt zuständig, da es sich hierbei nicht um den Vollzug nach den §§ 4 und 5 TEHG handelt. Ob hier noch eine Angleichung der Zuständigkeit zum Umweltbundesamt erfolgt, bleibt abzuwarten.

5.9.2.2 Bekanntgabe

Dem Gesetz kann nicht unmittelbar entnommen werden, in welcher Form die Bekanntgabe vorzunehmen ist. Jedoch lassen sich die Formerfordernisse aus dem Rechtscharakter sowie dem Sinn und Zweck der Bekanntgabe herleiten. Die Bekanntgabe ist kein Rechtssetzungsakt, so dass die für die Veröffentlichung von Rechtsvorschriften geltenden Bestimmungen keine Beachtung finden. Da die Bekanntgabe aber als Verwaltungsakt zu qualifizieren ist,[33] ist die Bekanntgabevorschrift des § 41 VwVfG zu beachten. Deshalb kann die Bekanntgabe durch Veröffentlichung im amtlichen Veröffentlichungsblatt der zuständigen Behörde erfolgen.[34] Dem Erkennbarkeitsgebot ist aber auch durch die Veröffentlichung im allgemein zugänglichen Internet genügt.[35]

5.9.2.3 Gutachter nach dem Umweltauditgesetz

Ohne weitere Prüfung wird gemäß § 5 Abs. 3 Satz 3 Nr. 1 TEHG der unabhängige Gutachter nach dem Umweltauditgesetz bekannt gemacht. Bei dem zugelassenen

---

[33] Vgl. zu § 26 BImSchG *Jarass*, § 26 Rn. 26 f.
[34] *Lechelt*, in: GK-BImSchG, § 26 Rn. 92 f.
[35] *Hansmann*, in: Landmann/Rohmer, § 26 BImSchG Rn. 52.

Umweltgutachter nach dem Umweltauditgesetz geht man von der erforderlichen Zuverlässigkeit, Unabhängigkeit und Fachkunde aus.[36]

5.9.2.4 Gutachter nach § 36 Abs. 1 GewO

Ebenfalls ohne weitere Prüfung werden nach § 5 Abs. 3 Satz 3 Nr. 2 TEHG Sachverständige nach § 36 GewO bekannt gemacht.[37]

5.9.2.5 Sonstige sachverständige Stellen

Ist eine Person weder Gutachter nach dem Umweltauditgesetz noch öffentlich bestellter Sachverständiger nach § 36 GewO und will er als sachverständige Stelle im Sinne des § 5 Abs. 3 TEHG tätig werden, dann muss er einen Antrag bei der zuständigen Landesbehörde stellen. Im Rahmen des sich anschließenden Antragsverfahrens hat der Antragsteller dann nachzuweisen, dass er die Anforderungen des Anhangs 4 zum TEHG erfüllt.[38] Danach ist erforderlich, dass er von dem Betreiber, dessen Erklärung geprüft wird, unabhängig ist und seine Aufgabe professionell und objektiv ausführt sowie mit den Anforderungen des TEHG sowie den Normen und Leitlinien, die von der Kommission der Europäischen Gemeinschaft zur Konkretisierung der Anforderungen des § 5 TEHG verabschiedet wurden, vertraut ist (Anhang 4 des TEHG, lit. a). Zudem müssen ihm die Rechts- und Verwaltungsvorschriften, die für die zu prüfenden Tätigkeiten von Belang sind (Anhang 4 des TEHG, lit. b) und das Zustandekommen aller Informationen über die einzelnen Emissionsquellen in der Anlage, insbesondere im Hinblick auf Sammlung, messtechnische Erhebung, Berechnung und Übermittlung der Daten, bekannt sein (Anhang 4 des TEHG, lit. c).

5.9.2.6 Gutachter aus anderen Mitgliedstaaten

Im Hinblick auf die Bekanntgabe von geprüften Gutachtern aus anderen Mitgliedstaaten ist davon auszugehen, dass sie im Rahmen der Niederlassungs- und Dienstleistungsfreiheit ohne weitere inhaltliche Prüfung einen Anspruch auf Bekanntgabe haben. Die Prüfung in dem anderen Mitgliedstaat muss aber der deutschen Zulassungsprüfung vergleichbar sein.[39]

---

[36] Siehe im Einzelnen zu den Anforderungen an den Gutachter nach dem Umweltauditgesetz in Kapitel 4 unter 4.2.3.2.
[37] Siehe im Einzelnen zu den Anforderungen an den Gutachter nach § 36 GewO in Kapitel 4 unter 4.2.3.2.
[38] *Theuer*, in: Frenz, § 5 TEHG Rn. 48.
[39] Zu weiteren Einzelheiten siehe Kapitel 4, Ziff. 4.2.3.2, m.w.N.

5.9.3 Gegenstand der Prüfung

Die Kriterien für die Prüfung nach § 5 Abs. 3 Satz 1 TEHG ergeben sich aus Anhang 3 zum TEHG. Dieser ist in drei Abschnitte gegliedert. Er beschäftigt sich mit allgemeinen Grundsätzen (Abschnitt A), der Methodik (Abschnitt B) und dem Bericht (Abschnitt C).

5.9.3.1 Grundsätze

Die Emissionen aus allen in Anhang 1 zum TEHG aufgeführten Anlagen unterliegen einer Prüfung. Im Rahmen des Prüfungsverfahren wird auf die Emissionserklärung nach § 5 Abs. 1 TEHG und auf die Emissionsermittlung im Vorjahr eingegangen. Geprüft werden die Zuverlässigkeit, Glaubhaftigkeit und Genauigkeit der Überwachungssysteme sowie die übermittelten Daten und Angaben zu den Emissionen, insbesondere

a) die übermittelten Tätigkeitsdaten und die damit verbundenen Messungen und Berechnungen,
b) Wahl und Anwendung der Emissionsfaktoren,
c) die Berechnung für die Bestimmung der Gesamtemissionen und
d) bei Messungen die Angemessenheit der Wahl und Anwendung des Messverfahrens.

Die Validierung der Angaben zu den Emissionen setzt zuverlässige und glaubhafte Daten sowie Informationen voraus, die eine Bestimmung der Emissionen mit einem hohen Zuverlässigkeitsgrad gestatten. Ein hoher Zuverlässigkeitsgrad verlangt vom Betreiber den Nachweis, dass

a) die übermittelten Daten zuverlässig sind,
b) die Erhebung der Daten in Überstimmung mit geltenden wissenschaftlichen Standards erfolgt ist und
c) die einschlägigen Angaben über die Anlage vollständig und schlüssig sind.

Die sachverständige Stelle erhält Zugang zu allen Standorten und zu allen Informationen, die mit dem Gegenstand der Prüfung im Zusammenhang stehen. Die sachverständige Stelle berücksichtigt, ob die Anlage im Rahmen des Gemeinschaftssystems für das Umweltmanagement und die Betriebsprüfung (EMAS) registriert ist.

5.9.3.2 Methodik

Die Prüfung basiert auf einer strategischen Analyse aller Tätigkeiten, die in der Anlage durchgeführt werden. Dazu benötigt die sachverständige Stelle einen Überblick über alle Tätigkeiten und ihre Bedeutung für die Emissionen.

Darüber hinaus nimmt die sachverständige Stelle eine Prozessanalyse vor. Die Prüfung der übermittelten Informationen erfolgt bei Bedarf am Standort der Anlage. Die sachverständige Stelle führt Stichproben durch, um die Zuverlässigkeit der übermittelten Daten und der Informationen zu ermitteln.

Zudem ist die sachverständige Stelle mit der Risikoanalyse befasst. Sie unterzieht alle Quellen, von denen Emissionen in der Anlage ausgehen, einer Bewertung in Bezug auf die Zuverlässigkeit der Daten. Anhand dieser Analyse ermittelt die sachverständige Stelle ausdrücklich die Quellen mit hohem Fehlerrisiko und andere Aspekte des Überwachungs- und Berichterstattungsverfahrens, die zu Fehlern bei der Bestimmung der Gesamtemissionen führen können. Hier sind insbesondere die Wahl der Emissionsfaktoren und die Berechnung zur Bestimmung der Emissionen einzelner Emissionsquellen zu nennen. Besondere Aufmerksamkeit ist Quellen mit hohem Fehlerrisiko und den genannten anderen Aspekten des Überwachungsverfahrens zu widmen. Die sachverständige Stelle berücksichtigt etwaige effektive Verfahren zur Beherrschung der Risiken, die der Betreiber anwendet, um Unsicherheiten so gering wie möglich zu halten.

5.9.3.3 Erstellung des Berichts über die Emissionserklärung

Das Ergebnis der Prüfungen und Analysen ist der Bericht. Die sachverständige Stelle erstellt einen Bericht über die Prüfung, in dem angegeben wird, ob die Emissionserklärung nach § 5 Abs. 1 TEHG zufriedenstellend ist. In diesem Bericht sind alle für die durchgeführten Arbeiten relevanten Aspekte aufzuführen. Die Emissionserklärung ist als zufriedenstellend zu bewerten, wenn die sachverständige Stelle zu der Ansicht gelangt, dass zu den Gesamtemissionen keine wesentlich falschen Angaben gemacht wurden.

5.9.4 Stichprobenprüfung

Die Bundesregierung hat im Rahmen des Gesetzgebungsverfahrens erfolgreich auf der Unverzichtbarkeit stichprobenartiger Plausibilitätskontrollen durch die Landesbehörden bestanden.[40] Deshalb ist mit § 5 Abs. 4 TEHG eine weitere Überprüfungsebene eingeführt worden. Diese Regelung sieht vor, dass der Emissionsbericht und der Bericht über die Prüfung seitens der sachverständigen Stelle von der zuständigen Landesbehörde stichprobenartig überprüft werden. Der deutsche Gesetzgeber ist damit über die europarechtlichen Vorgaben hinausgegangen, da das Gemeinschaftsrecht diesen weiteren Prüfungsschritt nicht vorsieht.[41] Als stichprobenartig stellt sich die Prüfung dar, wenn entweder einzelne Angaben aus den zu prüfenden Berichten nach dem Zufallsprinzip ausgewählt und verifiziert werden, oder wenn ein ganzer Bericht einer Plausibilitätsprüfung unterworfen wird.[42] Die prüfende Landesbehörde hat gemäß § 5 Abs. 4 TEHG nur einen Monat Zeit, die stichprobenartige Prüfung vorzunehmen: Sie erhält am 01.03. eines jeden Jahres die von den sachverständigen Stellen geprüften Emissionsberichte und muss diese

---

[40] BT-Drs. 15/2540, S. 16 zu Nr. 10.
[41] *Theuer*, in: Frenz, § 5 TEHG Rn. 53.
[42] *Theuer*, in: Frenz, § 5 TEHG Rn. 54.

bis zum 31.03. eines jeden Jahres an die DEHSt weiterleiten. Das Risiko, dass die Landesbehörde den Emissionsbericht nicht rechtzeitig an die DEHSt weiterleitet, trägt nicht der Betreiber, wie sich aus § 17 Abs. 1 Satz 2 TEHG ergibt, der für die Sanktionierung nur die Vorlage des geprüften Berichts an die Landesbehörden als maßgeblich ansieht. Obwohl nicht im Gesetz geregelt, muss der Emissionsbericht des Betreibers mit einem entsprechenden Prüfvermerk der Landesbehörde versehen sein, ehe er an die DEHSt übersandt wird.[43]

5.9.5 Rechtsverordnung nach § 5 Abs. 3 Satz 4 TEHG

Weitere Einzelheiten über die Voraussetzung und das Verfahren der Prüfung sowie das Verfahren der Bekanntgabe von Sachverständigen können gemäß § 5 Abs. 3 Satz 2 TEHG in einer Rechtsverordnung der Bundesregierung geregelt werden, die bislang jedoch noch nicht vorliegt.

5.10 Bekanntgabe aus der Sicht des Sachverständigen

Für die Sachverständigen ist vor allem die Frage der Bekanntgabe wichtig.

Sachverständige müssen bei den in den jeweiligen Bundesländern zuständigen Immissionsschutzbehörden die Bekanntgabe nach § 5 Abs. 3 TEHG beantragen.

Liegen die Voraussetzungen einer Bekanntgabe vor, besteht ein Anspruch des Sachverständigen auf Bekanntgabe.[44] Der Wortlaut des § 5 Abs. 3 TEHG lässt ein Ermessen für die nach Landesrecht zuständigen Immissionsschutzbehörden nicht zu.

Gegen die Ablehnung des Antrages auf Bekanntgabe kann nach dem durchzuführenden Widerspruchsverfahren die Verpflichtungsklage erhoben werden. In der Literatur wird zu Recht darauf hingewiesen, dass für konkurrierende Sachverständige ein gegeneinander gerichtetes Klagerecht nicht besteht, da die Möglichkeit der Verletzung eigener Rechte nach § 42 Abs. 2 VwGO abzulehnen ist.[45]

---

[43] *Theuer*, in: Frenz, § 5 TEHG Rn. 56.
[44] *Schweer/von Hammerstein*, § 5 TEHG Rn. 65.
[45] *Schweer/von Hammerstein*, § 5 TEHG Rn. 65; siehe zu Einzelheiten hinsichtlich des Verhältnisses zwischen Sachverständigem und Verantwortlichen oben zu Kapitel 4, Ziff. 4.2.4.

Kapitel 6 Abgabepflicht

§ 6 Abs. 1 TEHG sieht die Verpflichtung für den Verantwortlichen vor, bis zum 30.04. eines Jahres eine Anzahl von Berechtigungen an die zuständige Behörde abzugeben, die den durch seine Tätigkeit im vorangegangenen Kalenderjahr verursachten Emissionen entspricht. Die zuständige Behörde im Sinne des § 6 Abs. 1 TEHG ist gemäß § 20 Abs. 1 Satz 2 TEHG das Umweltbundesamt. Erstmals greift die Abgabepflicht zum 30.04.2006 ein. Die Abgabepflicht ist Kardinalpflicht des Emissionshandelssystems.[1]

6.1 Gegenstand der Abgabepflicht

Wesentlicher Bestandteil des Emissionshandelssystems ist daher die Emissionsberechtigung. Eine Emissionsberechtigung kannte das deutsche Recht bislang nicht. Für das Verständnis der Abgabepflicht bedarf es der Unterscheidung zwischen dem Begriff der Emissionsgenehmigung und dem Begriff der Emissionsberechtigung. Die Emissionsgenehmigung nach § 4 TEHG gibt dem Verantwortlichen lediglich die Befugnis, bestimmte Stoffe (vorerst konkret: CO_2) in die Luft zu emittieren. Durch die Erfüllung der Abgabepflicht ist der Verantwortliche überhaupt erst in der Lage, seine tatsächlich freigesetzten Emissionen zu legalisieren.[2] Mithin bestimmen die Emissionsberechtigungen das zulässige Maß der Ausnutzung der Anlage.[3] Eine Legaldefinition für die Berechtigung enthält § 3 Abs. 4 TEHG. Berechtigung ist danach die Befugnis zur Emission von einer Tonne Kohlendioxydäquivalent in einem bestimmten Zeitraum. Eine Tonne Kohlendioxydäquivalent ist eine Tonne Kohlendioxyd oder die Menge eines anderen Treibhausgases, die in ihrem Potential zur Erwärmung der Atmosphäre einer Tonne Kohlendioxyd entspricht.

Der Begriff der Berechtigung ist daher neben dem Begriff der „Tätigkeit" und dem Begriff des „Verantwortlichen" ein weiterer zentraler Begriff des TEHG. Die konkrete Bemessung von Kohlendioxydäquivalenten, zu der § 3 Abs. 4 TEHG die Bundesregierung ermächtigt, wird sich an internationalen Standards, insbesondere den vom zwischenstaatlichen Ausschuss über Klimaänderungen (international panel on climate change) vorgeschlagenen und von den Vertragsstaaten des Rah-

---

[1] *Schweer/von Hammerstein*, § 6 TEHG Rn. 2.
[2] *Schweer/von Hammerstein*, § 6 TEHG Rn. 2.
[3] *Schlüter*, NVwZ 2003, 1213.

menübereinkommens der Vereinten Nationen über Klimaänderung[4] angenommenen Umrechnungsfaktoren in der Klimaberichterstattung, orientieren.[5] Die abzugebende Anzahl der Berechtigungen richtet sich nach den tatsächlichen Emissionen. Dies wird dadurch deutlich, dass das Gesetz in § 6 Abs. 1 TEHG an die verursachten Emissionen anknüpft. Mit der Verknüpfung der Abgabepflicht mit den tatsächlich verursachten Emissionen ist der deutsche Gesetzgeber über die Vorgaben der EH-Richtlinie hinausgegangen. Art. 12 Abs. 3 EH-Richtlinie verlangt von den Mitgliedstaaten nur, dass der Betreiber für jede Anlage bis spätestens 30.04. jeden Jahres eine Anzahl von Zertifikaten abgibt, die den – nach Art. 15 geprüften – Gesamtemissionen der Anlage im vorhergehenden Kalenderjahr entspricht. Art. 15 EH-Richtlinie knüpft damit an die geprüften Emissionsberichte gem. Art. 14 Abs. 3 EH-Richtlinie an.

Den Verantwortlichen ist aber dennoch zu empfehlen, sich zur Erfüllung der Abgabepflicht nach § 6 Abs. 1 TEHG am Inhalt ihrer Emissionsberichte gem. § 5 Abs. 1 TEHG zu orientieren. Dies sollte so lange geschehen, wie die zuständige Landesbehörde nicht verbindlich festgestellt hat, dass die Emissionsberichte unzutreffend sind.[6]

6.2 Erfüllung der Abgabepflicht

6.2.1 Überweisung

Die Abgabe der Berechtigungen erfolgt durch die Überweisung einer – den tatsächlich verursachten Emissionen entsprechenden – Anzahl an Berechtigungen vom Konto des Verantwortlichen auf das dafür vorgesehene Konto im Emissionshandelsregister. Das Register ist ein wesentlicher Bestandteil des Emissionshandels. Es gibt Auskunft darüber, wer im Besitz welcher Emissionsberechtigungen ist. Zu Beginn einer Handelsperiode wird für die Betreiber mit ihrem Antrag auf Zuteilung von Emissionsberechtigungen pro genehmigungsbedürftige Anlage ein Anlagenkonto eingerichtet. Auf diesem Konto werden zum 28.02. eines jeden Jahres der Handelsperiode Emissionsberechtigungen in der entsprechenden Menge gutgeschrieben, also gebucht. Für die Handelsperiode 2005 bis 2007 erfolgt die jährliche Ausgabe in der Höhe eines Drittels der Zuteilung. Das Umweltbundesamt richtet ein Konto für die jeweilige Anlage des Verantwortlichen ein. Mit der Abgabepflicht ist ein wesentlicher Teil des Gesetzesvollzuges des TEHG funktional privatisiert worden: Es wird nicht durch Bescheid festgesetzt, wie viele Berechtigungen für welches Maß an Emissionen abzugeben sind. Vielmehr muss der Betreiber selbst tätig werden. Er ist verpflichtet, die von ihm genutzten Berechtigungen zu überweisen.

---

[4] Vom 9. Mai 1992, BGBl. 1993 II S. 1784.
[5] BT-Drs. 15/2328, S. 23.
[6] Vgl. auch *Schweer/von Hammerstein*, § 6 TEHG Rn. 4.

6.2.2 Frist

§ 6 Abs. 1 TEHG setzt die Frist für die Überweisung der Berechtigungen auf den 30.04. eines jeden Jahres fest. Erstmals muss demnach spätestens am 30. April 2006, 24.00 Uhr, die Überweisung getätigt worden sein. Es handelt sich um eine Ausschlussfrist. Die Möglichkeit der Wiedereinsetzung in den vorigen Stand – auch bei unverschuldetem Versäumnis der Frist – besteht nicht.[7] Dies ergibt sich mit Blick auf § 32 Abs. 5 VwVfG. Nach dieser Vorschrift ist die Wiedereinsetzung unzulässig, wenn sich aus einer Rechtsvorschrift ergibt, dass sie ausgeschlossen ist. § 32 Abs. 5 VwVfG enthält also einen besonderen Vorbehalt zugunsten von Rechtsvorschriften außerhalb des Verwaltungsverfahrensgesetzes, die eine Wiedereinsetzung ausdrücklich oder nach Sinn, Zweck und Regelungszusammenhang schlechthin ausschließen.[8] Die Regelung dient der Klarstellung. Als besondere Rechtsvorschrift im Sinne des § 32 Abs. 5 VwVfG ist hier § 18 Abs. 1 Satz 2 TEHG anzusehen. Nach dieser Vorschrift kann von der Festsetzung einer Zahlungspflicht abgesehen werden, wenn der Verantwortliche seiner Pflicht nach § 6 Abs. 1 TEHG aufgrund höherer Gewalt nicht nachkommen konnte. Da somit für Sonderfälle Ausnahmen vorgesehen sind, scheidet die Möglichkeit einer Wiedereinsetzung in den vorigen Stand aus.

6.3 Geltungsdauer von Berechtigungen

§ 6 Abs. 4 TEHG regelt den Geltungsbereich für die Berechtigungen. Diese gelten jeweils für eine Zuteilungsperiode. Die erste Zuteilungsperiode begann am 01.01.2005 und endet am 31.12.2007. Die Zuteilungsperiode erstreckt sich mithin zunächst über drei Jahre. Die anschließenden Zuteilungsperioden umfassen einen Zeitraum von fünf Jahren (§ 6 Abs. 4 Satz 3 TEHG). Dies bestätigt die starke Zweckbindung des Handels mit Emissionszertifikaten. Mit Festlegung von Zuteilungsperioden wird den im Kyoto-Protokoll vorgesehenen periodischen Reduktionsverpflichtungen entsprochen.[9] Über die stückweise Reduzierung der Treib-

---

[7] *Schweer/von Hammerstein*, § 6 TEHG Rn. 6.
[8] *Kopp/Ramsauer*, § 32 Rn. 65.
[9] Protokoll von Kyoto zum Rahmenübereinkommen der Vereinten Nationen über Klimaänderungen vom 11.12.1997. In Deutschland ratifiziert durch Gesetz vom 27.04.2002, BGBl. II S. 966. Art. 3 des Kyoto-Protokolls lautet auszugsweise:
(1) Die in Anlage I aufgeführten Vertragsparteien sorgen einzeln oder gemeinsam dafür, dass ihre gesamten anthropogenen Emissionen der in Anlage A aufgeführten Treibhausgase in Kohlendioxydäquivalente die ihnen zugeteilten Mengen, berechnet auf der Grundlage ihrer in Anlage B niedergelegten quantifizierten Emissionsbegrenzungs- und -reduktionsverpflichtungen und in Übereinstimmung mit diesem Artikel, nicht überschreiten, mit dem Ziel, innerhalb des Verpflichtungszeitraums 2008 – 2012 ihre Gesamtemissionen solcher Gase um mindestens 5 v.H. unter das Niveau von 1990 zu senken.

hausgasemissionen, die von Periode zu Periode unterschiedlich sind, sollten die klimapolitischen Ziele erreicht werden. Es muss aber auf der anderen Seite gewährleistet werden, dass der Emissionshandel gedeihen kann. Dies muss eine gewisse Beständigkeit der Berechtigungen garantieren, um für die Marktteilnehmer nicht allzu große Unsicherheiten zu schaffen.

6.3.1 Banking

Mit dem „banking" ermöglicht der Gesetzgeber den Betreibern einen flexiblen Umgang bei der Erfüllung ihrer Pflicht gemäß § 6 Abs. 1 TEHG. Ausgangspunkt für das sog. banking ist Art. 13 Abs. 2 UAbs. 2 EH-Richtlinie sowie Art. 13 Abs. 3 UAbs. 2 EH-Richtlinie. Danach können Berechtigungen aus einer Zuteilungsperiode in die nächstfolgende übertragen werden. Dies soll den Handel mit den Berechtigungen sicherstellen, da das banking ausschließt, dass vorhandene, aber nicht genutzte Zertifikate ohne Ausgleich eingezogen und entwertet werden können. Zudem ist der Verantwortliche nicht gezwungen, für eine bestimmte Zutei-

---

(2) Jede in Anlage I aufgeführte Vertragspartei muss bis zum Jahr 2005 bei der Erfüllung ihrer Verpflichtungen aus diesem Protokoll nachweisbare Fortschritte erzielt haben.
....
(5) Die in Anlage I aufgeführten und im Übergang zur Marktwirtschaft befindlichen Vertragsparteien, deren Basisjahr oder Basiszeitraum in Anwendung des Beschlusses 9/CP.2 der Konferenz der Vertragsparteien auf deren zweiter Tagung festgelegt wurde, verwenden dieses Basisjahr oder diesen Basiszeitraum bei der Erfüllung ihrer in diesem Artikel genannten Verpflichtungen. Jede andere in Anlage I aufgeführte und im Übergang zur Marktwirtschaft befindliche Vertragspartei, die ihre erste nationale Mitteilung nach Art. 12 des Übereinkommens noch nicht vorgelegt hat, kann der als Tagung der Vertragsparteien dieses Protokolls dienenden Konferenz der Vertragsparteien auch notifizieren, dass sie ein anderes vergangenes Basisjahr oder einen anderen vergangenen Basiszeitraum als 1990 bei der Erfüllung ihrer in diesem Artikel genannten Verpflichtungen anzuwenden gedenkt. Die als Tagung der Vertragsparteien des Protokolls dienende Konferenz der Vertragsparteien entscheidet über die Annahme einer solchen Notifikation.
......
(7) In dem ersten Verpflichtungszeitraum für eine quantifizierte Emissionsbegrenzung und -reduktion von 2008 bis 2012 entspricht die jeder in Anlage I aufgeführten Vertragspartei zugeteilte Menge dem für sie in Anlage B niedergelegten Prozentanteil ihrer gesamten anthropogenen Emissionen der in Anlage A aufgeführten Treibhausgase in Kohlendioxydäquivalenten im Jahr 1990 oder dem nach Absatz 5 bestimmten Basisjahr oder Basiszeitraum, multipliziert mit 5. Diejenigen in Anlage I aufgeführten Vertragsparteien, für die Landnutzungsänderungen und Forstwirtschaft 1990 eine Nettoquelle von Treibhausgasemissionen darstellten, beziehen in ihr Emissionsbasisjahr 1990 oder ihren entsprechenden Emissionsbasiszeitraum die gesamten anthropogenen Emissionen aus Quellen in Kohlendioxydäquivalenten abzüglich des Abbaus solcher Emissionen durch Senken im Jahr 1990 durch Landnutzungsänderungen ein, um die ihnen zugeteilte Menge zu berechnen.

lungsperiode zugeteilte, aber nicht benötigte Zertifikate zu verkaufen. Mit dem banking können somit Reserven gebildet werden, die über eine Zuteilungsperiode hinausreichen.

Der deutsche Gesetzgeber hat diese europarechtlichen Vorgaben in § 6 Abs. 4 Satz 4 TEHG umgesetzt. Auf den ersten Blick scheint das banking eine Ausnahme der Regel nach § 6 Abs. 4 Satz 1 TEHG zu sein, wonach Berechtigungen jeweils nur für eine Zuteilungsperiode gelten. Diese begrenzte Gültigkeit von Emissionsberechtigungen wird aber nur scheinbar durch die Möglichkeit des bankings durchbrochen. Durch das banking tritt bei formal-rechtlicher Betrachtung keine Verlängerung einer Berechtigung aus der alten Zuteilungsperiode ein. Dies verdeutlichen Art. 13 Abs. 2 UAbs. 2 sowie Abs. 3 UAbs. 2 EH-Richtlinie: Danach werden Zertifikaten für den laufenden Zeitraum denjenigen Personen ersetzt, die (noch) Zertifikate aus der abgelaufenen Zuteilungsperiode besitzen. Die EH-Richtlinie stellt klar, dass Emissionsberechtigungen der alten Zuteilungsperiode zu löschen sind. Es findet also eine Substitution alter Zertifikate durch neue statt. Mit der Substitution wird der zeitlichen Begrenzung von Zertifikaten gemäß der Vorschrift des § 6 Abs. 1 TEHG genüge getan.

Rechtsdogmatisch ist § 6 Abs. 4 Satz 4 TEHG als gesetzesunmittelbarer Anspruch auf Zuteilung von Berechtigungen anzusehen. Dieser tritt als eine Art Surrogationsanspruch neben den Zuteilungsanspruch gemäß § 9 Abs. 1 TEHG i.V.m. ZuG 2007.[10]

§ 6 Abs. 4 Satz 5 TEHG eröffnet die Möglichkeit, in dem Gesetz über den nationalen Zuteilungsplan Sonderregelungen für die Überführung von Berechtigungen von der ersten in die zweite Zuteilungsperiode vorzusehen. Sinn und Zweck dieser Option ist es, die Erfüllung des nationalen Kyoto-Ziels auch dann zu gewährleisten, wenn andere Mitgliedstaaten eine Überführung in die Folgeperiode ausschließen würden und es dadurch zu einer Konzentration von Berechtigungen und damit mithin zur Möglichkeit von Mehremissionen in Deutschland käme.[11] Von der Möglichkeit nach § 6 Abs. 4 Satz 5 TEHG hat der Gesetzgeber bei Einführung des ZuG 2007 Gebrauch gemacht und in § 20 ZuG 2007 – und insofern § 6 Abs. 4 Satz 4 TEHG einschränkend – vorgesehen, dass Berechtigungen in der Zuteilungsperiode 2005-2007 nicht in die folgende Zuteilungsperiode (2008 bis 2012) überführt werden können. Berechtigungen der Zuteilungsperiode 2005 bis 2007 werden mit Ablauf des 30.04.2008 gelöscht.

6.3.2 Borrowing

Das Gegenstück zum banking stellt das sog. borrowing dar. Dies betrifft das „Borgen" von neuen Berechtigungen für die Erfüllung alter Verpflichtungen über eine Zuteilungsperiode hinweg. Dies ist nicht zulässig, da am Ende der jeweiligen Zuteilungsperiode alle alten Berechtigungen gelöscht werden und die Berechtigungen für die nachfolgende Zuteilungsperiode noch nicht gültig sind. Allein

---

[10] *Schweer/von Hammerstein*, § 6 TEHG Rn. 56.
[11] BT-Drs. 15/2328, S. 11.

möglich wäre es, zeitlich begrenzt innerhalb der jeweiligen Zuteilungsperiode das borrowing durchzuführen. Schließlich können die Berechtigungen des neuen Jahres, die am 28.02. eines jeden Jahres zugeteilt werden, für die Erfüllung der Abgabepflicht des abgelaufenen Jahres noch genutzt werden, da die Abgabe von Berechtigungen für das vergangene Jahr erst zum 30.04. fällig ist. Die Abgabe der für das laufende Jahr neu zu geteilten Berechtigungen erfolgt wiederum erst zum 30.04. des nachfolgenden Jahres. Das borrowing ist daher allenfalls ein Mittel, die Verpflichtungen zur Abgabe für ein Unternehmen zeitlich hinauszuschieben, um unter Umständen auf die Marktsituation reagieren zu können, etwa wenn bis zur Abgabepflicht der Handelspreis für Zertifikate zu hoch erscheint. Jedoch ist dabei der spekulative Charakter dieser Vorgehensweise zu berücksichtigen.

6.3.3 Verzicht

§ 6 Abs. 4 Satz 6 TEHG verleiht dem Inhaber von Emissionsberechtigungen das Recht, auf diese zu verzichten, und zugleich den Anspruch, ihre Löschung zu verlangen. Der Verzicht ist dabei eine einseitige Willenserklärung, die gemeinsam mit dem Verlangen nach Löschung, an die DEHSt zu richten ist. Es handelt sich hierbei um eine empfangsbedürftige einseitige Willenserklärung, für welche die allgemeinen zivilrechtlichen Regelungen über die Abgabe und den Zugang einer Willenserklärung sowie die Anfechtung gelten.[12] Mit der Möglichkeit des Verzichts kann der Inhaber einer Berechtigung „die Gesamtmenge der berechtigten Treibhausgasemissionen reduzieren",[13] denn es werden durch den Verzicht die Berechtigungen aus dem Handelssystem genommen und nicht auf die Emittenten anderer Anlagen übertragen. Die Berechtigungen, auf die verzichtet wird, stehen also nicht etwa einem Pool für die Neuaufteilung von Zertifikaten zur Verfügung.

Da Emissionsberechtigungen nur für eine Handelsperiode gelten, ist der Rechtsverzicht gemäß § 6 Abs. 4 Satz 6 TEHG ein nur vorübergehender Rechtsverzicht. Er kann sich nur auf die Zuteilungsperiode erstrecken, in der er erklärt wurde und wirkt sich auf die Gesamtzahl der von einem Staat für die folgende Zuteilungsperiode auszugebende Rechte nicht aus.

Liegt eine wirksame Verzichtserklärung vor, hat die DEHSt zu reagieren und die entsprechende Berechtigung auf dem Konto nach § 14 Abs. 2 TEHG zu löschen. Die Umsetzung des Rechtsverzichts erfolgt demnach über die DEHSt als kontoführende Stelle.

---

[12] *Frenz*, in: Frenz, § 6 TEHG Rn. 36.
[13] BT-Drs. 15/2328, S. 11.

Kapitel 7   Sanktionen

7.1 Sanktionssystem

Der Gesetzgeber hat in den Abschnitt 5 des TEHG ein zweigeteiltes Sanktionssystem eingestellt. Zum einen sehen die §§ 17, 18 TEHG Maßnahmen vor, die der Durchsetzung der Kardinalpflichten des Emissionshandelssystems dienen sollen und die unabhängig davon eingreifen, ob dem Verantwortlichen die Pflichtverletzung, die sanktioniert werden soll, vorgeworfen werden kann. Da sich der Pflichtenkreis des TEHG, des ZuG 2007 und der ZuV 2007 aber nicht auf die Kardinalpflichten beschränkt, sehen die genannten Regelwerke zum anderen verschiedene Ordnungswidrigkeitentatbestände vor, die einen Verstoß gegen die weiteren Pflichten sanktionieren sollen. Mit der Charakterisierung dieser Tatbestände als Ordnungswidrigkeiten verlangt deren Sanktionierung einen rechtswidrigen und vorwerfbaren Pflichtenverstoß, um die Voraussetzungen für die Ahndung nach dem zweiten Abschnitt des Gesetzes über die Ordnungswidrigkeiten[1] erfüllen zu können.

7.2 Sanktionen wegen der Verletzung der Kardinalpflichten

Werden die Kardinalpflichten des Emissionshandelssystems verletzt, sehen die §§ 17 und 18 TEHG verschiedene Sanktionen vor, bei denen das Vorliegen einer objektiven Pflichtverletzung genügt.[2] Dies dient dazu, das Emissionshandelssystem wirksam umzusetzen.

---

[1] Gesetz über Ordnungswidrigkeiten vom 17.02.1987, BGBl. I S. 602, zuletzt geändert durch das erste Gesetz zur Modernisierung der Justiz (1. Justizmodernisierungsgesetz) vom 24.08.2004, BGBl. I S. 2198.
[2] BT-Drs. 15/2328, S. 15, 16.

7.2.1 Verletzung der Berichtspflicht - Kontosperrung

Verletzt der Verantwortliche die ihm nach § 5 TEHG obliegende Berichtspflicht, muss er nach § 17 TEHG mit der Sperrung seines bei der DEHSt eingerichteten Kontos rechnen. Mit der Kontosperrung soll daher nicht unmittelbar die Vorlage des Berichts erzwungen werden. Vielmehr wird mit dieser Sanktion an die Dispositionsfreiheit des Verantwortlichen im Hinblick auf den Umgang mit seinem Konto angeknüpft. Die Kontosperrung soll verhindern, dass der Verantwortliche Zertifikate überträgt, die er – im Ungewissen über die Höhe seiner Abgabeverpflichtung – für die Abdeckung seiner tatsächlich verursachten Emissionen benötigt. Er soll sich daher nicht seiner Fähigkeit zu einer ordnungsgemäßen Erfüllung seiner Abgabepflicht gemäß § 6 TEHG durch den Verkauf von Emissionszertifikaten begeben.[3] Die Sperrung des Kontos für den weiteren Verkauf von Emissionszertifikaten soll darüber hinaus – quasi indirekt – sicherstellen, dass der Kontoinhaber den Emissionsbericht als Basis für die Überprüfung, ob die Abgabeverpflichtung nach § 6 TEHG ordnungsgemäß erfüllt werden kann, vorlegt. Dieser Zwang dient der Einschränkung der wirtschaftlichen Dispositionsfreiheit.[4] Aus der Funktionsweise der Kontosperrung folgt aber nicht, dass der Verantwortliche von Maßnahmen der Verwaltungsvollstreckung im Hinblick auf die Vorlage des Emissionsberichts verschont bleibt. Der Gesetzgeber hat ausdrücklich klargestellt, dass zur Durchsetzung der Berichtspflicht das Verwaltungsvollstreckungsgesetz Anwendung findet.[5]

7.2.1.1 Voraussetzungen

Voraussetzung für die Kontosperrung ist nach § 17 Abs. 1 Satz 1 TEHG, dass bis zum 31.03. ein den Anforderungen des § 5 TEHG entsprechender Bericht über die ermittelten Emissionen nicht vorliegt. Umstritten ist dabei die Frage, ob die Anforderungen des § 5 TEHG dann noch erfüllt sind, wenn aus dem Prüfbericht der sachverständigen Stelle hervorgeht, dass die Emissionserklärung nach § 5 Abs. 1 TEHG nicht zufriedenstellend ist. Die sachverständige Stelle erteilt nur dann das Testat, wenn sie zu der Ansicht gelangt, dass zu den Gesamtemissionen keine wesentlich falschen Angaben gemacht wurden. Eine Ansicht in der Literatur geht davon aus, dass die Erklärung der sachverständigen Stelle über den zufriedenstellenden Inhalt des Berichts eine wesentliche Voraussetzung zur ordnungsgemäßen Erfüllung der Berichtspflicht sei.[6] Die Abgabe eines Berichts, den die sachverständige Stelle als nicht zufriedenstellend ansehe, sei zwar möglich, jedoch streite zumindest eine faktische Vermutung dafür, dass der Emissionsbericht materiell nicht den Anforderungen des Anhanges 2 Teil II zum TEHG genüge. Folglich sei in diesem Fall auch eine Kontosperrung durch die DEHSt zulässig, da kein den Anforderungen nach § 5 TEHG entsprechender Bericht vorgelegt worden sei. In die-

---

[3] BT-Drs. 15/2328, S. 15.
[4] BT-Drs. 15/2328, S. 15.
[5] BT-Drs. 15/2328, S. 16.
[6] *Theuer*, in: Frenz, § 5 TEHG Rn. 41.

sem Fall müsse der Verantwortliche, um eine Aufhebung der Kontensperrung zu erwirken, den Bericht so weit ändern, dass die sachverständige Stelle das Testat erteilen könne. Anderenfalls sei zumindest eine Beweislastverlagerung zu Lasten des Verantwortlichen anzunehmen, wonach dieser gegenüber der DEHSt nachzuweisen habe, dass die sachverständige Stelle zu Unrecht das Testat verweigert habe. Die Gegenauffassung nimmt demgegenüber zutreffend an, dass § 5 Abs. 3 TEHG nach seinem Wortlaut nur verlange, dass der Emissionsbericht durch eine bekanntgegebene sachverständige Stelle geprüft werden müsse.[7] Jedoch enthalte das Gesetz keine Aussage darüber, ob diese Prüfung den Inhalt der Berichte auch zu bestätigen habe. Da die Vollzugskontrolle öffentlich-rechtlicher Vorschriften grundsätzlich Aufgabe der Verwaltung sei (§§ 24, 26 Abs. 2 Satz 3 VwVfG), könne nicht über den Wortlaut der Vorschrift hinaus angenommen werden, jeder Verantwortliche müsse positiv durch Gutachten qualifizierter Sachverständiger im Sinne von § 5 Abs. 3 Satz 1 TEHG nachweisen, dass sein Emissionsbericht richtig sei. Anderenfalls würde dem Verantwortlichen die Beweisführungslast auferlegt. Dies sei mit der Untersuchungsmaxime nach § 24 VwVfG unvereinbar.[8] Deshalb trage bei Widersprüchen zwischen Emissions- und Prüfbericht grundsätzlich die DEHSt die Beweislast für die fehlende Ordnungsmäßigkeit der Emissionsberichte, bevor sie die Kontosperrung verfügt, da sie für diese Maßnahme entscheidungsbefugt ist. Schließlich gehe nach dem im Verwaltungsverfahren zu beachtenden Grundsätzen der materiellen Beweislastverteilung die Unnachweislichkeit von Tatsachen im Bereich der Eingriffsverwaltung, wie eben auch die Kontosperrung nach § 17 Abs. 1 TEHG, zu Lasten der Behörde.[9] Für die letztgenannte Ansicht streitet vor allem, dass auf den Wortlaut einer Vorschrift als deren Regelungsrahmen abzustellen ist. Für eine Überschreitung dieses Rahmens fehlt der Exekutive die demokratische Legitimation. Eine Nichtbeachtung des Wortlauts stellt sich für den Betroffenen, dem als Erkenntnisquelle für die von den Gesetzen vorgegebenen Verhaltensanforderungen nur der Gesetzeswortlaut dienen kann, als ein Verstoß gegen das Demokratieprinzip dar.

Deshalb sollte bei einer Kontosperrung durch die DEHSt im Falle des Widerspruchs zwischen Emissions- und Prüfbericht in jedem Fall auf die Einlegung von Rechtsbehelfen nicht verzichtet werden. Unter Berufung auf den Wortlaut kann hier argumentiert werden, dass die Erklärung eines zufriedenstellenden Emissionsberichts für die Erfüllung der Berichtspflicht nicht vom Gesetz gefordert wird. Die Entwicklung in der Rechtsprechung zu dieser Frage bleibt jedoch abzuwarten.

7.2.1.2 Rechtsschutz gegen Kontosperrung

Sollte ein Bescheid der DEHSt vorliegen, ist darauf zu achten, dass gemäß § 70 Abs. 1 Satz 1 VwGO innerhalb eines Monats nach Zustellung Widerspruch einzulegen ist. Die Widerspruchseinlegung allein führt jedoch nicht dazu, dass gemäß

---

[7] *Schweer/von Hammerstein*, § 5 TEHG Rn. 43 ff.
[8] *Schweer/von Hammerstein*, § 5 TEHG Rn. 44.
[9] *Schweer/von Hammerstein*, §§ 17, 18 TEHG Rn. 11.

§ 80 Abs. 1 Satz 1 VwGO die aufschiebende Wirkung eintritt. Im Falle der aufschiebenden Wirkung würde der Verwaltungsakt nicht vollstreckt werden können. Die Besonderheit liegt darin, dass nach § 17 Abs. 2 TEHG Widerspruch und Anfechtungsklage gegen die verfügte Kontosperrung keine aufschiebende Wirkung entfalten. Der Gesetzgeber begründet die Ausnahme mit dem Gebot der effektiven Umsetzung der EH-Richtlinie.[10] Die Sperrung des Kontos für den weiteren Verkauf von Berechtigungen solle sicherstellen, dass sich der Kontoinhaber, der keinen verifizierten Bericht vorgelegt habe und insofern möglicherweise in Unkenntnis seiner genauen Abgabeverpflichtung sei, sich nicht der Befähigung zu einer ordnungsgemäßen Erfüllung seiner Abgabepflicht durch den Verkauf von Berechtigungen begebe bzw. nicht in gewachsenem Maße in Widerspruch zu dieser Pflicht setze. Hätten Widerspruch und Anfechtungsklage aufschiebende Wirkung, wäre für die Dauer des gerichtlichen Verfahrens das gesamte Sanktionssystem der EH-Richtlinie blockiert.[11] Die Anordnung des Ausschlusses der aufschiebenden Wirkung eines Rechtsbehelfs ist dem Bundesgesetzgeber nach § 80 Abs. 2 Satz 1 Nr. 3, 1. Alt. VwGO durch Gesetz möglich. Deshalb ist es bei einer verfügten Kontosperrung erforderlich, zugleich das Verwaltungsgericht gemäß § 80 Abs. 5 Satz 1 VwGO anzurufen und einen Antrag auf Anordnung der aufschiebenden Wirkung des Widerspruchs oder der Anfechtungsklage zu stellen. Ein vorheriger Antrag auf Aussetzung der Vollziehung bei der DEHSt ist hingegen entbehrlich. Dies ist gemäß § 80 Abs. 6 Satz 1 VwGO nur Sachentscheidungsvoraussetzung im Falle eines Abgaben- oder Kostenbescheids. Wichtig ist, dass der Antrag gemäß § 80 Abs. 5 Satz 1 VwGO an keine Frist gebunden ist. Jedoch sollte, damit die Kontosperrung nicht ihre Wirkung mit Erhalt der Verfügung durch die DEHSt entfaltet, unverzüglich ein Antrag auf Anordnung der aufschiebenden Wirkung des Widerspruchs gestellt werden und das Verwaltungsgericht gebeten werden, die DEHSt aufzufordern, bis zu einer Entscheidung über den Eilantrag die Verfügung nicht zu vollstrecken.

7.2.2 Verletzung der Abgabepflicht

7.2.2.1 Rechtsnatur der Zahlungspflicht

Der objektive Verstoß gegen die Abgabepflicht genügt ebenfalls, um die Sanktion der Zahlungspflicht gemäß § 18 TEHG auszulösen. Der Gesetzgeber hat damit die Vorgaben der EH-Richtlinie umgesetzt. Gemäß Art. 16 Abs. 3 und 4 EH-Richtlinie hat der Verantwortliche für jede Tonne Kohlendioxid oder Kohlendioxidäquivalent, für die er keine Berechtigung abgegeben hat, einen Betrag in Höhe von 100,00 EUR zu zahlen. Für die erste Zuteilungsperiode gilt aber ein ermäßigter Satz von 40,00 EUR pro Tonne Kohlendioxid oder Kohlendioxidäquivalent. Das präventive In-Aussicht-Stellen einer Zahlungsverpflichtung soll nach Ansicht des Gesetzgebers einen zusätzlichen wirtschaftlichen Anreiz zur Durchsetzung des

---

[10] BT-Drs. 15/2328, S. 15.
[11] BT-Drs. 15/2328, S. 15.

Emissionshandels geben.¹² Damit folge das Sanktionssystem dem marktwirtschaftlichen Ansatz des gesamten Treibhausgasemissionshandels-Regimes. Im Hinblick auf die Rechtsnatur sieht der Gesetzgeber in der Regelung des § 18 TEHG und der damit verbundenen Zahlungsverpflichtung eine präventive Verwaltungsmaßnahme.¹³ Eine nähere Spezifizierung erfolgt jedoch nicht. Sie ist wohl auch nicht möglich.

Eine Umsetzung des von der EH-Richtlinie vorgesehenen Sanktionsmechanismus über das Ordnungswidrigkeitenrecht kam nicht in Betracht, da das Schuldprinzip einen Bußgeldrahmen verlangt. Die EH-Richtlinie sieht jedoch einen Fixbetrag vor. Die Einordnung der Sanktion als Ordnungswidrigkeit scheidet auch deshalb aus, weil die Vorwerfbarkeit der Nichterfüllung der Abgabepflicht nicht verlangt wird.

Die Zahlungspflicht dürfte auch nicht den Charakter einer Abgabe haben, obwohl sich durchaus Parallelen zum sog. Milchquotenrecht, das ebenfalls europäische Grundlagen besitzt, herstellen lassen.¹⁴ Die Einordnung als Abgabe hätte insoweit praktische Bedeutung, da in diesem Fall als Rechtsbehelf der Einspruch gemäß § 347 AO statthaft wäre, dem nach § 361 Abs. 1 Satz 1 AO grundsätzlich keine aufschiebende Wirkung zukommt.

Im sog. Milchquotenrecht bekommt der Milcherzeuger als Produktionsgrundlage ebenfalls zunächst kostenlos eine Milch-Anlieferungs-Referenzmenge zugeteilt. Diese stellt nach dem Börsensystem der Milchabgabenverordnung,¹⁵ genau wie das Zertifikat im Emissionshandelsrecht, ein handelbares Gut dar. Überschreitet der Milcherzeuger die ihm zugeteilte oder erworbene Milch-Anlieferungs-Referenzmenge, in dem er an seine Molkerei mehr Milch liefert, dann greift zu seinen Lasten die Abgabepflicht gemäß § 19 MilchAbgV ein (sog. Superabgabe). Jedoch ergibt sich ein Unterschied zu der hier vorliegenden Zahlungspflicht, da die Superabgabe im Milchquotenrecht bei Überschreitung der Milch-Anlieferungs-Referenzmenge dem Steuerrecht unterfällt.

Hier hat der Gesetzgeber ausdrücklich klargestellt, dass es sich bei der Zahlungsverpflichtung gemäß § 18 Abs. 1 TEHG um eine präventive Verwaltungsmaßnahme handelt.¹⁶ Zudem ist im TEHG keine Verweisung auf die Abgabenordnung enthalten. Damit scheidet eine Einordnung der Zahlungsverpflichtung als Abgabe aus.

Auch ein Vergleich mit dem Verfall gemäß § 73 StGB hilft bei der näheren Spezifizierung der Rechtsnatur der Zahlungspflicht gemäß § 18 Abs. 1 TEHG nicht weiter. Zwar knüpft der Verfall an den wirtschaftlichen Vorteil, der durch

---

[12] BT-Drs. 15/2328, S. 16.
[13] BT-Drs. 15/2328, S. 16.
[14] Die Verordnung (EG) Nr. 1788/2003 i.V.m. Art. 2 lit. a) der Verordnung (EG) Nr. 1782/2003 des Rates vom 29.09.2003, ABl. der EG Nr. L 270 v. 21.10.2003, S. 7 bilden nunmehr die europarechtlichen Grundlagen für das sog. Milchquotenrecht.
[15] Verordnung zur Durchführung der EG-Milchabgabenregelung (Milchabgabenverordnung-MilchAbgV) vom 9.08.2004, BGBl. I S. 2143 ff.
[16] BT-Drs. 15/2328, S. 16.

ihn abgeschöpft werden soll, an. Der BGH[17] ordnet, obwohl Zweck und Rechtsnatur mittlerweile strittig geworden sind, den Verfall als Maßnahme eigener Art ein und beschreibt ihn als quasi-kondiktionelle Ausgleichsmaßnahme.[18] Dieser Ausgleichscharakter würde aber der Zahlungspflicht nicht gerecht, wenn bedacht wird, dass trotz deren Erfüllung die Abgabepflicht gemäß § 18 Abs. 3 Satz 1 TEHG bestehen bleibt. Somit geht die Zahlungspflicht über den bloßen Ausgleich hinaus und stellt eine echte Sanktion dar. Diese ist eigener Art, da sie sich in herkömmliche Kategorien des innerstaatlichen Rechts nicht einordnen lässt.

7.2.2.2 Systematik

Die Zahlungspflicht gemäß § 18 Abs. 1 TEHG setzt dann ein, wenn die Abgabepflicht nicht rechtzeitig oder überhaupt nicht in dem von § 6 TEHG geforderten Umfang erfüllt wird. Die Abgabe der Berechtigungen muss also hinter dem tatsächlichen Ausstoß von CO_2 zurückbleiben. Da somit an die tatsächlichen und nicht an die berichteten Emissionen angeknüpft wird, kann die Erfüllung der Berichtspflicht für den Verantwortlichen nur eine Orientierung bei der Erfüllung der Abgabepflicht bieten. Neben der Kontosperrung, die als Sanktion bei einem Verstoß gegen die Berichtspflicht gemäß § 17 TEHG vorgesehen ist, ist die DEHSt bei der Bemessung der Höhe der Zahlungspflicht zur Schätzung der Emissionen nach § 18 Abs. 2 TEHG berechtigt, wenn der Verantwortliche seiner Berichtspflicht nicht nachkommt.

Durch die Erfüllung der Zahlungspflicht kann sich der Verantwortliche nicht seiner Abgabepflicht entledigen. § 18 Abs. 3 TEHG stellt klar, dass die Abgabepflicht dennoch besteht.

Bei einem bestandskräftigen Zahlungsbescheid ist auch die Veröffentlichung des Verantwortlichen im Bundesanzeiger als weitere Sanktion nach § 18 Abs. 4 TEHG vorgesehen. Insoweit kann man schon im Rahmen des § 18 TEHG von einem Stufensystem der Sanktionen entsprechen.[19]

7.2.2.3 Zahlungspflicht

Die Zahlungspflicht setzt ein, wenn der Verantwortliche seiner Abgabepflicht nicht nachkommt. Ein Verschulden wird bei dieser Pflichtverletzung nicht vorausgesetzt. Es genügt der objektiv vorliegende Verstoß. Die Abgabepflicht gemäß § 6 TEHG verlangt, dass der Verantwortliche bis zum 30.04. eines jeden Jahres in dem Umfang Emissionsberechtigungen abgibt, wie dies den tatsächlichen Emissionen seiner Anlage entspricht.[20]

---

[17] BGH, NJW 1995, 2235. A.A. *Dessecker*, Gewinnabschöpfung im Strafrecht und in der Strafrechtspraxis, S. 362; *Eser*, in: Stree und Wessels-FS, S. 833, 844; *Hoyer*, GA 1993, 406, 421.
[18] Zur vormaligen Fassung des § 73 StGB vgl. BGHSt 30, 314, 315.
[19] *Frenz*, in: Frenz, § 18 TEHG Rn. 6.
[20] Siehe zur Abgabepflicht Kapitel 6.

Die Pflichtverletzung kann deshalb in zweifacher Weise vorliegen. Zum einen ist sie gegeben, wenn der Verantwortliche die Abgabe der Berechtigung nicht bis zum 30.04. eines jeden Jahres vornimmt. Deshalb sollte zur Vermeidung dieser Pflichtverletzung der 30.04. eines jeden Jahres zwingend in einem Unternehmen vermerkt werden. Insbesondere die Geschäftsführung oder Vorstandsebene muss diesen Termin im Blick haben, da die Verletzung von Organisationspflichten nicht als höhere Gewalt anzusehen sind.

Zum anderen ist die Pflichtverletzung gegeben, wenn nicht in dem Umfang Berechtigungen abgegeben werden, wie dies dem Ausstoß von Emissionen der Anlage entspricht.

Die Zahlungspflicht kann nur dann entfallen, wenn der Verantwortliche durch höhere Gewalt gehindert war, seine Abgabepflicht zu erfüllen. Der Gesetzgeber hat diese Vorschrift vorgesehen, um dem Verhältnismäßigkeitsgebot zu entsprechen.[21] Zur Auslegung des Begriffs höhere Gewalt kann die Mitteilung der Kommission vom 07.01.2004 herangezogen werden.[22] Zwar steht diese im Kontext mit Art. 29 Abs. 2 EH-Richtlinie und soll die Auslegung des Begriffs der höheren Gewalt bei der zusätzlichen Zuweisung von Emissionsberechtigungen erleichtern. Jedoch können diese europarechtlichen Vorgaben zur Auslegung des Begriffs der höheren Gewalt bei § 18 Abs. 1 Satz 2 TEHG ebenfalls herangezogen werden.

Die Kommission betrachtet als Umstände höherer Gewalt außergewöhnliche und nicht vorhersehbare Umstände, die selbst bei aller gebotenen Sorgfalt nicht zu vermeiden waren und die außerhalb der Kontrolle des Betreibers der Anlage sowie des Mitgliedstaates lagen.[23] Diese restriktiven Leitlinien belegen bereits den engen Anwendungsbereich des Begriffs der höheren Gewalt, dessen Anwendung in der Praxis, dies steht zu vermuten, nur eine untergeordnete Rolle spielen wird. Als Beispiele werden nämlich etwa Naturkatastrophen, Krieg, Kriegsgefahr, terroristische Anschläge, Revolutionen, Aufruhr, Sabotage und Vandalismus genannt. Ein Fall höherer Gewalt ist nach Ansicht der Kommission dann nicht gegeben, wenn der Betreiber die Möglichkeit hatte, sich gegen ein bestimmtes Risiko zu versichern.[24] Der Bundesrat wollte die Ausnahmeklausel wegen mangelnden Regelungsbedürfnisses gestrichen haben.[25] Die Bundesregierung hat mit ihrer Gegenäußerung als Fall höherer Gewalt die Konstellation angesehen, dass am Markt keine Berechtigungen aufgekauft werden können. Sie stellt auf die Konstellation ab, dass ein Betreiber mehr Berechtigungen abzugeben hat, als ihm ursprünglich zugeteilt wurde.[26] In der Literatur wird auch der Fall benannt, dass infolge einer

---

[21] BT-Drs. 15/2328, S. 16.
[22] Mitteilung der Kommission über Hinweise zur Unterstützung der Mitgliedstaaten bei der Anwendung der in Anhang III der Richtlinie 2003/87/EG über ein System für den Handel mit Treibhausgasemissionszertifikaten in der Gemeinschaft und zur Änderung der in Richtlinie 96/61/EG des Rates aufgelisteten Kriterien sowie über die Bedingung für den Nachweis höherer Gewalt vom 7.01.2004, KOM (2003) 830 endg.
[23] Mitteilung der Kommission vom 7.01.2004, KOM (2003) 830 endg., Tz. 113.
[24] Mitteilung der Kommission vom 7.01.2004, KOM (2003) 830 endg., Tz. 112.
[25] BT-Drs. 15/2540, Anlage 2, Nr. 28.
[26] Gegenäußerung der Bundesregierung, BT-Drs. 15/2540, Anlage 3, zu Nr. 28.

längeren Krankheit des für das Emissionshandelsrecht zuständigen sachkundigen Verantwortlichen die Abgabepflicht nicht erfüllt werden konnte.[27]

An der Einordnung der von der Bundesregierung als auch in der Literatur genannten Konstellationen bestehen Bedenken. Die Kommission hat bei den von ihr vorgeschlagenen Leitlinien ausdrücklich herausgestellt, dass es sich um außergewöhnliche und nicht vorhersehbare Umstände handeln muss, die bei aller gebotenen Sorgfalt nicht zu vermeiden waren. Ob die Konstellationen, die von der Bundesregierung und der Literatur genannt worden sind, dazu dienen, Fälle höherer Gewalt zu begründen, ist zu bezweifeln. Demjenigen, der mehr Berechtigungen abzugeben hat, als ihm ursprünglich zugeteilt wurden, ist der Vorwurf zu machen, dass er nicht sorgfältig die entstehenden Emissionen abgeschätzt hat. Im Übrigen kann der Fall der längeren Krankheit eines sachkundigen Verantwortlichen durchaus geeignet sein, ein Organisationsverschulden des Verantwortlichen zu begründen. Deshalb kann nur angeraten werden, sich nicht auf Ausnahmefälle der Annahme einer höheren Gewalt zu verlassen. Es muss unter allen Umständen sichergestellt werden, dass die Abgabepflicht erfüllt wird. Selbst wenn höhere Gewalt vorliegen würde, ist die Zahlungspflicht nicht ausgeschlossen. Vielmehr verleiht § 18 Abs. 1 Satz 2 TEHG der Verwaltung Ermessen. In Anbetracht der Leitlinien der Kommission ist erkennbar, dass von einem Absehen von der Zahlungspflicht gemäß § 18 Abs. 1 Satz 2 TEHG nur sehr restriktiv Gebrauch gemacht werden wird. Schließlich hat der Gesetzgeber hervorgehoben, dass es bei dieser Sanktion darum geht, dass Emissionshandelssystem wirksam durchzusetzen.[28]

Liegt eine Pflichtverletzung vor, wird die DEHSt durch Zahlungsbescheid die Zahlungsverpflichtung festsetzen. Dieser Zahlungsbescheid ist ein belastender Verwaltungsakt, so dass insoweit die für das Verwaltungsverfahren geltenden Vorschriften anzuwenden sind. Insbesondere ist nach § 28 VwVfG der Betroffene anzuhören, wobei aber wegen der Heilungsmöglichkeit in § 45 Abs. 1 Nr. 3, Abs. 2 VwVfG eine unterbliebene Anhörung nicht zur Aufhebung des Zahlungsbescheids führen wird.

7.2.2.4 Schätzung der Emissionen

Kommt der Verantwortliche der Pflicht zur Berichterstattung nicht nach, liegen keine Angaben zur Konkretisierung der Abgabepflicht vor. Sind keine Emissionen berichtet worden, obwohl die tatsächlichen Emissionen für die Abgabepflicht maßgeblich sind, dann gibt § 18 Abs. 2 TEHG der DEHSt die Möglichkeit, die Emissionen zu schätzen, die im Vorjahr vorlagen. Diese Schätzungsbefugnis steht der DEHSt zu, obwohl dadurch der Emissionsbericht ersetzt wird, für dessen Einholung gemäß § 20 Abs. 1 Satz 1 TEHG i.V.m. § 5 Abs. 1 TEHG die Immissionsschutzbehörden der Länder zuständig sind. Jedoch bildet die Schätzung die Grundlage der Abgabepflicht, die von der DEHSt durchgesetzt wird. Schließlich ist die DEHSt die Empfangsstelle für die abgegebenen Emissionsberechtigungen

---

[27] *Frenz*, in: Frenz, § 18 TEHG Rn. 12.
[28] BT-Drs. 15/2328, S. 33 f.

nach § 6 Abs. 1, 1a und 1b TEHG. Sie setzt darüber hinaus die Zahlungspflicht nach § 18 Abs. 1 TEHG fest.

Die Schätzung nach § 18 Abs. 2 TEHG ist unwiderlegliche Basis für die Bestimmung der Abgabepflicht des Verantwortlichen.[29] Gegen die Schätzung können also von Seiten des Verantwortlichen keine Einwendungen erhoben werden. Jedoch darf die DEHSt keine willkürliche Schätzung vornehmen. Die Schätzung ist an den tatsächlichen Verhältnissen und dem daraus resultierenden wahrscheinlichen Emissionsausstoß zu orientieren. Der Zuschnitt und die Ausstattung der vorhandenen Anlage sind ebenso in Betracht zu ziehen, wie der Emissionsausstoß in Betrieben, die die gleiche Tätigkeit ausüben. Dabei sind nicht die maximalen Betriebsbedingungen der betroffenen Anlage zugrunde zu legen. Maßgeblich ist vielmehr die durchschnittliche Betriebsweise. Auf der Grundlage der durchschnittlichen Betriebsweise ist eine Hochrechnung vorzunehmen.[30] Die Schätzung kann vermieden werden, wenn der Verantwortliche gemäß § 18 Abs. 1 Satz 3 TEHG im Rahmen der Anhörung zum Zahlungsbescheid nach § 18 Abs. 1 TEHG seiner Berichtspflicht noch ordnungsgemäß nachkommt. Daraus ergibt sich für den Verantwortlichen ein gewisser Spielraum. Dieser wird sich aber für ihn nur „lohnen", wenn er sich der Tatsache gewiss ist, dass für ihn eine Abgabepflicht bei ordnungsgemäßer Berichterstattung besteht. Nur dann könnte die Zahlung auf der Grundlage der Schätzung geringer ausfallen, als dies bei möglicherweise tatsächlich angefallenen Emissionen der Fall ist, für die er die Zahlung leisten müsste. Der Verantwortliche könnte deshalb zunächst einmal eine Schätzung „riskieren". Stellt er im Rahmen der Anhörung fest, dass die geschätzten Emissionen höher sind, als die von ihm ermittelten, sollte er umgehend seiner Berichtspflicht nachkommen, um eine erhöhte Zahlungspflicht zu vermeiden. Dieses Vorgehen bietet sich aber nur dann an, wenn feststeht, dass der Verantwortliche einer Zahlungspflicht unterliegt.

Die Zahlungspflicht ist keine Maßnahme des Verwaltungsvollstreckungsrechts. Der Gesetzgeber hat sich ausdrücklich gegen die Lösung über das Verwaltungsvollstreckungsgesetz ausgesprochen.[31] Eine Verpflichtung zur Zahlung eines Zwangsgeldes würde nämlich auch bei einer verspäteten Erfüllung der Verpflichtung entfallen. Die europarechtlichen Vorgaben der EH-Richtlinie verlangen aber ungeachtet einer späteren Erfüllung die Erhebung des Betrages bei jeder Nichterfüllung der Abgabepflicht bis zum jeweiligen 30.04. eines jeden Jahres. Die Erfüllung der Abgabepflicht im Nachhinein führt nicht dazu, dass die Zahlungspflicht nach § 18 Abs. 1 TEHG entfällt.

7.2.2.5 Fortbestehen der Abgabepflicht

Die Erfüllung der Zahlungspflicht nach § 18 Abs. 1 TEHG lässt gemäß § 18 Abs. 3 Satz 1 TEHG die Abgabepflicht – dies ergibt der Umkehrschluss zur letztgenannten Regelung – ebenfalls nicht entfallen. Dies gilt insbesondere auch dann,

---

[29] *Schweer/von Hammerstein*, §§ 17, 18 TEHG Rn. 25.
[30] *Frenz*, in: Frenz, § 18 TEHG Rn. 22.
[31] BT-Drs. 15/2328, S. 16.

wenn eine Schätzung nach § 18 Abs. 2 TEHG erfolgte, denn diese schafft die Grundlage, auf deren Basis die Zahl der Berechtigungen festgelegt werden kann, die abzugeben sind. Bei Verletzung der Abgabepflicht ist diese dann bis zum 30.04. des Folgejahres zu erfüllen. Für den Verantwortlichen bedeutet dies, dass er für die Überschreitung Emissionsberechtigungen abzugeben hat, obwohl dafür eine Zahlungspflicht festgelegt und diese gegebenenfalls erfüllt wurde. Die europarechtlichen Vorgaben in Art. 16 Abs. 3, Abs. 4 Satz 3 EH-Richtlinie verlangen dies explizit.

7.2.2.6 Rechtsschutz

Gegen den Zahlungsbescheid gemäß § 18 Abs. 1 TEHG können Widerspruch und anschließend – bei erfolglos geführtem Widerspruchsverfahren – Anfechtungsklage erhoben werden. Diese haben gemäß § 80 Abs. 1 Satz 1 VwGO aufschiebende Wirkung, da eine dem § 17 Abs. 2 TEHG vergleichbare gesetzliche Regelung fehlt. Da die Zahlung nicht als öffentliche Abgabe oder Kosten im Sinne des § 80 Abs. 2 Nr. 1 VwGO angesehen werden kann,[32] wird auch aufgrund dieser Vorschrift die aufschiebende Wirkung der Rechtsbehelfe nicht entfallen. Der Zahlungsbescheid ist also erst nach Bestandskraft durchsetzbar.

7.2.3 Anprangerung (§ 18 Abs. 4 TEHG)

Neben der Zahlungspflicht ist bei Verletzung der Abgabepflicht aus § 6 Abs. 1 TEHG als weitere Sanktion die sog. Anprangerung vorgesehen. Diese erfolgt dadurch, dass die Namen der Verantwortlichen, die gegen die Abgabepflicht verstoßen, im Bundesanzeiger veröffentlicht werden. Damit hat der Gesetzgeber Art. 16 Abs. 2 EH-Richtlinie umgesetzt. Im Gesetzentwurf war noch vorgesehen, dass die Veröffentlichung in einem Verzeichnis auf der Internetseite der DEHSt erfolge.[33] Diese Variante ist jedoch auf Widerstand des Bundesrates gestoßen,[34] der sich im Vermittlungsausschuss durchsetzte.[35] Deshalb ist nunmehr in der Gesetzesfassung die Veröffentlichung allein im Bundesanzeiger vorgesehen. Voraussetzung für die Veröffentlichung ist aber ein bestandskräftiger Zahlungsbescheid gemäß § 18 Abs. 1 TEHG. Die Bestandskraft liegt vor, wenn der Zahlungsbescheid unanfechtbar geworden ist.

---

[32] Vgl. im Kapitel 7 unter Punkt 7.2.2.1.
[33] BT-Drs. 15/2328, S. 16.
[34] BT-Drs. 15/2540, S. 13.
[35] BT-Drs. 15/3250, S. 4.

7.3 Anwendbarkeit des Ordnungsrechts nach dem BImSchG

Die Problematik der Verzahnung von Immissionsschutzrecht und Emissionshandelsrecht stellt sich nicht nur im Hinblick auf die Möglichkeit des Erlasses von nachträglichen Anordnungen nach § 17 BImSchG, sondern auch dann, wenn der Verantwortliche permanent gegen die Abgabepflicht nach § 6 Abs. 1 TEHG verstößt. Dann ist fraglich, ob die nach dem BImSchG zuständige Landesbehörde eine Untersagungsverfügung gestützt auf die Unzuverlässigkeit des Verantwortlichen nach § 20 Abs. 3 BImSchG erlassen kann. Diese Frage könnte mit Blick auf § 4 Abs. 8 Satz 3 TEHG zu verneinen sein, der bei einem Verstoß gegen die Abgabepflicht ausschließlich die Geltung des TEHG anordnet.

Jedoch muss auch § 5 Abs. 1 Satz 2 BImSchG in die Beurteilung der Anwendung des § 20 Abs. 3 BImSchG in dieser Konstellation einbezogen werden. § 5 Abs. 1 Satz 2 BImSchG stellt klar, dass zur Erfüllung der Vorsorgepflicht gemäß § 5 Abs. 1 Satz 1 Nr. 2 BImSchG bei immissionsschutzrechtlich genehmigungsbedürftigen Anlagen, die dem Anwendungsbereich des TEHG unterfallen, die Anforderungen der §§ 5, 6 TEHG einzuhalten sind. Damit ist die Erfüllung der Abgabepflicht Teil der Vorsorgepflicht nach § 5 Abs. 1 Nr. 2 BImSchG. Das Schrifttum geht davon aus, dass auch der Verstoß gegen die Vorsorgepflichten zur Annahme der Unzuverlässigkeit gemäß § 20 Abs. 3 BImSchG führen kann.[36] Nach dem Gesetzeswortlaut soll nun bei einem Verstoß gegen die Abgabepflicht nur das TEHG Anwendung finden. Mit der Aufnahme dieser Pflicht in den Pflichtenkreis der Vorsorgepflichten dürfte aber im Grunde die Möglichkeit bestehen, § 20 Abs. 3 BImSchG anzuwenden, da die Ausschlusswirkung des § 4 Abs. 8 TEHG wohl nicht den Pflichtenkreis des BImSchG erfasst. Die Anordnung des § 4 Abs. 8 Satz 3 TEHG spricht dafür, dass die Anwendung des § 20 Abs. 3 BImSchG in dieser Konstellation gesetzgeberisch nicht gewollt ist. Es ist zu vermuten, dass der Gesetzgeber die Anwendung der Sanktionen nach dem BImSchG vermeiden wollte, zumal sich eine Zweiteilung der Zuständigkeit zur Verhängung der Sanktionen ergeben würde, da die DEHSt für die Sanktionen nach dem TEHG und die Landesbehörden für die Maßnahmen nach dem BImSchG zuständig wären. Zur Klarstellung sollte § 6 TEHG in § 5 Abs. 1 Satz 2 BImSchG schlichtweg gestrichen werden. Maßgeblich für die Vorsorge erscheint ohnehin die Erfüllung der Berichtspflicht im Rahmen der betreibereigenen Überwachung in § 5 TEHG. Nur für diese ordnet § 4 Abs. 8 Satz 2 TEHG an, dass §§ 20, 21 BImSchG ausgeschlossen sind. Es bleibt unklar, weshalb bei der Abgabepflicht eine solche Sanktion zur Anwendung kommen soll. Die weitere Rechtsentwicklung hierzu ist abzuwarten.

---

[36] *Hansmann*, in: Landmann/Rohmer, § 20 Rn. 63; *Jarass*, § 20 BImSchG Rn. 47.

7.4 Strafbarkeit von genehmigungsloser Freisetzung von Treibhausgasen

Die genehmigungslose Freisetzung von Treibhausgasen könnte in zwei Konstellationen zu einer strafrechtlichen Verantwortlichkeit des Betreibers führen. Zum einen dann, wenn der Betreiber seine Anlage ohne die nach dem TEHG erforderliche Genehmigung betreibt. Zum anderen ist der Fall denkbar, dass der Verantwortliche seine Abgabepflicht gemäß § 6 TEHG nicht erfüllt, denn die Erfüllung der Abgabepflicht ist nach § 4 Abs. 5 Nr. 5 TEHG Teil der Emissionsgenehmigung. Der objektive Tatbestand z.B. des § 327 Abs. 2 Nr. 1 StGB liegt nur dann nicht vor, wenn ein genehmigungskonformes Verhalten des Betroffenen gegeben ist.[37]

Als maßgebliche Straftatbestände kommen hier § 325 StGB, die Luftverunreinigung, und § 327 Abs. 2 Nr. 1 StGB, das Betreiben einer immissionsschutzrechtlich genehmigungsbedürftigen Anlage ohne die erforderliche Genehmigung, in Betracht.

7.4.1 § 325 Abs. 1 StGB

Gemäß § 325 Abs. 1 StGB ist der Betrieb einer Anlage, die unter Verletzung verwaltungsgerichtlicher Pflichten eine Luftveränderung verursacht und die zu einer Gesundheitsschädigung von Menschen oder zu einer Schädigung von Tieren, Pflanzen oder anderen Sachen von bedeutendem Wert führen kann, strafbar.

In der Literatur wird die Auffassung vertreten, dass eine genehmigungslose CO_2-Freisetzung nicht vom Tatbestand des § 325 StGB erfasst würde.[38] Die CO_2-Freisetzung sei nicht geeignet, die im Tatbestand benannten Schädigungen auszulösen. Sie könne praktisch nicht individuell wirken, sondern nur im Rahmen einer Gesamtbetrachtung. Sie selbst verursache keine Luftveränderung, die zu einer Schädigung führen könne.

Dieser Auffassung ist im Ergebnis zuzustimmen. Voraussetzung für die Erfüllung des Tatbestandes gemäß § 325 Abs. 1 StGB ist, dass sich die Schädigungseignung der Luftveränderung am konkreten Handlungsort erweisen muss.[39] Zwar kann auch die bereits verunreinigte Luft nachteilig verändert werden. Die weitere Veränderung muss allerdings für die Annahme der Schädigungseignung so erheblich sein, dass die tatbestandlich erforderliche Eignung, Menschen oder die Umwelt zu schädigen, sich nicht nur geringfügig verstärkt hat und am konkreten Handlungsort nachweisen lässt. Es kommt hierbei auf konkrete Veränderungswerte an, d.h. die durch die Tathandlung eingetretene Veränderung des „Ist-Zustandes".[40] Für die sog. kumulativen Luftverunreinigungen, die bei der CO_2-

---

[37] *Steindorf*, in: LK, § 327 Rn. 21.
[38] *Frenz*, in: Frenz, § 19 TEHG Rn. 5 ff.
[39] *Michalke*, Umweltstrafsachen, Rn. 172; *Pfeiffer*, DRiZ 1995, 299, 301.
[40] *Michalke*, a.a.O., Rn. 182.

Freisetzung anzunehmen wären, bedeutet dies, dass sie nur dann strafrechtlich relevant sind, wenn sie einzeln für sich allein die besondere Eignung erfüllen. Es reicht nicht aus, dass sie erst im Zusammenwirken mit anderen Bestandteilen die besondere Schadenseignung besitzen. Dieses Erfordernis wird bei der CO_2-Freisetzung nicht erfüllt sein, zumal an den Kausalitätsnachweis die allgemeinen Anforderungen zu stellen sind.[41]

7.4.2 § 325 Abs. 2 StGB

Auch den Tatbestand des § 325 Abs. 2 StGB wird die genehmigungslose CO_2-Freisetzung nicht erfüllen. Werden im bedeutenden Umfang und unter grober Verletzung verwaltungsgerichtlicher Pflichten Schadstoffe in die Luft freigesetzt, führt dies zu einer Strafbarkeit gemäß § 325 Abs. 2 StGB. Zur Verwirklichung dieses abstrakten Gefährdungsdelikts bedarf es nicht des Nachweises des in § 325 Abs. 1 StGB geforderten Verunreinigungserfolges. Es reicht vielmehr aus, dass „Schadstoffe" in Bereiche außerhalb des Betriebsgeländes in die Luft abgegeben werden. § 325 Abs. 2 StGB lässt sich daher als „Emissionstatbestand" bezeichnen, da hier das Abgeben von Schadstoffen aus einer Anlage sanktioniert wird. Demgegenüber ist § 325 Abs. 1 StGB ein „Immissionstatbestand", da die Einwirkung auf die Luft und deren Veränderung unter Strafe gestellt wird. Es war das erklärte Ziel des Gesetzgebers, mit dem abstrakten Gefährdungsdelikt des § 325 Abs. 2 StGB die Beweisschwierigkeiten des § 325 Abs. 1 StGB, der den Nachweis der nachteiligen Luftveränderung voraussetzt, zu beseitigen und eine Art Auffangtatbestand für die Fälle gravierender Überschreitung verwaltungsrechtlich festgesetzter Emissionsbegrenzungen zu schaffen.[42] Der Begriff der Schadstoffe wird in § 325 Abs. 4 StGB erläutert. Danach sind Schadstoffe diejenigen Stoffe, die geeignet sind, die Gesundheit eines anderen, Tiere, Pflanzen oder andere Sachen von bedeutendem Wert zu schädigen oder nachhaltig ein Gewässer, die Luft oder den Boden zu verunreinigen oder sonst nachteilig zu verändern. Dieses Eignungsmerkmal ist abstrakt zu verstehen und nicht wie bei § 325 Abs. 1 StGB unter Berücksichtigung der konkreten Umstände am jeweiligen Handlungsort. Die Schädigungseignung muss sich in § 325 Abs. 2 StGB auf die Schadstoffe selbst beziehen. Die Schadstoffe müssen also von vornherein so beschaffen sein, dass sie die Schädigungseignung bezüglich der in § 325 Abs. 2 StGB genannten Schutzgüter in sich tragen. Unabhängig von der Einordnung von Kohlendioxid als Schadstoff ist aber hier – der offenbar uferlos geratene – objektive Tatbestand des § 325 Abs. 2 StGB in der Weise einzuschränken, dass die Schadstoffe eine Schädigungseignung aufweisen müssen. Dies wird man auf den Ausstoß des jeweiligen Schadstoffs konkret beziehen müssen, so dass kumulative Schädigungen, die sich durch die CO_2-Freisetzung ergeben, ausscheiden. Deshalb dürfte auch der Tatbestand des § 325 Abs. 2 StGB bei einem genehmigungslosen Freisetzen von CO_2 nicht erfüllt sein.

---

[41] *Laufhütte/Möhrenschlager*, ZStW (92), 1980, 912 ff., 942 m.w.N.
[42] *Steindorf*, in: LK, § 325 Rn. 53.

7.4.3 § 327 Abs. 2 Nr. 1 StGB

Ob das Betreiben einer Anlage, die nach dem TEHG genehmigungsbedürftig ist, ohne eine solche Genehmigung zu einer Strafbarkeit aus § 327 Abs. 2 Nr. 1 StGB führt, wird unterschiedlich beurteilt. Ein Teil der Literatur nimmt wegen der Identität von immissionsschutzrechtlicher Genehmigung und der Genehmigung nach dem TEHG aufgrund von § 4 Abs. 6 TEHG bei immissionsschutzrechtlich genehmigungsbedürftigen Anlagen stets eine Strafbarkeit des Verantwortlichen nach § 327 Abs. 2 Nr. 1 StGB an.[43] Andere verneinen eine Strafbarkeit des Verantwortlichen mit der Begründung, dass der Wortlaut des § 327 Abs. 1 Nr. 2 StGB ausdrücklich auf eine nach dem BImSchG genehmigungspflichtige Anlage Bezug nehme und daher eine Strafbarkeit wegen des Betreibens der Anlage ohne die nach dem TEHG erforderliche Genehmigung ausscheide.[44] Eine andere Sichtweise verstieße gegen das strafrechtliche Analogieverbot gemäß Art. 103 Abs. 2 GG, § 1 StGB.[45]

Der letztgenannten Auffassung ist zwar im Ergebnis zuzustimmen. Es sind aber die konkreten Umstände zu berücksichtigen. Durch § 327 Abs. 2 Nr. 1 StGB wird unter Vorliegen der Voraussetzung dieser Norm jegliches Betreiben von Anlagen, nicht schon das Errichten, Abbauen oder Ändern unter Strafe gestellt.[46] Tatgegenstand sind gemäß § 327 Abs. 2 Nr. 1, 1. Alt. StGB nur Anlagen, die nach dem BImSchG genehmigungsbedürftig sind.[47] Der Tatgegenstand bildet daher den Ausgangspunkt für die faktische Betrachtung, ob eine Strafbarkeit des Verantwortlichen gegeben sein kann, wenn er nicht über eine Genehmigung nach dem TEHG verfügt. Bei der Beurteilung dieser Frage sind folgende Konstellationen zu differenzieren: Der Betrieb von Anlagen, die noch nicht nach dem BImSchG genehmigt waren,[48] von Anlagen, die bereits über eine bestandskräftige immissionsschutzrechtliche Genehmigung verfügen,[49] von angezeigten Anlagen[50] und von nicht immissionsschutzrechtlich genehmigungsbedürftigen Anlagen.[51] Lag bei einer Anlage, die immissionsschutzrechtlich genehmigungsbedürftig ist und die dem Anwendungsbereich des TEHG unterfällt, zum Zeitpunkt des In-Kraft-Tretens des Gesetzes am 15.07.2004 noch keine immissionsschutzrechtliche Genehmigung vor, so umfasst die Prüfung der immissionsschutzrechtlichen Genehmigungsvoraussetzungen auch die Untersuchung, welche Regelungsinhalte aus dem TEHG in die Anlagengenehmigung einzufließen haben. Deshalb besitzt die immissions-

---

[43] *Schweer/von Hammerstein*, § 19 TEHG Rn. 7.
[44] *Frenz*, in: Frenz, § 19 TEHG Rn. 9 f.
[45] *Frenz*, in: Frenz, § 19 TEHG Rn. 9.
[46] *Steindorf*, in: LK, § 327 Rn. 11 a.
[47] *Cramer/Heine*, in: Schönke/Schröder, § 327 Rn. 15.
[48] Vgl. hierzu im Kapitel 2 unter 2.7.2.1.
[49] Vgl. hierzu im Kapitel 2 unter 2.7.2.2.
[50] Vgl. hierzu im Kapitel 2 unter 2.9.
[51] Vgl. hierzu im Kapitel 2 unter 2.10.

schutzrechtliche Genehmigung einen Emissionsgenehmigungsteil. Es kann insoweit auch von einer integrierten Emissionsgenehmigung gesprochen werden.[52]

Liegt also ein genehmigungsloses Handeln des Verantwortlichen in dieser Konstellation vor, wird sich dies sowohl auf die immissionsschutzrechtliche Genehmigung als auch auf Emissionsgenehmigung beziehen. Wegen des integrativen Charakters der Emissionsgenehmigung liegt bei einem genehmigungslosen Handeln zugleich ein Verstoß gegen die Genehmigungspflichtigkeit nach dem BImSchG vor, der eine Strafbarkeit des Verantwortlichen gemäß § 327 Abs. 2 Nr. 1. 1. Alt. StGB zur Folge hätte. Strafgrund bleibt dann aber das Betreiben der Anlage ohne die nach dem BImSchG erforderliche Genehmigung. Verfügte die Anlage bereits zum Zeitpunkt des In-Kraft-Tretens des TEHG über eine immissionsschutzrechtliche Genehmigung, bestand für den Verantwortlichen lediglich die Pflicht, bei der zuständigen Behörde die Anlage bis zum 15.10.2004 anzuzeigen. Mit dem Eingang der Anzeige war die Erteilung der Emissionsgenehmigung kraft Gesetzes (Fiktion) verbunden. Sie ist in dieser Konstellation aber nicht integrativer Bestandteil der immissionsschutzrechtlichen Genehmigung. Liegt keine Anzeige vor, folgt daraus keine Strafbarkeit gemäß § 327 Abs. 2 Nr. 1 StGB, weil es am tauglichen Tatobjekt, nämlich der nach dem BImSchG genehmigungslosen Anlage mangelt. Hier dennoch eine Strafbarkeit wegen der fingierten Emissionsgenehmigung anzunehmen, würde gegen das strafrechtliche Analogieverbot gemäß Art. 103 Abs. 2 GG, § 1 StGB verstoßen. Die gleiche Wertung ergibt sich für Anlagen, die als Bestandsanlagen gemäß § 67 Abs. 1, 2 BImSchG lediglich anzeigepflichtig sind.

Zwar gelten die Regelungen des TEHG für die Freisetzung des Treibhausgases CO_2 darüber hinaus nur für die sich aus Anhang 1 des TEHG ergebenden Anlagen. Das TEHG ist aber so konzipiert, dass es auch für andere Anlagen Geltung erlangt, wenn Anhang 1 eine Erweiterung erfährt. Die Emissionsgenehmigung für eine immissionsschutzrechtlich nicht genehmigungspflichtige Anlage wäre daher in einem „isolierten" Emissionsgenehmigungsverfahren nach § 4 Abs. 3 TEHG zu erteilen.[53] In diesem Fall liegt ebenfalls bei fehlender Emissionsgenehmigung keine Strafbarkeit nach § 327 Abs. 2 Nr. 1 StGB vor, da auch hier ein taugliches Tatobjekt, nämlich die nach dem BImSchG genehmigungslose Anlage, fehlt.

Deshalb wird bei genehmigungsloser Freisetzung von Treibhausgasen, sollte nicht zugleich eine immissionsschutzrechtliche Genehmigung fehlen, der Ordnungswidrigkeitentatbestand des § 19 Abs. 1 Nr. 1 TEHG erfüllt sein.

---

[52] Vgl. hierzu im Kapitel 2 unter 2.7.2.1.
[53] Vgl. hierzu im Kapitel 2 unter 2.10.

7.5 Ordnungswidrigkeiten

7.5.1 Einordnung der Ordnungswidrigkeitentatbestände

Bei den Ordnungswidrigkeitstatbeständen des § 19 Abs. 1 TEHG, des ZuG 2007 und des ZuV 2007 handelt es sich um Blankettvorschriften.[54] Sie enthalten zwar die angedrohte Sanktion, nehmen jedoch auf ein ganz oder teilweise durch andere Rechtsquellen tatbestandlich umschriebenes Verhalten Bezug.[55] Charakterisieren lassen sich Blanketttatbestände demnach durch die Trennung von Tatbestand, dessen Voraussetzungen sich aus anderen Rechtsquellen ergeben,[56] und Rechtsfolge. Der Einsatz dieser Gesetzestechnik empfiehlt sich, wenn es angebracht erscheint, bestimmte Gebote und Verbote, deren Anpassung an veränderliche Verhältnisse notwendig ist, mit einem einheitlichen Strafrechtsschutz auszustatten.[57] Echte Blankettstrafgesetze verfügen über einen erhöhten Grad an Flexibilität und Aktualität, weil der Normgeber auf die Darstellung der Einzelheiten des Tatbestandes verzichtet und dies anderen Stellen, etwa der Verwaltung, die eher und besser in sachlich und/oder örtlicher Hinsicht mit den zu regelnden Verhältnissen vertraut sind, überlässt.[58] Diese Stellen sind zu einer schnelleren Reaktion im Stande, als dies bei der Durchführung eines formalen Gesetzgebungsverfahrens der Fall wäre.[59] § 19 TEHG ist jedoch nicht als echte Blankettvorschrift anzusehen, denn um eine solche handelt es sich, wenn „der Tatbestand und die Strafandrohung derart getrennt sind, dass die Ergänzung der Strafandrohung durch einen dazugehörigen Tatbestand von einer anderen Stelle und zu einer anderen Zeit selbstständig vorgenommen wird".[60] § 19 Abs. 1 TEHG ist vielmehr eine unechte Blankettvorschrift.[61] Um eine solche handelt es sich, wenn für den Verbotsinhalt ausdrücklich auf eine Ergänzungsnorm verwiesen wird, die von derselben legislativen Instanz in demselben Gesetz oder in einem anderen Gesetz erlassen worden ist.[62] Dies trifft auf § 19 TEHG zu, da die tatbestandlichen Voraussetzungen auch im TEHG geregelt worden sind. Wegen des Blankettcharakters des § 19 Abs. 1 TEHG und auch der anderen Ordnungswidrigkeitentatbestände im ZuG 2007 und in der ZuV 2007 erübrigt sich an dieser Stelle eine ausführliche Darstellung, denn die sanktionsbewehrten Pflichten sind bereits beschrieben worden. Bei einem rechtswidri-

---

[54] Im materiellen Strafrecht wird der Begriff des Blankettstrafgesetzes verwandt. Dieser Ausdruck geht zurück auf *Binding*, Handbuch des Strafrechts, S. 180. Zu den Blankettstrafgesetzen aus historischer Sicht vgl. *Neumann*, Das Blankostrafgesetz., S. 7 ff.
[55] Vgl. *Warda*, Abgrenzung von Tatbestands- und Verbotsirrtum, S. 5.
[56] *Lenckner*, JuS 1968, 249, 253.
[57] *Tiedemann*, in HWiStR, Stichwort Blankettstrafgesetz, S. 2.
[58] *Laaths*, Das Zeitgesetz gem. § 2 Abs. 4 StGB, S. 74.
[59] *Laaths*, a.a.O., S. 74 f.
[60] BGHSt 6, 30, 40 f.
[61] *Baumann/Weber/Mitsch*, StrafR–AT § 8 Rn. 102; für diese Begrifflichkeit auch *Gribbohm*, in: LK, § 1 Rn. 34. Der BGH (St 6, 30, 41) spricht von gesetzestechnischer Vereinfachung.
[62] *Lohberger*, Blankettstrafrecht, S. 20 ff.

gen und vorwerfbaren Verstoß gegen diese Pflichten liegt eine Ordnungswidrigkeit nach den entsprechenden Regelungen vor, die im Folgenden im Überblick dargestellt sind.

7.5.2 Ordnungswidrigkeiten nach dem TEHG im Überblick

TEHG	
Pflicht	Sanktionsnorm bei Pflichtenverstoß
Freisetzung von Treibhausgasen durch Tätigkeit i.S.d. TEHG nur mit Genehmigung (§ 4 Abs. 1 TEHG)	§ 19 Abs. 1 Nr. 1 TEHG
Vollständige und richtige Angabe zum Genehmigungsantrag entsprechend den Anforderungen in § 4 Abs. 3 Satz 2 TEHG	§ 19 Abs. 1 Nr. 2 TEHG
Anzeige der geplanten Änderung der Tätigkeit, insb. der Lage, der Betriebsweise, des Betriebsumfangs sowie der Stilllegung einer im Anh. 1 bezeichneten Tätigkeit mindestens einen Monat vor der Verwirklichung, wenn diese Auswirkung auf die Emissionen haben können (§ 4 Abs. 9 TEHG)	§ 19 Abs. 1 Nr. 3 TEHG
Anzeige der Änderung der Identität oder Rechtsform des Verantwortlichen durch den neuen Verantwortlichen (§ 4 Abs. 10 TEHG)	§ 19 Abs. 1 Nr. 3 TEHG
Pflicht zur Gestattung des Zutritts zum Grundstück, zur Vornahme von Prüfungen durch die zuständigen Behörden und deren Beauftragte und zur Auskunftserteilung sowie Vorlage von Unterlagen (§ 21 Abs. 1 TEHG)	§ 19 Abs. 1 Nr. 5 TEHG

7.5.3 Ordnungswidrigkeiten nach dem ZuG 2007 im Überblick

ZuG 2007	
Pflicht	Sanktionsnorm bei Pflichtenverstoß
Anzeige und richtiger sowie vollständiger Nachweis über die tatsächliche Produktionsmenge des vorangegangenen Jahres gegenüber dem UBA (DEHSt) durch den Betreiber der Anlage in der laufenden Zuteilungsperiode jeweils zum 31.01. (§ 8 Abs. 3 Satz 1 ZuG 2007)	§ 21 Abs. 1 Nr. 1 ZuG 2007
Unverzügliche Anzeige des Betreibers der Anlage gegenüber dem UBA (DEHSt) über die Einstellung des Betriebes (§ 9 Abs. 2 ZuG 2007)	§ 21 Abs. 1 Nr. 2 ZuG 2007
Gestattung des Zutritts zum Grundstück, zur Vornahme von Prüfungen durch das UBA (DEHSt) und zur Auskunftserteilung sowie Vorlage von Unterlagen (§ 9 Abs. 3 Satz 1 u. 2 ZuG 2007 i.V.m. § 21 Abs. 2 TEHG)	§ 21 Abs. 1 Nr. 3 ZuG 2007

7.5.4 Ordnungswidrigkeit nach der ZuV 2007 im Überblick

ZuV 2007	
Pflicht	Sanktionsnorm bei Pflichtenverstoß
Gesetzlich geforderte richtige Angaben zum Zuteilungsantrag gemäß § 3 Abs. 2 ZuV 2007	§ 19 Abs. 1 Nr. 4 TEHG i.V.m. § 15 ZuV 2007

7.6 Strafverfahrensrechtliche Hinweise

Unabhängig davon, dass hier die Möglichkeit einer Strafbarkeit des Verantwortlichen gemäß § 325 StGB oder § 327 Abs. 2 Nr. 1 StGB im Wesentlichen abgelehnt wird, ist die Einleitung eines Ermittlungsverfahrens gegen den Verantwortlichen im Falle genehmigungslosen Emittierens von Treibhausgasen, bezogen auf das genehmigungslose Betreiben einer immissionsschutzrechtlichen Anlage, nicht auszuschließen. Im Folgenden soll es darum gehen, einige Hinweise zu Verhaltensweisen im strafrechtlichen Ermittlungsverfahren zu geben. Zwar ist in der Strafprozessordnung eine Mitteilung an den Beschuldigten über die Aufnahme der Ermittlung und die Eröffnung eines Ermittlungsverfahrens nicht vorgesehen. Der Verantwortliche wird aber in der vorliegenden Konstellation möglicherweise durch eine Durchsuchung und der anschließenden Sicherstellung oder Beschlagnahme von Beweismitteln vom Ermittlungsverfahren Kenntnis erhalten. Sollte eine Durchsuchung nicht stattfinden, dann wird der Beschuldigte aber vor dem Abschluss des Ermittlungsverfahrens mit diesem konfrontiert, da er gemäß § 163 a Abs. 1 StPO spätestens vor dem Abschluss der Ermittlungen zu vernehmen ist, es sei denn, das Verfahren wird eingestellt.

7.6.1 Ermittlungsverfahren

Wird dem Verantwortlichem bekannt, dass gegen ihn ein Ermittlungsverfahren eingeleitet worden ist, sollte er umgehend einen Strafverteidiger konsultieren. Geschäftsführer oder Vorstände juristischer Personen können sich nicht darauf zurückziehen, dass sie nicht Verantwortliche im Sinne des § 3 Abs. 7 Satz 2 TEHG i.V.m. § 4 Abs. 1 Satz 3 BImSchG seien und daher keiner Strafbarkeit unterlägen.

Zwar ist es richtig, dass im deutschen Strafrecht eine Strafbarkeit von juristischen Personen nicht in Betracht kommt. Jedoch ist § 14 Abs. 1 Nr. 1 StGB zu beachten, nachdem besondere persönliche Eigenschaften, Verhältnisse oder Umstände (besondere persönliche Merkmale), die eine Strafbarkeit begründen, auch auf den Vertreter anzuwenden sind, wenn diese Merkmale zwar nicht bei ihm, aber bei dem Vertretenen vorliegen. Deshalb wird die Betreibereigenschaft aus § 327 Abs. 2 Nr. 1 StGB gemäß § 14 Abs. 1 Nr. 1 StGB auf die vertretungsberechtigten Organe der juristischen Person übertragen.[63] Auf dieses Argument kann daher die Verteidigungsstrategie von Geschäftsführern und Vorständen juristischer Personen nicht gestützt werden.

7.6.1.1 Konsultation mit einem Verteidiger

Liegt die Ladung zur Beschuldigtenvernehmung vor, ist zu empfehlen, sofort einen im Strafrecht tätigen Rechtsanwalt zu konsultieren. Keinesfalls sollte ohne Konsultation mit einem Rechtsanwalt aus falsch verstandenem Pflichtgefühl der Termin zur Beschuldigtenvernehmung wahrgenommen werden. Die Schreiben der Polizei oder Staatsanwaltschaft zur Beschuldigtenvernehmung enthalten in der Regel nur vage den strafrechtlichen Vorwurf, meist nur durch Angabe der einschlägigen strafrechtlichen Vorschriften. Unbedachte belastende Äußerungen des Beschuldigten in einer Vernehmung lassen sich in der Regel im späteren Verfah-

---

[63] *Cramer/Heine*, in: Schönke/Schröder, § 327 Rn. 23; *Steindorf*, in: LK, § 327 Rn. 25.

ren nicht mehr ungeschehen machen. Mithin sind Äußerungen zur Sache gegenüber den Strafverfolgungsbehörden ohne Kenntnis des Akteninhalts zu vermeiden.

7.6.1.2 Akteneinsicht

Gemäß § 147 Abs. 1 StPO steht die Befugnis zur Akteneinsicht dem Verteidiger zu. Auch nur ihm ist es möglich, amtlich verwahrte Beweisstücke zu besichtigen. Dem Beschuldigten selbst können gemäß § 147 Abs. 7 StPO zwar Auskünfte und Abschriften aus den Akten erteilt werden, soweit der Untersuchungszweck nicht gefährdet wird und nicht überwiegende schutzwürdige Interessen Dritter entgegenstehen.[64] Die eigene Vornahme der Akteneinsicht sollte vermieden werden. Zum einen kann oft nur ein Strafverteidiger die Strategie zur Verteidigung nach Kenntnis des Akteninhalts festlegen. Zum anderen ist es auch in der Praxis üblich, dass der Verteidiger die Akteneinsicht nimmt, zumal ihm die Originalakte vorgelegt wird und sein Akteneinsichtsrecht nicht auf nur Auskünfte oder Abschriften aus der Ermittlungsakte beschränkt ist. Nach Kenntnis des Akteninhalts sollte mit dem Verteidiger gesprochen werden, ob eine Einlassung zur Sache über ihn erfolgen soll.

7.6.1.3 Maßnahmen bei Durchsuchungen

Durchsuchungen sind für die davon Betroffenen oft überraschend. Deshalb gilt es, sich bei Durchsuchungen im Unternehmen an bestimmten Verhaltensregeln zu orientieren. Treffen die Ermittlungsbehörden ein, sind unverzüglich und ohne vermeidbares Aufsehen die Rechtsabteilung oder die entsprechenden Ansprechpartner im Unternehmen zu informieren. Eine Telefonsperre durch die Ermittlungsbeamten ist unzulässig, soweit telefonische Kontakte nicht den Durchsuchungszweck gefährden. Dies kann zu Beginn einer Durchsuchung dann der Fall sein, wenn an mehreren Betriebsstätten gleichzeitig durchsucht wird. Die Ermittler sollten zu Beginn der Durchsuchungsmaßnahmen in einen Raum geführt werden, in dem der Ablauf der Maßnahme besprochen wird. Dann sollte verlangt werden, dass die Ermittler unter Vorlage der Dienstausweise ihre Legitimation nachweisen. Es sind dann die Namen und Dienststellung der Ermittlungsbeamten aufzunehmen. Die Ansprechpartner in einem Unternehmen sollten sich den Durchsuchungs- und/oder Beschlagnahmebeschluss vorlegen lassen, der jedoch nur in den Fällen der Durchsuchung bei Dritten (§ 103 StPO) vor Beginn der Durchsuchung präsentiert werden muss. Jedoch ist es in der Praxis üblich, dass in den Fällen der Durchsuchung beim Verdächtigen (§ 102 StPO) der Durchsuchungs- und/oder Beschlagnahmebeschluss freiwillig ausgehändigt wird.

Anschließend sollte umgehend reagiert, der externe anwaltliche Berater informiert und um sein sofortiges Erscheinen gebeten werden. Ist der Durchsuchungs- und/oder Beschlagnahmebeschluss ausgehändigt worden, sollte jeder Mitarbeiter oder hinzugezogene Berater, der die Durchsuchung begleitet, eine Kopie des Durchsuchungsbeschlusses erhalten. Mit dem Einsatzleiter sollte dann Umfang

---

[64] So bereits LG Ravensburg, NStZ 1996, 100.

7.6 Strafverfahrensrechtliche Hinweise

und Ziel der Durchsuchungsmaßnahme erörtert werden. Ist ein Staatsanwalt anwesend, ist zu klären, ob auf ad hoc-Vernehmung von Zeugen verzichtet wird. Verzichtet der Staatsanwalt nicht darauf, sollten anwaltliche Zeugenbeistände hinzu gezogen werden. Zeugenbeistände haben die Funktion, den Zeugen bei der Entscheidung zu beraten, ob er von seinem Zeugnisverweigerungsrecht gemäß den §§ 52 ff. StPO und vor allem von seinem Auskunftsverweigerungsrecht gemäß § 55 StPO, wenn er sich selbst durch eine Aussage belasten könnte, Gebrauch machen sollte.

Es kann aber auch der Fall eintreten, dass ein Durchsuchungs- und/oder Beschlagnahmebeschluss nicht vorhanden ist. In diesem Fall sollten die Ermittler aufgefordert werden, die Gründe für die Annahme von Gefahr im Verzug, die gemäß § 105 Abs. 1 Satz 1, 2. Alt. StPO eine Durchsuchung rechtfertigt, darzulegen.

Aus dem Durchsuchungs- und/oder Beschlagnahmebeschluss muss der strafrechtliche Vorwurf erkennbar sein. Liegt ein Durchsuchungsbeschluss vor, der offensichtlich nicht hinreichend bestimmt ist, ist auf eine einvernehmliche Präzisierung der beweisrelevanten Unterlagen in einem vorbereitenden Gespräch mit den Ermittlungsbeamten hinzuwirken, um eine ausufernde Durchsuchung zu vermeiden. Darüber hinaus sind im Einvernehmen mit den Ermittlungsbeamten die organisatorischen Fragen der Durchsuchung zu klären. Da oft umfangreiches Akten- und Datenmaterial von Ermittlungsbehörden sichergestellt bzw. beschlagnahmt wird, ist nach Kopiermöglichkeiten in einem separaten Raum und der Erstellung von Sicherungskopien im EDV-Bereich zu fragen, um die entsprechenden Unterlagen als weitere Arbeitsgrundlage zur Verfügung zu haben.

Während der Durchsuchung sollten die Ermittlungsbeamten möglichst in jedem Raum, den sie durchsuchen, von einem Mitarbeiter oder einem Mitglied der Rechtsabteilung oder einem externem Anwalt begleitet werden. Die Ermittlungsbeamten können Ermittlungen in Abwesenheit von Angestellten des Unternehmens nicht verlangen.

Wichtig ist, im Rahmen der Durchsuchung zu kooperieren. Zwar besteht keine Pflicht zur aktiven Mitwirkung bei der Durchsuchung, sondern nur zu deren Duldung. Jedoch sollte auf ein kooperatives Verhältnis mit den Ermittlungsbeamten hingewirkt werden. Wichtig ist, dass die Durchsuchung nicht behindert wird. Unter keinen Umständen dürfen Unterlagen beiseite geschafft oder vernichtet werden. Bevor die Unterlagen sichergestellt oder beschlagnahmt werden, sollte mit den Ermittlungsbeamten Einvernehmen darüber erzielt werden, dass die aufgefundenen Unterlagen zunächst in einem separaten Raum gesammelt und die Frage der Sicherstellung/Beschlagnahme am Ende der Durchsuchung bei der Erstellung des Asservatenverzeichnisses geklärt wird.

Im Hinblick auf die angestrebte Kooperation mit den Ermittlungsbeamten sollten zur Vermeidung von Zufallsfunden und zur Abkürzung der Durchsuchungsmaßnahmen folgende Punkte beachtet werden:
- Fragen nach der Zuständigkeit im Hause sollten durch Vorlage von Organigrammen beantwortet werden. Jedoch sind keine detaillierten Ausführungen zu Verantwortlichkeitsbereichen an dieser Stelle abzugeben.

- Im Einzelfall sollte die freiwillige Vorlage von Unterlagen zur Vermeidung von „Zufallsfunden" und zur Abkürzung der Durchsuchung erfolgen.

- Gespräche zwischen den Mitarbeitern und Ermittlungsbeamten zur Sache, auch sog. informatorische Befragungen sind zu unterbinden. Ausführungen zur Sache sollten im Rahmen der Durchsuchung überhaupt vermieden werden.

Gegen die Durchsuchungsanordnung ist die Beschwerde auch nach Abschluss der Durchsuchung noch zulässig. In jedem Fall sollte der Durchsuchung widersprochen werden.

7.6.1.4 Einstellung des Ermittlungsverfahrens

Sollten die Ermittlungen keinen genügenden Anlass zur Erhebung der Anklage bieten, so ist das Verfahren gemäß § 170 Abs. 2 StPO einzustellen. Dies ist der Fall, wenn kein hinreichender Tatverdacht im Sinne des § 203 StPO, also keine hinreichende Verurteilungswahrscheinlichkeit, gegeben ist.[65] § 170 Abs. 2 StPO erfasst demnach die Einstellung des Verfahrens unter Beachtung des Legalitätsprinzips. Nach § 170 Abs. 2 StPO ist einzustellen, wenn der Sachverhalt keinen Straftatbestand erfüllt, sich kein hinreichender Tatverdacht gegen einen bestimmten Beschuldigten ergeben hat oder Verfahrenshindernisse vorliegen bzw. Verfahrensvoraussetzungen fehlen. Wichtig ist aber, dass die Einstellung gemäß § 170 Abs. 2 StPO keinen Strafklageverbrauch zur Folge hat. Das Verfahren kann deshalb jederzeit wieder aufgenommen werden.[66]

Wird der hinreichende Tatverdacht jedoch angenommen, so ist zwar im Regelfall die Erhebung der Anklage geboten. Jedoch kann die Staatsanwaltschaft von der Anklageerhebung aus Opportunitätsgründen absehen. Zum einen kommt eine Einstellung ohne belastende Maßnahmen (§§ 153, 154 StPO) und zum anderen eine solche, die mit belastenden Rechtsfolgen verknüpft ist (§ 153 a StPO), in Betracht.

Gemäß § 153 Abs. 1 StPO kann die Staatsanwaltschaft ein Verfahren, das ein Vergehen zum Gegenstand hat, einstellen, wenn die Schuld des Täters als gering anzusehen wäre und kein öffentliches Interesse an der Verfolgung besteht.[67] Bei den hier in Betracht kommenden Straftatbeständen gemäß § 325 StGB und § 327 Abs. 2 Nr. 1 StGB handelt es sich um Vergehen. Die Vorschrift setzt jedoch darüber hinaus voraus, dass die Schuld des Täters als gering anzusehen wäre. Mit dem Begriff „wäre" kommt zum Ausdruck, dass die Schuld nicht nachgewiesen werden muss, sondern die Staatsanwaltschaft berechtigt ist, weitere Recherchen zu unterlassen. Das Geschehen muss daher nur soweit aufgeklärt werden, dass die Schuldprognose möglich ist.[68] Es ist jedoch zweifelhaft, ob eine Einstellungsmöglichkeit nach § 153 Abs. 1 StPO im Bereich der Umweltstraftaten praxisrelevant

---

[65] *Hellmann*, Teil II § 8 Rn. 7.
[66] *Achenbach*, in AKStPO, § 170 Rn. 17; *Hellmann*, Teil II § 8 Rn. 11.
[67] *Hellmann*, Teil II § 8 Rn. 18.
[68] *Kleinknecht/Meyer-Goßner*, § 153 Rn. 3; *Beulke*, in: Löwe/Rosenberg, § 153 Rn. 32.

wird. Vielmehr zeigt die Erfahrung, dass eine Einstellung gemäß § 153 a Abs. 1 StPO eher in Betracht kommen wird.

Die Einstellungsmöglichkeit gemäß § 153 a StPO unterscheidet sich von der gemäß § 153 StPO insbesondere durch das öffentliche Interesse an der Strafverfolgung. Während bei § 153 StPO das öffentliche Interesse von Anfang an fehlt, ist es bei § 153 a StPO zunächst gegeben, wird jedoch durch die Erbringung von Gegenleistungen des Beschuldigten kompensiert.[69] Bei der Einstellung nach § 153 a StPO ist zwischen Einstellung im Ermittlungsverfahren und nach Anklageerhebung zu unterscheiden. § 153 a Abs. 1 StPO gibt der Staatsanwaltschaft die Möglichkeit, das Verfahren einzustellen. Es muss sich wiederum um ein Vergehen handeln. Darüber hinaus darf die Schwere der Schuld nicht entgegenstehen. § 153 a Abs. 1 StPO ist nur auf Fälle der leichten und mittleren Kriminalität anzuwenden, in denen die Tatfolgen, vor allem aber die subjektive Verfehlung des Beschuldigten, nicht sehr gravierend sind.[70] Darüber hinaus müssen die dem Beschuldigten auferlegten Auflagen und Weisungen geeignet sein, das öffentliche Interesse an der Strafverfolgung zu beseitigen. Als Auflagen kommen insbesondere die Wiedergutmachung des Schadens, die Zahlung eines Geldbetrages zugunsten einer gemeinnützigen Einrichtung oder der Staatskasse oder die Erbringung einer gemeinnützigen Leistung sowie die Erfüllung der Unterhaltspflicht in einer bestimmten Höhe in Betracht.[71] Hierbei handelt es sich um eine abschließende Aufzählung, so dass andere Leistungen nicht festgelegt werden. Insbesondere dürfte bei §§ 325, 327 StGB als Auflage die Leistung eines Geldbetrages zugunsten einer gemeinnützigen Einrichtung oder der Staatskasse in Betracht kommen. Sollte für den Verantwortlichen eine Einstellung nach § 170 Abs. 2 StPO nicht möglich sein, so ist darauf hinzuwirken, eine Einstellung nach § 153 a Abs. 1 StPO zu erreichen. Die Einstellung nach § 153 a Abs. 1 Satz 1 StPO erfolgt zunächst nur vorläufig. Erfüllt der Beschuldigte die Auflagen nicht, kann das Verfahren fortgesetzt werden. Hat der Beschuldigte jedoch die Auflagen erfüllt, so hat die Staatsanwaltschaft die endgültige Einstellung ausdrücklich auszusprechen.[72] Damit tritt ein beschränkter Strafklageverbrauch gemäß § 153 a Abs. 1 Satz 4 StPO ein.

Auch das Gericht kann gemäß § 153 a Abs. 2 StPO das Verfahren einstellen. Die Staatsanwaltschaft muss hierzu ihre Zustimmung erteilen. Die Einstellung erfolgt durch unanfechtbaren Beschluss.

Wegen der sich möglicherweise in einem verwaltungsgerichtlichen Verfahren stellenden Vorfragen im Zusammenhang mit der Anwendung des TEHG oder des BImSchG ist eine weitere strafprozessuale Vorschrift zu beachten, da sich hier das Verwaltungsgericht in der Regel als sachnäher erweisen wird. Zwar schränkt § 154 d StPO die Befugnis und die grundsätzliche Pflicht der Staatsanwaltschaft zur Beantwortung solcher Vorfragen nicht ein.[73] Jedoch wird dieser Regelung auch der Zweck beizumessen sein, eine unterschiedliche Beurteilung der gleichen

---

[69] *Hellmann*, Teil II § 8 Rn. 23.
[70] *Meyer-Goßner*, NJW 1993, 498, 499.
[71] *Hellmann*, Teil II § 8 Rn. 25.
[72] *Hellmann*, Teil II § 8 Rn. 27.
[73] *Beulke*, in: Löwe/Rosenberg, § 154 d Rn. 1.

Rechtsfrage durch die Strafjustiz und die in erster Linie zur Entscheidung berufenen Fachgerichte zu verhindern.[74] Hängt die Strafbarkeit von einer Rechtsfrage ab, die nach dem Verwaltungsrecht zu beantworten ist, kann die Staatsanwaltschaft zur Klärung dieser Frage im verwaltungsgerichtlichen Verfahren eine Frist bestimmen. Nach fruchtlosem Ablauf der Frist kann sie das Verfahren einstellen. Die Anwendung des § 154 d StPO sollte gegenüber der Staatsanwaltschaft im Ermittlungsverfahren angeregt werden, wenn ein verwaltungsgerichtliches Verfahren im Zusammenhang mit dem Betrieb der Anlage anhängig ist.

7.6.2 Strafbefehlsverfahren

Ist bei einem Beschuldigten hinsichtlich eines Vergehens ein hinreichender Tatverdacht gemäß § 170 Abs. 1 StPO gegeben, so kann die Staatsanwaltschaft beim zuständigen Richter Antrag auf Erlass eines Strafbefehls stellen. Da es sich bei den hier in Betracht kommenden Straftaten um Vergehen handelt, wäre der Erlass eines Strafbefehls zulässig. Der Antrag muss schon die Rechtsfolgen enthalten.[75] Durch den Strafbefehlsantrag wird die öffentliche Klage erhoben. Das Gericht kann bei Verneinung des hinreichenden Tatverdachts den Erlass eines Strafbefehls ablehnen (§ 408 Abs. 2 StPO). Der Richter kann aber den Strafbefehl erlassen, wenn keine Bedenken entgegenstehen, d.h., wenn er den hinreichenden Tatverdacht annimmt und die Sanktion für angemessen hält.[76] Vom Strafbefehlsantrag darf er jedoch inhaltlich nicht abweichen. Der Richter kann aber auch die Hauptverhandlung anberaumen, § 408 Abs. 3 Satz 2 StPO.

Wichtig für den Betroffenen ist, dass er innerhalb von zwei Wochen nach Zustellung des gegen ihn erlassenen Strafbefehls schriftlich oder zu Protokoll der Geschäftsstelle des Gerichts, das den Strafbefehl erlassen hat, Einspruch einlegen kann (§ 410 Abs. 1 StPO). Über den Einspruch kann zum einen durch Beschluss ohne Hauptverhandlung entschieden werden, wenn er verspätet oder sonst unzulässig ist. Dann wird der Einspruch gegen den Strafbefehl verworfen (§ 411 Abs. 1 Satz 1 StPO). Ist der Strafbefehl jedoch zulässigerweise eingelegt worden, beraumt das Gericht einen Termin zur Hauptverhandlung an. Nach dem Einspruch übernimmt der Strafbefehl die Funktion des Eröffnungsbeschlusses.[77] Es schließt sich dann das normale Hauptverfahren an. Wichtig für den Betroffenen ist aber, dass hinsichtlich der Rechtsfolge durch die Widerspruchseinlegung das Verbot der reformatio in peius nicht zur Anwendung kommt,[78] er also einschneidendere Rechtsfolgen befürchten muss.

---

[74] *Bloy*, GA 1980, 182; a.A. *Roxin*, § 14 Rn. 19.
[75] *Hellmann*, Teil VI § 2 Rn. 15.
[76] *Ranft*, JuS 2000, 633, 636.
[77] OLG Düsseldorf, StV 1989, 473.
[78] *Gössel*, in: Löwe/Rosenberg, § 410 Rn. 4.

7.7 Hinweise zum Ordnungswidrigkeitenverfahren

Liegt eine Ordnungswidrigkeit nach dem TEHG, ZuG 2007 oder ZuV 2007 vor, so kann sich ein Bußgeldverfahren nach dem Ordnungswidrigkeitengesetz (OWiG) anschließen. Das Bußgeldverfahren ist in verschiedene Abschnitte unterteilt. Der erste Teil des Bußgeldverfahrens ist das Vorverfahren (§§ 53 ff. OWiG). Seine Einleitung kann durch den Verdacht einer Ordnungswidrigkeit veranlasst sein. Das Vorverfahren dient der Aufklärung des Sachverhalts und der Vorbereitung einer Entscheidung über die Verhängung von Sanktionen gegen den Betroffenen. Das Vorverfahren endet entweder mit dem Erlass eines Bußgeldbescheids (§ 65 OWiG), mit einer Verwarnung (§ 56 OWiG) oder mit der Einstellung des Verfahrens. Im Falle des Erlasses des Bußgeldbescheides kann der Betroffene den Bußgeldbescheid akzeptieren; mit der Folge, dass dieser rechtskräftig und vollstreckbar wird. Er hat aber auch die Möglichkeit, gegen den Bußgeldbescheid Einspruch einzulegen. Durch den Einspruch wird das Zwischenverfahren eingeleitet, in dem die Verwaltungsbehörde, die Staatsanwaltschaft und das Gericht sich mit der Sache erneut befassen. Sofern die Sache nicht im Zwischenverfahren ihre Erledigung findet, schließt sich das gerichtliche Hauptverfahren erster Instanz an. Das Hauptverfahren endet mit einer Entscheidung des Gerichts, in der der Betroffene entweder mit einer Geldbuße belegt, freigesprochen oder das Verfahren eingestellt wird. Gegen die Entscheidung des Gerichts ist unter bestimmten Voraussetzungen das Rechtsmittel der Rechtsbeschwerde statthaft (§ 79 OWiG).

7.7.1 Bußgeldverfahren

Die Ordnungswidrigkeit kann mit einer Geldbuße geahndet werden. Während in den Vorschriften, die Straftaten beschreiben, es immer heißt „wird mit ... bestraft", ist hier die sprachliche Abweichung zwischen dem Ordnungswidrigkeitenrecht und dem Strafrecht so zu verstehen, dass Straftaten grundsätzlich geahndet werden müssen und Ordnungswidrigkeiten geahndet werden können. Demnach ist die Sanktionierung von Delikten grundsätzlich obligatorisch und im Ordnungswidrigkeitenrecht fakultativ.[79] Gesetzlicher Ausfluss des Opportunitätsprinzips ist § 47 OWiG. Danach kann die Behörde unter Anwendung pflichtgemäßen Ermessens darüber entscheiden, ob und wie die Ordnungswidrigkeit verfolgt wird. Ein bereits eingeleitetes und noch nicht rechtskräftig abgeschlossenes Ordnungswidrigkeitenverfahren kann nämlich jederzeit nach Ermessen eingestellt werden. Vorrangig ist aber eine Einstellung auf der Grundlage des Legalitätsprinzips (§ 46 Abs. 1 OWiG i.V.m. § 170 Abs. 2 StPO), wenn die Voraussetzungen einer Ordnungswidrigkeit nicht erfüllt sind oder ein Verfahrenshindernis besteht.[80] Das Vorverfahren dient der Aufklärung eines Tatverdachts. Unter „Aufklärung" wird die gesamte Ermittlungstätigkeit verstanden, mit der sich die Verdachtsvorstellung zu einer Gewissheitsvorstellung verdichten soll. Herrin des Vorverfahrens ist gemäß § 36 Abs. 1

---

[79] *Bohnert*, in: KK-OWiG, § 47 Rn. 2.
[80] *Göhler*, § 47 Rn. 22 a.

Nr. 1 OWiG i.V.m. § 20 Abs. 1 TEHG entweder die Länderbehörde, soweit dies Ordnungswidrigkeiten nach § 19 Abs. 1 Nr. 1-3 TEHG betrifft, oder das UBA (DEHSt), wenn Ordnungswidrigkeiten gemäß § 19 Abs. 1 Nr. 4 TEHG i.v.m. der ZuV 2007 oder nach dem ZuG 2007 Gegenstand des Verfahrens sind. Zudem ist die Behörde zuständig, die Maßnahmen gemäß § 19 Abs. 1 Nr. 5 TEHG i.V.m. § 21 TEHG getroffen hat. Ihre Aufgabe besteht darin, das Verfahren einzuleiten, die Ermittlungsmaßnahmen anzuordnen und durchzuführen sowie eine das Verfahren abschließende Entscheidung zu treffen. Dies entspricht der Stellung der Staatsanwaltschaft im Strafverfahren.

7.7.1.1 Anhörung

Bevor ein Bußgeldbescheid erlassen wird, ist der Betroffene anzuhören. Dies folgt aus § 55 Abs. 1 OWiG i.V.m. § 163 a Abs. 1 StPO und dem Grundsatz des rechtlichen Gehörs.[81] Von der Anhörung kann dann abgesehen werden, wenn das Verfahren eingestellt wird oder gegenüber dem Betroffenen lediglich ein Verwarnungsgeld erhoben wird. Eine bestimmte Form ist für die Anhörung nicht vorgeschrieben. Ihr Zweck besteht darin, dem Betroffenen die Gelegenheit zu geben, sich gegen den Verdacht der Ordnungswidrigkeit zu verteidigen und seine persönlichen Verhältnisse darzulegen, soweit diese für die Bemessung der Geldbuße bestimmend sind. Die Anhörung hat zugleich den Zweck, den Sachverhalt aufzuklären und Beweise zu sichern. Eine förmliche mündliche Vernehmung wird nicht verlangt. Für den Betroffenen besteht aber keine Aussagepflicht zur Sache. Dies entspricht dem Verbot des Zwanges zur Selbstbezichtigung.[82] Der Betroffene sollte im Rahmen der Anhörung dann keine Angaben zur Sache machen, wenn er den Inhalt der Akte nicht kennt. Es ist grundsätzlich die gleiche Vorgehensweise wie im Strafverfahren anzuraten.

7.7.1.2 Akteneinsicht

Dies bedeutet vor allem, dass keine Einlassung zur Sache ohne Akteneinsicht erfolgt. Das Ordnungswidrigkeitenverfahren unterscheidet zwei Konstellationen bei der Akteneinsicht. Gemäß § 49 Abs. 1 OWiG kann die Verwaltungsbehörde dem Betroffenen unmittelbar die Einsicht in die Akten unter Aufsicht gewähren, soweit nicht überwiegende schutzwürdige Interessen Dritter entgegenstehen. Es sollte jedoch wegen der Kompliziertheit der Materie überlegt werden, ob in einem Ordnungswidrigkeitenverfahren nicht die Vertretung des Verantwortlichen einem Verteidiger übertragen wird. Ordnungswidrigkeiten können – neben den eigentlichen Sanktionen – empfindliche Nebenfolgen haben.[83] Das Akteneinsichtsrecht des Verteidigers resultiert nicht aus § 47 OWiG, sondern aus § 46 Abs. 1 OWiG i.V.m. § 147 StPO.

---

[81] *Göhler*, § 55 Rn. 1.
[82] BVerfGE 56, 37.
[83] Vgl. im Kapitel 7 unter 7.7.3.

7.7.1.3 Einstellung des Verfahrens

Haben die Ermittlungen den Verdacht nicht bestätigt oder hat sich das Fehlen einer Verfahrensvoraussetzung bzw. das Bestehen eines Verfahrenshindernisses herausgestellt, muss das Verfahren eingestellt werden (§ 46 Abs. 1 OWiG i.V.m. § 170 Abs. 2 StPO).[84] Gemäß § 47 Abs. 1 Satz 2 OWiG kann das Verfahren aber auch aus Opportunitätsgründen eingestellt werden.

7.7.1.4 Bußgeldbescheid

Die Ahndung der Ordnungswidrigkeit erfolgt in Form eines Bußgeldbescheides gemäß § 65 OWiG. Es handelt ist dabei um eine nach pflichtgemäßem Ermessen zu treffende Entscheidung. Mit dem Bußgeldbescheid wird dem Betroffenen eine Ordnungswidrigkeit vorgeworfen und eine Geldbuße auferlegt. Der Bußgeldbescheid ist ein Verwaltungsakt, der als vorläufiger Spruch in einem Vorschaltverfahren dem Betroffenen das Angebot macht, die festgesetzte Geldbuße zu akzeptieren und damit das Verfahren endgültig zum Abschluss zu bringen.[85] Der Betroffene hat dann die Wahl, dieses Angebot anzunehmen und sich dem Spruch zu unterwerfen oder gegen den Bußgeldbescheid Einspruch einzulegen. Legt er keinen Einspruch ein, wird der Bußgeldbescheid bestandskräftig und bildet die Grundlage der Vollstreckung (§ 66 Abs. 1 Nr. 1 OWiG).

Der Bußgeldbescheid ergeht in Schriftform. Der Mindestinhalt des Bußgeldbescheides ist in § 66 Abs. 1, 2 OWiG festgelegt. Zur Unwirksamkeit des Bußgeldbescheides führen aber nur besonders schwere Mängel.

Wegen der zum Teil empfindlichen Nebenfolgen sollte in der Regel erwogen werden, Einspruch einzulegen.[86]

7.7.1.5 Rechtsbehelf gegen Bußgeldbescheid

Gegen den Bußgeldbescheid kann als Rechtsbehelf der Einspruch eingelegt werden.

Der Einspruch ist kein Rechtsmittel, sondern ein Rechtsbehelf eigener Art.[87] Er hat zwar einen Suspensiv-, nicht aber einen Devolutiveffekt. Mit ihm wird nicht der Bußgeldbescheid angefochten, sondern die Unterwerfung unter die behördliche Bußgeldfestsetzung verweigert und eine gerichtliche Untersuchung der Sache beantragt. Durch die Einlegung des Einspruchs wird nicht die Begründetheit des Einspruchs geprüft. Vielmehr wird die Sache in einem gerichtlichen Bußgeldverfahren neu verhandelt. Einspruchsberechtigt sind Betroffene, Nebenbeteiligte, Verteidiger bzw. Vertreter von Nebenbeteiligten (§ 67 Abs. 1 Satz 2 OWiG, § 297 StPO) und gesetzliche Vertreter (§ 67 Abs. 1 Satz 2 OWiG, § 298 StPO).

---

[84] *Wache*, in: KK, vor § 53 Rn. 174.
[85] *Kurz*, in: KK, § 65 Rn. 8.
[86] Vgl. im Kapitel 7 unter 7.7.3.
[87] *Göhler*, vor § 67 Rn. 1.

Der Einspruch ist schriftlich oder mündlich zur Niederschrift bei der Verwaltungsbehörde einzulegen, die den Bußgeldbescheid erlassen hat. Die zuständige Verwaltungsbehörde wird damit in die Lage versetzt, die Möglichkeit einer vorzeitigen Verfahrensbeendigung nach § 69 Abs. 1, 2 OWiG zu prüfen und eventuell ein gerichtliches Verfahren zu verhindern.

Wichtig ist, dass die Einspruchsfrist gewahrt wird. Sie beträgt zwei Wochen und beginnt mit der Zustellung des Bußgeldbescheids (§ 50 Abs. 1 Satz 2 OWiG). Dabei muss der Rechtsanwalt beachten, dass bei der Zustellung an ihn die Frist in Gang gesetzt wird (§ 51 Abs. 3 Satz 1 OWiG).

Eine Begründung des Einspruchs ist nicht erforderlich. Allerdings besteht für den Betroffenen die Gefahr, dass sein zum Freispruch führendes späteres Verteidigungsvorbringen die Auslagenregelung des § 109 a Abs. 2 OWiG auslöst, weil die Entlastungsgründe mit der Einspruchseinlegung hätten vorgetragen werden können. In jedem Fall sollte aber vermieden werden, ohne Akteneinsicht eine Begründung des Einspruchs zu geben. Der Einspruch führt nicht unmittelbar dazu, dass die Sache dem zuständigen Gericht vorgelegt wird. Vielmehr findet ein Zwischenverfahren statt, in dem sich die Verwaltungsbehörde und die Staatsanwaltschaft mit dem Einspruch befassen. Das Zwischenverfahren ist in § 69 OWiG geregelt und dient der Entlastung des Gerichts. Nur dann, wenn Verwaltungsbehörde und Staatsanwaltschaft weder den Einspruch als unzulässig verwerfen, noch den Bußgeldbescheid aufheben, wird die Sache dem Gericht vorgelegt. Verwaltungsbehörde und Staatsanwaltschaft haben es also im Zwischenverfahren in der Hand, ein gerichtliches Verfahren zu verhindern. Sollten bei der Einspruchseinlegung die Frist und Form nicht gewahrt werden oder sollte der Einspruch aus sonstigen Gründen unwirksam sein, so verwirft die Verwaltungsbehörde den Einspruch. Gegen diese Entscheidung hat der Einspruchsführer die Möglichkeit des Antrags auf gerichtliche Entscheidung innerhalb einer Frist von zwei Wochen (§ 69 Abs. 1 Satz 2 OWiG). Wird der Einspruch nicht als unzulässig verworfen, so prüft die Verwaltungsbehörde, ob der Bußgeldbescheid aufrecht erhalten werden soll oder Gründe für seine Zurücknahme bestehen. In diesem Stadium des Verfahrens steht es der Verwaltungsbehörde darüber hinaus frei, den Bußgeldbescheid zurückzunehmen und das Verfahren nach § 47 Abs. 1 Satz 2 OWiG einzustellen.[88]

Deshalb sollte sich der Betroffene auch im Zwischenverfahren um die Einstellung des Verfahrens bemühen. Entscheidet sich die Verwaltungsbehörde für die Aufrechterhaltung des Bußgeldbescheides, so übersendet sie die Akten der Staatsanwaltschaft. Diese hat aber weder die Befugnis zur Rücknahme des Bußgeldbescheids noch zur inhaltlichen Änderung. Die Staatsanwaltschaft hat aber die Pflicht, soweit sie die Ordnungswidrigkeit als nicht erfüllt ansieht oder ein Verfahrenshindernis für gegeben hält, das Verfahren gemäß § 46 Abs. 1 OWiG i.V.m. § 170 Abs. 2 StPO einzustellen. Da mit der Übergabe der Akten die Aufgaben der Verfolgungsbehörde von der Verwaltungsbehörde auf die Staatsanwaltschaft übergehen, hat diese zudem die Möglichkeit, das Verfahren aus Opportunitätsgründen nach § 69 Abs. 4 Satz 2 OWiG oder nach § 47 Abs. 1 Satz 2 OWiG einzustellen. Bietet das Ermittlungsergebnis jedoch nach Ansicht der Staatsanwaltschaft genü-

---

[88] *Rebmann/Roth/Herrmann*, § 69 Rn. 17.

gend Anlass zur Aufrechterhaltung des Bußgeldbescheides, so legt sie die Akten dem zuständigen Amtsgericht vor. Die Vorlage der Akten an das Gericht besitzt die gleiche Funktion wie die Erhebung der Anklage im Strafverfahren. Die Verfahrensherrschaft geht dann auf das Gericht über.

Mit der Vorlage der Akten beim Gericht beginnt das gerichtliche Verfahren. Das Gericht prüft dabei zunächst die Zulässigkeit des Einspruchs. Hält es den Einspruch für nicht zulässig, d.h., ist er nicht frist- oder formgerecht eingelegt worden oder sonst unwirksam, so wird der Einspruch durch Beschluss verworfen. Der Einspruchsführer sollte dann aber bestrebt sein, binnen einer Woche sofortige Beschwerde einzulegen. Zuständiges Beschwerdegericht ist die Kammer für Bußgeldsachen beim Landgericht. Wird der Einspruch nicht als unzulässig verworfen, findet das Hauptverfahren statt, wobei es eines Eröffnungsbeschlusses nicht bedarf. Gegenstand des Hauptverfahrens ist dabei nicht die Überprüfung des Einspruchs, sondern die Überprüfung des mit dem Bußgeldbescheid erhobenen ordnungswidrigkeitsrechtlichen Vorwurfs. Der Bußgeldbescheid ist ebenfalls nicht Prüfungsgegenstand, sondern bildet nur den Rahmen, innerhalb dessen das Gericht zur originären Untersuchung der Ordnungswidrigkeit berufen ist. Bei der Hauptverhandlung sind im Wesentlichen die strafprozessualen Regeln einzuhalten. Stellt das Gericht das Verfahren nicht nach § 47 Abs. 2 OWiG durch Beschluss ein, entscheidet es in der Hauptverhandlung durch Urteil.

Einziges Rechtsmittel gegen das Urteil oder den Beschluss nach § 72 OWiG ist die Rechtsbeschwerde. Die Rechtsbeschwerde ist der strafprozessualen Revision nachgebildet. Im Rechtsbeschwerdeverfahren ist der Senat für Bußgeldsachen am Oberlandesgericht zuständig. Dabei prüft das Oberlandesgericht aber nicht mehr den Sachverhalt, den das Amtsgericht seiner Entscheidung zugrunde gelegt hat. Vielmehr wird nur die Rechtsanwendung durch das Amtsgericht geprüft. Deshalb sollte der Verantwortliche im Falle der Einspruchseinlegung darauf Wert legen, schon im Hauptverfahren vor dem Amtsgericht die Einstellung des Verfahrens herbeizuführen.

7.7.2 Sanktionen

Ist die Ordnungswidrigkeit vorwerfbar verwirklicht, sieht § 19 Abs. 2 TEHG einen Bußgeldrahmen von bis zu 50.000,- € vor. Bei fahrlässigem Handeln kann nach § 17 Abs. 2 OWiG nur die Hälfte des Bußgeldrahmens ausgeschöpft werden. Die vorstehenden Ausführungen gelten für § 21 ZuG 2007 entsprechend, da in dessen Absatz 2 der gleiche Bußgeldrahmen vorgesehen ist.

Neben der Verhängung einer Geldbuße gegen das handelnde Organ kann auch die Verhängung einer Verbandsgeldbuße gemäß § 30 OWiG gegen die Personvereinigung, die als Verantwortliche gemäß § 3 Abs. 7 Satz 2 TEHG i.V.m. § 4 Abs. 1 Satz 3 BImSchG fungiert, in Betracht kommen. Durch die Sanktionierung der natürlichen Personen als Organe wird eine Sanktionierung der Personenvereinigung nicht ausgeschlossen.[89]

---
[89] *Mitsch*, Teil III § 16 Rn. 5.

7.7.3 Nebenfolgen

Als gravierende Nebenfolge ist die Eintragung in das Gewerbezentralregister zu beachten. Gemäß § 149 Abs. 1 GewO ist beim Bundeszentralregister ein Gewerbezentralregister eingerichtet. In dieses werden gemäß § 149 Abs. 2 Nr. 3 GewO rechtskräftige Bußgeldentscheidungen eingetragen, die bei oder in Zusammenhang mit der Ausübung eines Gewerbes oder dem Betrieb einer sonstigen wirtschaftlichen Unternehmung (lit. a) oder bei der Tätigkeit in einem Gewerbe oder einer sonstigen wirtschaftlichen Unternehmung von einem Vertreter oder Beauftragten im Sinne des § 9 OWiG oder von einer Person, die in einer Rechtsvorschrift ausdrücklich als Verantwortlicher bezeichnet ist (lit. b), begangen worden ist, wenn die Geldbuße mehr als 200 € beträgt. Deshalb sollte ein Ordnungswidrigkeitenverfahren immer mit größter Sorgfalt geführt und auf dessen Einstellung hingewirkt werden.

Kapitel 8 Handel mit Emissionsberechtigungen

8.1 Unterscheidung zwischen Emissionsgenehmigung und Emissionsberechtigung

Für das Verständnis des Emissionshandels ist es unabdingbar, zwischen der Emissionsgenehmigung nach § 4 TEHG und der Emissionsberechtigung nach § 3 Abs. 4 TEHG zu unterscheiden: Für den Verantwortlichen (Betreiber) kommt es darauf an, eine Emissionsgenehmigung zu erhalten; anderenfalls kann er seine emissionshandelspflichtige[1] Anlage nicht legal betreiben. Davon zu unterscheiden ist jedoch die Emissionsberechtigung, die der Verantwortliche benötigt, um seine konkreten Emissionen durch Erfüllung der Abgabepflicht (§ 6 Abs. 1 TEHG) zu legalisieren. Die Emissionsberechtigung ist als „Handelsgut" des Emissionshandels anzusehen und jede natürliche sowie juristische Person kann deren Inhaber sein. Schließlich kann jede Person gemäß § 14 Abs. 2 Satz 3 TEHG bei der DEHSt ein Konto eröffnen. Die Inhaberschaft an einer Emissionsberechtigung ist daher nicht an die Eigenschaft als Verantwortlicher bzw. Betreiber geknüpft.[2]

Die Besonderheit für den Verantwortlichen, mithin für den Betreiber, besteht darin, dass nur er einen Anspruch auf kostenlose Erstzuteilung von Emissionsberechtigungen gemäß § 9 Abs. 1 TEHG besitzt. Dies ist aus verfassungsrechtlichen Gründen geboten. Dieser Anspruch steht jedoch nicht jeder Person zu, obwohl jede Person am Emissionshandel teilnehmen kann. Die „sonstigen" Teilnehmer sind daher für ihre Teilnahme am Emissionshandel darauf angewiesen, überhaupt erst Emissionsberechtigungen zu erwerben.

8.2 Rechtliche Einordnung der Emissionsberechtigung und des Übertragungsakts

Sowohl über die rechtliche Einordnung der Emissionsberechtigungen als auch über die rechtliche Einordnung des Übertragungsaktes besteht in der Literatur Un-

---

[1] Der Begriff der „Emissionshandelspflichtigkeit" ist so zu verstehen, dass Verantwortliche verpflichtet sind, am System des Emissionshandelsrechts teilzunehmen; er bedeutet nicht, dass es eine Pflicht zum Handeln mit Emissionsberechtigungen gäbe.
[2] *Streck/Binnewies*, DB 2004, 1113, 1115.

einigkeit. Die rechtliche Qualifizierung spielt dabei im Hinblick auf den Rechtsweg und die kollisionsrechtliche Verknüpfung eine maßgebliche Rolle.[3]

8.2.1 Rechtliche Qualität der Emissionsberechtigung

Zur Frage der rechtlichen Qualität der Emissionsberechtigung werden im Wesentlichen drei Auffassungen vertreten:

Ein Teil der Literatur nimmt an, die Emissionsberechtigung sei öffentlich-rechtlicher Natur.[4] Würde der Verantwortliche nicht über Emissionsberechtigungen verfügen, dann müsste er mit Sanktionen rechnen (§ 18 TEHG). Emissionsberechtigungen seien Regelungselemente eines staatlichen Bewirtschaftungssystems im Hinblick auf die Verknappung von Emissionen und daher grundsätzlich öffentlich-rechtlich zu qualifizieren. Eine andere Sichtweise würde den numerus clausus der Sachenrechte durchbrechen. Im Übrigen biete sich hier kein Vergleich zur Qualifikation der Reststrommengen gemäß § 7 Abs. 1b AtG an, da mit der Befugnis zur Stromproduktion unmittelbar der wirtschaftliche Wert des Grund- und Anlageneigentums realisiert werde, während bei der Emission gerade das öffentliche Gut Luft genutzt werde.[5]

Eine andere Auffassung geht davon aus, dass die Zuweisung des Zertifikatehandels zum öffentlichen Recht mehr Probleme heraufbeschwöre als sie löse.[6] Eine „glatte" Zuordnung entweder zum Privatrecht oder zum öffentlichen Recht sei nicht möglich. Emissionsberechtigungen hätten unweigerlich eine „hybride" Natur. Im Übrigen sei bei einer Einordnung in das öffentliche Recht allein die Verweisung des § 62 Satz 2 VwVfG auf das BGB und damit auf das übrige Privatrecht maßgeblich.

Nach einer dritten Auffassung seien die Emissionsberechtigungen dem Privatrecht zuzuordnen.[7] Für den laufenden Betrieb seiner Anlage benötige der Verantwortliche keine Berechtigungen. Die Berechtigung werde im Verhältnis zwischen Betreiber und Staat als „Währung" sui generis eingesetzt. Dieses öffentlich-rechtliche Verhältnis wandele sich jedoch in dem Moment um, wenn die Berechtigung auf einen Dritten übertragen werde, der nicht Verantwortlicher im Sinne des TEHG sei.

Die letztgenannte Auffassung ist fragwürdig, da sie die Frage der rechtlichen Qualität der Emissionsberechtigung unzutreffend mit der nach der rechtlichen

---

[3] *Frenz*, in: Frenz, § 16 TEHG Rn. 4; *Wagner*, ZBB 2003, 409, 410.
[4] *Frenz*, in: Frenz, § 16 TEHG Rn. 4 ff.; *Schweer/von Hammerstein*, § 6 TEHG Rn. 11 f.
[5] Die dogmatische Einordnung der Reststrommengen gemäß § 7 Abs. 1b AtG ist umstritten. Zum Teil (*Bröwing*, in: Ossenbühl, Deutscher Atomrechtstag, S. 131, 146; *Huber*, DVBl. 2003, 157, 159) werden die Reststrommengen als öffentlich-rechtliche Berechtigungen qualifiziert. Andere (*Ossenbühl*, in: Kutscheidt-FS, S. 213, 216; *Posser*, in: Posser/Schmans/Müller-Dehn, § 7 Abs. 1 a-d Rn. 131) nehmen eine dogmatische Einordnung als zivilrechtliches Nutzungsrecht vor.
[6] *Wagner*, ZBB 2003, 409, 412.
[7] *Theuer*, in: Frenz, § 3 TEHG Rn. 18 f.

8.2 Rechtliche Einordnung der Emissionsberechtigung und des Übertragungsakts

Einordnung des Übertragungsakts vermengt. Dies sind zwei voneinander zu unterscheidende Gesichtspunkte, die auch separat behandelt werden, da nicht automatisch eine öffentlich-rechtliche Qualität der Emissionsberechtigung dazu führt, dass der Übertragungsakt als öffentlich-rechtlich einzuordnen ist. Die Frage der rechtlichen Qualität offen zu lassen, ist ebenfalls nicht überzeugend. Schließlich ist damit die Beantwortung der Fragen nach dem Rechtsweg und der kollisionsrechtlichen Anknüpfung verbunden. Zustimmungswürdig ist die erstgenannte Ansicht, dass die Emissionsberechtigung öffentlich-rechtlicher Natur sei. Schließlich dient sie der Erfüllung der Abgabenpflicht aus § 6 Abs. 1 TEHG, die als öffentlich-rechtlich zu qualifizieren ist.

8.2.2 Einordnung des Übertragungsakts

Von der Frage der Rechtsqualität der Emissionsberechtigung ist die Frage der rechtlichen Einordnung des Übertragungsakts zu unterscheiden. Hier wird von einem Teil der Literatur die Meinung vertreten, im Falle der Übertragung liege ein öffentlich-rechtlicher Vertrag vor.[8] Schließlich könne auch zwischen Privatpersonen ein öffentlich-rechtlicher Vertrag geschlossen werden.

Diese Sichtweise überzeugt jedoch nicht, da ein solcher Vertrag im Sinne der §§ 54 ff. VwVfG zwischen Privatpersonen nur angenommen wird, wenn dazu eine spezialgesetzliche Ermächtigung besteht.[9] Als Beispiel hierfür werden die Verträge zwischen Privatrechtssubjekten im Hinblick auf die Übernahme der Straßenreinigungs- und Sicherungslast oder im Wasserrecht bei der Übernahme von Unterhaltungspflichten an einem Gewässer genannt.[10] Deutlich wird an diesen Beispielen, dass die vertraglich übernommenen Pflichten immer öffentlich-rechtlich zu qualifizieren sind. Dies fehlt im Falle der Übertragung von Emissionsberechtigungen, da der Veräußerer einer Emissionsberechtigung mit deren Übertragung keine öffentlich-rechtliche Pflicht erfüllt. Schließlich können subjektiv-öffentliche Rechte von Privatpersonen im Rahmen eines zivilrechtlichen Veräußerungsgeschäftes übertragen werden, soweit dies gesetzlich zugelassen ist.[11] Gemäß § 15 TEHG wird im Bereich des Emissionshandels die zivilrechtliche Veräußerung zugelassen.[12]

Schon früh ist in Teilen der Literatur zutreffend erkannt worden, dass im Hinblick auf die rechtliche Einordnung des Handels mit Emissionszertifikaten ein Vergleich zum Handel mit Milch-Anlieferungs-Referenzmengen möglich erscheint.[13] Die Milch-Anlieferungs-Referenzmenge berechtigt den Milcherzeuger, im Umfang dieser Menge Milch an einen Käufer zu veräußern und in diesem Umfang keine Zusatzabgabe entrichten zu müssen. Der Umstand, dass an die Inhaber-

---

[8] *Frenz*, in: Frenz, § 16 TEHG Rn. 6.
[9] *Bonk*, in: Stelkens/Bonk/Sachs, § 54 Rn. 65.
[10] *Bonk*, in: Stelkens/Bonk/Sachs, § 54 Rn. 65.
[11] *Putzo*, in: Palandt, § 453 Rn. 4; *Westermann*, in: Münchner Kommentar, § 453 Rn. 5.
[12] *Wertenbruch*, ZIP 2005, 516, 517.
[13] *Schnekenburger*, AUR 2003, 133; *Wagner*, ZBB 2003, 409, 411 f.

schaft am Lieferrecht die Rechtsfolge geknüpft ist, ohne Zahlung einer Zusatzabgabe Milch abgeben zu dürfen, beschränkt sich nicht auf eine Handlungsmöglichkeit, an deren Ausnutzung sich erst weitere Folgen anschließen. Vielmehr ergeben sich aus der Referenzmenge selbst unmittelbar Folgen im Falle einer Überlieferung, nämlich das Fälligwerden einer Zusatzabgabe, die 115% des Richtpreises beträgt.[14] Damit gibt die Referenzmenge nicht nur die Befugnis zur Produktion und Lieferung einer bestimmten Menge Milch, sondern bestimmt zugleich, in welchem Umfang keine Zusatzabgabe gezahlt werden muss. Mithin ist die Referenzmenge keine Befugnis, sondern die Innehabung ist eine öffentlich-rechtliche Rechtstellung bzw. Rechtsposition.[15] Die Milch-Anlieferungs-Referenzmenge kann nach der Milchabgabenverordnung[16] über Verkaufsstellen (sog. Milchbörsen) gehandelt werden. Dies geht zurück auf die Einführung des Verkaufsstellensystems durch die Zusatzabgabenverordnung.[17] Zwar wird die Übertragung der Milch-Anlieferungs-Referenzmenge über die Verkaufsstellen zum Teil[18] als öffentlich-rechtlich qualifiziert. Dies ist mit dem Emissionshandel nicht vergleichbar, da sich die DEHSt völlig aus dem Handelsgeschehen heraushält. Vielmehr ist von einer freien Handelbarkeit auszugehen. Vor Einführung des Handelssystems in der Zusatzabgabenverordnung im Jahre 2000 war dies im Milchquotenrecht ebenfalls gemäß § 7 Abs. 2 lit. a) Milch-Garantiemengen-Verordnung[19] so vorgesehen, da der Verkauf der Quote ohne Fläche möglich war. Insoweit lässt sich eine Vergleichbarkeit des Milchquotenrechts zum Emissionshandel herstellen. Die Übertragung der Milch-Anlieferungs-Referenzmenge führte zu einer endgültigen neuen Zuordnung der Milch-Anlieferungs-Referenzmengen zu einem neuen Inhaber. Voraussetzung war, dass der neue Eigentümer Betriebsinhaber im Sinne von Art. 9 der Verordnung Nr. 3950/92 des Rates war.[20] Bei diesem Verkauf der Milch-Anlieferungs-Referenzmenge handelte es sich nicht um einen öffentlich-rechtlichen Vertrag. Vielmehr erfolgte eine rein zivilrechtliche Einordnung des Rechtsgeschäfts, so dass auch der zivilrechtliche Rechtsweg gegeben war.[21] Die Grundsätze lassen sich auf den Emissionshandel ohne Weiteres übertragen, so dass die Emissionsberechtigung eine Rechtsposition darstellt, deren Übertragung zivilrechtlich einzuordnen ist. Mithin ist – ohne den Umweg über § 62 Satz 2

---

[14] *Schnekenburger*, AUR 2003, 133, 134.
[15] *Schnekenburger*, AUR 2003, 133, 134.
[16] Verordnung zur Durchführung der EG-Milchabgabenregelung - Milchabgabenverordnung - vom 09.08.2004 BGBl. I 2004 S. 2143.
[17] Verordnung zur Durchführung der Zusatzabgabenregelung - Zusatzabgabenverordnung – vom 12.01.2000, BGBl. I 2000 S. 27 ff.
[18] *Düsing/Kauch*, S. 208.
[19] Verordnung über die Abgaben im Rahmen von Garantiemengen im Bereich der Marktorganisation für Milch- und Milcherzeugnisse (Milch-Garantiemengen-Verordnung – MGV) durch die mit Wirkung vom 30.09.1993 in Kraft getretene Verordnung vom 24.09.1993, BGBl. I S. 1659.
[20] Verordnung (EWG) Nr. 3950/92 des Rates vom 28.12.1992 über die Erhebung der Zusatzabgabe im Milchsektor, ABl. der EG Nr. L 405 vom 31.12.1992, S. 1.
[21] OLG München, RdL 2000, 79; LG Osnabrück, RdL 1996, 9.

VwVfG – das BGB und damit das übrige Privatrecht im Hinblick auf die Übertragung von Emissionsberechtigungen maßgeblich. Deshalb sind Streitigkeiten im Zusammenhang mit der Übertragung von Emissionsberechtigungen auch vor den Zivilgerichten auszutragen.

8.3 Voraussetzungen für die Beteiligung am Handel mit Emissionsberechtigungen

Um am Emissionshandel teilnehmen zu können, bedarf es der Einrichtung eines Kontos bei der registerführenden Stelle. Dies ist in der Bundesrepublik Deutschland die DEHSt. Das Emissionshandelsregister ist ein Datenbanksystem, das in seiner Funktion einem elektronischen Kataster ähnelt. Im Emissionshandelsregister werden die aktuellen und historischen Besitzverhältnisse im Hinblick auf die Emissionsberechtigungen verwaltet. Die Nutzung des Emissionshandelsregisters durch den Benutzer ist dem Online-Banking nachempfunden. Den Inhabern der Emissionsberechtigungen ermöglicht das Datenbanksystem des Emissionshandelsregisters, über das Internet – ähnlich dem Online-Banking – Übertragungen auf andere Konten vorzunehmen.[22]

Um die Emissionsberechtigungen handelbar zu machen, war eine gewisse Vergegenständlichung erforderlich, um Sicherheit im Hinblick auf ihre Existenz und die Inhaberschaft an ihnen zu gewährleisten.[23] Den rechtlichen Rahmen geben Art. 19 und 20 EH-Richtlinie vor, die die Einrichtung von Registern für die Mitgliedstaaten und die Führung eines unabhängigen Transaktionsprotokolls von einem Zentralverwalter fordern, der von der Kommission zu benennen ist.

8.3.1 EU-Registerverordnung

In der Bundesrepublik Deutschland sieht § 14 Abs. 1 Satz 1 i.V.m. Abs. 4 TEHG die Einrichtung eines Emissionshandelsregisters vor. In dieser Vorschrift ist wiederum ein Verweis auf die Verordnung (EG) Nr. 2216/2004 der Kommission vom 21.12.2004 über ein standardisiertes und sicheres Registersystem gemäß der EH-Richtlinie sowie der Entscheidung 280/2004/EG des Europäischen Parlaments und des Rates (EU-Registerverordnung) enthalten, die die Vorgaben für die Einrichtung des Emissionshandelsregisters beinhaltet.[24] Die EU-Registerverordnung gibt konkrete Vorgaben für den Inhalt des Registers, die Kontrollen und Vorgänge, die Transaktionen, die Sicherheitsnormen, die Authentifizierung und die Zugangsrechte, die Verfügbarkeit und die Zuverlässigkeit von Informationen und die Aufzeichnung sowie Gebühren vor.

---

[22] Zur Unterscheidung zum Bankverkehr wird bei Kontobewegungen nicht von Überweisungen, sondern von Übertragungen gesprochen.
[23] *Schweer/von Hammerstein*, § 14 TEHG Rn. 1.
[24] EU-Registerverordnung ABl. der EG L 386 vom 29.11.2004, S. 1.

8.3.2 Unterscheidung von Personen- und Anlagenkonten

Es werden im Rahmen des Emissionshandelsregisters zwei Arten von Konten für die Inhaber von Emissionsberechtigungen unterschieden. Zum einen gibt es das Personenkonto (personal holding account) und zum anderen das Betreiberkonto (operator holding account). Für jede nach dem TEHG gemeldete Anlage legt die DEHSt automatisch ein Betreiberkonto an. Über dieses Betreiberkonto kann der Verantwortliche Emissionsberechtigungen halten, abgeben, löschen und mit ihnen handeln. Gemäß Art. 19 Abs. 1 EU-Registerverordnung werden Personenkonten auf Antrag eingerichtet. Die Vorgaben der EU-Registerverordnung werden von § 14 Abs. 2 Satz 3 TEHG wiederholt. Gemäß Art. 19 Abs. 2 EU-Registerverordnung muss innerhalb von zehn Tagen nach Eingang des Antrags auf Einrichtung eines Personenkontos bzw. nach Aktivierung der Kommunikationsverbindung zwischen dem Register und der unabhängigen Transaktionsprotokolliereinrichtung der Gemeinschaft – je nachdem, welcher Zeitpunkt der spätere ist – durch den Registerführer (in der Bundesrepublik Deutschland die DEHSt) ein Konto eingerichtet werden. Personenkonten können von jeder natürlichen und juristischen Person eröffnet werden. Dabei können bis zu 99 Konten pro Person eröffnet werden. Während Personenkonten im Wesentlichen nur die Daten des Kontoinhabers und der auf dem Konto verbuchten Emissionsberechtigungen enthalten, haben Betreiberkonten zusätzliche Angaben zur jeweiligen Anlage (z.B. Anlagenbezeichnung, Genehmigung, Kategorie). Wichtigste Angabe wird aber dabei das Aktenzeichen der Zuteilung sein.

Für die Kontoeröffnung hat der Verantwortliche der DEHSt die erforderlichen Informationen unter Verwendung des Formulars „Datenerhebung für die Einrichtung eines Anlagenkontos im Emissionshandelsregister der DEHSt" über die virtuelle Poststelle der DEHSt zu übermitteln. Die Übermittlung erfolgt dabei entweder durch den gesetzlichen oder durch den bevollmächtigten Vertreter. Die Verantwortlichen müssen hierzu aber ihre Identität je nach Rechtsform durch einen beglaubigten Auszug aus dem jeweiligen öffentlichen Register (z.B. Handelsregister) oder – etwa bei fehlender Publizität – durch ein gleichwertiges Dokument (z.B. Gesellschaftsvertrag) nachweisen.

Bei Personenkonten hat der Antragsteller zur Kontoeröffnung gegenüber der DEHSt die erforderlichen Informationen unter Verwendung des Formulars „Antrag auf Einrichtung eines Personenkontos" zu übermitteln.[25] Die Informationen sind entweder über die virtuelle Poststelle der DEHSt oder in Papierform mit Unterschrift an die DEHSt zu übermitteln. Natürliche Personen mit Wohnsitz in der Bundesrepublik Deutschland werden durch das PostIdent-Verfahren identifiziert. Bei Nutzung der qualifizierten elektronischen Signatur über die virtuelle Poststelle der DEHSt wird ein PostIdent-Verfahren nicht durchgeführt.

---

[25] Das Formular ist auf der Internetseite der DEHSt (www.dehst.de) abrufbar.

8.3.3 Weitere Arten von Konten

Bevor die Emissionsberechtigungen ausgegeben worden sind, war der Eintrag aller Emissionsberechtigungen in der ersten Zuteilungsperiode auf dem Konto des jeweiligen Mitgliedstaates im mitgliedstaatlichen Emissionshandelsregister erforderlich. Gemäß Art. 12 Abs. 1 EU-Registerverordnung hat der Registerführer auf Antrag der zuständigen Stelle des Mitgliedstaates ein Konto für den Mitgliedstaat gemäß Art. 11 Abs. 1 EU-Registerverordnung einzurichten. Auf diesem Konto werden die dem Mitgliedstaat zustehenden Berechtigungen gespeichert. Im Rahmen der Zuteilung erfolgt dann der Austrag der Berechtigungen auf dem Konto des Nationalstaates auf das Konto des jeweiligen Betreibers, das gemäß Art. 15 EU-Registerverordnung eingerichtet werden muss (sogenanntes Betreiberkonto). Von diesem Konto kann der Austrag der Emissionsberechtigungen vom Konto des Veräußerers auf das Konto des Erwerbers erfolgen, wenn im Rahmen des eigentlichen Emissionshandels Emissionszertifikate übergehen. Darüber hinaus hat gemäß Art. 11 Abs. 3 EU-Registerverordnung das jeweilige Emissionshandelsregister des Mitgliedstaates ein Ausbuchungskonto, ein Löschungskonto für den Zeitraum 2005 bis 2007 und ein Löschungskonto für den Zeitraum 2008 bis 2012 zu enthalten. Das Löschungskonto dient dazu, dass bei einem Verzicht gem. § 6 Abs. 4 Satz 6 TEHG die beanspruchte Löschung von Emissionsberechtigungen umgesetzt werden kann. Es wurde bereits oben beschrieben,[26] dass die Abgabepflicht aus § 6 Abs. 1 TEHG dadurch erfüllt wird, dass die Emissionsberechtigungen vom Konto des Betreibers ausgetragen und auf das Konto des jeweiligen Mitgliedstaates eingetragen werden. Der jeweilige Mitgliedstaat erfüllt seine Verpflichtungen dadurch, dass die Emissionszertifikate von seinem Konto ausgetragen und auf dem Retirement Account (Cancellation Account) des Nationalstaates eingetragen werden. Im Jahre 2008 erfolgt vor der Eintragung auf dem Retirement Account des Nationalstaates eine (Rück-)Umwandlung der Emissionsberechtigungen in AAU, so dass der jeweilige Nationalstaat seine Pflichten gem. Art. 3 Abs. 1 des Kyoto-Protokolls erfüllen kann.

8.3.4 CITL

Die Übertragung von Emissionsberechtigungen ins Ausland werden über das sogenannte Community Independant Transaction Log (CITL) abgewickelt. Das CITL ist eine Art Überregister und vermittelt die Übertragung zwischen den Ländern. Das CITL wird von der EU-Kommission betrieben und ist Anfang 2005 in Betrieb gegangen. Diese Einrichtung ist gemäß Art. 5 EU-Registerverordnung vorgesehen. Die unabhängige Tranksaktionsprotokolliereinrichtung umfasst die in Anhang I zur EU-Registerverordnung beschriebene Hard- und Software, muss über das Internet zugänglich sein und den in der EU-Registerverordnung festgelegten funktionalen und technischen Spezifikationen entsprechen. Gemäß Art. 20 EU-Registerverordnung ist die unabhängige Tranksaktionsprotokolliereinrichtung

---

[26] Siehe Kapitel 6.

der Gemeinschaft im Einklang mit den Bestimmungen der EU-Registerverordnung zu pflegen. Das CITL fungiert also als Zentralverwalter für die Europäische Gemeinschaft. Das ursprüngliche Vorhaben der EU-Kommission, ein zentrales europäisches Register zu schaffen, wurde aufgrund der unterschiedlichen Auffassungen in den Mitgliedstaaten zugunsten eines dezentralen Systems fallen gelassen. Um trotz der verteilten Kontoführung einen einfachen, transparenten und konsistenten internationalen Markt im europäischen Bereich zu ermöglichen, werden alle internationalen Tranksaktionen (z.B. Handel von Zertifikaten zwischen einem deutschen und einem französischem Standort) über das CITL abgewickelt. Das CITL zeichnet darüber hinaus sämtliche Kontobewegungen innerhalb des nationalen Registers mit und dient im Falle der Inkonsistenz der nationalen Register als letzte Entscheidungsinstanz. Hierzu folgt in regelmäßigen Abständen ein Abgleich zwischen nationalen Registern und des CITL.

8.3.5 Tabellen

Neben den Konten muss das nationale Register auch Tabellen enthalten. Gemäß Art. 24 EU-Registerverordnung muss jedes Register ab dem 01.01.2005 eine Tabelle der geprüften Emissionen, eine Tabelle der zurückgegebenen Zertifikate und eine Tabelle des Standes der Einhaltung enthalten. Es ist aber der registerführenden Stelle des jeweiligen Mitgliedstaates unbenommen, in das Register weitere Tabellen für sonstige Zwecke aufzunehmen.

8.3.6 Gebühren

Für Betreiberkonten und Personenkonten wird nach § 1 Abs. 1 EHKostV 2007 i.V.m. Nr. 3 des Gebührenverzeichnisses im Anhang zu § 1 Abs. 1 EHKostV 2007[27] eine Gebühr in Höhe von 200,00 € pro Zuteilungsperiode erhoben. Diese Gebühr beinhaltet die Kontoeröffnung und die Kontoführung einschließlich aller Transaktionen für die erste Handelsperiode. Neben den Kontobevollmächtigten hat der für eine Anlage zuständige Verifizierer ebenfalls uneingeschränkten Zugriff auf das zugehörige Anlagenkonto.

8.3.7 Nutzungsbedingungen

Die Geschäftsbeziehungen zwischen den Nutzern des Emissionshandelsregisters und der DEHSt werden durch die Nutzungsbedingungen bestimmt, die die DEHSt als Allgemeinverfügung veröffentlicht hat.[28] Jedoch bestehen bei einzelnen Vor-

---

[27] Kostenverordnung zum Treibhausgas-Emissionshandelsgesetz und zum Zuteilungsgesetz 2007 (Emissionshandelskostenverordnung 2007-EHKostV 2007) vom 31.08.2004, BGBl. 2004 I S. 2273 ff.
[28] Bundesanzeiger vom 4.03.2005, Ausgabe Nr. 44.

schriften der Nutzungsbedingungen Zweifel im Hinblick auf deren Rechtmäßigkeit. So wird eine Haftung für Schäden, die durch Systemausfälle und Softwareprobleme entstehen, in Ziff. 5 Abs. 3 der Nutzungsbedingungen ausgeschlossen. Der BGH[29] hat eine vergleichbare Klausel im Bereich des online-bankings mit Blick auf § 11 Nr. 7 AGBG a.F. (nunmehr § 309 Nr. 7 lit. b) BGB n.F.) für unwirksam angesehen. Eine umfassende Freizeichnung von der Haftung für technisch oder betrieblich bedingte Störungen, die auf Eigenverschulden, z.B. Organisationsverschulden in Form ungenügender Sicherung der Computeranlagen oder zurechenbarem Fremdverschulden von Mitarbeitern oder beauftragtem Wartungspersonal, wie etwa Programmierungs-, Bedienungs- oder Wartungsfehler, beruhen, sei nicht möglich. Ein derartiger Haftungsausschluss für jegliche Form des Verschuldens verstoße gegen § 11 Nr. 7 AGBG a.F. Da hier im Bereich des Emissionshandels nichts anderes gelten dürfte, ist die Regelung in Ziff. 5 Abs. 3 der Nutzungsbedingungen erheblichen rechtlichen Bedenken mit Blick auf die Rechtsprechung des BGH unterworfen. Diese Bedenken teilt die DEHSt offenbar und strebt nach dem Widerspruch einiger Unternehmen eine Änderung der Regelung an.

Zweifel ergaben sich darüber hinaus auch im Hinblick auf Ziff. 13 der Nutzungsbedingungen. Darin wird bestimmt, dass der Zugang zum Emissionshandelsregister 24 Stunden am Tag und 7 Tage in der Woche möglich ist. Die DEHSt behält sich jedoch vor, die Nutzungszeiten, z.B. für Wartung und Systempflege, einzuschränken. Bei Systemausfall, Systemengpässen, Software-Fehlern und ähnlichen Systemstörungen, die eine ordnungsgemäße Fortsetzung des Registerbetriebs nicht mehr zulassen, können der Kontozugang oder andere Abläufe durch die Registerverwaltung unterbunden werden. Insbesondere die letztgenannte Unterbindung der Kontozugangsberechtigung ist mit Blick auf die Rechtsprechung des BGH[30] jedoch erheblichen Bedenken unterworfen. Dieser ohne Rücksicht auf ein Verschulden der DEHSt und den Grad dieses Verschuldens vorgesehene Haftungsausschluss für sämtliche technisch oder betrieblich bedingte zeitweilige Zugangsstörungen im Online-Service dürfte ebenfalls unwirksam sein. In Ziff. 13 Satz 1 der Nutzungsbedingungen ist ausdrücklich geregelt, dass der Zugang ohne Einschränkung möglich sein muss. Danach ist die DEHSt verpflichtet, geeignete Vorkehrungen für Funktionsfähigkeit und Betriebssicherheit des eigenen Systems zu treffen. Es dürfte sich daher nicht als rechtmäßig darstellen, wenn durch Ziff. 13 Satz 3 der Nutzungsbedingungen nunmehr die Möglichkeit besteht, den Kontozugang zu verwehren. Eine gesetzliche Grundlage für diese Einschränkung ist auch nicht ersichtlich. Kontosperrungen sind nur im Bereich der Sanktionen vorgesehen. Für alle übrigen Beschränkungen des Kontozugangs fehlt eine gesetzliche Grundlage. Mit Blick auf den Vorbehalt des Gesetzes sind solche Einschränkungen auch nicht hinzunehmen. Die DEHSt teilt aber mittlerweile auch diese Bedenken und hat Änderungen angekündigt.

---

[29] BGH, NJW 2001, 751, 753.
[30] BGH, NJW 2001, 751, 752 f.

8.3.8 Zugriff auf Konten und Register

Der Zugriff auf das Register erfolgt über das Internet mittels einer Web-Oberfläche im Browser. Die Benutzeridentifikation wird zunächst über eine Benutzername-Passwort-Kombination erfolgen. Im Verlaufe des Jahres 2005 ist die notwendige Software (Java-Client) zur Verfügung gestellt worden, damit die digitale Signaturkarte zur Authentifizierung verwendet werden kann. Als weitere Identifikationsmöglichkeit für diejenigen, die nicht über eine Signaturkarte verfügen, werden vermutlich Softwarezertifikate zur Verfügung stehen.

Der Zugriff auf die Konten erfolgt ausschließlich über die Autorisierung und stets über eine verschlüsselte Leitung (https). Benutzerrechte werden von der DEHSt auf Antrag des Betreibers zugeteilt. Jeder Bevollmächtigte sieht nur die Konten, für die er eine Vollmacht besitzt.

Die Registersoftware stellt dem Nutzer derzeit eine Kontostandabfrage und eine vollständige Transaktionsliste (einschließlich Bearbeitungsstatus von Tranksaktionen, z.B. „in Bearbeitung", „abgeschlossen") bereit. Es wird in Zukunft darüber hinaus die Möglichkeit zum download dieser Listen im Text- und Excelformat geben sowie eine Funktion, sich Kontoauszüge zu einem bestimmten Bilanztermin ausgeben zu lassen.[31]

Dritte besitzen indes Informationsansprüche aus allgemeinen Rechtssätzen, und zwar unabhängig davon, ob sie am Emissionshandel beteiligt sind oder nicht. Da der Emissionshandel auch für die Umwelt von Relevanz ist, liegen hier auch Informationen über die Umwelt nach § 2 Abs. 3 Nr. 2, 3 UIG[32] vor.

Im Rahmen des Umweltinformationsgesetzes stehen Dritten Ansprüche auf Zugang zu Umweltinformationen nach § 3 UIG zu.

8.3.9 Transaktionen

Die Transaktionen beim Emissionshandel folgen ähnlichen Regelungen wie beim online-banking. Bei einer Transaktion ist das Zielkonto, die Menge der zu übertragenden Emissionsberechtigungen sowie das Datum der Ausführung anzugeben. Zudem ist es möglich, dass in einem Textfeld Angaben zum Zweck der Transaktion getätigt werden. Sind die Angaben erfolgt, wird die Transaktion vom CITL überprüft. Die Prüfungsanforderungen und die entsprechenden Antwortcodes ergeben sich aus Anhang IX der EU-Registerverordnung im Falle von Transaktionen, die Antwortcodes betreffen. Treten im Hinblick auf die Transaktionen keine Beanstandungen auf, wird der Vorgang bestätigt. Da der Emissionshandel nicht auf die nationale Ebene beschränkt ist, sind Transaktionen zwischen Konten in unterschiedlichen Registern der europäischen Mitgliedstaaten möglich.

Die Transaktionen werden in der Bundesrepublik Deutschland von der DEHSt veranlasst. Da jedoch eine Prüfung durch das CITL erfolgt, kann eine Buchungs-

---

[31] Die Einzelheiten der Kontonutzung zu den Nutzungsbedingungen der DEHSt sind auf deren Homepage (www.dehst.de) abrufbar.
[32] Umweltinformationsgesetz vom 22.12.2004, BGBl. I 2004 S. 3704.

bestätigung nicht unmittelbar erfolgen. Wird die Bestätigung aber nicht innerhalb von 24 Stunden vorgenommen, dann wird eine Transaktion abgebrochen und der Kontobevollmächtigte informiert. Er ist dann gezwungen, die Transaktion erneut zu veranlassen.

Zudem ist bei der Durchführung aller Transaktionen die größte Sorgfalt erforderlich. Es gibt im Emissionshandelsregister keine Möglichkeit, eine einmal veranlasste Transaktion, sei es eine Übertragung, eine Einlösung oder eine Löschung von Emissionsberechtigungen zu stornieren. Selbst bei unplausiblen Transaktionen gibt es für die DEHSt keine Möglichkeit des manuellen Eingreifens oder direkter Rückfrage beim Kontoinhaber. Zudem bietet die Registersoftware auch keine Möglichkeit, einen Papierausdruck der Transaktionsanforderung zur Einhaltung des Vier-Augen-Prinzips für eine unternehmensinterne Qualitätssicherung zu erstellen. Deshalb ist es für Unternehmen erforderlich, ein internes Verfahren einzuführen, das eine sichere Dateneingabe gewährleistet. Dies kann etwa durch die Einhaltung des Vier-Augen-Prinzips bei der Veranlassung der Transaktion in der Maske der Registersoftware geschehen.

8.4 Anwendbarkeit von Vorschriften über die Kreditaufsicht

Bei der Handelbarkeit von Emissionsberechtigungen stellt sich auch die Frage, ob der Handel einer finanzaufsichtlichen Kontrolle unterliegen soll.

8.4.1 Kreditwesengesetz

Bereits vor Erlass des TEHG ist die Einordnung der Emissionsberechtigungen auf der Grundlage der EH-Richtlinie diskutiert worden. Dabei ging eine Auffassung in der Literatur von der Einordnung der Emissionsberechtigung als Wertpapier im Sinne des § 1 Abs. 11 Satz 2 Nr. 2 Kreditwesengesetz (KWG) aus.[33] Die Emissionsberechtigung sei mit der Schuldverschreibung vergleichbar, denn ihr Gegenstand sei ein Leistungsversprechen. Der Umstand, dass die Emissionsberechtigung auf einer öffentlich-rechtlichen Zielsetzung der Staatengemeinschaft beruhe und nur in Verbindung mit der Emissionsgenehmigung zu gebrauchen sei, ändere nichts daran, dass sie eine geldwerte Leistung zum Gegenstand habe.

Die Gegenauffassung lehnte demgegenüber die Einordnung des Emissionszertifikats als Wertpapier ab.[34]

Schon im Rahmen der Gesetzesbegründung zum TEHG wurde betont, dass es Ziel sei, einen durch finanzrechtliche Vorschriften möglichst unbeschränkten Handel mit Emissionsberechtigungen zu gewährleisten.[35] Damit hatte der Gesetz-

---
[33] *Wallat*, et 2003, 180, 182.
[34] *Sommer*, et 2003, 186 ff.
[35] BT-Drs. 15/2328, S. 14.

geber das Kreditwesengesetz (KWG) im Blick, mit dem Missständen im Kredit- und Finanzdienstleistungswesen entgegengewirkt werden soll, die anvertraute Vermögenswerte gefährden (§ 6 KWG). Deshalb ist im KWG unter anderem für den gewerbsmäßigen Handel mit Wertpapieren gemäß § 32 KWG ein Erlaubnisvorbehalt enthalten. Die Genehmigungspflicht des KWG würde aber den Handel mit Emissionsberechtigungen erschweren, da sie zu einer Beeinträchtigung der Attraktivität des Handels führen. Deshalb hat der Gesetzgeber in § 15 Satz 1 TEHG den Handel mit Emissionsberechtigungen aus dem Anwendungsbereich des KWG herausgenommen, um einen durch finanzrechtliche Genehmigungsverfahren unbelasteten Handel zu ermöglichen.[36] Mit der gesetzlichen Regelung in § 15 Satz 1 TEHG ist die Streitfrage nach der Einordnung der Emissionsberechtigung als Wertpapier im Hinblick auf die Anwendbarkeit des Kreditwesensgesetzes obsolet geworden.[37]

Demgegenüber hat der Gesetzgeber das KWG auf den Derivatehandel zugelassen. Derivative sind gemäß § 1 Abs. 11 Satz 3 KWG Termingeschäfte, deren Preis unmittelbar oder mittelbar vom Börsen- oder Marktpreis des jeweiligen Handelsobjekts, etwa Wertpapiere oder bestimmte Waren, abhängt. Die Einschätzung der künftigen Preisentwicklung von Waren oder Wertpapieren erfordert spezielle Kenntnisse, über die Privatanleger im Gegensatz zu gewerblichen Händlern in der Regel nicht verfügen. Deshalb unterliegen gewerbsmäßige Termingeschäfte mit Emissionsberechtigungen den Vorschriften des KWG, hier vor allem der Erlaubnispflicht nach § 32 KWG.

8.4.2 Wertpapierhandelsgesetz

Keine Aussage trifft § 15 TEHG über die Anwendbarkeit des Wertpapierhandelsgesetzes (WpHG) als weiterem finanzaufsichtsrechtlichen Gesetzeswerk. Deshalb ist die Frage der Einordnung der Emissionsberechtigung als Wertpapier für die Anwendbarkeit des WpHG relevant.

Der Wertpapierbegriff wird durch § 2 Abs. 1 WpHG bestimmt. Nach dieser Vorschrift sind Wertpapiere, auch wenn über sie keine Urkunden ausgestellt sind, zum einen Aktien, Zertifikate, die Aktien vertreten, Schuldverschreibungen, Genussscheine, Optionsscheine oder zum anderen Wertpapiere, die mit Aktien oder Schuldverschreibungen vergleichbar sind, wenn sie an einem Markt gehandelt werden können. Zur Begriffsbestimmung begnügt sich das WpHG mit dieser Aufzählung, ohne eine inhaltliche Definition zu enthalten. Bei einem Vergleich mit den in § 2 Abs. 1 WpHG aufgeführten Wertpapieren könnten Emissionsberechtigungen am ehesten noch als Schuldverschreibungen anzusehen sein.

Dies scheidet jedoch aus. Schuldverschreibungen sind gemäß § 793 BGB Urkunden, in der sich der Aussteller zu einer Leistung an den jeweiligen Inhaber der Urkunde verpflichtet.[38] Die Emissionsberechtigung enthält jedoch für dessen In-

---

[36] BT-Drs. 15/2328, S. 14.
[37] *Frenz*, in: Frenz, § 15 TEHG Rn. 10.
[38] *Sprau*, in: Palandt, § 793 BGB Rn. 1.

haber kein Forderungsrecht, sondern akzessorisch die Berechtigung, eine bestimmte Handlung, nämlich die Emission von Treibhausgasen vornehmen zu dürfen. Unabhängig davon könnte eine Emissionsberechtigung ein Wertpapier sein, das einer Aktie oder Schuldverschreibung ähnlich ist und an einem Markt gehandelt werden kann. Bei einer Gesamtbetrachtung der Aufzählung in § 2 Abs. 1 WpHG fällt jedoch auf, dass die dortigen Finanzinstrumente als Kapitalanlage dienen.[39] Das Emissionshandelssystem dient jedoch nicht der Kapitalanlage. Erwirbt ein potenzieller Anleger Emissionsberechtigungen, so erhält er hieraus weder Zinsen noch eine Dividende. Ihm wird lediglich das Recht zuteil, eine bestimmte Menge Treibhausgase emittieren zu können. Ein regelmäßig wiederkehrender Anspruch folgt aus ihnen nicht. Die von § 2 Abs. 1 WpHG erfassten Wertpapiere sollen jedoch einen regelmäßig wiederkehrenden Anspruch auf Ertrag beinhalten.[40] Da dies bei den Emissionsberechtigungen nicht gegeben ist, scheidet schon dogmatisch ihre Einordnung als Wertpapiere aus.

Diese Einordnung ist unabhängig von der dogmatischen Klassifizierung auch deshalb vorzunehmen, da ansonsten der Bund als Emittent der Emissionsberechtigung nach § 15 WpHG verpflichtet wäre, neue kursbeeinflussende Tatsachen unverzüglich der Öffentlichkeit mitzuteilen. Ansonsten könnte ihn eine Haftung nach § 37 lit. b) WpHG für Schäden, die der Anleger infolge von Wertverlusten erleidet, treffen. Dies würde eine unangemessene Rechtsfolge darstellen.

8.5 Rechtliche Rahmenbedingungen des Handels mit Berechtigungen

8.5.1 Verpflichtungsgeschäft beim Handel mit Emissionsberechtigungen

Das Verpflichtungsgeschäft bei der Übertragung von Emissionsberechtigungen ist ohne weiteres als Rechtskauf gemäß § 453 BGB einzuordnen.[41] Nach allgemeiner Auffassung können auch subjektiv öffentliche Rechte Gegenstand des Rechtskaufs sein.[42]

Da § 453 Abs. 1 BGB pauschal auf die Regelungen des Sachkaufs verweist, sind die §§ 433 ff. BGB entsprechend anwendbar.

Im Vorfeld des Erlasses des TEHG ist die Frage der Kostenverteilung diskutiert worden.[43] Gemäß § 453 Abs. 2 BGB sei eine Kostentragung des Verkäufers für die Begründung und Übertragung eines Rechts vorgesehen. Dies wird jedoch in der ersten Zuteilungsperiode nicht relevant, da die EHKostV 2007 in ihrem Anhang für die Umbuchung keine Gebühr verlangt.

---

[39] *Beck/Samm*, § 1 Rn. 370.
[40] *Beck/Samm*, § 1 Rn. 370.
[41] *Schweer/von Hammerstein*, § 16 TEHG Rn. 2; *Wagner*, ZBB 2003, 409, 420.
[42] *Köhler*, in: Staudinger, § 433 Rn. 46; *Huber*, in: Soergel, § 433 Rn. 63.
[43] *Wagner*, ZBB 2003, 409, 421.

Die Entwicklung von Musterverträgen, um den Verkauf von Emissionsberechtigungen abwickeln zu können, ist noch nicht abgeschlossen. Einige Initiativen wie die „International Emissions Trading Association (IETA)"[44] oder die „European Federation of Energy Traders (EFET)"[45] haben bereits Vorschläge unterbreitet. Inwieweit sich hier Standardverträge durchsetzen werden, muss abgewartet werden.

8.5.2 Verfügungsgeschäft beim Handel mit Emissionsberechtigungen

Gemäß § 16 Abs. 1 Satz 1 TEHG erfolgt die Übertragung von Emissionsberechtigungen durch Einigung und Eintragung auf dem Konto des Erwerbers im Emissionshandelsregister. Die Eintragung besitzt daher konstitutive Wirkung für die Zuordnung von Emissionsberechtigungen.[46] Erst mit der Eintragung ist der Rechtsübergang abgeschlossen und das Verpflichtungsgeschäft erfüllt.

8.5.2.1 Einigung

Der Übertragungstatbestand gemäß § 16 Abs. 1 Satz 1 TEHG verlangt kumulativ die Einigung und Eintragung.[47]

Das Erfordernis der Einigung widerspricht aber den europarechtlichen Vorgaben. Art. 35 EU-Registerverordnung sieht das Einigungserfordernis für den Abschluss von Vorgängen im Zusammenhang mit Transaktionen in Registern als unerheblich an. In Anhang IX sind als Vorgänge unter anderem die Transaktionen genannt, zu denen gemäß Art. 2 lit. v) EU-Registerverordnung auch die Übertragung von Emissionsberechtigungen gehört. Gemäß Art. 35 Satz 2 EU-Registerverordnung gelten alle in Anhang IX genannten Vorgänge – bis auf die externen Übertragungen, die in Art. 36 EU-Registerverordnung geregelt sind – bis zur Einrichtung der Kommunikationsverbindung zwischen der unabhängigen Transaktionsprotokolliereinrichtung der Gemeinschaft und der unabhängigen Transaktionsprotokolliereinrichtung der UNFCCC als abgeschlossen, wenn das Register, das den Vorgang eingeleitet hat, von der unabhängigen Transaktionsprotokolliereinrichtung der Gemeinschaft die Nachricht erhalten hat, dass keine Anomalien in dem von ihm übermittelten Vorschlag festgestellt wurden, und die unabhängige Transaktionsprotokolliereinrichtung der Gemeinschaft von dem Register, das den Vorgang eingeleitet hat, die Bestätigung erhalten hat, dass seine Aufzeichnungen entsprechend dem Vorschlag aktualisiert wurden. Diese schon früher als minimalistisch bezeichnete Lösung hat den Vorteil, dass sie den Emissionshandel nicht mit Unsicherheiten der Wirksamkeit der jeweiligen zugrunde liegenden Einigung

---

[44] Text im Internet abrufbar unter www.ieta.org.
[45] Text als ALLOWANCES APPENDIX zu einem „Rahmenvertrag über die Lieferung und Abnahme von Strom" unter www.efet.org abrufbar.
[46] BT-Drs. 15/2328, S. 18.
[47] BT-Drs. 15/2328, S. 15.

belastet.[48] Für die Rückabwicklung aufgrund von Einigungsmängeln ist zwar die Gefahr einer erheblichen Rechtsunsicherheit im Emissionshandel gegeben. Nationales Recht, das europäischem Verordnungsrecht widerspricht, ist aber unanwendbar. Gemäß Art. 249 Abs. 2 EGV gelten Verordnungen in Mitgliedstaaten unmittelbar. Diese Unmittelbarkeit steht der Anwendung aller – auch jüngerer – Maßnahmen des nationalen Gesetzgebers entgegen, die mit den europäischen Verordnungen unvereinbar sind.[49] Mit Blick auf Art. 35 EU-Registerverordnung ergibt sich daher, dass die Übertragung von Emissionsberechtigungen auch dann mit der Eintragung des Wechsels des Inhabers im Emissionshandelsregister wirksam und unumkehrbar vollzogen ist, wenn eine dingliche Einigung über den Rechtsübergang nicht vorliegt.[50] Deshalb sind die Betroffenen bei Vorliegen eines Einigungsmangels auf Bereicherungsansprüche zu verweisen.

8.5.2.2 Eintragung

Die Eintragung wirkt gemäß § 16 Abs. 1 Satz 1 TEHG konstitutiv. Diese Wirkung ist dem deutschen Recht nicht fremd, da sie schon aus dem Grundstücksrecht gemäß § 873 Abs. 1 BGB bekannt ist. Sie findet sich aber auch bei der Übertragung von sog. Wertpapierrechten nach § 10 BWpVerwG. Käme der Eintragung lediglich deklaratorische Wirkung zu, widerspräche dies der Absicht der EH-Richtlinie, die Seriösität des Handels mit Emissionsberechtigungen zu gewährleisten. Gemäß Art. 20 EH-Richtlinie wird durch das CITL jeder Übertragungsakt mit Hilfe eines unabhängigen Transaktionsprotokolls kontrolliert. Gemäß Art. 20 Abs. 3 EH-Richtlinie hat das CITL bei auftretenden Unregelmäßigkeiten die Eintragung des Erwerbers in das jeweilige Verzeichnis anzuhalten, „bis die Unregelmäßigkeiten beseitigt sind". Dies wird durch das in Anhang IX der EU-Registerverordnung beschriebene Verfahren gewährleistet. Somit scheidet es sowohl im Hinblick auf den europäischen Gesetzgeber als auch im Hinblick auf den nationalen Gesetzgeber aus, das Verzeichnis und die Eintragung bei der Konzeption des Verfügungstatbestandes unberücksichtigt zu lassen. Die Registrierung von Rechten und deren Änderungen bringt ein hohes Maß an Rechtssicherheit mit sich. Durch die EU-Registerverordnung, die einheitliche Vorgaben für die Mitgliedstaaten im Hinblick auf die Führung des Registers schafft, wird diese Wirkung verstärkt. Mit einem Blick in das Register können sich alle Teilnehmer am Emissionsrechtehandel sicher sein, dass eine Berechtigung existiert und übertragen worden ist, ohne dass insoweit spezielle nationale Vorschriften beachtet werden müssen. Deshalb ist es anzuraten, vor Abschluss eines Vertrages über den Erwerb von Emissionsberechtigungen in das Emissionshandelsregister zu sehen. § 14 Abs. 1 Satz 1 TEHG i.V.m. § 20 Abs. 1 TEHG ordnet die Führung des Emissionshandelsregisters beim UBA (DEHSt) an.

Neben dem Vorteil der Rechtssicherheit bringt die Registerpflichtigkeit und das Erfordernis der Eintragung aber den Nachteil mit sich, dass die Transaktionskos-

---

[48] *Wagner*, ZBB 2003, 409, 418.
[49] Zum Anwendungsvorrang des Gemeinschaftsrechts *Koenig/Haratsch*, Rn. 122 ff.
[50] So schon vor In-Kraft-Treten der EU-Registerverordnung *Marr*, EuRUP 2004, 10, 17.

ten durch die Registerpflicht erhöht sind. Darüber hinaus dürfte eine abnehmende Effizienz und Flexibilität bei der Geschäftsabwicklung zu beklagen sein. Diese Nachteile lassen sich jedoch hinnehmen, wenn bedacht wird, dass das Vertrauen für die Marktteilnehmer – insbesondere in der Anfangsphase der Schaffung eines neuen Marktes – von nicht unerheblicher Bedeutung ist. Darüber hinaus hat der Gesetzgeber mit seiner Entscheidung in § 15 Abs. 1 TEHG, der anordnet, dass die Emissionsberechtigung nicht als Finanzinstrumente im Sinne von § 1 Abs. 11 KWG des Kreditwesengesetzes gelten, den Emissionsrechtshandel von Mehrkosten entlastet. Eine Unterwerfung des Handels mit Berechtigungen unter die Finanzdienstleistungsaufsicht würde die Teilnehmer – im Verhältnis zu Finanzaufsicht – mehr belasten. Der hiermit verbundene Verlust an Aufsicht ist hinzunehmen, wenn das Vertrauen des Marktes durch andere Regelungen sichergestellt wird. Diesem Aspekt dient die Registerpflicht der Rechte. Insoweit enthält das TEHG ein abgestimmtes System des Marktvertrauensschutzes.[51]

8.5.3 Gutgläubiger Erwerb

Durch § 16 Abs. 2 Satz 1 TEHG ist im Rahmen des Emissionshandelssystems ein umfassender Erwerberschutz gewährleistet. Ist ein Zertifikat im Emissionshandelsregister eingetragen, fingiert § 16 Abs. 2 Satz 1 TEHG die Richtigkeit dieser Eintragung. Der Erwerberschutz im Rahmen dieser Vorschrift geht über den hinaus, der z.B. durch § 892 BGB für Rechte an Grundstücken vorgesehen ist. Das Emissionszertifikat wird nämlich auch dann erworben, wenn der Veräußerer zwar nicht Berechtigter ist, aber als Inhaber im Register eingetragen ist. Anders als bei § 892 BGB ist nicht erforderlich, dass das Verfügungsgeschäft im Übrigen wirksam ist. Nur die Eintragung ist für den Rechtserwerb erforderlich.[52]

Darüber hinaus ist ein guter Glaube auf Seiten des Erwerbers für den Erwerb des Emissionszertifikats nicht erforderlich. Die positive Kenntnis des Erwerbers von der Unrichtigkeit des Registers ist unerheblich. Auch in diesem Fall erwirbt er die Berechtigung.[53]

Zu beachten ist darüber hinaus aber die Regelung des § 16 Abs. 2 Satz 2 TEHG. Diese betrifft den Ersterwerb durch Zuteilung gemäß §§ 6 Abs. 2, 9 TEHG. Wer die Unrichtigkeit des Registers kannte, etwa weil er sich die Zuteilung durch falsche Angaben erschlichen hat, kann sich nicht auf die Richtigkeit des Registers berufen. Dies bedeutet aber nichts anderes, als dass der Ersterwerb nicht wirksam ist. Im Verhältnis zum potenziellen Erwerber, dem dieser Bösgläubige seine Berechtigung veräußert, greift jedoch die Erwerberschutzvorschrift des

---

[51] *Schweer/von Hammerstein*, § 16 TEHG Rn. 5.
[52] *Marr*, EuruP 2004, 10, 17.
[53] *Ehricke/Köhn*, WM 2004, 1903, 1910; *Körner/v. Schweinitz*, in: Körner/Vierhaus, § 16 TEHG Rn. 100; *Pauly*, ZNER 2005, 42, 48. A.A. *Wertenbruch*, ZIP 2005, 516, 518, der einen Erwerb von Emissionsberechtigungen bei Bösgläubigkeit mit dem Hinweis auf § 138 BGB verneint.

§ 16 Abs. 2 Satz 1 TEHG.⁵⁴ Zutreffend geht die Literatur davon aus, dass die Vorschrift einen Fremdkörper in diesem Kontext des Erwerberschutzes darstellt.⁵⁵ Sie enthält eine Sonderregelung für die Unwirksamkeit des Ersterwerbs. Dieser betrifft jedoch nicht den rechtsgeschäftlichen Erwerb, sondern den „Erwerb" mittels staatlichen Hoheitsaktes. Diese Vorschrift ist jedoch nicht im Kontext zu Erwerbstatbeständen, sondern vielmehr im Zusammenhang mit der Rücknahmevorschrift gemäß § 48 Abs. 3 VwVfG zu sehen. Als lex specialis und lex posterior verdrängt § 16 Abs. 2 Satz 2 TEHG die allgemeine verwaltungsverfahrensrechtliche Vorschrift des § 48 Abs. 3 VwVfG.⁵⁶

8.5.4 Kreditsicherheit

Schon vor dem In-Kraft-Treten des TEHG wurde in der Literatur die Frage diskutiert, ob die Emissionsberechtigung als Mittel der Kreditsicherheit genutzt werden könne.⁵⁷ Die Emissionsberechtigung ist ein übertragbares Recht, so dass an sich die Bestellung eines Pfandrechts gemäß §§ 1273, 1274 BGB in Betracht käme. Jedoch schreibt § 1274 Abs. 1 Satz 1 BGB vor, dass die Bestellung eines Pfandrechts nach den Vorschriften der Übertragung des Rechts erfolgen muss. Die Übertragung des Emissionszertifikats geschieht durch Einigung und Eintragung. Die Eintragungsmöglichkeit nach dem Vorbild der Abteilung III des Grundbuchs ist jedoch im Emissionshandelsregister nicht möglich.⁵⁸ Die EU-Registerverordnung sieht in Kapitel V, das sich mit den Transaktionen beschäftigt, eine Bestellung von Sicherheiten im Hinblick auf die Emissionsberechtigung nicht vor. Zudem bestände das Problem, dass bestehende Sicherungsrechte beim Grenzübertritt nicht im Widerspruch zur Rechtsordnung des Aufnahmestaates ausgeübt werden könnten. Sie könnten daher unter Umständen erlöschen.⁵⁹ Deshalb ist die Schaffung eines einheitlichen europäischen Sicherungsrechts diskutiert worden.⁶⁰ Jedoch ist die Entwicklung in diesem Bereich nicht abzusehen. Im Ergebnis ist die Tauglichkeit der Emissionsberechtigung als Mittel der Kreditsicherung wegen der mangelnden Eintragungsmöglichkeit zu verneinen.

8.5.5 Zwangsvollstreckung

Die Pfändung der Emissionsberechtigung im Wege der Einzelzwangsvollstreckung richtet sich nach § 857 ZPO, der die §§ 828 ff. ZPO, in denen die Zwangs-

---

⁵⁴ *Frenz*, in: Frenz, § 16 TEHG Rn. 19.
⁵⁵ *Frenz*, in: Frenz, § 16 TEHG Rn. 20.
⁵⁶ *Frenz*, in: Frenz, § 16 TEHG Rn. 20.
⁵⁷ *Wagner*, ZBB 2003, 409, 419.
⁵⁸ A.A. *Wertenbruch*, ZIP 2005, 516, 519, mit dem Hinweis auf § 14 Abs. 1 Satz 2 TEHG, nach dem das Emissionshandelsregister Verfügungsbeschränkungen ausweist.
⁵⁹ *Wagner*, ZBB 2003, 409, 416.
⁶⁰ Vgl. dazu nur *Wagner*, ZBB 2003, 409, 416 m.w.N.

vollstreckung über Forderungen geregelt sind, für entsprechend anwendbar erklärt. Dabei kann die nach §§ 829, 835 ZPO vorgesehene Zustellung des Pfändungs- und Überweisungsbeschlusses an den Drittschuldner im Falle der Emissionsberechtigung nicht erfolgen, da ein solcher in diesem Zusammenhang nicht existiert. Deshalb müsste auf § 857 Abs. 2 ZPO zurückgegriffen werden. Nach dieser Vorschrift gilt die Pfändung zu dem Zeitpunkt als bewirkt, zu welchem dem Schuldner das Gebot, sich jeder Verfügung über das Recht zu enthalten, zugestellt ist. Danach wäre die Zwangsvollstreckung durch Zustellung des Pfändungsbeschlusses an den Inhaber der jeweiligen Emissionsberechtigung als Vollstreckungsschuldner zu bewirken. Es fehlt jedoch eine Regelung, nach der die Pfändung in das Emissionshandelsregister eingetragen wird. Dies müsste parallel zu den Vorschriften der §§ 830 Abs. 1 Satz 3, 857 Abs. 6 ZPO erfolgen. Deshalb ist die Pfändung für die Gläubiger wenig attraktiv, da ein gutgläubiger Dritter das gepfändete Emissionszertifikat lastenfrei erwerben kann. Im Hinblick auf die Verwertung des Emissionszertifikats ist die in § 835 Abs. 1 ZPO vorgesehene Verwertungsmöglichkeit nicht anzuwenden. Eine Überweisung zur Einziehung an den Pfändungspfandgläubiger scheitert daran, dass die Berechtigung keine Rechte vermittelt, die einem Dritten gegenüber geltend gemacht werden könnten.[61] Die Überweisung an Zahlungs Statt erfordert einen Nennwert des gepfändeten Rechts, in dessen Höhe die Forderung des Gläubigers getilgt werden könnte. Einen solchen Nennwert besitzt das Emissionszertifikat nicht, da sich dessen Wert an dem Marktpreis orientiert. Für den Fall, dass beide Verwertungsmöglichkeiten nach § 835 Abs. 1 ZPO nicht anzuwenden sind, sieht § 857 Abs. 5 ZPO die Möglichkeit vor, die gerichtlich angeordnete Veräußerung mit nachfolgender Verrechnung auf die befriedigende Forderung zu bewirken. Eine solche Veräußerung entweder durch freihändigen Verkauf oder durch Versteigerung wäre für Emissionszertifikate eine praktikable Verwertungsmöglichkeit.[62]

8.5.6 Rechtsanwendung bei grenzüberschreitenden Veräußerungen

8.5.6.1 Unabwendbarkeit des UN-Übereinkommens (CISG)

Gemäß Art. 1 Abs. 1 CISG ist das UN-Kaufrechtsübereinkommen anwendbar, wenn bei „Kaufverträgen über Waren" auch die übrigen tatsächlichen Voraussetzungen beim grenzüberschreitenden Charakter des Kaufs vorliegen. Maßgeblich ist daher zu klären, ob es sich bei dem Verkauf von Emissionsberechtigungen um einen Kaufvertrag über Waren handelt. Das Tatbestandsmerkmal der Ware wird vom CISG nicht definiert. Zudem kann auf nationales Recht bei der Begriffsbestimmung nicht zurückgegriffen werden. Jedoch ist anerkannt, dass Waren im Sinne des CISG nur körperlich bewegliche Sachen sind.[63] Im Hinblick auf die

---

[61] *Wagner*, ZBB 2003, 409, 418.
[62] *Wagner*, ZBB 2003, 409, 418.
[63] OLG Köln, RIW 1994, 970; Kantongericht Zug, Urteil vom 21.10.1999, CISG-Online Nr. 491; Tribunale di Pavia, Urteil vom 29.12.1999, CISG-Online Nr. 678; letztere Entscheidungen abrufbar unter www.cisg-online.ch unter der Rubrik „cases".

Emissionsberechtigungen fehlt es an der Körperlichkeit, so dass das CISG beim grenzüberschreitenden Emissionshandel keine Anwendung findet.

8.5.6.2 Geltung der Regelungen des internationalen Privatrechts

Soweit nach der lex fori das deutsche Internationale Privatrecht zur Anwendung kommt, können die Parteien gemäß Art. 27 Abs. 1 EGBGB für den Kaufvertrag das anwendbare Recht frei wählen. Nutzen die Kaufvertragsparteien diese Wahlmöglichkeit nicht, so unterliegt der Vertrag dem Recht des Staates, mit dem der Vertrag die engsten Bindungen aufweist (Art. 28 Abs. 1 Satz 1 EGBGB). Nach der Vermutungsregelung des Art. 28 Abs. 2 Satz 1 EGBGB dürfte sich die Anwendbarkeit des Rechts nach dem Sitz der Partei richten, die die charakteristische Leistung zu erbringen hat. Beim Kaufvertrag wird dies die Verschaffung des Kaufgegenstands vom Verkäufer sein, so dass in der Regel das deutsche Recht Anwendung findet, wenn der Verkäufer seinen Sitz in der Bundesrepublik Deutschland hat. Die für die Schuldverträge geltenden kollisionsrechtlichen Grundsätze sind auf das Übertragungsgeschäft gemäß Art. 28 EGBGB i.V.m. Art. 33 Abs. 2 EGBGB anwendbar. Die Emissionsberechtigung ist ungeachtet ihrer öffentlich-rechtlichen Rechtsnatur als Forderung im Sinne dieser Vorschrift anzusehen. Eine freie Rechtswahl wird aber durch Art. 33 Abs. 2 EGBGB ausgeschlossen.

Somit gilt bei Anwendung des deutschen Internationalen Privatrechts Art. 27 EGBGB für den Kaufvertrag, so dass das anwendbare Recht frei gewählt werden kann. Bei Streitigkeiten im Hinblick auf die Übertragung von in Deutschland registrierten Berechtigungen ist das deutsche Recht und damit insbesondere das TEHG anwendbar. Dies gilt nach der Anerkennungsregelung des § 13 TEHG auch für ursprünglich im Ausland begründete Rechte.

8.6 Entwicklung von Handelsplattformen

Die Abwicklung des Emissionshandels ist nicht als staatliche Aufgabe vorgesehen. Die DEHSt beschränkt sich in diesem Zusammenhang allein auf ihre Funktion als kontoführende Stelle. Um mit Emissionsberechtigungen zu handeln, genügt die Einigung zwischen Verkäufer und Käufer sowie die Eintragung in das Emissionshandelsregister, wobei es maßgeblich auf letzteres ankommt. Bei diesem sog. bilateralen Handel ist also allein der Austausch von Emissionsberechtigungen zwischen den beteiligten Unternehmen gemeint. In diesem Fall sucht sich jeder Käufer oder Verkäufer selbst den Marktpartner und wickelt mit ihm das Handelsgeschäft ab. Der Nachteil dieses bilateralen Handels wird darin gesehen, dass im Allgemeinen im Hinblick darauf keine Preisinformation erfolgen wird. Ein weiterer Nachteil bestehe in der Möglichkeit der Ausübung von Marktmacht, wenn Unternehmen in einem Konkurrenzverhältnis stehen und keine Kaufalternativen bestehen.⁶⁴ Deshalb ist früh erkannt worden, dass die Einschaltung von Handelsplattformen und Brokern sinnvoll ist. Sie erfüllen aus ökonomischer Sicht wichtige Marktfunktionen. Sie führen Angebot und Nachfrage zusammen. Zudem können sie auf eigene Rechnung Kauf- und Verkaufsgeschäfte durchführen. In diesem Zusammenhang entsteht dann eine hohe Markttransparenz. Bei der Einschaltung von Maklern erfolgt der Handel nicht über ein standardisiertes Verfahren. Vielmehr werden die Unternehmen, für die ein Geschäft vermittelt wird, mit maßgeschneiderten Lösungen versorgt. Obwohl ein standardisiertes Verfahren nicht vorgeschrieben ist, lassen sich dennoch bei der Abwicklung von Geschäften über Handelsplattformen verschiedene Varianten unterscheiden.

8.6.1 Abwicklung

Bei der ersten Variante verbleibt die Emissionsberechtigung auf dem Konto des jeweiligen Inhabers. Jedoch erhält die Handelsplattform ein zusätzliches Zugriffsrecht auf diese Konten, so dass die Berechtigung direkt und automatisch über die Plattform gehandelt werden kann. Die größtmögliche Flexibilität ist der Vorteil dieser Variante. Erforderlich ist aber eine automatische Anbindung der Plattform über Online-Schnittstellen an das jeweilige Emissionshandelsregister.

Im Rahmen einer zweiten Variante eröffnet die Handelsplattform ein (zusätzliches) Personenkonto für den Betreiber oder Kontoinhaber, das rechtlich aber als Konto der Plattform geführt wird. Der Teilnehmer am Emissionshandel überweist auf dieses Konto seine Emissionsberechtigungen, mit denen er handeln will. Da diese Konten der Handelsplattform zugeordnet werden, sind keine separaten Zugriffsrechte für diese erforderlich, um nach einem Handelsabschluss die Transaktion auf die Konten der Teilnehmer zu veranlassen. Jedoch ist auch bei dieser Variante eine Online-Schnittstelle zum nationalen Emissionshandelsregister erforderlich. Problematisch könnte jedoch werden, dass die Konten rechtlich als Personenkonten der Plattform zuzurechnen sind. Denn , da dann die Teilnehmer an der Transaktion das Insolvenzrisiko der Handelsplattform tragen.

Bei einer dritten Variante überweisen die Teilnehmer am Emissionshandel ihre Emissionsberechtigungen, mit denen sie handeln wollen, auf ein Konto der Handelsplattform. Die Handelsplattform richtet für sich ein Personenkonto (PHA) ein. Im Rahmen dieses Kontos eröffnet die Handelsplattform, ähnlich wie eine Bank, für jeden Teilnehmer ein internes Konto. Alle Transaktionen laufen dann auf den internen Konten der Handelsplattform ab. Die Abwicklung erfolgt über ein clearing-house. Die zu handelnden Berechtigungen sind vor dem Handel in das clearing-house einzuliefern bzw. nach dem Handel durch das clearing-house freizugeben. Die Einlieferung/Freigabe erfolgt unabhängig vom Handel durch Übertragung von Emissionsberechtigungen auf das Konto des clearing-houses bzw. der Handelsplattform bei der DEHSt.

Bei der letztgenannten Variante werden sämtliche Transaktionen nur saldiert im Emissionshandelsregister eingetragen. Vorteilhaft bei dieser Variante ist, dass

---

⁶⁴ *Hansjürgens/Gagelmann*, et 2004, 234, 236.

durch die Nutzung eines clearing-houses grundsätzlich auch negative Salden auf den Konten der Handelsteilnehmer möglich sind, die aber nur intern durch die Handelsplattform geführt werden. Problematisch an dieser Variante ist, dass die Transparenzanforderungen der Registerverordnung für die einzelnen Transaktionen nur schwer umgesetzt werden. Es ist möglich, dass ein unabhängiger Händler, der ausschließlich auf einer solchen Handelsplattform aktiv ist, niemals im Register erscheint. Dennoch sollte die Variante zugelassen sein, so dass die letztliche Inhaberschaft der Emissionsberechtigungen den Transparenzanforderungen der EU-Registerverordnung genügen wird.

8.6.2 Möglichkeiten des Handels

Die Beteiligten am Emissionshandel haben unterschiedliche Möglichkeiten, mit den Berechtigungen zu handeln. Soll es um die sofortige Veräußerung gehen, bietet sich an, einen sog. spot contract abzuschließen. Beim spot contract kann das Geschäft innerhalb von 24 Stunden abgeschlossen werden. Darin erfolgt die Buchung der Emissionsberechtigungen auf das Konto des Käufers und die Zahlung an den Verkäufer.

Es können aber auch Verträge abgeschlossen werden, die zukunftsgerichtet sind (sog. forwards). Beim Handel im Rahmen von forwards verpflichtet sich der Verkäufer zu einem festgelegten Termin in der Zukunft, dem Handelspartner eine vereinbarte Menge an Emissionsberechtigungen zu einem festgeschriebenen Preis zu liefern.[65] Der Liefertermin für die Emissionsberechtigungen ist maßgeblich für den Preis. Es kann bei den forwards auch eine teilweise Vorauszahlung in die Vereinbarung aufgenommen werden. Problematisch bei den forwards ist, dass bei diesen bilateralen Verträgen jeder Handelspartner dem vollen Kreditrisiko ausgesetzt ist. Abhilfe schafft dabei die Vereinbarung eines Rahmenvertrages, der Handlungsvorgaben für verschiedene Situationen enthält. Zu diesen Handlungsvorgaben zählt die Vorgehensweise bei Insolvenz oder Übernahme eines Handelspartners. Darüber hinaus sollten der eigentliche Handels- und Liefervorgang, die Zahlungsbedingungen, die Sicherheiten, die Bonitätsfestlegung, die Haftung, der Gerichtsstand und andere Rahmenbedingungen vereinbart werden.

Um das Risiko der forwards zu vermeiden, kann auch die Vereinbarung von sog. futures vorgesehen werden. Futures werden an Börsen gehandelt. Bei ihnen tritt ein clearing-house zwischen die Handelspartner und übernimmt das Kreditrisiko.[66] Die futures werden wohl am ehesten im Rahmen der oben beschriebenen dritten Variante gehandelt werden.

Möglich ist aber auch die Vereinbarung von sog. swaps. Swaps sind als Instrumente der Risikoabsicherung beliebt. Im Rahmen der swaps versichern sich die Handelspartner gegenseitig, eine gleiche Anzahl von Emissionsberechtigungen zur bestimmten Zeit dem jeweils anderen verfügbar zu machen (Tauschgeschäfte).

---

[65] *Marci*, S. 123.
[66] *Marci*, S. 125.

8.7 Umsatzsteuerpflichtigkeit von Veräußerungen

Neben der Abwicklung des Handels darf aber auch die steuerliche Seite nicht außer Acht gelassen werden.

Die Erstzuteilung von Emissionsberechtigungen unterliegt nicht der Umsatzsteuer. Der Bund wird bei der Erstzuteilung von Emissionsberechtigungen nicht als Unternehmer tätig. Zudem ist das Kriterium der Entgeltlichkeit nicht erfüllt.

Hingegen handelt es sich bei der entgeltlichen Übertragung von Emissionsberechtigungen um eine Katalogleistung gemäß § 3 a Abs. 1 Nr. 4 UStG, denn sie ist als Übertragung bestimmter Rechte einzustufen.[67] Ist der Käufer der Emissionsberechtigung Unternehmer, so ist der umsatzsteuerliche Leistungsort dort, wo der Käufer sein Unternehmen oder seine Betriebsstätte hat. Problematisch ist hierbei aber der grenzüberschreitende Handel mit Emissionsberechtigungen, da sich noch keine einheitliche Auffassung in den Mitgliedstaaten herausgebildet hat.

Diskutiert und noch nicht abschließend geklärt sind darüber hinaus die wichtigen Fragen der Behandlung der Emissionsberechtigungen in der Bilanz sowie die ertragssteuerliche Erfassung.[68]

---

[67] Zu den Einzelheiten der Umsatzsteuerpflichtigkeit vgl. *Streck/Binnewies*, DB 2004, 116, 121 f.

[68] Siehe hierzu mit weiterführenden Hinweisen *Klein/Völker-Lehmkuhl*, DB 2004, 332 ff.; *Mutschler/Lang*, DB 2004, 1711, 1717 f.; *Streck/Binnewies*, DB 2004, 116 ff.

Kapitel 9 Rechtsschutz

Grundlagen des Rechtsschutzes im Emissionshandelsrecht sind die allgemein anerkannten Regeln des Verwaltungs- – und gegebenenfalls – Verfassungsprozessrechts, flankiert von den europarechtlichen und nicht zuletzt auch zivilrechtlichen Rechtsschutzformen.[1] Grundsätzlich finden die Rechtsschutzregeln des Umweltrechts, als dessen Teilgebiet das Emissionshandelsrecht zu fassen ist, auch hier Anwendung.[2] Das besondere Rechtsschutzproblem des Emissionshandelsrechts liegt vor allem in der Vielschichtigkeit des neuen Rechts mit seinen netzartigen Bindungskräften.[3] So wirft der Rechtsschutz gegen einen Verwaltungsakt auf der untersten Ebene des Vollzugs des Emissionshandelsrechts gleichzeitig Fragen von europäischer Dimension auf, jedenfalls etwa, wenn es um die Verknüpfung von einzelfallbezogener Zuteilungsentscheidung mit den mengenmäßigen, europarechtsgebundenen Begrenzungen des CO_2-Ausstoßes insgesamt geht, oder etwa wenn es sich um Verknüpfungen von Umweltordnungsrecht mit ökonomischen Instrumenten des Umweltrechts handelt. Einzelfallgerechtigkeit und nationale Dimension des Klimaschutzes sind eng miteinander verwoben. Die völker- und europarechtlichen Verpflichtungen der am Emissionshandel beteiligten Nationalstaaten lassen binnenstaatlich nur noch wenig Handlungsspielraum für Fragen der Verteilungsgerechtigkeit. In diesem – scheinbar engen – Rahmen bewegt sich der Rechtsschutz, der in der Regel wohl von betroffenen Verantwortlichen (Betreibern) gesucht werden wird.

9.1 Systematik des Rechtsschutzes

Die Rechtsschutzfragen im Emissionshandelsrecht lassen sich nach den verschiedenen Entscheidungs-, Lenkungs- und Eingriffsebenen systematisieren: Betrachtet

---

[1] Ausführlich siehe hierzu *Breuer*, Rechtsschutz beim Handel mit Emissionszertifikaten, S. 145 ff.; Breuer nennt den Rechtsschutz im Emissionshandelsrecht die „rechtsstaatliche Gretchenfrage", *ders.*, Rechtsschutz beim Handel mit Emissionszertifikaten, S. 145, 147.

[2] Zum Rechtsschutz im Umweltrecht siehe ausführlich *Kloepfer*, Umweltrecht, § 8 Rn. 1 ff.

[3] *Kloepfer* spricht hier von der „Eingrenzung bei kombinierten Eingriffen, d.h. bei Belastungskumulation", zu denen bislang „nur wenige verfassungsrechtliche Grenzen entwickelt worden" seien; siehe *ders.*, Der Handel mit Emissionsrechten im System des Umweltrechts, S. 71, 76.

man die Entwicklung des Emissionshandelsrechts, steht am Anfang die völkerrechtliche Bindung der Bundesrepublik Deutschland durch die Unterzeichnung des Kyoto-Protokolls, das die beteiligten Staaten zu Klimaschutzmaßnahmen verpflichtet und den Mechanismus des Emissionshandels begründet hat.[4] Hiermit verbundene Rechtsschutzfragen können aber mangels „prüffähiger Grundlage"[5] des Kyoto-Protokolls für die Praxis des Emissionshandelsrechts außer Acht gelassen werden. Ihnen wird hier nicht weiter nachgegangen.

Eine zweite Ebene stellt die Einführung der EH-Richtlinie, also die Umsetzung des Kyoto-Prozesses in das europäische Umwelt- und Wirtschaftsrecht dar. Dies hat unmittelbare und mittelbare Auswirkungen sowohl auf den Nationalstaat als auch auf Betreiber von Anlagen. Eine weitere Ebene bildet die nationalstaatliche Umsetzung der EH-Richtlinie, also die Aufstellung eines nationalen Zuteilungsplans, die Einführung des TEHG, des ZuG 2007 und der ZuV 2007. Auf dieser Ebene stellen sich vor allem verfassungsrechtliche Fragen, sei es kompetentieller oder grundrechtlicher Art. Schließlich ist eine weitere – und wohl die in der künftigen Rechtspraxis wichtigste – Ebene zu beachten, die die Anwendung des nationalen Rechts, also den konkreten Verwaltungsvollzug betrifft. Rechtsschutzfragen stellen sich hier angefangen von der Einbeziehung einer Anlage in das Emissionshandelsrecht, über Fragen der richtigen Zuteilung von Berechtigungen bis hin zu weiteren Verwaltungsentscheidungen (z.B. Ex-post-Kontrolle, Widerruf von Berechtigungen, Kontosperrung). Eine ebenfalls wichtige Ebene des Rechtsschutzes ergibt sich im Zusammenhang mit dem „eigentlichen" Handel mit Emissionsberechtigungen.

9.2 Europarechtliche Ebene

Auf der europarechtlichen Ebene geht es um den Rechtsschutz gegen Entscheidungen der EU, etwa Richtlinien und Verordnungen, aber auch Entscheidungen der Kommission. Der Anknüpfungspunkt im Emissionshandelsrecht ist hier die EH-Richtlinie mitsamt den nachfolgenden Entscheidungen, wie etwa den Monitoring-Guidelines oder Entscheidungen zu den nationalen Zuteilungsplänen.

9.2.1 Individualrechtsschutz

Wegen der fortschreitenden Europäisierung des (Umwelt-)Rechts bedarf es einer entsprechenden Europäisierung des Rechtsschutzes. Unionsbürger dürfen als Adressaten von Verwaltungsentscheidungen diese vor dem EuGH anfechten. In Betracht kommen hierbei allerdings nur Akte von Organen der EU.[6] Auch ein Dritter kann klagen, wenn er unmittelbar und individuell betroffen ist. Dies ergibt sich aus Art. 230 Abs. 4 EGV. Denkbar wäre eine Nichtigkeitsklage gegen die EH-

---

[4] Siehe hierzu *Sach/Reese*, ZUR 2002, 65 ff.
[5] *Breuer*, S. 145, 155.
[6] Siehe hierzu *Sparwasser*, S. 1017, 1038.

Richtlinie wegen Verstoßes gegen höherrangiges Gemeinschaftsrecht.[7] Auf Richtlinien ist Art. 230 Abs. 4 EGV allerdings grundsätzlich nicht anwendbar, da sich diese gem. Art. 249 Abs. 3 EGV ausschließlich an die Mitgliedstaaten richten.[8] Die Klage etwa eines Verantwortlichen bzw. eines Anlagenbetreibers gegen die EH-Richtlinie wäre demnach bereits unzulässig. Nur ausnahmsweise sieht der EuGH das Rechtsschutzbegehren eines Unionsbürgers hinsichtlich einer Richtlinie an: Dies ist dann der Fall, wenn eine Richtlinie nicht, nicht rechtzeitig oder unzureichend in nationales Recht umgesetzt wurde und daher unmittelbare Wirkung entfalten kann.[9] Die Klage nach Art. 230 Abs. 4 EGV eines Betreibers einer genehmigten Anlage i.S.d. §§ 4 ff. BImSchG oder eines Betreibers, dessen subjektiv-öffentliche Rechte aus früher erteilten Anlagengenehmigungen unmittelbar durch den zusätzlichen Genehmigungsvorbehalt der Art. 4 bis 6 EH-Richtlinie verkürzt werden, wird wegen der unmittelbaren und individuellen Betroffenheit dieses Betreibers teilweise für zulässig gehalten.[10] Der EuGH hat jedoch in der Vergangenheit Rechtsbehelfen einzelner gegen allgemeine Rechtsakte der Gemeinschaft sehr enge Grenzen gesetzt.[11] So hat der EuGH im Fall „Plaumann"[12] die Voraussetzungen der unmittelbaren und individuellen Betroffenheit eng begrenzt, um Popularklagen auszuschließen.[13]

In der Literatur ist die Möglichkeit einer Klage von betroffenen Unternehmen gegen die Entscheidung der Kommission über den nationalen Allokationsplan diskutiert worden.[14] Denkbare Klageart sollte hier ebenfalls die Individualnichtigkeitsklage gem. Art. 230 Abs. 4 EGV sein. Auch hier wird aber das Vorliegen einer unmittelbaren Betroffenheit überwiegend abgelehnt, da sich die nach Art. 9 Abs. 3 EH-Richtlinie zu treffenden Entscheidungen der Kommission zu den nationalen Allokationsplänen unmittelbar an die Mitgliedstaaten richten. Da der Plan erst noch von den nationalen Behörden umgesetzt werden muss, werden die Unternehmen in ihren Rechten und Pflichten nicht unmittelbar betroffen. Eine Klage nach Art. 230 Abs. 4 EGV dürfte daher ohne Erfolg bleiben.[15]

---

[7] Siehe hierzu *Posser/Altenschmidt*, S. 141, 142 f. mit Verweis auf das beim EuGH anhängige Verfahren Rs. T-16/04.
[8] Siehe *Breuer*, S. 145, 161.
[9] Vgl. hierzu *Schoch*, NVwZ 1999, 457 ff.; *Ruffert*, DVBl. 1998, 69 ff.; *Cremer*, EuZW 2001, 453 ff.
[10] So ausdrücklich *Breuer*, S. 145, 162.
[11] Vgl. hierzu EuGH, Urt. v. 01.04.2004, Rs. C-263/02P (Kommission ./. Jego-Quere); Posser/Altenschmidt, S. 141, 143.
[12] Plaumann ./. Kommission, EuGH, Urt. v. 15.7.1963, 25/62, EuGHE 1963, 211.
[13] Vgl. *Kloepfer*, Umweltrecht, § 9 Rn. 139; siehe auch *Epiney*, Umweltrecht in der Europäischen Union, S. 162, insb. Fn. 359 m.w.N.
[14] Vgl. *Pfromm/Dodel*, EurUP 2004, 209, 213; *Frenz*, in: Frenz, § 12 TEHG Rn. 71 ff.
[15] Siehe auch *Frenz*, in: Frenz, § 12 TEHG Rn. 71.

9.2.2 Mitgliedstaatlicher Rechtsschutz

Unzweifelhaft besteht prozessual die Möglichkeit, dass ein EU-Mitgliedstaat gegen Rechtsakte der EU und insbesondere gegen Entscheidungen der EU-Kommission gerichtlich vorgeht. Rechtliche Grundlage hierfür ist Art. 230 Abs. 2 EGV.

Die Bundesrepublik Deutschland hat auf Betreiben des Bundesministeriums für Umwelt, Naturschutz und Reaktorsicherheit (BMU) eine Teilnichtigkeitsklage gem. Art. 230 Abs. 2 EGV gegen die Entscheidung der Kommission über den nationalen Zuteilungsplan Deutschlands erhoben. Ziel der Klage ist die Änderung der Entscheidung der Kommission vom 7.7.2004, wonach die vom BMU vorgesehene nachträgliche Korrektur einer Zuteilungsentscheidung „nach unten" (ex-post-Korrektur) nicht mit der Emissionshandelsrichtlinie zu vereinbaren sei.[16] Das BMU vertritt die Auffassung, dass es möglich sein müsse, fehlerhafte Prognoseentscheidungen eines Betreibers im Antragsverfahren nachträglich zu überprüfen und zu korrigieren. Ansonsten sei es nicht möglich bzw. wesentlich erschwert, Fehlprognosen (bis hin zu Missbrauchsfällen) zu verhindern oder Wettbewerbsverzerrungen zu vermeiden.[17]

Art. 230 Abs. 2 EGV ist nicht nur richtige Klageart für eine (Teil-)Nichtigkeitsklage eines Mitgliedstaates gegen die Kommission, sondern auch für den Fall, dass die Kommission einen vorgelegten nationalen Zuteilungsplan schlechthin ablehnen würde (vgl. Art. 9 Abs. 3 EH-Richtlinie).[18]

9.3 Mitgliedstaatliche Umsetzungsakte

Mitgliedstaatliche Umsetzungsakte zur Umsetzung der EH-Richtlinie in nationales Recht sind beispielsweise die Aufstellung des nationalen Zuteilungsplans, die Verabschiedung von TEHG und ZuG 2007 sowie der Erlass der ZuV 2007. Grundsätzlich ist Rechtsschutz erst möglich, wenn Gesetz und Verordnung vollzogen werden und der einzelne Vollzugsakt subjektive Rechte des Einzelnen betrifft. Fraglich ist, ob ausnahmsweise Rechtsschutz gegen die Umsetzungsakte von Regierung und Legislative zulässig ist, weil beispielsweise die Umsetzungsakte unmittelbar, also ohne weiteren Vollzugsschritt, in die Rechte von Betreibern eingreifen oder sich aus der Perspektive etwa eines Bundeslandes für verfassungswidrig erweisen. Die Frage ist unter den Voraussetzungen der vorliegenden Umsetzungsakte differenziert zu beantworten:

---

[16] Entscheidung der Kommission v. 7.7.2004 (K(2004)2515/2 endg.).
[17] Vgl. FAZ v. 06.09.2004.
[18] Siehe hierzu auch *Pfromm/Dodel*, EurUP 2004, 209, 213; *Giesberts/Hilf*, EurUP 2004, 21, 29.

9.3.1 Individualrechtsschutz

Soweit es um Rechtsschutz gegen den nationalen Zuteilungsplan geht, ist der Beschluss der Bundesregierung nicht justiziabel.[19] Für den einzelnen Betreiber stellt der nationale Zuteilungsplan für sich genommen noch keine rechtsschutzfähige Belastung dar. Dies kann sich möglicherweise, aber auch frühestens erst aus dem legislativen Umsetzungsakt (Umsetzung des nationalen Zuteilungsplans im ZuG 2007) ergeben.

Nach Umsetzung des nationalen Zuteilungsplans im ZuG 2007 durch den Gesetzgeber ist seitens eines Betreibers eine Verfassungsbeschwerde nach Art. 93 Abs. 1 Nr. 4a GG, §§ 13 Nr. 8a i.V.m. 90ff. BVerfGG denkbar.[20] Materiellrechtlicher Anknüpfungspunkt sind dessen Grundrechte aus Art. 12 Abs. 1 und 3 Abs. 1 GG. Die Erfolgsaussichten einer solchen Verfassungsbeschwerde dürften jedoch als gering anzusehen sein.[21] Zwar dürfte die Beschwerdebefugnis gegeben sein, da das TEHG bereits unmittelbar bestimmte Pflichten statuiert, die ohne weiteren Vollzugsakt einem Betreiber gegenüber zu Belastungen führen.[22] Gleichwohl wäre die Verfassungsbeschwerde aber wohl unzulässig, da speziellere Verfahrensarten zur Abwehr der Beeinträchtigung zur Verfügung stehen: In Betracht kommen hier Anfechtungs- oder Feststellungsklage gem. § 42 Abs. 1 VwGO bzw. § 43 VwGO.[23]

9.3.2 Rechtsschutz eines Bundeslandes

Rechtsschutz gegen die Umsetzung des europäischen Emissionshandelssystems in das nationale Recht ist freilich auch über den Weg eines abstrakten Normenkontrollverfahrens nach Art. 93 Abs. 1 Nr. 2 GG, § 13 Nr. 6 i.V.m. §§ 76ff. BVerfGG möglich. In einem solchen Fall kann etwa eine Landesregierung Bundesrecht verfassungsrechtlich prüfen lassen. Das Land Sachsen-Anhalt führt ein solches Normenkontrollverfahren gegen das ZuG 2007 durch, da es der Auffassung ist, die Vorleistungen, die die sachsen-anhaltinische Wirtschaft durch Investitionen in den Umweltschutz erbracht habe, würden im ZuG 2007 zu wenig berücksichtigt werden.[24]

---

[19] Siehe *Vierhaus*, in: Körner/Vierhaus, § 7 TEHG Rn. 8 m.w.N.
[20] Siehe hierzu *Schlüter*, NVwZ 2003, 1213, 1215; *Maslaton*, Einl. Rn. 34; *Vierhaus*, in: Körner/Vierhaus, § 7 TEHG Rn. 15.
[21] Siehe *Vierhaus*, in: Körner/Vierhaus, § 7 TEHG Rn. 15.
[22] Vgl. hierzu *Posser/Altenschmidt*, S. 141, 143f.
[23] Vgl. BVerfGE 81, 22, 27; 95, 163, 171; vgl. hierzu auch *Posser/Altenschmidt*, S. 141, 143; *Schlüter*, NVwZ 2003, 1213, 1215; *Maslaton*, Einl. Rn. 34.
[24] Siehe FAZ v. 24.3.2005, S. 12.

9.4 Rechtsschutz gegen die Teilnahme am Emissionshandel

Das wohl weitreichendste Rechtsschutzbegehren für Betreiber dürfte darauf abzielen, von der Teilnahme am Emissionshandelssystem gänzlich befreit zu werden. Als zulässige Verfahrensarten kommen hier Anfechtungs- oder Feststellungsklage gem. § 42 Abs. 1 VwGO bzw. § 43 VwGO in Betracht.[25] Das VG Karlsruhe hat allerdings die Anfechtungsklage eines Betreibers der Zementindustrie gegen die Änderung seiner immissionsschutzrechtlichen Genehmigung durch das TEHG als unzulässig verworfen.[26] Der Betreiber hatte argumentiert, dass die unmittelbar aus §§ 3, 4, 5 und 6 Abs. 1 TEHG resultierenden Pflichten einem Verwaltungsakt entsprächen, der anfechtbar sei.[27] Das VG Karlsruhe hat jedoch gegen die Annahme eines Verwaltungsaktes entschieden. Insbesondere hat es ausgeführt, dass die durch § 4 Abs. 7 Satz 1 TEHG begründete Pflicht, im Rahmen der immissionsschutzrechtlichen Genehmigung zukünftig auch die Voraussetzungen zur Teilnahme am Emissionshandel nachzuweisen, keine im Wege der Anfechtungsklage angreifbare Teilaufhebung der immissionsschutzrechtlichen Genehmigung durch fiktiven Verwaltungsakt darstelle.[28] Im Ergebnis vergleichbare Entscheidung haben bislang auch das VG Augsburg,[29] das VG Würzburg[30] und schließlich das BVerwG[31] getroffen. Danach bleibt nur die Feststellungsklage als zulässige Klageart. Der Betreiber müsste feststellen lassen wollen, seine Anlage auch ohne Emissionsgenehmigung nach § 4 Abs. 1 TEHG betreiben zu dürfen und auch von den Pflichten nach §§ 5 Abs. 1 und 6 Abs. 1 TEHG befreit zu sein.[32] Entsprechende Klagen waren allerdings ebenfalls bislang nicht von Erfolg beschieden.[33]

In der bislang einzigen höchstrichterlichen Entscheidung zum Emissionshandelsrecht hat das Bundesverwaltungsgericht hat entschieden, dass die Einführung eines Emissionshandelssystems durch das TEHG mit höherrangigem Recht vereinbar sei.[34] Die Klägerin – auch hier wiederum ein Unternehmen der Zementindustrie – hatte sich gegen ihre Pflichten nach dem TEHG gewandt. Das Unternehmen hatte gerügt, dass durch die Einführung des Emissionshandelssystems in den immissionsschutzrechtlich genehmigten Bestand ihrer Anlage eingegriffen und sie dadurch in ihrem Eigentumsrecht und ihrer Berufsfreiheit verletzt würde. Bereits das VG Würzburg hatte die Klage abgewiesen.[35] Das BVerwG hat die Entscheidung mit der Begründung bestätigt, dass Zweck des Gesetzes sei, durch eine

---

[25] Siehe oben Ziff. 9.3.1 zur Möglichkeit einer Verfassungsbeschwerde.
[26] Beschluss vom 18.10.2004, ZUR 2005, 22 ff. (mit Anmerkung von *Neuser*).
[27] Sog. fingierter Verwaltungsakt.
[28] VG Karlsruhe, ZUR 2005, 22, 23/24.
[29] Urteil vom 1.9.2004, NVwZ 2004, 1389 f.
[30] Urteil vom 9.11.2004, NVwZ 2005, 471.
[31] Urteil vom 30.6.2005, NVwZ 2005, 1178 ff.
[32] Vgl. *Posser/Altenschmidt*, S. 141, 144.
[33] Siehe zuletzt BVerwG, NVwZ 2005, 1178 ff.
[34] BVerwG NVwZ 2005, 1178 ff.
[35] VG Würzburg, NVwZ 2005, 471.

kosteneffiziente Verringerung von CO_2-Emissionen zum weltweiten Klimaschutz beizutragen. Zu diesem Zweck würden die Betreiber bestimmter industrieller Anlagen verpflichtet, ihnen zugeteilte oder von ihnen zuerworbene Berechtigungen (Zertifikate) über die Befugnis zur Emission von Treibhausgasen in der Anzahl an das Umweltbundesamt abzugeben, die den Emissionen ihrer Anlagen im vorangegangenen Kalenderjahr entspräche. Diese Emissionen müssten die Betreiber nach bestimmten Maßgaben ermitteln und darüber der zuständigen Behörde berichten. Durch eine wachsende Verknappung der Berechtigungen solle die Reduzierung der Treibhausgase erreicht werden. Ein Verstoß gegen höherrangiges Recht liege darin nicht.[36]

Das Bundesverwaltungsgericht hat die durch Gemeinschaftsrecht vorgegebene grundlegende Entscheidung für die Einführung des Emissionshandelssystems am Maßstab europäischer Grundrechte geprüft. Es ist zu dem Ergebnis gekommen, dass weder in den europarechtlich geltenden Eigentumsschutz noch in die ebenfalls europarechtlich gewährleistete Berufsfreiheit unverhältnismäßig eingegriffen würde. Soweit das TEHG eigenständigen nationalen Regelungsgehalt habe, sei auch kein Verstoß gegen Bestimmungen des Grundgesetzes erkennbar; insbesondere seien die im TEHG getroffenen Zuständigkeitsregeln mit den verfassungsrechtlichen Kompetenzbestimmungen vereinbar. Soweit die Klägerin eine unzumutbare Benachteiligung der Zementindustrie bei der Zuteilung der Berechtigungen rüge, greife sie der Sache nach Vorschriften des ZuG 2007 an, deren rechtliche Beurteilung keinen Einfluss auf den Bestand ihrer Pflichten nach dem TEHG hätten. Allein diese Pflichten seien Gegenstand der Klage gewesen.[37]

9.5 Vollzug des nationalen Rechts

Rechtsschutz gegen den Vollzug von TEHG, ZuG 2007 und ZuV 2007 ist in so vielfältiger Weise denkbar, wie es unterschiedliche Vollzugsentscheidungen nach diesen Vorschriften gibt. In erster Linie werden sich aber Rechtsschutzfragen hinsichtlich der Zuteilungsentscheidung stellen, da durch sie die Menge der Berechtigungen zu CO_2-Emissionen festgelegt wird und sie so für den Anlagenbetrieb geradezu schicksalhaft ist. Aber auch sonstige Vollzugsentscheidungen, wie etwa zur Emissionsermittlung und -berichterstattung, zur Abgabepflicht oder zu den Sanktionen, eröffnen Rechtsschutzfragen.

---

[36] BVerwG, NVwZ 2005, 1178 ff.
[37] BVerwG, NVwZ 2005, 1178 ff.; siehe zu der Entscheidung auch *Maslaton/Hauk*, NVwZ 2005, 1150 ff.

9.5.1 Zuteilungsentscheidung

Maßgeblicher Anknüpfungspunkt für den Rechtsschutz eines Betreibers dürfte die Zuteilungsentscheidung sein.[38] Dadurch dass die Zuteilung von Emissionsberechtigungen den wirtschaftlichen Rahmen für die betroffenen Anlagen bestimmt, ergeben sich gleich in zwei Richtungen Rechtsschutzinteressen: Zum einen dürften sich die Verantwortlichen bzw. die Betreiber die Frage stellen, ob sie selbst für ihre Anlage ein ausreichendes Maß an Berechtigungen erhalten haben. Zum anderen ist für sie von Interesse, wie die Zuteilungsentscheidung gegenüber anderen (konkurrierenden) Verantwortlichen bzw. Betreibern getroffen wurde. Hier sind freilich Zuteilungen an unmittelbare Wettbewerber von Interesse. Da diesen Fragestellungen ihre wirtschaftliche Relevanz gemein ist, werden in diesem Bereich der Zuteilungsentscheidungen die meisten Rechtsfälle erwartet.[39]

9.5.1.1 Verhältnis DEHSt - Zuteilungsadressat

Vor allem werden die Verantwortlichen als Zuteilungsadressaten prüfen, ob die ihnen zugeteilten Emissionsberechtigungen ihrem Bedarf entsprechen und insbesondere antragsgemäß erfolgt sind. Ist dies nicht der Fall und ist die Zuteilungsentscheidung für sie ungünstiger als erwartet, kann der betroffene Betreiber durch Widerspruch und anschließende Verpflichtungsklage bzw. durch vorläufigen Rechtsschutz gemäß § 123 VwGO die Entscheidung der DEHSt zu korrigieren versuchen.[40] Die Klagebefugnis nach § 42 Abs. 2 VwGO bzw. ein Anordnungsanspruch nach § 123 Abs. 1 VwGO ergeben sich aus § 9 Abs. 1 TEHG, der einen subjektiv-rechtlichen Anspruch auf Zuteilung vermittelt.[41]

Durch die im ZuG 2007 getroffenen detaillierten Zuteilungsbestimmungen sind sowohl ein Bescheidungsurteil nach § 113 Abs. 5 Satz 2 VwGO als auch ein Vornahmeurteil nach § 113 Abs. 5 Satz 1 VwGO möglich: Im letztgenannten Fall würde die DEHSt als zuständige Behörde unmittelbar zur Zuteilung einer bestimmten Menge an Emissionsberechtigungen verpflichtet werden.[42]

Wird die DEHSt zu einer für den Zuteilungsadressaten günstigeren Zuteilungsentscheidung verurteilt, stellt sich die Frage, wie der DEHSt die Umsetzung der verwaltungsgerichtlichen Entscheidung gelingen soll. Denn durch die Zuteilungsentscheidungen wurden schließlich sämtliche Berechtigungen verteilt. Dieses Problem lässt sowohl das TEHG als auch das ZuG 2007 und die ZuV 2007 ungelöst. Zwar ist denkbar, dass der Staat im Falle einer Verurteilung zur Zuteilung eines höheren Maßes an Berechtigungen, als im Zuteilungsbescheid ursprünglich vorgesehen, diese am Markt kaufen und an den Betreiber weiterreichen muss. Diese Möglichkeit ist in § 6 Abs. 3 ZuG 2007 für zusätzliche Neuanlagen nach

---

[38] Einen Überblick zum Rechtsschutz gegen Zuteilungsentscheidungen gibt *Shirvani*, NVwZ 2005, 868 ff.
[39] *Mutschler/Lang*, DB 2004, 1711, 1716.
[40] Vgl. hierzu auch *Burgi*, NVwZ 2004, 1162, 1167.
[41] Vgl. *Burgi*, NVwZ 2004, 1162, 1167; *Frenz*, in: Frenz, § 12 TEHG Rn. 43.
[42] Vgl. hierzu auch *Frenz*, in: Frenz, § 12 TEHG Rn. 43.

§ 11 ZuG 2007 bereits gesetzlich angelegt, gleichzeitig aber eben gerade (nur) für diesen Fall formuliert. Fraglich ist also, ob der staatliche Zukauf von Emissionsrechten ohne gesetzliche Ermächtigung in anderen Bereichen zulässig wäre. Eine andere Möglichkeit bestünde darin, aus dem Reservefonds die benötigten Emissionsrechte zu nehmen. Doch auch dies ist gesetzlich bislang nur für Anlagen nach § 11 ZuG 2007 vorgesehen.[43] Sinnvoll wäre es daher, wenn der Gesetzgeber entweder das ZuG 2007 nachbessern oder aber für das Zuteilungsgesetz der nächsten Periode eine entsprechende Lösung finden würde.[44]

Soweit vorläufiger Rechtsschutz nach § 123 VwGO ersucht wird, ist problematisch, dass regelmäßig durch die summarische Prüfung im Eilverfahren bereits Entscheidungen getroffen werden müssen, die einer Vorwegnahme der Hauptsache gleichkommen: Vor allem für den Fall, dass ein Betreiber ohne die von ihm begehrten weiteren Emissionsberechtigungen einen Teil seiner Anlage abschalten müsste und somit gegebenenfalls in eine wirtschaftlich existentielle Spannungslage käme, wäre es unzumutbar, unter Hinweis auf das Verbot der Vorwegnahme der Hauptsache den Betreiber auf den Ausgang des Hauptsacheverfahrens zu verweisen.[45]

Schließlich ist festzuhalten, dass bei späteren Änderungen der Zuteilungsentscheidung mit der Folge einer Reduzierung der Emissionsberechtigungen, etwa durch nachträgliche Überprüfung und Berichtigung der Zuteilungsentscheidung, nicht Verpflichtungs-, sondern Anfechtungsklage geboten ist.[46]

9.5.1.2 Konkurrenz zwischen Zuteilungsadressaten

Eine spezielle Regelung zum Rechtsschutz enthält § 12 TEHG: Danach entfalten Widerspruch und Anfechtungsklage gegen Zuteilungsentscheidungen nach § 9 TEHG keine aufschiebende Wirkung. Der Gesetzgeber hat hier nicht den Rechtsschutz des Betreibers gegen eine ihn selbst unmittelbar benachteiligende Zuteilungsentscheidung vor Augen gehabt, sondern den gegen die einen Konkurrenten begünstigende Zuteilungsentscheidung.[47] Er wollte verhindern, dass durch Drittwidersprüche bzw. Drittanfechtungsklagen eine Vielzahl von Betreibern an der Teilnahme am Emissionshandelssystem gehindert würden.[48]

Problematisch ist allerdings bereits die Klagebefugnis eines Dritten: Die Zuteilungsentscheidung gegenüber dem Konkurrenten müsste den Dritten in eigenen Rechten verletzen können (vgl. § 42 Abs. 2 VwGO). Dieser wiederum leitet jedoch seinen Anspruch auf Zuteilung aus den Regelungen und Berechnungen des ZuG 2007 und der ZuV 2007 ab, ohne dass es grundsätzlich auf die Zuteilungsmenge gegenüber Dritten ankommt. Da sich der Erfüllungsfaktor grundsätzlich

---

[43] Vgl. § 6 Abs. 1 ZuG 2007.
[44] So auch *Burgi*, NVwZ 2004, 1162, 1167.
[45] Vgl. hierzu auch *Frenz*, in: Frenz, § 12 TEHG Rn. 60 m.w.N.
[46] Siehe hierzu auch *Burgi*, NVwZ 2004, 1162, 1167.
[47] Vgl. BT-Drs. 15/2328, S. 13.
[48] Vgl. BT-Drs. 15/2328, S. 13; kritisch hierzu: *Weidemann*, DVBl. 2004, 727, 730; *Breuer*, S. 145, 178.

nicht nach der Menge der zuzuteilenden Emissionsberechtigungen bestimmt, sondern gemäß § 5 ZuG 2007 festgelegt ist, besteht hier für Drittschutz kein Raum.[49] Allein die Behauptung, dass jede Zuteilungsentscheidung Auswirkungen auf Wettbewerbsbedingungen schlechthin hat und somit geeignet wäre, Drittschutz zu vermitteln, dürfte nicht genügen, es sei denn, dass eine konkrete Konkurrenzsituation dargelegt wird.[50]

Etwas anderes gilt allerdings im Hinblick auf § 4 Abs. 4 ZuG 2007: Sind die Voraussetzungen für den „zweiten" Erfüllungsfaktor gegeben, reduziert sich bei einer übermäßigen Zuteilung an Konkurrenten automatisch die eigene Zuteilungsmenge. Doch stellt sich die Frage, ob dieses Defizit nicht besser durch Verpflichtungsklage zu beseitigen ist: Denn zum einen dürfte es zu praktisch kaum lösbaren Problemen führen, bei der Vielzahl von Unternehmen, die am Emissionshandel teilnehmen, dasjenige herauszufinden, das mit seiner übermäßigen Zuteilung an Berechtigungen gerade eine Verringerung der eigenen Zuteilungsmenge aufgrund des „zweiten" Erfüllungsfaktors bewirkt. Zum anderen ist bei der Prüfung der Zulässigkeit der Klage zu berücksichtigen, dass das eigentliche Rechtsschutzbegehren nicht auf Verhinderung der Zuteilung zugunsten eines Konkurrenten geht, sondern auf Erhöhung der eigenen Zuteilungsmenge.[51] Für eine Anwendung von § 12 TEHG ergibt sich daher in der Praxis wenig Raum.

9.5.1.3 Gerichtsstand

Durch Art. 7 und 8 des Gesetzes zur Neugestaltung des Umweltinformationsgesetzes und zur Änderung der Rechtsgrundlagen zum Emissionshandel hat der Gesetzgeber eine örtliche Gerichtsstandsregelung getroffen, wonach Rechtsstreitigkeiten, die Zuteilungsentscheidungen betreffen, vor dem Verwaltungsgericht zu führen sind, in dessen Bezirk die Entscheidungen des Umweltbundesamtes erlassen werden.[52] Da sich der Sitz der zuständigen Deutschen Emissionshandelsstelle in Berlin befindet, ist das Verwaltungsgericht Berlin örtlich zuständig.[53]

9.5.2 Sonstige Vollzugsentscheidungen

Im Hinblick auf den Vollzug von TEHG, ZuG 2007 und ZuV 2007 ergeben sich noch weitere Rechtsschutzprobleme. Nach den Regelungswerken zum Emissionshandel haben die betroffenen Betreiber eine Reihe von Pflichten zu erfüllen, die sich unmittelbar aus dem Gesetz ergeben. Hierzu gehören die Emissionsermit-

---

[49] *Schweer/von Hammerstein*, § 12 TEHG Rn. 5.
[50] *Körner*, in: Körner/Vierhaus, § 12 TEHG Rn. 4 ff.
[51] *Schweer/von Hammerstein*, § 12 TEHG Rn. 7 f.
[52] BGBl. 2004 I, S. 3704, 3710.
[53] Der Präsident des OVG Berlin-Brandenburg, *Kipp*, hat anlässlich der Jahrestagung der *Gesellschaft für Umweltrecht e.V.* am 3.11.2005 das ehrgeizige Ziel formuliert, dass Klagen, die infolge von Widerspruchsbescheiden der DEHSt anhängig würden, innerhalb eines Jahres durch VG Berlin und OVG Berlin-Brandenburg entschieden würden.

lungs- und -berichtspflichten nach § 5 Abs. 1 TEHG sowie die Pflicht zur jährlichen Abgabe von Berechtigungen entsprechend der ausgestoßenen Kohlendioxidmenge aus § 6 Abs. 1 TEHG. Rechtsschutz gegen diese Pflichten lässt sich über eine Feststellungsklage gemäß § 43 VwGO erreichen.[54] Um etwaigen Sanktionen entgegen zu wirken, bedarf es hier zusätzlich eines vorläufigen Rechtsschutzverfahrens nach § 123 VwGO.

Kommt es im Rahmen des Vollzugs des Emissionshandelsrechts zur Durchsetzung der Abgabepflicht durch die Behörde (§ 18 TEHG), geschieht dies durch Verwaltungsakt, gegen den wiederum Widerspruch und Anfechtungsklage möglich sind. § 12 TEHG ist nicht anwendbar, da er sich allein auf die Zuteilungsentscheidung bezieht.[55]

Erforderliche Rechtsbehelfe gegen Kontosperrungen gem. § 17 Abs. 1 TEHG zur Durchsetzung der Berichtspflicht nach § 5 TEHG sind ebenfalls Widerspruch und Anfechtungsklage, die aber gemäß § 17 Abs. 2 TEHG keine aufschiebende Wirkung entfalten, so dass gegebenenfalls Eilrechtsschutz gemäß § 80 Abs. 5 VwGO zu suchen ist.[56]

Schließlich können Betreiber bezüglich sonstiger gegen sie gerichtete verwaltungsrechtliche Maßnahmen Rechtsbehelfe einlegen, etwa in Form von Widerspruch und Anfechtungsklage gegen die Erhebung einer Verwaltungsgebühr nach der EHKostV 2007 oder gegen nachträgliche Anordnungen nach § 4 Abs. 7 Satz 2 TEHG.[57]

9.6 Handel und Rechtsschutz

Weitere Rechtsschutzprobleme ergeben sich im Hinblick auf den Handel mit Emissionsberechtigungen. Die Übertragung von Berechtigungen erfolgt durch Einigung und Eintragung nach § 16 TEHG. Da es sich bei dem Handel mit Berechtigungen um ein privatrechtliches Rechtsgeschäft handelt,[58] ist bei Streitigkeiten hierüber der Rechtsweg zu den ordentlichen Gerichten eröffnet. Zu unterscheiden ist demnach zwischen dem öffentlich-rechtlichen Vorgang der Zuteilung von Berechtigungen einerseits und dem privatrechtlichen Vorgang der eigentumsrechtlichen Zuordnung und Übertragbarkeit der Emissionsberechtigungen andererseits.

---

[54] So auch *Posser/Altenschmidt*, S. 141, 146.
[55] Siehe hierzu auch Kapitel 7 unter Ziff. 7.2.2.
[56] Siehe hierzu auch Kapitel 7 unter Ziff. 7.2.1.2.
[57] *Posser/Altenschmidt*, S. 141, 147.
[58] Vgl. dazu im Kapitel 8 unter Ziff. 8.2.

Kapitel 10 Entwicklung des Emissionshandelsrechts

Der „Rat von Sachverständigen für Umweltfragen" hat bereits im Umweltgutachten 2004 konkrete klimapolitische Ziele formuliert, die in der Zukunft maßgeblich mit dem Instrument des Emissionshandels in die Tat umgesetzt werden sollen.[1] In dem Koalitionsvertrag der Ende 2005 neu gebildeten großen Koalition in Deutschland wird der Emissionshandel ebenfalls als wichtiges Instrument des Klimaschutzes bezeichnet, das allerdings „ökologisch und ökonomisch effizienter" gestaltet werden soll.[2] Der sog. Post-2012-Prozess, also die Beratungen für die Emissionsreduktionsverpflichtungen ab dem Ende der zweiten Handelsperiode im Jahre 2012, ist spätestens nach Inkrafttreten des Kyoto-Protokolls am 16.02.2005[3] massiv in Gang gekommen.[4] Gleichzeitig finden bereits die Beratungen zum zweiten (deutschen) Nationalen Allokationsplan (NAP II) für die Handelsperiode 2008 – 2012 statt. Und schließlich – ebenfalls zum Ende des Jahres 2005 hin – besteht erstmals in Deutschland durch Einführung des Projekt-Mechanismen-Gesetzes

---

[1] *Rat von Sachverständigen für Umweltfragen*, Umweltgutachten 2004 – Umweltpolitishe Handlungsfähigkeit sichern, BT-Drs. 15/3600 vom 02.07.2004, S. 83 ff.
[2] „Gemeinsam für Deutschland – mit Mut und Menschlichkeit", Koalitionsvertrag zwischen *CDU*, *CSU* und *SPD* vom 11.11.2005, Rn. 2715 ff.; siehe z.B. unter www.bmu.de mit Hinweisen zum download.
[3] Das sogenannte „Kyoto-Protokoll" geht auf das „Rahmenübereinkommen der Vereinten Nationen über Klimaänderungen" vom 09.05.1992 zurück (BGBl. II 1993 S. 1784). Es wurde auf der Konferenz von Kyoto im Dezember 1997 beschlossen und verpflichtet diejenigen Vertragsstaaten, die sogenannte „industrialisierte Länder" sind, die gemeinsamen Treibhausgasemissionen innerhalb des Zeitraums von 2008 bis 2012 um mindestens 5 Prozent gegenüber dem Niveau von 1990 zu reduzieren. Das Protokoll wurde am 16.03.1998 zur Zeichnung aufgelegt. Die Bundesrepublik ratifizierte es bereits im Jahr 2002 (BGBl. II 2002 S. 966). Das Kyoto-Protokoll konnte im Februar 2005 in Kraft treten, nachdem es 90 Tage zuvor von mindestens 55 Vertragsparteien des Übereinkommens ratifiziert wurde, wobei diese Länder mindestens 55 Prozent der CO_2-Emissionen des Jahres 1990 repräsentierten mussten. Diese Voraussetzungen wurden durch die Ratifizierung des Kyoto-Protokolls durch Russland erfüllt.
[4] Die Kyoto-Weiterentwicklung „Post 2012" ist wesentlicher Gegenstand der Montrealer Konferenz im November 2005.

(ProMechG)[5] ein nationaler Rahmen zur Nutzung weiterer Instrumente für den Klimaschutz (CDM, JI).

Die somit aktuelle und grundlegende Diskussion um die Weiterführung und die Weiterentwicklung des Emissionshandelssystems steht im Kontext zu offenen energiewirtschaftlichen Fragen, wie etwa die der Zukunft der Kernenergienutzung in Deutschland[6] und den realistischen Möglichkeiten der Nutzung erneuerbarer Energien, insbesondere der Windkraft,[7] zur Energieversorgung und damit zur Verdrängung CO_2-emittierender Anlagen.

Letztlich wird der Industriestandort Deutschland durch die Entwicklung des Emissionshandels, insbesondere durch die Entwicklung des Preises der pro Emissionsberechtigung zu zahlen ist, wesentlich und möglicherweise auch nachteilig beeinflusst. Da bedeutende Treibhausgasemittenten wie die USA, Indien und China die Ratifizierung des Kyoto-Protokolls nachdrücklich ablehnen und auf eigene Wege im Klimaschutz setzen,[8] steht freilich auch weiterhin die Frage nach der Sinnhaftigkeit eines auf die Staaten der Europäischen Union beschränkten Emissionshandels im Raum.

10.1 Projekt-Mechanismen-Gesetz (ProMechG)

Durch die Einführung des Projekt-Mechanismen-Gesetzes (ProMechG)[9] zum 30.9.2005 hat der deutsche Gesetzgeber Instrumente geschaffen, die die Einbeziehung von Emissionsgutschriften aus den projektbezogenen Instrumenten Clean Development Mechanism (CDM) und Joint Implementation (JI) in den Emissionshandel ermöglichen. Mit dem ProMechG sind dabei die Vorgaben der EU-

---

[5] Das Projekt-Mechanismen-Gesetz ist Art. 1 des Gesetzes zur Einführung der projektbezogenen Mechanismen nach dem Protokoll von Kyoto, zur Umsetzung der Richtlinie 2004/101/EG und zur Änderung des Kraft-Wärme-Koppelungsgesetzes vom 22.09.2005 (BGBl. I S. 2826).

[6] Der VDE vertritt in seiner Studie „Elektrische Energieversorgung 2020" vom 7.03.2005 die Auffassung, dass verschärfte Kyoto-Ziele nur mit einem prioritären Ausbau der Kernenergie erreichbar sind. Die Studie kann im Internet unter „www.vde.com/reports" bezogen werden.

[7] Vgl. dazu die aktuelle DENA-Netzstudie „Energiewirtschaftliche Planung für die Netzintegration von Windenergie in Deutschland an Land und Offshore bis zum Jahr 2020" vom 23.02.2005; im Internet zu beziehen unter „www.deutsche-energie-agentur.de".

[8] Am 28.07.2005 haben die USA, Australien, Indien, China und Südkorea ein eigenes Klimaschutzbündnis bekannt gegeben. Diese Länder stehen für 40 Prozent der weltweiten Treibhausgasemissionen.

[9] Das Projekt-Mechanismen-Gesetz ist Art. 1 des Gesetzes zur Einführung der projektbezogenen Mechanismen nach dem Protokoll von Kyoto, zur Umsetzung der Richtlinie 2004/101/EG und zur Änderung des Kraft-Wärme-Koppelungsgesetzes vom 22.09.2005 (BGBl. I S. 2826).

Richtlinie 2004/101/EG (sog. Linking-Directive) umgesetzt worden.[10] Diese Richtlinie ergänzt die EH-Richtlinie und schafft die Grundlagen für die Nutzung von zertifizierten Emissionsreduktionen (CER) und Emissionsreduktionseinheiten (ERU) im Emissionshandelssystem der EU. Seit Mitte November 2005 liegt auch die Projekt-Mechanismen-Gebührenverordnung (ProMechGebV) vor.[11]

10.1.1 CDM und JI im System flexibler Klimaschutzinstrumente

Mit den genannten Instrumenten CDM und JI besteht die Möglichkeit, Emissionsberechtigungen zu generieren. Sie gehören zu den im Kyoto-Protokoll vorgesehenen flexiblen Instrumenten zum Klimaschutz und haben mit seinem Inkrafttreten Anfang 2005 völkerrechtliche Verbindlichkeit erlangt.

Grundsätzlich stehen allen Vertragsstaaten des Kyoto-Protokolls, die eigene Verpflichtungen zur Reduktion von Treibhausgasen eingegangen sind, die folgenden Mechanismen zur Erfüllung ihrer Klimaschutzziele zur Verfügung: Emissions Trading, Clean Development Mechanism und Joint Implementation. Etwas anderes gilt für die Staaten der Europäischen Union. Da diese Staatengemeinschaft unabhängig von der völkerrechtlichen Verbindlichkeit des Kyoto-Protokolls ein spezielles Emissionshandelsrecht geschaffen hat, das den Handel mit Berechtigungen zwischen den Emittenten vorsieht, wurde der dritte Kyoto-Mechanismus, der Emissionsrechtehandel zwischen Staaten,[12] nicht durch die Linking-Directive in den europäischen Rechtsrahmen überführt.

Ein effektiver Klimaschutz wird jedoch schwerlich nur mit der Verbindlichkeit der EH-Richtlinie und dem damit einhergehenden obligatorischen Emissionsrechtehandel zwischen den in der Europäischen Union wirtschaftenden industriellen Emittenten zu leisten sein. Die ökonomische Idee hinter dem Instrument des Emissionsrechtehandels gründet sich auf der Annahme, dass effektivere Emissionsminderungsmaßnahmen stets dort umgesetzt werden, wo geringere Vermeidungskosten existieren.[13] Deshalb ist es folgerichtig, dass den Teilnehmern eines obligatorischen Emissionshandelssystems die Möglichkeit eingeräumt wird, ihre Emissionsminderungsverpflichtungen auch durch Maßnahmen außerhalb ihres Rechtsraumes (Staates) erfüllen zu können. Es wird aus diesem Grund zu hinterfragen sein, ob der Ausschluss des Emissionsrechtehandels nach Art. 17 Kyoto-Protokoll für die Staaten der Europäischen Union dauerhaft bestehen soll.

---

[10] Richtlinie 2004/101/EG des Europäischen Parlaments und Rates vom 27.10.2004 zur Änderung der Richtlinie 2003/87/EG über ein System über den Handel mit Treibhausgasemissionszertifikaten in der Gemeinschaft im Sinne der projektbezogenen Mechanismen des Kyoto-Protokolls, ABl. EU L 338, S. 18 ff.
[11] Projekt-Mechanismen-Gebührenverordnung (ProMechGebV) vom 16.11.2005, BGBl. I S. 3166.
[12] Die völkerrechtliche Grundlage eines Emissionsrechtehandels zwischen Staaten ist Art. 17 des Kyoto-Protokolls.
[13] Näher dazu *Frenz* in: Frenz, § 1 TEHG Rn. 9 ff.

10.1.2 Funktionsweise von CDM und JI

Bei den flexiblen Klimaschutzinstrumenten CDM und JI werden Emissionsminderungsmaßnahmen durchgeführt und die damit erzielten Emissionsberechtigungen in den Emissionshandel eingebracht.[14] Das ProMechG bestimmt das Verfahren und die Voraussetzungen für die Projekttätigkeit.

10.1.2.1 Clean Development Mechanism

Unter „Clean Development Mechanism"[15] sind Klimaschutzprojekte (CDM) der Industriestaaten unter den Kyoto-Vertragsstaaten zu verstehen, die mit dem Ziel einer Verminderung von Treibhausgasemissionen in denjenigen Entwicklungs- oder Schwellenländern, die selbst keiner eigenen Emissionsreduktionsverpflichtung unterliegen, angegangen werden. Aus diesen Projekten erhalten die Industrieländer dann „Emissionsgutschriften", die im europäischen Emissionshandel einsetzbar sind (sog. CERs).

Die Abkürzung „CER" steht für „Certified Emission Reductions". Die durch CDM-Projekte generierten Emissionsberechtigungen[16] können bereits in der Handelsperiode 2005-2007 eingesetzt und gehandelt werden und sind geeignet, das jeweilige nationale Emissionsrechtebudget zu erhöhen. Zudem können sie, entgegen den Berechtigungen der ersten Handelsperiode, die staatlich zugeteilt wurden, in die zweite Handelsperiode überführt werden.[17]

Die speziellen Voraussetzungen zur Durchführung eines CDM-Projektes regeln §§ 8, 9 ProMechG. Danach hat das Projekt bestimmte Anforderungen zu erfüllen und bedarf der behördlichen Zustimmung (vgl. § 8 ProMechG). Unter anderem ist für das Projekt zunächst erforderlich, dass von einem Projektträger eine Projektdokumentation („Project Design Document – PDD") erstellt wird.[18] Neben der Projektbeschreibung müssen dort Angaben zu den erwarteten Emissionsminderungen gemacht werden, wobei die Emissionen in der Ausgangssituation (Referenzfallemissionen oder „Baseline") und die Emissionen nach Projektumsetzung zu vergleichen sind. Damit ein CDM-Projekt überhaupt genehmigungsfähig wird, muss im PDD auf der Grundlage dieses Vergleichs eine positive Emissionsreduktionsmenge („zusätzliche" Reduktion) dargelegt werden. Ein weiteres Element des PDD besteht in der Festlegung eines „Monitoring"-Plans.

---

[14] Siehe hierzu auch *Ehrmann*, EurUP 2005, 206, 209.
[15] Völkerrechtliche Grundlage des Instruments „Clean Development Mechanism" ist Art. 12 des Kyoto-Protokolls; siehe auch § 2 Nr. 8 ProMechG („Mechanismus für umweltverträgliche Entwicklung).
[16] Die infolge der CDM-Projekte tatsächlich erzielten Emissionsminderungsmengen werden, soweit die Einsparung anderer Treibhausgase als Kohlendioxid erfolgte, in Kohlendioxidäquivalente umgerechnet.
[17] Vgl. *Ebsen*, Rn. 215 ff.
[18] Soweit mehrere Projektträger zusammenwirken, müssen sie stets durch eine natürliche Person vertreten sein; § 11 ProMechG.

Das PDD ist dann einer unabhängigen Institution („Designated Operational Entity – DOE) zur Prüfung vorzulegen, in Deutschland hat diesen Status unter anderem etwa der TÜV,[19] die daraufhin einen Validierungsbericht zu erstellen hat. Nach dieser Prüfungsphase des PDD ist die Öffentlichkeit einzubeziehen. Der Staat des Projektträgers (Investorstaat) und der Staat in dem das Projekt umgesetzt werden soll (Gastgeberland) müssen dem Projekt zustimmen.[20] Daher hat sich der Projektträger mit einer nationalen Kontaktstelle („Designated National Authority – DNA")[21] in Verbindung zu setzen und hat dort sein Projekt vorzustellen. Liegen der validierte PDD und die erforderlichen Zustimmungen vor, ist das Projekt dem CDM Aufsichtsgremium, dem CDM Exekutivrat („CDM Executive Board") zur Genehmigung weiterzuleiten und darf erst nach erfolgter Genehmigung in die Tat umgesetzt werden. Für diese Genehmigung fällt eine Gebühr in Höhe von zwei Prozent der erreichten Emissionsgutschriften an.[22] Nach der Projektumsetzung sind die erreichten Emissionsminderungen ebenfalls von der unabhängigen Institution zu prüfen und von ihr zu zertifizieren. Trotz dieses immensen administrativen Aufwands wurden bis Ende Juni 2005 bereits zehn CDM-Projekte der Europäischen Union genehmigt und registriert.[23]

Durch das ProMechG wird der administrative Ablauf für CDM-Projekte für deutsche Projektträger umgesetzt.[24] Zugleich wurde das TEHG angepasst.[25] Damit sind die rechtlichen Rahmenbedingungen für die Handelbarkeit und den Einsatz von generierten Berechtigungen im deutschen Emissionshandelsrecht geschaffen worden.[26] Aus rein politischen Gründen erachtet der deutsche Gesetzgeber generierte Berechtigungen aus Nuklearprojekten und „Senkenprojekten" als nicht zulässig.[27]

10.1.2.2 Joint Implementation

Emissionsminderungsprojekte von Industriestaaten, die Vertragsstaaten des Kyoto-Protokolls sind, bzw. von Projektträgern aus diesen Staaten, in anderen industrialisierten Vertragsstaaten oder Schwellenländern, die selbst eigene Emissionsbe-

---

[19] Eine Liste der akkreditierten „DOE" wird vom UN-Klimasekretariat veröffentlicht und kann unter „www.unfccc.int" bezogen werden.
[20] Vgl. Art. 6 Abs. 1 lit. a und 12 Abs. 1 Kyoto-Protokoll.
[21] Die zuständige Behörde ist in Deutschland das Umweltbundesamt (DEHSt); § 10 Abs. 1 ProMechG.
[22] *Schweer/von Hammerstein*, TEHG Einleitung, Rn. 23.
[23] Alle registrierten Projekte werden vom UN-Klimasekretariat veröffentlicht und können unter www.unfccc.int eingesehen werden.
[24] Vgl. hierzu *Ehrmann*, EurUP 2005, 206, 210f.
[25] Art. 2 des Gesetzes zur Einführung der projektbezogenen Mechanismen nach dem Protokoll von Kyoto, zur Umsetzung der Richtlinie 2004/101/EG und zur Änderung des Kraft-Wärme-Koppelungsgesetzes vom 22.09.2005, BGBl. I S. 2826, 2883.
[26] Die Abgabepflicht kann nunmehr auch durch Abgabe von generierten Berechtigungen erfüllt werden; vgl. TEHG § 6 Abs. 1a (CERs) und 1b (CERs und ERUs).
[27] Vgl. § 6 Abs. 1c TEHG.

grenzungsverpflichtungen einzuhalten haben, werden durch das Instrument der „Joint Implementation" (JI-Projekt) ermöglicht.[28]

Ein erfolgreiches JI-Projekt generiert Emissionsberechtigungen, die „ERU" (Emission Reduction Units) heißen und die im europäischen Emissionshandel ab der zweiten Handelsperiode handelbar sein sollen. Soweit das Gastland des JI-Projektes die Voraussetzungen erfüllt[29] (dies ist etwa bei jedem EU-Staat der Fall), verifiziert es die erbrachten Emissionsminderungen selbst und stellt auch die mit dem Projekterfolg geschaffenen ERUs aus.[30]

Der Projektablauf und das Verfahren zur Generierung von ERUs wird ebenfalls im ProMechG geregelt (vgl. §§ 3, 4 ProMechG für Projekttätigkeiten außerhalb des Bundesgebietes und §§ 5, 6 ProMechG für Projekttätigkeiten im Bundesgebiet).[31]

Die ERU erhöhen im Gegensatz zu den CER-Berechtigungen die Anzahl der verfügbaren Berechtigungen der nationalen Emissionsbudgets nicht, sondern haben eine Verringerung des Budgets des Gastgeberlandes durch Verlagerung der Emissionsberechtigungen in das Budget des Investorstaates zur Folge. Aus diesem Grund behält sich die Bundesrepublik für den Fall einer Gefährdung ihrer Reduktionsverpflichtungen vor, die Menge der generierbaren Berechtigungen in der Bundesrepublik zu begrenzen.[32]

In der zweiten Handelsperiode 2008-2012 können diese „generierten" Zertifikate die Preisentwicklung der europäischen Emissionszertifikate maßgeblich beeinflussen. Jedoch ist derzeit noch nicht abzuschätzen, ob identifizierte oder angestrebte Projekte die prognostizierten Emissionsrechte auch erbringen werden. Da sowohl das Finden lohnender Projekte als auch deren Umsetzung zeitintensiv ist, sollten projektvorbereitende Maßnahmen frühzeitig, also bereits in der ersten Handelsperiode angegangen werden.

---

[28] Völkerrechtliche Grundlage des Instruments „Joint Implementation" ist Art. 6 Kyoto-Protokoll.
[29] Voraussetzungen sind neben der Ratifizierung des Kyoto-Protokolls, die Etablierung eines nationalen Emissionsdatenerhebungssystems vor dem 1. Januar 2007, das Vorhandensein eines nationalen Emissionshandelsregisters und die Veröffentlichung eines CO_2-Emissionsberichts für das Jahr 1990.
[30] Verfügt das Gastland nicht über ein nationales System zur Erfassung der Klimagasemissionen ist ein dem CDM Projektverfahren ähnliches aufwendiges Verfahren zur Anerkennung von ERUs notwendig (Second Track Verfahren); siehe auch *Schweer/von Hammerstein*, TEHG Einleitung, Rn. 26.
[31] JI-Projekte können sowohl außerhalb als auch innerhalb der Bundesrepublik Deutschland durchgeführt werden; zu JI-Projekten im Bundesgebiet siehe *Ehrmann*, EurUP 2005, 206, 211.
[32] Vgl. § 12 Abs. 2 ProMechG; *Ebsen*, Rn. 220.

10.2 NAP II und ZuG 2012

Bereits im Laufe des Jahres 2005 haben die ersten Vorbereitungen für den Nationalen Allokationsplan für die zweite Handelsperiode 2008 bis 2012 (NAP II) sowie das dazugehörige Zuteilungsgesetz 2012 (ZuG 2012) begonnen. Das Deutsche Institut für Wirtschaftsforschung (DIW) in Berlin, das Öko-Institut in Freiburg und das Fraunhofer Institut für System- und Innovationsforschung (ISI) in Karlsruhe haben nach einer Ausschreibung des BMU Ende Juni 2005 zusammen den Auftrag erhalten, den Nationalen Allokationsplan für die zweite Handelsperiode zu entwickeln. Das Konzept soll ab Dezember 2005 in die behördeninterne Abstimmung gehen und etwa ab Januar oder Februar 2006 dann öffentlich zur Stellungnahme vorliegen (vgl. § 8 TEHG). Deutschland muss den NAP II bis zum 30.06.2006 der Kommission zur Prüfung vorlegen. Die Zuteilungsanträge für die zweite Handelsperiode sind bis zum 31.03.2007 zu stellen

Welche konkreten Zuteilungsregeln das Zuteilungsgesetz 2012 (ZuG 2012) beinhalten wird und mit welcher Priorität die jeweiligen Zuteilungsregeln versehen werden, ist noch nicht bekannt. Diskutiert werden derzeit verschiedene Modelle, sei es etwa eine Abschaffung des Grandfatherings zugunsten des Benchmark-Systems, sei es eine Ausweitung des Referenzzeitraums für die Berechnung der zuzuteilenden Zertifikate von drei auf fünf Jahre oder die Abschaffung der Optionsregel. Möglich ist auch eine sektorale Unterscheidung bezüglich der Erfüllungsfaktoren.

Grundsätzlich steht nur das deutsche CO_2-Emissionsbudget für die zweite Handelsperiode fest.[33] Der Gesetzgeber des zweiten Nationalen Allokationsplans und darauf gründend des ZuG 2012 wird auf den Erfahrungen aus dem ZuG 2007 aufbauen können und müssen. Die Zuteilungsmethoden „Grandfathering" und „Benchmarking" werden vor dem Hintergrund der Erfahrungen aus der Handelsperiode 2005 bis 2007 neu zu bewerten sein. Auch wird über die Versteigerung von Berechtigungen („Auctioning") als ein Verteilungsinstrument zu entscheiden sein. Es ist zu hoffen, dass „Systembrüche" vermieden werden können, da damit wirtschaftliche Nachteile für die emissionshandelspflichtigen Unternehmen einhergehen könnten.

Im Koalitionsvertrag vom 11.11.2005 haben die Vertragsparteien festgelegt, den NAP II auf der Basis der im ZuG 2007 festgelegten Ziele aufzustellen, Mitnahmeeffekte (sog. windfall profits) zu vermeiden und die internationale Wettbewerbsfähigkeit der energieverbrauchenden Wirtschaft besonders zu berücksichtigen.[34] Das Zuteilungssystem soll transparenter und unbürokratischer gestaltet werden. Soweit europarechtlich möglich, sollen Kleinanlagen herausgenommen wer-

---

[33] Bislang budgetiert sind 844 Millionen Tonnen CO_2-Äquivalent. Vgl. dazu den „Nationalen Allokationsplan 2005-2007" vom 31.03.2004, Makroplan nach Sektoren, S. 20 ff., im Internet unter www.bmu.de/emissionshandel" abrufbar und für die Sektorenreduktionsziele § 4 Abs. 3 ZuG 2007.

[34] Vgl. „Gemeinsam für Deutschland – mit Mut und Menschlichkeit", Koalitionsvertrag zwischen *CDU*, *CSU* und *SPD* vom 11.11.2005, Rn. 2720 ff. (www.bmu.de mit Hinweisen zum download).

den.³⁵ Die Kostenbelastung der Wirtschaft durch den CO_2-Handel soll gesenkt und Anreize zum Neubau von effizienten und umweltfreundlichen Kraftwerken gegeben werden.³⁶ Freilich wird es in dem anstehenden Prozess darauf ankommen, diese politischen Grundaussagen tatsächlich mit Leben zu füllen. Wesentliche Systementscheidungen des Zuteilungsverfahrens der ersten Handelsperiode (Grandfathering, Benchmarks) sollten schon aus Gründen der Planungssicherheit für die betroffenen Industrien nicht grundsätzlich in Frage gestellt werden.

10.2.1 Grandfathering

Die kostenlose Zuteilung auf der Grundlage historischer Emissionen („Grandfathering") war als Methode einer „sanften" Einführung des Emissionshandelsrechts schon aus verfassungsrechtlichen Gründen (Bestandsschutz) geboten. Es ist für das ZuG 2012 anzunehmen, dass die Grandfathering-Methode gegenüber der Benchmarkmethode an Bedeutung verlieren wird. Der Gesetzgeber wird sie aber wohl nicht ganz zur Disposition stellen können. Denn eine Weiterführung der Zuteilung nach historischen Emissionsdaten in der zweiten Handelsperiode ergibt sich schon aus dem ZuG 2007, in dem sich der Gesetzgeber in einigen Regelungen (etwa hinsichtlich der Behandlung von „Early Actions" in § 12 ZuG 2007) über die erste Handelsperiode hinaus gebunden hat.³⁷

Denkbar ist, dass der für eine kostenlose Zuteilung zu Grunde zu legende Referenzzeitraum für „historische Emissionen" in einem Zeitraum bis zum Beginn des Emissionshandels am 01.01.2005 liegen kann. Für den Zeitraum danach kann angenommen werden, dass die Betreiber ihren Anlageneinsatz den Erfordernissen des Emissionshandels angepasst haben. Würde man dennoch für die Zuteilung relevante Daten aus der ersten Handelsperiode ableiten, so wäre nicht auszuschließen, dass Betreiber, die faktisch vom Emissionshandel nicht betroffen waren (z.B. soweit sie Erfüllungsfaktor 1 für ihre Anlagen beanspruchen konnten), hierdurch in der zweiten Handelsperiode auch noch besser gestellt würden.

10.2.2 Benchmarks

Eine Zuteilung nach historischen Emissionsdaten ist kraft Natur der Sache auf die Anlagen bezogen gewesen, die im Zeitpunkt des 01.01.2005 in Betrieb waren (Be-

---

³⁵ Siehe Koalitionsvertrag vom 11.11.2005, Rn. 2724, 2725.
³⁶ Siehe Koalitionsvertrag vom 11.11.2005, Rn. 2733 ff.
³⁷ Obwohl grundsätzlich die „lex posterior"-Regel in der Gesetzgebung gilt – das spätere Gesetz verdrängt das frühere – (vgl. BFH, BStBl. 1987, 791) – wird die Möglichkeit einer Selbstbindung des Gesetzgebers nicht bestritten; vgl. BVerfGE 101, 158, 218; 102, 254. Insbesondere bei einem Fall einer freiwilligen Selbstbindung, wie vorliegend, ist ein verfassungsrechtlich begründeter Vertrauensschutz in den Bestand der wesentlichen Zuteilungsregelungen des ZuG 2007, mit Wirkung über die erste Handelsperiode hinaus, anzunehmen.

standsanlagen). Emissionshandelspflichtige Anlagen, die erst nach diesem Zeitpunkt in Betrieb genommen worden sind (Neuanlagen), können in Ermangelung historischer Daten ihr Zuteilungsbegehren nur auf eine Produktionsprognose stützen. Um das langfristige Ziel einer Reduktion von Treibhausgasemissionen zu fördern, verlangt der Gesetzgeber allerdings zu Recht, dass bei Neuanlagen „bestverfügbare Techniken (BVT)" zum Einsatz kommen. Maßstab der BVT bilden die Emissionswerte einer Anlage, deren Bandbreite der Gesetzgeber in § 12 Abs. 2 ZuV 2007 festgelegt hat (Benchmarkwerte).

Da zum maßgeblichen Zeitpunkt des 01.01.2005 auch einige neuere Bestandsanlagen technisch die BVT-Anforderungen erfüllen konnten, war es nur konsequent, dass das Zuteilungsverfahren des ZuG 2007 den Betreibern dieser Anlagen die Möglichkeit einräumte, ihre Anlagen in den „Wettbewerb" mit (echten) Neuanlagen treten zu lassen. Diesen Wettbewerbsgedanken spiegelt die „Optionsregel" des § 7 Abs. 12 ZuG 2007 wider. Für diese Optionsregel haben sich jedoch mehr Betreiber entschieden, als es der Gesetzgeber erwartet hatte,[38] so dass dies zu Verteilungsproblemen im Emissionsberechtigungsbudget führte und den Mechanismus der Zuteilungskürzung nach § 4 Abs. 4 ZuG 2007 auslöste.

Ein optierender Betreiber muss den von ihm beantragten Emissionswert, sofern dieser den Mindestwert der jeweiligen Bandbreite übersteigt, im Einzelnen begründen (§ 12 Abs. 3 ZuV 2007). Dabei sind die im Zuteilungsgesetz genannten Grundsätze auslegungsfähig. Die DEHSt hat eine eigene Auslegung der Benchmarkansätze erst im Nachgang zur Zuteilung am 22.06.2005 veröffentlicht.[39]

Für das zukünftige Zuteilungsverfahren in der zweiten Handelsperiode ist das Benchmarkverfahren schon deshalb vorzugswürdig, um auf Veränderungen, beispielsweise in Folge einer strukturellen Belebung der deutschen Konjunktur und der damit einhergehenden Nachfrage nach Produkten emissionshandelspflichtiger Anlagen, reagieren zu können. Um das Benchmarkverfahren umfassend und richtig einsetzen zu können, sind Benchmarkansätze für alle im Energiemix zum Einsatz gelangenden fossilen Brennstoffe notwendig. Bislang fehlt es etwa noch an einem eigenen Benchmark für die Verstromung von Braunkohle, obwohl dieser Brennstoff im deutschen Energiemix eine wichtige Rolle spielt.[40] Inwiefern die DEHSt dem folgen wird, ist allerdings fraglich, so lange sie den eingesetzten

---

[38] Nach Mitteilung der DEHSt haben insgesamt 402 Anlagen der Energiewirtschaft von der Optionsregel Gebrauch gemacht.

[39] Auf der Internetseite der DEHSt (www.dehst.de) kann eine „Definition und Bewertung von Emissionswerten für Strom, Warmwasser und Prozessdampf entsprechend der besten verfügbaren Techniken (BVT) im Zuteilungsverfahren für die Handelsperiode 2005-2007 vom 22.06.2005" bezogen werden.

[40] Ein geeigneter Benchmark für Braunkohle sollte durch den Stand der Technik bestimmt werden. Aktuell würde dies bedeuten, dass je nach Jahresauslastung einer Braunkohleanlage ein Benchmark zwischen 950 g/kWh bis 977 g/kWh technisch begründet wäre; gemäß § 11 Abs. 2 Satz 1 ZuG 2007 und § 12 Abs. 2 Nr. 1 ZuV 2007 gilt allerdings als energiebezogener Emissionswert je erzeugter Produkteinheit bei Strom erzeugenden Anlagen maximal 750 g/kWh Nettostromerzeugung.

Brennstoff und nicht allein die Anlagentechnik als wesentlich für die BVT ansieht, so dass es zu einer Bevorzugung des Brennstoffs Erdgas kommen kann.[41]

10.2.3 Förderung der KWK

Auch für die Betreiber von Kraft-Wärme-Kopplungsanlagen (KWK-Anlagen) ist es von besonderem Interesse, wie der NAP II und das ZuG 2012 ausgestaltet werden. Betroffen sind hier vielfach kleine und mittlere Stadtwerke mit ihren Anlagen. In der ersten Handelsperiode erhalten sie nach Antrag gemäß § 14 Abs. 1 ZuG 2007 eine Zusatzausstattung an Emissionsberechtigungen, die aus einem speziellen, vom Gesetzgeber vorgesehenen Budget gewonnen wird. Damit soll einem negativen Anreiz des Emissionshandelssystems begegnet werden, aus der energieeffizienten und damit ökologisch sinnvollen Koppelproduktion auszusteigen.[42]

Seitens der Betreiber von KWK-Anlagen werden diese Maßnahme jedoch nicht als ausreichend erachtet, um sämtliche negativen Wirkungen des Emissionshandelssystems auf die betroffen KWK-Anlagen auszugleichen. Dies wird vor allem damit begründet, dass KWK-Anlagen häufig im Wettbewerb als alternative Wärmeversorgung mit nicht emissionshandelspflichtigen Anlagen im Haushaltssektor stehen. Eine Verdrängung der dezentralen Wärmeversorgung im Haushaltssektor, etwa durch Neuanschluss an die effizienteren und damit letztlich klimagünstigeren KWK-Anlagen, würd aus wirtschaftlichen Gründen scheitern, solange KWK-Anlagenbetreiber Berechtigungen hinzukaufen müssen, die sich aus der höheren Wärmeproduktion eines Neuanschlusses ergeben, während der Haushaltssektor durch diese Maßnahme lediglich eine Entlastung seines Emissionsbudgets erfährt.[43] Denkbar wäre daher, dass im ZuG 2012 dieser Wettbewerbsnachteil ausgeglichen würde.[44]

10.2.4 „De Minimis"-Regelung und Auctioning

Für das ZuG 2012 wird auch zu prüfen sein, ob der hohe administrative Aufwand, den das Emissionshandelssystem den Betreibern emissionshandelspflichtiger Anlagen abverlangt, reduziert werden kann. Ein Beitrag hierzu könnte die Einführung einer „De Minimis"-Regelung sein. Unter dieser Regelung ist zu verstehen, dass

---

[41] Vgl. Ausführungen der DEHSt in: „Benchmarks", Ziffer 3.3 (Fundstelle: Fn.10).
[42] *Körner/von Schweinitz,* in: Körner/Vierhaus, § 14 ZuG 2007 Rn. 2.
[43] Das Emissionsbudget des Haushaltssektors für die Handelsperiode 2008-2012 findet sich in § 4 Abs. 3 Satz 1 ZuG 2007 unter dem Vorbehalt einer Prüfung in 2006 (§ 4 Abs. 3 Satz 2 ZuG 2007).
[44] Die benötigte Anzahl an Berechtigungen könnte aus dem Budget des Haushaltssektors dann in das Budget des Energiesektors verlagert werden, vergleichbar dem Verlagerungsverfahren bei JI-Projekten. Dazu wäre die Reserve im emissionshandelspflichtigen Sektor Energiewirtschaft entsprechend der erfolgten Reduktionsmenge durch Neuanschlüsse zu erhöhen.

ein Anlagenbetreiber bei Geringfügigkeit der Treibhausgasemissionsfracht der Anlage deren Befreiung vom Emissionshandelssystem beantragen könnte. Derzeit wird die Emissionshandelspflichtigkeit im wesentlichen von der Feuerungswärmeleistung einer Anlage größer/gleich 20 MW (unter Berücksichtigung der Vorgaben aus der immissionsschutzrechtlichen Genehmigung) bestimmt. Unberücksichtigt bleibt damit die tatsächliche Treibhausgasemissionsfracht aus der Anlage. Damit wird die Erheblichkeit der Treibhausgasemissionen nicht in jedem Fall ausreichend berücksichtigt. Folgerichtig wäre die Bestimmung der Emissionserheblichkeit losgelöst von der 20 MW-Schwelle des Anhangs 1 TEHG. Zur Zeit sieht zwar die EH-Richtlinie eine solche „De Minimis"-Regelung nicht vor. Auf eine entsprechende Änderung könnte der Gesetzgeber aber hinwirken[45]

Soweit der Gesetzgeber von der Versteigerungsoption für Emissionsrechte („Auctioning") im Rahmen des durch die EH-Richtlinie erlaubten zehn prozentigen Allokationsanteils bei der zukünftigen Zuteilung Gebrauch machen will, sollte er sich, um Wettbewerbsnachteilen zu Lasten der deutschen Industrie im Vorfeld zu begegnen, vor der Verabschiedung entsprechender nationaler Vorschriften an dem Vorgehen der anderen EU-Mitgliedstaaten orientieren.

10.2.5 Sonstige Änderungen

Bei der Entstehung des NAP II und des ZuG 2012 wird es zweifelsohne – wie schon bereits bei der Vorbereitung der ersten Handelsperiode – massive Versuche geben, sektor- und branchenspezifische Interessen durchsetzen bzw. gegenüber den Interessen anderer besser zu stellen. Die viel kritisierte Komplexität und Kompliziertheit der gegenwärtigen Rechtsvorschriften des ZuG 2007 und der ZuV 2007 ist im wesentlichen auf Einflussnahme der entsprechenden Interessengruppen im Verlaufe der jeweiligen Gesetzgebungs- und Verordnungsverfahren zurückzuführen. Für den NAP II und das ZuG 2012 werden derzeit eine Vielzahl von Vorstellungen in die Diskussion eingebracht. Diese reichen von einer „Vereinheitlichung der Zuteilungsregeln" über eine „europäische Harmonisierung der Zuteilungs" bis hin zum „Splitting der Zuteilungsdauer" für verschiedene Sektoren. Schließlich gehört hierin auch der Vorschlag, auf die ex-post-Kontrolle zu verzichten.

10.3 Ausblick

Neuere Klimastudien legen die Schlussfolgerung nahe, dass der Klimawandel nicht übertrieben, sondern eher unterschätzt worden ist.[46] Daraus folgt, dass der globalen, europäischen und nationalen Klimapolitik in Zukunft eine mindestens

---

[45] Die im EU-Mitgliedsstaat Niederlande bereits praktizierte De-Minimis-Regelung basiert dagegen auf der Anwendung der „Opt-Out-Regelung" der EH-Richtlinie.
[46] *Rat von Sachverständigen für Umweltfragen*, Kontinuität in der Klimapolitik – Kyoto-Protokoll als Chance, Stellungnahme, September 2005, S. 3.

ebenso wichtige Rolle zukommt, wie dies schon für die letzten Jahre gilt. Dabei ist einerseits Augenmaß zu bewahren, wenn es um die ökonomischen Belange, also um die Wettbewerbsfähigkeit der Wirtschaft geht, wie auch andererseits zu beachten ist, dass die menschheits- und naturgefährdende Erderwärmung dringend gestoppt werden muss. In diesem Zusammenhang führt es nicht weiter, Klimaschutz lediglich als Kostenfaktor zu sehen. Denn ausbleibender Klimaschutz führte unweigerlich zu wesentlich höheren „Kosten", wobei hier nicht nur finanzielle Kosten gemeint sind.

Ein wesentlicher Beitrag zur Umkehrung klimafeindlicher Prozesse liegt in der Stärkung klimafreundlicher Technologien. Es bedarf verstärkter Anstrengungen zur Effizienzsteigerung beim Energieverbrauch. In Europa zeichnet sich bei der geplanten umfangreichen Kraftwerkserneuerung eine Tendenz hin zu klimafreundlicheren Technologien ab.[47] So werden hauptsächlich Gaskraftwerke geplant, die geringere Emissionen als Kohle und Öl aufweisen. Zwar konstatiert der Rat von Sachverständigen für Umweltfragen kritisch, dass deutsche Unternehmen in Kohlekraftwerke investierten. Er hebt aber auch lobend hervor, dass etwa RWE in Großbritannien einen großen Off-shore-Windpark plane und Vattenfall sich bei einem der größten dänischen Windenergiebetreiber eingekauft habe.[48] Eine weitere wichtige klimafreundliche Technologie steht noch am Anfang: das fossil befeuerte, aber doch „CO_2-freie Kraftwerk". In einem solchen Kraftwerk wird das CO_2 aus dem Rauchgas separiert, verflüssigt und dann bergtechnisch unter Tage verbracht („Oxyfuelverfahren"). Am Stamdort Spremberg/Lausitz soll die erste großtechnische Versuchsanlage auf deutschem Boden errichtet werden. Die Anlage soll im Jahr 2008 in Betrieb gehen.[49]

Auf der in Montreal stattfindenden 11. Vertragsstaatenkonferenz der Klimarahmenkonvention (28.11.2005 bis 9.12.2005) will die EU den Startschuss für eine zügige und anspruchsvolle Fortentwicklung des Klimaregimes geben.[50] Für die Zeit nach 2012 sollen verbindliche und ambitionierte Klimaschutzziele festgelegt werden. Der Luftverkehr soll – schon vor 2012 – in das EU-Emissionshandelssystem eingebunden werden. Betrachtet man die politische Entwicklung, ist davon auszugehen, dass das Emissionshandelsrecht derzeit erst in seinen Anfängen steht und sich in den kommenden Jahren weiter zu einem eigenständigen, komplexen und für die Praxis elementar wichtigen Rechtsgebiet entwickeln wird.

---

[47] *Rat von Sachverständigen für Umweltfragen*, Kontinuität in der Klimapolitik – Kyoto-Protokoll als Chance, Stellungnahme, September 2005, S. 8.
[48] *Rat von Sachverständigen für Umweltfragen*, Kontinuität in der Klimapolitik – Kyoto-Protokoll als Chance, Stellungnahme, September 2005, S. 8/9.
[49] Bauherr und Betreiber der Anlage ist eine Tochtergesellschaft der *Vattenfall Europe AG*.
[50] Siehe www.bmu.de/presse.

Anhänge

EU-Emissionshandelsrichtlinie (EH-Richtlinie)

Richtlinie 2003/87/EG des Europäischen Parlaments und des Rates

vom 13. Oktober 2003

über ein System für den Handel mit Treibhausgasemissionszertifikaten in der Gemeinschaft und zur Änderung der Richtlinie 96/61/EG des Rates

(Amtsblatt Nr. L 275 vom 25/10/2003 S. 0032 – 0046)

(Text von Bedeutung für den EWR)

DAS EUROPÄISCHE PARLAMENT UND DER RAT DER EUROPÄISCHEN UNION –

gestützt auf den Vertrag zur Gründung der Europäischen Gemeinschaft, insbesondere auf Artikel 175 Absatz 1,
auf Vorschlag der Kommission[1],
nach Stellungnahme des Europäischen Wirtschafts- und Sozialausschusses[2](2),
nach Stellungnahme des Ausschusses der Regionen[3](3),
gemäß dem Verfahren des Artikels 251 des Vertrags[4](4),
in Erwägung nachstehender Gründe:

---

[1] ABl. C 75 E vom 26.3.2002, S. 33.
[2] ABl. C 221 vom 17.9.2002, S. 27.
[3] ABl. C 192 vom 12.8.2002, S. 59.
[4] Stellungnahme des Europäischen Parlaments vom 10. Oktober 2002 (noch nicht im Amtsblatt veröffentlicht), Gemeinsamer Standpunkt des Rates vom 18. März 2003 (ABl. C 125 E vom 27.5.2003, S. 72), Beschluss des Europäischen Parlaments vom 2. Juli 2003 (noch nicht im Amtsblatt veröffentlicht) und Beschluss des Rates vom 22. Juli 2003.

(1) Mit dem Grünbuch zum Handel mit Treibhausgasemissionen in der Europäischen Union wurde eine europaweite Diskussion über die Angemessenheit und das mögliche Funktionieren des Handels mit Treibhausgasemissionen innerhalb der Europäischen Union in Gang gebracht. Gegenstand des Europäischen Programms zur Klimaänderung (ECCP) waren politische Konzepte und Maßnahmen der Gemeinschaft im Rahmen eines Prozesses, der auf der Einbeziehung vieler Interessengruppen basierte, sowie ein System für den Handel mit Treibhausgasemissionszertifikaten in der Gemeinschaft (Gemeinschaftssystem) nach dem Modell des Grünbuchs. In seinen Schlussfolgerungen vom 8. März 2001 erkannte der Rat die besondere Bedeutung des Europäischen Programms zur Klimaänderung und der Arbeiten auf der Grundlage des Grünbuchs an und unterstrich die Dringlichkeit konkreter Maßnahmen auf Gemeinschaftsebene.

(2) Im sechsten Aktionsprogramm der Gemeinschaft für die Umwelt, das mit der Entscheidung Nr. 1600/2002/EG des Europäischen Parlaments und des Rates[5] eingeführt wurde, wird die Klimaänderung als vorrangiger Maßnahmenbereich definiert und die Einrichtung eines gemeinschaftsweiten Systems für den Emissionshandel bis 2005 gefordert. In dem Programm wird bekräftigt, dass die Gemeinschaft sich zu einer 8%igen Verringerung ihrer Treibhausgasemissionen im Zeitraum 2008-2012 gegenüber dem Stand von 1990 verpflichtet hat und dass die globalen Treibhausgasemissionen längerfristig gegenüber dem Stand von 1990 um etwa 70 % gesenkt werden müssen.

(3) Das Ziel des Rahmenübereinkommens der Vereinten Nationen über Klimaänderungen, das mit dem Beschluss 94/69/EG des Rates vom 15. Dezember 1993 über den Abschluss des Rahmenübereinkommens der Vereinten Nationen über Klimaänderungen[6] genehmigt wurde, ist letztlich die Stabilisierung der Treibhausgaskonzentrationen in der Atmosphäre auf einem Stand, der eine gefährliche vom Menschen verursachte Beeinflussung des Klimasystems verhindert.

(4) Bei Inkrafttreten des Kyoto-Protokolls, das mit der Entscheidung 2002/358/EG des Rates vom 25. April 2002[7] über die Genehmigung des Protokolls von Kyoto zum Rahmenübereinkommen der Vereinten Nationen über Klimaänderungen im Namen der Europäischen Gemeinschaft sowie die gemeinsame Erfüllung der daraus erwachsenden Verpflichtungen genehmigt wurde, werden die Gemeinschaft und ihre Mitgliedstaaten verpflichtet sein, ihre gemeinsamen anthropogenen Treibhausgasemissionen, die in Anhang A des Protokolls aufgeführt sind, im Zeitraum 2008-2012 gegenüber dem Stand von 1990 um 8 % zu senken.

(5) Die Gemeinschaft und ihre Mitgliedstaaten sind übereingekommen, ihre Verpflichtungen zur Verringerung der anthropogenen Treibhausgasemissionen im Rahmen des Kyoto-Protokolls gemäß der Entscheidung 2002/358/EG gemeinsam zu erfüllen. Diese Richtlinie soll dazu beitragen, dass die Verpflichtungen der Europäischen Gemeinschaft und ihrer Mitgliedstaaten durch einen effizienten europäischen Markt für Treibhausgasemissionszertifikate effektiver und unter mög-

---

[5] ABl. L 242 vom 10.9.2002, S. 1.
[6] ABl. L 33 vom 7.2.1994, S. 11.
[7] ABl. L 130 vom 15.5.2002, S. 1.

lichst geringer Beeinträchtigung der wirtschaftlichen Entwicklung und der Beschäftigungslage erfüllt werden.

(6) Durch die Entscheidung 93/389/EWG des Rates vom 24. Juni 1993 über ein System zur Beobachtung der Emissionen von CO_2 und anderen Treibhausgasen in der Gemeinschaft[8] wurde ein System zur Beobachtung der Treibhausgasemissionen und zur Bewertung der Fortschritte bei der Erfüllung der Verpflichtungen im Hinblick auf diese Emissionen eingeführt. Dieses System wird es den Mitgliedstaaten erleichtern, die Gesamtmenge der zuteilbaren Zertifikate zu bestimmen.

(7) Gemeinschaftsvorschriften für die Zuteilung der Zertifikate durch die Mitgliedstaaten sind notwendig, um die Integrität des Binnenmarktes zu erhalten und Wettbewerbsverzerrungen zu vermeiden.

(8) Die Mitgliedstaaten sollten bei der Zuteilung von Zertifikaten das Potenzial bei Tätigkeiten industrieller Verfahren berücksichtigen, die Emissionen zu verringern.

(9) Die Mitgliedstaaten können vorsehen, dass Zertifikate, die für einen 2008 beginnenden Fünfjahreszeitraum gültig sind, nur an Personen für gelöschte Zertifikate entsprechend der Emissionsverringerung vergeben werden, die diese Personen in ihrem Staatsgebiet während eines 2005 beginnenden Dreijahreszeitraums erzielt haben.

(10) Beginnend mit dem genannten Fünfjahreszeitraum wird die Übertragung von Zertifikaten an andere Mitgliedstaaten mit entsprechenden Anpassungen der im Rahmen des Kyoto-Protokolls zugeteilten Mengen verknüpft.

(11) Die Mitgliedstaaten sollten sicherstellen, dass die Betreiber bestimmter Tätigkeiten eine Genehmigung zur Emission von Treibhausgasen besitzen und ihre Emissionen der für diese Tätigkeiten spezifizierten Treibhausgase überwachen und darüber Bericht erstatten.

(12) Die Mitgliedstaaten sollten Vorschriften über Sanktionen festlegen, die bei einem Verstoß gegen diese Richtlinie zu verhängen sind, und deren Durchsetzung gewährleisten. Die Sanktionen müssen wirksam, verhältnismäßig und abschreckend sein.

(13) Um Transparenz zu gewährleisten, sollte die Öffentlichkeit Zugang zu Informationen über die Zuteilung von Zertifikaten und die Ergebnisse der Überwachung von Emissionen erhalten, der nur den Beschränkungen gemäß der Richtlinie 2003/4/EG des Europäischen Parlaments und des Rates vom 28.01.2003 über den Zugang der Öffentlichkeit zu Umweltinformationen[9] unterliegt.

(14) Die Mitgliedstaaten sollten einen Bericht über die Durchführung dieser Richtlinie vorlegen, der gemäß der Richtlinie 91/692/EWG des Rates vom 23. Dezember 1991 zur Vereinheitlichung und zweckmäßigen Gestaltung der Berichte über die Durchführung bestimmter Umweltschutzrichtlinien[10] erstellt wird.

(15) Die Einbeziehung zusätzlicher Anlagen in das Gemeinschaftssystem sollte gemäß den Bestimmungen dieser Richtlinie erfolgen, wodurch Emissionen von

---

[8] ABl. L 167 vom 9.7.1993, S. 31. Geändert durch die Entscheidung 1999/296/EG (ABl. L 117 vom 5.5.1999, S. 35).
[9] ABl. L 41 vom 14.2.2003, S. 26.
[10] ABl. L 377 vom 31.12.1991, S. 48.

anderen Treibhausgasen als Kohlendioxid, etwa bei Tätigkeiten der Aluminium- und Chemieindustrie, durch das Gemeinschaftssystem abgedeckt werden können.

(16) Diese Richtlinie sollte die Mitgliedstaaten nicht daran hindern, nationale Handelssysteme zur Regelung der Treibhausgasemissionen aus anderen als den in Anhang I aufgeführten oder in das Gemeinschaftssystem einbezogenen Tätigkeiten oder aus Anlagen, die vorübergehend aus dem Gemeinschaftssystem ausgeschlossen sind, beizubehalten oder einzuführen.

(17) Die Mitgliedstaaten können als Vertragsparteien des Protokolls von Kyoto am internationalen Emissionshandel mit den anderen in Anhang B dieses Protokolls aufgeführten Parteien teilnehmen.

(18) Die Herstellung einer Verbindung zwischen dem Gemeinschaftssystem und den Systemen für den Handel mit Treibhausgasemissionen in Drittländern wird zu einer höheren Kosteneffizienz bei der Verwirklichung der Emissionsverringerungsziele der Gemeinschaft führen, die in der Entscheidung 2002/358/EG über die gemeinsame Erfüllung der Verpflichtungen vorgesehen sind.

(19) Projektbezogene Mechanismen, einschließlich des Joint Implementation (JI) und des Clean Development Mechanism (CDM), sind wichtig für die Verwirklichung des Zieles, sowohl die Emissionen von Treibhausgasen weltweit zu verringern als auch die Kosteneffizienz des Gemeinschaftssystems zu verbessern. Im Einklang mit den einschlägigen Bestimmungen des Kyoto-Protokolls und der Vereinbarungen von Marrakesch sollte der Einsatz der Mechanismen als Begleitmaßnahme zu innerstaatlichen Maßnahmen erfolgen, und innerstaatliche Maßnahmen werden somit ein wichtiges Element der unternommenen Bemühungen sein.

(20) Diese Richtlinie wird den Einsatz energieeffizienterer Technologien, einschließlich der Kraft-Wärme-Kopplungstechnologie, mit geringeren Emissionen je Produktionseinheit fördern, wogegen die zukünftige Richtlinie über die Förderung einer am Nutzwärmebedarf orientierten Kraft-Wärme-Kopplung im Energiebinnenmarkt speziell die Kraft-Wärme-Kopplungstechnologie fördern wird.

(21) Mit der Richtlinie 96/61/EG des Rates vom 24. September 1996 über die integrierte Vermeidung und Verminderung der Umweltverschmutzung[11] wurde eine allgemeine Regelung zur Vermeidung und Verminderung der Umweltverschmutzung eingeführt, in deren Rahmen auch Genehmigungen für Treibhausgasemissionen erteilt werden können. Die Richtlinie 96/61/EG sollte dahin gehend geändert werden, dass - unbeschadet der sonstigen in jener Richtlinie geregelten Anforderungen - keine Emissionsgrenzwerte für direkte Emissionen von Treibhausgasen aus Anlagen, die unter die vorliegende Richtlinie fallen, vorgeschrieben werden und dass es den Mitgliedstaaten freisteht, keine Energieeffizienzanforderungen in Bezug auf Verbrennungseinheiten oder andere Einheiten am Standort, die Kohlendioxid ausstoßen, festzulegen.

(22) Diese Richtlinie ist mit dem Rahmenübereinkommen der Vereinten Nationen über Klimaänderungen und dem Kyoto-Protokoll vereinbar. Sie sollte anhand der diesbezüglichen Entwicklungen sowie zur Berücksichtigung der Erfahrungen

---

[11] ABl. L 257 vom 10.10.1996, S. 26.

mit ihrer Durchführung und der bei der Überwachung der Treibhausgasemissionen erzielten Fortschritte überprüft werden.

(23) Der Emissionszertifikatehandel sollte Teil eines umfassenden und kohärenten Politik- und Maßnahmenpakets sein, das auf Ebene der Mitgliedstaaten und der Gemeinschaft durchgeführt wird. Unbeschadet der Anwendung der Artikel 87 und 88 des Vertrags können die Mitgliedstaaten bei Tätigkeiten, die unter das Gemeinschaftssystem fallen, die Auswirkungen von ordnungs- und steuerpolitischen sowie sonstigen Maßnahmen prüfen, die auf die gleichen Ziele gerichtet sind. Bei der Überprüfung der Richtlinie sollte berücksichtigt werden, in welchem Umfang diese Ziele erreicht wurden.

(24) Die Erhebung von Steuern kann im Rahmen der einzelstaatlichen Politik ein Instrument darstellen, mit dem sich Emissionen aus Anlagen, die vorübergehend ausgeschlossen sind, begrenzen lassen.

(25) Politik und Maßnahmen sollten auf Ebene der Mitgliedstaaten und der Gemeinschaft in allen Wirtschaftssektoren der Europäischen Union, nicht nur in den Sektoren Industrie und Energie, durchgeführt werden, um zu erheblichen Emissionsverringerungen zu gelangen. Die Kommission sollte insbesondere Politik und Maßnahmen auf Gemeinschaftsebene in Betracht ziehen, damit der Verkehrssektor einen wesentlichen Beitrag dazu leistet, dass die Gemeinschaft und ihre Mitgliedstaaten ihren Klimaschutzverpflichtungen gemäß dem Kyoto-Protokoll nachkommen können.

(26) Ungeachtet des vielfältigen Potenzials marktgestützter Mechanismen sollte die Strategie der Europäischen Union zur Bekämpfung der Klimaänderung auf der Ausgewogenheit zwischen dem Gemeinschaftssystem und anderen Arten gemeinschaftlicher, einzelstaatlicher und internationaler Maßnahmen beruhen.

(27) Diese Richtlinie steht in Einklang mit den Grundrechten und befolgt die insbesondere in der Charta der Grundrechte der Europäischen Union anerkannten Prinzipien.

(28) Die zur Durchführung dieser Richtlinie erforderlichen Maßnahmen sollten gemäß dem Beschluss 1999/468/EG des Rates vom 28. Juni 1999 zur Festlegung der Modalitäten für die Ausübung der der Kommission übertragenen Durchführungsbefugnisse[12] erlassen werden.

(29) Da die Kriterien 1, 5 und 7 des Anhangs III nicht im Komitologieverfahren geändert werden können, sollten Änderungen hinsichtlich Zeiträumen nach 2012 ausschließlich im Mitentscheidungsverfahren erfolgen.

(30) Da das Ziel der beabsichtigten Maßnahme, nämlich die Schaffung eines Gemeinschaftssystems, durch individuelles Handeln der Mitgliedstaaten nicht ausreichend erreicht werden kann und daher wegen des Umfangs und der Auswirkungen der beabsichtigten Maßnahme besser auf Gemeinschaftsebene zu erreichen ist, kann die Gemeinschaft im Einklang mit dem in Artikel 5 des Vertrags niedergelegten Subsidiaritätsprinzip tätig werden. Gemäß dem in demselben Artikel genannten Verhältnismäßigkeitsprinzip geht diese Richtlinie nicht über das für die Erreichung dieses Ziels erforderliche Maß hinaus –

---

[12] ABl. L 184 vom 17.7.1999, S. 23.

HABEN FOLGENDE RICHTLINIE ERLASSEN:

Artikel 1 Gegenstand. Mit dieser Richtlinie wird ein System für den Handel mit Treibhausgasemissionszertifikaten in der Gemeinschaft (nachstehend "Gemeinschaftssystem" genannt) geschaffen, um auf kosteneffiziente und wirtschaftlich effiziente Weise auf eine Verringerung von Treibhausgasemissionen hinzuwirken.

Artikel 2 Geltungsbereich. (1) Diese Richtlinie gilt für die Emissionen aus den in Anhang I aufgeführten Tätigkeiten und die Emissionen der in Anhang II aufgeführten Treibhausgase.

(2) Diese Richtlinie gilt unbeschadet der Anforderungen gemäß Richtlinie 96/61/EG.

Artikel 3 Begriffsbestimmungen. Im Sinne dieser Richtlinie bezeichnet der Ausdruck

a) "Zertifikat" das Zertifikat, das zur Emission von einer Tonne Kohlendioxidäquivalent in einem bestimmten Zeitraum berechtigt; es gilt nur für die Erfüllung der Anforderungen dieser Richtlinie und kann nach Maßgabe dieser Richtlinie übertragen werden;

b) "Emissionen" die Freisetzung von Treibhausgasen in die Atmosphäre aus Quellen in einer Anlage;

c) "Treibhausgase" die in Anhang II aufgeführten Gase;

d) "Genehmigung zur Emission von Treibhausgasen" eine Genehmigung, die gemäß den Artikeln 5 und 6 erteilt wird;

e) "Anlage" eine ortsfeste technische Einheit, in der eine oder mehrere der in Anhang I genannten Tätigkeiten sowie andere unmittelbar damit verbundene Tätigkeiten durchgeführt werden, die mit den an diesem Standort durchgeführten Tätigkeiten in einem technischen Zusammenhang stehen und die Auswirkungen auf die Emissionen und die Umweltverschmutzung haben können;

f) "Betreiber" eine Person, die eine Anlage betreibt oder besitzt oder der - sofern in den nationalen Rechtsvorschriften vorgesehen - die ausschlaggebende wirtschaftliche Verfügungsmacht über den technischen Betrieb einer Anlage übertragen worden ist;

g) "Person" jede natürliche oder juristische Person;

h) "neuer Marktteilnehmer" eine Anlage, die eine oder mehrere der in Anhang I aufgeführten Tätigkeiten durchführt und der nach Übermittlung des nationalen Zuteilungsplans an die Kommission eine Genehmigung zur Emission von Treibhausgasen oder infolge einer Änderung der Art oder Funktionsweise oder einer Erweiterung der Anlage eine entsprechende aktualisierte Genehmigung erteilt wurde;

i) "Öffentlichkeit" eine oder mehrere Personen sowie gemäß den nationalen Rechtsvorschriften oder der nationalen Praxis Zusammenschlüsse, Organisationen oder Gruppen von Personen;

j) "Tonne Kohlendioxidäquivalent" eine metrische Tonne Kohlendioxid (CO_2) oder eine Menge eines anderen in Anhang II aufgeführten Treibhausgases mit einem äquivalenten Erderwärmungspotenzial.

Artikel 4 Genehmigungen zur Emission von Treibhausgasen. Die Mitgliedstaaten stellen sicher, dass ab dem 01.01.2005 Anlagen die in Anhang I genannten Tätigkeiten, bei denen die für diese Tätigkeiten spezifizierten Emissionen entstehen, nur durchführen, wenn der Betreiber über eine Genehmigung verfügt, die von einer zuständigen Behörde gemäß den Artikeln 5 und 6 erteilt wurde, oder wenn die Anlage gemäß Artikel 27 vorübergehend aus dem Gemeinschaftssystem ausgeschlossen wurde.

Artikel 5 Anträge auf Erteilung der Genehmigung zur Emission von Treibhausgasen. An die zuständige Behörde gerichtete Anträge auf Erteilung von Genehmigungen zur Emission von Treibhausgasen müssen Angaben zu folgenden Punkten enthalten:
 a) Anlage und dort durchgeführte Tätigkeiten und verwendete Technologie,
 b) Rohmaterialien und Hilfsstoffe, deren Verwendung wahrscheinlich mit Emissionen von in Anhang I aufgeführten Gasen verbunden ist,
 c) Quellen der Emissionen von in Anhang I aufgeführten Gasen aus der Anlage und
 d) geplante Maßnahmen zur Überwachung und Berichterstattung betreffend Emissionen im Einklang mit den gemäß Artikel 14 erlassenen Leitlinien.
Dem Antrag ist eine nicht-technische Zusammenfassung der in Unterabsatz 1 genannten Punkte beizufügen.

Artikel 6 Voraussetzungen für die Erteilung und Inhalt der Genehmigung zur Emission von Treibhausgasen. (1) Die zuständige Behörde erteilt eine Genehmigung zur Emission von Treibhausgasen, durch die die Emission von Treibhausgasen aus der gesamten Anlage oder aus Teilen davon genehmigt wird, wenn sie davon überzeugt ist, dass der Betreiber in der Lage ist, die Emissionen zu überwachen und darüber Bericht zu erstatten. Eine Genehmigung zur Emission von Treibhausgasen kann sich auf eine oder mehrere vom selben Betreiber am selben Standort betriebene Anlagen beziehen.
 (2) Genehmigungen zur Emission von Treibhausgasen enthalten folgende Angaben:
 a) Name und Anschrift des Betreibers,
 b) Beschreibung der Tätigkeiten und Emissionen der Anlage,
 c) Überwachungsauflagen, in denen Überwachungsmethode und -häufigkeit festgelegt sind,
 d) Auflagen für die Berichterstattung und
 e) eine Verpflichtung zur Abgabe von Zertifikaten in Höhe der - nach Artikel 15 geprüften - Gesamtemissionen der Anlage in jedem Kalenderjahr binnen vier Monaten nach Jahresende.

Artikel 7 Änderungen im Zusammenhang mit den Anlagen. Der Betreiber unterrichtet die zuständige Behörde von allen geplanten Änderungen der Art oder Funktionsweise der Anlage sowie für eine Erweiterung der Anlage, die eine Aktualisierung der Genehmigung zur Emission von Treibhausgasen erfordern könnten. Bei Bedarf aktualisiert die zuständige Behörde die Genehmigung. Ändert sich die

Identität des Betreibers, so aktualisiert die zuständige Behörde die Genehmigung in Bezug auf Name und Anschrift des neuen Betreibers.

Artikel 8 Abstimmung mit der Richtlinie 96/61/EG. Die Mitgliedstaaten ergreifen die erforderlichen Maßnahmen, um sicherzustellen, dass bei Anlagen, deren Tätigkeiten in Anhang I der Richtlinie 96/61/EG aufgeführt sind, die Voraussetzungen und das Verfahren für die Erteilung einer Genehmigung zur Emission von Treibhausgasen mit denjenigen für die in jener Richtlinie vorgesehene Genehmigung abgestimmt werden. Die Anforderungen der Artikel 5, 6 und 7 der vorliegenden Richtlinie können in die Verfahren gemäß der Richtlinie 96/61/EG integriert werden.

Artikel 9 Nationaler Zuteilungsplan. (1) Die Mitgliedstaaten stellen für jeden in Artikel 11 Absätze 1 und 2 genannten Zeitraum einen nationalen Plan auf, aus dem hervorgeht, wie viele Zertifikate sie insgesamt für diesen Zeitraum zuzuteilen beabsichtigen und wie sie die Zertifikate zuzuteilen gedenken. Dieser Plan ist auf objektive und transparente Kriterien zu stützen, einschließlich der in Anhang III genannten Kriterien, wobei die Bemerkungen der Öffentlichkeit angemessen zu berücksichtigen sind. Die Kommission erarbeitet unbeschadet des Vertrags bis spätestens 31. Dezember 2003 eine Anleitung zur Anwendung der in Anhang III aufgeführten Kriterien.

Für den in Artikel 11 Absatz 1 genannten Zeitraum wird der Plan spätestens am 31. März 2004 veröffentlicht und der Kommission und den übrigen Mitgliedstaaten übermittelt. Für die folgenden Zeiträume werden die Pläne mindestens achtzehn Monate vor Beginn des betreffenden Zeitraums veröffentlicht und der Kommission und den übrigen Mitgliedstaaten übermittelt.

(2) Die nationalen Zuteilungspläne werden in dem in Artikel 23 Absatz 1 genannten Ausschuss erörtert.

(3) Innerhalb von drei Monaten nach Übermittlung eines nationalen Zuteilungsplans durch einen Mitgliedstaat gemäß Absatz 1 kann die Kommission den Plan oder einen Teil davon ablehnen, wenn er mit den in Anhang III aufgeführten Kriterien oder mit Artikel 10 unvereinbar ist. Der Mitgliedstaat trifft eine Entscheidung nach Artikel 11 Absatz 1 oder 2 nur dann, wenn Änderungsvorschläge von der Kommission akzeptiert werden. Ablehnende Entscheidungen sind von der Kommission zu begründen.

Artikel 10 Zuteilungsmethode. Für den am 01.01.2005 beginnenden Dreijahreszeitraum teilen die Mitgliedstaaten mindestens 95 % der Zertifikate kostenlos zu. Für den am 01.01.2008 beginnenden Fünfjahreszeitraum teilen die Mitgliedstaaten mindestens 90 % der Zertifikate kostenlos zu.

Artikel 11 Zuteilung und Vergabe von Zertifikaten. (1) Für den am 01.01.2005 beginnenden Dreijahreszeitraum entscheidet jeder Mitgliedstaat über die Gesamtzahl der Zertifikate, die er für diesen Zeitraum zuteilen wird sowie über die Zuteilung dieser Zertifikate an die Betreiber der einzelnen Anlagen. Diese Entscheidung wird mindestens drei Monate vor Beginn des Zeitraums getroffen, und zwar auf der Grundlage des gemäß Artikel 9 aufgestellten nationalen Zuteilungsplans, im Einklang mit Artikel 10 und unter angemessener Berücksichtigung der Bemerkungen der Öffentlichkeit.

(2) Für den am 01.01.2008 beginnenden Fünfjahreszeitraum und jeden folgenden Fünfjahreszeitraum entscheidet jeder Mitgliedstaat über die Gesamtzahl der Zertifikate, die er für diesen Zeitraum zuteilen wird, und leitet das Verfahren für die Zuteilung dieser Zertifikate an die Betreiber der einzelnen Anlagen ein. Diese Entscheidung wird mindestens zwölf Monate vor Beginn des betreffenden Zeitraums getroffen, und zwar auf der Grundlage des gemäß Artikel 9 aufgestellten nationalen Zuteilungsplans des Mitgliedstaats, im Einklang mit Artikel 10 und unter angemessener Berücksichtigung der Bemerkungen der Öffentlichkeit.

(3) Entscheidungen gemäß Absatz 1 oder 2 müssen im Einklang mit dem Vertrag, insbesondere mit den Artikeln 87 und 88, stehen. Bei der Entscheidung über die Zuteilung berücksichtigen die Mitgliedstaaten die Notwendigkeit, neuen Marktteilnehmern den Zugang zu Zertifikaten zu ermöglichen.

(4) Die zuständige Behörde vergibt einen Teil der Gesamtmenge der Zertifikate bis zum 28. Februar jeden Jahres des in Absatz 1 oder 2 genannten Zeitraums.

Artikel 12 Übertragung, Abgabe und Löschung von Zertifikaten. (1) Die Mitgliedstaaten stellen sicher, dass Zertifikate übertragbar sind zwischen

a) Personen innerhalb der Gemeinschaft,

b) Personen innerhalb der Gemeinschaft und Personen in Drittländern, in denen diese Zertifikate nach dem in Artikel 25 genannten Verfahren anerkannt werden, wobei nur die Beschränkungen Anwendung finden, die in dieser Richtlinie geregelt sind oder gemäß dieser Richtlinie erlassen werden.

(2) Die Mitgliedstaaten stellen sicher, dass Zertifikate, die von der zuständigen Behörde eines anderen Mitgliedstaates vergeben wurden, für die Erfüllung der Verpflichtungen eines Betreibers aus Absatz 3 genutzt werden können.

(3) Die Mitgliedstaaten stellen sicher, dass der Betreiber für jede Anlage bis spätestens 30. April jeden Jahres eine Anzahl von Zertifikaten abgibt, die den - nach Artikel 15 geprüften - Gesamtemissionen der Anlage im vorhergehenden Kalenderjahr entspricht, und dass diese Zertifikate anschließend gelöscht werden.

(4) Die Mitgliedstaaten stellen durch die notwendigen Maßnahmen sicher, dass Zertifikate jederzeit gelöscht werden, wenn der Inhaber dies beantragt.

Artikel 13 Gültigkeit der Zertifikate. (1) Die Zertifikate sind gültig für Emissionen während des in Artikel 11 Absatz 1 oder 2 genannten Zeitraums, für den sie vergeben werden.

(2) Vier Monate nach Beginn des ersten in Artikel 11 Absatz 2 genannten Fünfjahreszeitraums werden Zertifikate, die nicht mehr gültig sind und nicht gemäß Artikel 12 Absatz 3 abgegeben und gelöscht wurden, von der zuständigen Behörde gelöscht.

Die Mitgliedstaaten können Zertifikate an Personen für den laufenden Zeitraum vergeben, um Zertifikate zu ersetzen, die diese Personen besaßen und die gemäß Unterabsatz 1 gelöscht wurden.

(3) Vier Monate nach Beginn jedes folgenden in Artikel 11 Absatz 2 genannten Fünfjahreszeitraums werden Zertifikate, die nicht mehr gültig sind und nicht gemäß Artikel 12 Absatz 3 abgegeben und gelöscht wurden, von der zuständigen Behörde gelöscht.

Die Mitgliedstaaten vergeben Zertifikate an Personen für den laufenden Zeitraum, um Zertifikate zu ersetzen, die diese Personen besaßen und die gemäß Unterabsatz 1 gelöscht wurden.

Artikel 14 Leitlinien für die Überwachung und Berichterstattung betreffend Emissionen. (1) Die Kommission verabschiedet bis zum 30. September 2003 nach dem in Artikel 23 Absatz 2 genannten Verfahren Leitlinien für die Überwachung und Berichterstattung betreffend Emissionen aus in Anhang I aufgeführten Tätigkeiten von für diese Tätigkeiten spezifizierten Treibhausgasen. Die Leitlinien basieren auf den in Anhang IV dargestellten Grundsätzen für die Überwachung und Berichterstattung.

(2) Die Mitgliedstaaten sorgen dafür, dass die Emissionen im Einklang mit den Leitlinien überwacht werden.

(3) Die Mitgliedstaaten sorgen dafür, dass jeder Betreiber einer Anlage der zuständigen Behörde über die Emissionen dieser Anlage in jedem Kalenderjahr nach Ende dieses Jahres im Einklang mit den Leitlinien Bericht erstattet.

Artikel 15 Prüfung. Die Mitgliedstaaten stellen sicher, dass die von den Betreibern gemäß Artikel 14 Absatz 3 vorgelegten Berichte anhand der Kriterien des Anhangs V geprüft werden und die zuständige Behörde hiervon unterrichtet wird.

Die Mitgliedstaaten stellen sicher, dass ein Betreiber, dessen Bericht bis zum 31. März jeden Jahres in Bezug auf die Emissionen des Vorjahres nicht gemäß den Kriterien des Anhangs V als zufrieden stellend bewertet wurde, keine weiteren Zertifikate übertragen kann, bis ein Bericht dieses Betreibers als zufrieden stellend bewertet wurde.

Artikel 16. Sanktionen. (1) Die Mitgliedstaaten legen Vorschriften über Sanktionen fest, die bei einem Verstoß gegen die gemäß dieser Richtlinie erlassenen nationalen Vorschriften zu verhängen sind, und treffen die notwendigen Maßnahmen, um die Durchsetzung dieser Vorschriften zu gewährleisten. Die Sanktionen müssen wirksam, verhältnismäßig und abschreckend sein. Die Mitgliedstaaten teilen der Kommission diese Vorschriften spätestens am 31. Dezember 2003 mit und melden ihr spätere Änderungen unverzüglich.

(2) Die Mitgliedstaaten stellen sicher, dass die Namen der Betreiber, die gegen die Verpflichtungen nach Artikel 12 Absatz 3 zur Abgabe einer ausreichenden Anzahl von Zertifikaten verstoßen, veröffentlicht werden.

(3) Die Mitgliedstaaten stellen sicher, dass Betreibern, die nicht bis zum 30. April jeden Jahres eine ausreichende Anzahl von Zertifikaten zur Abdeckung ihrer Emissionen im Vorjahr abgeben, eine Sanktion wegen Emissionsüberschreitung auferlegt wird. Die Sanktion wegen Emissionsüberschreitung beträgt für jede von der Anlage ausgestoßene Tonne Kohlendioxidäquivalent, für die der Betreiber keine Zertifikate abgegeben hat, 100,-- EUR. Die Zahlung der Sanktion entbindet

den Betreiber nicht von der Verpflichtung, Zertifikate in Höhe dieser Emissionsüberschreitung abzugeben, wenn er die Zertifikate für das folgende Kalenderjahr abgibt.

(4) Während des am 01.01.2005 beginnenden Dreijahreszeitraums verhängen die Mitgliedstaaten für jede von der Anlage ausgestoßene Tonne Kohlendioxidäquivalent, für die der Betreiber keine Zertifikate abgegeben hat, eine niedrigere Sanktion wegen Emissionsüberschreitung in Höhe von 40 EUR. Die Zahlung der Sanktion entbindet den Betreiber nicht von der Verpflichtung, Zertifikate in Höhe dieser Emissionsüberschreitung abzugeben, wenn er die Zertifikate für das folgende Kalenderjahr abgibt.

Artikel 17 Zugang zu Informationen. Entscheidungen über die Zuteilung von Zertifikaten und die Emissionsberichte, die gemäß der Genehmigung zur Emission von Treibhausgasen zu übermitteln sind und der zuständigen Behörde vorliegen, werden der Öffentlichkeit von dieser Behörde zugänglich gemacht, wobei die Einschränkungen gemäß Artikel 3 Absatz 3 und Artikel 4 der Richtlinie 2003/4/EG zu beachten sind.

Artikel 18 Zuständige Behörde. Die Mitgliedstaaten sorgen für die Schaffung des für die Durchführung dieser Richtlinie geeigneten verwaltungstechnischen Rahmens, einschließlich der Benennung der entsprechenden zuständigen Behörde(n). Wird mehr als eine zuständige Behörde benannt, so muss die Tätigkeit der betreffenden Behörden im Rahmen dieser Richtlinie koordiniert werden.

Artikel 19 Register. (1) Die Mitgliedstaaten sorgen für die Einrichtung und Aktualisierung eines Registers, um die genaue Verbuchung von Vergabe, Besitz, Übertragung und Löschung von Zertifikaten zu gewährleisten. Die Mitgliedstaaten können ihre Register im Rahmen eines konsolidierten Systems gemeinsam mit einem oder mehreren anderen Mitgliedstaaten führen.

(2) Jede Person kann Inhaber von Zertifikaten sein. Das Register ist der Öffentlichkeit zugänglich zu machen und in getrennte Konten aufzugliedern, um die Zertifikate der einzelnen Personen zu erfassen, an die und von denen Zertifikate vergeben oder übertragen werden.

(3) Im Hinblick auf die Durchführung dieser Richtlinie erlässt die Kommission nach dem in Artikel 23 Absatz 2 genannten Verfahren eine Verordnung über ein standardisiertes und sicheres Registrierungssystem in Form standardisierter elektronischer Datenbanken mit gemeinsamen Datenelementen zur Verfolgung von Vergabe, Besitz, Übertragung und Löschung von Zertifikaten, zur Gewährleistung des Zugangs der Öffentlichkeit und angemessener Vertraulichkeit und um sicherzustellen, dass keine Übertragungen erfolgen, die mit den Verpflichtungen aus dem Kyoto-Protokoll unvereinbar sind.

Artikel 20 Zentralverwalter. (1) Die Kommission benennt einen Zentralverwalter, um ein unabhängiges Transaktionsprotokoll über Vergabe, Übertragung und Löschung der Zertifikate zu führen.

(2) Der Zentralverwalter führt anhand des unabhängigen Transaktionsprotokolls eine automatisierte Kontrolle jeder Transaktion in den Registern durch, um sicherzustellen, dass keine Unregelmäßigkeiten bezüglich Vergabe, Übertragung und Löschung der Zertifikate vorliegen.

(3) Werden bei der automatisierten Kontrolle Unregelmäßigkeiten festgestellt, so unterrichtet der Zentralverwalter den bzw. die betreffenden Mitgliedstaaten, die die fraglichen Transaktionen oder weitere Transaktionen im Zusammenhang mit den betreffenden Zertifikaten nicht in das bzw. die Register eintragen, bis die Unregelmäßigkeiten beseitigt sind.

Artikel 21 Berichterstattung durch die Mitgliedstaaten. (1) Die Mitgliedstaaten legen der Kommission jedes Jahr einen Bericht über die Anwendung dieser Richtlinie vor. In diesem Bericht ist insbesondere auf die Regeln für die Zuteilung der Zertifikate, das Funktionieren der Register, die Anwendung der Leitlinien für die Überwachung und Berichterstattung sowie die Prüfung und Fragen der Einhaltung der Richtlinie und gegebenenfalls der steuerlichen Behandlung von Zertifikaten einzugehen. Der erste Bericht ist der Kommission bis zum 30. Juni 2005 zu übermitteln. Der Bericht ist auf der Grundlage eines Fragebogens bzw. einer Vorlage zu erstellen, der bzw. die von der Kommission gemäß dem Verfahren des Artikels 6 der Richtlinie 91/692/EWG entworfen wurde. Der Fragebogen bzw. die Vorlage wird den Mitgliedstaaten spätestens sechs Monate vor Ablauf der Frist für die Übermittlung des ersten Berichts zugesandt.

(2) Auf der Grundlage der in Absatz 1 genannten Berichte veröffentlicht die Kommission binnen drei Monaten nach Eingang der Berichte aus den Mitgliedstaaten einen Bericht über die Anwendung dieser Richtlinie.

(3) Die Kommission organisiert einen Informationsaustausch zwischen den zuständigen Behörden der Mitgliedstaaten über Entwicklungen hinsichtlich folgender Aspekte: Zuteilung, Funktionieren der Register, Überwachung, Berichterstattung, Prüfung und Einhaltung.

Artikel 22 Änderungen des Anhangs III. Unter Berücksichtigung der in Artikel 21 vorgesehenen Berichte und der bei der Anwendung dieser Richtlinie gesammelten Erfahrungen kann die Kommission Anhang III mit Ausnahme der Kriterien 1, 5 und 7 für den Zeitraum 2008 bis 2012 nach dem in Artikel 23 Absatz 2 genannten Verfahren ändern.

Artikel 23 Ausschuss. (1) Die Kommission wird von dem durch Artikel 8 der Entscheidung 93/389/EWG eingesetzten Ausschuss unterstützt.

(2) Wird auf diesen Absatz Bezug genommen, so gelten die Artikel 5 und 7 des Beschlusses 1999/468/EG unter Beachtung von dessen Artikel 8.

Der Zeitraum nach Artikel 5 Absatz 6 des Beschlusses 1999/468/EG wird auf drei Monate festgesetzt.

(3) Der Ausschuss gibt sich eine Geschäftsordnung.

Artikel 24 Verfahren für die einseitige Einbeziehung zusätzlicher Tätigkeiten und Gase. (1) Ab 2008 können die Mitgliedstaaten im Einklang mit dieser Richtlinie den Handel mit Emissionszertifikaten auf nicht in Anhang I aufgeführte Tätigkeiten, Anlagen und Treibhausgase ausweiten, sofern die Einbeziehung solcher Tätigkeiten, Anlagen und Treibhausgase von der Kommission nach dem in Artikel 23 Absatz 2 genannten Verfahren unter Berücksichtigung aller einschlägigen Kriterien, insbesondere der Auswirkungen auf den Binnenmarkt, möglicher Wettbewerbsverzerrungen, der Umweltwirksamkeit der Regelung und der Zuverlässigkeit des vorgesehenen Überwachungs- und Berichterstattungsverfahrens, gebilligt wird.

Ab 2005 können die Mitgliedstaaten unter denselben Voraussetzungen den Handel mit Emissionszertifikaten auf Anlagen ausweiten, die in Anhang I aufgeführte Tätigkeiten durchführen und bei denen die dort vorgesehenen Kapazitätsgrenzen nicht erreicht werden.

(2) Zuteilungen für Anlagen, die derartige Tätigkeiten durchführen, sind in den in Artikel 9 genannten nationalen Zuteilungsplänen zu erfassen.

(3) Die Kommission kann aus eigener Initiative bzw. muss auf Ersuchen eines Mitgliedstaates Leitlinien für die Überwachung und Berichterstattung betreffend Emissionen aus Tätigkeiten, Anlagen und Treibhausgasen, die nicht in Anhang I aufgeführt sind, nach dem in Artikel 23 Absatz 2 genannten Verfahren festlegen, wenn die Überwachung und die Berichterstattung in Bezug auf diese Emissionen mit ausreichender Genauigkeit erfolgen kann.

(4) Werden derartige Maßnahmen eingeführt, so ist bei den nach Artikel 30 durchzuführenden Überprüfungen auch zu prüfen, ob Anhang I dahin gehend geändert werden sollte, dass Emissionen aus diesen Tätigkeiten in gemeinschaftsweit harmonisierter Weise in den Anhang aufgenommen werden.

Artikel 25 Verknüpfung mit anderen Systemen für den Handel mit Treibhausgasemissionen. (1) Mit den in Anhang B des Kyoto-Protokolls aufgeführten Drittländern, die das Protokoll ratifiziert haben, sollten im Hinblick auf die gegenseitige Anerkennung der Zertifikate, die im Rahmen des Gemeinschaftssystems und anderer Systeme für den Handel mit Treibhausgasemissionen erteilt wurden, gemäß Artikel 300 des Vertrags Abkommen geschlossen werden.

(2) Wurde ein Abkommen im Sinne von Absatz 1 geschlossen, so erarbeitet die Kommission nach dem in Artikel 23 Absatz 2 genannten Verfahren die erforderlichen Vorschriften für die gegenseitige Anerkennung der Zertifikate im Rahmen dieses Abkommens.

Artikel 26 Änderung der Richtlinie 96/61/EG. In Artikel 9 Absatz 3 der Richtlinie 96/61/EG werden folgende Unterabsätze angefügt:"Sind Treibhausgasemissionen einer Anlage in Anhang I der Richtlinie 2003/87/EG des Europäischen Parlaments und des Rates vom 13. Oktober 2003 über ein System für den Handel mit Treibhausgasemissionszertifikaten in der Gemeinschaft und zur Änderung der Richtlinie 96/61/EG des Rates(13) in Zusammenhang mit einer in dieser Anlage durchgeführten Tätigkeit aufgeführt, so enthält die Genehmigung keine Emissionsgrenzwerte für direkte Emissionen dieses Gases, es sei denn, dies ist erforderlich, um sicherzustellen, dass keine erhebliche lokale Umweltverschmutzung bewirkt wird.

Den Mitgliedstaaten steht es frei, für die in Anhang I der Richtlinie 2003/87/EG aufgeführten Tätigkeiten keine Energieeffizienzanforderungen in Bezug auf Verbrennungseinheiten oder andere Einheiten am Standort, die Kohlendioxid ausstoßen, festzulegen.

Falls erforderlich, wird die Genehmigung durch die zuständigen Behörden entsprechend geändert.

Die vorstehenden drei Unterabsätze gelten nicht für Anlagen, die gemäß Artikel 27 der Richtlinie 2003/87/EG vorübergehend aus dem System für den Handel mit Treibhausgasemissionszertifikaten in der Gemeinschaft ausgeschlossen sind."

Artikel 27 Vorübergehender Ausschluss bestimmter Anlagen. (1) Die Mitgliedstaaten können bei der Kommission beantragen, dass Anlagen vorübergehend, jedoch höchstens bis zum 31. Dezember 2007 aus dem Gemeinschaftssystem ausgeschlossen werden. In jedem Antrag sind alle diese Anlagen einzeln aufzuführen; der Antrag ist zu veröffentlichen.

(2) Stellt die Kommission nach Berücksichtigung etwaiger Bemerkungen der Öffentlichkeit zu diesem Antrag nach dem in Artikel 23 Absatz 2 genannten Verfahren fest, dass die Anlagen

a) infolge der einzelstaatlichen Politik ihre Emissionen ebenso weit begrenzen, wie sie dies tun würden, wenn sie dieser Richtlinie unterworfen wären,

b) Überwachungs-, Berichterstattungs- und Prüfungsanforderungen unterliegen, die denen der Artikel 14 und 15 gleichwertig sind, und

c) bei Nichterfüllung der nationalen Anforderungen Sanktionen unterliegen, die den in Artikel 16 Absätze 1 und 4 aufgeführten Sanktionen zumindest gleichwertig sind, so sieht sie den vorübergehenden Ausschluss dieser Anlagen aus dem Gemeinschaftssystem vor.

Es ist zu gewährleisten, dass es nicht zu Beeinträchtigungen des Binnenmarkts kommt.

Artikel 28 Anlagenfonds. (1) Die Mitgliedstaaten können den Betreibern von Anlagen, die eine der in Anhang I aufgeführten Tätigkeiten durchführen, erlauben, einen Fonds von Anlagen aus demselben Tätigkeitsbereich für den in Artikel 11 Absatz 1 genannten Zeitraum und/oder für den in Artikel 11 Absatz 2 genannten ersten Fünfjahreszeitraum gemäß den Absätzen 2 bis 6 des vorliegenden Artikels zu bilden.

(2) Die Betreiber, die eine in Anhang I aufgeführte Tätigkeit durchführen und einen Fonds bilden möchten, stellen bei der zuständigen Behörde einen Antrag, wobei sie die Anlagen und den Zeitraum angeben, für den sie einen Fonds bilden wollen, und den Nachweis erbringen, dass ein Treuhänder in der Lage sein wird, die in den Absätzen 3 und 4 genannten Verpflichtungen zu erfüllen.

(3) Die Betreiber, die einen Fonds bilden wollen, benennen einen Treuhänder, für den Folgendes gilt:

a) An den Treuhänder wird abweichend von Artikel 11 die Gesamtmenge der je Anlage der Betreiber errechneten Zertifikate vergeben;

b) der Treuhänder ist abweichend von Artikel 6 Absatz 2 Buchstabe e) und Artikel 12 Absatz 3 verantwortlich für die Abgabe von Zertifikaten, die den Gesamtemissionen der Anlagen im Fonds entsprechen;

c) der Treuhänder darf keine weiteren Übertragungen durchführen, falls der Bericht eines Betreibers im Rahmen der Prüfung gemäß Artikel 15 Absatz 2 als nicht zufrieden stellend bewertet wurde.

(4) Abweichend von Artikel 16 Absätze 2, 3 und 4 werden die Sanktionen für Verstöße gegen die Verpflichtungen zur Abgabe einer ausreichenden Anzahl von Zertifikaten, um die Gesamtemissionen aus den Anlagen im Fonds abzudecken, gegen den Treuhänder verhängt.

(5) Ein Mitgliedstaat, der die Bildung eines oder mehrerer Fonds erlauben möchte, reicht den in Absatz 2 genannten Antrag bei der Kommission ein. Unbeschadet der Bestimmungen des Vertrags kann die Kommission innerhalb von drei Monaten nach Eingang einen Antrag ablehnen, der die Anforderungen dieser Richtlinie nicht erfüllt. Eine solche Entscheidung ist zu begründen. Wird der Antrag abgelehnt, so darf der Mitgliedstaat die Bildung des Fonds nur erlauben, wenn Änderungsvorschläge von der Kommission akzeptiert werden.

(6) Falls der Treuhänder den in Absatz 4 genannten Sanktionen nicht nachkommt, ist jeder Betreiber einer Anlage im Fonds nach Artikel 12 Absatz 3 und Artikel 16 für Emissionen seiner eigenen Anlage verantwortlich.

Artikel 29 Höhere Gewalt. (1) Während des in Artikel 11 Absatz 1 genannten Zeitraums können die Mitgliedstaaten bei der Kommission beantragen, dass für bestimmte Anlagen in Fällen höherer Gewalt zusätzliche Zertifikate vergeben werden dürfen. Die Kommission stellt fest, ob nachweislich höhere Gewalt vorliegt, und gestattet in diesem Fall die Vergabe zusätzlicher, nicht übertragbarer Zertifikate durch den betreffenden Mitgliedstaat an die Betreiber der betreffenden Anlagen.

(2) Die Kommission stellt bis spätestens 31. Dezember 2003 unbeschadet der Bestimmungen des Vertrags Leitlinien auf, in denen die Umstände dargelegt sind, unter denen nachweislich höhere Gewalt vorliegt.

Artikel 30 Überprüfung und weitere Entwicklung. (1) Auf der Grundlage der Fortschritte bei der Überwachung der Treibhausgasemissionen kann die Kommission dem Europäischen Parlament und dem Rat bis zum 31. Dezember 2004 einen Vorschlag unterbreiten, wonach Anhang I dahin gehend geändert wird, dass andere Tätigkeiten und Emissionen anderer in Anhang II aufgeführter Treibhausgase aufgenommen werden.

(2) Auf der Grundlage der Erfahrungen mit der Anwendung dieser Richtlinie und der Fortschritte bei der Überwachung der Treibhausgasemissionen sowie angesichts der Entwicklungen auf internationaler Ebene erstellt die Kommission einen Bericht über die Anwendung dieser Richtlinie, in dem sie auf folgende Punkte eingeht:

a) die Frage, wie und ob Anhang I dahin gehend geändert werden sollte, dass im Hinblick auf eine weitere Steigerung der wirtschaftlichen Effizienz des Systems andere betroffene Sektoren, wie etwa die Sektoren Chemie, Aluminium und

Verkehr, andere Tätigkeiten und Emissionen anderer in Anhang II aufgeführter Treibhausgase aufgenommen werden;

b) den Zusammenhang zwischen dem Emissionszertifikatehandel auf Gemeinschaftsebene und dem internationalen Emissionshandel, der im Jahr 2008 beginnen wird;

c) die weitere Harmonisierung der Zuteilungsmethode (einschließlich Versteigerung für die Zeit nach 2012) und der Kriterien für die nationalen Zuteilungspläne gemäß Anhang III;

d) die Nutzung von Emissionsgutschriften aus projektbezogenen Mechanismen;

e) das Verhältnis des Emissionshandels zu anderen auf Ebene der Mitgliedstaaten und der Gemeinschaft durchgeführten Politiken und Maßnahmen, einschließlich der Besteuerung, mit denen die gleichen Ziele verfolgt werden;

f) die Frage, ob es zweckmäßig wäre, ein einziges Gemeinschaftsregister einzurichten;

g) die Höhe der Sanktionen wegen Emissionsüberschreitung, unter anderem unter Berücksichtigung der Inflation;

h) das Funktionieren des Marktes für Emissionszertifikate, insbesondere im Hinblick auf etwaige Marktstörungen;

i) die Frage, wie das Gemeinschaftssystem an eine erweiterte Europäische Union angepasst werden kann;

j) die Einrichtung von Anlagenfonds;

k) die Frage, ob es möglich ist, gemeinschaftsweite Benchmarks als Grundlage für die Zuteilung zu entwickeln, wobei die besten verfügbaren Techniken und Kosten-Nutzen-Analysen zu berücksichtigen sind.

Die Kommission legt dem Europäischen Parlament und dem Rat diesen Bericht sowie gegebenenfalls entsprechende Vorschläge bis zum 30. Juni 2006 vor.

(3) Die Verknüpfung der projektbezogenen Mechanismen, einschließlich des Joint Implementation (JI) und des Clean Development Mechanism (CDM), mit dem Gemeinschaftssystem ist wünschenswert und wichtig, um die Ziele einer Verringerung der globalen Treibhausgasemissionen sowie einer Verbesserung der Kosteneffizienz des Gemeinschaftssystems in der Praxis zu erreichen. Die Emissionsgutschriften aus den projektbezogenen Mechanismen werden daher für eine Nutzung in diesem System nach Maßgabe der Vorschriften anerkannt, die das Europäische Parlament und der Rat auf Vorschlag der Kommission erlassen und die im Jahr 2005 parallel zum Gemeinschaftssystem Anwendung finden sollten. Der Einsatz der Mechanismen erfolgt als Begleitmaßnahme zu innerstaatlichen Maßnahmen im Einklang mit den einschlägigen Bestimmungen des Kyoto-Protokolls und der Vereinbarungen von Marrakesch.

Artikel 31 Umsetzung. (1) Die Mitgliedstaaten setzen die Rechts- und Verwaltungsvorschriften in Kraft, die erforderlich sind, um dieser Richtlinie spätestens ab dem 31. Dezember 2003 nachzukommen. Sie setzen die Kommission unverzüglich davon in Kenntnis. Die Kommission teilt den anderen Mitgliedstaaten diese Rechts- und Verwaltungsvorschriften mit.

Wenn die Mitgliedstaaten diese Vorschriften erlassen, nehmen sie in den Vorschriften selbst oder durch einen Hinweis bei der amtlichen Veröffentlichung auf diese Richtlinie Bezug. Die Mitgliedstaaten regeln die Einzelheiten der Bezugnahme.

(2) Die Mitgliedstaaten teilen der Kommission den Wortlaut der innerstaatlichen Rechtsvorschriften mit, die sie auf dem unter diese Richtlinie fallenden Gebiet erlassen. Die Kommission setzt die anderen Mitgliedstaaten davon in Kenntnis.

Artikel 32 Inkrafttreten. Diese Richtlinie tritt am Tag ihrer Veröffentlichung im Amtsblatt der Europäischen Union in Kraft.

Artikel 33 Adressaten. Diese Richtlinie ist an alle Mitgliedstaaten gerichtet.

Anhänge I bis V

Anhang I

Kategorien von Tätigkeiten gemäß Artikel 2 Absatz 1, Artikel 3, Artikel 4, Artikel 14 Absatz 1, Artikel 28 und Artikel 30

1. Anlagen oder Anlagenteile, die für Zwecke der Forschung, Entwicklung und Prüfung neuer Produkte und Verfahren genutzt werden, fallen nicht unter diese Richtlinie.

2. Die nachstehend angegebenen Grenzwerte beziehen sich im Allgemeinen auf Produktionskapazitäten oder -leistungen. Führt ein Betreiber mehrere Tätigkeiten unter der gleichen Bezeichnung in einer Anlage oder an einem Standort durch, werden die Kapazitäten dieser Tätigkeiten addiert.

Tätigkeiten	Treibhausgase
Energieumwandlung und –umformung	
Feuerungsanlagen mit einer Feuerungswärmeleistung über 20 MW (ausgenommen Anlagen für die Verbrennung von gefährlichen oder Siedlungsabfällen)	Kohlendioxid
Mineralölraffinerien	Kohlendioxid
Kokereien	Kohlendioxid
Eisenmetallerzeugung und –verarbeitung	
Röst- und Sinteranlagen für Metallerz (einschließlich Sulfiderz)	Kohlendioxid
Anlagen für die Herstellung von Roheisen oder Stahl (Primär- oder Sekundärschmelzbetrieb), einschließlich Stranggießen, mit einer Kapazität über 2,5 Tonnen pro Stunde	Kohlendioxid

Mineralverarbeitende Industrie

Anlagen zur Herstellung von Zementklinkern in Drehrohöfen mit einer Produktionskapazität über 500 Tonnen pro Tag oder von Kalk in Drehrohöfen mit einer Produktionskapazität über 50 Tonnen pro Tag oder in anderen Öfen mit einer Produktionskapazität über 50 Tonnen pro Tag	Kohlendioxid
Anlagen zur Herstellung von Glas einschließlich Glasfasern mit einer Schmelzkapazität über 20 Tonnen pro Tag	Kohlendioxid
Anlagen zur Herstellung von keramischen Erzeugnissen durch Brennen (insbesondere Dachziegel, Ziegelsteine, feuerfeste Steine, Fliesen, Steinzeug oder Porzellan) mit einer Produktionskapazität über 75 Tonnen pro Tag und/oder einer Ofenkapazität über 4 m³ und einer Besatzdichte über 300 kg/m³	Kohlendioxid

Sonstige Industriezweige

Industrieanlagen zur Herstellung von

Zellstoff aus Holz und anderen Faserstoffen	Kohlendioxid
Papier und Pappe mit einer Produktionskapazität über 20 Tonnen pro Tag	Kohlendioxid

Anhang II

Treibhausgase gemäß den Artikeln 3 und 30

Kohlendioxid (CO_2)
Methan (CH_4)
Distickstoffoxid (N_2O)
Fluorkohlenwasserstoffe (FKW)
Perfluorierte Kohlenwasserstoffe
Schwefelhexafluorid (SF_6)

Anhang III

Kriterien für die nationalen Zuteilungspläne gemäß den Artikeln 9, 22 und 30

1. Die Gesamtmenge der Zertifikate, die im jeweiligen Zeitraum zugeteilt werden sollen, muss mit der in der Entscheidung 2002/358/EG und im Kyoto-Protokoll enthaltenen Verpflichtung des Mitgliedstaats zur Begrenzung seiner Emissionen in Einklang stehen unter Berücksichtigung des Anteils der Gesamtemissionen, dem diese Zertifikate im Vergleich zu Emissionen aus Quellen entsprechen, die nicht unter diese Richtlinie fallen sowie der nationalen energiepolitischen Maßnahmen; ferner sollte sie dem nationalen Klimaschutzprogramm entsprechen. Die Gesamtmenge der zuzuteilenden Zertifikate darf nicht höher sein als der wahrscheinliche Bedarf für die strikte Anwendung der Kriterien dieses Anhangs. Bis 2008 muss die Menge so groß sein, dass sie mit einem Weg zur Erreichung oder Übererfüllung der Zielvorgaben jedes Mitgliedstaats gemäß der Entscheidung 2002/358/EG und dem Kyoto-Protokoll vereinbar ist.

2. Die Gesamtmenge der Zertifikate, die zugeteilt werden sollen, muss vereinbar sein mit Bewertungen der tatsächlichen und der erwarteten Fortschritte bei der Erbringung des Beitrags der Mitgliedstaaten zu den Verpflichtungen der Gemeinschaft gemäß der Entscheidung 93/389/EWG.

3. Die Mengen der Zertifikate, die zugeteilt werden sollen, müssen mit dem Potenzial - auch dem technischen Potenzial - der unter dieses System fallenden Tätigkeiten zur Emissionsverringerung in Einklang stehen. Die Mitgliedstaaten können bei ihrer Aufteilung von Zertifikaten die durchschnittlichen Treibhausgasemissionen je Erzeugnis in den einzelnen Tätigkeitsbereichen und die in diesen Tätigkeitsbereichen erreichbaren Fortschritte zugrunde legen.

4. Der Plan muss mit den übrigen rechtlichen und politischen Instrumenten der Gemeinschaft in Einklang stehen. Ein als Ergebnis von neuen rechtlichen Anforderungen unvermeidbarer Emissionsanstieg sollte berücksichtigt werden.

5. Gemäß den Anforderungen des Vertrags, insbesondere der Artikel 87 und 88, darf der Plan Unternehmen oder Sektoren nicht in einer Weise unterschiedlich behandeln, dass bestimmte Unternehmen oder Tätigkeiten ungerechtfertigt bevorzugt werden.

6. Der Plan muss Angaben darüber enthalten, wie neue Marktteilnehmer sich am Gemeinschaftssystem in dem betreffenden Mitgliedstaat beteiligen können.

7. Der Plan kann Vorleistungen berücksichtigen, und er muss Angaben darüber enthalten, wie Vorleistungen Rechnung getragen wird. Aus Referenzdokumenten zu den besten verfügbaren Technologien resultierende Benchmarks dürfen von den Mitgliedstaaten bei der Aufstellung ihrer nationalen Zuteilungspläne verwen-

det werden, und diese Benchmarks können ein Element der Ermöglichung frühzeitiger Maßnahmen enthalten.

8. Der Plan muss Angaben darüber enthalten, wie saubere Technologien - einschließlich energieeffizienter Technologien - berücksichtigt werden.

9. Der Plan muss Vorschriften für die Möglichkeit von Bemerkungen der Öffentlichkeit sowie Angaben darüber enthalten, wie diese Bemerkungen angemessen berücksichtigt werden, bevor eine Entscheidung über die Zuteilung der Zertifikate getroffen wird.

10. Der Plan muss eine Liste der unter diese Richtlinie fallenden Anlagen unter Angabe der Anzahl der Zertifikate enthalten, die den einzelnen Anlagen zugeteilt werden sollen.

11. Der Plan kann Angaben darüber enthalten, wie dem Wettbewerb aus Ländern bzw. Anlagen außerhalb der Europäischen Union Rechnung getragen wird.

Anhang IV

Grundsätze für die Überwachung und Berichterstattung gemäß Artikel 14 Absatz 1

Überwachung der Kohlendioxidemissionen
Die Überwachung der Emissionen erfolgt entweder durch Berechnung oder auf der Grundlage von Messungen.

Berechnung
Die Berechnung der Emissionen erfolgt nach folgender Formel:

Tätigkeitsdaten × Emissionsfaktor × Oxidationsfaktor

Die Überwachung der Tätigkeitsdaten (Brennstoffverbrauch, Produktionsrate usw.) erfolgt auf der Grundlage von Daten über eingesetzte Brenn- oder Rohstoffe oder Messungen.

Es werden etablierte Emissionsfaktoren verwendet. Für alle Brennstoffe können tätigkeitsspezifische Emissionsfaktoren verwendet werden. Für alle Brennstoffe außer nichtkommerziellen Brennstoffen (Brennstoffe aus Abfall wie Reifen und Gase aus industriellen Verfahren) können Standardfaktoren verwendet werden. Flözspezifische Standardwerte für Kohle und EU-spezifische oder erzeugerländerspezifische Standardwerte für Erdgas sind noch weiter auszuarbeiten. Für Raffinerieerzeugnisse können IPCC-Standardwerte verwendet werden. Der Emissionsfaktor für Biomasse ist Null.

Wird beim Emissionsfaktor nicht berücksichtigt, dass ein Teil des Kohlenstoffs nicht oxidiert wird, so ist ein zusätzlicher Oxidationsfaktor zu verwenden. Wurden

tätigkeitsspezifische Emissionsfaktoren berechnet, bei denen die Oxidation bereits berücksichtigt ist, so muss ein Oxidationsfaktor nicht verwendet werden. Es sind gemäß der Richtlinie 96/61/EG entwickelte Standardoxidationsfaktoren zu verwenden, es sei denn, der Betreiber kann nachweisen, dass tätigkeitsspezifische Faktoren genauer sind.
Für jede Tätigkeit und Anlage sowie für jeden Brennstoff ist eine eigene Berechnung anzustellen.

Messung
Bei der Messung der Emissionen sind standardisierte oder etablierte Verfahren zu verwenden; die Messung ist durch eine flankierende Emissionsberechnung zu bestätigen.

Überwachung anderer Treibhausgasemissionen
Zu verwenden sind standardisierte oder etablierte Verfahren, die von der Kommission in Zusammenarbeit mit allen betroffenen Kreisen entwickelt und gemäß dem in Artikel 23 Absatz 2 genannten Verfahren angenommen worden sind.

Berichterstattung über die Emissionen
Jeder Betreiber hat im Bericht für eine Anlage folgende Informationen zu liefern:

A. Anlagedaten, einschließlich:
- Name der Anlage,
- Anschrift, einschließlich Postleitzahl und Land,
- Art und Anzahl der in der Anlage durchgeführten Tätigkeiten gemäß Anhang I,
- Anschrift, Telefonnummer, Faxnummer und E-Mail-Adresse eines Ansprechpartners und
- Name des Besitzers der Anlage und etwaiger Mutterunternehmen.

B. Für jede am Standort durchgeführte Tätigkeit gemäß Anhang I, für die Emissionen berechnet werden:
- Tätigkeitsdaten,
- Emissionsfaktoren,
- Oxidationsfaktoren,
- Gesamtemissionen und
- Unsicherheitsfaktoren.

C. Für jede am Standort durchgeführte Tätigkeit gemäß Anhang I, für die Emissionen gemessen werden:
- Gesamtemissionen,
- Angaben zur Zuverlässigkeit der Messverfahren und
- Unsicherheitsfaktoren.

D. Für Emissionen aus der Verbrennung ist im Bericht außerdem der Oxidationsfaktor anzugeben, es sei denn, die Oxidation wurde bereits bei der Berechnung eines tätigkeitsspezifischen Emissionsfaktors einbezogen.

Die Mitgliedstaaten treffen Maßnahmen zur Koordinierung der Anforderungen für die Berichterstattung mit bereits bestehenden Anforderungen für die Berichterstattung, um den Berichterstattungsaufwand der Unternehmen möglichst gering zu halten.

Anhang V

Kriterien für die Prüfung gemäß Artikel 15

Allgemeine Grundsätze

1. Die Emissionen aus allen in Anhang I aufgeführten Tätigkeiten unterliegen einer Prüfung.

2. Im Rahmen des Prüfungsverfahrens wird auf den Bericht gemäß Artikel 14 Absatz 3 und auf die Überwachung im Vorjahr eingegangen. Geprüft werden ferner die Zuverlässigkeit, Glaubwürdigkeit und Genauigkeit der Überwachungssysteme sowie die übermittelten Daten und Angaben zu den Emissionen, insbesondere:
a) die übermittelten Tätigkeitsdaten und damit verbundenen Messungen und Berechnungen;
b) Wahl und Anwendung der Emissionsfaktoren;
c) die Berechnungen für die Bestimmung der Gesamtemissionen und
d) bei Messungen die Angemessenheit der Wahl und Anwendung der Messverfahren.

3. Die Validierung der Angaben zu den Emissionen ist nur möglich, wenn zuverlässige und glaubwürdige Daten und Informationen eine Bestimmung der Emissionen mit einem hohen Zuverlässigkeitsgrad gestatten. Ein hoher Zuverlässigkeitsgrad verlangt vom Betreiber den Nachweis, dass
a) die übermittelten Daten schlüssig sind,
b) die Erhebung der Daten in Einklang mit geltenden wissenschaftlichen Standards erfolgt ist und
c) die einschlägigen Angaben über die Anlage vollständig und schlüssig sind.

4. Die prüfende Instanz erhält Zugang zu allen Standorten und zu allen Informationen, die mit dem Gegenstand der Prüfung im Zusammenhang stehen.

5. Die prüfende Instanz berücksichtigt, ob die Anlage im Rahmen des Gemeinschaftssystems für das Umweltmanagement und die Umweltbetriebsprüfung (EMAS) registriert ist.

Methodik

Strategische Analyse

6. Die Prüfung basiert auf einer strategischen Analyse aller Tätigkeiten, die in der Anlage durchgeführt werden. Dazu benötigt die prüfende Instanz einen Überblick über alle Tätigkeiten und ihre Bedeutung für die Emissionen.

Prozessanalyse

7. Die Prüfung der übermittelten Informationen erfolgt bei Bedarf am Standort der Anlage. Die prüfende Instanz führt Stichproben durch, um die Zuverlässigkeit der übermittelten Daten und Informationen zu ermitteln.

Risikoanalyse

8. Die prüfende Instanz unterzieht alle Quellen von Emissionen in der Anlage einer Bewertung in Bezug auf die Zuverlässigkeit der Daten über jede Quelle, die zu den Gesamtemissionen der Anlage beiträgt.

9. Anhand dieser Analyse ermittelt die prüfende Instanz ausdrücklich die Quellen mit hohem Fehlerrisiko und andere Aspekte des Überwachungs- und Berichterstattungsverfahrens, die zu Fehlern bei der Bestimmung der Gesamtemissionen führen könnten. Hier sind insbesondere die Wahl der Emissionsfaktoren und die Berechnungen zur Bestimmung der Emissionen einzelner Emissionsquellen zu nennen. Besondere Aufmerksamkeit ist Quellen mit einem hohen Fehlerrisiko und den genannten anderen Aspekten des Überwachungsverfahrens zu widmen.

10. Die prüfende Instanz berücksichtigt etwaige effektive Verfahren zur Beherrschung der Risiken, die der Betreiber anwendet, um Unsicherheiten so gering wie möglich zu halten.

Bericht

11. Die prüfende Instanz erstellt einen Bericht über die Validierung, in dem angegeben wird, ob der Bericht gemäß Artikel 14 Absatz 3 zufrieden stellend ist. In diesem Bericht sind alle für die durchgeführten Arbeiten relevanten Aspekte aufzuführen. Die Erklärung, dass der Bericht gemäß Artikel 14 Absatz 3 zufrieden stellend ist, kann abgegeben werden, wenn die prüfende Instanz zu der Ansicht gelangt, dass zu den Gesamtemissionen keine wesentlich falschen Angaben gemacht wurden.

Mindestanforderungen an die Kompetenz der prüfenden Instanz

12. Die prüfende Instanz muss unabhängig von dem Betreiber sein, ihre Aufgabe professionell und objektiv ausführen und vertraut sein mit
a) den Bestimmungen dieser Richtlinie sowie den einschlägigen Normen und Leitlinien, die von der Kommission gemäß Artikel 14 Absatz 1 verabschiedet werden,
b) den Rechts- und Verwaltungsvorschriften, die für die zu prüfenden Tätigkeiten von Belang sind, und
c) dem Zustandekommen aller Informationen über die einzelnen Emissionsquellen in der Anlage, insbesondere im Hinblick auf Sammlung, messtechnische Erhebung, Berechnung und Übermittlung von Daten.

Monitoring-Guidelines

Entscheidung der Kommission

vom 29. Januar 2004
zur Festlegung von Leitlinien für Überwachung und Berichterstattung betreffend Treibhausgasemissionen gemäß der Richtlinie 2003/87/EG des Europäischen Parlaments und des Rates
(Bekannt gegeben unter Aktenzeichen K(2004) 130)

(Text von Bedeutung für den EWR)

(2004/156/EG)

DIE KOMMISSION DER EUROPÄISCHEN GEMEINSCHAFTEN —

gestützt auf den Vertrag zur Gründung der Europäischen Gemeinschaft,
gestützt auf die Richtlinie 2003/87/EG des Europäischen Parlaments und des Rates vom 13. Oktober 2003 über ein System für den Handel mit Treibhausgasemissionszertifikaten in der Gemeinschaft und zur Änderung der Richtlinie 96/61/EG des Rates([1]), insbesondere auf Artikel 14 Absatz 1, in Erwägung nachstehender Gründe:

(1) Eine umfassende, kohärente, transparente und genaue Überwachung von Treibhausgasemissionen und eine entsprechende Berichterstattung gemäß diesen Leitlinien sind Voraussetzung für den Betrieb des mit der Richtlinie 2003/87/EG geschaffenen Systems für den Handel mit Treibhausgasemissionszertifikaten.

(2) Die in dieser Entscheidung beschriebenen Leitlinien enthalten detaillierte Kriterien für die Überwachung und Berichterstattung betreffend Treibhausgasemissionen, die infolge der in Anhang I der Richtlinie 2003/87/EG aufgeführten Tätigkeiten entstehen und die im Zusammenhang mit diesen Tätigkeiten spezifizierte Treibhausgase betreffen, wobei die in Anhang IV dieser Richtlinie dargelegten Prinzipien für die Überwachung und Berichterstattung als Grundlage dienen.

(3) Gemäß Artikel 15 der Richtlinie 2003/87/EG stellen die Mitgliedstaaten sicher, dass die von den Betreibern vorgelegten Berichte anhand der Kriterien von Anhang V geprüft werden.

(4) Die Maßnahmen dieser Entscheidung stehen im Einklang mit der Stellungnahme des gemäß Artikel 8 des Beschlusses 93/389/EWG des Rates[2] eingesetzten Ausschusses —

HAT FOLGENDE ENTSCHEIDUNG ERLASSEN:

Artikel 1

Die Anhänge dieser Entscheidung enthalten die in Artikel 14 der Richtlinie 2003/87/EG genannten Leitlinien für die Überwachung und Berichterstattung betreffend Treibhausgasemissionen aus den in Anhang I dieser Richtlinie aufgeführten Tätigkeiten.

Diese Leitlinien basieren auf den in Anhang IV dieser Richtlinie beschriebenen Prinzipien.

Artikel 2

Diese Entscheidung ist an die Mitgliedstaaten gerichtet.

Brüssel, den 29 Januar 2004.

Für die Kommission
Margot WALLSTRÖM
Mitglied der Kommission

---

[1] ABl. L 275 vom 25.10.2003, S. 32.
[2] ABl. L 167 vom 9.7.1993, S. 31. Beschluss zuletzt geändert durch die Verordnung (EG) Nr. 1882/2003 des Europäischen Parlaments und des Rates (ABl. L 284 vom 31.10.2003, S. 1).

Verzeichnis der Anhänge

Anhang I: Allgemeine Leitlinien

Anhang II: Leitlinien für Emissionen aus der Verbrennung im Zusammenhang mit den in Anhang I der Richtlinie aufgelisteten Tätigkeiten

Anhang III: Tätigkeitsspezifische Leitlinien für Mineralölraffinerien gemäß Anhang I der Richtlinie

Anhang IV: Tätigkeitsspezifische Leitlinien für Kokereien gemäß Anhang I der Richtlinie

Anhang V: Tätigkeitsspezifische Leitlinien für Röst- und Sinteranlagen für Metallerz gemäß Anhang I der Richtlinie

Anhang VI: Tätigkeitsspezifische Leitlinien für Anlagen für die Herstellung von Roheisen oder Stahl, einschließlich Stranggießen, gemäß Anhang I der Richtlinie

Anhang VII: Tätigkeitsspezifische Leitlinien für Anlagen zur Herstellung von Zementklinkern gemäß Anhang I der Richtlinie

Anhang VIII: Tätigkeitsspezifische Leitlinien für Anlagen zur Herstellung von Kalk gemäß Anhang I der Richtlinie

Anhang IX: Tätigkeitsspezifische Leitlinien für Anlagen zur Herstellung von Glas gemäß Anhang I der Richtlinie

Anhang X: Tätigkeitsspezifische Leitlinien für Anlagen zur Herstellung von keramischen Erzeugnissen gemäß Anhang I der Richtlinie

Anhang XI: Tätigkeitsspezifische Leitlinien für Anlagen zur Herstellung von Zellstoff und Papier gemäß Anhang I der Richtlinie

Anhang I

Allgemeine Leitlinien

1. Einleitung

Dieser Anhang enthält die allgemeinen Leitlinien für die Überwachung und Berichterstattung betreffend Emissionen aus den in Anhang I der Richtlinie 2003/86/EG (im Folgenden „die Richtlinie") aufgeführten Tätigkeiten von für diese Tätigkeiten spezifizierten Treibhausgasen. Weitere Leitlinien in Bezug auf tätigkeitsspezifische Emissionen sind in den nachfolgenden Anhängen II bis XI definiert.

Die Kommission wird den vorliegenden Anhang sowie die Anhänge II bis XI zum 31. Dezember 2006 auf der Grundlage der Erfahrungen mit der Anwendung dieser Anhänge und eventueller Änderungen der Richtlinie 2003/87/EG überprüfen. Dabei wird ein Inkrafttreten der überarbeiteten Anhänge zum 1. Januar 2008 ins Auge gefasst.

2. Begriffsbestimmungen

Im Sinne dieses Anhangs und der Anhänge II bis XI bezeichnet der Ausdruck

a) „Tätigkeiten" die in Anhang I der Richtlinie aufgeführten Tätigkeiten;

b) „tätigkeitsspezifisch" Eigenheiten, die für eine der in einer bestimmten Anlage durchgeführten Tätigkeiten spezifisch sind;

c) „Charge" eine bestimmte Brennstoff- oder Materialmenge, die als Einzellieferung oder kontinuierlich über einen bestimmten Zeitraum hinweg weitergeleitet wird. Chargen sind repräsentativen Probenahmen zu unterziehen und im Hinblick auf den durchschnittlichen Energie- und Kohlenstoffgehalt sowie andere relevante Aspekte der chemischen Zusammensetzung zu beschreiben;

d) „Biomasse" nicht fossile und biologisch abbaubare, organische Stoffe von Pflanzen, Tieren und Mikroorganismen. Dazu zählen auch Erzeugnisse, Nebenprodukte, Rückstände und Abfälle aus der Landwirtschaft, Forstwirtschaft und den damit verbundenen Industrien sowie der nicht fossile, biologisch abbaubare, organische Anteil industrieller und kommunaler Abfälle. „Biomasse" bezeichnet ferner Gase und Flüssigkeiten, die aus der Zersetzung nicht fossiler und biologisch abbaubarer, organischer Stoffe entstehen. Werden diese zur Energiegewinnung verbrannt, werden sie als Biomasse-Brennstoff bezeichnet;

e) „Emissionen aus der Verbrennung" Treibhausgasemissionen, die während der exothermen Reaktion eines Brennstoffs mit Sauerstoff entstehen;

f) „zuständige Behörde" die Einrichtung bzw. Einrichtungen, die in Übereinstimmung mit Artikel 18 der Richtlinie ernannt und mit der Umsetzung der Bestimmungen der vorliegenden Entscheidung betraut wurde(n);

g) „Emissionen" die Freisetzung von Treibhausgasen in die Atmosphäre aus Quellen in einer Anlage gemäß der Richtlinie;

h) „Treibhausgase" die in Anhang II der Richtlinie aufgeführten Gase;

i) „Genehmigung zur Emission von Treibhausgasen" bzw. „Genehmigung" eine Genehmigung im Sinne von Artikel 4 der Richtlinie, die gemäß den Artikeln 5 und 6 der Richtlinie erteilt wird;

j) „Anlage" eine ortsfeste technische Einheit, in der eine oder mehrere der in Anhang I der Richtlinie genannten Tätigkeiten sowie andere unmittelbar damit verbundene Tätigkeiten durchgeführt werden, die mit den an diesem Standort durchgeführten Tätigkeiten in einem technischen Zusammenhang stehen und die im Sinne der Richtlinie Auswirkungen auf die Emissionen und die Umweltverschmutzung haben können;

k) „Grad der Gewissheit" das Maß, in dem sich die prüfende Instanz sicher ist, in ihrem Abschlussbericht belegen bzw. widerlegen zu können, dass die über eine Anlage vorgelegten Informationen insgesamt gesehen keine wesentlich falschen Angaben enthalten;

l) „Wesentlichkeit" die professionelle Einschätzung der prüfenden Instanz, ob Auslassungen, Falschdarstellungen oder Fehler in den zu einer Anlage übermittelten Informationen für sich oder zusammen die Entscheidungen der Adressaten maßgeblich beeinflussen können. Als grober Anhaltspunkt gilt, dass die prüfende Instanz eine falsche Angabe bezüglich der Gesamtemissionen dann als wesentlich bezeichnen wird, wenn durch diese die Zahl der Auslassungen, Falschdarstellungen oder Fehler in Bezug auf die Gesamtemissionen 5 % überschreitet;

m) „Überwachungsmethode" die für die Bestimmung der Emissionen verwendete Methode, wobei zwischen einer Überwachung durch Berechnung oder einer Überwachung auf der Grundlage von Messungen zu wählen ist und eine Auswahl geeigneter „Ebenen" getroffen werden muss;

n) „Betreiber" eine Person, die eine Anlage betreibt oder besitzt oder der — sofern in den nationalen Rechtsvorschriften vorgesehen — die ausschlaggebende wirtschaftliche Verfügungsmacht über den technischen Betrieb einer Anlage übertragen worden ist, wie in der Richtlinie definiert;

o) „Prozessemissionen" Treibhausgasemissionen, bei denen es sich nicht um „Emissionen aus der Verbrennung" handelt und die durch eine beabsichtigte bzw. unbeabsichtigte Reaktion zwischen Stoffen oder durch deren Umwandlung entstehen, u. a. durch die chemische oder elektrolytische Reduktion von Metallerzen, die thermische Zersetzung von Stoffen und die Produktion von Stoffen zur Verwendung als Produkt oder Ausgangsmaterial;

p) „Berichtszeitraum" den Zeitraum, in dem die Emissionen zu überwachen sind bzw. in dem über diese gemäß Artikel 14 Absatz 3 der Richtlinie Bericht zu erstatten ist. Dabei handelt es sich jeweils um ein Kalenderjahr;

q) „Quelle" einen bestimmten, feststellbaren Punkt oder Prozess in einer Anlage, durch den Treibhausgase freigesetzt werden;

r) „Ebenenkonzept" eine spezifische Methode zur Ermittlung von Tätigkeitsdaten, Emissionsfaktoren und Oxidations- oder Umsetzungsfaktoren. Aus den verschiedenen Ebenenkonzepten, die hierarchisch aufeinander aufbauen, kann in Einklang mit den vorliegenden Leitlinien eine geeignete Auswahl getroffen werden;

s) „prüfende Instanz" eine geeignete, unabhängige, akkreditierte Prüfeinrichtung, die in Übereinstimmung mit den Rechts- und Verwaltungsvorschriften, die gemäß Anhang V der Richtlinie von den Mitgliedstaaten zu erarbeiten sind, für die Durchführung des Prüfungsverfahrens und die diesbezügliche Berichterstattung verantwortlich ist.

3. Grundsätze für die Überwachung und Berichterstattung

Um eine genaue und nachprüfbare Überwachung und Berichterstattung bezüglich der Treibhausgasemissionen im Sinne der Richtlinie zu gewährleisten, sind in Bezug auf die Überwachung und Berichterstattung folgende Grundsätze zu beachten:

Vollständigkeit. Bei der Überwachung einer Anlage sowie der diesbezüglichen Berichterstattung sind alle Emissionsquellen und alle Emissionen aus Prozessen und aus der Verbrennung zu erfassen, die im Zusammenhang mit den in Anhang I der Richtlinie genannten Tätigkeiten entstehen. Dies gilt auch für alle Treibhausgasemissionen, die für eben diese Tätigkeiten spezifiziert sind.

Konsistenz. Die Vergleichbarkeit der überwachten und gemeldeten Emissionen in der Zeitreihe muss gewährleistet sein, indem stets dieselben Überwachungsmethoden und Datensätze verwendet werden. Die Überwachungsmethoden können in Übereinstimmung mit den Vorgaben dieser Leitlinien geändert werden, sofern dadurch die Genauigkeit der gemeldeten Daten verbessert wird. Alle Änderungen in Bezug auf die Überwachungsmethoden müssen umfassend dokumentiert und von der zuständigen Behörde genehmigt werden.

Transparenz. Alle Daten aus der Überwachung (einschließlich Annahmen, Bezugswerte, Tätigkeitsdaten, Emissionsfaktoren, Oxidationsfaktoren und Umsetzungsfaktoren) sind so zu ermitteln, zu erfassen, zusammenzustellen, zu analysieren und dokumentieren, dass die Bestimmung der Emissionen von der prüfenden Instanz und der zuständigen Behörde nachvollzogen werden kann.

Genauigkeit. Es ist sicherzustellen, dass die ermittelten Emissionen nicht konsequent über oder unter den tatsächlichen Emissionswerten liegen (soweit dies beurteilt werden kann) und dass die Unsicherheiten so weit wie möglich reduziert und quantifiziert werden, soweit dies im Rahmen dieser Leitlinien gefordert wird. Alle Arbeiten sind mit der erforderlichen Sorgfalt auszuführen, um sicherzustellen, dass die Bestimmung der Emissionen durch Berechnung bzw. Messung möglichst genaue Ergebnisse zeigt. Der Betreiber hat einen geeigneten Nachweis zu erbringen, dass die von ihm gemeldeten Emissionen vollständig sind. Die Emissionen sind anhand der in diesen Leitlinien angeführten Überwachungsmethoden zu bestimmen. Alle Messgeräte und sonstige Prüfinstrumente, die für die Meldung der Überwachungsdaten eingesetzt werden, müssen ordnungsgemäß bedient, unterhalten, kalibriert und geprüft werden. Arbeitsblätter und sonstige Hilfsmittel, die zur Speicherung und Bearbeitung von Überwachungsdaten verwendet werden, dürfen keinerlei Fehler aufweisen.

Kostenwirksamkeit. Bei der Auswahl einer Überwachungsmethode sind die Vorzüge einer größeren Genauigkeit gegen den zusätzlichen Kostenaufwand abzuwägen. Demzufolge ist bei der Überwachung und Berichterstattung betreffend Emissionen stets die größtmögliche Genauigkeit anzustreben, sofern dies technisch machbar ist und keine unverhältnismäßig hohen Kosten verursacht. Was die Überwachungsmethode selbst betrifft, so sind die diesbezüglichen, an den Betreiber gerichteten Anleitungen in nachvollziehbarer und einfacher Form darzustellen. Darüber hinaus sollten Doppelarbeiten vermieden und bereits in der Anlage vorhandene Systeme berücksichtigt werden.

Wesentlichkeit. Der Emissionsbericht und die darin dargelegten Aussagen dürfen keine wesentlich falschen Angaben enthalten und müssen eine glaubwürdige und ausgewogene Auflistung der Emissionen einer Anlage gewährleisten. Bei der Auswahl und Darstellung der Informationen sind jegliche Verzerrungen zu vermeiden.

Verlässlichkeit. Die Adressaten eines verifizierten Emissionsberichts müssen sich darauf verlassen können, dass er das darstellt, was er vorgibt bzw. was man berechtigterweise von ihm erwarten kann.

Leistungsverbesserung bei der Überwachung und Berichterstattung betreffend Emissionen. Die Prüfung der Emissionsberichte ist als ein effektives und verlässliches Mittel zur Unterstützung der Verfahren in Bezug auf die Qualitätssicherung und Qualitätskontrolle zu sehen. Es liefert dem Betreiber Informationen, anhand deren er geeignete Maßnahmen zur Verbesserung seiner Leistung im Hinblick auf die Überwachung und Berichterstattung betreffend Emissionen ergreifen kann.

4. Überwachung

4.1 Einschränkungen

Die in Bezug auf eine Anlage wahrzunehmende Überwachung und Berichterstattung erstreckt sich auf alle Quellen sämtlicher Emissionen von Treibhausgasen, die für die in Anhang I der Richtlinie aufgeführten Tätigkeiten spezifiziert sind.

Gemäß Artikel 6 Absatz 2 Buchstabe b) der Richtlinie enthalten Genehmigungen zur Emission von Treibhausgasen eine Beschreibung der Tätigkeiten und Emissionen der Anlage. Deshalb sind in der Genehmigung alle Quellen von Treibhausgasemissionen aufgrund der in Anhang I der Richtlinie aufgeführten, der Überwachung und Berichterstattung unterliegenden Tätigkeiten anzugeben. Gemäß Artikel 6 Absatz 2 Buchstabe c) der Richtlinie enthalten Genehmigungen zur Emission von Treibhausgasen Angaben zu Überwachungsauflagen, in denen Überwachungsmethode und -häufigkeit festgelegt sind.

Emissionen aus Verbrennungsmotoren in zu Beförderungszwecken genutzten Maschinen und Geräten sind von den Emissionsschätzungen auszunehmen.

Die Überwachung der Emissionen erstreckt sich auf Emissionen aus dem regulären Betrieb von Anlagen sowie auf Emissionen aufgrund außergewöhnlicher Ereignisse wie Inbetriebnahme/Abschalten oder Notfallsituationen innerhalb des Berichtszeitraums.

Wenn die Produktionskapazitäten oder -leistungen einer Tätigkeit oder mehrerer Tätigkeiten unter der gleichen Bezeichnung getrennt oder zusammen die in Anhang I der Richtlinie festgelegten diesbezüglichen Grenzwerte in einer Anlage bzw. an einem Standort überschreiten, unterliegen alle Quellen sämtlicher Emissionen aus allen Tätigkeiten, die in Anhang I der Richtlinie aufgeführt werden, der Überwachungs- und Berichterstattungspflicht.

Ob eine zusätzliche Feuerungsanlage (wie beispielsweise eine Anlage zur Kraft-Wärme-Kopplung) als Teil einer Anlage betrachtet wird, die nur eine andere

Tätigkeit nach Anhang I durchführt, oder aber ob sie als eigenständige Anlage zu betrachten ist, hängt von den jeweiligen örtlichen Gegebenheiten ab. Die diesbezügliche Entscheidung wird in der Genehmigung zur Emission von Treibhausgasen der Anlage festgehalten.

Alle Emissionen einer Anlage sind eben dieser Anlage zuzuordnen, und zwar unabhängig davon, ob Wärme oder Strom an andere Anlagen abgegeben wird. Emissionen, die im Zusammenhang mit der Erzeugung von Wärme oder Strom entstehen, sind der Anlage zuzurechnen, in der sie erzeugt wurden, und nicht der Anlage, an die diese abgegeben wurden.

4.2 Bestimmung der Treibhausgasemissionen
Eine vollständige, transparente und genaue Überwachung von Treibhausgasemissionen setzt voraus, dass bei der Wahl der geeigneten Überwachungsmethode bestimmte Entscheidungen getroffen werden. Dazu zählen u.a. die Entscheidung zwischen einer Messung oder Berechnung sowie die Wahl spezifischer Ebenenkonzepte zur Ermittlung der Tätigkeitsdaten, der Emissionsfaktoren und der Oxidations- bzw. Umsetzungsfaktoren. Die Gesamtheit der Ansätze, die von einem Betreiber im Zusammenhang mit einer Anlage gewählt werden, um die jeweiligen Emissionen zu ermitteln, werden als eine Überwachungsmethode betrachtet.

Gemäß Artikel 6 Absatz 2 Buchstabe c) der Richtlinie enthalten Genehmigungen zur Emission von Treibhausgasen Angaben zu Überwachungsauflagen, in denen Überwachungsmethode und -häufigkeit festgelegt sind. Jede Überwachungsmethode ist von der zuständigen Behörde in Übereinstimmung mit den Kriterien zu genehmigen, die in diesem Abschnitt und seinen Unterabschnitten angeführt sind. Die Mitgliedstaaten oder ihre zuständigen Behörden sorgen dafür, dass Überwachungsverfahren der Anlagen entweder in den Bedingungen der Genehmigung oder — sofern mit der Richtlinie vereinbar — in Form allgemeiner verbindlicher Regeln festgelegt werden.

Die zuständige Behörde muss eine ausführliche Beschreibung der Überwachungsmethode billigen, die vom Betreiber vor Beginn des Berichtszeitraums erstellt wird. Dieses Verfahren ist auch immer dann erforderlich, wenn die auf eine Anlage angewandte Überwachungsmethode geändert wird.

Die Beschreibung sollte umfassen:
- die genaue Beschreibung der zu überwachenden Anlage und der dort durchgeführten Tätigkeiten;
- Informationen über die Zuständigkeiten für die Überwachung und Berichterstattung innerhalb der Anlage;
- eine Liste der zu überwachenden Quellen, und zwar für jede Tätigkeit, die in der Anlage durchgeführt wird;
- eine Liste der Brennstoff- und Materialströme, die im Zusammenhang mit den einzelnen Tätigkeiten zu überwachen sind;
- eine Liste der für die einzelnen Tätigkeiten und Brennstoffarten/Einsatzstoffe anzuwendenden Ebenenkonzepte zur Ermittlung der Tätigkeitsdaten, Emissionsfaktoren, Oxidations- und Umsetzungsfaktoren;

- eine Beschreibung der Art der Messgeräte, die für die verschiedenen Quellen und Brennstoffarten/Einsatzstoffe eingesetzt werden sollen sowie Angabe ihrer technischen Daten und ihres exakten Standorts;
- eine Beschreibung des Ansatzes, der für die Entnahme von Proben der Brenn- und Einsatzstoffe zugrunde gelegt werden soll, um den spezifischen Heizwert, den Kohlenstoffgehalt, die Emissionsfaktoren und den Biomasse-Anteil für die verschiedenen Quellen und Brennstoffarten/Einsatzstoffe zu ermitteln;
- eine Beschreibung der Quellen bzw. der Analyseansätze, die für die Ermittlung des spezifischen Heizwerts, des Kohlenstoffgehalts und des Biomasse-Anteils für die einzelnen Quellen und Brennstoffarten/Einsatzstoffe herangezogen werden sollen;
- eine Beschreibung der Systeme zur kontinuierlichen Emissionsmessung, die für die Überwachung einer Quelle eingesetzt werden sollen, d.h. Angaben zu Messpunkten, Häufigkeit der Messungen, Ausrüstung, Kalibrierverfahren, Datenerfassung und -speicherung (falls anwendbar);
- eine Beschreibung der Verfahren zur Qualitätssicherung und -kontrolle, die in Bezug auf die Datenverwaltung vorgesehen sind;
- gegebenenfalls Informationen über eventuell relevante Verbindungen mit Aktivitäten im Rahmen des Gemeinschaftssystems für das Umweltmanagement und die Umweltbetriebsprüfung (EMAS).

Die Überwachungsmethode ist zu ändern, sofern die Genauigkeit der gemeldeten Daten auf diese Weise verbessert werden kann. Voraussetzung ist jedoch, dass dies technisch machbar ist und keine unverhältnismäßig hohen Kosten verursacht. Alle Vorschläge für Änderungen an den Überwachungsmethoden bzw. an den zugrunde liegenden Datensätzen müssen klar dargelegt, begründet, umfassend dokumentiert und der zuständigen Behörde übermittelt werden. Alle Änderungen an den Methoden bzw. an den zugrunde liegenden Datensätzen müssen von der zuständigen Behörde genehmigt werden.

Der Betreiber muss unverzüglich Vorschläge zur Änderung des Überwachungsverfahrens vorlegen, wenn
- sich das verfügbare Datenmaterial geändert hat und infolgedessen eine genauere Bestimmung der Emissionen möglich ist;
- eine bislang nicht existente Emission verzeichnet wurde;
- Fehler in den Daten aus der Überwachung festgestellt wurden,
- die zuständige Behörde eine Änderung gefordert hat.

Die zuständige Behörde kann einen Betreiber auffordern, die von ihm für eine bestimmte meldepflichtige Anlage angewandte Überwachungsmethode für den nachfolgenden Berichtszeitraum zu ändern, sofern diese mit den Bestimmungen dieser Leitlinien nicht mehr in Einklang steht.

Die zuständige Behörde kann einen Betreiber auch auffordern, die von ihm angewandte Überwachungsmethode für den nachfolgenden Berichtszeitraum zu ändern, wenn die in der Genehmigung vorgesehene Überwachungsmethode im

Rahmen einer Überprüfung, wie sie vor jedem der in Artikel 11 Absatz 2 der Richtlinie genannten Zeiträume vorzunehmen ist, aktualisiert wurde.

4.2.1 Berechnung und Messung

Anhang IV der Richtlinie sieht vor, dass Emissionen entweder
- anhand von Berechnungen („Berechnung") oder
- auf der Grundlage von Messungen („Messung") bestimmt werden können.
- Der Betreiber kann eine Messung der Emissionen vorschlagen, sofern er belegen kann, dass
- diese nachweislich ein genaueres Ergebnis bringt als eine entsprechende Berechnung der Emissionen unter Anwendung der genauesten Ebenen-Kombination und dass
- sich der Vergleich der Ergebnisse aus Messung und Berechnung auf identische Quellen und Emissionen stützt.

Die Anwendung von Messverfahren muss von der zuständigen Behörde genehmigt werden. Der Betreiber muss die Messungen in jedem Berichtszeitraum anhand flankierender Emissionsberechnungen entsprechend dieser Leitlinien bestätigen. Hinsichtlich des für die flankierende Berechung zu wählenden Ebenenkonzeptes gelten dieselben Bestimmungen wie für die Ermittlung von Emissionen anhand von Berechnungen (siehe Abschnitt 4.2.2.1.4).

Der Betreiber kann — mit Zustimmung der zuständigen Behörde — bei unterschiedlichen Emissionsquellen innerhalb ein und derselben Anlage jeweils zwischen einer Überwachung durch Berechnungen oder auf der Grundlage von Messungen wählen. Der Betreiber muss sicherstellen und nachweisen, dass in Bezug auf die Erfassung der Emissionen keine Lücken entstehen bzw. keine Doppelzählungen vorkommen.

4.2.2 Berechnung

4.2.2.1 Berechnung der CO_2-Emissionen

4.2.2.1.1 Berechnungsformeln. Die Berechnung der CO_2-Emissionen erfolgt anhand der folgenden Formel:

CO_2-Emissionen = Tätigkeitsdaten × Emissionsfaktor × Oxidationsfaktor

oder nach einem alternativen Ansatz, sofern dieser in den tätigkeitsspezifischen Leitlinien definiert ist.

Für Emissionen aus der Verbrennung und Emissionen aus Industrieprozessen sind die Ausdrücke in dieser Formel wie folgt spezifiziert:

Emissionen aus der Verbrennung

Die Tätigkeitsdaten beruhen auf dem Brennstoffverbrauch. Die eingesetzte Brennstoffmenge wird als Energiegehalt TJ, der Emissionsfaktor als t CO_2/TJ ausgedrückt. Wenn Energie verbraucht wird, oxidiert nicht der gesamte im Brennstoff enthaltene Kohlenstoff zu CO_2. Eine unvollständige Oxidation entsteht durch einen unzureichenden Verbrennungsprozess, d.h. ein Teil des Kohlenstoffs wird nicht verbrannt oder oxidiert zu Ruß oder Asche. Dem nicht oxidierten Kohlenstoff wird über den Oxidationsfaktor Rechnung getragen, der als Bruchteil dargestellt wird. Ist die Oxidation bereits im Emissionsfaktor berücksichtigt, so wird kein zusätzlicher Oxidationsfaktor verwendet. Der Oxidationsfaktor wird als Prozentsatz ausgedrückt. Daraus ergibt sich die folgende Formel:

$$CO_2\text{-Emissionen} = \text{Brennstoffverbrauch [TJ]} \times \text{Emissionsfaktor [t } CO_2/\text{TJ]} \times \text{Oxidationsfaktor}$$

Die Berechnung von Emissionen aus der Verbrennung wird in Anhang II weiter spezifiziert.

Emissionen aus Prozessen:
Die Tätigkeitsdaten beruhen auf dem Rohstoffverbrauch, dem Durchsatz oder der Produktionsrate, ausgedrückt in t oder m^3. Der Emissionsfaktor wird als [t CO_2/t oder t CO_2/m^3] ausgedrückt. Dem im Eingangsmaterial enthaltenen Kohlenstoff, der während des Prozesses nicht in CO_2 umgewandelt wird, wird im Umsetzungsfaktor Rechnung getragen, der als Bruch dargestellt wird. Ist die Umwandlung bereits im Emissionsfaktor berücksichtigt, so wird kein zusätzlicher Umsetzungsfaktor verwendet. Die Menge des verwendeten Eingangsmaterials wird als Masse oder Volumen [t oder m^3] ausgedrückt. Daraus ergibt sich die folgende Formel:

$$CO_2\text{-Emissionen} = \text{Tätigkeitsdaten [t oder } m^3\text{]} \times \text{Emissionsfaktor [t } CO_2\text{/t oder } m^3\text{]} \times \text{Umsetzungsfaktor}$$

Die Berechnung der Emissionen aus Industrieprozessen wird in den tätigkeitsspezifischen Leitlinien der Anhänge II bis XI ausführlicher erläutert. In einigen Fällen werden spezifische Referenzfaktoren genannt.

4.2.2.1.2 Weitergeleitetes CO_2. CO_2, das nicht aus einer Anlage freigesetzt, sondern als Reinsubstanz an eine andere Anlage weitergeleitet wird — sei es als ein Bestandteil von Brennstoffen oder direkt als Ausgangsmaterial für die chemische oder die Papierindustrie —, wird aus dem ermittelten Emissionswert herausgerechnet. Die betreffende Menge CO_2 ist in Form eines Memo-Item zu melden.

CO_2, das zu den folgenden Zwecken aus einer Anlage abgegeben wird, ist als weitergeleitetes CO_2 zu betrachten:
- reines CO_2, das als Kohlensäure für Getränke eingesetzt wird,
- reines CO_2, das als Trockeneis für Kühlzwecke eingesetzt wird,
- reines CO_2, das als Löschmittel, Kühlmittel oder Laborgas eingesetzt wird,
- reines CO_2, das für die Entwesung von Getreide eingesetzt wird,
- reines CO_2, das in der chemischen und in der Lebensmittelindustrie als Lösemittel eingesetzt wird,
- CO_2, das als Ausgangsmaterial in der chemischen und in der Zellstoffindustrie eingesetzt wird (z.B. für Karbamid oder Karbonat), und
- CO_2, das Bestandteil eines Brennstoffs ist, der aus der Anlage abgegeben wird.
- CO_2, das als Teil eines Mischbrennstoffs (z.B. Gichtgas oder Kokereigas) an eine andere Anlage abgegeben wird, sollte in den Emissionsfaktor für eben die-

sen Brennstoff einbezogen werden. Auf diese Weise wird es den Emissionen der Anlage zugerechnet, in der der Brennstoff verbrannt wird, und aus den Emissionen der Anlage herausgerechnet, aus der es abgegeben wurde.

4.2.2.1.3 CO_2-Rückhaltung und Speicherung. Die Kommission fördert Forschungsarbeiten im Bereich Rückhaltung und Speicherung von CO_2. Diese Arbeiten werden die Erarbeitung und Verabschiedung von Leitlinien für die Überwachung und Berichterstattung betreffend die CO_2-Rückhaltung und -Speicherung (soweit auf diese in der Richtlinie Bezug genommen wird) in Einklang mit dem Verfahren nach Artikel 23 Absatz 2 der Richtlinie maßgeblich beeinflussen. Diese Leitlinien werden den Methoden, die im Rahmen der UNFCCC entwickelt wurden, entsprechend Rechnung tragen. Die Mitgliedstaaten, die an der Erarbeitung solcher Leitlinien interessiert sind, werden aufgefordert, die Ergebnisse ihrer diesbezüglichen Forschungsarbeiten an die Kommission zu übermitteln, um eine frühzeitige Verabschiedung solcher Leitlinien zu ermöglichen. Vor der Verabschiedung solcher Leitlinien können die Mitgliedstaaten der Kommission ihre vorläufigen Leitlinien für die Überwachung und Berichterstattung betreffend die CO_2-Rückhaltung und –Speicherung (soweit auf diese in der Richtlinie Bezug genommen wird) übermitteln. Vorbehaltlich der Genehmigung durch die Kommission kann gemäß den in Artikel 23 Absatz 2 der Richtlinie genannten Verfahren das zurückgehaltene und gespeicherte CO_2 aus den Emissionen von Anlagen, die unter die Richtlinie fallen, in Einklang mit diesen vorläufigen Leitlinien herausgerechnet werden.

4.2.2.1.4 Die verschiedenen Ebenenkonzepte. Die tätigkeitsspezifischen Leitlinien, die in den Anhängen II bis XI dargelegt sind, beschreiben verschiedene Methoden zur Ableitung der folgenden Variablen: Tätigkeitsdaten, Emissionsfaktoren, Oxidations- oder Umsetzungsfaktoren. Die unterschiedlichen Ansätze werden als Ebenenkonzepte bezeichnet. Jedes Ebenenkonzept erhält eine Nummer beginnend mit 1. Je höher die Nummer einer Ebenenkonzepts, desto höher der Genauigkeitsgrad, d.h., das Ebenenkonzept mit der höchsten Nummer ist stets zu bevorzugen. Gleichwertige Ebenenkonzepte tragen dieselbe Nummer und werden durch einen Buchstaben weiter spezifiziert (z.B.: Ebene 2a und 2b). Bei Tätigkeiten, für die im Rahmen dieser Leitlinien alternative Berechnungsmethoden vorgeschlagen werden (z.B. Anhang VII: „Methode A — Karbonate" und „Methode B — Klinkerherstellung") kann ein Betreiber nur dann von einer auf eine andere Methode umstellen, wenn er nachweisen kann, dass eine solche Umstellung, was die Überwachung der Emissionen aus der in Frage stehenden Anlage und die diesbezügliche Berichterstattung betrifft, genauere Ergebnisse bringt.

Alle Betreiber sollten stets das genaueste, sprich höchste Ebenenkonzept wählen, um zum Zweck der Überwachung und Berichterstattung alle Variablen für alle Quellen innerhalb einer Anlage zu ermitteln. Nur wenn der zuständigen Behörde glaubhaft nachgewiesen werden kann, dass das höchste Ebenenkonzept aus technischen Gründen nicht anwendbar ist oder zu unverhältnismäßig hohen Kosten führen würde, kann für diese Variable auf das nächst niedrigere Ebenenkonzept zurückgegriffen werden.

Daher sollte das gewählte Ebenenkonzept stets die höchste Genauigkeit gewährleisten, die technisch machbar ist und keine unverhältnismäßig hohen Kosten verursacht. Der Betreiber kann im Rahmen eines Berechnungsvorgangs unterschiedliche zulässige Ebenenkonzepte für die verschiedenen Variablen (Tätigkeitsdaten, Emissionsfaktoren, Oxidations- oder Umsetzungsfaktoren) verwenden. Die Wahl des Ebenenkonzepts muss von der zuständigen Behörde gebilligt werden (siehe Abschnitt 4.2).

Während des Zeitraums 2005-2007 sollten die Mitgliedstaaten — vorbehaltlich der technischen Durchführbarkeit — mindestens die in Tabelle 1 aufgeführten Ebenenkonzepte anwenden. Die Spalten A enthalten Angaben zu Ebenenkonzepten für stärkere Quellen aus Anlagen mit jährlichen Gesamtemissionen von höchstens 50 kt. Die Spalten B enthalten Angaben zu Ebenenkonzepten für stärkere Quellen aus Anlagen mit jährlichen Gesamtemissionen von 50 kt bis 500 kt. Die Spalten C enthalten Angaben zu Ebenenkonzepten für stärkere Quellen aus Anlagen mit jährlichen Gesamtemissionen von über 500 kt. Die in der Tabelle enthaltenen Größenschwellen beziehen sich auf die jährlichen Gesamtemissionen der gesamten Anlage.

TABELLE 1

Spalte A: jährliche Gesamtemissionen ≤ 50 kt
Spalte B: 50 kt < jährliche Gesamtemissionen ≤ 500 kt
Spalte C: jährliche Gesamtemissionen ≥ 500 kt

Anhang/Tätigkeit	Tätigkeitsdaten			Spezifischer Heizwert			Emissionsfaktor			Zusammensetzungsdaten			Oxidationsfaktor			Umsetzungsfaktor		
	A	B	C	A	B	C	A	B	C	A	B	C	A	B	C	A	B	C
II. Verbrennung																		
Verbrennung (gas-förmige, flüssige Brennstoffe)	2a/2b	3a/3b	4a/4b	2	2	3	2a/2b	2a/2b	3	Nicht relevant	Nicht relevant	Nicht relevant	1	1	1	Nicht relevant	Nicht relevant	Nicht relevant
Verbrennung (feste Brennstoffe)	1	2a/2b	3a/3b	2	2	3	2a/2b	3	3	Nicht relevant	Nicht relevant	Nicht relevant	1	2	2	Nicht relevant	Nicht relevant	Nicht relevant
Fackeln	2	1	3	Nicht relevant	Nicht relevant	Nicht relevant	1	2	2	Nicht relevant	Nicht relevant	Nicht relevant	1	1	1	Nicht relevant	Nicht relevant	Nicht relevant
Wasche/Karbonat	1	1	1	Nicht relevant	Nicht relevant	Nicht relevant	1	1	1	Nicht relevant	Nicht relevant	Nicht relevant	Nicht relevant	Nicht relevant	Nicht relevant	1	1	1
Gips	1	1	1	Nicht relevant	Nicht relevant	Nicht relevant	1	1	1	Nicht relevant	Nicht relevant	Nicht relevant	Nicht relevant	Nicht relevant	Nicht relevant	1	1	1
III. Raffinerien																		
Massenbilanz	4	4	4	1	1	1	Nicht relevant	Nicht relevant	Nicht relevant	1	1	1	Nicht relevant	Nicht relevant	Nicht relevant	Nicht relevant	Nicht relevant	Nicht relevant
Regenerierung katalytischer Cracker	1	2	2	Nicht relevant	Nicht relevant	Nicht relevant	1	1	1	Nicht relevant	Nicht relevant	Nicht relevant	Nicht relevant	Nicht relevant	Nicht relevant	1	1	1
Kokserzeugungsanlagen	1	2	2	Nicht relevant	Nicht relevant	Nicht relevant	1	2	2	Nicht relevant	Nicht relevant	Nicht relevant	Nicht relevant	Nicht relevant	Nicht relevant	Nicht relevant	Nicht relevant	Nicht relevant
Wasserstofferzeugung	1	2	2	Nicht relevant	Nicht relevant	Nicht relevant	1	2	2	Nicht relevant	Nicht relevant	Nicht relevant	Nicht relevant	Nicht relevant	Nicht relevant	Nicht relevant	Nicht relevant	Nicht relevant
IV. Kokereien																		
Massenbilanz	3	3	3	1	1	1	Nicht relevant	Nicht relevant	Nicht relevant	1	1	1	Nicht relevant	Nicht relevant	Nicht relevant	Nicht relevant	Nicht relevant	Nicht relevant

Anhang I

Anhang/Tätigkeit	Tätigkeitsdaten			Spezifischer Heizwert			Emissionsfaktor			Zusammensetzungsdaten			Oxidationsfaktor			Umsetzungsfaktor		
	A	B	C	A	B	C	A	B	C	A	B	C	A	B	C	A	B	C
Brennstoff als Prozessinput	2	2	3	2	2	3	1	2	2	Nicht relevant	Nicht relevant	Nicht relevant	Nicht relevant	Nicht relevant	Nicht relevant	Nicht relevant	Nicht relevant	Nicht relevant
V: Röst- und Sinteranlagen für Metallerz																		
Massenbilanz	2	2	3	1	1	1	Nicht relevant	Nicht relevant	Nicht relevant	1	1	1	Nicht relevant	Nicht relevant	Nicht relevant	Nicht relevant	Nicht relevant	Nicht relevant
Eingesetzte Karbonate	1	1	2	Nicht relevant	Nicht relevant	Nicht relevant	1	1	1	Nicht relevant	1	1	Nicht relevant	Nicht relevant	Nicht relevant	1	1	1
VI: Eisen und Stahl																		
Massenbilanz	2	2	3	1	1	1	Nicht relevant	Nicht relevant	Nicht relevant	1	1	1	Nicht relevant	Nicht relevant	Nicht relevant	Nicht relevant	Nicht relevant	Nicht relevant
Brennstoff als Prozessinput	2	2	3	2	2	3	1	2	2	Nicht relevant	Nicht relevant	Nicht relevant	Nicht relevant	Nicht relevant	Nicht relevant	Nicht relevant	Nicht relevant	Nicht relevant
VII: Zement																		
Karbonate	1	2	2	Nicht relevant	Nicht relevant	Nicht relevant	1	1	1	Nicht relevant	Nicht relevant	Nicht relevant	Nicht relevant	Nicht relevant	Nicht relevant	1	1	1
Hergestellte Klinker	1	2a/2b	2a/2b	Nicht relevant	Nicht relevant	Nicht relevant	1	2	2	Nicht relevant	Nicht relevant	Nicht relevant	Nicht relevant	Nicht relevant	Nicht relevant	1	1	1
CKD	1	2	2	Nicht relevant	Nicht relevant	Nicht relevant	1	2	2	Nicht relevant	Nicht relevant	Nicht relevant	Nicht relevant	Nicht relevant	Nicht relevant	1	1	1
VIII: Kalk																		
Karbonate	1	1	2	Nicht relevant	Nicht relevant	Nicht relevant	1	1	1	Nicht relevant	Nicht relevant	Nicht relevant	Nicht relevant	Nicht relevant	Nicht relevant	1	1	1

Anlage/Tätigkeit	Tätigkeitsdaten			Spezifischer Heizwert			Emissionsfaktor			Zusammensetzungsdaten			Oxidationsfaktor			Umsetzungsfaktor		
	A	B	C	A	B	C	A	B	C	A	B	C	A	B	C	A	B	C
Alkalimetalloxide	1	1	2	Nicht relevant	Nicht relevant	Nicht relevant	1	1	1	Nicht relevant	Nicht relevant	Nicht relevant	Nicht relevant	Nicht relevant	Nicht relevant	1	1	1
IX: Glas																		
Karbonate	1	2	2	Nicht relevant	Nicht relevant	Nicht relevant	1	1	1	Nicht relevant	Nicht relevant	Nicht relevant	Nicht relevant	Nicht relevant	Nicht relevant	1	1	1
Alkalimetalloxide	1	2	2	Nicht relevant	Nicht relevant	Nicht relevant	1	1	1	Nicht relevant	Nicht relevant	Nicht relevant	Nicht relevant	Nicht relevant	Nicht relevant	1	1	1
X: Keramik																		
Karbonate	2	2	2	Nicht relevant	Nicht relevant	Nicht relevant	1	1	1	Nicht relevant	Nicht relevant	Nicht relevant	Nicht relevant	Nicht relevant	Nicht relevant	1	1	1
Alkalimetalloxide	1	2	2	Nicht relevant	Nicht relevant	Nicht relevant	1	1	1	Nicht relevant	Nicht relevant	Nicht relevant	Nicht relevant	Nicht relevant	Nicht relevant	1	1	1
Wäsche	1	2	2	Nicht relevant	Nicht relevant	Nicht relevant	1	1	1	Nicht relevant	Nicht relevant	Nicht relevant	Nicht relevant	Nicht relevant	Nicht relevant	1	1	1
XI: Papier und Zellstoff																		
Standardmethode	1	2	2	Nicht relevant	Nicht relevant	Nicht relevant	1	1	1	Nicht relevant	Nicht relevant	Nicht relevant	Nicht relevant	Nicht relevant	Nicht relevant	1	1	1

Der Betreiber kann mit Zustimmung der zuständigen Behörde für Variablen, die zur Berechnung der Emissionen aus schwächeren Quellen, einschließlich schwächerer Brennstoff- oder Materialströme, verwendet werden, einen weniger genauen Ansatz wählen, als dies bei der Berechnung von Emissionen aus stärkeren Quellen bzw. stärkeren Brennstoff- oder Materialströmen innerhalb einer Anlage der Fall ist. Als stärkere Quellen und stärkere Brennstoff- oder Materialströme werden diejenigen bezeichnet, die nach absteigender Größe geordnet, zusammen mindestens 95 % der jährlichen Gesamtemissionen der Anlage verursachen. Schwächere Quellen sind Quellen, die höchstens 2,5 kt Emissionen pro Jahr freisetzen oder die für höchstens 5 % der jährlichen Gesamtemissionen verantwortlich sind, je nachdem welche Emissionen in absoluten Werten höher sind. Bei schwächeren Quellen, die zusammen höchstens 0,5 kt Emissionen pro Jahr freisetzen oder die weniger als 1 % der jährlichen Gesamtemissionen einer Anlage verursachen (je nachdem welche Emissionen in absoluten Werten höher sind), kann der Betreiber zum Zweck der Überwachung und Berichterstattung einen „de minimis"-Ansatz wählen, sprich seine eigene Ebenenkonzept-unabhängige Schätzmethode anwenden. Allerdings ist hierzu die vorherige Zustimmung der zuständigen Behörde erforderlich.

Bei reinen Biomasse-Brennstoffen können niedrigere, d.h. weniger genaue, Ebenenkonzepte gewählt werden, sofern die so berechneten Emissionen nicht dazu verwendet werden sollen, den Biomasse-Kohlenstoff aus den Kohlendioxidemissionen herauszurechnen, die anhand einer kontinuierlichen Emissionsmessung abgeleitet werden.

Der Betreiber muss unverzüglich Änderungen in Bezug auf die gewählten Ebenenkonzepte vorschlagen, wenn

– sich das verfügbare Datenmaterial geändert hat und infolgedessen eine genauere Bestimmung der Emissionen möglich ist;
– Fehler in den Daten aus der Überwachung festgestellt wurden,
– die zuständige Behörde eine Änderung gefordert hat.
– Bei Anlagen mit einer Gesamtemission von mehr als 500 000 t CO_2-Äquivalent pro Jahr unterrichtet die zuständige Behörde ab dem Jahr 2004 die Kommission jeweils bis zum 30. September eines jeden Jahres, wenn die Anwendung einer Kombination der genauesten Ebenenkonzepte für stärkere Quellen innerhalb der Anlage in dem jeweils kommenden Berichtszeitraum technisch nicht machbar sein oder unverhältnismäßig hohe Kosten verursachen sollte. Auf der Grundlage der von der zuständigen Behörde übermittelten Informationen wird die Kommission anschließend prüfen, ob eine Überarbeitung der Bestimmungen hinsichtlich der Auswahl der geeigneten Ebenenkonzepte erforderlich ist.

Sollte das genaueste Ebenenkonzept (bzw. das für einzelne Variablen vereinbarte Ebenenkonzept) aus technischen Gründen vorübergehend nicht anwendbar sein, kann der Betreiber ein anderes, möglichst genaues Ebenenkonzept anwenden, und zwar solange bis die Bedingungen für eine Anwendung des ursprünglichen Ebenenkonzepts wieder hergestellt sind. Der Betreiber legt der zuständigen Behörde unverzüglich einen entsprechenden Nachweis für die Notwendigkeit einer Änderung in Bezug auf das Ebenenkonzept vor und informiert sie über Einzelheiten der vorübergehend angewandten Überwachungsmethode. Er ergreift alle erforderlichen Maßnahmen, um eine unverzügliche Rückkehr zum ursprünglichen Ebenenkonzept zu ermöglichen.

Alle Änderungen in Bezug auf das Ebenenkonzept sind lückenlos zu dokumentieren. Die Behandlung kleinerer Datenlücken, die durch Ausfallzeiten der Messgeräte entstehen können, erfolgt entsprechend der „guten beruflichen Praxis" und den Vorgaben des Referenzdokuments zur Integrierten Vermeidung und Verminderung der Umweltverschmutzung „IPPC Reference Document on the General Principles of Monitoring" vom Juli 2003 ([1]).

Wenn das Ebenenkonzept innerhalb eines Berichtszeitraums geändert wird, so sind die Ergebnisse für die in Frage stehende Tätigkeit getrennt zu berechnen und im Jahresbericht, der der zuständigen Behörde übermittelt wird, für den betreffenden Zeitabschnitt innerhalb des Berichtszeitraums gesondert auszuweisen.

4.2.2.1.5 Tätigkeitsdaten. Die Tätigkeitsdaten umfassen Informationen über den Stoffstrom, den Brennstoffverbrauch, das Eingangsmaterial oder den Produktionsoutput, ausgedrückt als Energiegehalt [TJ], der bei den Brennstoffen als spezifischer Heizwert und beim Input- oder Output-Material als Masse oder Volumen [t oder m^3] angegeben wird.

Können direkt vor Beginn des Prozesses keine Tätigkeitsdaten für die Berechnung von Prozessemissionen gemessen werden und werden in den Beschreibungen zu den Ebenenkonzepten, die in den jeweiligen tätigkeitsspezifischen Leitlinien (Anhänge II bis XI) enthalten sind, keine spezifischen Anforderungen gestellt, so werden die Tätigkeitsdaten anhand der Veränderungen im Lagerbestand geschätzt:

$$\text{Material C} = \text{Material P} + ((\text{Material S} - \text{Material E})) - \text{Material O}$$

wobei:

Material C: im Berichtszeitraum verarbeitetes Material,
Material P: im Berichtszeitraum gekauftes Material,
Material S: Lagerbestand zu Beginn des Berichtszeitraums,
Material E: Lagerbestand zum Ende des Berichtszeitraums,
Material O: für andere Zwecke eingesetztes Material (Weiterbeförderung oder Wiederverkauf).

Sollte eine Ermittlung der Variablen „Material S" und „Material E" durch Messungen technisch nicht möglich sein bzw. unverhältnismäßig hohe Kosten verursachen, so kann der Betreiber diese Angaben schätzen, indem er die Zahlen der Vorjahre zugrunde legt und diese mit dem Output im Berichtszeitraum korreliert. In diesem Fall muss der Betreiber diese Schätzungen anhand flankierender Berechnungen und entsprechender finanzieller Belege bestätigen. Alle übrigen Auflagen in Bezug auf die Wahl des Ebenenkonzepts bleiben von dieser Bestimmung unbe-

---

[1] Abrufbar unter: http://eippcb.jrc.es/.

rührt. So werden beispielsweise das „Material P" und das „Material O" sowie die entsprechenden Emissions- oder Oxidationsfaktoren in Einklang mit den tätigkeitsspezifischen Leitlinien der Anhänge II bis XI ermittelt.

Um die Wahl des geeigneten Ebenenkonzeptes für die Tätigkeitsdaten zu erleichtern, gibt Tabelle 2 unten einen Überblick über die typischen Unsicherheitsbereiche verschiedener Messgeräte, die zur Bestimmung der Massenströme von Brennstoffen, des Materialstroms, der Eingangsstoffe oder des Produktionsoutputs eingesetzt werden. Ferner soll die Tabelle die zuständigen Behörden und die Betreiber darüber informieren, welche Möglichkeiten und Grenzen hinsichtlich der Wahl eines geeigneten Ebenenkonzeptes zur Ermittlung der Tätigkeitsdaten bestehen.

Tabelle 2 Übersicht über die typischen Unsicherheitsbereiche verschiedener Messgeräte unter stabilen Betriebsbedingungen

Messgerät	Medium	Anwendungsbereich	Typischer Unsicherheitsbereich
Blendenmessgerät	Gasförmig	Verschiedene Gase	± 1-3 %
Venturi-Rohr	Gasförmig	Verschiedene Gase	± 1-3 %
Ultraschall-Durchflussmesser	Gasförmig	Erdgas/verschiedene Gase	± 0,5-1,5 %
Rotamesser	Gasförmig	Erdgas/verschiedene Gase	± 1-3 %
Turbinenradzähler	Gasförmig	Erdgas/verschiedene Gase	± 1-3 %
Ultraschall-Durchflussmesser	Flüssig	Flüssigbrennstoffe	± 1-2 %
Magnetischer Flussdichtemesser	Flüssig	Leitfähige Flüssigkeiten	± 0,5-2 %
Turbinenradzähler	Flüssig	Flüssigbrennstoffe	± 0,5-2 %
Lkw-Waage	Fest	Verschiedene Rohstoffe	± 2-7 %
Schienenwaage (Züge — fahrend)	Fest	Kohle	± 1-3 %
Schienenwaage (einzelner Waggon)	Fest	Kohle	± 0,5-1,0 %
Schiff — Fluss (Deplacement)	Fest	Kohle	± 0,5-1,0 %
Schiff — See (Deplacement)	Fest	Kohle	± 0,5-1,5 %
Bandwaage mit Messumformer	Fest	Verschiedene Rohstoffe	± 1-4 %

4.2.2.1.6 Emissionsfaktoren. Die Emissionsfaktoren beruhen auf dem Kohlenstoffgehalt der Brenn- oder Einsatzstoffe und werden als t CO_2/TJ (Emissionen aus der Verbrennung) oder t CO_2/t bzw. t CO_2/m^3 (Prozessemissionen) ausgedrückt. Emissionsfaktoren sowie die Vorgaben hinsichtlich der Ermittlung tätigkeitsspezifischer Emissionsfaktoren sind in den Abschnitten 8 und 10 dieses Anhangs aufgeführt. In Bezug auf Emissionen aus der Verbrennung kann ein Betreiber für einen Brennstoff anstelle von t CO_2/TJ einen Emissionsfaktor auf der Basis des Kohlenstoffgehalts (t CO_2/t) anwenden, sofern er der zuständigen Behörde glaubhaft nachweisen kann, dass dies auf Dauer genauere Ergebnisse bringt. Allerdings muss der Betreiber auch in diesem Fall in regelmäßigen Abständen den Energiegehalt ermitteln, um seine Auflagen an die Berichterstattung, die in Abschnitt 5 dieses Anhangs dargelegt sind, zu erfüllen.

Zur Umrechnung des Kohlenstoffs in den jeweiligen CO_2-Wert wird der Faktor ([2]) 3,667 [t CO_2/t C] zugrunde gelegt.

Für die genaueren Ebenenkonzepte müssen in Übereinstimmung mit den Vorgaben des Abschnitts 10 dieses Anhangs tätigkeitsspezifische Faktoren ermittelt werden. Für Ebene-1-Methoden sind die Referenzemissionsfaktoren zu verwenden, die in Abschnitt 8 dieses Anhangs aufgeführt sind.

Biomasse gilt als CO_2-neutral. Daher findet auf Biomasse ein Emissionsfaktor von 0 [t CO_2/TJ oder t oder m^3] Anwendung. Eine Liste verschiedener Stoffe, die als Biomasse betrachtet werden, findet sich in Abschnitt 9 dieses Anhangs.

Für fossile Abfallbrennstoffe werden in diesen Leitlinien keine Emissionsfaktoren genannt. Stattdessen sind entsprechend den Vorgaben von Abschnitt 10 dieses Anhangs spezifische Emissionsfaktoren zu ermitteln.

Bei Brenn- oder Rohstoffen, die sowohl fossilen als auch Biomasse-Kohlenstoff enthalten, findet ein gewichteter Emissionsfaktor Anwendung, der auf dem Anteil des fossilen Kohlenstoffs am Gesamtkohlenstoffgehalt des Brennstoffs beruht. Die Berechnung dieses Faktors soll transparent und in Einklang mit den Vorgaben und den Verfahren erfolgen, die in Abschnitt 10 dieses Anhangs dargelegt sind.

Alle relevanten Informationen über die verwendeten Emissionsfaktoren (auch Angaben zu den Informationsquellen und Ergebnissen von Analysen der Brennstoffe bzw. des Input-/Output-Materials) sind ordnungsgemäß zu dokumentieren. Detailliertere Vorgaben hierzu sind in den tätigkeitsspezifischen Leitlinien zu finden.

4.2.2.1.7 Oxidations-/Umsetzungsfaktoren. Wird beim Emissionsfaktor nicht berücksichtigt, dass ein Teil des Kohlenstoffs nicht oxidiert wird, so ist ein zusätzlicher Oxidations-/Umsetzungsfaktor zu verwenden. Für die genaueren Ebenenkonzepte sind tätigkeitsspezifische Faktoren zu ermitteln.

Aus diesem Grund werden in Abschnitt 10 dieses Anhangs entsprechende Bestimmungen für die Ableitung dieser Faktoren dargelegt. Werden innerhalb einer Anlage verschiedene Brenn- oder Einsatzstoffe eingesetzt und tätigkeitsspezifische Oxidationsfaktoren berechnet, kann der Betreiber einen aggregierten Oxidationsfaktor für die betreffende Tätigkeit definieren und diesen auf alle Brennstoffe oder Einsatzstoffe anwenden.

Der Betreiber kann die unvollständige Oxidation aber auch einem starken Brennstoff- oder Einsatzstoffstrom zuweisen und für die anderen den Wert 1 anwenden.

Alle relevanten Informationen über die verwendeten Oxidations-/ Umsetzungsfaktoren (auch Angaben zu den Informationsquellen und Ergebnissen von Analysen der Brennstoffe bzw. des Input-/Output-Materials) sind ordnungsgemäß zu dokumentieren.

---

[2] Auf der Grundlage der Atommasse von Kohlenstoff (12) und Sauerstoff (16) gemäß den überarbeiteten IPCC-Leitlinien für nationale Treibhausgasinventare: „Guidelines for National Greenhouse Gas Inventories: Reference Manual", 1.13 (1996).

4.2.2.2 Bestimmung anderer Treibhausgasemissionen als CO_2. Allgemeine Leitlinien für die Berechnung anderer Treibhausgasemissionen als CO_2 werden gegebenenfalls zu einem späteren Zeitpunkt in Übereinstimmung mit den einschlägigen Bestimmungen der Richtlinie erarbeitet werden.

4.2.3 Messung

4.2.3.1 Messung von CO_2-Emissionen. Wie in Abschnitt 4.2.1 dargelegt, können Emissionen von Treibhausgas aus allen Quellen mittels kontinuierlicher Emissionsmesssysteme (KEMS) ermittelt werden. Dabei sind standardisierte oder etablierte Verfahren zu verwenden. Voraussetzung ist, dass der Betreiber vor Beginn des Berichtszeitraums von der zuständigen Behörde die Bestätigung erhalten hat, dass der Einsatz eines KEMS genauere Ergebnisse erzielt, als dies bei einer Berechnung der Emissionen unter Verwendung des genauesten Ebenenkonzepts der Fall wäre. Im Anschluss daran sind für jeden nachfolgenden Berichtszeitraum die anhand eines KEMS ermittelten Emissionen durch flankierende Emissionsberechnungen zu bestätigen. Hinsichtlich der Wahl des geeigneten Ebenenkonzeptes gelten dieselben Vorschriften wie bei einer Ermittlung der Emissionen anhand von Berechnungen (siehe Abschnitt 4.2.2.1.4).

Was die Verfahren zur Messung der CO_2-Konzentrationen sowie des Masse- bzw. Volumenstroms der Abgase, die durch die einzelnen Schornsteine entweichen, betrifft, so finden die einschlägigen CEN-Normen Anwendung (nach ihrer Verabschiedung). Sollten keine einschlägigen CEN-Normen verfügbar sein, so sind die entsprechenden ISO-Normen oder nationalen Normen anzuwenden. Gibt es keine geltenden Normen, so können gegebenenfalls Verfahren angewandt werden, die den vorliegenden Normentwürfen oder den Leitlinien hinsichtlich der bewährtesten Praxis („Best Practice Guidelines") der Industrie entsprechen.

Beispiele für einschlägige ISO-Normen:
– ISO 10396:1993 „Emissionen aus stationären Quellen — Qualitätssicherung für automatische Messeinrichtungen";
– ISO 10012:2003 „Messlenkungssysteme — Anforderungen an Messprozesse und Messmittel".

Nach Installation des KEMS sollte das System in regelmäßigen Abständen auf seine Leistung und Funktionsfähigkeit überprüft werden, insbesondere im Hinblick auf:
– Ansprechzeit,
– Linearität,
– Interferenz,
– Nullpunkt- und Messbereichsdrift,
– Genauigkeit (im Vergleich zu einer Referenzmethode).

Der Biomasse-Anteil an den gemessenen CO_2-Emissionen ist anhand von Berechnungen zu ermitteln und aus den Gesamtemissionen herauszurechnen. Das Ergebnis ist in Form eines Memo-Items zu melden (siehe Abschnitt 12 dieses Anhangs).

4.2.3.2 Messung anderer Emissionen als CO_2. Allgemeine Leitlinien für die Messung anderer Treibhausgasemissionen als CO_2 werden gegebenenfalls zu einem späteren Zeitpunkt in Übereinstimmung mit den einschlägigen Bestimmungen der Richtlinie erarbeitet werden.

4.3 Bewertung der Unsicherheiten

Entsprechend dieser Leitlinien werden „zulässige Unsicherheiten" als Konfidenzintervall von 95 % rund um den gemessenen Wert ausgedrückt, z.B. bei der Beschreibung der für das Ebenenkonzept verwendeten Messgeräte oder der Genauigkeit eines kontinuierlichen Messsystems.

4.3.1 Berechnung

Der Betreiber sollte sich über die Auswirkungen von Unsicherheiten auf die Genauigkeit der von ihm gemeldeten Emissionsdaten im Klaren sein.

Bei einer Ermittlung der Emissionen anhand von Berechnungen hat die zuständige Behörde zuvor die Ebenen Kombinationen für die verschiedenen Quellen innerhalb der Anlage wie auch alle anderen Details im Zusammenhang mit dem in dieser Anlage eingesetzten Überwachungsverfahren genehmigt. Im Zuge dieser Genehmigung billigt die zuständige Behörde gleichzeitig auch die Unsicherheiten, die aus der korrekten Anwendung der genehmigten Überwachungsmethode entstehen. Dies ergibt sich aus dem Inhalt der Genehmigung.

Der Betreiber gibt in seinem Jahresbericht an die zuständige Behörde die Ebenenkombinationen an, die für die verschiedenen Quellen innerhalb einer Anlage zugrunde gelegt wurden, und zwar für jede Tätigkeit und jeden relevanten Brennstoff- oder Materialstrom. Die Angabe der zugrunde gelegten Ebenenkombinationen im Emissionsbericht gilt als Meldung von Unsicherheiten im Sinne der Richtlinie. Folglich werden bei einer Ermittlung der Emissionen anhand von Berechnungen keine weiteren Anforderungen in Bezug auf die Meldung von Unsicherheiten gestellt.

Der zulässige Unsicherheitsfaktor, der für die innerhalb des Ebenenkonzepts eingesetzten Messgeräte ermittelt wird, umfasst die für die Messgeräte spezifizierte Unsicherheit, die Unsicherheiten im Zusammenhang mit der Kalibrierung sowie alle weiteren Unsicherheiten im Zusammenhang mit dem Einsatz des Messsystems in der Praxis. Die im Rahmen des Ebenenkonzepts festgelegten Grenzwerte beziehen sich auf die Unsicherheit in Bezug auf den gemessenen Wert und gelten für einen Berichtszeitraum.

Der Betreiber ist gehalten, die Unsicherheiten in Bezug auf die übrigen in seinem Emissionsbericht enthaltenen Emissionsdaten mit Hilfe des Verfahrens zur Qualitätssicherung und -kontrolle zu ermitteln und so weit wie möglich zu verringern. Im Rahmen des Prüfungsverfahrens kontrolliert die prüfende Instanz die korrekte Anwendung der genehmigten Überwachungsmethode und beurteilt ferner den Umgang mit bzw. die Reduzierung der übrigen Unsicherheiten durch das vom Betreiber angewandte Verfahren zur Qualitätssicherung und -kontrolle.

4.3.2 Messung

Wie in Abschnitt 4.2.1 dargelegt, kann ein Betreiber die Ermittlung von Emissionen auf der Grundlage von Messungen damit begründen, dass diese nachweislich ein genaueres Ergebnis bringt, als eine entsprechende Berechnung der Emissionen unter Anwendung der genauesten Ebenenkombination. Um der zuständigen Behörde eben diesen Nachweis zu erbringen, meldet der Betreiber die quantitativen Ergebnisse einer umfassenderen Unsicherheitsanalyse, bei der die folgenden Ursachen für Unsicherheiten berücksichtigt wurden:

Konzentrationsmessungen für die kontinuierliche Emissionsmessung:
– die spezifizierte Unsicherheit der Instrumente für kontinuierliche Messungen,
– Unsicherheiten im Zusammenhang mit der Kalibrierung,
– weitere Unsicherheiten im Zusammenhang mit dem Einsatz der Überwachungsausrüstung in der Praxis;

bei der Masse- und Volumenmessung zur Ermittlung des Abgasstroms für die kontinuierliche Emissionsmessung und die flankierende Berechnung:
– die spezifizierte Unsicherheit der Messinstrumente,
– Unsicherheiten im Zusammenhang mit der Kalibrierung,
– weitere Unsicherheiten im Zusammenhang mit dem Einsatz der Messgeräte in der Praxis;

bei der Ermittlung der Heizwerte, der Emissions- und Oxidations-/ Umsetzungsfaktoren bzw. der Zusammensetzungsdaten für die flankierende Berechnung:
– die für die angewandte Ermittlungsmethode bzw. das angewandte Ermittlungssystem spezifizierte Unsicherheit,
– weitere Unsicherheiten im Zusammenhang mit der Anwendung der Ermittlungsmethode in der Praxis.

In Abhängigkeit von der Begründung des Betreibers kann die zuständige Behörde den Einsatz eines Systems zur kontinuierlichen Emissionsmessung für bestimmte Quellen innerhalb der Anlage wie auch alle anderen Details im Zusammenhang mit dem in dieser Anlage eingesetzten Überwachungsverfahren genehmigen. Im Zuge dieser Genehmigung billigt die zuständige Behörde gleichzeitig auch die Unsicherheiten, die aus der korrekten Anwendung der genehmigten Überwachungsmethode entstehen. Dies ergibt sich aus dem Inhalt der Genehmigung.

Der Betreiber gibt die Unsicherheitsfaktoren, die sich aus dieser umfassenden Unsicherheitsanalyse ergeben, in seinem Jahresbericht an die zuständige Behörde für die betreffenden Quellen an, bis die zuständige Behörde die Entscheidung für eine Messung und gegen eine Berechnung überprüft und eine Neuberechnung der Unsicherheitsfaktoren fordert. Die Angabe der zugrunde gelegten Ebenenkombinationen im Emissionsbericht gilt als Meldung von Unsicherheiten im Sinne der Richtlinie.

Der Betreiber ist gehalten, die Unsicherheiten in Bezug auf die übrigen in seinem Emissionsbericht enthaltenen Emissionsdaten mit Hilfe des Verfahrens zur Qualitätssicherung und -kontrolle zu ermitteln und so weit wie möglich zu verringern. Im Rahmen des Prüfungsverfahrens kontrolliert die prüfende Instanz die korrekte Anwendung der genehmigten Überwachungsmethode und beurteilt ferner den Umgang mit bzw. die Reduzierung der übrigen Unsicherheiten durch das vom Betreiber angewandte Verfahren zur Qualitätssicherung und -kontrolle.

4.3.3 Unsicherheitsfaktoren

Tabelle 3 gibt einen groben Anhaltspunkt in Bezug auf die Unsicherheiten, die in der Regel mit der Bestimmung von CO_2-Emissionen aus Anlagen mit unterschiedlichem Emissionsniveau verbunden sind. Die in dieser Tabelle enthaltenen Informationen sollten von der zuständigen Behörde bei der Prüfung und Genehmigung der Überwachungsmethode (Berechnungen oder Einsatz eines Systems zur kontinuierlichen Emissionsmessung) für eine Anlage herangezogen werden.

Tabelle 3 Übersicht über die Gesamtunsicherheiten, die für einzelne Brennstoff- oder Materialströme unterschiedlicher Größenordnung mit der Bestimmung von CO_2-Emissionen aus Anlagen oder Tätigkeiten innerhalb einer Anlage verbunden sind (in %)

Beschreibung	Beispiele	E: CO_2-Emissionen in kt pro Jahr		
		E > 500	100 < E < 500	E < 100
Gasförmige und flüssige Brennstoffe gleicher Qualität	Erdgas	2,5	3,5	5
Gasförmige und flüssige Brennstoffe unterschiedlicher Zusammensetzung	Gasöl, Gichtgas	3,5	5	10
Feste Brennstoffe unterschiedlicher Zusammensetzung	Kohle	3	5	10
Feste Brennstoffe sehr unterschiedlicher Zusammensetzung	Abfall	5	10	12,5
Prozessemissionen aus festen Rohstoffen	Kalkstein, Dolomit	5	7,5	10

5. Berichterstattung

Anhang IV der Richtlinie enthält die Auflagen, die an die Berichterstattung in Bezug auf die Anlagen gestellt werden. Das in Abschnitt 11 dieses Anhangs beschriebene Format für die Berichterstattung ist als Grundlage für die Meldung quantitativer Daten zu verwenden. Die Prüfung des Berichts erfolgt in Übereinstimmung mit den Rechts- und Verwaltungsvorschriften, die von den Mitgliedstaaten gemäß Anhang V erarbeitet werden. Der Betreiber legt der zuständigen Behörde bis zum 31. März eines jeden Jahres einen verifizierten Bericht über die Emissionen des Vorjahres vor.

Die Emissionsberichte, die der zuständigen Behörde vorliegen, sind der Öffentlichkeit durch diese in Einklang mit den Bestimmungen der Richtlinie 2003/4/EG des Europäischen Parlaments und des Rates vom 28. Januar 2003 über den Zugang der Öffentlichkeit zu Umweltinformationen und zur Aufhebung der Richtlinie 90/313/EWG des Rates ([3]) zugänglich zu machen. Was die Anwendung der Ausnahmeregelung gemäß Artikel 4 Absatz 2 Buchstabe d) dieser Richtlinie betrifft, so können die Betreiber in ihren Emissionsberichten die Informationen kennzeichnen, die ihrer Auffassung nach als Geschäfts- oder Betriebsgeheimnis zu betrachten sind.

Alle Betreiber müssen die folgenden Informationen in ihre Berichte über Anlagen aufnehmen:

1) die Anlagedaten gemäß Anhang IV der Richtlinie und die Genehmigungsnummer der betreffenden Anlage;

2) die Gesamtemissionen, den gewählten Ansatz (Messung oder Berechnung), das gewählte Ebenenkonzept sowie die gewählten Methoden (gegebenenfalls), Tätigkeitsdaten ([4]), Emissionsfaktoren ([5]) und Oxidations-/Umsetzungsfaktoren ([6]). Bei Anwendung eines Massenbilanzansatzes muss der Betreiber den Massenstrom, den Kohlenstoff- und Energiegehalt eines jeden Brennstoff- und Materialstroms in die bzw. aus der Anlage sowie die Lagerbestände in seinem Bericht angeben;

3) Angaben zu zeitweiligen oder dauerhaften Änderungen in Bezug auf das gewählte Ebenenkonzept, die Gründe für die Änderungen, den Zeitpunkt des Beginns bzw. des Endes der zeitweiligen Änderungen;

4) alle anderen Änderungen, die während des Berichtszeitraums an der Anlage vorgenommen wurden und die für den Emissionsbericht von Bedeutung sein können.

Die Informationen, die zu den Punkten 3 und 4 zu liefern sind, bzw. die zusätzlichen Informationen zu Punkt 2 können nicht in tabellarischer Form entsprechend dem Berichtsformat übermittelt werden. Sie sind dem jährlichen Emissionsbericht daher auf einem gesonderten Blatt beizufügen.

Die folgenden Informationen, deren Angabe nicht unter „Emissionen" vorgesehen ist, sind in Form von Memo-Items zu melden:

– Menge der verbrannten [TJ] oder in den Prozessen eingesetzten Biomasse [t oder m³],
– CO_2-Emissionen [t CO_2] aus Biomasse, sofern die Emissionen anhand von Messungen ermittelt werden,
– in andere Anlagen weitergeleitetes CO_2 [t CO_2] sowie die Angabe, in welchen Verbindungen dies geschehen ist,
– Brennstoffe und die daraus resultierenden Emissionen werden unter Verwendung der IPCC-Brennstoffkategorien (siehe Abschnitt 8 dieses Anhangs) gemeldet, die auf den Definitionen der Internationalen Energie-Agentur (http://

---

[3] ABl. L 41 vom 14.2.2003, S. 26.
[4] Die Tätigkeitsdaten für Verbrennungsprozesse sind als Energie (spezifischer Heizwert) und Masse zu melden. Biomasse-Brennstoffe oder -Einsatzstoffe sind in Form von Tätigkeitsdaten zu melden.
[5] Emissionsfaktoren für Verbrennungsprozesse sind als CO_2-Emission je Energiegehalt zu melden.
[6] Umsetzungs- und Oxidationsfaktoren sind als reiner Bruch darzustellen und zu melden.

www.iea.org/stats/defs/dcfs.htm) beruhen. In dem Fall, dass der für den Betreiber maßgebliche Mitgliedstaat eine Liste mit Brennstoffkategorien einschließlich Definitionen und Emissionsfaktoren veröffentlicht hat, die bereits für das jüngste Nationale Treibhausgasinventar, das dem Sekretariat der Klimarahmenkonvention der Vereinten Nationen übermittelt wurde, zugrunde gelegt worden waren, so sind diese Kategorien und Emissionsfaktoren zu verwenden, sofern sie für die einschlägige Überwachungsmethode zulässig sind.

Darüber hinaus müssen die Abfallarten sowie die Emissionen, die aus ihrem Einsatz als Brennstoff oder Einsatzstoff entstehen, gemeldet werden. Die Abfallarten sind unter Verwendung der Klassifikation des „Europäischen Abfallverzeichnisses" (Entscheidung der Kommission 2000/532/EG vom 3. Mai 2000 zur Ersetzung der Entscheidung 94/3/EG über ein Abfallverzeichnis gemäß Artikel 1 Buchstabe a) der Richtlinie 75/442/EWG des Rates über Abfälle und der Entscheidung 94/904/EG des Rates über ein Verzeichnis gefährlicher Abfälle im Sinne von Artikel 1 Absatz 4 der Richtlinie 91/689/EWG über gefährliche Abfälle ([7]): http://europa.eu.int/comm/environment/waste/legislation/a.htm zu melden. Der jeweilige sechsstellige Code ist den Bezeichnungen der Abfallarten hinzuzufügen, die in der Anlage verwendet werden.

Emissionen, die innerhalb einer Anlage aus verschiedenen Quellen austreten, aber ein und derselben Tätigkeit zuzuordnen sind, können in aggregierter Form für die jeweilige Tätigkeit gemeldet werden.

Die Emissionen werden gerundet in Form von Tonnen CO_2 gemeldet (zum Beispiel 1 245 978 Tonnen). Die Tätigkeitsdaten, Emissionsfaktoren und Oxidations- oder Umsetzungsfaktoren, die für die Emissionsberechnung bzw. Berichterstattung benötigt werden, sind so zu runden, dass die Werte — bei einem Unsicherheitsfaktor von ± 0,01 % — insgesamt nur fünf Stellen (z.B. 1,2369) aufweisen.

Um zu erreichen, dass die gemäß der Richtlinie gemeldeten Daten mit denen übereinstimmen, die die Mitgliedstaaten unter der Klimarahmenkonvention der Vereinten Nationen bzw. im Zusammenhang mit dem Europäischen Schadstoffemissionsregister (EPER) melden, sind alle in einer Anlage durchgeführten Tätigkeiten mit den Codes der beiden folgenden Berichterstattungssysteme zu kennzeichnen:

1) den Codes des „Common Reporting Format" für nationale Treibhausgasinventare, das von den zuständigen Stellen der Klimarahmenkonvention der Vereinten Nationen angenommen wurde (siehe Abschnitt 12.1. dieses Anhangs);

2) den IPPC-Codes in Anhang A3 des Europäischen Schadstoffemissionsregisters (EPER) (siehe Abschnitt 12.2 dieses Anhangs).

---

[7] ABl. L 226 vom 6.9.2000, S. 3. Zuletzt geändert durch die Entscheidung 2001/573/EG des Rates (ABl. L 203 vom 28.7.2001, S. 18).

6. Aufbewahrung der Informationen

Der Betreiber einer Anlage dokumentiert und archiviert die Daten aus der Überwachung der Treibhausgasemissionen aus allen Quellen einer Anlage, die durch die in Anhang I der Richtlinie aufgeführten Tätigkeiten entstehen.

Die dokumentierten und archivierten Überwachungsdaten müssen eine Prüfung des jährlichen Emissionsberichts (der vom Betreiber einer Anlage gemäß Artikel 14 Absatz 3 der Richtlinie in Bezug auf die Emissionen dieser Anlage vorzulegen ist) in Einklang mit den Kriterien des Anhangs V der Richtlinie ermöglichen.

Daten, die nicht im Rahmen des jährlichen Emissionsberichts zu nennen sind, müssen nicht gemeldet oder in sonstiger Weise veröffentlicht werden.

Um die Bestimmung der Emissionen für die prüfende Instanz oder sonstige Dritte nachvollziehbar zu machen, bewahrt der Betreiber einer Anlage sämtliche Berichte über alle Berichtsjahre auf, und zwar für mindestens zehn Jahre nach der Übermittlung des Berichts an die zuständige Behörde gemäß Artikel 14 Absatz 3 der Richtlinie.

Bei einer Ermittlung der Emissionen aufgrund von Berechnungen:
- die Liste aller überwachten Quellen;
- die Tätigkeitsdaten, die für die Berechnung der Treibhausgasemissionen aus den verschiedenen Quellen zugrunde gelegt wurden (klassifiziert nach Prozessen und Brennstoffarten);
- die Dokumente, die die Auswahl der jeweiligen Überwachungsmethode begründen, sowie entsprechende Nachweise in Bezug auf alle zeitweiligen oder dauerhaften Änderungen im Zusammenhang mit der Überwachungsmethode bzw. der gewählten Ebenenkonzepte, wie sie von der zuständigen Behörde genehmigt wurden; auch die Gründe für diese Änderungen sind entsprechend zu dokumentieren;
- Unterlagen zu der Überwachungsmethode und den Ergebnissen der Ermittlung der tätigkeitsspezifischen Emissionsfaktoren, der Biomasseanteile spezifischer Brennstoffe und der Oxidations- oder Umsetzungsfaktoren; ferner geeignete Nachweise für die Genehmigung durch die zuständige Behörde;
- Dokumentation des Verfahrens zur Erhebung der Tätigkeitsdaten für die Anlage und entsprechende Unterlagen über die jeweiligen Quellen;
- die Tätigkeitsdaten, die Emissions-, Oxidations- oder Umsetzungsfaktoren, die der zuständigen Behörde zur Erstellung des nationalen Zuteilungsplans für die Jahre vor dem Zeitraum übermittelt wurden, der durch das Handelssystem erfasst wird;
- Dokumentation der im Zusammenhang mit der Emissionsüberwachung festgelegten Zuständigkeiten;
- den jährlichen Emissionsbericht und
- alle anderen Information, die für die Prüfung des jährlichen Emissionsberichts als erforderlich betrachtet werden.

Die folgenden zusätzlichen Informationen müssen aufbewahrt werden, wenn die Ermittlung der Emissionen auf der Grundlage von Messungen erfolgt:

- Dokumentation der Gründe für die Entscheidung, die Emissionen auf der Grundlagen von Messungen zu überwachen;
- die Daten, die für die Unsicherheitsanalyse in Bezug auf die Treibhausgasemissionen aus den verschiedenen Quellen zugrunde gelegt wurden (klassifiziert nach Prozessen und Brennstoffarten);
- eine detaillierte Beschreibung des kontinuierlichen Messsystems, u. a. auch der Nachweis der Genehmigung durch die zuständige Behörde;
- rohe und aggregierte Daten aus dem kontinuierlichen Messsystem, darunter Dokumentation von Zeitänderungen, das Protokoll zu den durchgeführten Tests, Stillstandszeiten, Kalibrierungen, Service- und Wartungsarbeiten;
- Dokumentation aller Änderungen im Zusammenhang mit dem Messsystem.

7. Qualitätssicherung und -kontrolle

7.1 Allgemeine Auflagen

Für die Überwachung und Berichterstattung betreffend Treibhausgasemissionen in Übereinstimmung mit diesen Leitlinien richtet der Betreiber ein effektives Datenverwaltungssystem ein, das er entsprechend dokumentiert, implementiert und pflegt. Die Einrichtung des Datenverwaltungssystems erfolgt vor Beginn des Berichtszeitraums, um zu gewährleisten, dass alle für die Prüfung erforderlichen Daten ordnungsgemäß erfasst und kontrolliert werden. Die im Datenverwaltungssystem gespeicherten Informationen müssen die in Abschnitt 6 genannten Angaben umfassen.

Die erforderlichen Maßnahmen zur Qualitätssicherung und -kontrolle können im Rahmen des Gemeinschaftssystems für das Umweltmanagement und die Umweltbetriebsprüfung (EMAS) oder anderer Umweltmanagementsysteme, darunter ISO 14001:1996 („Umweltmanagementsysteme — Spezifikationen mit Anleitung zur Anwendung") durchgeführt werden.

Die Maßnahmen zur Qualitätssicherung und -kontrolle sollen auf die Verfahren, die für die Überwachung und Berichterstattung betreffend Treibhausgase benötigt werden, sowie auf die Anwendung dieser Verfahren innerhalb der Anlage ausgerichtet sein. Dazu zählen u. a.:
- die Ermittlung der Quellen von Treibhausgasen, die in der Übersicht in Anhang I der Richtlinie genannt sind,
- die Abfolge und die Interaktion von Überwachungs- und Berichterstattungsverfahren,
- Verantwortlichkeiten und Kompetenz,
- die angewandten Berechnungs- oder Messverfahren,
- die Messeinrichtung (gegebenenfalls),
- Berichterstattung und Aufzeichnungen,
- interne Überprüfung sowohl der aufgezeichneten Daten als auch des Qualitätssicherungssystems,
- korrigierende und präventive Maßnahmen.

Entscheidet sich ein Betreiber, bestimmte Verfahren auszulagern, die der Qualitätssicherung und -kontrolle unterliegen, so ist der Betreiber verpflichtet, die Kontrolle dieser Verfahren und deren Transparenz zu gewährleisten. Die einschlägigen Maßnahmen zur Kontrolle und zur Wahrung der Transparenz solcher ausgelagerten Verfahren werden im Rahmen der Maßnahmen zur Qualitätssicherung und -kontrolle festgelegt.

7.2 Messverfahren und -geräte
Der Betreiber stellt sicher, dass alle relevanten Messgeräte in regelmäßigen Abständen kalibriert, justiert und kontrolliert werden (auch direkt vor ihrem Einsatz). Darüber hinaus sind sie anhand von Messstandards zu kontrollieren, die auf internationalen Messstandards beruhen. Darüber hinaus bewertet der Betreiber die Validität der früheren Messergebnisse und zeichnet diese auf für den Fall, dass sich herausstellt, das die Messeinrichtung nicht den Anforderungen entspricht. Wenn sich herausstellt, dass die Messeinrichtung nicht den Anforderungen entspricht, muss der Betreiber unverzüglich entsprechende Maßnahmen einleiten. Die Aufzeichnungen der Ergebnisse der Kalibrierung und Authentifikation sind aufzubewahren.

Arbeitet der Betreiber mit einem kontinuierlichen Emissionsmesssystem, so muss er die Vorgaben der EN 14181 („Emissionen aus stationären Quellen – Qualitätssicherung für automatische Messeinrichtungen") und der EN ISO 14956:2002 („Luftbeschaffenheit – Beurteilung der Eignung eines Messverfahrens durch Vergleich mit einer geforderten Messunsicherheit") erfüllen.

Alternativ hierzu können unabhängige und akkreditierte Prüflaboratorien mit den Messungen, mit der Auswertung der Daten, der Überwachung und der Berichterstattung beauftragt werden. In diesem Fall muss das betreffende Prüflabor zusätzlich nach EN ISO 17025:2000 („Allgemeine Anforderungen an die Kompetenz von Prüf- und Kalibrierlaboratorien") akkreditiert sein.

7.3 Datenverwaltung
Der Betreiber führt Maßnahmen zur Sicherung und Kontrolle der Qualität seiner Datenverwaltung durch, um Auslassungen, Falschdarstellungen und Fehler zu vermeiden. Diese Maßnahmen werden vom Betreiber entsprechend der Komplexität der Datensätze erarbeitet. Die Maßnahmen zur Sicherung und Kontrolle der Qualität der Datenverwaltung werden aufgezeichnet. Die diesbezüglichen Aufzeichnungen werden der prüfenden Instanz zur Verfügung gestellt.

Auf der betrieblichen Ebene kann eine einfache und effektive Sicherung und Kontrolle der Datenqualität realisiert werden, indem die im Rahmen der Überwachung erfassten Werte über einen vertikalen oder horizontalen Ansatz miteinander verglichen werden.

Beim vertikalen Ansatz werden die Emissionsdaten verschiedener Jahre miteinander verglichen, die in ein und derselben Anlage in eben diesen Jahren erfasst wurden. Ein Überwachungsfehler ist wahrscheinlich, wenn die Abweichungen zwischen den in den verschiedenen Jahren gemessenen Daten nicht erklärt werden können durch:
– Veränderungen im Tätigkeitsniveau,
– Veränderungen bei den Brennstoffen oder Einsatzstoffen,

– Veränderungen bei den Emissionsprozessen (z.B. Verbesserung der Energieeffizienz).

Beim horizontalen Ansatz werden verschiedene Werte, die im Rahmen der betrieblichen Organisation erfasst werden, miteinander verglichen.
– Vergleich der Daten über den Brennstoff- oder Einsatzstoffverbrauch spezifischer Quellen mit den Daten über den Brennstoffankauf bzw. den Daten über Lagerbestandsveränderungen,
– Vergleich der Daten über den Gesamtverbrauch an Brennstoffen oder Einsatzstoffen mit den Daten über den Brennstoffankauf bzw. mit den Daten über Lagerbestandsveränderungen,
– Vergleich der Emissionsfaktoren, die berechnet oder vom Lieferanten bereitgestellt wurden, mit nationalen oder internationalen Referenzemissionsfaktoren vergleichbarer Brennstoffe,
– Vergleich der anhand von Brennstoffanalysen ermittelten Emissionsfaktoren mit nationalen oder internationalen Referenzemissionsfaktoren vergleichbarer Brennstoffe,
– Vergleich der gemessenen und der berechneten Emissionen.

7.4 Prüfung und Wesentlichkeit

Der Betreiber legt der prüfenden Instanz den Emissionsbericht, eine Kopie der Betriebsgenehmigungen der einzelnen Anlagen sowie alle weiteren Informationen vor, die für die prüfende Instanz von Interesse sind. Die prüfende Instanz beurteilt, ob die vom Betreiber angewandte Überwachungsmethode mit der von der zuständigen Behörde genehmigten Methode der betreffenden Anlage, mit den in Abschnitt 3 dargelegten Grundsätzen für die Überwachung und Berichterstattung sowie mit den Leitlinien übereinstimmt, die in diesem und in den folgenden Anhängen festgelegt sind. Aufgrund der Ergebnisse dieser Prüfung beurteilt die prüfende Instanz, ob im Emissionsbericht Auslassungen, Falschdarstellungen und Fehler enthalten sind, die zur Folge haben können, dass der Bericht wesentlich falsche Angaben enthält.

Was das Prüfungsverfahren betrifft, so muss die prüfende Instanz vor allem
– alle in der Anlage durchgeführten Tätigkeiten kennen sowie ferner die Emissionsquellen innerhalb der Anlage, die für die Überwachung oder Ermittlung der Tätigkeitsdaten eingesetzte Messeinrichtung, die Herkunft und Anwendung der Emissionsfaktoren und Oxidations-/Umsetzungsfaktoren sowie die Umgebung, in der die Anlage betrieben wird;
– das Datenverwaltungssystem des Betreibers sowie die gesamte Organisation in Bezug auf die Überwachung und Berichterstattung kennen. Der prüfenden Instanz sind alle im Datenverwaltungssystem gespeicherten Daten zur Verfügung zu stellen, die diese dann analysieren und prüfen wird;
– entsprechend der Art und der Komplexität der Emissionsquellen sowie der Tätigkeiten in der Anlage festlegen, inwieweit falsche Angaben noch akzeptabel sind;

- aufgrund ihrer professionellen Erfahrungen und der Angaben des Betreibers feststellen, inwieweit fehlerhafte Daten zu wesentlich falschen Angaben im Emissionsbericht führen können;
- einen Prüfplan erstellen, der dem Ergebnis der Risikoanalyse und dem Umfang bzw. der Komplexität der Tätigkeiten und der Emissionsquellen gerecht wird. In diesem Prüfplan werden die Probenahmeverfahren definiert, die in den Anlagen des Betreibers vorzunehmen sind;
- den Prüfplan umsetzen, indem entsprechend dem definierten Probenahmeverfahren Daten sowie alle weiteren relevanten Informationen gesammelt werden, die die prüfende Instanz für ihren abschließenden Bericht zugrunde legen wird;
- überprüfen, ob die in der Genehmigung spezifizierte Überwachungsmethode Ergebnisse gebracht hat, die — was ihre Genauigkeit betrifft — dem definierten Ebenenkonzept entspricht;
- den Betreiber auffordern, alle fehlenden Daten oder fehlende Teile des Prüfpfads vorzulegen, Abweichungen in den Emissionsdaten zu erklären oder Berechnungen erneut durchzuführen, bevor sie zu einem endgültigen Prüfergebnis kommt.

Während des gesamten Prüfungsverfahrens wird die prüfende Instanz nach fehlerhaften Angaben suchen, indem sie prüft, ob
- die in den Abschnitten 7.1, 7.2 und 7.3 beschriebenen Verfahren zur Qualitätssicherung und -kontrolle umgesetzt wurden;
- sich aus den gesammelten Daten objektive und eindeutige Anhaltspunkte dafür ergeben, dass fehlerhafte Angaben gemacht wurden.

Die prüfende Instanz bewertet die Wesentlichkeit einzelner fehlerhafter Angaben wie auch der Gesamtheit der nicht berichtigten fehlerhaften Angaben unter Berücksichtigung aller Auslassungen, Falschdarstellungen oder Fehler, die zu wesentlich falschen Angaben führen können (so z.B. bei einem Datenverwaltungssystem, das nicht transparente, verzerrte oder uneinheitliche Zahlen liefert). Das Maß der Gewissheit sollte mit der Annäherung an die Grenze einhergehen, die für die betreffende Anlage in Bezug auf die Wesentlichkeit falscher Angaben festgesetzt wurde.

Zum Ende des Prüfungsverfahrens beurteilt die prüfende Instanz, ob der Emissionsbericht irgendwelche wesentlich falschen Angaben enthält. Kommt die prüfende Instanz zu dem Schluss, dass der Emissionsbericht keine wesentlich falschen Angaben enthält, kann der Betreiber den Emissionsbericht gemäß Artikel 14 Absatz 3 der Richtlinie an die zuständige Behörde übermitteln. Kommt die prüfende Instanz zu dem Schluss, dass der Emissionsbericht wesentlich falsche Angaben enthält, wird der Bericht des Betreibers als nicht zufrieden stellend bewertet. In Übereinstimmung mit Artikel 15 der Richtlinie stellen die Mitgliedstaaten sicher, dass ein Betreiber, dessen Bericht — was die Emissionen des Vorjahres betrifft — bis zum 31. März des folgenden Jahres nicht als zufrieden stellend bewertet wurde, keine weiteren Zertifikate übertragen kann, und zwar solange bis dieser Betreiber einen Bericht vorlegt, der als zufrieden stellend bewertet wird. Gemäß Artikel 16 der Richtlinie legen die Mitgliedstaaten entsprechende Sanktionen fest.

Anhand der im Emissionsbericht, der als zufrieden stellend bewertet wurde, für die Gesamtemissionen ausgewiesenen Zahl prüft die zuständige Behörde dann, ob der Betreiber für die betreffende Anlage eine genügende Anzahl Zertifikate abgegeben hat.

Die Mitgliedstaaten stellen sicher, dass Auffassungsunterschiede zwischen dem Betreiber, der prüfenden Instanz und der zuständigen Behörde einer ordnungsgemäßen Berichterstattung nicht im Wege stehen und dass diese in Einklang mit der Richtlinie, mit diesen Leitlinien sowie mit den von den Mitgliedstaaten gemäß Anhang V erarbeiteten Rechts- und Verwaltungsvorschriften und den einschlägigen nationalen Verfahren beseitigt werden.

8. Emissionsfaktoren

In diesem Abschnitt werden Referenzemissionsfaktoren für den Ebene-1-Ansatz genannt, durch die eine Verwendung nicht tätigkeitsspezifischer Emissionsfaktoren ermöglicht wird. Sollte ein Brennstoff keiner bestehenden Kategorie angehören, so kann der Betreiber den verwendeten Brennstoff entsprechend seines Fachwissens einer verwandten Brennstoffkategorie zuordnen. Allerdings muss dies durch die zuständige Behörde genehmigt werden.

Tabelle 4 Emissionsfaktoren fossiler Brennstoffe – ermittelt anhand des spezifischen Heizwerts, ohne Oxidationsfaktoren

Brennstoff	CO_2-Emissionsfaktor (t CO_2/TJ)	Quelle des Emissionsfaktors
A. Flüssige fossile Brennstoffe		
Primäre Brennstoffe		
Rohöl	73,3	IPCC, 1996 ([8])
Orimulsion	80,7	IPCC, 1996
Flüssigerdgas	63,1	IPCC, 1996
Sekundäre Brennstoffe/Produkte		
Benzin	69,3	IPCC, 1996
Kerosin ([9])	71,9	IPCC, 1996
Schieferöl	77,4	National Communication Estonia, 2002
Gas/Dieselkraftstoff	74,1	IPCC, 1996
Rückstandsöl	77,4	IPCC, 1996
Flüssiggas	63,1	IPCC, 1996
Ethan	61,6	IPCC, 1996
Rohbenzin	73,3	IPCC, 1996
Bitumen	80,7	IPCC, 1996
Schmieröl	73,3	IPCC, 1996
Petrolkoks	100,8	IPCC, 1996
Raffinerie-/Halbfertigerzeugnisse	73,3	IPCC, 1996

---

[8] Geändert 1996 durch die IPCC-Leitlinien für nationale Treibhausgasinventare: „IPCC Guidelines for National Greenhouse Gas Inventories: Reference Manual, 1.13."

[9] Kein Flugbenzin.

Sonstige Öle	73,3	IPCC, 1996
B. Feste fossile Brennstoffe		
Primäre Brennstoffe		
Anthrazit	98,3	IPCC, 1996
Kokskohle	94,6	IPCC, 1996
Sonstige Fettkohle	94,6	IPCC, 1996
Subbituminöse Kohle	96,1	IPCC, 1996
Braunkohle	101,2	IPCC, 1996
Ölschiefer	106,7	IPCC, 1996
Torf	106,0	IPCC, 1996
Sekundäre Brennstoffe		
BKB- und Steinkohlenbriketts	94,6	IPCC, 1996
Koksofen/Gaskoks	108,2	IPCC, 1996
C. Gasförmige fossile Brennstoffe		
Kohlenmonoxid	155,2	Anhand eines Hu von 10.12 TJ/t ([10])
Erdgas (trocken)	56,1	IPCC, 1996
Methan	54,9	Anhand eines Hu von 50.01 TJ/t ([11])
Wasserstoff	0	Kohlenstofffreier Stoff

9. Liste CO_2-Neutraler Biomasse

Die im Folgenden aufgeführte, nicht erschöpfende Beispielliste nennt eine Reihe von Stoffen, die im Sinne dieser Leitlinien als Biomasse betrachtet werden. Sie werden mit einem Emissionsfaktor von 0 [t CO_2/TJ oder t oder m³] gewichtet. Torf und fossile Anteile der unten aufgeführten Stoffe sind nicht als Biomasse zu betrachten.

1) Pflanzen und Pflanzenteile, u.a.:
– Stroh,
– Heu und Gras,
– Blätter, Holz, Wurzeln, Baumstümpfe, Rinde,
– Kulturpflanzen, z.B. Mais und Triticale.

2) Biomasse-Abfälle, -Erzeugnisse und -Nebenerzeugnisse, u.a.:
– industrielle Holzabfälle (Abfallholz aus der Holzbearbeitung und -verarbeitung sowie Abfallholz aus der Holzwerkstoffindustrie),
– Gebrauchtholz (gebrauchte Erzeugnisse aus Holz, Holzwerkstoffen) sowie Erzeugnisse und Nebenerzeugnisse aus der Holzverarbeitung,
– holzartige Abfälle aus der Zellstoff- und Papierindustrie, z.B. Schwarzlauge,
– forstwirtschaftliche Rückstände,
– Tier-, Fisch- und Lebensmittelmehl, Fett, Öl und Talg,
– Primärrückstände aus der Lebensmittel- und Getränkeindustrie,

---

[10] J. Falbe und M. Regitz, Römpp Chemie Lexikon, Stuttgart, 1995.
[11] J. Falbe und M. Regitz, Römpp Chemie Lexikon, Stuttgart, 1995.

- Dung,
- Rückstände landwirtschaftlicher Nutzpflanzen,
- Klärschlamm,
- Biogas aus der Faulung, Gärung oder Vergasung von Biomasse,
- Hafenschlamm und andere Schlämme und Sedimente aus Gewässern,
- Deponiegas.

3) Biomasse-Anteile von Mischstoffen u.a.:
- der Biomasseanteil von Treibgut aus der Wasserwirtschaft,
- der Biomasseanteil von gemischten Rückständen aus der Lebensmittel- und Getränkeherstellung,
- der Biomasseanteil von Verbundwerkstoffen mit Holzanteil,
- der Biomasseanteil textiler Abfälle,
- der Biomasseanteil von Papier, Karton, Pappe,
- der Biomasseanteil von Industrie- und Siedlungsabfällen,
- der Biomasseanteil aufbereiteter Industrie- und Siedlungsabfälle.

4) Brennstoffe, deren Bestandteile und Zwischenprodukte aus Biomasse erzeugt wurden, ua.:
- Bioethanol,
- Biodiesel,
- ETBE/Bioethanol,
- Biomethanol,
- Biodimethylether,
- Bioöl (ein Pyrolyse-Heizöl) und Biogas.

10. Ermittlung tätigkeitsspezifischer Daten und Faktoren

10.1 Ermittlung der spezifischen Heizwerte und der Emissionsfaktoren von Brennstoffen

Welches spezifische Verfahren zur Ermittlung des tätigkeitsspezifischen Emissionsfaktors bzw. welches Probenahmeverfahren für die verschiedenen Brennstoffarten Anwendung finden soll, ist vor Beginn des jeweiligen Berichtszeitraums mit der zuständigen Behörde abzustimmen.

Die Verfahren, die für die Brennstoffprobenahme und die Ermittlung des spezifischen Heizwerts, des Kohlenstoffgehalts und des Emissionsfaktors angewandt werden, müssen den einschlägigen CEN-Normen (beispielsweise zu den Verfahren und zur Häufigkeit der Probenahme, zur Ermittlung des spezifischen Brenn- und Heizwerts der verschiedenen Brennstoffarten) entsprechen, sofern solche verabschiedet wurden. Sollten keine einschlägigen CEN-Normen verfügbar sein, so sind die entsprechenden ISO-Normen oder nationalen Normen anzuwenden. Gibt es keine geltenden Normen, so können gegebenenfalls Verfahren angewandt werden, die vorliegenden Normentwürfen oder den Leitlinien hinsichtlich der bewährtesten Praxis („Best Practice Guidelines") der Industrie entsprechen.

Beispiele für einschlägige CEN-Normen sind:

EN ISO 4259:1996 „Mineralölerzeugnisse — Bestimmung und Anwendung der Werte für die Präzision von Prüfverfahren".

Beispiele für einschlägige ISO-Normen sind:
- ISO 13909-1,2,3,4: 2001 Steinkohle und Koks — Mechanische Probenahme;
- ISO 5069-1,2: 1983: Braunkohlen und Lignite; Grundsätze der Probenentnahme;
- ISO 625:1996 Feste mineralische Brennstoffe — Bestimmung von Kohlenstoff und Wasserstoff — Verfahren nach Liebig;
- ISO 925:1997 Feste Brennstoffe — Bestimmung des Carbonat-Kohlenstoff-Gehaltes — Gravimetrisches Verfahren;
- ISO 9300-1990: Durchflussmessung von Gasen mit Venturidüsen bei kritischer Strömung;
- ISO 9951-1993/94: Gasdurchflussmessung in geschlossenen Leitungen; Turbinenradzähler.

Als ergänzende nationale Normen für die Kennzeichnung von Brennstoffen sind zu nennen:
- DIN 51900-1:2000 „Prüfung fester und flüssiger Brennstoffe — Bestimmung des Brennwertes mit dem Bomben-Kalorimeter und Berechnung des Heizwertes — Teil 1: Allgemeine Angaben, Grundgeräte, Grundverfahren";
- DIN 51857:1997 „Gasförmige Brennstoffe und sonstige Gase — Berechnung von Brennwert, Heizwert, Dichte, relativer Dichte und Wobbeindex von Gas und Gasgemischen";
- DIN 51612:1980 Prüfung von Flüssiggas; Berechnung des Heizwertes;
- DIN 51721:2001 „Prüfung fester Brennstoffe — Bestimmung des Gehaltes an Kohlenstoff und Wasserstoff" (gilt auch für flüssige Brennstoffe).

Das Laboratorium, das mit der Ermittlung des Emissionsfaktors, des Kohlenstoffgehalts und dem spezifischen Heizwert beauftragt wird, muss nach EN ISO 17025 („Allgemeine Anforderungen an die Kompetenz von Prüf- und Kalibrierlaboratorien") akkreditiert sein.

Wichtig ist zu beachten, dass für die Ermittlung genauer tätigkeitsspezifischer Emissionsfaktoren — neben einem hinreichend genauen Analyseverfahren zur Bestimmung des Kohlenstoffgehalts und des spezifischen Heizwerts — vor allem das Verfahren und die Häufigkeit der Probenahme sowie die Vorbereitung der Probe von entscheidender Bedeutung sind. Wie diese konkret aussehen, hängt in hohem Maß von dem Zustand und der Homogenität des Brennstoffs/Eingangsmaterials ab. Bei heterogenen Stoffen (wie festen Siedlungsabfällen) wird eine sehr viel höhere Zahl von Proben erforderlich sein. Bei den meisten kommerziellen gasförmigen oder flüssigen Brennstoffen dagegen wird die erforderliche Probenzahl sehr viel geringer sein.

Die Bestimmung des Kohlenstoffgehalts, der spezifischen Heizwerte und der Emissionsfaktoren für Brennstoffchargen sollte in der Regel der gängigen Praxis für repräsentative Probenahmen entsprechen. Der Betreiber muss den Nachweis erbringen, dass es sich bei dem errechneten Kohlenstoffgehalt sowie bei den ermittelten Brennwerten und Emissionsfaktoren um repräsentative und unverzerrte Werte handelt.

Der jeweilige Emissionsfaktor findet nur auf die Brennstoffcharge Anwendung, für die er ermittelt wurde.

Die in dem jeweiligen mit der Ermittlung des Emissionsfaktors beauftragten Labor angewandten Verfahren sowie alle Ergebnisse sind umfassend zu dokumentieren und aufzubewahren. Die Unterlagen werden der Instanz, die den Emissionsbericht prüft, zur Verfügung gestellt.

10.2 Ermittlung der tätigkeitsspezifischen Oxidationsfaktoren

Welches spezifische Verfahren zur Ermittlung des tätigkeitsspezifischen Oxidationsfaktors bzw. welches Probenahmeverfahren für eine spezifische Brennstoffart Anwendung finden soll, ist vor Beginn des jeweiligen Berichtszeitraums mit der zuständigen Behörde abzustimmen.

Die Verfahren, die zur Ermittlung tätigkeitsspezifischer Oxidationsfaktoren (z.B. mittels des Kohlenstoffgehalts von Ruß, Asche, Abwässern und sonstigen Abfällen oder Nebenprodukten) für eine spezifische Tätigkeit angewandt werden, müssen den einschlägigen CEN-Normen entsprechen, sofern solche verabschiedet wurden. Sollten keine einschlägigen CEN-Normen verfügbar sein, so sind die entsprechenden ISO-Normen oder nationalen Normen anzuwenden. Gibt es keine geltenden Normen, so können gegebenenfalls Verfahren angewandt werden, die vorliegenden Normentwürfen oder den Leitlinien hinsichtlich der bewährtesten Praxis („Best Practice Guidelines") der Industrie entsprechen.

Das Laboratorium, das mit der Bestimmung des Oxidationsfaktors bzw. mit der Ermittlung der zugrunde liegenden Daten beauftragt wird, muss nach EN ISO 17025 („Allgemeine Anforderungen an die Kompetenz von Prüf- und Kalibrierlaboratorien") akkreditiert sein.

Die Bestimmung der tätigkeitsspezifischen Oxidationsfaktoren anhand von Einsatzstoffchargen sollte in der Regel der gängigen Praxis für repräsentative Probenahmen entsprechen. Der Betreiber muss den Nachweis erbringen, dass es sich bei ermittelten Oxidationsfaktoren um repräsentative und unverzerrte Werte handelt.

Die in dem jeweiligen mit der Ermittlung der Oxidationsfaktoren beauftragten Labor angewandten Verfahren sowie alle Ergebnisse sind umfassend zu dokumentieren und aufzubewahren. Die Unterlagen werden der Instanz, die den Emissionsbericht prüft, zur Verfügung gestellt

10.3 Bestimmung der Prozessemissionsfaktoren und der Zusammensetzungsdaten

Welches spezifische Verfahren zur Ermittlung des tätigkeitsspezifischen Emissionsfaktors bzw. welches Probenahmeverfahren für die verschiedenen Eingangsmaterialarten Anwendung finden soll, ist vor Beginn des jeweiligen Berichtszeitraums mit der zuständigen Behörde abzustimmen.

Die Verfahren, die für die Probenahme bzw. die Ermittlung der Zusammensetzung des betreffenden Eingangsmaterials oder für die Ableitung eines Prozessemissionsfaktors angewandt werden, müssen den einschlägigen CEN-Normen entsprechen, sofern solche verabschiedet wurden. Sollten keine einschlägigen CEN-Normen verfügbar sein, so sind die entsprechenden ISO-Normen oder nationalen Normen anzuwenden. Gibt es keine geltenden Normen, so können gegebenenfalls Verfahren angewandt werden, die vorliegenden Normentwürfen oder den Leitlinien hinsichtlich der bewährtesten Praxis („Best Practice Guidelines") der Industrie entsprechen.

Das Laboratorium, das mit der Ermittlung der Zusammensetzung oder des Emissionsfaktors beauftragt wird, muss nach EN ISO 17025 („Allgemeine Anforderungen an die Kompetenz von Prüf- und Kalibrierlaboratorien") akkreditiert sein.

Die Bestimmung der Prozessemissionsfaktoren und der Zusammensetzungsdaten von Materialchargen sollte in der Regel der gängigen Praxis für repräsentative Probenahmen entsprechen. Der Betreiber muss den Nachweis erbringen, dass es sich bei dem ermittelten Prozessemissionsfaktor und den Zusammensetzungsdaten um repräsentative und unverzerrte Angaben handelt.

Der jeweilige Wert findet nur auf die Materialcharge Anwendung, für die er ermittelt wurde.

Die in der jeweiligen mit der Bestimmung des Emissionsfaktors bzw. der Ermittlung der Zusammensetzungsdaten beauftragten Einrichtung angewandten Verfahren sowie alle Ergebnisse sind umfassend zu dokumentieren und aufzubewahren. Die Unterlagen werden der Instanz, die den Emissionsbericht prüft, zur Verfügung gestellt.

10.4 Ermittlung des Biomasse-Anteils

Der Begriff „Biomasse-Anteil" im Sinne dieser Leitlinien meint entsprechend der Definition von Biomasse (siehe die Abschnitte 2 und 9 dieses Anhangs) den prozentualen Anteil des brennbaren Biomasse-Kohlenstoffs am gesamten Kohlenstoffgehalt eines Brennstoffgemischs.

Welches spezifische Verfahren zur Ermittlung des Biomasse-Anteils bzw. welches Probenahmeverfahren für die verschiedenen Brennstoffarten Anwendung finden soll, ist vor Beginn des jeweiligen Berichtszeitraums mit der zuständigen Behörde abzustimmen.

Die Verfahren die für die Brennstoffprobenahme und die Ermittlung des Biomasse-Anteils angewandt werden, müssen den einschlägigen CEN-Normen entsprechen, sofern solche verabschiedet wurden. Sollten keine einschlägigen CEN-Normen verfügbar sein, so sind die entsprechenden ISO-Normen oder nationalen Normen anzuwenden. Gibt es keine geltenden Normen, so können gegebenenfalls Verfahren angewandt werden, die vorliegenden Normentwürfen oder den Leitlinien hinsichtlich der bewährtesten Praxis („Best Practice Guidelines") der Industrie entsprechen ([12]).

Für die Ermittlung des Biomasse-Anteils eines Brennstoffs bieten sich verschiedene Methoden an, die von einer manuellen Sortierung der Bestandteile gemischter Stoffe über differenzielle Methoden, die die Heizwerte einer binären Mischung und deren beiden reinen Bestandteile bestimmen, bis zu einer Kohlenstoff-14- Isotopenanalyse. Die Wahl der Methode hängt von der Art der in Frage stehenden Brennstoffmischung ab.

Das Laboratorium, das mit der Bestimmung des Biomasse-Anteils beauftragt wird, muss nach EN ISO 17025 („Allgemeine Anforderungen an die Kompetenz von Prüf- und Kalibrierlaboratorien") akkreditiert sein.

Die Bestimmung des Biomasse-Anteils der Eingangsmaterialchargen erfolgt in der Regel der allgemeinen Praxis für repräsentative Probenahmen. Der Betreiber muss den Nachweis erbringen, dass es sich bei den abgeleiteten Werten um repräsentative und unverzerrte Werte handelt.

Der jeweilige Wert findet nur auf die Materialcharge Anwendung, für die er ermittelt wurde.

Die in dem jeweiligen mit der Bestimmung des Biomasse-Anteils beauftragten Labor angewandten Verfahren sowie alle Ergebnisse sind umfassend zu dokumentieren und aufzubewahren. Die Unterlagen werden der Instanz, die den Emissionsbericht prüft, zur Verfügung gestellt.

Ist eine Bestimmung des Biomasse-Anteils eines Brennstoffgemischs aus technischen Gründen nicht möglich oder würde eine solche Analyse unverhältnismäßig hohe Kosten verursachen, so muss der Betreiber entweder einen Biomasse-Anteil von 0 % zugrunde legen (d.h. er muss annehmen, dass der in dem in Frage stehenden Brennstoff enthaltene Kohlenstoff vollständig fossiler Natur ist) oder eine von der zuständigen Behörde zu genehmigende Schätzmethode vorschlagen.

11. Berichtsformat

Die folgende Tabelle ist für die Berichterstattung zugrunde zu legen. Sie kann entsprechend der Anzahl der Tätigkeiten, der Art der Anlagen, der Brennstoffe und der überwachten Prozesse angepasst werden.

11.1 Anlagedaten

Anlagedaten	Antwort
1. Name der Muttergesellschaft	
2. Name der Tochtergesellschaft	
3. Anlagebetreiber	
4. Anlage:	
4.1. Name	
4.2. Nummer der Genehmigung ([13])	

---

[12] Ein Beispiel hierfür ist die niederländische Norm BRL-K 10016 („Der Biomasseanteil sekundärer Brennstoffe"), die von KIWA erarbeitet wurde.

4.3. EPER-Meldepflicht?	Ja/Nein
4.4. EPER-Identifikationsnummer ([14])	
4.5. Anschrift/Stadt des Anlagestandorts	
4.6. Postleitzahl/Land	
4.7. Anschrift des Standorts	
5. Ansprechpartner:	
5.1. Name	
5.2. Anschrift/PLZ/Ort/Land	
5.3. Telefon	
5.4. Fax	
5.5. E-Mail	
6. Berichtsjahr	
7. 7. Durchgeführte Anhang I-Tätigkeit ([15])	
Tätigkeit 1	
Tätigkeit 2	
Tätigkeit N	

11.2 Übersicht – Tätigkeiten und Emissionen innerhalb einer Anlage

Emissionen aus Anhang-I-Tätigkeiten						
Kategorien	IPCC CRF Kategorie ([16])	IPPC-Code der EPER Kategorie	Angewandter Ansatz? Berechnung/ Messung	Unsicherheit (bei Messung) ([17])	Ebenenkonzept geändert? Ja/Nein	Emissionen t/CO_2
Tätigkeiten						
Tätigkeit 1						
Tätigkeit 2						
Tätigkeit N						

---

[13] Die Nummer wird im Rahmen des Genehmigungsverfahrens von der zuständigen Behörde vergeben.

[14] Nur auszufüllen, wenn die Anlage im Rahmen von EPER meldepflichtig ist und entsprechend der Genehmigung der Anlage nicht mehr als eine EPER-Tätigkeit durchgeführt wird. Die Angabe ist nicht obligatorisch und wird — neben der Bezeichnung und der Anschrift — lediglich zur genaueren Identifikation benötigt.

[15] Beispielsweise „Mineralölraffinerien".

[16] Beispielsweise „1. Industrial Processes, A Mineral Products, 1. Lime Production".

[17] Nur auszufüllen, wenn die Emissionen anhand von Messungen ermittelt wurden.

Gesamt					
Memo-Items					
	Weitergeleitetes CO_2		Für Verbrennung eingesetzte Biomasse	In Prozessen eingesetzte Biomasse	Biomasse-Emissionen
	Weitergeleitete Menge	Weitergeleitetes Material			
Einheit	[t CO_2]		[TJ]	[t oder m³]	[t CO_2] (18)
Tätigkeit 1					
Tätigkeit 2					
Tätigkeit N					

11.3 Emissionen aus der Verbrennung (Berechnung)

Tätigkeit N				
Anhang-I-Tätigkeit:				
Beschreibung der Tätigkeit:				
Fossile Brennstoffe				
Brennstoff 1				
Fossiler Brennstoff				
Art des Brennstoffs:				
		Einheit	Daten	Ebenenkonzept
	Tätigkeitsdaten	t oder m³		
		TJ		
	Emissionsfaktor	t CO_2/TJ		
	Oxidationsfaktor	%		
	Gesamtemissionen	t CO_2		
Brennstoff N				
Fossiler Brennstoff				
Art des Brennstoffs:				
		Einheit	Daten	Ebenenkonzept
	Tätigkeitsdaten	t oder m³		
		TJ		
	Emissionsfaktor	t CO_2/TJ		
	Oxidationsfaktor	%		
	Gesamtemissionen	t CO_2		

---

[18] Nur auszufüllen, wenn die Emissionen anhand von Messungen ermittelt wurden.

Biomasse und Brennstoffgemische				
Brennstoff M				
Biomasse/Brennstoff-gemisch				
Art des Brennstoffs:				
Biomasse-Anteil (0-100 % des Kohlenstoffgehalts):				
	Tätigkeitsdaten	t oder m³		
		TJ		
	Emissionsfaktor	t CO$_2$/TJ		
	Oxidationsfaktor	%		
	Gesamtemissionen	t CO$_2$		
Tätigkeit insgesamt				
Gesamtemissionen (t CO$_2$) (19)				
Eingesetzte Biomasse insgesamt (TJ) (20)				

11.4 Prozessemissionen (Berechnung)

Tätigkeit N				
Anhang I-Tätigkeit:				
Beschreibung der Tätigkeit:				
Verfahren, bei denen nur fossile Eingangsstoffe eingesetzt werden				
Verfahren				
Art des Verfahrens:				
Beschreibung der Tätigkeitsdaten:				
Angewandte Berechnungsmethode (nur wenn in Leitlinien spezifiziert): Einheit				
		Einheit	Daten	Ebenenkonzept
	Tätigkeitsdaten	t oder m³		
	Emissionsfaktor	t CO$_2$/t oder t CO$_2$/m³		
	Umsetzungsfaktor	%		
	Gesamtemissionen	t CO$_2$		
Verfahren N				
Art des Verfahrens:				
Beschreibung der Tätigkeitsdaten				

---

[19] Entspricht der Summe der Emissionen aus fossilen Brennstoffen und dem fossilen Anteil von Brennstoffgemischen.

[20] Entspricht dem Energiegehalt der reinen Biomasse und dem Biomasse-Anteil von Brennstoffgemischen.

Angewandte Berechnungsmethode (nur wenn in Leitlinien spezifiziert): Einheit				
		Einheit	Daten	Ebenenkonzept
	Tätigkeitsdaten	t oder m³		
	Emissionsfaktor	t CO_2/t oder t CO_2/m³		
	Umsetzungsfaktor	%		
	Gesamtemissionen	t CO_2		
Verfahren mit Biomasse/gemischten Eingangsstoffen				
Verfahren M				
Beschreibung des Verfahrens:				
Beschreibung des Eingangsstoffes:				
Biomasse-Anteil (% des Kohlenstoffgehalts):				
Angewandte Berechnungsmethode (nur wenn in Leitlinien spezifiziert): Einheit				
		Einheit	Daten	Ebenenkonzept
	Tätigkeitsdaten	t oder m³		
	Emissionsfaktor	t CO_2/t oder t CO_2/m³		
	Umsetzungsfaktor	%		
	Gesamtemissionen	t CO_2		
Tätigkeit insgesamt				
Gesamtemissionen	(t CO_2)			
Biomasse insgesamt	(t oder m³)			

12. Kategorien für die Berichterstattung

Die Berichterstattung über die Emissionen erfolgt entsprechend den Kategorien des IPCC-Berichtsformats und dem IPPC-Code gemäß Anhang A3 der EPER-Entscheidung (siehe Abschnitt 12.2 dieses Anhangs). Die spezifischen Kategorien der beiden Berichtsformate werden unten angeführt. Kann eine Tätigkeit zwei oder mehr Kategorien zugeordnet werden, so erfolgt die Klassifizierung nach dem Hauptzweck der betreffenden Tätigkeit.

12.1 IPCC-Berichtsformat
Bei der unten aufgeführten Tabelle handelt es sich um einen Auszug aus dem gemeinsamen Berichtsformat („Common Reporting Format", CRF) der UNFCCC-Leitlinien für die Berichterstattung über die Jahresverzeichnisse („UNFCCC reporting guidelines on annual inventories") ([21]). Nach dem CRF werden die Emissionen in sieben Hauptkategorien unterteilt:
- energiebedingte Emissionen,
- industrielle Verfahren,

---

[21] UNFCCC (1999): FCCC/CP/1999/7.

- Lösemittel- und sonstige Produktverwendung,
- Landwirtschaft,
- Änderung der Flächennutzung und Forstwirtschaft,
- Abfallwirtschaft,
- Sonstiges.

Die folgende Tabelle zeigt die Kategorien 1, 2 und 6 sowie deren Unterkategorien:

1. Sektoraler Bericht — Energie
A. Verbrennung von Brennstoffen (sektoraler Ansatz)
1. Energiewirtschaft
a) Öffentliche Elektrizitäts- und Wärmeversorgung
b) Mineralölraffinerien
c) Herstellung von festen Brennstoffen und sonstige Energieerzeuger
2. Verarbeitende Industrien und Bauwesen
a) Eisen und Stahl
b) Nichteisenmetalle
c) Chemikalien
d) Zellstoff, Papier und Druckwesen
e) Lebensmittelverarbeitung, Getränke und Tabak
f) Sonstiges (bitte genau angeben)
4. Andere Sektoren
a) Unternehmen/Einrichtungen
b) Haushalte/Kleinverbraucher
c) Landwirtschaft/Forstwirtschaft/Fischerei
5. Sonstiges (bitte genau angeben)
a) Stationär
b) Mobil
B. Flüchtige Emissionen aus Brennstoffen
1. Feste Brennstoffe
a) Kohlebergbau
b) Umwandlung fester Brennstoffe
c) Sonstiges (bitte genau angeben)
2. Öl und Erdgas
a) Öl
b) Erdgas
c) Ableitung und Abfackeln
Ableitung
Abfackeln
d) Sonstiges (bitte genau angeben)
2. Sektoraler Bericht — Industrielle Verfahren
A. Mineralische Produkte
1. Zementherstellung
2. Kalkherstellung
3. Einsatz von Kalkstein und Dolomit

4. Herstellung und Einsatz von kalzinierter Soda
5. Bitumen-Dachbelag
6. Bituminöse Straßendecken
7. Sonstiges (bitte genau angeben)
B. Chemische Industrie
1. Ammoniakherstellung
2. Salpetersäureherstellung
3. Adipinsäureherstellung
4. Karbidherstellung
5. Sonstiges (bitte genau angeben)
C. Metallerzeugung
1. Eisen- und Stahlerzeugung
2. Erzeugung von Ferrolegierungen
3. Aluminiumproduktion
4. SF6 in der Aluminium- und Magnesiumproduktion
5. Sonstiges (bitte genau angeben)
Memo-Items
CO_2-Emissionen aus Biomasse

12.2 IPPC-Code der Quellenkategorien gemäß der EPER-Entscheidung

Bei der unten angeführten Tabelle handelt es sich um einen Auszug aus Anhang A3 der Entscheidung 2000/479/EG der Kommission vom 17. Juli 2000 über den Aufbau eines Europäischen Schadstoffemissionsregisters gemäß Artikel 15 der Richtlinie 96/61/EG des Rates über die integrierte Vermeidung und Verminderung der Umweltverschmutzung ([22]).

Auszug aus Anhang A3 der Entscheidung EPER

1.	Energiewirtschaft
1.1.	Verbrennungsanlagen > 50 MW
1.2.	Mineralöl- und Gasraffinerien
1.3.	Kokereien
1.4.	Kohlevergasungs- und -verflüssigungsanlagen
2.	Herstellung und Verarbeitung von Metallen

---

[22] ABl. L 192, 28.7.2000, S. 36.

2.1/2.2/2.3/2.4/2.5/2.6.	Metallindustrie und Röst- oder Sinteranlagen für Metallerz, Anlagen zur Gewinnung von Eisenmetallen und Nichteisenmetallen
3.	Bergbau
3.1/3.3/3.4/3.5.	Anlagen zur Herstellung von Zementklinkern (> 500 t/Tag), Kalk (> 50 t/Tag), Glas (> 20 t/Tag), Mineralien (> 20 t/Tag) oder keramischen Erzeugnissen (> 75 t/Tag)
3.2.	Anlagen zur Gewinnung von Asbest oder zur Herstellung von Erzeugnissen aus Asbest
4.	Chemische Industrie und Chemieanlagen zur Herstellung folgender Produkte
4.1.	Organische chemische Grundstoffe
4.2/4.3.	Anorganische chemische Grundstoffe oder Düngemittel
4.4/4.6.	Biozide und Explosivstoffe
4.5.	Arzneimittel
5.	Abfallbehandlung
5.1/5.2.	Anlagen zur Entsorgung oder Verwertung von gefährlichen Abfällen (> 10 t/Tag) oder Siedlungsmüll (> 3 t/Stunde)
5.3/5.4.	Anlagen zur Beseitigung ungefährlicher Abfälle (> 50 t/Tag) und Deponien (> 10 t/Tag)
6.	Sonstige Industriezweige nach Anhang I
6.1.	Industrieanlagen zur Herstellung von Zellstoff aus Holz oder anderen Faserstoffen und Herstellung von Papier oder Pappe (> 20 t/Tag)
6.2.	Anlagen zur Vorbehandlung von Fasern oder Textilien (> 10 t/Tag)

6.3.	Anlagen zum Gerben von Häuten und Fellen (> 12 t/Tag)
6.4.	Schlachthöfe (> 50 t/Tag), Anlagen zur Herstellung von Milch (> 200 t/Tag), sonstigen tierischen Rohstoffen (> 75 t/Tag) oder pflanzlichen Rohstoffen (> 300 t/Tag)
6.5.	Anlagen zur Beseitigung oder Verwertung von Tierkörpern und tierischen Abfällen (> 10 t/Tag)
6.6.	Anlagen zur Zucht von Geflügel (> 40 000), Schweinen (> 2 000) oder Zuchtsäuen (> 750)
6.7.	Anlagen zur Behandlung von Oberflächen oder von Stoffen unter Verwendung von organischen Lösungsmitteln (> 200 t/Jahr)
6.8.	Anlagen zur Herstellung von Kohlenstoff und Grafit

Anhang II

Leitlinien für Emissionen aus der Verbrennung im Zusammenhang mit den in Anhang I der Richtlinie aufgelisteten Tätigkeiten

1. Einschränkungen und Vollständigkeit

Die in diesem Anhang enthaltenen tätigkeitsspezifischen Leitlinien sind für die Überwachung von Treibhausgasemissionen aus Feuerungsanlagen mit einer Feuerungswärmeleistung über 20 MW (ausgenommen Anlagen für die Verbrennung von gefährlichen oder Siedlungsabfällen) gedacht, wie sie in Anhang I der Richtlinie aufgeführt sind, sowie für die Überwachung von Emissionen aus der Verbrennung im Zusammenhang mit anderen Tätigkeiten des Anhangs I der Richtlinie, sofern in den Anhängen III bis XI dieser Leitlinien auf diese Bezug genommen wird.

Die Überwachung von Treibhausgasemissionen aus Verbrennungsprozessen erstreckt sich auf Emissionen aus der Verbrennung aller Brennstoffe in einer Anlage wie auch auf Emissionen aus der Abgaswäsche beispielsweise zur Entfernung von SO_2. Emissionen aus Verbrennungsmotoren in zu Beförderungszwecken genutzten Maschinen/Geräten unterliegen nicht der Überwachungs- und Berichterstattungspflicht. Alle Treibhausgasemissionen einer Anlage aus der Verbrennung von

Brennstoffen sind eben dieser zuzuordnen, und zwar unabhängig davon, ob Wärme oder Energie an andere Anlagen abgegeben wurde. Emissionen, die im Zusammenhang mit der Erzeugung von weitergeleiteter Wärme oder Energie entstehen, sind der Anlage zuzurechnen, in der diese erzeugt wurden, und nicht der Anlage, an die diese abgegeben wurden.

2. Bestimmung von CO_2-Emissionen

Zu den Feuerungsanlagen, aus denen CO_2-Emissionen freigesetzt werden können, zählen:
- Heizkessel,
- Brenner,
- Turbinen,
- Heizgeräte,
- Industrieöfen,
- Verbrennungsöfen,
- Brennöfen,
- Öfen,
- Trockner,
- Motoren,
- Fackeln,
- Abgaswäscher (Prozessemissionen),

sonstige Geräte oder Maschinen, die mit Brennstoff betrieben werden, mit Ausnahme von Geräten oder Maschinen mit Verbrennungsmotoren, die zu Beförderungszwecken genutzt werden.

2.1 Berechnung von CO_2-Emissionen

2.1.1 Emissionen aus der Verbrennung

2.1.1.1 Verbrennungstätigkeiten allgemein. CO_2-Emissionen aus der Verbrennung sind zu berechnen, indem der Energiegehalt eines jeden eingesetzten Brennstoffs mit einem Emissionsfaktor und einem Oxidationsfaktor multipliziert wird. Demnach wird für jeden Brennstoff, der im Zusammenhang mit einer Tätigkeit eingesetzt wird, folgende Berechnung angestellt:

$$CO_2\text{-Emissionen} = \text{Tätigkeitsdaten} \times \text{Emissionsfaktor} \times \text{Oxidationsfaktor}$$

wobei

a) Tätigkeitsdaten

Die Tätigkeitsdaten werden als Nettoenergiegehalt des Brennstoffs [TJ] ausgedrückt, der während des Berichtszeitraums verbraucht wurde. Der Energiegehalt des Brennstoffverbrauchs wird anhand der folgenden Formel berechnet:

Energiegehalt des Brennstoffverbrauchs [TJ] = verbrauchter Brennstoff [t oder m³] × spezifischer Heizwert des Brennstoffs [TJ/t oder TJ/m³] ([23])

wobei:

a1) verbrauchter Brennstoff:

Ebene 1:

Der Brennstoffverbrauch wird ohne Zwischenlagerung vor der Verbrennung in der Anlage gemessen mit einem maximal zulässigen Unsicherheitsfaktor von weniger als ± 7,5 % je Messvorgang.

Ebene 2a:

Der Brennstoffverbrauch wird ohne Zwischenlagerung vor der Verbrennung in der Anlage gemessen, wobei Messgeräte mit einem maximal zulässigen Unsicherheitsfaktor von weniger als ± 5,0 % je Messvorgang verwendet werden.

Ebene 2b:

Der Brennstoffankauf wird mittels Messgeräten mit einem zulässigen Unsicherheitsfaktor von weniger als ± 4,5 % je Messvorgang gemessen. Der Brennstoffverbrauch wird anhand des Massenbilanzansatzes berechnet, der auf der gekauften Brennstoffmenge und der über einen bestimmten Zeitraum festgestellten Differenz im Lagerbestand beruht. Dabei ist folgende Formel zu verwenden:

Brennstoff C = Brennstoff P + (Brennstoff S − Brennstoff E) − Brennstoff O

wobei:

Brennstoff C: der im Berichtszeitraum verbrannte Brennstoff,

Brennstoff P: der im Berichtszeitraum gekaufte Brennstoff,

Brennstoff S: Brennstofflagerbestand zu Beginn des Berichtszeitraums,

Brennstoff E: Brennstofflagerbestand zum Ende des Berichtszeitraums,

Brennstoff O: für andere Zwecke eingesetzter Brennstoff (Weiterbeförderung oder Wiederverkauf).

Ebene 3a:

Der Brennstoffverbrauch wird ohne Zwischenlagerung vor der Verbrennung in der Anlage gemessen, wobei Messgeräte mit einem maximal zulässigen Unsicherheitsfaktor von weniger als 2,5 % je Messvorgang verwendet werden.

---

[23] Im Fall der Verwendung von Volumeneinheiten muss der Betreiber alle Umrechnungen (die erforderlich sein können, um Unterschieden im Druck und in der Temperatur des Messgeräts Rechnung zu tragen) sowie auch die Standardbedingungen berücksichtigen, für die der spezifische Heizwert des jeweiligen Brennstoffs abgeleitet wurde.

Ebene 3b:

Der Brennstoffankauf wird mittels Messgeräten mit einem maximal zulässigen Unsicherheitsfaktor von weniger als 2,0 % je Messvorgang gemessen. Der Brennstoffverbrauch wird anhand des Massenbilanzansatzes berechnet, der auf der gekauften Brennstoffmenge und der über einen bestimmten Zeitraum festgestellten Differenz im Lagerbestand beruht. Dabei ist folgende Formel zu verwenden:

Brennstoff C = Brennstoff P + (Brennstoff S − Brennstoff E) − Brennstoff O

wobei:

Brennstoff C: der im Berichtszeitraum verbrannte Brennstoff,

Brennstoff P: der im Berichtszeitraum gekaufte Brennstoff,

Brennstoff S: Brennstofflagerbestand zu Beginn des Berichtszeitraums,

Brennstoff E: Brennstofflagerbestand zum Ende des Berichtszeitraums,

Brennstoff O: für andere Zwecke eingesetzter Brennstoff (Weiterbeförderung oder Wiederverkauf).

Ebene 4a:

Der Brennstoffverbrauch wird ohne Zwischenlagerung vor der Verbrennung in der Anlage gemessen, wobei Messgeräte mit einem maximal zulässigen Unsicherheitsfaktor von weniger als 1,5 % je Messvorgang verwendet werden.

Ebene 4b:

Der Brennstoffankauf wird mittels Messgeräten mit einem maximal zulässigen Unsicherheitsfaktor von weniger als 1,0 % je Messvorgang gemessen. Der Brennstoffverbrauch wird anhand des Massenbilanzansatzes berechnet, der auf der gekauften Brennstoffmenge und der über einen bestimmten Zeitraum festgestellten Differenz im Lagerbestand beruht. Dabei ist folgende Formel zu verwenden:

Brennstoff C = Brennstoff P + (Brennstoff S − Brennstoff E) − Brennstoff O

wobei:

Brennstoff C: der im Berichtszeitraum verbrannte Brennstoff,

Brennstoff P: der im Berichtszeitraum gekaufte Brennstoff,

Brennstoff S: Brennstofflagerbestand zu Beginn des Berichtszeitraums,

Brennstoff E: Brennstofflagerbestand zum Ende des Berichtszeitraums,

Brennstoff O: für andere Zwecke eingesetzter Brennstoff (Weiterbeförderung oder Wiederverkauf).

Zu beachten ist, dass unterschiedliche Brennstoffarten erhebliche Abweichungen bei den zulässigen Unsicherheitsfaktoren des Messverfahrens zur Folge haben, wobei gasförmige und flüssige Brennstoffe generell mit größerer Genauigkeit gemessen werden können als feste Brennstoffe. In jeder Brennstoffklasse gibt es jedoch zahlreiche Ausnahmen (in Abhängigkeit von der Art und den Eigenschaften des Brennstoffs, der Art der Anlieferung (Schiff, Schiene, Lkw, Förderband, Pipeline) und den spezifischen Bedingungen der Anlage), was eine einfache Zuordnung der Brennstoffe zu bestimmenden Ebenenkonzepten ausschließt.

a2) Spezifischer Heizwert:

Ebene 1:

Der Betreiber legt für jeden Brennstoff einen länderspezifischen Heizwert zugrunde. Diese sind in Anlage 2.1 A.3 „1990 country specific net calorific values" zur 2000 IPCC „Good Practice Guidance and Uncertainty Management in National Greenhouse Gas Inventories" (http://www.ipcc.ch/pub/guide.htm) festgelegt.

Ebene 2:

Der Betreiber legt für jeden Brennstoff einen länderspezifischen Heizwert zugrunde, wie er von dem für ihn relevanten Mitgliedstaat in seinem letzten Nationalen Treibhausgasinventar an das Sekretariat der Klimarahmenkonvention der Vereinten Nationen übermittelt wurde.

Ebene 3:

Der für die einzelnen Brennstoffchargen repräsentative spezifische Heizwert wird vom Betreiber, einem beauftragten Labor oder dem Brennstofflieferanten in Einklang mit den Vorgaben von Abschnitt 10 des Anhangs I gemessen.

b) Emissionsfaktor

Ebene 1:

Für jeden Brennstoff werden Referenzfaktoren gemäß Abschnitt 8 des Anhangs I verwendet.

Ebene 2a:

Der Betreiber legt für jeden Brennstoff einen länderspezifischen Heizwert zugrunde, wie er von dem für ihn relevanten Mitgliedstaat in seinem letzten Nationalen Treibhausgasinventar an das Sekretariat der Klimarahmenkonvention der Vereinten Nationen übermittelt wurde.

Ebene 2b:

Der Betreiber leitet die Emissionsfaktoren für jede Brennstoffcharge anhand eines der folgenden etablierten Proxywerte ab:

1) einer Dichtemessung von spezifischen Ölen oder Gasen, die z.B. üblicherweise in Raffinerien oder in der Stahlindustrie eingesetzt werden, und 2) dem spezifischen Heizwert bestimmter Kohlearten,

in Kombination mit einer empirischen Korrelation, die entsprechend der Bestimmungen von Abschnitt 10 des Anhangs I von einem externen Labor ermittelt wurde. Der Betreiber stellt sicher, dass die Korrelation den Anforderungen der guten

Ingenieurpraxis entspricht und dass sie nur auf die Proxywerte angewandt wird, für die sie ermittelt wurde.

Ebene 3:

Die für die in Frage stehende Charge repräsentativen tätigkeitsspezifischen Emissionsfaktoren werden vom Betreiber, einem externen Labor oder vom Brennstofflieferanten in Einklang mit den Vorgaben von Abschnitt 10 des Anhangs I ermittelt.

c) Oxidationsfaktor

Ebene 1:

Bei allen festen Brennstoffen wird eine Referenzoxidation/ein Referenzwert von 0,99 (das entspricht einer Umwandlung von Kohlenstoff zu CO_2 von 99 %) zugrunde gelegt; für alle anderen Brennstoffe liegt dieser Wert bei 0,995.

Ebene 2:

Bei festen Brennstoffen werden die tätigkeitsspezifischen Emissionsfaktoren vom Betreiber anhand des Kohlenstoffgehalts der Asche, der Abwässer und sonstiger Abfälle oder Nebenprodukte sowie anhand anderer Emissionen nicht vollständig oxidierten Kohlenstoffs entsprechend den Vorgaben von Abschnitt 10 des Anhangs I abgeleitet.

2.1.1.2 Fackeln. Zu den Emissionen durch das Abfackeln von Gasen zählen das routinemäßige Abfackeln und das betriebsbedingte Abfackeln (Anfahren, Stillsetzen und Notbetrieb). Die CO_2-Emissionen werden anhand der Menge abgefackelter Gase [m^3] und dem Kohlenstoffgehalt der abgefackelte Gase [t CO_2/m^3] (einschließlich anorganischem Kohlenstoff) berechnet.

CO_2-Emissionen = Tätigkeitsdaten × Emissionsfaktor × Oxidationsfaktor

wobei

a) Tätigkeitsdaten

Ebene 1:

Menge der im Berichtszeitraum eingesetzten Fackelgase [m^3], abgeleitet anhand einer Volumenmessung mit einem maximal zulässigen Unsicherheitsfaktor von weniger als ± 12,5 % je Messvorgang.

Ebene 2:

Menge der im Berichtszeitraum eingesetzten Fackelgase [m^3], abgeleitet anhand einer Volumenmessung mit einem maximal zulässigen Unsicherheitsfaktor von weniger als ± 7,5 % je Messvorgang.

Ebene 3:

Menge der im Berichtszeitraum eingesetzten Fackelgase [m³], abgeleitet anhand einer Volumenmessung mit einem maximal zulässigen Unsicherheitsfaktor von weniger als ± 2,5 % je Messvorgang.

b) Emissionsfaktor

Ebene 1:

Verwendung eines Referenzemissionsfaktors von 0,00785 t CO_2/m³ (zu Standardbedingungen), abgeleitet anhand der Verbrennung von reinem Butan als konservativem Proxywert für Fackelgase.

Ebene 2:

Emissionsfaktor [t CO_2/m³$_{Fackelgas}$] berechnet anhand des Kohlenstoffgehalts des abgefackelten Gases in Einklang mit den Vorgaben von Abschnitt 10 des Anhangs I.

c) Oxidationsfaktor

Ebene 1:

Oxidationsfaktor: 0,995.

2.1.2 Prozessemissionen

CO_2-Emissionen aus Industrieprozessen aus dem Einsatz von Karbonat für die SO_2-Wäsche aus dem Abgasstrom werden anhand des gekauften Karbonats (Berechnungsmethode Ebene 1a) oder des erzeugten Gipses (Berechnungsmethode Ebene 1b) berechnet. Die beiden Berechnungsmethoden sind äquivalent. Die Berechnung erfolgt anhand der folgenden Formel:

CO_2-Emissionen [t] = Tätigkeitsdaten × Emissionsfaktor × Umsetzungsfaktor

wobei

Berechnungsmethode A „Karbonate"

Die Berechnung der Emissionen beruht auf der Menge des eingesetzten Karbonats:

a) Tätigkeitsdaten

Ebene 1:

[t] Trockenkarbonat, das pro Jahr im Prozess eingesetzt wird, gemessen vom Betreiber oder Lieferanten mit einem maximal zulässigen Unsicherheitsfaktor von weniger als ± 7,5 % je Messvorgang.

b) Emissionsfaktor

Ebene 1:

Die stöchiometrischen Verhältnisse der $CaCO_3$-Umwandlung [t CO_2/t Trockenkarbonat] sind entsprechend Tabelle 1 anzuwenden. Dieser Wert wird um den jeweiligen Feuchte- und Gangart-Gehalt des einsetzten Karbonats bereinigt.

Tabelle 1 Stöchiometrische Emissionsfaktoren

Oxid	Emissionsfaktor [t CO_2/t Ca-, Mg- oder anderes Karbonat]	Bemerkungen
$CaCO_3$	0,440	
$MgCO_3$	0,522	
Allgemein: $X_y(CO_3)_z$	Emissionsfaktor $= =$ $[M_{CO2}]/\{Y\times[M_x]+Z\times[M_{CO3^{2-}}]\}$	$X =$ Erdalkali- oder Alkalimetall $M_x =$ Molekulargewicht von X in [g/mol] $M_{CO2} =$ Molekulargewicht von $CO_2 = 44$ [g/mol] $M_{CO3^-} =$ Molekulargewicht von $CO_3^{2-} = 60$ [g/mol] $Y =$ stöchiometrische Zahl von X 1 (für Erdalkalimetalle) 2 (für Alkalimetalle) $Z =$ stöchiometrische Zahl von CO_3^{2-} $= 1$

c) Umsetzungsfaktor

Ebene 1:

Umsetzungsfaktor: 1,0

Berechnungsmethode B „Gips"

Die Berechnung der Emissionen beruht auf der Menge des erzeugten Gipses:

a) Tätigkeitsdaten

Ebene 1:

[t] Trockengips ($CaSO_4 - 2H_2O$) als Prozessoutput pro Jahr gemessen vom Betreiber oder dem gipsverarbeitendem Unternehmen mit einem maximal zulässigen Unsicherheitsfaktor von weniger als ± 7,5 % je Messvorgang.

b) Emissionsfaktor

Ebene 1:

Stöchiometrisches Verhältnis von Trockengips ($CaSO_4 - 2H_2O$) und CO_2 im Prozess: 0,2558 t CO_2/t Gips.

c) Umsetzungsfaktor

Ebene 1:

Umsetzungsfaktor: 1,0

2.2 Messung der CO_2-Emissionen
Für die Messungen gelten die Leitlinien des Anhangs I.

3. Bestimmung anderer Treibhausgasemissionen als CO_2

Spezifische Leitlinien für die Bestimmung anderer Treibhausgasemissionen als CO_2 werden gegebenenfalls zu einem späteren Zeitpunkt in Übereinstimmung mit den einschlägigen Bestimmungen der Richtlinie erarbeitet.

Anhang III

Tätigkeitsspezifische Leitlinien für Mineralölraffinerien gemäß Anhang I der Richtlinie

1. Einschränkungen

Bei der Überwachung der Treibhausgasemissionen einer Anlage werden alle Emissionen aus Verbrennungs- und Produktionsprozessen erfasst, die in Raffinerien stattfinden. Emissionen aus Prozessen, die in benachbarten Anlagen der chemischen Industrie stattfinden, die nicht in Anhang I der Richtlinie aufgeführt und nicht Teil der Produktionskette in Raffinerien sind, sind von den Betrachtungen ausgeschlossen.

2. Bestimmung von CO_2-Emissionen

Potenzielle Quellen von CO_2-Emissionen sind u. a.:
a) energiebezogene Emissionen aus der Verbrennung:
   – Heizkessel,
   – Prozesserhitzer,
   – Verbrennungsmotoren/Turbinen,
   – katalytische und thermische Oxidatoren,
   – Kokskalzinieröfen,
   – Löschwasserpumpen,
   – Not-/Ersatzgeneratoren,
   – Fackeln,
   – Verbrennungsöfen,
   – Cracker;

b) Prozess:
- Wasserstoffanlagen,
- katalytische Regeneration (durch katalytisches Kracken und andere katalytische Verfahren)
- Kokserzeugungsanlagen (Flexicoking, Delayed Coking)

2.1 Berechnung von CO_2-Emissionen

Der Betreiber kann die Emissionen berechnen
a) für jede Brennstoffart und jeden Prozess, der in der Anlage stattfindet, oder
b) nach dem Massenbilanzansatz, sofern der Betreiber nachweisen kann, dass dies für die in Frage stehende Anlage genauere Ergebnisse bringt als eine Berechnung der Emissionen für jede Brennstoffart und jeden Prozess, oder
c) nach dem Massenbilanzansatz anhand einer definierten Teilmenge verschiedener Brennstoffarten/Prozesse und individueller Berechnungen in Bezug auf die übrigen in der Anlage eingesetzten Brennstoffarten/stattfindenden Prozesse, sofern der Betreiber nachweisen kann, dass dies genauere Ergebnisse bringt als eine Berechnung der Emissionen für jede Brennstoffart und jeden Prozess.

2.1.1 Massenbilanzansatz

Im Rahmen des Massenbilanzansatzes werden für die Ermittlung der Treibhausgasemissionen einer Anlage der im Input-Material, in Akkumulationen, Produkten und Exporten enthaltene Kohlenstoff analysiert. Dazu wird folgende Gleichung zugrunde gelegt:

$$CO_2\text{-Emissionen [t } CO_2\text{]} = (\text{Input-Produkte-Export} - \text{Lagerbestandsveränderungen}) \times \text{Umsetzungsfaktor } CO_2/C$$

wobei:
- Input [t C]: der gesamte Kohlenstoff, der in der Anlage eingesetzt wird,
- Produkt [t C]: der gesamte Kohlenstoff in Produkten und Stoffen (auch in Nebenprodukten), der aus der Massenbilanz fällt,
- Export [t C]: der Kohlenstoff, der exportiert (sprich abgeleitet) wird und so der aus der Massenbilanz fällt, z.B. Einleitung in Abwasserkanal, Ablagerung auf einer Deponie oder Verluste. Die Freisetzung von Treibhausgasen in die Atmosphäre gilt nicht als Export,
- Lagerbestandsveränderungen [t C]: die Zunahme der Lagerbestände an Kohlenstoff innerhalb der Anlage.

Für die Berechnung ist folgende Gleichung anzuwenden:

$$CO_2\text{-Emissionen [t } CO_2\text{]} = (\sum (\text{Tätigkeitsdaten}_{Input} \times \text{Kohlenstoffgehalt}_{Input}) - \sum (\text{Tätigkeitsdaten}_{Produkte} \times \text{Kohlenstoffgehalt}_{Produkte}) - \sum (\text{Tätigkeitsdaten}_{Export} \times \text{Kohlenstoffgehalt}_{Export}) - \sum (\text{Tätigkeitsdaten}_{Lagerbestandsveränderungen} \times \text{Kohlenstoffgehalt}_{Lagerbestandsveränderungen})) \times 3{,}664$$

wobei

a) Tätigkeitsdaten

Der Betreiber analysiert die Massenströme in die und aus der Anlage bzw. die diesbezüglichen Lagerbestandsveränderungen für alle relevanten Brenn- und Einsatzstoffe getrennt und erstattet Bericht darüber.

Ebene 1:

Eine Teilmenge der Brennstoffmassen- und Stoffmengenströme in die und aus der Anlage wird mit Hilfe von Messgeräten mit einem maximal zulässigen Unsicherheitsfaktor von weniger als ± 7,5 % je Messvorgang ermittelt. Alle anderen Brennstoffmassen- und Stoffmengenströme in die und aus der Anlage werden mit Hilfe von Messgeräten mit einem maximal zulässigen Unsicherheitsfaktor von weniger als ± 2,5 % je Messvorgang ermittelt.

Ebene 2:

Eine Teilmenge der Brennstoffmassen- und Stoffmengenströme in die und aus der Anlage wird mit Hilfe von Messgeräten mit einem maximal zulässigen Unsicherheitsfaktor von weniger als ± 5,0 % je Messvorgang ermittelt. Alle anderen Brennstoffmassen- und Stoffmengenströme in die und aus der Anlage werden mit Hilfe von Messgeräten mit einem maximal zulässigen Unsicherheitsfaktor von weniger als ± 2,5 % je Messvorgang ermittelt.

Ebene 3:

Die Massenströme in die und aus der Anlage werden mit Hilfe von Messgeräten mit einem maximal zulässigen Unsicherheitsfaktor von weniger als ± 2,5 % je Messvorgang ermittelt.

Ebene 4:

Die Massenströme in die und aus der Anlage werden mit Hilfe von Messgeräten mit einem maximal zulässigen Unsicherheitsfaktor von weniger als ± 1,0 % je Messvorgang ermittelt.

b) Kohlenstoffgehalt

Ebene 1:

Bei der Berechnung der Massenbilanz hält sich der Betreiber an die Vorgaben, die in Abschnitt 10 des Anhangs I in Bezug auf die repräsentative Probenahme von Brennstoffen, Produkten und Nebenprodukten bzw. in Bezug auf die Ermittlung ihres Kohlenstoffgehalts und des Biomasse-Anteils angeführt sind.

c) Energiegehalt

Ebene 1:

Um eine einheitliche Berichterstattung zu gewährleisten, ist der Energiegehalt eines jeden Brennstoff- und Einsatzstoffstroms (ausgedrückt als spezifischer Heizwert des betreffenden Stroms) zu berechnen.

2.1.2 Emissionen aus der Verbrennung

Die Emissionen aus der Verbrennung sind in Einklang mit den Vorgaben des Anhangs II zu überwachen.

2.1.3 Prozessemissionen

Spezifische Prozesse, die CO_2-Emissionen zur Folge haben, sind u.a.:

1) Regenerierung katalytischer Cracker und anderer Katalysatoren

Der auf dem Katalysator abgelagerte Koks (als Nebenprodukt) des Crackverfahrens wird im Regenerator verbrannt, um die Aktivität des Katalysators wiederherzustellen. In anderen Raffinationsprozessen wird ein Katalysator eingesetzt, der regeneriert werden muss, z.B. bei der katalytischen Reformierung.

Die im Rahmen dieses Prozesses freigesetzte Menge CO_2 wird entsprechend den Vorgaben von Anhang II berechnet. Dabei werden die Menge verbrannten Kokses als Tätigkeitsdaten und der Kohlenstoffgehalt des Kokses als Grundlage für die Ermittlung des Emissionsfaktors zugrunde gelegt.

CO_2-Emissionen = Tätigkeitsdaten × Emissionsfaktor × Umsetzungsfaktor

wobei

a) Tätigkeitsdaten

Ebene 1:

Die während des Berichtszeitraums vom Katalysator abgebrannte Menge Koks [t] entsprechen den für den spezifischen Prozess geltenden Leitlinien hinsichtlich der bewährtesten Praxis („Best Practice Guidelines").

Ebene 2:

Die während des Berichtszeitraums vom Katalysator abgebrannte Menge Koks [t], anhand der Wärme- und Massenbilanz des katalytischen Crackers ermittelt wird.

b) Emissionsfaktor

Ebene 1:

Der tätigkeitsspezifische Emissionsfaktor [t CO_2/t Koks] auf der Grundlage des Kohlenstoffgehalts des Koks, der in Übereinstimmung mit den Vorgaben von Abschnitt 10 des Anhangs I berechnet wird.

c) Umsetzungsfaktor

Ebene 1:

Umsetzungsfaktor: 1,0

2) Brennstoffverbrennungsanlagen

Die CO_2-Ableitungen aus dem Koksbrenner der Fluid-Coking- und Flexicoking-Anlagen werden wie folgt berechnet:

$$CO_2 = \text{Tätigkeitsdaten} \times \text{Emissionsfaktor}$$

wobei

a) Tätigkeitsdaten

Ebene 1:

Die im Berichtszeitraum erzeugte Menge Koks [t], ermittelt durch Wiegen mit einem maximal zulässigen Unsicherheitsfaktor von weniger als ± 5,0 % je Messvorgang.

Ebene 2:

Die im Berichtszeitraum erzeugte Menge Koks [t], ermittelt durch Wiegen mit einem maximal zulässigen Unsicherheitsfaktor von weniger als ± 2,5 % je Messvorgang.

b) Emissionsfaktor

Ebene 1:

Der spezifische Emissionsfaktor [t CO_2/t Koks] entsprechend den Vorgaben der für den spezifischen Prozess geltenden Leitlinien hinsichtlich der bewährtesten Praxis („Best Practice Guidelines").

Ebene 2:

Der spezifische Emissionsfaktor [t CO_2/t Koks], der in Einklang mit den Vorgaben von Abschnitt 10 des Anhangs I anhand des in den Abgasen gemessenen CO_2-Gehalts abgeleitet wird.

3) Wasserstofferzeugung in Raffinerien

Das freigesetzte CO_2 stammt aus dem Kohlenstoffgehalt des Einsatzgases. Daher sind die CO_2-Emissionen hier anhand des Inputs zu berechnen.

$$CO_2 \text{ Emissionen} = \text{Tätigkeitsdaten}_{\text{Input}} \times \text{Emissionsfaktor}$$

wobei

a) Tätigkeitsdaten

Ebene 1:

Die im Berichtszeitraum eingesetzte Menge Kohlenwasserstoff [t Einsatzmenge], errechnet anhand Volumenmessung mit einem maximal zulässigen Unsicherheitsfaktor von ± 7,5 % je Messvorgang.

Ebene 2:

Die im Berichtszeitraum eingesetzte Menge Kohlenwasserstoff [t Einsatzmenge], errechnet anhand Volumenmessung mit einem maximal zulässigen Unsicherheitsfaktor von ± 2,5 % je Messvorgang.

b) Emissionsfaktor

Ebene 1:

Anwendung eines Referenzwerts von 2,9 t CO_2 je t Eingangsmaterial (traditionell auf der Grundlage von Ethan).

Ebene 2:

Anwendung eines tätigkeitsspezifischen Emissionsfaktors [CO_2/t Eingangsmaterial], berechnet anhand des Kohlenstoffgehalts des Einsatzgases entsprechend den Vorgaben von Abschnitt 10 des Anhangs I.

2.2 Messung der CO_2-Emissionen
Für die Messungen gelten die Leitlinien des Anhangs I.

3. Bestimmung anderer Treibhausgasemissionen als CO_2

Spezifische Leitlinien für die Bestimmung anderer Treibhausgasemissionen als CO_2 werden gegebenenfalls zu einem späteren Zeitpunkt in Übereinstimmung mit den einschlägigen Bestimmungen der Richtlinie erarbeitet.

Anhang IV

Tätigkeitsspezifische Leitlinien für Kokereien gemäß Anhang I der Richtlinie

1. Einschränkungen und Vollständigkeit

Kokereien sind oftmals Teil von Stahlwerken, die in einem direkten technischen Zusammenhang mit Sinteranlagen und Anlagen für die Herstellung von Roheisen und Stahl, einschließlich Stranggießen, stehen und während ihres regulären Betriebs einen intensiven Energie- und Materialaustausch verursachen (beispielsweise Gichtgas, Kokereigas, Koks). Wenn sich die Genehmigung der in Frage stehenden Anlage gemäß den Artikeln 4, 5 und 6 der Richtlinie nicht nur auf die Kokerei, sondern auf das gesamte Stahlwerk bezieht, so können die CO_2-Emissionen auch im Rahmen der für das gesamte Werk laufenden Überwachung unter Anwendung des Massenbilanzansatzes erfasst werden, der in Abschnitt 2.1.1 dieses Anhangs spezifiziert wird.

Wenn in der Anlage eine Abgaswäsche erfolgt und die daraus resultierenden Emissionen nicht in die Prozessemissionen der Anlage eingerechnet werden, sind diese in Einklang mit den Vorgaben von Anhang II zu berechnen.

2. Bestimmung von CO_2-Emissionen

In Kokereien werden aus folgenden Quellen CO_2-Emissionen freigesetzt:
- Rohstoffe (Kohle oder Petrolkoks),
- herkömmliche Brennstoffe (z.B. Erdgas),
- Prozessgase (z.B. Gichtgas),
- andere Brennstoffe als Ofenbrennstoffe,
- Abgaswäsche.

2.1 Berechnung der CO_2-Emissionen

Ist die Kokerei Teil eines Stahlwerks, kann der Betreiber die Emissionen wie folgt berechnen:
    a) für das Stahlwerk insgesamt unter Verwendung des Massenbilanzansatzes oder
    b) für die Kokerei als einzelne Tätigkeit des Stahlwerks.

2.1.1 Massenbilanzansatz

Im Rahmen des Massenbilanzansatzes werden für die Ermittlung der Treibhausgasemissionen einer Anlage der im Input-Material, in Akkumulationen, Produkten und Exporten enthaltene Kohlenstoff analysiert. Dazu wird folgende Gleichung zugrunde gelegt:

$$CO_2\text{-Emissionen [t } CO_2\text{]} = (\text{Input-Produkte-Export} - \text{Lagerbestandsveränderungen}) \times \text{Umsetzungsfaktor } CO_2/C$$

wobei:
- Input [t C]: der gesamte Kohlenstoff, der in der Anlage eingesetzt wird,
- Produkte [t C]: der gesamte Kohlenstoff in Produkten und Stoffen (auch in Nebenprodukten), der aus der Massenbilanz fällt,
- Export [t C]: der Kohlenstoff, der exportiert (sprich abgeleitet) wird und so der aus der Massenbilanz fällt, z.B. Einleitung in Abwasserkanal, Ablagerung auf einer Deponie oder Verluste. Die Freisetzung von Treibhausgasen in die Atmosphäre gilt nicht als Export,
- Lagerbestandsveränderungen [t C]: die Zunahme der Lagerbestände an Kohlenstoff innerhalb der Anlage.

Für die Berechnung ist folgende Gleichung anzuwenden:

$$CO_2\text{-Emissionen [t } CO_2] = (\sum (\text{Tätigkeitsdaten}_{Input} \times \text{Kohlenstoffgehalt}_{Input}) - \sum (\text{Tätigkeitsdaten}_{Produkte} \times \text{Kohlenstoffgehalt}_{Produkte}) - \sum (\text{Tätigkeitsdaten}_{Export} \times \text{Kohlenstoffgehalt}_{Export}) - \sum (\text{Tätigkeitsdaten}_{Lagerbestandsveränderungen} \times \text{Kohlenstoffgehalt}_{Lagerbestandsveränderungen})) \times 3{,}664$$

wobei

a) Tätigkeitsdaten

Der Betreiber analysiert die Massenströme in die und aus der Anlage bzw. die diesbezüglichen Lagerbestandsveränderungen für alle relevanten Brenn- und Einsatzstoffe getrennt und erstattet Bericht darüber.

Ebene 1:

Eine Teilmenge der Brennstoffmassen- und Stoffmengenströme in die und aus der Anlage wird mit Hilfe von Messgeräten mit einem maximal zulässigen Unsicherheitsfaktor von weniger als ± 7,5 % je Messvorgang ermittelt. Alle anderen Brennstoffmassen- und Stoffmengenströmen in die und aus der Anlage werden mit Hilfe von Messgeräten mit einem maximal zulässigen Unsicherheitsfaktor von weniger als ± 2,5 % je Messvorgang ermittelt.

Ebene 2:

Eine Teilmenge der Brennstoffmassen- und Stoffmengenströme in die und aus der Anlage wird mit Hilfe von Messgeräten mit einem maximal zulässigen Unsicherheitsfaktor von weniger als ± 5,0 % je Messvorgang ermittelt. Alle anderen Brennstoffmassen- und Stoffmengenströmen in die und aus der Anlage werden mit Hilfe von Messgeräten mit einem maximal zulässigen Unsicherheitsfaktor von weniger als ± 2,5 % je Messvorgang ermittelt.

Ebene 3:

Die Massenströme in die und aus der Anlage werden mit Hilfe von Messgeräten mit einem maximal zulässigen Unsicherheitsfaktor von weniger als ± 2,5 % je Messvorgang ermittelt.

Ebene 4:

Die Massenströme in die und aus der Anlage werden mit Hilfe von Messgeräten mit einem maximal zulässigen Unsicherheitsfaktor von weniger als ± 1,0 % je Messvorgang ermittelt.

b) Kohlenstoffgehalt

Ebene 1

Bei der Berechnung der Massenbilanz hält sich der Betreiber an die Vorgaben, die in Abschnitt 10 des Anhangs I in Bezug auf die repräsentative Probenahme von Brennstoffen, Produkten und Nebenprodukten bzw. in Bezug auf die Ermittlung ihres Kohlenstoffgehalts und des Biomasse-Anteils angeführt sind.

c) Energiegehalt

Ebene 1:

Um eine einheitliche Berichterstattung zu gewährleisten, ist der Energiegehalt eines jeden Brennstoff- und Einsatzstoffstroms (ausgedrückt als spezifischer Heizwert des betreffenden Stroms) zu berechnen.

2.1.2 Emissionen aus der Verbrennung
Die Verbrennungsprozesse, die in Kokereien stattfinden und bei denen Brennstoffe (z.B. Koks, Kohle und Erdgas) nicht als Reduktionsmittel eingesetzt werden bzw. nicht aus metallurgischen Reaktionen stammen, sind in Einklang mit den Vorgaben von Anhang II zu überwachen und zu melden.

2.1.3 Prozessemissionen
Während der Verkokung in der Kokskammer der Kokerei wird die Kohle unter Luftausschluss in Koks und rohes Kokereigas umgewandelt. Das wichtigste kohlenstoffhaltige Eingangsmaterial/Einsatzstoffstrom ist Kohle, aber auch ein Einsatz von Koksgrus, Petrolkoks, Öl und Prozessabgasen, wie z.B. Gichtgas, ist möglich. Das rohe Kokereigas enthält als Teil des Prozessoutputs viele kohlenstoffhaltige Bestandteile, darunter Kohlendioxid (CO_2), Kohlenmonoxid (CO), Methan (CH_4), Kohlenwasserstoffe (C_xH_y).

Die gesamten CO_2-Emissionen aus Kokereien werden wie folgt berechnet:

$$CO_2\text{-Emission [t }CO_2] = \sum (\text{Tätigkeitsdaten}_{INPUT} \times \text{Emissionsfaktor}_{INPUT})$$
$$- \sum (\text{Tätigkeitsdaten}_{OUTPUT} \times \text{Emissionsfaktor}_{OUTPUT})$$

wobei

a) Tätigkeitsdaten

Die Tätigkeitsdaten$_{INPUT}$ beziehen sich auf Kohle als Rohstoff, Koksgrus, Petrolkoks, Öl, Gichtgas, Kokereigas u. Ä. umfassen. Die Tätigkeitsdaten$_{OUTPUT}$ können sich beziehen auf: Koks, Teer, Leichtöl, Kokereigas u. Ä.

a1) Brennstoffe als Prozessinput

Ebene 1:

Der Massenstrom von Brennstoffen in die und aus der Anlage wird anhand von Messgeräten mit einem maximal zulässigen Unsicherheitsfaktor von weniger als ± 7,5 % je Messvorgang ermittelt.

Ebene 2:

Der Massenstrom von Brennstoffen in die und aus der Anlage wird anhand von Messgeräten mit einem maximal zulässigen Unsicherheitsfaktor von weniger als ± 5,0 % je Messvorgang ermittelt.

Ebene 3:

Der Massenstrom des Brennstoffs in die bzw. aus der Anlage wird anhand von Messgeräten mit einem maximal zulässigen Unsicherheitsfaktor von weniger als ± 2,5 % je Messvorgang ermittelt.

Ebene 4:

Der Massenstrom des Brennstoffs in die bzw. aus der Anlage wird anhand von Messgeräten mit einem maximal zulässigen Unsicherheitsfaktor von weniger als ± 1,0 % je Messvorgang ermittelt.

a2) Spezifischer Heizwert

Ebene 1:

Der Betreiber legt für jeden Brennstoff einen länderspezifischen Heizwert zugrunde. Diese sind in Anlage 2.1 A.3 „1990 country specific net calorific values" zur 2000 IPCC „Good Practice Guidance and Uncertainty Management in National Greenhouse Gas Inventories" (http://www.ipcc.ch/pub/guide.htm) festgelegt.

Ebene 2:

Der Betreiber legt für jeden Brennstoff einen länderspezifischen Heizwert zugrunde, wie er von dem für ihn relevanten Mitgliedstaat in seinem letzten Nationalen Treibhausgasinventar an das Sekretariat der Klimarahmenkonvention der Vereinten Nationen übermittelt wurde.

Ebene 3:

Der für die einzelnen Brennstoffchargen repräsentative spezifische Heizwert wird vom Betreiber, einem beauftragten Labor oder dem Brennstofflieferanten in Einklang mit den Vorgaben von Abschnitt 10 des Anhangs I gemessen.

b) Emissionsfaktor

Ebene 1:

Die anzuwendenden Referenzfaktoren sind der unten stehenden Tabelle oder Abschnitt 8 des Anhangs I zu entnehmen:

Tabelle 1 Emissionsfaktoren für Prozessgase (einschließlich des CO_2-Bestandteils im Brennstoff) ([24])

	Emissionsfaktor [t CO_2/TJ]	Quelle
Kokereigas	47,7	IPCC
Gichtgas	241,8	IPCC

Ebene 2:

Die spezifischen Emissionsfaktoren werden in Einklang mit den Vorgaben von Abschnitt 10 des Anhangs I ermittelt.

2.2 Messung der CO_2-Emissionen

Für die Messungen gelten die Leitlinien des Anhangs I.

3. Bestimmung anderer Treibhausgasemissionen als CO_2

Spezifische Leitlinien für die Bestimmung anderer Treibhausgasemissionen als CO_2 werden gegebenenfalls zu einem späteren Zeitpunkt in Übereinstimmung mit den einschlägigen Bestimmungen der Richtlinie erarbeitet.

---

[24] Die Werte basieren auf IPCC-Faktoren, ausgedrückt als t C/TJ, multipliziert mit einem CO2/C-Umsetzungsfaktor von 3,664.

Anhang V

Tätigkeitsspezifische Leitlinien für Röst- und Sinteranlagen für Metallerz gemäß Anhang I der Richtlinie

1. Einschränkungen und Vollständigkeit

Röst- und Sinteranlagen für Metallerz sind oftmals ein fester Bestandteil von Stahlwerken und stehen in einem direkten technischen Zusammenhang mit Kokereien und Anlagen für die Herstellung von Roheisen und Stahl, einschließlich Stranggießen. Infolgedessen entsteht während des regulären Betriebs ein intensiver Energie- und Materialaustausch (beispielsweise Gichtgas, Kokereigas, Koks, Kalk). Wenn sich die Genehmigung der Anlage gemäß den Artikeln 4, 5 und 6 der Richtlinie nicht nur auf die Röst- und Sinteranlagen für Metallerz, sondern auf das gesamte Stahlwerk erstreckt, so können die CO_2-Emissionen auch im Rahmen der für das gesamte Werk laufenden Überwachung unter Anwendung des Massenbilanzansatzes erfasst werden, der in Abschnitt 2.1.1 dieses Anhangs spezifiziert wird.

Wenn in der Anlage eine Abgaswäsche erfolgt und die daraus resultierenden Emissionen nicht in die Prozessemissionen der Anlage eingerechnet werden, sind diese in Einklang mit den Vorgaben von Anhang II zu berechnen.

2. Bestimmung von CO_2-Emissionen

In Röst- und Sinteranlagen für Metallerz können aus folgenden Quellen CO_2-Emissionen freigesetzt werden:
- Rohstoffe (Brennen von Kalk und Dolomit),
- herkömmliche Brennstoffe (Erdgas und Koks/Koksgrus),
- Prozessgase (z.B. Kokereigas und Gichtgas),
- als Input eingesetzte Prozessrückstände wie Filterstaub aus Sinteranlagen, dem Konverter und dem Hochofen,
- andere Brennstoffe als Ofenbrennstoffe,
- Abgaswäsche.

2.1 Berechnung der CO_2-Emissionen
Der Betreiber kann die Emissionen entweder anhand des Massenbilanzansatzes oder aber für jede Quelle der Anlage einzeln berechnen.

2.1.1 Massenbilanzansatz
Im Rahmen des Massenbilanzansatzes werden für die Ermittlung der Treibhausgasemissionen einer Anlage der im Input-Material, in Akkumulationen, Produkten und Exporten enthaltene Kohlenstoff analysiert. Dazu wird folgende Gleichung zugrunde gelegt:

CO_2-Emissionen [t CO_2] = (Input-Produkte-Export − Lagerbestandsveränderungen) × Umsetzungsfaktor CO_2/C

wobei:
- Input [t C]: der gesamte Kohlenstoff, der in der Anlage eingesetzt wird,
- Produkte [t C]: der gesamte Kohlenstoff in Produkten und Stoffen (auch in Nebenprodukten), der aus der Massenbilanz fällt,
- Export [t C]: der Kohlenstoff, der exportiert (sprich abgeleitet) wird und so aus der Massenbilanz fällt, z.B. Einleitung in Abwasserkanal, Ablagerung auf einer Deponie oder Verluste. Die Freisetzung von Treibhausgasen in die Atmosphäre gilt nicht als Export,
- Lagerbestandsveränderungen [t C]: die Zunahme der Lagerbestände an Kohlenstoff innerhalb der Anlage.

Für die Berechnung ist folgende Gleichung anzuwenden:

CO_2-Emissionen [t CO_2] = ($\sum$ (Tätigkeitsdaten$_{Input}$ × Kohlenstoffgehalt$_{Input}$)) − $\sum$ (Tätigkeitsdaten$_{Produkte}$ × Kohlenstoffgehalt$_{Produkte}$) − $\sum$ (Tätigkeitsdaten$_{Export}$ × Kohlenstoffgehalt$_{Export}$) − $\sum$ (Tätigkeitsdaten$_{Lagerbestandsveränderungen}$ × Kohlenstoffgehalt$_{Lagerbestandsveränderungen}$)) × 3,664

wobei

a) Tätigkeitsdaten

Der Betreiber analysiert die Massenströme in die und aus der Anlage bzw. die diesbezüglichen Lagerbestandsveränderungen für alle relevanten Brenn- und Einsatzstoffe getrennt und erstattet Bericht darüber.

Ebene 1:

Eine Teilmenge der Brennstoffmassen- und Stoffmengenströme in die und aus der Anlage wird mit Hilfe von Messgeräten mit einem maximal zulässigen Unsicherheitsfaktor von weniger als ± 7,5 % je Messvorgang ermittelt. Alle anderen Brennstoffmassen- und Stoffmengenströme in die und aus der Anlage werden mit Hilfe von Messgeräten mit einem maximal zulässigen Unsicherheitsfaktor von weniger als ± 2,5 % je Messvorgang ermittelt.

Ebene 2:

Eine Teilmenge der Brennstoffmassen- und Stoffmengenströme in die und aus der Anlage wird mit Hilfe von Messgeräten mit einem maximal zulässigen Unsicherheitsfaktor von weniger als ± 5,0 % je Messvorgang ermittelt. Alle anderen Brennstoffmassen- und Stoffmengenströme in die und aus der Anlage werden mit Hilfe von Messgeräten mit einem maximal zulässigen Unsicherheitsfaktor von weniger als ± 2,5 % je Messvorgang ermittelt.

Ebene 3:

Die Massenströme in die und aus der Anlage werden mit Hilfe von Messgeräten mit einem maximal zulässigen Unsicherheitsfaktor von weniger als ± 2,5 % je Messvorgang ermittelt.

Ebene 4:

Die Massenströme in die und aus der Anlage werden mit Hilfe von Messgeräten mit einem maximal zulässigen Unsicherheitsfaktor von weniger als ± 1,0 % je Messvorgang ermittelt.

b) Kohlenstoffgehalt

Bei der Berechnung der Massenbilanz hält sich der Betreiber an die Vorgaben, die in Abschnitt 10 des Anhangs I in Bezug auf die repräsentative Probenahme von Brennstoffen, Produkten und Nebenprodukten bzw. in Bezug auf die Ermittlung ihres Kohlenstoffgehalts und des Biomasse-Anteils angeführt sind.

c) Energiegehalt

Um eine einheitliche Berichterstattung zu gewährleisten, ist der Energiegehalt eines jeden Brennstoff- und Einsatzstoffstroms (ausgedrückt als spezifischer Heizwert des betreffenden Stroms) zu berechnen.

2.1.2 Emissionen aus der Verbrennung

Die in Röst- und Sinteranlagen für Metallerz stattfindenden Verbrennungsprozesse sind in Einklang mit den Vorgaben von Anhang II zu überwachen und zu melden.

2.1.3 Prozessemissionen

Während des Brennens auf dem Sinterrost wird aus dem Input-Material, d.h. dem Rohstoff-Mix (in der Regel aus Kalziumkarbonat), und erneut eingesetzten Prozessrückständen CO_2 freigesetzt. Die CO_2-Menge wird für jedes Input-Material wie folgt berechnet:

$$CO_2\text{-Emissionen} = \{\text{Tätigkeitsdaten}_{\text{Prozessinput}} \times \text{Emissionsfaktor} \times \text{Umsetzungsfaktor}\}$$

a) Tätigkeitsdaten

Ebene 1:

Die Mengen [t] des Karbonat-Inputs [t_{CaCO_3}, t_{MgCO_3} oder $t_{CaCO_3 \cdot MgCO_3}$] und der als Input-Material verwendeten Prozessrückstände werden vom Betreiber oder Lieferanten mit einem maximal zulässigen Unsicherheitsfaktor von weniger als ± 5,0 % je Messvorgang gewogen.

Ebene 2:

Die Mengen [t] des Karbonat-Inputs [t_{CaCO_3}, t_{MgCO_3} der $t_{CaCO_3 \cdot MgCO_3}$] und der als Input-Material verwendeten Prozessrückstände werden vom Betreiber oder Lieferanten mit einem maximal zulässigen Unsicherheitsfaktor von weniger als ± 2,5 % je Messvorgang gewogen.

b) Emissionsfaktor

Ebene 1:

Für Karbonate — Anwendung der in der unten stehenden Tabelle 1 aufgeführten stöchiometrischen Verhältnisse.

Tabelle 1 Stöchiometrische Emissionsfaktoren

Emissionsfaktor	
$CaCO_3$	0,440 t CO_2/t $CaCO_3$
$MgCO_3$	0,522 t CO_2/t $MgCO_3$

Diese Werte werden um den jeweiligen Feuchte- und Gangart-Gehalt des eingesetzten Karbonats bereinigt.

Für Prozessrückstände — Ermittlung der tätigkeitsspezifischen Faktoren entsprechend den Vorgaben von Abschnitt 10 des Anhangs I.

c) Umsetzungsfaktor

Ebene 1:

Umsetzungsfaktor: 1,0

Ebene 2:

Die tätigkeitsspezifischen Faktoren werden entsprechend den Vorgaben des Abschnitt 10 des Anhangs I ermittelt; dabei wird die im Sintererzeugnis bzw. im Filterstaub enthaltene Menge Kohlenstoff bestimmt. Wird der Filterstaub erneut im Prozess eingesetzt, so ist die in ihm enthaltene Menge Kohlenstoff [t] nicht berücksichtigt, um eine Doppelzählung zu vermeiden.

2.2 Messung der CO_2-Emissionen

Für die Messungen gelten die Leitlinien des Anhangs I.

3. Bestimmung anderer Treibhausgasemissionen als CO_2

Spezifische Leitlinien für die Bestimmung anderer Treibhausgasemissionen als CO_2 werden gegebenenfalls zu einem späteren Zeitpunkt in Übereinstimmung mit den einschlägigen Bestimmungen der Richtlinie erarbeitet.

Anhang VI

Tätigkeitsspezifische Leitlinien für Anlagen für die Herstellung von Roheisen oder Stahl, einschließlich Stranggießen, gemäß Anhang I der Richtlinie

1. Einschränkungen und Vollständigkeit

Die in diesem Anhang enthaltenen Leitlinien erstrecken sich auf Emissionen aus Anlagen für die Herstellung von Roheisen und Stahl, einschließlich Stranggießen. Sie beziehen sich auf die primäre [Gichtofen und Sauerstoffaufblaskonverter] und die sekundäre [Lichtbogenofen] Stahlerzeugung.

Anlagen für die Herstellung von Roheisen und Stahl, einschließlich Stranggießen, sind in der Regel ein fester Bestandteil von Stahlwerken und stehen in einem direkten technischen Zusammenhang zu Kokereien und Sinteranlagen. Infolgedessen entsteht während des regulären Betriebs ein intensiver Energie- und Materialaustausch (beispielsweise Gichtgas, Kokereigas, Koks, Kalk). Wenn sich die Genehmigung der Anlage gemäß den Artikeln 4, 5 und 6 der Richtlinie nicht nur auf den Hochofen, sondern auf das gesamte Stahlwerk erstreckt, so können die CO_2-Emissionen auch im Rahmen der für das gesamte Werk laufenden Überwachung unter Anwendung des Massenbilanzansatzes erfasst werden, der in Abschnitt 2.1.1 dieses Anhangs spezifiziert wird.

Wenn in der Anlage eine Abgaswäsche erfolgt und die daraus resultierenden Emissionen nicht in die Prozessemissionen der Anlage eingerechnet werden, sind diese in Einklang mit den Vorgaben von Anhang II zu berechnen.

2. Bestimmung von CO_2-Emissionen

In Anlagen für die Herstellung von Roheisen und Stahl, einschließlich Stranggießen, können CO_2-Emissionen aus folgenden Quellen freigesetzt werden:
- Rohstoffe (Brennen von Kalk und/oder Dolomit),
- herkömmliche Brennstoffe (Erdgas, Kohle und Koks),
- Reduktionsmittel (Koks, Kohle, Kunststoff usw.),
- Prozessgase (z.B. Kokereigas, Gichtgas und Sauerstoffaufblaskonvertergas),
- Verbrauch von Grafitelektroden,
- andere Brennstoffe als Ofenbrennstoffe,
- Abgaswäsche.

2.1 Berechnung der CO_2-Emissionen
Der Betreiber kann die Emissionen entweder anhand des Massenbilanzansatzes oder aber für jede Quelle der Anlage einzeln berechnen.

2.1.1 Massenbilanzansatz

Im Rahmen des Massenbilanzansatzes werden für die Ermittlung der Treibhausgasemissionen einer Anlage der im Input-Material, in Akkumulationen, Produkten und Exporten enthaltene Kohlenstoff analysiert. Dazu wird folgende Gleichung zugrunde gelegt:

$$CO_2\text{-Emissionen [t } CO_2] = (\text{Input-Produkte-Export} - \text{Lagerbestandsveränderungen}) \times \text{Umsetzungsfaktor } CO_2/C$$

wobei
- Input [t C]: der gesamte Kohlenstoff, der in der Anlage eingesetzt wird,
- Produkte [t C]: der gesamte Kohlenstoff in Produkten und Stoffen (auch in Nebenprodukten), der aus der Massenbilanz fällt,
- Export [t C]: der Kohlenstoff, der exportiert (sprich abgeleitet) wird und so aus der Massenbilanz fällt, z.B. Einleitung in Abwasserkanal, Ablagerung auf einer Deponie oder Verluste. Die Freisetzung von Treibhausgasen in die Atmosphäre gilt nicht als Export,
- Lagerbestandsveränderungen [t C]: die Zunahme der Lagerbestände an Kohlenstoff innerhalb der Anlage.

Für die Berechnung ist folgende Gleichung anzuwenden:

$$CO_2\text{-Emissionen [t } CO_2] = (\sum (\text{Tätigkeitsdaten}_{Input} \times \text{Kohlenstoffgehalt}_{Input}) - \sum (\text{Tätigkeitsdaten}_{Produkte} \times \text{Kohlenstoffgehalt}_{Produkte}) - \sum (\text{Tätigkeitsdaten}_{Export} \times \text{Kohlenstoffgehalt}_{Export}) - \sum (\text{Tätigkeitsdaten}_{Lagerbestandsveränderungen} \times \text{Kohlenstoffgehalt}_{Lagerbestandsveränderungen})) \times 3{,}664$$

wobei

a) Tätigkeitsdaten

Der Betreiber analysiert die Massenströme in die und aus der Anlage bzw. die diesbezüglichen Lagerbestandsveränderungen für alle relevanten Brenn- und Einsatzstoffe getrennt und erstattet Bericht darüber.

Ebene 1:

Eine Teilmenge der Brennstoffmassen- und Stoffmengenströme in die und aus der Anlage wird mit Hilfe von Messgeräten mit einem maximal zulässigen Unsicherheitsfaktor von weniger als ± 7,5 % je Messvorgang ermittelt. Alle anderen Brennstoffmassen- und Stoffmengenströme in die und aus der Anlage werden mit Hilfe von Messgeräten mit einem maximal zulässigen Unsicherheitsfaktor von weniger als ± 2,5 % je Messvorgang ermittelt.

Ebene 2:

Eine Teilmenge der Brennstoffmassen- und Stoffmengenströme in die und aus der Anlage wird mit Hilfe von Messgeräten mit einem maximal zulässigen Unsicherheitsfaktor von weniger als ± 5,0 % je Messvorgang ermittelt. Alle anderen

Brennstoffmassen- und Stoffmengenströme in die und aus der Anlage werden mit Hilfe von Messgeräten mit einem maximal zulässigen Unsicherheitsfaktor von weniger als ± 2,5 % je Messvorgang ermittelt.

Ebene 3:

Die Massenströme in die und aus der Anlage werden mit Hilfe von Messgeräten mit einem maximal zulässigen Unsicherheitsfaktor von weniger als ± 2,5 % je Messvorgang ermittelt.

Ebene 4:

Die Massenströme in die und aus der Anlage werden mit Hilfe von Messgeräten mit einem maximal zulässigen Unsicherheitsfaktor von weniger als ± 1,0 % je Messvorgang ermittelt.

b) Kohlenstoffgehalt

Ebene 1:

Bei der Berechnung der Massenbilanz hält sich der Betreiber an die Vorgaben, die in Abschnitt 10 des Anhangs I in Bezug auf die repräsentative Probenahme von Brennstoffen, Produkten und Nebenprodukten bzw. in Bezug auf die Ermittlung ihres Kohlenstoffgehalts und des Biomasse-Anteils angeführt sind.

c) Energiegehalt

Ebene 1:

Um eine einheitliche Berichterstattung zu gewährleisten, ist der Energiegehalt eines jeden Brennstoff- und Einsatzstoffstroms (ausgedrückt als spezifischer Heizwert des betreffenden Stroms) zu berechnen.

2.1.2 Emissionen aus der Verbrennung

Die Verbrennungsprozesse, die in Anlagen für die Herstellung von Roheisen und Stahl, einschließlich Stranggießen stattfinden und bei denen Brennstoffe (z.B. Koks, Kohle und Erdgas) nicht als Reduktionsmittel eingesetzt werden bzw. nicht aus metallurgischen Reaktionen stammen, sind in Einklang mit den Vorgaben von Anhang II zu überwachen und zu melden.

2.1.3 Prozessemissionen

Anlagen für die Herstellung von Roheisen und Stahl, einschließlich Stranggießen, zeichnen sich in der Regel durch eine Reihe nachgeschalteter Anlagen aus (z.B. Hochofen, Sauerstoffaufblaskonverter, Warmwalzwerk). Diese Anlagen stehen häufig in direktem technischen Zusammenhang zu anderen Anlagen (z.B. Kokereiofen, Sinteranlage, Starkstromanlage). Innerhalb dieser Anlagen wird eine Vielzahl Brennstoffe als Reduktionsmittel eingesetzt. Im Allgemeinen entstehen aus diesen Anlagen auch Gase unterschiedlicher Zusammensetzung, z.B. Kokereigas, Gichtgas, Sauerstoffaufblaskonvertergas.

Die gesamten CO_2-Emissionen aus Anlagen für die Herstellung von Roheisen und Stahl, einschließlich Stranggießen,
werden wie folgt berechnet:

CO_2-Emission [t CO_2] = $\sum$ (Tätigkeitsdaten$_{INPUT}$ × Emissionsfaktor$_{INPUT}$) − $\sum$ (Tätigkeitsdaten$_{OUTPUT}$ × Emissionsfaktor$_{OUTPUT}$)

wobei

a) Tätigkeitsdaten

a1) Eingesetzter Brennstoff

Ebene 1:

Der Massenstrom des Brennstoffs in die bzw. aus der Anlage wird anhand von Messgeräten mit einem maximal zulässigen Unsicherheitsfaktor von weniger als ± 7,5 % je Messvorgang ermittelt.

Ebene 2:

Der Massenstrom des Brennstoffs in die bzw. aus der Anlage wird anhand von Messgeräten mit einem maximal zulässigen Unsicherheitsfaktor von weniger als ± 5,0 % je Messvorgang ermittelt.

Ebene 3:

Der Massenstrom des Brennstoffs in die bzw. aus der Anlage wird anhand von Messgeräten mit einem maximal zulässigen Unsicherheitsfaktor von weniger als ± 2,5 % je Messvorgang ermittelt.

Ebene 4:

Der Massenstrom des Brennstoffs in die bzw. aus der Anlage wird anhand von Messgeräten mit einem maximal zulässigen Unsicherheitsfaktor von weniger als ± 1,0 % je Messvorgang ermittelt.

a2) Spezifischer Heizwert (sofern anwendbar)

Ebene 1:

Der Betreiber legt für jeden Brennstoff einen länderspezifischen Heizwert zugrunde. Diese sind in Anlage 2.1 A.3 „1990 country specific net calorific values" zur 2000 IPCC „Good Practice Guidance and Uncertainty Management in National Greenhouse Gas Inventories" (http://www.ipcc.ch/pub/guide.htm) festgelegt.

Ebene 2:

Der Betreiber legt für jeden Brennstoff einen länderspezifischen Heizwert zugrunde, wie er von dem für ihn relevanten Mitgliedstaat in seinem letzten Nationalen Treibhausgasinventar an das Sekretariat der Klimarahmenkonvention der Vereinten Nationen übermittelt wurde.

Ebene 3:

Der für die einzelnen Brennstoffchargen repräsentative spezifische Heizwert wird vom Betreiber, einem beauftragten Labor oder dem Brennstofflieferanten in Einklang mit den Vorgaben von Abschnitt 10 des Anhangs I gemessen.

b) Emissionsfaktor

Der Emissionsfaktor für die Tätigkeitsdaten$_{OUTPUT}$ bezieht sich auf die Menge Nicht-CO_2-Kohlenstoff im Prozessoutput, der als t CO_2/t ausgedrückt wird, um die Vergleichbarkeit zu verbessern.

Ebene 1:

Die Referenzfaktoren für das Input- und Output-Material sind den unten stehenden Tabellen 1 und 2 unten sowie Abschnitt 8 des Anhangs I zu entnehmen.

Tabelle 1 Referenzemissionsfaktoren für Input-Material ([25])

	Emissionsfaktor	Quelle des Emissionsfaktors
Kokereigas	47,7 t CO_2/TJ	IPCC
Gichtgas	241,8 t CO_2/TJ	IPCC
Sauerstoffaufblaskonvertergas	186,6 t CO_2/TJ	WBCSD/WRI
Grafitelektroden	3,60 t CO_2/t Elektrode	IPCC
PET	2,24 t CO_2/t PET	WBCSD/WRI
PE	2,85 t CO_2/t PE	WBCSD/WRI
$CaCO_3$	0,44 t CO_2/t $CaCO_3$	Stöchiometrisches Verhältnis
$CaCO_3$-$MgCO_3$	0,477 t CO_2/t $CaCO_3$-$MgCO_3$	Stöchiometrisches Verhältnis

Tabelle 2 Referenzemissionsfaktor für Output-Material (auf der Grundlage des Kohlenstoffgehalts)

	Emissionsfaktor [t CO_2/t]	Quelle des Emissionsfaktors
Erz	0	IPCC
Roheisen, Roheisen-Schrott, Eisenerzeugnisse	0,1467	IPCC
Stahlschrott, Stahlerzeugnisse	0,0147	IPCC

---

[25] Die Werte basieren auf IPCC-Faktoren, ausgedrückt als t C/TJ, multipliziert mit einem CO2/C-Umsetzungsfaktor von 3,664.

Ebene 2:

Die spezifischen Emissionsfaktoren (t CO_2/t_{INPUT} oder t_{OUTPUT}) des Input- und Output-Materials sind entsprechend den Vorgaben von Abschnitt 10 des Anhangs I zu ermitteln.

2.2 Messung der CO_2-Emissionen

Für die Messungen gelten die Leitlinien des Anhangs I.

3. Bestimmung anderer Treibhausgase als CO2

Spezifische Leitlinien für die Bestimmung anderer Treibhausgasemissionen als CO_2 werden gegebenenfalls zu einem späteren Zeitpunkt in Übereinstimmung mit den einschlägigen Bestimmungen der Richtlinie erarbeitet.

Anhang VII

Tätigkeitsspezifische Leitlinien für Anlagen zur Herstellung von Zementklinker gemäß Anhang I der Richtlinie

1. Einschränkungen und Vollständigkeit

Wenn in der Anlage eine Abgaswäsche erfolgt und die daraus resultierenden Emissionen nicht in die Prozessemissionen der Anlage eingerechnet werden, sind diese in Einklang mit den Vorgaben von Anhang II zu berechnen.

2. Bestimmung von CO_2-Emissionen

In Anlagen zur Herstellung von Zement werden aus den folgenden Quellen CO_2-Emissionen freigesetzt:
- Kalzinierung von Kalkstein in den Rohstoffen,
- konventionelle fossile Ofenbrennstoffe,
- alternative fossile Ofenbrennstoffe und Rohstoffe,
- Biomasse-Ofenbrennstoffe (Biomasse-Abfälle),
- andere Brennstoffe als Ofenbrennstoffe,
- Abgaswäsche.

2.1 Berechnung der CO_2-Emissionen

2.1.1 Emissionen aus der Verbrennung
Verbrennungsprozesse in Anlagen zur Herstellung von Zementklinker, bei denen verschiedene Brennstoffe zum Einsatz kommen (z.B. Kohle, Petrolkoks, Heizöl, Erdgas und die breite Palette an Abfallbrennstoffen), sind in Einklang mit Anhang

II zu überwachen und zu melden. Emissionen aus der Verbrennung des organischen Anteils (alternativer) Rohstoffe sind ebenfalls gemäß Anhang II zu berechnen.

In Zementöfen ist die unvollständige Verbrennung der fossilen Brennstoffe vernachlässigbar, da die Verbrennungstemperaturen sehr hoch, die Verweilzeiten im Ofen sehr lang und die Kohlenstoffrückstände im Klinker sehr gering sind. Daher ist bei allen Ofenbrennstoffen von einer vollständigen Oxidation (Oxidationsfaktor = 1,0) des Kohlenstoffs auszugehen.

2.1.2 Prozessemissionen

Während der Kalzinierung im Ofen wird das in den Karbonaten enthaltene CO_2 aus der Rohstoffmischung freigesetzt. Das Kalzinierungs-CO_2 steht in einem technischen Zusammenhang mit der Klinkerherstellung.

2.1.2.1 CO_2 aus der Klinkerherstellung

Das Kalzinierungs-CO_2 ist auf Basis der hergestellten Klinkermengen und den CaO- und MgO-Gehalten des Klinkers zu berechnen. Der Emissionsfaktor ist um das bereits kalzinierte Ca und Mg zu bereinigen, das zum Beispiel über Flugasche oder alternative Brennstoffe und Rohstoffe mit bedeutendem CaO-Gehalt (z.B. Klärschlamm) in den Ofen gelangt.

Die Emissionen sind auf Basis des Karbonat-Gehalts des Prozessinputs (Berechnungsmethode A) oder anhand der Menge des hergestellten Klinkers (Berechnungsmethode B) zu berechnen. Beide Methoden werden als gleichwertig betrachtet.

Berechnungsmethode A: Karbonate

Die Berechnung basiert auf dem Karbonat-Gehalt des Prozessinputs. Die CO_2-Emissionen sind anhand folgender Formel zu berechnen:

CO_2-Emissionen$_{Klinker}$ = Tätigkeitsdaten × Emissionsfaktor × Umsetzungsfaktor

wobei

a) Tätigkeitsdaten

Ebene 1:

Die Menge reiner Karbonate (z.B. Kalkstein), die im Rohmehl [t] enthalten sind, das während des Berichtszeitraums als Prozessinput eingesetzt wird, ermittelt durch Wiegen des Rohmehls mit einem maximal zulässigen Unsicherheitsfaktor von weniger als ± 5,0 %. Der Karbonatanteil in der Zusammensetzung des betreffenden Rohstoffs wird in Anlehnung an die Leitlinien der Industrie hinsichtlich der bewährtesten Praxis („Best Practice Guidelines") ermittelt.

Ebene 2:

Die Menge reiner Karbonate (z.B. Kalkstein), die im Rohmehl [t] enthalten sind, das während des Berichtszeitraums als Prozessinput eingesetzt wird, ermittelt durch Wiegen des Rohmehls mit einem maximal zulässigen Unsicherheitsfaktor von weniger als ± 2,5 %. Der Karbonatanteil in der Zusammensetzung des betreffenden Rohstoffs wird durch den Betreiber in Einklang mit Abschnitt 10 des Anhangs I ermittelt.

b) Emissionsfaktor

Ebene 1:

Es sind die stöchiometrischen Verhältnisse der Karbonate im Prozessinput, die in der unten stehenden Tabelle 1 aufgeführt sind, anzuwenden.

Tabelle 1 Stöchiometrische Emissionsfaktoren

Karbonate	Emissionsfaktor
$CaCO_3$	0,440 [t CO_2/$CaCO_3$]
$MgCO_3$	0,522 [t CO_2/$MgCO_3$]

c) Umsetzungsfaktor

Ebene 1:

Umsetzungsfaktor: 1,0

Berechnungsmethode B: Klinkerherstellung

Die Berechnungsmethode basiert auf der Menge des hergestellten Klinkers. Die CO_2-Emissionen sind anhand folgender Formel zu berechnen:

CO_2-Emissionen$_{Klinker}$ = Tätigkeitsdaten × Emissionsfaktor × Umsetzungsfaktor

Wenn die Emissionsschätzungen auf dem hergestellten Klinker basieren, muss bei Anlagen, die Zementofenstaub (Cement Kiln Dust — CKD) abscheiden, das bei der CKD-Kalzinierung freigesetzte CO_2 berücksichtigt werden. Die Emissionen aus Klinkerherstellung und aus Zementofenstaub sind getrennt zu ermitteln und als Gesamtemission aufzuaddieren.

CO_2-Emissionen$_{Gesamtprozess}$ [t] = CO_2-Emissionen$_{Klinker}$ [t] + CO_2-Emissionen$_{Staub}$ [t]

Emissionen im Zusammenhang mit der Klinkerherstellung

a) Tätigkeitsdaten

Menge des Klinkers [t], der während des Berichtszeitraums hergestellt wird.

Ebene 1:

Menge des hergestellten Klinkers [t], ermittelt durch Wiegen mit einem zulässigen Unsicherheitsfaktor von weniger als ± 5 % je Messvorgang.

Ebene 2a:

Menge des hergestellten Klinkers [t], ermittelt durch Wiegen mit einem zulässigen Unsicherheitsfaktor von weniger als ± 2,5 % je Messvorgang.

Ebene 2b:

Der Klinkeroutput [t] aus der Zementproduktion, mit einem zulässigen Unsicherheitsfaktor von weniger als ± 1,5 % je Messvorgang gewogen, wird anhand der folgenden Formel berechnet (in der Materialbilanz sind versendeter Klinker, zugelieferter Klinker sowie Klinker-Lagerbestandsveränderungen zu berücksichtigen):

hergestellter Klinker [t] = ((hergestellter Zement [t] × Klinker/Zement-Verhältnis [t Klinker/t Zement])

— – (zugelieferter Klinker [t]) + (versendeter Klinker [t])

— – (Klinker-Lagerbestandsveränderung [t])

Das Verhältnis Klinker/Zement ist für die verschiedenen Zementarten, die in der spezifischen Anlage hergestellt werden, getrennt zu berechnen und anzuwenden. Die Mengen des versendeten und zugelieferten Klinkers sind mit einem zulässigen Unsicherheitsfaktor von weniger als ± 2,5 % je Messvorgang zu bestimmen. Die über den Berichtszeitraum verzeichneten Lagerbestandsveränderungen sind mit einem Unsicherheitsfaktor von weniger als ± 10 % zu bestimmen.

b) Emissionsfaktor

Ebene 1:

Emissionsfaktor: 0,525 t CO_2/t Klinker

Ebene 2:

Der Emissionsfaktor berechnet sich aus der CaO- und MgO-Bilanz, unter der Annahme, dass diese teilweise nicht das Ergebnis der Umwandlung der Karbonate sind, sondern bereits in dem Prozessinput enthalten waren. Die Zusammensetzung des Klinkers und der betreffenden Rohstoffe ist in Einklang mit den Vorgaben von Abschnitt 10 des Anhangs I zu ermitteln.

Der Emissionsfaktor ist anhand folgender Gleichung zu berechnen:

Emissionsfaktor [t CO_2/t Klinker] = 0,785 × (Output$_{CaO}$ [t CaO/t Klinker] – Input$_{CaO}$ [t CaO/t Inputmaterial]) + 1,092 × (Output$_{MgO}$ [t MgO/t Klinker] – Input$_{MgO}$ [t MgO/t Inputmaterial])

Diese Gleichung basiert auf dem stöchiometrischen Verhältnis von CO_2/CaO und CO_2/MgO, wie in nachfolgender Tabelle 2 aufgeführt.

Tabelle 2 Stöchiometrische Emissionsfaktoren für CaO und MgO (Netto-Produktion)

Oxide	Emissionsfaktor
CaO	0,785 [t CO_2/CaO]
MgO	1,092 [t CO_2/MgO]

c) Umsetzungsfaktor

Ebene 1:

Umsetzungsfaktor: 1,0

Emissionen in Zusammenhang mit Staubabscheidungen

Die CO_2-Emissionen aus abgeschiedenem Bypass-Staub oder Zementofenstaub (CKD) sind auf Grundlage der abgeschiedenen Mengen Staub und des Emissionsfaktors für Klinker zu berechnen, bereinigt um die teilweise Kalzinierung des CKD. Abgeschiedener Bypass-Staub ist im Gegensatz zu CKD als vollständig kalziniert zu betrachten. Die Emissionen sind wie folgt zu berechnen:

CO_2-Emissionen$_{Staub}$ = Tätigkeitsdaten × Emissionsfaktor × Umsetzungsfaktor

wobei

a) Tätigkeitsdaten

Ebene 1:

Die während des Berichtszeitraums abgeschiedene Menge CKD oder Bypass-Staub [t], ermittelt durch Wiegen mit einem zulässigen Unsicherheitsfaktor von weniger als ± 10 % je Messvorgang.

Ebene 2:

Die während des Berichtszeitraums abgeschiedene Menge CKD oder Bypass-Staub [t], ermittelt durch Wiegen mit einem zulässigen Unsicherheitsfaktor von weniger als ± 5,0 % je Messvorgang.

b) Emissionsfaktor

Ebene 1:

Der Referenzwert von 0,525 t CO_2 pro Tonne Klinker ist auch für CKD zu verwenden.

Ebene 2:

Ausgehend von dem Grad der CKD-Kalzinierung ist ein Emissionsfaktor [t CO_2/t CKD] zu berechnen. Das Verhältnis zwischen dem Grad der CKD-Kalzinierung und den CO_2-Emissionen pro Tonnen CKD ist nicht linear. Anhand der folgenden Formel ist ein Näherungswert zu berechnen:

$$EF_{CKD} = \frac{\frac{EF_{Cli}}{1+EF_{Cli}} \times d}{1 - \frac{EF_{Cli}}{1+EF_{Cli}} \times d}$$

wobei

EF_{CKD} = Emissionsfaktor des teilweise kalzinierten Zementofenstaubs [t CO_2/t CKD]

EF_{Cli} = anlagenspezifischer Emissionsfaktor des Klinkers ([CO_2/t Klinker]

d = Grad der CKD-Kalzinierung (freigesetztes CO_2 als prozentualer Anteil des Gesamtkarbonat- CO_2 in der Rohmischung)

c) Umsetzungsfaktor

Ebene 1:

Umsetzungsfaktor: 1,0

2.2 Messung der CO_2-Emissionen

Für die Messungen gelten die Leitlinien des Anhangs I.

3. Bestimmung anderer Treibhausgasemissionen als CO_2

Spezifische Leitlinien für die Bestimmung anderer Treibhausgasemissionen als CO_2 werden gegebenenfalls zu einem späteren Zeitpunkt in Übereinstimmung mit den einschlägigen Bestimmungen der Richtlinie erarbeitet.

Anhang VIII

Tätigkeitsspezifische Leitlinien für Anlagen zur Herstellung von Kalk gemäß Anhang I der Richtlinie

1. Einschränkungen und Vollständigkeit

Wenn in der Anlage eine Abgaswäsche erfolgt und die daraus resultierenden Emissionen nicht in die Prozessemissionen der Anlage eingerechnet werden, sind diese in Einklang mit Anhang II zu berechnen.

2. Bestimmung von CO_2-Emissionen

In Anlagen zur Herstellung von Kalk werden aus den folgenden Quellen CO_2-Emissionen freigesetzt:
- Kalzinierung von Kalkstein und Dolomit in den Rohstoffen,
- konventionelle fossile Ofenbrennstoffe,
- alternative fossile Ofenbrennstoffe und Rohstoffe,
- Biomasse-Ofenbrennstoffe (Biomasse-Abfälle),
- andere Brennstoffe als Ofenbrennstoffe,
- Abgaswäsche.

2.1 Berechnung der CO_2-Emissionen

2.1.1 Emissionen aus der Verbrennung

Verbrennungsprozesse in Anlagen zur Herstellung von Kalk, bei denen verschiedene Brennstoffe zum Einsatz kommen (z.B. Kohle, Petrolkoks, Heizöl, Erdgas und die breite Palette an Abfallbrennstoffen), sind in Einklang mit den Vorgaben von Anhang II zu überwachen und zu melden. Emissionen aus der Verbrennung des organischen Anteils (alternativer) Rohstoffe sind ebenfalls gemäß Anhang II zu berechnen.

2.1.2 Emissionen aus Industrieprozessen

Während der Kalzinierung im Ofen wird das in den Karbonaten enthaltene CO_2 aus den Rohstoffen freigesetzt. Das Kalzinierungs-CO_2 steht in einem technischen Zusammenhang mit der Klinkerherstellung. Auf Anlagenebene kann das Kalzinierungs-CO_2 auf zwei Weisen berechnet werden: entweder auf der Grundlage der Karbonate des im Prozess umgewandelten Rohstoffs (hauptsächlich Kalkstein, Dolomit) (Berechnungsmethode A) oder basierend auf der Menge der Alkalimetalloxide in dem hergestellten Kalk (Berechnungsmethode B). Beide Ansätze werden als gleichwertig betrachtet.

Berechnungsmethode A: Karbonate

Die Berechnung basiert auf dem eingesetzten Karbonat. Für die Berechnung der Emission ist folgende Formel ist anzuwenden:

$$CO_2\text{-Emission [t } CO_2] = \sum \{(\text{Tätigkeitsdaten}_{\text{Karbonat-INPUT}} - \text{Tätigkeitsdaten}_{\text{Karbonat-OUTPUT}}) \times \text{Emissionsfaktor} \times \text{Umsetzungsfaktor}\}$$

wobei

a) Tätigkeitsdaten

Bei den Tätigkeitsdaten$_{\text{Karbonat-INPUT}}$ und Tätigkeitsdaten$_{\text{Karbonat-OUPUT}}$ handelt es sich um die Mengen [t] an $CaCO_3$, $MgCO_3$ oder anderen Erdalkali- oder Alkalikarbonaten, die während des Berichtszeitraums eingesetzt werden.

Ebene 1:

Die Menge reiner Karbonate (z.B. Kalkstein) [t] in dem Prozessinput und -output während des Berichtszeitraums, ermittelt durch Wiegen des Rohstoffs mit einem maximal zulässigen Unsicherheitsfaktor von weniger als ± 5,0 % je Messvorgang. Die Zusammensetzung des betreffenden Rohstoffs und des Endprodukts richtet sich nach den Leitlinien der Industrie hinsichtlich der bewährtesten Praxis.

Ebene 2:

Die Menge reiner Karbonate (z.B. Kalkstein) [t] in dem Prozessinput und -output während des Berichtszeitraums, ermittelt durch Wiegen des Rohstoffs mit einem maximal zulässigen Unsicherheitsfaktor von weniger als ± 2,5 % je Messvorgang.

Die Zusammensetzung des betreffenden Rohstoffs und des Endprodukts wird durch den Betreiber in Einklang mit Abschnitt 10 des Anhangs I ermittelt.

b) Emissionsfaktor

Ebene 1:

Es sind die stöchiometrischen Verhältnisse der Karbonate im Prozessinput und -output, die in der unten stehenden Tabelle 1 aufgeführt sind, anzuwenden.

Tabelle 1 Stöchiometrische Emissionsfaktoren

Oxid	Emissionsfaktor [t CO_2/t Ca-, Mg- oder anderes Karbonat]	Bemerkungen
$CaCO_3$	0,440	
$MgCO_3$	0,522	
Allgemein: $X_y(CO_3)_z$	Emissionsfaktor= $[M_{CO_2}]/\{Y \times [M_x] + Z \times [M_{CO_3^{2-}}]\}$	X = Erdalkali- oder Alkalimetall M_x = Molekulargewicht von X in [g/mol] M_{CO_2} = Molekulargewicht von CO_2 = 44 [g/mol] $M_{CO_3^-}$ = Molekulargewicht von CO_3^{2-} = 60 [g/mol] Y = stöchiometrische Zahl von X = 1 (für Erdalkalimetalle) = 2 (für Alkalimetalle) Z = stöchiometrische Zahl von CO_3^{2-} = 1

c) Umsetzungsfaktor

Ebene 1:

Umsetzungsfaktor: 1,0

Berechnungsmethode B: Erdalkalimetalloxide

Das CO_2 ist auf der Grundlage der in dem hergestellten Kalk enthaltenen Mengen CaO, MgO und anderer Erdalkali-/Alkalimetalloxide zu berechnen. Dabei ist bereits kalziniertes Ca und Mg zu berücksichtigen, das über Flugasche oder alternative Brenn- und Rohstoffe mit bedeutendem CaO- oder MgO-Anteil in den Ofen gelangt.

Der Berechnung erfolgt anhand der folgenden Formel:

$$\text{CO}_2\text{-Emission [t CO}_2] = \sum \{[(\text{Tätigkeitsdaten}_{\text{Alkalimetalloxide OUTPUT}} - \text{Tätigkeitsdaten}_{\text{Alkalimetalloxide INPUT}}) \times \text{Emissionsfaktor} \times \text{Umsetzungsfaktor}]\}$$

wobei

a) Tätigkeitsdaten

Der Begriff „Tätigkeitsdaten$_{\text{O OUTPUT}}$ − Tätigkeitsdaten$_{\text{O INPUT}}$" bezeichnet die Gesamtmenge [t] an CaO, MgO oder anderen Erdalkali- oder Alkalimetalloxiden, die während des Berichtszeitraums aus den betreffenden Karbonaten umgewandelt wird.

Ebene 1:

Die Masse an CaO, MgO oder anderer Erdalkali- oder Alkalimetalloxiden [t] in dem Endprodukt und dem Prozesseingangsstoff während des Berichtszeitraums, ermittelt vom Betreiber durch Wiegen mit einem maximal zulässigen Unsicherheitsfaktor von ± 5,0 % je Messvorgang. Die Zusammensetzung der betreffenden Produkttypen und des Rohmaterials richtet sich nach den Leitlinien der Industrie hinsichtlich der bewährtesten Praxis.

Ebene 2:

Die Masse an CaO, MgO oder anderer Erdalkali- oder Alkalimetalloxiden [t] in dem Endprodukt und dem Prozesseingangsstoff während des Berichtszeitraums, ermittelt vom Betreiber durch Wiegen mit einem maximal zulässigen Unsicherheitsfaktor von ± 2,5 % je Messvorgang. Die Analyse der jeweiligen Zusammensetzung erfolgt in Einklang mit den Vorgaben von Abschnitt 10 des Anhangs I.

b) Emissionsfaktor

Ebene 1:

Es sind die stöchiometrischen Verhältnisse der Oxide im Prozessinput und -output, die in der unten stehenden Tabelle 2 aufgeführt sind, anzuwenden.

Tabelle 2 Stöchiometrische Emissionsfaktoren

Oxid	Emissionsfaktor [t CO_2] / [t Ca-, Mg- oder anderes Oxid]	Bemerkungen	
CaO	0,785		
MgO	1,092		
Allgemein: $X_y(O)_z$	Emissionsfaktor = $[M_{CO2}]/\{Y \times [M_x] + Z \times [M_O]\}$	X	= Erdalkali- oder Alkalimetall
		M_x	= Molekulargewicht von X in [g/mol]
		M_{CO2}	= Molekulargewicht von CO_2 = 44 [g/mol]
		M_O	= Molekulargewicht von O = 16 [g/mol]
		Y	= stöchiometrische Zahl von X = 1 (für Erdalkalimetalle) = 2 (für Alkalimetalle)
		Z	= stöchiometrische Zahl von O = 1

c) Umsetzungsfaktor

Ebene 1:

Umsetzungsfaktor: 1,0

2.2 Messung der CO_2-Emissionen
Für die Messungen gelten die Leitlinien des Anhangs I.

3. Bestimmung anderer Treibhausgasemissionen als CO_2

Spezifische Leitlinien für die Bestimmung anderer Treibhausgasemissionen als CO_2 werden gegebenenfalls zu einem späteren Zeitpunkt in Übereinstimmung mit den einschlägigen Bestimmungen der Richtlinie erarbeitet.

Anhang IX

Tätigkeitsspezifische Leitlinien für Anlagen zur Herstellung von Glas gemäß Anhang I der Richtlinie

1. Einschränkungen und Vollständigkeit

Wenn in der Anlage eine Abgaswäsche erfolgt und die daraus resultierenden Emissionen nicht in die Prozessemissionen der Anlage eingerechnet werden, sind diese in Einklang mit den Vorgaben von Anhang II zu berechnen.

2. Bestimmung von CO_2-Emissionen

In Anlagen zur Herstellung von Glas werden aus den folgenden Quellen CO_2-Emissionen freigesetzt:
— Schmelzen von im Rohstoff enthaltenen Alkali- und Erdalkalimetallkarbonaten,
— konventionelle fossile Ofenbrennstoffe,
— alternative fossile Ofenbrennstoffe und Rohstoffe,
— Biomasse-Ofenbrennstoffe (Biomasse-Abfälle),
— andere Brennstoffe als Ofenbrennstoffe,
— kohlenstoffhaltige Zusatzstoffe einschließlich Koks und Kohlenstaub,
— Abgaswäsche.

2.1 Berechnung der CO_2-Emissionen

2.1.1 Emissionen aus der Verbrennung
Die Verbrennungsprozesse in Anlagen zur Herstellung von Glas sind in Einklang mit den Vorgaben von Anhang II zu überwachen und zu melden.

2.1.2 Prozessemissionen
CO_2 wird während des Schmelzvorgangs im Ofen, aus den im Rohstoff enthaltenen Karbonaten und bei der Neutralisierung von HF, HCl und SO_2 in den Abgasen mit Hilfe von Kalkstein oder anderen Karbonaten freigesetzt. Sowohl die Emissionen, die bei der Zersetzung der Karbonate in dem Schmelzvorgang freigesetzt werden, als auch die Emissionen aus der Abgaswäsche sind als Emissionen der Anlage zu betrachten. Sie addieren sich zu der Gesamtemission, sind jedoch nach Möglichkeit getrennt zu melden.

Das CO_2 aus den Karbonaten im Rohstoff, das während des Schmelzvorgangs im Ofen freigesetzt wird, steht in einem technischen Zusammenhang mit der Herstellung von Glas und kann auf zwei Weisen berechnet werden: zum einen auf Basis der umgewandelten Menge an Karbonaten aus dem Rohstoff — hauptsächlich Soda, Kalk/Kalkstein, Dolomit und andere Alkali- und Erdalkalikarbonate, ergänzt durch Altglas (Bruchglas) — (Berechnungsmethode A). Die zweite Möglichkeit besteht in der Berechnung auf der Grundlage des Alkalimetalloxidanteils im hergestellten Glas (Berechnungsmethode B). Beide Berechnungsmethoden werden als gleichwertig betrachtet.

Berechnungsmethode A: Karbonate

Die Berechnung basiert auf dem eingesetzten Karbonat. Für die Berechnung der Emission ist folgende Formel ist anzuwenden:

CO_2-Emissionen [t CO_2] = ($\sum$ {Tätigkeitsdaten Karbonat × Emissionsfaktor} + $\sum$ {Zusatzstoff × Emissionsfaktor}) × Umsetzungsfaktor

wobei

a) Tätigkeitsdaten

Die Tätigkeitsdaten Karbonat umfassen die Menge [t] an $CaCO_3$, $MgCO_3$, Na_2CO_3, $BaCO_3$ oder anderen Erdalkali- oder Alkalikarbonaten in den Rohstoffen (Soda, Kalk/Kalkstein, Dolomit), die während des Berichtszeitraums verarbeitet werden, sowie die Menge der kohlenstoffhaltigen Zusatzstoffe.

Ebene 1:

Die Masse an $CaCO_3$, $MgCO_3$, Na_2CO_3, $BaCO_3$ oder anderen Erdalkali- oder Alkalikarbonaten und die Masse der kohlenstoffhaltigen Zusatzstoffe [t], die während des Berichtszeitraums im Prozess eingesetzt werden; ermittelt durch Wiegen der betreffenden Rohstoffe durch den Betreiber oder den Lieferanten mit einem maximal zulässigen Unsicherheitsfaktor von ± 2,5 % je Messvorgang. Die Daten der Zusammensetzung richten sich nach den für diese spezielle Produktkategorie geltenden Leitlinien der Industrie hinsichtlich der bewährtesten Praxis.

Ebene 2:

Die Masse an $CaCO_3$, $MgCO_3$, Na_2CO_3, $BaCO_3$ oder anderen Erdalkali- oder Alkalikarbonaten und die Masse der Kohlenstoff enthaltenden Zusatzstoffe [t], die während des Berichtszeitraums im Prozess eingesetzt werden; ermittelt durch Wiegen des betreffenden Rohstoffs durch den Betreiber oder den Lieferanten mit einem maximal zulässigen Unsicherheitsfaktor von ± 1,0 % je Messvorgang; die Analysen der Zusammensetzung erfolgen in Einklang mit den Vorgaben von Abschnitt 10 des Anhangs I.

b) Emissionsfaktor

Ebene 1:

Karbonate

Es sind die stöchiometrischen Verhältnisse der Karbonate im Prozessinput und -output, die in der unten stehenden Tabelle 1 aufgeführt sind, anzuwenden.

Tabelle 1 Stöchiometrische Emissionsfaktoren

Oxid	Emissionsfaktor [t CO_2/t Ca-, Mg- Na-, Ba- oder anderes Karbonat]	Bemerkungen	
$CaCO_3$	0,440		
$MgCO_3$	0,522		
Na_2CO_3	0,415		
$BaCO_3$	0,223		
Allgemein: $X_y(CO_3)_z$	Emissionsfaktor = $[M_{CO2}] / \{Y \times [M_x] + Z \times [M_{CO3}^{2-}]\}$	X =	Erdalkali- oder Alkalimetall
		M_x =	Molekulargewicht von X in [g/mol]
		M_{CO2} =	Molekulargewicht von CO_2 = 44 [g/mol]
		M_{CO3}^{2-} =	Molekulargewicht von CO_3^{2-} = 60 [g/mol]
		Y =	stöchiometrische Zahl von X = 1 (für Erdalkalimetalle) = 2 (für Alkalimetalle)
		Z =	stöchiometrische Zahl von CO_3^{2-} = 1

Diese Werte sind um den jeweiligen Feuchte- und Gangart-Gehalt der eingesetzten Karbonatmaterialien zu bereinigen.

Zusatzstoffe

Der spezifische Emissionsfaktor wird in Einklang mit den Vorgaben von Abschnitt 10 des Anhangs I ermittelt.

c) Umsetzungsfaktor

Ebene 1:

Umsetzungsfaktor: 1,0

Berechnungsmethode B: Alkalimetalloxide

Die CO_2-Emissionen sind auf Basis der hergestellten Glasmengen und der Anteile an CaO, MgO, Na_2O, BaO und anderen Erdalkali/Alkalimetalloxiden im Glas (Tätigkeitsdaten$_{O\ OUTPUT}$) zu berechnen. Der Emissionsfaktor ist um die Mengen Ca, Mg, Na, Ba und anderer Erdalkali-/Alkalimetalle zu korrigieren, die dem Ofen nicht als Karbonate zugeführt werden, sondern zum Beispiel über Altglas oder alternative Brennstoffe und Rohstoffe mit bedeutendem Anteil an CaO, MgO, Na_2O oder BaO und anderen Erdalkali-/Alkalimetalloxiden (Tätigkeitsdaten$_{O\ INPUT}$).

Der Berechnung erfolgt anhand der folgenden Formel:

CO_2-Emission [t CO_2] = ($\sum$ {(Tätigkeitsdaten$_{O\ OUTPUT}$ − Tätigkeitsdaten$_{O\ INPUT}$) × Emissionsfaktor} + $\sum$ {Zusatzstoff × Emissionsfaktor}) × Umsetzungsfaktor

wobei

a) Tätigkeitsdaten

Der Begriff „Tätigkeitsdaten$_{O\ OUTPUT}$ − Tätigkeitsdaten$_{O\ INPUT}$" beschreibt die Masse [t] an CaO, MgO, Na$_2$O, BaO oder anderen Erdalkali- oder Alkalimetalloxiden, die während des Berichtszeitraums aus den Karbonaten umgewandelt werden.

Ebene 1:

Die Menge [t] an CaO, MgO, Na$_2$O, BaO oder anderen Erdalkali- oder Alkalimetalloxiden, die während des Berichtszeitraums im Prozessinput und in den Endprodukten eingesetzt wird sowie die Menge der kohlenstoffhaltigen Zusatzstoffe, ermittelt durch Wiegen der Eingangsstoffe und der Produkte auf Anlagenebene mit einem maximal zulässigen Unsicherheitsfaktor von weniger als ± 2,5 % je Messvorgang. Die Daten der Zusammensetzung richten sich nach den für diese spezifische Produktkategorie und Rohstoffe geltenden Leitlinien der Industrie hinsichtlich der bewährtesten Praxis.

Ebene 2:

Die Menge [t] an CaO, MgO, Na$_2$O, BaO oder anderen Erdalkali- oder Alkalimetalloxiden, die während des Berichtszeitraums im Prozessinput und in den Endprodukten eingesetzt wird sowie die Menge der kohlenstoffhaltigen Zusatzstoffe, ermittelt durch Wiegen der Eingangsstoffe und der Produkte auf Anlagenebene mit einem maximal zulässigen Unsicherheitsfaktor von weniger als ± 1,0 % je Messvorgang; die Analysen der Zusammensetzung erfolgen in Einklang mit den Vorgaben von Abschnitt 10 des Anhangs I.

b) Emissionsfaktor

Ebene 1:

Karbonate

Oxide: Es sind die stöchiometrischen Verhältnisse der Oxide im Prozessinput und -output, die in der unten stehenden Tabelle 2 aufgeführt sind, anzuwenden.

Tabelle 2 Stöchiometrische Emissionsfaktoren

Oxid	Emissionsfaktor [t CO_2/t Ca-, Mg- Na-, Ba- oder anderes Karbonat]	Bemerkungen		
$CaCO_3$	0,440			
$MgCO_3$	0,522			
Na_2CO_3	0,415			
$BaCO_3$	0,223			
Allgemein: $X_y(CO_3)_z$	Emissionsfaktor = $[M_{CO_2}] / \{Y \times [M_x] + Z \times [M_{CO_3^{2-}}]\}$	X	=	Erdalkali- oder Alkalimetall
		M_x	=	Molekulargewicht von X in [g/mol]
		M_{CO_2}	=	Molekulargewicht von CO_2 = 44 [g/mol]
		$M_{CO_3^{2-}}$	=	Molekulargewicht von CO_3^{2-} = 60 [g/mol]
		Y	=	stöchiometrische Zahl von X = 1 (für Erdalkalimetalle) = 2 (für Alkalimetalle)
		Z	=	stöchiometrische Zahl von CO_3^{2-} = 1

Zusatzstoffe

Die spezifischen Emissionsfaktoren werden in Einklang mit den Vorgaben von Abschnitt 10 des Anhangs I ermittelt.

c) Umsetzungsfaktor

Ebene 1:

Umsetzungsfaktor: 1,0

2.2 Messung der CO_2-Emissionen

Für die Messungen gelten die Leitlinien des Anhangs I.

3. Bestimmung anderer Treibhausgasemissionen als CO_2

Spezifische Leitlinien für die Bestimmung anderer Treibhausgasemissionen als CO_2 werden gegebenenfalls zu einem späteren Zeitpunkt in Übereinstimmung mit den einschlägigen Bestimmungen der Richtlinie erarbeitet.

Anhang X

Tätigkeitsspezifische Leitlinien für Anlagen zur Herstellung von keramischen Erzeugnissen gemäß Anhang I der Richtlinie

1. Einschränkungen und Vollständigkeit

Keine spezifischen Einschränkungen.

2. Bestimmung von CO_2-Emissionen

In Anlagen zur Herstellung von keramischen Erzeugnissen werden aus den folgenden Quellen CO_2-Emissionen freigesetzt:
— Kalzinierung von Kalkstein/Dolomit im Rohstoff,
— Kalkstein für die Reduzierung von Luftschadstoffen,
— konventionelle fossile Ofenbrennstoffe,
— alternative fossile Ofenbrennstoffe und Rohstoffe,
— Biomasse-Ofenbrennstoffe (Biomasse-Abfälle),
— andere Brennstoffe als Ofenbrennstoffe,
— organisches Material im Ton-Rohstoff,
— Zusatzstoffe zur Anregung der Porenbildung, z.B. Sägespäne oder Polystyrol,
— Abgaswäsche.

2.1 Berechnung der CO_2-Emissionen

2.1.1 Emissionen aus der Verbrennung
Die Verbrennungsprozesse in Anlagen zur Herstellung von keramischen Erzeugnissen sind in Einklang mit den Vorgaben von Anhang II zu überwachen und zu melden.

2.1.2 Prozessemissionen
CO_2 wird sowohl bei der Kalzinierung der Rohstoffe im Ofen und als auch bei der Neutralisierung von HF, HCl und SO_2 in den Abgasen mit Hilfe von Kalkstein oder anderen Karbonaten freigesetzt. Sowohl die Emissionen, die bei der Zersetzung der Karbonate in dem Kalzinierprozess freigesetzt werden, als auch die Emissionen aus der Abgaswäsche sind als Emissionen der Anlage zu betrachten. Sie addieren sich zu der Gesamtemission, sind jedoch nach Möglichkeit getrennt zu melden. Die Berechnung erfolgt anhand der folgenden Formel:

$$CO_2\text{-Emissionen}_{Gesamt}\ [t] = CO_2\text{-Emissionen}_{Eingangsstoff}\ [t] + CO_2\text{-Emissionen}_{Wäsche}\ [t]$$

2.1.2.1 CO_2 aus dem Eingangsstoff. Das CO_2, aus den Karbonaten und aus dem Kohlenstoff, der in anderen Eingangsstoffen enthalten ist, ist entweder anhand einer Methode zu berechnen, die die Menge der Karbonate des im Prozess umgewandelten Rohstoffs (hauptsächlich Kalkstein, Dolomit) zugrunde legt, (Berechnungsmethode A) oder anhand einer Methode, die auf den Alkalimetalloxiden in den hergestellten keramischen Erzeugnissen basiert (Berechnungsmethode B). Beide Ansätze werden als gleichwertig betrachtet.

Berechnungsmethode A: Karbonate

Die Berechnung basiert auf dem eingesetzten Karbonat, einschließlich des Kalksteins, mit dem das HF, HCl und SO_2 in den Abgasen neutralisiert wird, sowie auf dem in den Zusatzstoffen enthaltenen Kohlenstoff. Doppelzählungen aufgrund innerbetrieblichen Staubrecyclings sind zu vermeiden.

Der Berechnung erfolgt anhand der folgenden Formel:

CO_2-Emission [t CO_2] = ($\sum$ {Tätigkeitsdaten$_{Karbonat}$ × Emissionsfaktor} + $\sum$ {Tätigkeitsdaten$_{Zusatzstoffe}$ × Emissionsfaktor}) × Umsetzungsfaktor

wobei

a) Tätigkeitsdaten

Die Tätigkeitsdaten Karbonat umfassen die Menge [t] an $CaCO_3$, $MgCO_3$ oder anderen Erdalkali- oder Alkalikarbonaten, die während des Berichtszeitraums über die Rohstoffe (Kalkstein, Dolomit) eingesetzt werden, sowie deren CO_3^{2-}-Konzentration und die Menge [t] der kohlenstoffhaltigen Zusatzstoffe.

Ebene 1:

Die Masse an $CaCO_3$, $MgCO_3$ oder anderen Erdalkali- oder Alkalikarbonaten [t] sowie die Menge [t] der kohlenstoffhaltigen Zusatzstoffe, die während des Berichtszeitraums im Prozess eingesetzt werden, ermittelt durch Wiegen durch den Betreiber oder den Lieferanten mit einem maximal zulässigen Unsicherheitsfaktor von ± 2,5 % je Messvorgang; die Daten der Zusammensetzung richten sich nach den für diese spezielle Produktkategorie geltenden Leitlinien der Industrie hinsichtlich der bewährtesten Praxis.

Ebene 2:

Die Masse an $CaCO_3$, $MgCO_3$ oder anderen Erdalkali- oder Alkalikarbonaten [t] sowie die Menge [t] der kohlenstoffhaltigen Zusatzstoffe, die während des Berichtszeitraums im Prozess eingesetzt werden, ermittelt durch Wiegen durch den Betreiber oder den Lieferanten mit einem maximal zulässigen Unsicherheitsfaktor von ± 1,0 % je Messvorgang; die Analysen der Zusammensetzung erfolgen in Einklang mit Abschnitt 10 des Anhangs I.

b) Emissionsfaktor

Ebene 1:

Karbonate

Es sind die stöchiometrischen Verhältnisse der Karbonate im Prozessinput und -output, die in der unten stehenden Tabelle 1 aufgeführt sind, anzuwenden.

Tabelle 1 Stöchiometrische Emissionsfaktoren

Oxid	Emissionsfaktor [t CO_2/t Ca-, Mg- oder anderes Karbonat]	Bemerkungen
$CaCO_3$	0,440	
$MgCO_3$	0,522	
Allgemein: $X_y(CO_3)_z$	Emissionsfaktor = $[M_{CO2}] / \{Y \times [M_x] + Z \times [M_{CO_3^{2-}}]\}$	X = Erdalkali- oder Alkalimetall M_x = Molekulargewicht von X in [g/mol] M_{CO2} = Molekulargewicht von CO_2 = 44 [g/mol] $M_{CO_3^{2-}}$ = Molekulargewicht von CO_3^{2-} = 60 [g/mol] Y = stöchiometrische Zahl von X = 1 (für Erdalkalimetalle) = 2 (für Alkalimetalle) Z = stöchiometrische Zahl von CO_3^{2-} = 1

Diese Werte sind um den jeweiligen Feuchte- und Gangart-Gehalt der eingesetzten Karbonatmaterialien zu bereinigen.

Zusatzstoffe

Die spezifischen Emissionsfaktoren werden in Einklang mit den Vorgaben von Abschnitt 10 des Anhangs I ermittelt.

c) Umsetzungsfaktor

Ebene 1:

Umsetzungsfaktor: 1,0

Berechnungsmethode B: Alkalimetalloxide

Die Berechnung des Kalzinierungs-CO_2 basiert auf der Menge der hergestellten keramischen Erzeugnisse und dem Anteil an CaO, MgO und anderen (Erd-)Alkalimetalloxiden in den keramischen Erzeugnissen (Tätigkeitsdaten$_{O\ OUTPUT}$). Der Emissionsfaktor ist um die bereits kalzinierten Mengen Ca, Mg und anderer Erdalkali-/ Alkalimetalle zu korrigieren, die dem Ofen zum Beispiel über alternative Brennstoffe und Rohstoffe mit einem bedeutenden CaO- oder MgO-

Anteil zugeführt werden (Tätigkeitsdaten$_{O\ INPUT}$). Emissionen aus der HF-, HCl oder SO$_2$-Reduktion sind auf der Grundlage der eingesetzten Karbonate gemäß den Verfahren in Berechnungsmethode A zu berechnen.

Die Berechnung erfolgt anhand der folgenden Formel:

CO$_2$-Emission [t CO$_2$] = $\sum$ {[(Tätigkeitsdaten$_{O\ OUTPUT}$ – Tätigkeitsdaten$_{O\ INPUT}$) × Emissionsfaktor × Umsetzungsfaktor]} + (CO$_2$-Emissionen aus der HF-, HCl- oder SO$_2$-Reduktion))

wobei

a) Tätigkeitsdaten

Der Begriff „Tätigkeitsdaten$_{O\ OUTPUT}$ – Tätigkeitsdaten$_{O\ INPUT}$" beschreibt die Mengen [t] an CaO, MgO oder anderen Erdalkali- oder Alkalimetalloxiden, die während des Berichtszeitraums aus den Karbonaten umgewandelt werden.

Ebene 1:

Die Masse an CaO, MgO oder anderen Erdalkali- oder Alkalimetalloxiden [t] im Prozessinput und in den Endprodukten, ermittelt vom Betreiber durch Wiegen mit einem maximal zulässigen Unsicherheitsfaktor von ± 2,5 % je Messvorgang; die Daten der Zusammensetzung richten sich nach den für diese bestimmten Produkttypen und Rohstoffe geltenden Leitlinien der Industrie hinsichtlich der bewährtesten Praxis.

Ebene 2:

Die Masse an CaO, MgO oder anderen Erdalkali- oder Alkalioxiden [t] im Prozessinput und in den Endprodukten, ermittelt vom Betreiber durch Wiegen mit einem maximal zulässigen Unsicherheitsfaktor von ± 1,0 % je Messvorgang; die Analysen der Zusammensetzung erfolgen in Einklang mit den Vorgaben von Abschnitt 10 des Anhangs I.

b) Emissionsfaktor

Ebene 1:

Es sind die stöchiometrischen Verhältnisse der Oxide im Prozessinput und -output, die in der unten stehenden Tabelle 2 aufgeführt sind, anzuwenden.

Tabelle 2 Stöchiometrische Emissionsfaktoren

Oxid	Emissionsfaktoren [t CO_2/t Ca-, Mg- oder anderes Oxid]	Bemerkungen	
CaO	0,785		
MgO	1,092		
Allgemein: $X_y(O)_z$	Emissionsfaktor = $[M_{CO2}] / \{Y \times [M_x] + Z \times [M_O]\}$	X	= Erdalkali- oder Alkalimetall
		M_x	= Molekulargewicht von X in [g/mol]
		M_{CO2}	= Molekulargewicht von CO_2 = 44 [g/mol]
		M_O	= Molekulargewicht von O = 16 [g/mol]
		Y	= stöchiometrische Zahl von X = 1 (für Erdalkalimetalle) = 2 (für Alkalimetalle)
		Z	= stöchiometrische Zahl von O = 1

c) Umsetzungsfaktor

Ebene 1:

Umsetzungsfaktor: 1,0

2.1.2.2 CO_2 aus der Abgaswäsche. CO_2 aus der Abgaswäsche ist auf Basis der eingesetzten Menge $CaCO_3$ zu berechnen.

Die Berechnung erfolgt anhand der folgenden Formel:

$$CO_2\text{-Emission [t } CO_2\text{]} = \text{Tätigkeitsdaten} \times \text{Emissionsfaktor} \times \text{Umsetzungsfaktor}$$

wobei

a) Tätigkeitsdaten

Ebene 1:

Die Menge [t] an trockenem $CaCO_3$, das während des Berichtszeitraums eingesetzt wird, ermittelt vom Betreiber oder Lieferanten durch Wiegen mit einem zulässigen Unsicherheitsfaktor von weniger als ± 2,5 % je Messvorgang.

Ebene 2:

Die Menge [t] an trockenem $CaCO_3$, das während des Berichtszeitraums eingesetzt wird, ermittelt vom Betreiber oder Lieferanten durch Wiegen mit einem zulässigen Unsicherheitsfaktor von weniger als ± 1,0 % je Messvorgang.

b) Emissionsfaktor

Ebene 1:

Die stöchiometrischen Verhältnisse von $CaCO_3$ sind Tabelle 1 zu entnehmen.

c) Umsetzungsfaktor

Ebene 1:

Umsetzungsfaktor: 1,0

2.2 Messung der CO_2-Emissionen
Für die Messungen gelten die Leitlinien des Anhangs I.

3. Bestimmung anderer Treibhausgasemissionen als CO_2

Spezifische Leitlinien für die Bestimmung anderer Treibhausgasemissionen als CO_2 werden gegebenenfalls zu einem späteren Zeitpunkt in Übereinstimmung mit den einschlägigen Bestimmungen der Richtlinie erarbeitet.

Anhang XI

Tätigkeitsspezifische Leitlinien für Anlagen zur Herstellung von Zellstoff und Papier gemäß Anhang I der Richtlinie

1. Einschränkungen und Vollständigkeit

Wenn das aus der Verbrennung fossiler Brennstoffe anfallende CO_2 zum Beispiel an eine benachbarte Anlage zur Herstellung von gefälltem Kalziumkarbonat (PCC) weitergeleitet wird, so sind diese Mengen nicht in die Emissionen der Anlage einzubeziehen.

Wenn in der Anlage eine Abgaswäsche erfolgt und die daraus resultierenden Emissionen nicht in die Prozessemissionen der Anlage eingerechnet werden, sind diese in Einklang mit den Vorgaben von Anhang II zu berechnen.

2. Bestimmung von CO_2-Emissionen

Zu den Prozessen und Einrichtungen von Zellstoff- und Papierfabriken, aus denen möglicherweise CO_2 freigesetzt wird, gehören:

– Hilfskessel, Gasturbinen und andere Feuerungsanlagen, die Dampf oder Energie für die Fabrik erzeugen,
– Rückgewinnungskessel und andere Einrichtungen, in denen Ablaugen verbrannt werden,
– Verbrennungsöfen,
– Kalköfen und Kalzinieröfen,
– Abgaswäsche,
– Trockner, die mit Gas oder anderen fossilen Brennstoffen befeuert werden (z.B. Infrarottrockner).

Abwasserbehandlung und Deponien, einschließlich anaerobe Abwasserbehandlung oder Schlammfaulungsverfahren und Deponien zur Entsorgung von Papierfabrikabfällen, sind nicht unter den Tätigkeiten in Anhang I der Richtlinie aufgeführt. Dementsprechend fallen deren Emissionen nicht unter die Bestimmungen der Richtlinie.

2.1 Berechnung der CO_2-Emissionen

2.1.1 Emissionen aus der Verbrennung
Die Emissionen aus den Verbrennungsprozessen in Anlagen zur Herstellung von Papier und Zellstoff sind in Einklang mit den Vorgaben von Anhang II zu überwachen.

2.1.2 Prozessemissionen

Die Emissionen sind auf den Einsatz von Karbonaten als Zusatzchemikalien in Zellstofffabriken zurückzuführen. Auch wenn die Verluste an Natrium und Kalzium im Rückgewinnungssystem und in der Kaustifizieranlage normalerweise durch den Einsatz nichtkarbonathaltiger Chemikalien ausgeglichen wird, werden manchmal geringfügige Mengen Kalziumkarbonat ($CaCO_3$) und Natriumkarbonat (Na_2CO_3) hinzugefügt, die zu CO_2-Emissionen führen. Der in diesen Chemikalien enthaltene Kohlenstoff ist in der Regel fossilen Ursprungs, allerdings kann er in einigen Fällen (z.B. Na_2CO_3, das von Soda einsetzenden Halbstoffwerken gekauft wurde) auch aus Biomasse gewonnen worden sein.

Es wird angenommen, dass der in diesen Chemikalien enthaltene Kohlenstoff aus dem Kalkofen oder dem Rückgewinnungsofen als CO_2 emittiert wird. Die Bestimmung der Emissionen erfolgt unter der Annahme, dass der gesamte Kohlenstoff im $CaCO_3$ und Na_2CO_3, die in den Rückgewinnungs- und Kaustifizieranlagen eingesetzt werden, in die Atmosphäre freigesetzt wird.

Zusätzliches Kalzium wird benötigt, um die Verluste aus der Kaustifizieranlage, meist in Form von Kalziumkarbonat, auszugleichen.

Die CO_2-Emissionen sind wie folgt zu berechnen:

$$CO_2\text{-Emissionen} = \sum \{(\text{Tätigkeitsdaten}_{Karbonat} \times \text{Emissionsfaktor} \times \text{Umsetzungsfaktor})\}$$

wobei

a) Tätigkeitsdaten

Die Tätigkeitsdaten$_{Kohlenstoff}$ errechnen sich aus den Mengen des im Prozess eingesetzten $CaCO_3$ und Na_2CO_3.

Ebene 1:

Mengen [t] des im Prozess eingesetzten $CaCO_3$ und Na_2CO_3, ermittelt vom Betreiber oder Lieferanten durch Wiegen mit einem maximal zulässigen Unsicherheitsfaktor von weniger als ± 2,5 % je Messvorgang

Ebene 2:

Mengen [t] des im Prozess eingesetzten $CaCO_3$ und Na_2CO_3, ermittelt vom Betreiber oder Lieferanten durch Wiegen mit einem maximal zulässigen Unsicherheitsfaktor von weniger als ± 1,0 % je Messvorgang

b) Emissionsfaktor

Ebene 1:

Es sind die stöchiometrischen Verhältnisse [t CO_2/t $CaCO_3$] und [t CO_2/t Na_2CO_3] für nicht aus Biomasse stammende Karbonate, die in unten stehender Tabelle 1 aufgeführt sind, anzuwenden. Biomasse-Karbonate werden mit einem Emissionsfaktor von 0 [t CO_2/t Karbonat] gewichtet.

Tabelle 1 Stöchiometrische Emissionsfaktoren

Karbonatart und -ursprung	Emissionsfaktor [t CO_2/t Karbonat]
Zellstofffabrik-Zusatzchemikalie $CaCO_3$	0,440
Zellstofffabrik-Zusatzchemikalie Na_2CO_3	0,415
$CaCO_3$ aus Biomasse	0,0
Na_2CO_3 aus Biomasse	0,0

Diese Werte sind um den jeweiligen Feuchte- und Gangart-Gehalt der eingesetzten Karbonatmaterialien zu bereinigen.

c) Umsetzungsfaktor

Ebene 1:

Umsetzungsfaktor: 1,0

2.2 Messung der CO_2-Emissionen
Für die Messungen gelten die Leitlinien des Anhangs I.

3. Bestimmung anderer Treibhausgasemissionen als CO_2

Spezifische Leitlinien für die Bestimmung anderer Treibhausgasemissionen als CO_2 werden gegebenenfalls zu einem späteren Zeitpunkt in Übereinstimmung mit den einschlägigen Bestimmungen der Richtlinie erarbeitet.

Treibhausgas-Emissionshandelsgesetz (TEHG)

Gesetz über den Handel mit Berechtigungen zur Emission von Treibhausgasen

(Treibhausgas-Emissionshandelsgesetz – TEHG)[1]

Vom 8. Juli 2004

(BGBl. I S. 1578, zuletzt geändert durch Art. 2 des Gesetzes vom 22.09.2005, BGBl. I S. 2826, 2883)

Inhaltsübersicht

Abschnitt 1. Allgemeine Vorschriften
§ 1 Zweck des Gesetzes
§ 2 Anwendungsbereich
§ 3 Begriffsbestimmungen

Abschnitt 2. Genehmigung und Überwachung von Emissionen
§ 4 Emissionsgenehmigung
§ 5 Ermittlung von Emissionen und Emissionsbericht

Abschnitt 3. Berechtigungen und Zuteilung
§ 6 Berechtigungen
§ 7 Nationaler Zuteilungsplan
§ 8 Verfahren der Planaufstellung, Notifizierung
§ 9 Zuteilung von Berechtigungen
§ 10 Zuteilungsverfahren
§ 11 Überprüfung der Zuteilungsentscheidung

---

[1] Art. 1 des Gesetzes zur Umsetzung der Richtlinie 2003/87/EG des Europäischen Parlaments und des Rates vom 13. Oktober 2003 über ein System für den Handel mit Treibhausgasemissionszertifikaten in der Gemeinschaft und zur Änderung der Richtlinie 96/61/EG des Rates (ABl. EU Nr. L 275 S. 32).

§ 12 Rechtsbehelfe gegen die Zuteilungsentscheidung
§ 13 Anerkennung von Berechtigungen und Emissionsgutschriften
§ 14 Emissionshandelsregister

Abschnitt 4. Handel mit Berechtigungen
§ 15 Anwendbarkeit von Vorschriften über das Kreditwesen
§ 16 Übertragung von Berechtigungen

Abschnitt 5. Sanktionen
§ 17 Durchsetzung der Berichtspflicht
§ 18 Durchsetzung der Abgabepflicht
§ 19 Ordnungswidrigkeiten

Abschnitt 6. Gemeinsame Vorschriften
§ 20 Zuständigkeiten
§ 21 Überwachung
§ 22 Kosten von Amtshandlungen nach diesem Gesetz
§ 23 Elektronische Kommunikation
§ 24 Anlagenfonds
§ 25 Einheitliche Anlage

Abschnitt 1. Allgemeine Vorschriften

§ 1 Zweck des Gesetzes. Zweck dieses Gesetzes ist es, für Tätigkeiten, durch die in besonderem Maße Treibhausgase emittiert werden, die Grundlagen für den Handel mit Berechtigungen zur Emission von Treibhausgasen in einem gemeinschaftsweiten Emissionshandelssystem zu schaffen, um damit durch eine kosteneffiziente Verringerung von Treibhausgasen zum weltweiten Klimaschutz beizutragen. Das Gesetz dient auch der Verknüpfung des gemeinschaftsweiten Emissionshandelssystems mit den projektbezogenen Mechanismen im Sinne der Artikel 6 und 12 des Protokolls von Kyoto zum Rahmenübereinkommen der Vereinten Nationen vom 11. Dezember 1997 (BGBl. 2002 II S. 967).

§ 2 Anwendungsbereich. (1) Dieses Gesetz gilt für die Emission der in Anhang 1 zu diesem Gesetz genannten Treibhausgase durch die dort genannten Tätigkeiten. Dieses Gesetz gilt auch für die in Anhang 1 genannten Anlagen, die gesondert immissionsschutzrechtlich genehmigungsbedürftiger Anlagenteil oder Nebeneinrichtung einer Anlage sind, die nicht in Anhang 1 aufgeführt ist.

(2) Der Anwendungsbereich dieses Gesetzes erstreckt sich bei den in Anhang 1 genannten Anlagen auf alle
1. Anlagenteile und Verfahrensschritte, die zum Betrieb notwendig sind, und
2. Nebeneinrichtungen, die mit den Anlagenteilen und Verfahrensschritten nach Nummer 1 in einem räumlichen und betriebstechnischen Zusammenhang stehen und die für das Entstehen von den in Anhang 1 genannten Treibhausgasen von Bedeutung sein können.

(3) Die in Anhang 1 bestimmten Voraussetzungen liegen auch vor, wenn mehrere Anlagen derselben Art in einem engen räumlichen und betrieblichen Zusam-

menhang stehen und zusammen die maßgebenden Leistungsgrenzen oder Anlagengrößen erreichen oder überschreiten werden. Ein enger räumlicher und betrieblicher Zusammenhang ist gegeben, wenn die Anlagen
1. auf demselben Betriebsgelände liegen,
2. mit gemeinsamen Betriebseinrichtungen verbunden sind und
3. einem vergleichbaren technischen Zweck dienen.

(4) Dieses Gesetz gilt nicht für die Emissionen von Anlagen, soweit sie der Forschung, Entwicklung oder Erprobung neuer Einsatzstoffe, Brennstoffe, Erzeugnisse oder Verfahren im Labor- oder Technikumsmaßstab dienen; hierunter fallen auch solche Anlagen im Labor- oder Technikumsmaßstab, in denen neue Erzeugnisse in der für die Erprobung ihrer Eigenschaften durch Dritte erforderlichen Menge vor der Markteinführung hergestellt werden, soweit die neuen Erzeugnisse noch weiter erforscht oder entwickelt werden.

(5) Anlagen nach Anhang 1 Nr. I bis V zur ausschließlichen Verbrennung von gefährlichen Abfällen oder Siedlungsabfällen – unabhängig, ob zur Beseitigung oder Verwertung – sowie Anlagen nach § 2 des Gesetzes für den Vorrang Erneuerbarer Energien vom 29. März 2000 (BGBl. I S. 305) in der durch Artikel 7 des Gesetzes vom 23. Juli 2002 (BGBl. I S. 2778) geänderten Fassung unterliegen nicht dem Anwendungsbereich dieses Gesetzes.

§ 3 Begriffsbestimmungen. (1) Emission im Sinne dieses Gesetzes ist die Freisetzung von Treibhausgasen durch eine Tätigkeit im Sinne dieses Gesetzes.

(2) Treibhausgase im Sinne dieses Gesetzes sind Kohlendioxid (CO_2), Methan (CH_4), Distickstoffoxid (N_2O), Fluorkohlenwasserstoffe (FKW), perfluorierte Kohlenwasserstoffe und Schwefelhexafluorid (SF_6).

(3) Als Tätigkeit im Sinne dieses Gesetzes gelten die in Anhang 1 genannten Tätigkeiten.

(4) Berechtigung im Sinne dieses Gesetzes ist die Befugnis zur Emission von einer Tonne Kohlendioxidäquivalent in einem bestimmten Zeitraum. Eine Tonne Kohlendioxidäquivalent ist eine Tonne Kohlendioxid oder die Menge eines anderen Treibhausgases, die in ihrem Potenzial zur Erwärmung der Atmosphäre einer Tonne Kohlendioxid entspricht. Die Bundesregierung kann durch Rechtsverordnung, die nicht der Zustimmung des Bundesrates bedarf, im Rahmen internationaler Standards die Kohlendioxidäquivalente für die einzelnen Treibhausgase bestimmen.

(5) Emissionsreduktionseinheit im Sinne dieses Gesetzes ist eine Einheit im Sinne des § 2 Nr. 20 des Projekt-Mechanismen-Gesetzes.

(6) Zertifizierte Emissionsreduktion im Sinne dieses Gesetzes ist eine Einheit im Sinne des § 2 Nr. 21 des Projekt-Mechanismen-Gesetzes.

(7) Verantwortlicher im Sinne dieses Gesetzes ist jede natürliche oder juristische Person, die die unmittelbare Entscheidungsgewalt über eine Tätigkeit im Sinne dieses Gesetzes innehat und dabei die wirtschaftlichen Risiken der Tätigkeit trägt. Bei genehmigungsbedürftigen Anlagen im Sinne von § 4 Abs. 1 Satz 3 des Bundes-Immissionsschutzgesetzes ist Verantwortlicher der Betreiber der Anlage.

Abschnitt 2. Genehmigung und Überwachung von Emissionen

§ 4 Emissionsgenehmigung. (1) Die Freisetzung von Treibhausgasen durch eine Tätigkeit im Sinne dieses Gesetzes bedarf der Genehmigung.

(2) Die Genehmigung setzt voraus, dass der Verantwortliche in der Lage ist, die durch seine Tätigkeit verursachten Emissionen zu ermitteln und darüber Bericht zu erstatten.

(3) Der Genehmigungsantrag ist vom Verantwortlichen spätestens mit dem Zuteilungsantrag nach § 10 bei der zuständigen Behörde zu stellen. Dem Genehmigungsantrag sind beizufügen
1. die Angabe des Namens und der Anschrift des Verantwortlichen,
2. eine Darstellung der Tätigkeit, ihres Standortes und von Art und Umfang der dort durchgeführten Verrichtungen und der verwendeten Technologien,
3. eine Aufstellung der Rohmaterialien und Hilfsstoffe, deren Verwendung voraussichtlich mit Emissionen verbunden ist,
4. Angaben über die Quellen von Emissionen,
5. Angaben zur Ermittlung und Berichterstattung nach § 5,
6. die Angabe, zu welchem Zeitpunkt die Anlage in Betrieb genommen worden ist oder werden soll, und
7. alle zur Prüfung der Genehmigungsvoraussetzungen erforderlichen Unterlagen.

Dem Antrag ist eine nichttechnische Zusammenfassung der in Satz 2 genannten Punkte beizufügen.

(4) Die zuständige Behörde kann vorschreiben, dass der Antragsteller nur die auf ihrer Internetseite zur Verfügung gestellten elektronischen Formularvorlagen zu benutzen hat und die vom Antragsteller ausgefüllten Formularvorlagen in elektronischer Form zu übermitteln sind. Sie gibt Anforderungen nach Satz 1 rechtzeitig vor Ablauf der Antragsfristen nach § 10 Abs. 3 im Bundesanzeiger und auf der Internetseite der zuständigen Behörde bekannt.

(5) Die Genehmigung enthält folgende Angaben und Bestimmungen:
1. Name und Anschrift des Verantwortlichen,
2. eine Beschreibung der Tätigkeit und ihrer Emissionen sowie des Standortes, an dem die Tätigkeit durchgeführt wird,
3. Überwachungsauflagen, in denen Überwachungsmethode und -häufigkeit festgelegt sind,
4. Auflagen für die Berichterstattung gemäß § 5 und
5. eine Verpflichtung zur Abgabe von Berechtigungen gemäß § 6.

(6) Bei Anlagen, die einer Genehmigung nach § 4 des Bundes-Immissionsschutzgesetzes bedürfen, ist die immissionsschutzrechtliche Genehmigung die Genehmigung nach Absatz 1. Die Absätze 2 bis 5 finden im immissionsschutzrechtlichen Genehmigungsverfahren Anwendung, soweit sie zusätzliche Anforderungen enthalten.

(7) Bei Anlagen im Sinne von Anhang 1, die vor dem 15. Juli 2004 nach den Vorschriften des Bundes-Immissionsschutzgesetzes genehmigt worden sind, sind die Anforderungen der §§ 5 und 6 Abs. 1 als Bestandteil dieser Genehmigung anzusehen. Soweit im Einzelfall die für die Durchführung dieses Gesetzes erforder-

lichen Nebenbestimmungen in der immissionsschutzrechtlichen Genehmigung nicht enthalten sind und die Genehmigung insbesondere bezüglich der Überwachung und Berichterstattung einer weiteren Konkretisierung bedarf, kann die zuständige Behörde die erteilte Genehmigung durch nachträgliche Anordnung nach § 17 des Bundes-Immissionsschutzgesetzes anpassen. Die Betreiber haben Anlagen nach Satz 1 der zuständigen Behörde innerhalb von drei Monaten nach Inkrafttreten dieses Gesetzes anzuzeigen.

(8) Erfüllt der Verantwortliche die in § 5 genannten Pflichten nicht, haben Maßnahmen nach den §§ 17 und 18 dieses Gesetzes Vorrang vor Maßnahmen nach § 17 des Bundes-Immissionsschutzgesetzes. Bei Verstößen gegen die Pflichten nach § 5 finden die §§ 20 und 21 des Bundes-Immissionsschutzgesetzes keine Anwendung. Erfüllt der Verantwortliche die in § 6 Abs. 1 genannten Pflichten nicht, finden ausschließlich die Regelungen dieses Gesetzes Anwendung.

(9) Der Verantwortliche ist verpflichtet, der zuständigen Behörde eine geplante Änderung der Tätigkeit, insbesondere der Lage, der Betriebsweise, des Betriebsumfangs sowie die Stilllegung einer in Anhang 1 bezeichneten Anlage mindestens einen Monat vor ihrer Verwirklichung anzuzeigen, soweit diese Auswirkungen auf die Emissionen haben können.

(10) Ändert sich die Identität oder die Rechtsform des Verantwortlichen, so hat der neue Verantwortliche dies unverzüglich nach der Änderung der zuständigen Behörde anzuzeigen.

(11) Die nach § 20 Abs. 1 Satz 1 zuständige Behörde teilt der nach § 20 Abs. 1 Satz 2 zuständigen Behörde unverzüglich mit, dass für eine von Anhang 1 erfasste Anlage eine Genehmigung erteilt wurde. Soweit Auswirkungen auf die Emissionen zu erwarten sind, teilen die zuständigen Behörden auch die vollständige oder teilweise Stilllegung von Anlagen sowie die Änderung, die Rücknahme oder den Widerruf von Genehmigungen mit.

§ 5 Ermittlung von Emissionen und Emissionsbericht. (1) Der Verantwortliche hat ab dem 1. Januar 2005 die durch seine Tätigkeit in einem Kalenderjahr verursachten Emissionen nach den Maßgaben des Anhangs 2 Teil I zu ermitteln und der zuständigen Behörde nach den Maßgaben des Anhangs 2 Teil II zu diesem Gesetz bis zum 1. März des Folgejahres über die Emissionen zu berichten. Die Bundesregierung kann Einzelheiten zur Bestimmung der zu ermittelnden Emissionen nach Maßgabe des Anhangs 2 Teil I zu diesem Gesetz durch Rechtsverordnung, die der Zustimmung des Bundesrates bedarf, regeln.

(2) § 4 Abs. 4 findet entsprechende Anwendung.

(3) Der Emissionsbericht nach Absatz 1 muss vor seiner Abgabe von einer durch die zuständige Behörde bekannt gegebenen sachverständigen Stelle nach den Maßgaben des Anhangs 3 zu diesem Gesetz geprüft werden. Eine Bekanntgabe als sachverständige Stelle erfolgt auf Antrag, sofern der Antragsteller unbeschadet weiterer Anforderungen nach Satz 4 die Anforderungen nach Anhang 4 zu diesem Gesetz erfüllt. Ohne weitere Prüfung werden auf Antrag
1. unabhängige Umweltgutachter oder Umweltgutachterorganisationen mit einer Zulassung nach dem Umweltauditgesetz, die für ihren jeweiligen Zu-

lassungsbereich zur Prüfung von Erklärungen nach Absatz 1 berechtigt sind, und
2. Personen, die entsprechend den Vorgaben dieses Gesetzes oder auf Grund dieses Gesetzes nach § 36 Abs. 1 der Gewerbeordnung zur Prüfung von Emissionsberichten öffentlich als Sachverständige bestellt worden sind,

bekannt gemacht. Die Bundesregierung wird ermächtigt, durch Rechtsverordnung mit Zustimmung des Bundesrates die Voraussetzungen und das Verfahren der Prüfung sowie die Voraussetzungen und das Verfahren der Bekanntgabe von Sachverständigen durch die zuständige Behörde näher zu regeln.

(4) Der Emissionsbericht nach Absatz 1 und der Bericht über die Prüfung nach Absatz 3 werden von der zuständigen Behörde stichprobenartig überprüft und der nach § 20 Abs. 1 Satz 2 zuständigen Behörde spätestens bis zum 31. März des Folgejahres im Sinne des Absatzes 1 zugeleitet.

Abschnitt 3. Berechtigungen und Zuteilung

§ 6 Berechtigungen. (1) Der Verantwortliche hat bis zum 30. April eines Jahres, erstmals im Jahr 2006, eine Anzahl von Berechtigungen an die zuständige Behörde abzugeben, die den durch seine Tätigkeit im vorangegangenen Kalenderjahr verursachten Emissionen entspricht.

(1a) Der Verantwortliche kann in der ersten Zuteilungsperiode die Abgabepflicht nach Abs. 1 auch durch die Abgabe von zertifizierten Emissionsreduktionen erfüllen.

(1b) In der zweiten und den darauffolgenden Zuteilungsperioden kann der Verantwortliche die Abgabepflicht nach Abs. 1 auch durch die Abgabe von Emissionsreduktionseinheiten oder zertifizierten Emissionsreduktionen bis zu der im jeweiligen Zuteilungsgesetz festzulegenden Höchstmenge erfüllen.

(1c) Die Abgabepflicht nach Abs. 1 kann nicht durch die Abgabe von Emissionsreduktionseinheiten oder zertifizierten Emissionsreduktionen erfüllt werden, die aus Nuklearanlagen oder Projekttätigkeiten, an denen keine Vertragspartei der Anlage I des Rahmenübereinkommens der Vereinten Nationen über Klimaänderungen vom 9. Mai 1992 (BGBl. 1993 II S. 1784) teilgenommen hat, stammen. Die Abgabepflicht nach Abs. 1 kann auch nicht durch die Abgabe von Emissionsreduktionseinheiten oder zertifizierten Emissionsreduktionen erfüllt werden, die aus den Bereichen Landnutzung, Landnutzungsänderung und Forstwirtschaft stammen.

(2) Berechtigungen werden von der zuständigen Behörde nach Maßgabe von § 9 an die Verantwortlichen zugeteilt und ausgegeben.

(3) Die Berechtigungen sind zwischen Verantwortlichen sowie zwischen Personen innerhalb der Europäischen Union oder zwischen Personen innerhalb der Europäischen Union und Personen in Drittländern im Sinne von § 13 Abs. 3 übertragbar.

(4) Die Berechtigungen gelten jeweils für eine Zuteilungsperiode. Die erste Zuteilungsperiode beginnt am 1. Januar 2005 und endet am 31. Dezember 2007. Die sich anschließenden Zuteilungsperioden umfassen einen Zeitraum von jeweils fünf

Jahren. Berechtigungen einer abgelaufenen Zuteilungsperiode werden vier Monate nach Ende einer Zuteilungsperiode in Berechtigungen der laufenden Zuteilungsperiode überführt. Das Gesetz über den nationalen Zuteilungsplan kann für eine Überführung von Berechtigungen von der ersten in die zweite Zuteilungsperiode Abweichungen von Satz 4 vorsehen. Der Inhaber einer Berechtigung kann jederzeit auf sie verzichten und ihre Löschung verlangen.

§ 7 Nationaler Zuteilungsplan. Die Bundesregierung beschließt für jede Zuteilungsperiode einen nationalen Zuteilungsplan. Dieser ist die Grundlage für ein Gesetz über den nationalen Zuteilungsplan; auf Basis des Gesetzes erfolgt die Zuteilung. Der Zuteilungsplan enthält eine Festlegung der Gesamtmenge der in der Zuteilungsperiode zuzuteilenden Berechtigungen sowie Regeln, nach denen die Gesamtmenge der Berechtigungen an die Verantwortlichen für die einzelnen Tätigkeiten zugeteilt und ausgegeben wird. Die Gesamtmenge der zuzuteilenden Berechtigungen soll in einem angemessenen Verhältnis zu Emissionen aus volkswirtschaftlichen Sektoren stehen, die nicht in den Anwendungsbereich dieses Gesetzes fallen. Die Regelungen für zusätzliche Neuanlagen und Anlagenerweiterungen nach Beginn der ersten Zuteilungsperiode werden in den jeweiligen Gesetzen über die nationalen Zuteilungspläne für die Zuteilungsperioden 2005 bis 2007 und 2008 bis 2012 so ausgestaltet, dass, sobald die in den Gesetzen vorgesehene Reserve erschöpft ist oder weitere Zuteilungsanträge sie erschöpfen würden, zusätzlich ausreichend Berechtigungen für eine kostenlose Zuteilung zur Verfügung stehen.

§ 8 Verfahren der Planaufstellung, Notifizierung. (1) Das Bundesministerium für Umwelt, Naturschutz und Reaktorsicherheit hat den innerhalb der Bundesregierung abgestimmten Entwurf des nationalen Zuteilungsplans für die zweite sowie für jede weitere Zuteilungsperiode nach Anhörung der Länder spätestens drei Monate vor dem in Absatz 3 bezeichneten Zeitpunkt im Bundesanzeiger und über einen Zeitraum von sechs Wochen auf seiner Internetseite zu veröffentlichen. Bis zum dritten Werktag nach Ablauf der Internetveröffentlichung kann jedermann zum Entwurf Stellung nehmen. Die innerhalb der Frist nach Satz 2 eingereichten Stellungnahmen sind zu berücksichtigen.
(2) Das Bundesministerium für Umwelt, Naturschutz und Reaktorsicherheit fügt dem Beschluss nach § 7 Satz 1 im Einvernehmen mit dem Bundesministerium für Wirtschaft und Arbeit eine Auflistung bei, die vorbehaltlich der Zuteilungsentscheidung nach § 9 für jede Tätigkeit die vorgesehene Zuteilungsmenge ausweist.
(3) Der Zuteilungsplan einschließlich der Auflistung nach Absatz 2 ist für die zweite sowie für jede weitere Zuteilungsperiode 18 Monate vor deren jeweiligem Beginn der Kommission der Europäischen Gemeinschaften und den übrigen Mitgliedstaaten zu übermitteln und spätestens zu diesen Zeitpunkten im Bundesanzeiger und über das Internet zu veröffentlichen.
(4) Die Bundesregierung kann durch Rechtsverordnung, die nicht der Zustimmung des Bundesrates bedarf, Bestimmungen erlassen über die Daten, die für die Aufstellung des nationalen Zuteilungsplans für die nächste Zuteilungsperiode er-

hoben werden sollen sowie über das Verfahren zu ihrer Erhebung durch die zuständige Behörde.

§ 9 Zuteilung von Berechtigungen. (1) Verantwortliche haben für jede Tätigkeit im Sinne dieses Gesetzes einen Anspruch auf Zuteilung von Berechtigungen nach Maßgabe des Gesetzes über den nationalen Zuteilungsplan.

(2) Die Zuteilung erfolgt jeweils bezogen auf eine Tätigkeit für eine Zuteilungsperiode. Die Zuteilungsentscheidung legt nach Maßgabe des Gesetzes über den nationalen Zuteilungsplan fest, welche Teilmengen jährlich auszugeben sind. Die zuständige Behörde gibt diese Teilmengen, außer bei Aufnahme oder Erweiterung einer Tätigkeit nach diesem Zeitpunkt, bis zum 28. Februar eines Jahres, für das Berechtigungen abzugeben sind, aus.

§ 10 Zuteilungsverfahren. (1) Die Zuteilung setzt einen schriftlichen Antrag bei der zuständigen Behörde voraus. Dem Antrag sind die zur Prüfung des Anspruchs nach § 9 Abs. 1 erforderlichen Unterlagen beizufügen. Die Angaben im Zuteilungsantrag müssen von einer von der zuständigen Behörde bekannt gegebenen sachverständigen Stelle verifiziert worden sein. Ohne weitere inhaltliche Prüfung der Befähigung werden auf Antrag
1. unabhängige Umweltgutachter oder Umweltgutachterorganisationen, die im Rahmen ihrer jeweiligen Zulassung nach dem Umweltauditgesetz zur Verifizierung nach Satz 3 berechtigt sind, und
2. Personen, die nach § 36 Abs. 1 der Gewerbeordnung zur Verifizierung von Zuteilungsanträgen nach Satz 3 öffentlich als Sachverständige bestellt worden sind,

gebührenfrei bekannt gemacht.

(2) § 4 Abs. 4 findet entsprechende Anwendung.

(3) Zuteilungsanträge für die erste Zuteilungsperiode sind bis zum 15. Werktag nach Inkrafttreten des Gesetzes über den nationalen Zuteilungsplan, Zuteilungsanträge für jede weitere Zuteilungsperiode jeweils bis zum 31. März des Jahres, welches dem Beginn der Zuteilungsperiode vorangeht, zu stellen. Danach besteht der Anspruch nicht mehr. Die Sätze 1 und 2 gelten nicht im Falle der Aufnahme oder Erweiterung einer Tätigkeit nach diesem Zeitpunkt.

(4) Die Zuteilungsentscheidung ergeht spätestens drei Monate vor Beginn der Zuteilungsperiode; dies gilt nicht im Falle der Aufnahme oder Erweiterung einer Tätigkeit nach diesem Zeitpunkt. Die Zuteilungsentscheidung für die erste Zuteilungsperiode ergeht abweichend von Satz 1 erster Halbsatz spätestens am 30. Werktag nach Ablauf der Antragsfrist. Die nach Landesrecht zuständige Behörde erhält einen Abdruck der Zuteilungsentscheidung an Verantwortliche, die in ihrem Zuständigkeitsbereich eine Tätigkeit nach § 3 Abs. 3 ausüben.

(5) Die Bundesregierung kann die Einzelheiten des Zuteilungsverfahrens, insbesondere
1. die im Antrag nach Absatz 1 zu fordernden Angaben und Unterlagen sowie die Art der beizubringenden Nachweise,
2. die Kriterien für die Verifizierung von Zuteilungsanträgen nach Absatz 1 Satz 3 und

3. die Voraussetzungen und das Verfahren der Bekanntgabe von Sachverständigen durch die zuständige Behörde

durch Rechtsverordnung, die nicht der Zustimmung des Bundesrates bedarf, regeln.

§ 11 Überprüfung der Zuteilungsentscheidung. Die zuständige Behörde kann die Richtigkeit der im Zuteilungsverfahren gemachten Angaben auch nachträglich überprüfen. Eine Überprüfung ist insbesondere vorzunehmen, wenn Anhaltspunkte dafür bestehen, dass die Zuteilungsentscheidung auf unrichtigen Angaben beruht.

§ 12 Rechtsbehelfe gegen die Zuteilungsentscheidung. Widerspruch und Anfechtungsklage gegen Zuteilungsentscheidungen nach § 9 haben keine aufschiebende Wirkung.

§ 13 Anerkennung von Berechtigungen und Emissionsgutschriften. (1) Berechtigungen, die von anderen Mitgliedstaaten der Europäischen Union in Anwendung der Richtlinie 2003/87/EG für die laufende Zuteilungsperiode ausgegeben worden sind, stehen in der Bundesrepublik Deutschland ausgegebenen Berechtigungen gleich.

(2) In den §§ 14, 16, 17, 18 und 24 Abs. 2 Satz 2 gelten Emissionsreduktionseinheiten und zertifizierte Emissionsreduktionen als Berechtigungen im Sinne des § 3 Abs. 4.

(3) Berechtigungen, die von Drittländern ausgegeben werden, mit denen Abkommen über die gegenseitige Anerkennung von Berechtigungen gemäß Artikel 25 Abs. 1 der Richtlinie 2003/87/EG geschlossen wurden, werden von der zuständigen Behörde nach Maßgabe der auf Grundlage von Artikel 25 Abs. 2 der Richtlinie 2003/87/EG erlassenen Vorschriften in Berechtigungen überführt. Das Bundesministerium für Umwelt, Naturschutz und Reaktorsicherheit kann im Einvernehmen mit dem Bundesministerium für Wirtschaft und Arbeit Einzelheiten zur Überführung solcher Berechtigungen durch Rechtsverordnung, die nicht der Zustimmung des Bundesrates bedarf, regeln.

§ 14 Emissionshandelsregister. (1) Die zuständige Behörde führt nach Maßgabe der Verordnung (EG) Nr. 2216/2004 der Kommission vom 21. Dezember 2004 über ein standardisiertes und sicheres Registrierungssystem gemäß der Richtlinie 2003/87/EG sowie der Entscheidung 280/2004/EG des Europäischen Parlaments und des Rates (ABl. EU Nr. L386 S. 1) ein Emissionshandelsregister in der Form einer standardisierten elektronischen Datenbank. Das Register enthält Konten für Berechtigungen und weist Verfügungsbeschränkungen aus. Es enthält ein Verzeichnis der geprüften und berichteten Emissionen der einzelnen Tätigkeiten. Bei der Einrichtung des Registers sind dem jeweiligen Stand der Technik entsprechende Maßnahmen zur Sicherstellung von Datenschutz und Datensicherheit zu treffen. Personenbezogene Daten, die für die Einrichtung und Führung der Konten erforderlich sind, werden am Ende einer Zuteilungsperiode gelöscht, wenn ein

Konto keine Berechtigungen mehr verzeichnet und der Kontoinhaber die Löschung seines Kontos beantragt.

(2) Jeder Verantwortliche erhält ein Konto, in dem die Ausgabe, der Besitz, die Übertragung und die Abgabe von Berechtigungen verzeichnet werden. Abgegebene Berechtigungen werden von der zuständigen Behörde gelöscht. Jede Person erhält auf Antrag ein Konto, in dem Besitz und Übertragung von Berechtigungen verzeichnet werden. Der Inhaber eines Kontos kann nach Maßgabe dieses Gesetzes und der Verordnung (EG) Nr. 2216/2004 über sein Konto verfügen,

(3) Jeder Kontoinhaber hat freien Zugang zu den auf seinen Konten gespeicherten Informationen.

(4) Das Bundesministerium für Umwelt, Naturschutz und Reaktorsicherheit kann durch Rechtsverordnung, die nicht der Zustimmung des Bundesrates bedarf, Einzelheiten zur Einrichtung und Führung des Registers, insbesondere die in Anhang V der Verordnung (EG) Nr. 2216/2004 aufgeführten Fragen regeln.

Abschnitt 4. Handel mit Berechtigungen

§ 15 Anwendbarkeit von Vorschriften über das Kreditwesen. Berechtigungen nach diesem Gesetz gelten nicht als Finanzinstrumente im Sinne von § 1 Abs. 11 des Kreditwesengesetzes. Derivate im Sinne des § 1 Abs. 11 Satz 4 des Kreditwesengesetzes sind auch Termingeschäfte, deren Preis unmittelbar oder mittelbar von dem Börsen- oder Marktpreis von Berechtigungen abhängt.

§ 16 Übertragung von Berechtigungen. (1) Die Übertragung von Berechtigungen erfolgt durch Einigung und Eintragung auf dem in § 14 Abs. 2 bezeichneten Konto des Erwerbers. Die Eintragung erfolgt auf Anweisung des Veräußerers an die kontoführende Stelle, Berechtigungen von seinem Konto auf das Konto des Erwerbers zu übertragen.

(2) Soweit für jemanden eine Berechtigung eingetragen ist, gilt der Inhalt des Registers als richtig. Dies gilt nicht, wenn die Unrichtigkeit dem Empfänger ausgegebener Berechtigungen bei Ausgabe bekannt ist.

Abschnitt 5. Sanktionen

§ 17 Durchsetzung der Berichtspflicht. (1) Liegt der zuständigen Behörde nicht bis zum 31. März eines Jahres, erstmals im Jahr 2006, ein den Anforderungen nach § 5 entsprechender Bericht vor, so verfügt sie die Sperrung des Kontos des Verantwortlichen für die Übertragung von Berechtigungen an Dritte. Dies gilt nicht, wenn der Bericht zum 1. März eines Jahres bei der nach § 20 Abs. 1 Satz 1 zuständigen Behörde vorgelegen hat. Die Sperrung ist unverzüglich aufzuheben, sobald der Verantwortliche der zuständigen Behörde nach Satz 1 einen den Anforderungen nach § 5 entsprechenden Bericht vorgelegt hat oder eine Schätzung der Emissionen nach § 18 Abs. 2 erfolgt.

(2) Widerspruch und Anfechtungsklage gegen die nach Absatz 1 Satz 1 verfügte Kontosperrung haben keine aufschiebende Wirkung.

§ 18 Durchsetzung der Abgabepflicht. (1) Kommt der Verantwortliche seiner Pflicht nach § 6 Abs. 1 nicht nach, so setzt die zuständige Behörde für jede emittierte Tonne Kohlendioxidäquivalent, für die der Verantwortliche keine Berechtigungen abgegeben hat, eine Zahlungspflicht von 100 Euro, in der ersten Zuteilungsperiode von 40 Euro, fest. Von der Festsetzung einer Zahlungspflicht kann abgesehen werden, wenn der Verantwortliche seiner Pflicht nach § 6 Abs. 1 auf Grund höherer Gewalt nicht nachkommen konnte.

(2) Soweit der Verantwortliche nicht ordnungsgemäß über die durch seine Tätigkeit verursachten Emissionen berichtet hat, schätzt die zuständige Behörde die durch die Tätigkeit im vorangegangenen Kalenderjahr verursachten Emissionen. Die Schätzung ist unwiderlegliche Basis für die Verpflichtung nach § 6 Abs. 1. Die Schätzung unterbleibt, wenn der Verantwortliche im Rahmen der Anhörung zum Festsetzungsbescheid nach Absatz 1 seiner Berichtspflicht ordnungsgemäß nachkommt.

(3) Der Verantwortliche bleibt verpflichtet, die fehlenden Berechtigungen, im Falle des Absatzes 2 nach Maßgabe der erfolgten Schätzung, bis zum 30. April des Folgejahres abzugeben. Gibt der Verantwortliche die fehlenden Berechtigungen nicht bis zum 30. April des Folgejahres ab, so werden Berechtigungen, auf deren Zuteilung oder Ausgabe der Verantwortliche einen Anspruch hat, auf seine Verpflichtung nach Satz 1 angerechnet.

(4) Die Namen der Verantwortlichen, die gegen ihre Verpflichtung nach § 6 Abs. 1 verstoßen, werden im Bundesanzeiger veröffentlicht. Die Veröffentlichung setzt einen bestandskräftigen Zahlungsbescheid voraus.

§ 19 Ordnungswidrigkeiten. (1) Ordnungswidrig handelt, wer vorsätzlich oder fahrlässig
1. eine Tätigkeit ohne die erforderliche Genehmigung nach § 4 durchführt,
2. entgegen § 4 Abs. 3 Angaben nicht richtig oder nicht vollständig macht,
3. entgegen § 4 Abs. 9 und 10 Anzeigen nicht, nicht richtig, nicht vollständig oder nicht rechtzeitig erstattet,
4. einer Rechtsverordnung nach § 10 Abs. 5 Nr. 1 zuwiderhandelt, soweit sie für einen bestimmten Tatbestand auf diese Bußgeldvorschrift verweist, oder
5. entgegen § 21 Abs. 2 Auskünfte nicht, nicht richtig, nicht vollständig oder nicht rechtzeitig erteilt, eine Maßnahme nicht duldet, Unterlagen nicht vorlegt oder einer dort sonst genannten Verpflichtung zuwiderhandelt.

(2) Die Ordnungswidrigkeit kann mit einer Geldbuße von bis zu fünfzigtausend Euro geahndet werden.

Abschnitt 6. Gemeinsame Vorschriften

§ 20 Zuständigkeiten. (1) Zuständige Behörde für den Vollzug der §§ 4 und 5 sind bei genehmigungsbedürftigen Anlagen im Sinne des § 4 Abs. 1 Satz 3 des Bundes-Immissionsschutzgesetzes die dafür nach Landesrecht zuständigen Behörden. Im Übrigen ist das Umweltbundesamt zuständig.

(2) Das Bundesministerium für Umwelt, Naturschutz und Reaktorsicherheit kann durch Rechtsverordnung, die nicht der Zustimmung des Bundesrates bedarf, die Wahrnehmung der Aufgaben des Umweltbundesamtes nach diesem Gesetz mit den hierfür erforderlichen hoheitlichen Befugnissen ganz oder teilweise auf eine juristische Person übertragen, wenn diese Gewähr dafür bietet, dass die übertragenen Aufgaben ordnungsgemäß und zentral für das Bundesgebiet erfüllt werden. Dies gilt nicht für Befugnisse nach Abschnitt 5 dieses Gesetzes. Eine juristische Person bietet Gewähr im Sinne von Satz 1, wenn
1. diejenigen, die die Geschäftsführung oder Vertretung der juristischen Person ausüben, zuverlässig und fachlich geeignet sind,
2. die juristische Person die zur Erfüllung ihrer Aufgaben notwendige Ausstattung und Organisation und ein ausreichendes Anfangskapital hat und
3. eine wirtschaftliche oder organisatorische Nähe zu den dem Anwendungsbereich dieses Gesetzes unterfallenden Personen ausgeschlossen ist.

Der Beliehene untersteht der Aufsicht des Umweltbundesamtes.

(3) Soweit für Streitigkeiten nach diesem Gesetz der Verwaltungsrechtsweg gegeben ist, ist bei Anfechtungsklagen gegen Verwaltungsakte des Umweltbundesamtes das Gericht örtlich zuständig, in dessen Bezirk der Verwaltungsakt erlassen wurde. Satz 1 gilt entsprechend für Verpflichtungsklagen sowie für Klagen auf Feststellung der Nichtigkeit von Verwaltungsakten.

§ 21 Überwachung. (1) Die nach § 20 Abs. 1 jeweils zuständige Behörde hat die Durchführung dieses Gesetzes und der auf dieses Gesetz gestützten Rechtsverordnungen zu überwachen.

(2) Verantwortliche sowie Eigentümer und Besitzer von Grundstücken, auf denen Tätigkeiten durchgeführt werden, sind verpflichtet, den Angehörigen der zuständigen Behörde und deren Beauftragten
1. den Zutritt zu den Grundstücken und
2. die Vornahme von Prüfungen einschließlich der Ermittlung von Emissionen zu den Geschäftszeiten zu gestatten sowie
3. die Auskünfte zu erteilen und die Unterlagen vorzulegen, die zur Erfüllung ihrer Aufgaben erforderlich sind.

Im Rahmen der Pflichten nach Satz 1 haben die Verantwortlichen Arbeitskräfte sowie Hilfsmittel bereitzustellen.

(3) § 52 Abs. 5 und 7 des Bundes-Immissionsschutzgesetzes findet entsprechende Anwendung.

§ 22 Kosten von Amtshandlungen nach diesem Gesetz. Für Amtshandlungen nach diesem Gesetz erhebt die nach § 20 Abs. 1 Satz 2 zuständige Behörde kostendeckende Gebühren. Damit verbundene Auslagen sind zu erstatten. Das Bundesministerium für Umwelt, Naturschutz und Reaktorsicherheit setzt durch Rechtsverordnung, die nicht der Zustimmung des Bundesrates bedarf, die Höhe der Gebühren und die zu erstattenden Auslagen für Amtshandlungen nach diesem Gesetz und nach auf Grund dieses Gesetzes erlassenen Rechtsverordnungen fest.

§ 23 Elektronische Kommunikation. Die zuständige Behörde kann für die Kommunikation die Verwendung der elektronischen Form sowie eine bestimmte Verschlüsselung vorschreiben. Sie gibt Erfordernisse nach Satz 1 rechtzeitig vor Ablauf der Antragsfristen nach § 10 Abs. 3 in ihrem amtlichen Veröffentlichungsblatt und auf ihrer Internetseite bekannt.

§ 24 Anlagenfonds. (1) Die zuständige Behörde erteilt Verantwortlichen, deren Tätigkeit demselben Tätigkeitsbereich nach Anhang I der Richtlinie 2003/87/EG unterfallen, auf Antrag die Erlaubnis, einen Anlagenfonds zu bilden, wenn ein Treuhänder benannt wird, der die ordnungsgemäße Erfüllung der sich nach Absatz 2 ergebenden Pflichten gewährleistet und die Kommission der Europäischen Gemeinschaften nicht widerspricht. Anlagenfonds können in der ersten und in der zweiten Zuteilungsperiode gebildet werden.

(2) Im Falle der Erlaubnis wird die Gesamtmenge der Berechtigungen, die den von dem Anlagenfonds erfassten Verantwortlichen zustehen, abweichend von § 9 an den Treuhänder ausgegeben. Dieser hat gemäß § 6 Abs. 1 eine Anzahl von Berechtigungen abzugeben, die den im vorangegangenen Kalenderjahr verursachten Gesamtemissionen der durch den Anlagenfonds erfassten Tätigkeiten entspricht. Dem Treuhänder ist die Übertragung von Berechtigungen an Dritte untersagt, wenn einer der von dem Anlagenfonds erfassten Verantwortlichen keinen den Anforderungen nach § 5 entsprechenden Bericht vorgelegt hat. Die Sanktionen nach § 18 werden gegen den Treuhänder verhängt; kommt der Treuhänder seiner Zahlungspflicht nicht nach, so bleibt es bei der Regelung des § 18.

(3) Anträge auf Einrichtung eines Anlagenfonds sind bis spätestens fünf Monate vor Beginn der jeweiligen Zuteilungsperiode bei der zuständigen Behörde zu stellen.

§ 25 Einheitliche Anlage. Auf Antrag stellt die zuständige Behörde fest, dass das Betreiben mehrerer Anlagen im Sinne von Anhang 1 Nr. VI sowie VII bis IX, die von demselben Betreiber an demselben Standort in einem technischen Verbund betrieben werden, als Betrieb einer einheitlichen Anlage gilt, wenn die erforderliche Genauigkeit bei der Ermittlung der Emissionen gewährleistet ist.

Anhang 1

Tätigkeiten	Treibhausgas
Energieumwandlung und -umformung	
I Anlagen zur Erzeugung von Strom, Dampf, Warmwasser, Prozesswärme oder erhitztem Abgas durch den Einsatz von Brennstoffen in einer Verbrennungseinrichtung (wie Kraftwerk, Heizkraftwerk, Heizwerk, Gasturbinenanlage, Verbrennungsmotoranlage, sonstige Feuerungsanlage), einschließlich zugehöriger Dampfkessel, mit einer Feuerungswärmeleistung von 50 MW oder mehr	CO_2
II Anlagen zur Erzeugung von Strom, Dampf, Warmwasser, Prozesswärme oder erhitztem Abgas durch den Einsatz von Kohle, Koks, einschließlich Petrolkoks, Kohlebriketts, Torfbriketts, Brenntorf, naturbelassenem Holz, emulgiertem Naturbitumen, Heizölen, gasförmigen Brennstoffen (insbesondere Koksofengas, Grubengas, Stahlgas, Raffineriegas, Synthesegas, Erdölgas aus der Tertiärforderung von Erdöl, Klärgas, Biogas), Methanol, Ethanol, naturbelassenen Pflanzenölen, Pflanzenölmethylestern, naturbelassenem Erdgas, Flüssiggas, Gasen der öffentlichen Gasversorgung oder Wasserstoff mit einer Feuerungswärmeleistung von mehr als 20 MW bis weniger als 50 MW in einer Verbrennungseinrichtung (wie Kraftwerk, Heizkraftwerk, Heizwerk, Gasturbinenanlage, Verbrennungsmotoranlage, sonstige Feuerungsanlage), einschließlich zugehöriger Dampfkessel, ausgenommen Verbrennungsmotoranlagen für Bohranlagen und Notstromaggregate	CO_2
III Anlagen zur Erzeugung von Strom, Dampf, Warmwasser, Prozesswärme oder erhitztem Abgas durch den Einsatz anderer als in Nummer II genannter fester oder flüssiger Brennstoffe in einer Verbrennungseinrichtung (wie Kraftwerk, Heizkraftwerk, Heizwerk, Gasturbinenanlage, Verbrennungsmotoranlage, sonstige Feuerungsanlage), einschließlich zugehöriger Dampfkessel, mit einer Feuerungswärmeleistung von mehr als	CO_2

20 MW bis weniger als 50 MW

IV Verbrennungsmotoranlagen zum Antrieb von Arbeitsmaschinen für den Einsatz von Heizöl EL, Dieselkraftstoff, Methanol, Ethanol, naturbelassenen Pflanzenölen, Pflanzenölmethylestern oder gasförmigen Brennstoffen (insbesondere Koksofengas, Grubengas, Stahlgas, Raffineriegas, Synthesegas, Erdölgas aus der Tertiärförderung von Erdöl, Klärgas, Biogas, naturbelassenem Erdgas, Flüssiggas, Gasen der öffentlichen Gasversorgung, Wasserstoff) mit einer Feuerungswärmeleistung von 20 MW oder mehr, ausgenommen Verbrennungsmotoranlagen für Bohranlagen mit einer Feuerungswärmeleistung von mehr als 20 MW bis weniger als 50 MW CO_2

V Gasturbinenanlagen zum Antrieb von Arbeitsmaschinen für den Einsatz von Heizöl EL, Dieselkraftstoff, Methanol, Ethanol, naturbelassenen Pflanzenölen, Pflanzenölmethylestern oder gasförmigen Brennstoffen (insbesondere Koksofengas, Grubengas, Stahlgas, Raffineriegas, Synthesegas, Erdölgas aus der Tertiärförderung von Erdöl, Klärgas, Biogas, naturbelassenem Erdgas, Flüssiggas, Gasen der öffentlichen Gasversorgung, Wasserstoff) mit einer Feuerungswärmeleistung von mehr als 20 MW, ausgenommen Anlagen mit geschlossenem Kreislauf mit einer Feuerungswärmeleistung von mehr als 20 MW bis weniger als 50 MW CO_2

VI Anlagen zur Destillation oder Raffination oder sonstigen Weiterverarbeitung von Erdöl oder Erdölerzeugnissen in Mineralöl- oder Schmierstoffraffinerien CO_2

VII Anlagen zur Trockendestillation von Steinkohle oder Braunkohle (Kokereien) CO_2

Eisenmetallerzeugung und -verarbeitung

VIII Anlagen zum Rösten, Schmelzen oder Sintern von Eisenerzen CO_2

IX Anlagen zur Herstellung oder zum Erschmelzen von Roheisen oder Stahl einschließlich Stranggießen, auch soweit Konzentrate oder sekundäre Rohstoffe eingesetzt werden, mit einer Schmelzleistung von 2,5 Tonnen oder mehr je Stunde, CO_2

auch soweit in integrierten Hüttenwerken betrieben

Mineralverarbeitende Industrie

X	Anlagen zur Herstellung von Zementklinker mit einer Produktionsleistung von mehr als 500 Tonnen je Tag in Drehrohröfen oder mehr als 50 Tonnen je Tag in anderen Öfen	CO_2
XI	Anlagen zum Brennen von Kalkstein oder Dolomit mit einer Produktionsleistung von mehr als 50 Tonnen Branntkalk oder gebranntem Dolomit je Tag	CO_2
XII	Anlagen zur Herstellung von Glas, auch soweit es aus Altglas hergestellt wird, einschließlich Anlagen zur Herstellung von Glasfasern, mit einer Schmelzleistung von mehr als 20 Tonnen je Tag	CO_2
XIII	Anlagen zum Brennen keramischer Erzeugnisse, soweit der Rauminhalt der Brennanlage 4 m3 oder mehr und die Besatzdichte 300 kg/m3 oder mehr beträgt	CO_2

Sonstige Industriezweige

XIV	Anlagen zur Gewinnung von Zellstoff aus Holz, Stroh oder ähnlichen Faserstoffen	CO_2
XV	Anlagen zur Herstellung von Papier, Karton oder Pappe mit einer Produktionsleistung von mehr als 20 Tonnen je Tag	CO_2

Anhang 2

Anforderungen an die Ermittlung von Treibhausgasemissionen und die Abgabe von Emissionsberichten nach § 5

Teil I
Anforderungen an die Ermittlung von Treibhausgasemissionen

Überwachung der Treibhausgasemissionen

Die Überwachung der Emissionen erfolgt entweder durch Berechnung oder auf der Grundlage von Messungen.

Berechnung

Die Berechnung der Emissionen erfolgt nach folgender Formel:

Tätigkeitsdaten x Emissionsfaktor x Oxidationsfaktor.

Die Überwachung der Tätigkeitsdaten (Brennstoffverbrauch, Produktionsrate usw.) erfolgt auf der Grundlage von Daten über eingesetzte Brenn- oder Rohstoffe oder Messungen. Es werden etablierte Emissionsfaktoren verwendet. Für alle Brennstoffe können tätigkeitsspezifische Emissionsfaktoren verwendet werden. Für alle Brennstoffe außer nichtkommerziellen Brennstoffen (Brennstoffe aus Abfall wie Reifen und Gase aus industriellen Verfahren) können Standardfaktoren verwendet werden. Flözspezifische Standardwerte für Kohle und EU-spezifische oder erzeugerländerspezifische Standardwerte für Erdgas sind noch weiter auszuarbeiten. Für Raffinerieerzeugnisse können IPCC-Standardwerte verwendet werden. Der Emissionsfaktor für Biomasse ist Null.

Wird beim Emissionsfaktor nicht berücksichtigt, dass ein Teil des Kohlenstoffs nicht oxidiert wird, so ist ein zusätzlicher Oxidationsfaktor zu verwenden. Wurden tätigkeitsspezifische Emissionsfaktoren berechnet, bei denen die Oxidation bereits berücksichtigt ist, so muss ein Oxidationsfaktor nicht verwendet werden.

Es sind gemäß der Richtlinie 96/61/EG des Rates vom 24. September 1996 über die integrierte Vermeidung und Verminderung der Umweltverschmutzung (ABl. EG Nr. L 257 S. 26) entwickelte Standardoxidationsfaktoren zu verwenden, es sei denn, der Betreiber kann nachweisen, dass tätigkeitsspezifische Faktoren genauer sind. Für jede Tätigkeit und Anlage sowie für jeden Brennstoff ist eine eigene Berechnung anzustellen.

Messung

Bei der Messung der Emissionen sind standardisierte oder etablierte Verfahren zu verwenden; die Messung ist durch eine flankierende Emissionsberechnung zu bestätigen.

Bilanzierung von Inputs und Outputs

Die CO_2-Emissionen von Anlagen im Sinne von Anhang 1 Nr. VI sowie VII bis IX sind über die Bilanzierung und Saldierung der Kohlenstoffgehalte der CO_2-relevanten Inputs und Outputs zu erfassen, soweit diese Anlagen nach § 25 als einheitliche Anlage gelten. Bei Elektrostahlwerken kann die Metallurgie nur bis einschließlich zum Stranggguss in der Gesamtbilanzierung und Saldierung der CO_2-Emissionen erfasst werden. Verbundkraftwerke am Standort von Anlagen zur Eisen- und Stahlerzeugung dürfen nicht gemeinsam mit den übrigen Anlagen bilanziert werden. Kohlenstoff ist in der Bilanzierung mit dem Faktor 44/12 in Kohlendioxid-Emissionen umzurechnen.

Bei der Ermittlung von Treibhausgasen ist die Entscheidung der Kommission nach Artikel 14 Abs. 1 der Richtlinie 2003/87/EG zu berücksichtigen.

Teil II
Anforderungen an die Abgabe von Emissionsberichten

Ein Emissionsbericht muss folgende Angaben enthalten:

A. Anlagedaten einschließlich
– Name der Anlage,
– Anschrift einschließlich Postleitzahl und Land,
– Art und Anzahl der in der Anlage durchgeführten Tätigkeiten,
– Anschrift, Telefonnummer, Faxnummer und E-Mail-Adresse eines Ansprechpartners und
– den Namen des Besitzers der Anlage und etwaiger Mutterunternehmen.

B. Für jede am Standort durchgeführte Tätigkeit, für die Emissionen berechnet werden:
– Tätigkeitsdaten,
– Emissionsfaktoren,
– Oxidationsfaktoren,
– Gesamtemissionen und
– Unsicherheitsfaktoren.

C. Für jede am Standort durchgeführte Tätigkeit, für die Emissionen gemessen werden:
- Gesamtemissionen,
- Angaben zur Zuverlässigkeit der Messverfahren und
- Unsicherheitsfaktoren.

D. Für Emissionen aus der Verbrennung ist im Bericht außerdem der Oxidationsfaktor anzugeben, es sei denn, die Oxidation wurde bereits bei der Berechnung eines tätigkeitsspezifischen Emissionsfaktors einbezogen.

E. Gelten mehrere Anlagen als gemeinsame Anlage im Sinne von § 25, ist für diese Anlagen ein gemeinsamer Emissionsbericht abzugeben.

F. Bei der Abgabe von Emissionsberichten nach § 5 Abs. 1 ist die Entscheidung der Kommission nach Artikel 14 Abs. 1 der Richtlinie 2003/87/EG zu berücksichtigen.

Anhang 3

Kriterien für die Prüfung nach § 5 Abs. 3 Satz 1

A. Allgemeine Grundsätze

1. Die Emissionen aus allen in Anhang 1 aufgeführten Anlagen unterliegen einer Prüfung.
2. Im Rahmen des Prüfungsverfahrens wird auf die Emissionserklärung nach § 5 Abs. 1 und auf die Emissionsermittlung im Vorjahr eingegangen.
   Geprüft werden ferner die Zuverlässigkeit, Glaubhaftigkeit und Genauigkeit der Überwachungssysteme sowie die übermittelten Daten und Angaben zu den Emissionen, insbesondere
   a) die übermittelten Tätigkeitsdaten und damit verbundenen Messungen und Berechnungen,
   b) Wahl und Anwendung der Emissionsfaktoren,
   c) die Berechnungen für die Bestimmung der Gesamtemissionen und
   d) bei Messungen die Angemessenheit der Wahl und Anwendung des Messverfahrens.
3. Die Validierung der Angaben zu den Emissionen setzt zuverlässige und glaubhafte Daten und Informationen voraus, die eine Bestimmung der Emissionen mit einem hohen Zuverlässigkeitsgrad gestatten. Ein hoher Zuverlässigkeitsgrad verlangt vom Betreiber den Nachweis, dass
   a) die übermittelten Daten zuverlässig sind,

b) die Erhebung der Daten in Übereinstimmung mit geltenden wissenschaftlichen Standards erfolgt ist und
c) die einschlägigen Angaben über die Anlage vollständig und schlüssig sind.
4. Die sachverständige Stelle erhält Zugang zu allen Standorten und zu allen Informationen, die mit dem Gegenstand der Prüfung in Zusammenhang stehen.
5. Die sachverständige Stelle berücksichtigt, ob die Anlage im Rahmen des Gemeinschaftssystems für das Umweltmanagement und die Betriebsprüfung (EMAS) registriert ist.

B. Methodik
Strategische Analyse

6. Die Prüfung basiert auf einer strategischen Analyse aller Tätigkeiten, die in der Anlage durchgeführt werden. Dazu benötigt die sachverständige Stelle einen Überblick über alle Tätigkeiten und ihre Bedeutung für die Emissionen. Prozessanalyse
7. Die Prüfung der übermittelten Informationen erfolgt bei Bedarf am Standort der Anlage. Die sachverständige Stelle führt Stichproben durch, um die Zuverlässigkeit der übermittelten Daten und Informationen zu ermitteln. Risikoanalyse
8. Die sachverständige Stelle unterzieht alle Quellen von Emissionen in der Anlage einer Bewertung in Bezug auf die Zuverlässigkeit der Daten über jede Quelle, die zu den Gesamtemissionen der Anlage beiträgt.
9. Anhand dieser Analyse ermittelt die sachverständige Stelle ausdrücklich die Quellen mit hohem Fehlerrisiko und andere Aspekte des Überwachungs- und Berichterstattungsverfahrens, die zu Fehlern bei der Bestimmung der Gesamtemissionen führen können. Hier sind insbesondere die Wahl der Emissionsfaktoren und die Berechnungen zur Bestimmung der Emissionen einzelner Emissionsquellen zu nennen. Besondere Aufmerksamkeit ist Quellen mit einem hohen Fehlerrisiko und den genannten anderen Aspekten des Überwachungsverfahrens zu widmen.
10. Die sachverständige Stelle berücksichtigt etwaige effektive Verfahren zur Beherrschung der Risiken, die der Betreiber anwendet, um Unsicherheiten so gering wie möglich zu halten.

C. Bericht

11. Die sachverständige Stelle erstellt einen Bericht über die Prüfung, in dem angegeben wird, ob die Emissionserklärung nach § 5 Abs. 1 zufrieden stellend ist. In diesem Bericht sind alle für die durchgeführten Arbeiten relevanten Aspekte aufzuführen. Die Emissionserklärung ist als zufrieden stellend zu bewerten, wenn die sachverständige Stelle zu der Ansicht gelangt, dass zu den Gesamtemissionen keine wesentlich falschen Angaben gemacht wurden.

Anhang 4

Kriterien für Sachverständige nach § 5 Abs. 3 Satz 2

Ein Sachverständiger muss unabhängig von dem Betreiber sein, dessen Erklärung geprüft wird, seine Aufgabe professionell und objektiv ausführen und vertraut sein mit

a) den Anforderungen dieses Gesetzes sowie den Normen und Leitlinien, die von der Kommission der Europäischen Gemeinschaften zur Konkretisierung der Anforderungen des § 5 verabschiedet werden,
b) den Rechts- und Verwaltungsvorschriften, die für die zu prüfenden Tätigkeiten von Belang sind, und
c) dem Zustandekommen aller Informationen über die einzelnen Emissionsquellen in der Anlage, insbesondere im Hinblick auf Sammlung, messtechnische Erhebung, Berechnung und Übermittlung von Daten.

Zuteilungsgesetz 2007 (ZuG 2007)

Gesetz über den nationalen Zuteilungsplan

für Treibhausgas-Emissionsberechtigungen in der Zuteilungsperiode 2005 bis 2007

(Zuteilungsgesetz 2007 – ZuG 2007)[1]

Vom 26. August 2004

(BGBl. I S. 2211, zuletzt geändert durch Art. 8 des Gesetzes zur Neugestaltung des Umweltinformationsgesetzes und zur Änderung der Rechtsgrundlagen zum Emissionshandel vom 22.12.2004, BGBl. I S. 3704)

Abschnitt 1. Allgemeine Vorschriften

§ 1 Zweck des Gesetzes. Zweck dieses Gesetzes ist es, im Hinblick auf die Zuteilungsperiode 2005 bis 2007 nationale Ziele für die Emission von Kohlendioxid in Deutschland sowie Regeln für die Zuteilung und Ausgabe von Emissionsberechtigungen an die Betreiber von Anlagen festzulegen, die Anhang 1 des Treibhausgas-Emissionshandelsgesetzes unterfallen.

---

[1] Dieses Gesetz dient der Umsetzung der Richtlinie 2003/87/EG des Europäischen Parlaments und des Rates vom 13. Oktober 2003 über ein System für den Handel mit Treibhausgasemissionszertifikaten in der Gemeinschaft und zur Änderung der Richtlinie 96/61/EG des Rates (ABl. EU Nr. L 275 S. 32).

§ 2 Anwendungsbereich. Dieses Gesetz gilt für diejenige Freisetzung von Treibhausgasen durch Anlagen, welche dem Anwendungsbereich des Treibhausgas-Emissionshandelsgesetzes vom 8. Juli 2004 (BGBl. I S. 1578) unterliegt. Soweit nichts anderes bestimmt ist, gilt es für die Zuteilungsperiode 2005 bis 2007.

§ 3 Begriffsbestimmungen. (1) Soweit nichts anderes bestimmt ist, gelten die Begriffsbestimmungen des Treibhausgas-Emissionshandelsgesetzes.
 (2) Im Sinne dieses Gesetzes sind
  a) Neuanlagen: Anlagen, deren Inbetriebnahme nach dem 31. Dezember 2004 erfolgt,
  b) Inbetriebnahme: die erstmalige Aufnahme des Regelbetriebs,
  c) Produktionsmenge: die Menge der je Jahr in einer Anlage erzeugten Produkteinheiten.

Abschnitt 2. Mengenplanung

§ 4 Nationale Emissionsziele. (1) Es wird ein allgemeines Ziel für die Emission von Kohlendioxid in Deutschland festgelegt, welches die Einhaltung der Minderungsverpflichtung der Bundesrepublik Deutschland nach der Entscheidung des Rates 2002/358/EG vom 25. April 2002 über die Genehmigung des Protokolls von Kyoto zum Rahmenübereinkommen der Vereinten Nationen über Klimaänderungen im Namen der Europäischen Gemeinschaft sowie die gemeinsame Erfüllung der daraus erwachsenden Verpflichtungen (ABl. EG Nr. L 130 S. 1, Nr. L 176 S. 47) gewährleistet. Dieses Ziel beträgt in der Zuteilungsperiode 2005 bis 2007 859 Millionen Tonnen Kohlendioxid je Jahr. In der Zuteilungsperiode 2008 bis 2012 beträgt das Ziel 844 Millionen Tonnen Kohlendioxid je Jahr.
 (2) Das allgemeine Ziel für die Zuteilungsperiode 2005 bis 2007 wird in Millionen Tonnen Kohlendioxid je Jahr wie folgt auf die Sektoren verteilt, in denen Kohlendioxid-Emissionen entstehen:
- Energie und Industrie 503
- andere Sektoren 356
davon:
- Verkehr und Haushalte 298
- Gewerbe, Handel, Dienstleistungen 58
 (3) Das allgemeine Ziel für die Zuteilungsperiode 2008 bis 2012 wird in Millionen Tonnen Kohlendioxid je Jahr wie folgt auf die Sektoren verteilt:
- Energie und Industrie 495
- andere Sektoren 349
davon:
- Verkehr und Haushalte 291
- Gewerbe, Handel, Dienstleistungen 58
Die in Satz 1 genannten Ziele werden bei Beschluss des Nationalen Zuteilungsplans für die Zuteilungsperiode 2008 bis 2012 nach § 7 Treibhausgas-Emissionshandelsgesetz im Jahre 2006 überprüft.

(4) Übersteigt die Gesamtmenge der nach den Vorschriften dieses Gesetzes mit Ausnahme der nach § 11 zuzuteilenden Berechtigungen den Gegenwert von 495 Millionen Tonnen Kohlendioxid je Jahr, so werden die nach den genannten Vorschriften vorgenommenen Zuteilungen an die Anlagen, die dem Erfüllungsfaktor unterliegen, anteilig gekürzt.

§ 5 Erfüllungsfaktor. Der Erfüllungsfaktor für die Zuteilungsperiode 2005 bis 2007 ist 0,9709.

§ 6 Reserve. (1) Berechtigungen zur Emission von 9 Millionen Tonnen Kohlendioxidäquivalent bleiben als Reserve den Zuteilungsentscheidungen vorbehalten, die nach § 11 ergehen.

(2) Soweit Berechtigungen nach § 7 Abs. 9 zurückgegeben oder in Folge des Widerrufs von Zuteilungsentscheidungen nach § 8 Abs. 4, § 9 Abs. 1, § 10 Abs. 4 Satz 2, § 11 Abs. 5 sowie § 14 Abs. 5 zurückgegeben oder nicht ausgegeben werden, fließen sie der Reserve zu.

(3) Soweit Zuteilungsentscheidungen nach § 11 dies erfordern, beauftragt das Bundesministerium für Umwelt, Naturschutz und Reaktorsicherheit im Einvernehmen mit dem Bundesministerium der Finanzen eine Stelle, auf eigene Rechnung Berechtigungen zu kaufen und diese der zuständigen Behörde kostenlos zum Zwecke der Zuteilung zur Verfügung zu stellen. Zum Ausgleich erhält die beauftragte Stelle in der Zuteilungsperiode 2008 bis 2012 aus der für diese Periode gebildeten Reserve eine Menge an Berechtigungen zum Verkauf am Markt zugewiesen, die der Menge der in der Zuteilungsperiode 2005 bis 2007 durch die beauftragte Stelle für die Zwecke des Satzes 1 zugekauften Berechtigungen entspricht.

Abschnitt 3. Zuteilungsregeln
Unterabschnitt 1. Grundregeln für die Zuteilung

§ 7 Zuteilung für bestehende Anlagen auf Basis historischer Emissionen. (1) Anlagen, deren Inbetriebnahme bis zum 31. Dezember 2002 erfolgte, werden auf Antrag Berechtigungen in einer Anzahl zugeteilt, die dem rechnerischen Produkt aus den durchschnittlichen jährlichen Kohlendioxid-Emissionen der Anlage in einer Basisperiode, dem Erfüllungsfaktor und der Anzahl der Jahre der Zuteilungsperiode 2005 bis 2007 entspricht. Die durchschnittlichen jährlichen Kohlendioxid-Emissionen einer Anlage werden bestimmt nach den Vorschriften einer Rechtsverordnung aufgrund von § 16. Die Emissionsmenge, für die Berechtigungen nach Satz 1 zuzuteilen sind, errechnet sich nach Formel 1 des Anhangs 1 zu diesem Gesetz.

(2) Für Anlagen, deren Inbetriebnahme bis zum 31. Dezember 1999 erfolgte, ist Basisperiode der Zeitraum vom 1. Januar 2000 bis zum 31. Dezember 2002.

(3) Für Anlagen, deren Inbetriebnahme im Zeitraum vom 1. Januar 2000 bis zum 31. Dezember 2000 erfolgte, ist Basisperiode der Zeitraum vom 1. Januar 2001 bis zum 31. Dezember 2003.

(4) Für Anlagen, deren Inbetriebnahme im Zeitraum vom 1. Januar 2001 bis zum 31. Dezember 2001 erfolgte, ist Basisperiode der Zeitraum vom 1. Januar 2001 bis zum 31. Dezember 2003. Dabei sind die für das Betriebsjahr 2001 ermittelten Kohlendioxid-Emissionen unter Berücksichtigung branchen- und anlagentypischer Einflussfaktoren auf ein volles Betriebsjahr hochzurechnen.

(5) Für Anlagen, deren Inbetriebnahme im Zeitraum vom 1. Januar 2002 bis zum 31. Dezember 2002 erfolgte, ist Basisperiode der Zeitraum vom 1. Januar 2002 bis zum 31. Dezember 2003. Absatz 4 Satz 2 gilt entsprechend.

(6) Sofern die Kapazitäten einer Anlage zwischen dem 1. Januar 2000 und dem 31. Dezember 2002 erweitert oder verringert wurden, ist für die Bestimmung der Basisperiode der Zeitpunkt der letztmaligen Erweiterung oder Verringerung von Kapazitäten der Anlage nach ihrer Inbetriebnahme maßgeblich.

(7) Bei Kondensationskraftwerken auf Steinkohle- oder Braunkohlebasis, deren Inbetriebnahme vor mehr als 30 Jahren erfolgte und die bei Braunkohlekraftwerken ab dem 1. Januar 2008 einen elektrischen Wirkungsgrad (netto) von mindestens 31 Prozent oder ab dem 1. Januar 2010 einen elektrischen Wirkungsgrad (netto) von mindestens 32 Prozent oder bei Steinkohlekraftwerken ab dem 1. Januar 2008 einen elektrischen Wirkungsgrad (netto) von mindestens 36 Prozent nicht erreichen, wird bei der Zuteilung für die zweite sowie jede folgende Zuteilungsperiode mit Wirkung ab den genannten Zeitpunkten der jeweils geltende Erfüllungsfaktor um 0,15 verringert. Dies gilt nicht für Braunkohlekraftwerke, die innerhalb eines Zeitraums von zwei Jahren ab den in Satz 1 genannten Zeitpunkten durch eine Anlage im Sinne des § 10 ersetzt worden sind. Der verminderte Erfüllungsfaktor findet für die Zuteilung nach Absatz 1 Satz 1 für Kalenderjahre oder Teile eines Kalenderjahres jenseits des Zeitpunktes Anwendung, zu dem die Anlage länger als 30 Jahre betrieben worden ist. Kraftwerke gelten auch dann als Kondensationskraftwerke im Sinne des Satzes 1, wenn sie nur in unerheblichem Umfang Nutzwärme auskoppeln; die Bundesregierung bestimmt Näheres durch Rechtsverordnung.

(8) Für Anlagen nach den Absätzen 1 bis 5 muss der Antrag auf Zuteilung nach § 10 Abs. 1 des Treibhausgas-Emissionshandelsgesetzes die nach den vorstehenden Absätzen erforderlichen Angaben enthalten über

1. die durchschnittlichen jährlichen Kohlendioxid-Emissionen der Anlage in der Basisperiode,

2. in den Fällen der Absätze 4 und 5 zusätzlich die hochgerechneten Kohlendioxid-Emissionen der Anlage und die bei der Hochrechnung in Ansatz gebrachten Einflussfaktoren,

3. im Falle von Kondensationskraftwerken auf Steinkohle- oder Braunkohlebasis zusätzlich das Datum der Inbetriebnahme und

4. im Falle von Kondensationskraftwerken auf Steinkohle- oder Braunkohlebasis, die bis zum Ende der jeweiligen Zuteilungsperiode länger als 30 Jahre betrieben worden sind, zusätzlich die Angabe des elektrischen Wirkungsgrades (netto).

(9) Soweit die Kohlendioxid-Emissionen eines Kalenderjahres infolge von Produktionsrückgängen weniger als 60 Prozent der durchschnittlichen jährlichen Kohlendioxid-Emissionen in der jeweiligen Basisperiode betragen, hat der Betreiber bis zum 30. April des folgenden Jahres Berechtigungen in einer Anzahl an die

zuständige Behörde zurückzugeben, die der Differenz an Kohlendioxid-Emissionen in Kohlendioxidäquivalenten entsprechen. Die Pflicht zur Abgabe von Berechtigungen nach § 6 Abs. 1 des Treibhausgas-Emissionshandelsgesetzes bleibt unberührt.

(10) Wenn eine Zuteilung auf der Grundlage historischer Emissionen nach den vorstehenden Vorschriften aufgrund besonderer Umstände in der für die Anlage geltenden Basisperiode um mindestens 25 Prozent niedriger ausfiele als zur Deckung der in der Zuteilungsperiode 2005 bis 2007 zu erwartenden, durch die Anlage verursachten Kohlendioxid-Emissionen erforderlich ist und dadurch für das Unternehmen, welches die wirtschaftlichen Risiken der Anlage trägt, erhebliche wirtschaftliche Nachteile entstünden, wird auf Antrag des Betreibers die Zuteilung unter entsprechender Anwendung des § 8 festgelegt. Die Anwendung eines Erfüllungsfaktors bleibt unberührt. Besondere Umstände im Sinne von Satz 1 liegen insbesondere vor, wenn
- es aufgrund der Reparatur, Wartung oder Modernisierung von Anlagen oder aus anderen technischen Gründen zu längeren Stillstandszeiten kam,
- eine Anlage aufgrund der Inbetriebnahme oder des stufenweisen Ausbaus der Anlage selbst, einer vor- oder nachgeschalteten Anlage, eines Anlagenteils oder einer Nebeneinrichtung erst nach und nach ausgelastet wurde,
- in einer Anlage Produktionsprozesse oder technische Prozesse durchgeführt werden, die vorher in anderen Anlagen, Anlageteilen oder Nebeneinrichtungen durchgeführt wurden, welche entweder stillgelegt wurden oder nicht in den Anwendungsbereich dieses Gesetzes fallen, oder
- eine Anlage im Laufe der Betriebszeit steigende, prozesstechnisch nicht zu vermeidende Brennstoff-Effizienzeinbußen aufweist.

Im Fall des Satzes 3, letzter Anstrich, findet Satz 1 Anwendung, wenn die Zuteilung auf der Grundlage historischer Emissionen in der für die Anlage geltenden Basisperiode um mindestens 9 Prozent niedriger ausfiele als für die Deckung der in der Zuteilungsperiode 2005 bis 2007 zu erwartenden, durch die Anlage verursachten Kohlendioxid-Emissionen erforderlich ist. Sofern die Gesamtsumme der nach diesem Absatz zusätzlich zuzuteilenden Berechtigungen den Gegenwert von 3 Millionen Tonnen Kohlendioxid für die Zuteilungsperiode 2005 bis 2007 übersteigt, wird die zusätzliche Zuteilung anteilig gekürzt.

(11) Bedeutete eine Zuteilung aufgrund historischer Emissionen nach den vorstehenden Vorschriften aufgrund besonderer Umstände eine unzumutbare Härte für das Unternehmen, welches die wirtschaftlichen Risiken der Anlage trägt, wird auf Antrag des Betreibers die Zuteilung unter entsprechender Anwendung des § 8 festgelegt.

(12) Auf Antrag des Betreibers erfolgt die Zuteilung statt nach dieser Vorschrift nach § 11. § 6 findet keine Anwendung.

§ 8 Zuteilung für bestehende Anlagen auf Basis angemeldeter Emissionen
(1) Für Anlagen, deren Inbetriebnahme im Zeitraum vom 1. Januar 2003 bis zum 31. Dezember 2004 erfolgte, werden auf Antrag Berechtigungen in einer Anzahl zugeteilt, die dem rechnerischen Produkt aus den angemeldeten durchschnittlichen jährlichen Kohlendioxid-Emissionen und der Anzahl der Jahre der Zuteilungsperi-

ode 2005 bis 2007 entspricht. Ein Erfüllungsfaktor findet für zwölf auf das Jahr der Inbetriebnahme folgende Kalenderjahre keine Anwendung. Die anzumeldenden durchschnittlichen jährlichen Kohlendioxid-Emissionen einer Anlage bestimmen sich aus dem rechnerischen Produkt aus der Kapazität der Anlage, dem zu erwartenden durchschnittlichen jährlichen Auslastungsniveau und dem Emissionswert je erzeugter Produkteinheit der Anlage. Kann der Emissionswert je erzeugter Produkteinheit nicht ermittelt werden, weil in der Anlage unterschiedliche Produkte hergestellt werden, so ist auf die zu erwartenden durchschnittlichen jährlichen Kohlendioxid-Emissionen der Anlage abzustellen. Der Berechnung sind die Vorschriften einer Rechtsverordnung nach § 16 zugrunde zu legen. Die Emissionsmenge, für die Berechtigungen nach Satz 1 zuzuteilen sind, errechnet sich nach Formel 2 des Anhangs 1 zu diesem Gesetz.

(2) Für Anlagen nach Absatz 1 muss der Antrag auf Zuteilung nach § 10 Abs. 1 des Treibhausgas-Emissionshandelsgesetzes die nach dem vorstehenden Absatz erforderlichen Angaben enthalten über

1. die zu erwartende sich aus Kapazität und Auslastung der Anlage durchschnittlich ergebende jährliche Produktionsmenge der Anlage,

2. die vorgesehenen für die Emission von Kohlendioxid relevanten Brenn- und Rohstoffe,

3. außer in den Fällen des Absatzes 1 Satz 4 den Emissionswert der Anlage je erzeugter Produkteinheit und

4. die nach den gemäß den Nummern 1 und 2 erforderlichen Angaben zu erwartenden durchschnittlichen jährlichen Kohlendioxid-Emissionen der Anlage.

(3) Der Betreiber einer Anlage nach Absatz 1 ist verpflichtet, in der laufenden Zuteilungsperiode jeweils bis zum 31. Januar eines Jahres der zuständigen Behörde die tatsächliche Produktionsmenge des vorangegangenen Jahres anzuzeigen und in geeigneter Form nachzuweisen. Soweit am 31. Januar eines Jahres weniger als ein Jahr seit Inbetriebnahme der Anlage vergangen ist, muss die Anzeige der tatsächlichen Produktionsmenge für diesen Zeitraum zum 31. Januar des darauf folgenden Jahres erfolgen.

(4) Soweit die tatsächliche Produktionsmenge geringer ist als die nach Absatz 2 Nr. 1 angemeldete oder die aufgrund einer früheren Anzeige festgestellte Produktionsmenge, widerruft die zuständige Behörde die Zuteilungsentscheidung mit Wirkung für die Vergangenheit und legt die Zuteilungsmenge unter Berücksichtigung der Angaben nach Absatz 3 Satz 1 sowie die jährlich auszugebenden Teilmengen nach Maßgabe von § 19 Abs. 1 neu fest. Soweit eine Zuteilungsentscheidung widerrufen worden ist, hat der Betreiber Berechtigungen im Umfang der zuviel ausgegebenen Berechtigungen zurückzugeben.

(5) Für im Zeitraum vom 1. Januar 2003 bis zum 31. Dezember 2004 erfolgten Erweiterungen von Kapazitäten einer bestehenden Anlage finden die Absätze 1 bis 4 entsprechende Anwendung; die Zuteilung für die Anlage im Übrigen erfolgt nach § 7.

(6) § 7 Abs. 12 gilt entsprechend.

§ 9 Einstellung des Betriebes von Anlagen
(1) Wird der Betrieb einer Anlage eingestellt, so widerruft die zuständige Behörde die Zuteilungsentscheidung; dies gilt nicht für Berechtigungen, die vor dem Zeitpunkt der Betriebseinstellung ausgegeben worden sind. Soweit eine Zuteilungsentscheidung widerrufen worden ist, hat der Betreiber Berechtigungen im Umfang der zuviel ausgegebenen Berechtigungen zurückzugeben. Der Betreiber kann sich auf den Wegfall der Bereicherung nach den Vorschriften des Bürgerlichen Gesetzbuches berufen, es sei denn, dass er die Umstände kannte oder infolge grober Fahrlässigkeit nicht kannte, die zum Widerruf des Verwaltungsaktes geführt haben.

(2) Der Betreiber einer Anlage hat der zuständigen Behörde die Einstellung des Betriebes einer Anlage unverzüglich anzuzeigen.

(3) Die zuständige Behörde kann den fortdauernden Betrieb einer Anlage überprüfen. § 21 des Treibhausgas-Emissionshandelsgesetzes findet insoweit entsprechende Anwendung.

(4) Der Widerruf nach Absatz 1 Satz 1 unterbleibt, soweit die Produktion der Anlage von einer anderen bestehenden Anlage desselben Betreibers im Sinne der §§ 7 und 8 in Deutschland übernommen wird, die der dadurch ersetzten Anlage nach Maßgabe des Anhangs 2 zu diesem Gesetz vergleichbar ist. Der Betreiber der die Produktion übernehmenden Anlage ist verpflichtet, jeweils bis zum 31. Januar eines Jahres die tatsächliche Produktionsmenge des vorangegangenen Jahres in geeigneter Form nachzuweisen. Soweit die tatsächliche Mehrproduktion in der anderen Anlage, im Vergleich zur Basisperiode, geringer als angezeigt ist, legt die Behörde die Zuteilung unter Berücksichtigung der tatsächlichen Produktionsmenge neu fest.

§ 10 Zuteilung für Neuanlagen als Ersatzanlagen
(1) Ersetzt ein Betreiber eine Anlage im Sinne von § 7 innerhalb eines Zeitraumes von drei Monaten nach Einstellung ihres Betriebes durch Inbetriebnahme einer Neuanlage in Deutschland, die der ersetzten Anlage nach Maßgabe des Anhangs 2 zu diesem Gesetz vergleichbar ist, so werden ihm auf Antrag für vier Betriebsjahre nach Betriebseinstellung Berechtigungen für die Neuanlage in einem Umfang zugeteilt, wie er sich aus der entsprechenden Anwendung des § 7 Abs. 1 bis 6, 10 und 11 auf die ersetzte Anlage ergibt; abweichend von § 3 Abs. 2 Buchstabe b umfasst die Inbetriebnahme im Sinne dieser Vorschrift auch die Aufnahme oder Fortsetzung eines Probebetriebs nach dem 31. Dezember 2004. Bei der Zuteilung für die vier Betriebsjahre wird ein Erfüllungsfaktor in Ansatz gebracht, wie er für die ersetzte Anlage Anwendung gefunden hätte. Dem Betreiber werden für die Neuanlage für weitere 14 Jahre Berechtigungen ohne Anwendung eines Erfüllungsfaktors zugeteilt. Die Anzahl der insoweit in einer Zuteilungsperiode zuzuteilenden Berechtigungen entspricht dem rechnerischen Produkt aus den durchschnittlichen jährlichen Kohlendioxid-Emissionen der Anlage in der nach dem jeweils gültigen Zuteilungsgesetz zugrunde zu legenden Basisperiode und der Anzahl der Jahre der jeweiligen Zuteilungsperiode, für die keine Zuteilung nach Satz 1 erfolgt. Die Sätze 1 bis 4 finden entsprechende Anwendung bei Inbetriebnahme einer Neuanlage durch den Rechtsnachfolger des Betreibers der ersetzten Anlage

oder durch einen anderen Betreiber, sofern zwischen dem Betreiber der Neuanlage und dem Betreiber der ersetzten Anlage eine entsprechende Vereinbarung getroffen wurde.

(2) Übersteigt die Kapazität der Neuanlage die Kapazität der ersetzten Anlage, so kann für die Differenz eine Zuteilung von Berechtigungen nach § 11 beantragt werden. Ist die Kapazität der Neuanlage geringer als die Kapazität der ersetzten Anlage, so wird die Zuteilung nach Absatz 1 proportional zur Differenz reduziert. Stellt ein Betreiber den Betrieb mehrerer Anlagen ein oder nimmt er mehrere Neuanlagen in Betrieb, so finden die Sätze 1 und 2 jeweils in Ansehung der Summe der Kapazitäten von Anlagen, deren Betrieb eingestellt worden ist, und der Summe der Kapazitäten von Neuanlagen entsprechende Anwendung.

(3) Liegt zwischen der Einstellung des Betriebes einer Anlage und der Inbetriebnahme der diese Anlage ersetzenden Neuanlage ein Zeitraum von mehr als drei Monaten, jedoch nicht mehr als von zwei Jahren, so nimmt die zuständige Behörde die Zuteilung von Berechtigungen nach der Regelung des Absatzes 1 vor, wenn der Betreiber nachweist, dass die Inbetriebnahme der Neuanlage innerhalb der Dreimonatsfrist aufgrund technischer oder anderer Rahmenbedingungen der Inbetriebnahme nicht möglich war. In den Fällen des Satzes 1 erfolgt eine Zuteilung von Berechtigungen nach der Regelung des Absatzes 1 Satz 1 anteilig in Ansehung des Zeitpunktes der Inbetriebnahme der Neuanlage.

(4) Erfolgt die Inbetriebnahme einer Neuanlage innerhalb eines Zeitraumes von zwei Jahren vor Einstellung des Betriebes einer Anlage, die durch die Neuanlage ersetzt werden soll, so finden im Falle eines Antrages nach Absatz 5 die Absätze 1 bis 3 mit der Maßgabe Anwendung, dass sich der Zeitraum nach Absatz 1 Satz 3 um die Zeit verkürzt, in der die Neuanlage parallel mit der durch sie ersetzten Anlage betrieben worden ist. Sofern für die Neuanlage eine Zuteilungsentscheidung nach § 11 ergangen ist, wird diese anteilig für die Zeit ab Einstellung des Betriebes der ersetzten Anlage widerrufen. Soweit eine Zuteilungsentscheidung widerrufen worden ist, hat der Betreiber Berechtigungen im Umfang der zuviel ausgegebenen Berechtigungen zurückzugeben.

(5) Der Antrag auf Zuteilung nach § 10 Abs. 1 des Treibhausgas-Emissionshandelsgesetzes muss Angaben enthalten über
1. den Zeitpunkt der Inbetriebnahme der Neuanlage und den Zeitpunkt der Einstellung des Betriebes der Anlage, die durch die Neuanlage ersetzt wird,
2. die Eigenschaften der Neuanlage, die ihre Vergleichbarkeit nach Maßgabe des Anhangs 2 dieses Gesetzes mit der Anlage, die durch die Neuanlage ersetzt wird, begründen,
3. im Fall des Absatzes 1 Satz 5 zusätzlich die dem Antrag auf Zuteilung nach Absatz 1 zugrunde liegende vertragliche Vereinbarung und
4. in den Fällen des Absatzes 3 Satz 1 zusätzlich die Gründe dafür, dass eine Inbetriebnahme innerhalb der Dreimonatsfrist nach Absatz 1 nicht möglich war.

Der Antrag auf Zuteilung von Berechtigungen nach Absatz 1 ist spätestens bis zur Inbetriebnahme der Neuanlage, in den Fällen des Absatzes 4 mit der Anzeige der Einstellung des Betriebes der durch diese Anlage ersetzten Anlage nach § 9 Abs. 2 zu stellen.

(6) Bei Erweiterung von Kapazitäten bestehender Anlagen nach dem 31. Dezember 2004 finden für die neuen Kapazitäten der Anlage die Absätze 1 bis 5 entsprechende Anwendung; für die Anlage im Übrigen findet § 7 oder § 8 Anwendung.

§ 11 Zuteilung für zusätzliche Neuanlagen. (1) Neuanlagen, für die ein Betreiber keinen Antrag auf Zuteilung nach § 10 gestellt hat, werden auf Antrag Berechtigungen in einer Anzahl zugeteilt, die dem rechnerischen Produkt aus der zu erwartenden durchschnittlichen jährlichen Produktionsmenge, dem Emissionswert der Anlage je erzeugter Produkteinheit sowie der Anzahl der Kalenderjahre in der Zuteilungsperiode seit Inbetriebnahme entspricht; abweichend von § 3 Abs. 2 Buchstabe b umfasst die Inbetriebnahme im Sinne dieser Vorschrift auch die Aufnahme oder Fortsetzung eines Probebetriebs nach dem 31. Dezember 2004. Sofern die Neuanlage nicht vom Beginn eines Kalenderjahres an betrieben worden ist, sind für das Kalenderjahr der Inbetriebnahme für jeden Tag des Betriebes 1/365 in Ansatz zu bringen. Ein Erfüllungsfaktor findet keine Anwendung. Die Kapazität der Neuanlage und das zu erwartende durchschnittliche jährliche Auslastungsniveau bestimmen sich nach den Vorschriften einer Rechtsverordnung nach § 16; der Emissionswert einer Neuanlage je erzeugter Produkteinheit bestimmt sich nach Maßgabe der Absätze 2 und 3 unter Zugrundelegung der Verwendung der besten verfügbaren Techniken. Die Emissionsmenge, für die Berechtigungen nach Satz 1 zuzuteilen sind, errechnet sich nach Formel 3 des Anhangs 1 zu diesem Gesetz. Die Zuteilung von Berechtigungen nach Maßgabe der Sätze 1 bis 4 erfolgt für die ersten 14 Betriebsjahre seit Inbetriebnahme der Anlage.
(2) Für Strom erzeugende Anlagen beträgt der Emissionswert je erzeugter Produkteinheit maximal 750 Gramm Kohlendioxid je Kilowattstunde, jedoch nicht mehr als der bei Verwendung der besten verfügbaren Techniken erreichbare Emissionswert der Anlage, mindestens aber 365 Gramm Kohlendioxid je Kilowattstunde. Bei Kraft-Wärme-Kopplungsanlagen erfolgt eine Zuteilung hinsichtlich der zu erwartenden Menge erzeugten Stroms nach Maßgabe von Satz 1 unter Zugrundelegung einer technisch vergleichbaren Anlage zur ausschließlichen Erzeugung von Strom; daneben erfolgt eine Zuteilung hinsichtlich der zu erwartenden Menge erzeugter Wärme nach Maßgabe einer Rechtsverordnung nach Satz 4. Für Kraft-Wärme-Kopplungsanlagen errechnet sich die Emissionsmenge, für die Berechtigungen nach Absatz 1 Satz 1 zuzuteilen sind, abweichend von Absatz 1 Satz 5 nach Formel 4 des Anhangs 1 zu diesem Gesetz. Die Bundesregierung kann unter Zugrundelegung der besten verfügbaren Techniken die Emissionswerte je erzeugter Produkteinheit für Gruppen von Anlagen mit vergleichbaren Produkten, insbesondere für die Produkte Prozessdampf, Zementklinker, Behälterglas, Flachglas, Mauerziegel und Dachziegel sowie für Warmwasser erzeugende Anlagen durch Rechtsverordnung festlegen.
(3) Soweit Neuanlagen weder den Anlagengruppen nach Absatz 2 Satz 1 und 2 noch einer Anlagengruppe unterfallen, für die ein Emissionswert je erzeugter Produkteinheit nach Absatz 2 Satz 3 festgelegt wurde, bestimmt sich der Emissionswert je erzeugter Produkteinheit nach den zu erwartenden durchschnittlichen jährlichen Kohlendioxid-Emissionen, die für die jeweilige Anlage bei Anwendung der

besten verfügbaren Techniken erreichbar ist. Sofern die Festlegung eines Emissionswertes je Produkteinheit nicht möglich ist, weil in der Anlage unterschiedliche Produkte hergestellt werden, bemisst sich die Zuteilung abweichend von Absatz 1 Satz 1 nach den zu erwartenden durchschnittlichen jährlichen Emissionen bei Anwendung der besten verfügbaren Techniken.

(4) Für Neuanlagen nach Absatz 1 muss der Antrag auf Zuteilung nach § 10 Abs. 1 des Treibhausgas-Emissionshandelsgesetzes den Nachweis der nach dem Bundes-Immissionsschutzgesetz erforderlichen Genehmigung enthalten sowie Angaben über

1. das Datum der geplanten Inbetriebnahme,
2. die zu erwartende durchschnittliche jährliche Produktionsmenge der Anlage, die sich aus Kapazität und Auslastung der Anlage ergibt,
3. in den Fällen des Absatzes 3 zusätzlich die vorgesehenen, für die Emission von Kohlendioxid relevanten Brenn- und Rohstoffe,
4. in den Fällen des Absatzes 3 Satz 1 zusätzlich den der Zuteilungsentscheidung zugrunde zu legenden Emissionswert der Anlage je erzeugter Produkteinheit sowie die Gründe dafür, dass der in Ansatz gebrachte Emissionswert derjenige ist, der für die Anlage bei Verwendung der besten verfügbaren Techniken erreichbar ist, in den Fällen des Absatzes 3 Satz 2 zusätzlich darüber, dass die besten verfügbaren Techniken angewendet werden,
5. die nach den gemäß den Nummern 1 bis 4 erforderlichen Angaben zu erwartenden durchschnittlichen jährlichen Kohlendioxid-Emissionen der Anlage.

Der Antrag auf Zuteilung ist spätestens bis zur Inbetriebnahme der Anlage zu stellen.

(5) § 8 Abs. 3 und 4 finden entsprechende Anwendung.

(6) Bei der Inbetriebnahme von neuen Kapazitäten einer bestehenden Anlage nach dem 31. Dezember 2004 finden die Absätze 1 bis 5 für die neuen Kapazitäten entsprechende Anwendung; für die Anlage im Übrigen findet § 7 oder § 8 Anwendung.

Unterabschnitt 2. Besondere Zuteilungsregeln

§ 12 Frühzeitige Emissionsminderungen. (1) Auf Antrag setzt die zuständige Behörde bei der Anwendung von § 7 einen Erfüllungsfaktor von 1 an, sofern ein Betreiber Emissionsminderungen aufgrund von Modernisierungsmaßnahmen, die nach dem 1. Januar 1994 beendet worden sind, nachweist. Dies gilt für zwölf auf den Abschluss der Modernisierungsmaßnahme folgende Kalenderjahre. Satz 1 gilt nicht für Emissionsminderungen, die durch die ersatzlose Einstellung des Betriebes einer Anlage oder durch Produktionsrückgänge verursacht worden sind oder aufgrund gesetzlicher Vorgaben durchgeführt werden mussten. Der Umfang der nachzuweisenden Emissionsminderungen richtet sich nach dem Zeitpunkt der Beendigung der letztmaligen Modernisierungsmaßnahme; dabei müssen bei Beendigung von Modernisierungsmaßnahmen bis

zum 31. Dezember 1994 insgesamt mindestens 7 Prozent,
zum 31. Dezember 1995 insgesamt mindestens 8 Prozent,

zum 31. Dezember 1996 insgesamt mindestens 9 Prozent,
zum 31. Dezember 1997 insgesamt mindestens 10 Prozent,
zum 31. Dezember 1998 insgesamt mindestens 11 Prozent,
zum 31. Dezember 1999 insgesamt mindestens 12 Prozent,
zum 31. Dezember 2000 insgesamt mindestens 13 Prozent,
zum 31. Dezember 2001 insgesamt mindestens 14 Prozent oder
zum 31. Dezember 2002 insgesamt mindestens 15 Prozent
Emissionsminderungen nachgewiesen werden können. Beträgt die nachgewiesene Emissionsminderung mehr als 40 Prozent, so wird der Erfüllungsfaktor 1 für die Perioden 2005 bis 2007 und 2008 bis 2012 angesetzt.

(2) Eine Emissionsminderung im Sinne von Absatz 1 ist die Differenz zwischen den durchschnittlichen jährlichen energiebedingten Kohlendioxid-Emissionen der Anlage je erzeugter Produkteinheit in der Referenzperiode und den durchschnittlichen jährlichen energiebedingten Kohlendioxid-Emissionen der Anlage je erzeugter Produkteinheit in der Basisperiode 2000 bis 2002. Die Referenzperiode besteht aus drei vom Antragsteller benannten, aufeinander folgenden Kalenderjahren im Zeitraum von 1991 bis 2001. Die durchschnittlichen energiebedingten jährlichen Kohlendioxid-Emissionen einer Anlage und die in Ansatz zu bringenden erzeugten Produkteinheiten bestimmen sich nach den Vorschriften der Rechtsverordnung nach § 16. Abweichend von § 7 Abs. 1 Satz 3 errechnet sich die Emissionsmenge, für die Berechtigungen nach § 7 Abs. 1 Satz 1 zuzuteilen sind, nach Formel 5 des Anhangs 1 zu diesem Gesetz.

(3) Im Falle der Erweiterung von Kapazitäten ist die Emissionsminderung nach Absatz 2 die Differenz zwischen den durchschnittlichen jährlichen energiebedingten Kohlendioxid-Emissionen je erzeugter Produkteinheit aus dem erweiterten Teil der Anlage in der Basisperiode und den durchschnittlichen jährlichen energiebedingten Kohlendioxid-Emissionen je erzeugter Produkteinheit aus der Anlage vor Erweiterung in der Referenzperiode.

(4) Die Absätze 1 und 2 gelten für Kraftwärme-Kopplungsanlagen im Sinne von § 3 Abs. 2 des Kraft-Wärme-Kopplungsgesetzes mit der Maßgabe, dass als erzeugte Produkteinheit im Sinne von Absatz 2 die erzeugte Wärmemenge gemessen in Megajoule gilt. Soweit eine modernisierte Anlage ausschließlich Strom produzierte, gilt als erzeugte Produkteinheit im Sinne von Absatz 2 die erzeugte Strommenge gemessen in Kilowattstunden. Die näheren Einzelheiten für die Berechnung von frühzeitigen Emissionsminderungen von Kraft-Wärme-Kopplungsanlagen werden durch Vorschriften der Rechtsverordnung nach § 16 bestimmt.

(5) Erfolgte die Inbetriebnahme einer Anlage im Zeitraum vom 1. Januar 1994 bis 31. Dezember 2002, wird auf Antrag bei der Zuteilung nach § 7 ohne Nachweis einer Emissionsminderung für zwölf auf das Jahr der Inbetriebnahme folgende Kalenderjahre ein Erfüllungsfaktor von 1 zugrunde gelegt.

(6) Der Antrag nach den Absätzen 1 und 5 ist im Rahmen des Antrags nach § 10 Abs. 1 des Treibhausgas-Emissionshandelsgesetzes zu stellen. Der Antrag nach Absatz 1 muss die nach den vorstehenden Absätzen erforderlichen Angaben enthalten über

1. die durchschnittlichen jährlichen energiebedingten Kohlendioxid-Emissionen der Anlage, in den Fällen des Absatzes 3 der erweiterten Anlage, je erzeugter Pro-

dukteinheit in der gewählten Referenzperiode und die durchschnittlichen jährlichen energiebedingten Kohlendioxid-Emissionen der Anlage je erzeugter Produkteinheit in der Basisperiode im Sinne von Absatz 2 Satz 1,
2. die Höhe von Emissionsminderungen und den Zeitpunkt der Beendigung der letztmaligen Modernisierungsmaßnahme im Sinne von Absatz 1 Satz 2 und
3. die Höhe von Emissionsminderungen, die aufgrund gesetzlicher Vorgaben durchgeführt werden mussten.
Der Antrag nach Absatz 5 muss Angaben enthalten über
1. die durchschnittlichen jährlichen energiebedingten Kohlendioxid-Emissionen der Anlage je produzierter Einheit in der Basisperiode im Sinne von Absatz 2 Satz 1 und
2. den Zeitpunkt der Inbetriebnahme der Anlage.

§ 13 Prozessbedingte Emissionen. (1) Auf Antrag setzt die zuständige Behörde abweichend von § 7 für prozessbedingte Emissionen einen Erfüllungsfaktor von 1 an, sofern der Anteil der prozessbedingten Emissionen an den gesamten Emissionen einer Anlage 10 Prozent oder mehr beträgt.

(2) Prozessbedingte Emissionen sind alle Freisetzungen von Kohlendioxid in die Atmosphäre, bei denen das Kohlendioxid als Produkt einer chemischen Reaktion entsteht, die keine Verbrennung ist. Die näheren Einzelheiten für die Berechnung prozessbedingter Emissionen einer Anlage werden durch die Vorschriften der Rechtsverordnung nach § 16 bestimmt. Abweichend von § 7 Abs. 1 Satz 3 errechnet sich die Emissionsmenge, für die Berechtigungen nach Absatz 1 zuzuteilen sind, nach Formel 6 des Anhangs 1 zu diesem Gesetz.

(3) Der Antrag nach Absatz 1 ist im Rahmen des Antrags nach § 10 Abs. 1 des Treibhausgas-Emissionshandelsgesetzes zu stellen. Er muss die nach den vorstehenden Absätzen erforderlichen Angaben enthalten über die in einer Rechtsverordnung nach Absatz 2 Satz 2 geregelte Höhe und den Anteil prozessbedingter Kohlendioxid-Emissionen an den gesamten Emissionen einer Anlage.

§ 14 Sonderzuteilung für Anlagen mit Kraft-Wärme-Kopplung. (1) Auf Antrag teilt die zuständige Behörde ergänzend zu einer Zuteilung nach den Vorschriften des Unterabschnitts 1 Betreibern von Kraft-Wärme-Kopplungsanlagen im Sinne von § 3 Abs. 2 des Kraft-Wärme-Kopplungsgesetzes vom 19. März 2002 (BGBl. I S. 1092), geändert durch Artikel 136 der Verordnung vom 25. November 2003 (BGBl. I S. 2304), Berechtigungen zur Emission von 27 Tonnen Kohlendioxidäquivalent je Gigawattstunde in Kraft-Wärme-Kopplung erzeugten Stroms (KWK-Nettostromerzeugung) zu.

(2) Die Zuteilung bemisst sich nach dem Produkt der durchschnittlichen jährlichen Menge der KWK-Nettostromerzeugung und der Anzahl der Jahre der Zuteilungsperiode 2005 bis 2007. Maßgeblich für die Menge nach Satz 1 ist die jeweilige nach § 7 bestimmte Basisperiode, in den Fällen des § 8 Abs. 1 die angemeldete KWK-Nettostromerzeugung; in diesen Fällen finden § 8 Abs. 3 und 4 keine Anwendung. Die Emissionsmenge, für die Berechtigungen nach Absatz 1 zuzuteilen sind, errechnet sich nach Formel 7 des Anhangs 1 zu diesem Gesetz.

(3) Der Antrag nach Absatz 1 ist im Rahmen des Antrags nach § 10 Abs. 1 des Treibhausgas-Emissionshandelsgesetzes zu stellen. Er muss die nach Absatz 2 erforderlichen Angaben über die Menge der KWK-Nettostromerzeugung enthalten. Auf die Angaben nach Satz 2 findet § 10 Abs. 1 Satz 3 des Treibhausgas-Emissionshandelsgesetzes keine Anwendung.

(4) Der Betreiber der Anlage legt der zuständigen Behörde bis zum 31. März eines Jahres, erstmals im Jahr 2006, die Abrechnung nach § 8 Abs. 1 Satz 5 des Kraft-Wärme-Kopplungsgesetzes vom 19. März 2002 (BGBl. I S. 1092), geändert durch Artikel 136 der Verordnung vom 25. November 2003 (BGBl. I S. 2304), vor. Soweit eine Kraft-Wärme-Kopplungsanlage keinen Strom in ein Netz für die allgemeine Versorgung einspeist oder Strom einspeist, ohne eine Begünstigung nach dem Kraft-Wärme-Kopplungsgesetz zu erhalten, gilt Satz 1 entsprechend für die KWK-Nettostromerzeugung der Anlage oder die in das Netz für die allgemeine Versorgung eingespeiste KWK-Nettostrommenge.

(5) Die zuständige Behörde widerruft die Zuteilungsentscheidung mit Wirkung für die Vergangenheit, wenn die in dem vergangenen Kalenderjahr tatsächlich erzeugte KWK-Nettostrommenge geringer ist als die diesem Jahr entsprechende der Zuteilungsentscheidung zugrunde gelegte Menge Strom. Dabei wird die zugeteilte Menge an Berechtigungen des jeweiligen Kalenderjahres für jeden Prozentpunkt, um den die tatsächlich erzeugte KWK-Nettostrommenge geringer ist als die der Zuteilungsentscheidung zugrunde liegende, um 5 Prozent verringert. Soweit eine Zuteilungsentscheidung widerrufen worden ist, hat der Betreiber Berechtigungen im Umfang der zuviel ausgegebenen Berechtigungen zurückzugeben.

(6) Reduziert sich die KWK-Nettostrommenge im Vergleich zu der der Zuteilungsentscheidung zugrunde gelegten Menge um mehr als 20 Prozent, so entfällt eine Zuteilung von Berechtigungen nach Absatz 1.

§ 15 Sonderzuteilung bei Einstellung des Betriebes von Kernkraftwerken
(1) Auf Antrag eines Betreibers eines Kernkraftwerkes, der bis zum 30. September 2004 bei der zuständigen Behörde das Erlöschen der Berechtigung zum Leistungsbetrieb eines von ihm betriebenen Kernkraftwerkes im Zeitraum 2003 bis 2007 angezeigt hat, teilt die zuständige Behörde Berechtigungen an die von dem Antragsteller benannten Betreiber von Anlagen nach Anhang 1, Nr. I bis III des Treibhausgas-Emissionshandelsgesetzes nach den Maßgaben des Antragstellers zu. Die zuständige Behörde verteilt Berechtigungen in einem Gegenwert von insgesamt 1,5 Millionen Tonnen Kohlendioxidäquivalenten jährlich im Verhältnis zur Kapazität der Kernkraftwerke auf die eingehenden Anträge. Die Zuteilungen an die in einem Antrag benannten Betreiber dürfen die jeweils auf einen Antrag nach Satz 2 entfallende Menge nicht übersteigen.

(2) Die Ausgabe der Berechtigungen erfolgt nach dem Erlöschen der Berechtigung zum Leistungsbetrieb für das Kernkraftwerk, das der Zuteilung zugrunde liegt.

Unterabschnitt 3. Allgemeine Zuteilungsvorschriften

§ 16 Nähere Bestimmung der Berechnung der Zuteilung
Die Bundesregierung kann durch Rechtsverordnung Vorschriften gemäß § 7 Abs. 1 Satz 2, § 8 Abs. 1 Satz 5, § 11 Abs. 1 Satz 4 und Abs. 2 Satz 4, § 12 Abs. 2 Satz 3 und Abs. 4 Satz 3 und § 13 Abs. 2 Satz 2 erlassen, die bei der Berechnung der Anzahl zuzuteilender Berechtigungen nach den Regelungen dieses Abschnitts zugrunde zu legen sind.

§ 17 Überprüfung von Angaben
Die zuständige Behörde überprüft die nach diesem Gesetz erforderlichen Angaben des Betreibers. Sie kann zur Überprüfung der Angaben des Betreibers nach § 11 Abs. 4 Satz 1 Nr. 4 einen Sachverständigen beauftragen. Zu dem in § 10 Abs. 4 erster Halbsatz des Treibhausgas-Emissionshandelsgesetzes vorgeschriebenen Zeitpunkt teilt die zuständige Behörde Berechtigungen nur zu, soweit die Richtigkeit der Angaben ausreichend gesichert ist.

§ 18 Kosten der Zuteilung
Von der zuständigen Behörde zugeteilte Berechtigungen sind kostenlos. Die Erhebung von Gebühren und Auslagen nach § 23 dieses Gesetzes sowie nach § 22 des Treibhausgas-Emissionshandelsgesetzes bleibt hiervon unberührt.

Abschnitt 4. Ausgabe und Überführung von Berechtigungen

§ 19 Ausgabe
(1) Die zugeteilten Berechtigungen werden zu den Terminen nach § 9 Abs. 2 Satz 3 des Treibhausgas-Emissionshandelsgesetzes in jeweils gleich großen Teilmengen ausgegeben.

(2) Abweichend von Absatz 1 werden in den Fällen des § 10 und des § 11 für das erste Betriebsjahr zugeteilte Berechtigungen unverzüglich nach der Zuteilungsentscheidung ausgegeben, sofern diese nicht vor dem 28. Februar eines Kalenderjahres erfolgt ist. Ergeht die Zuteilungsentscheidung vor dem 28. Februar eines Kalenderjahres, so werden Berechtigungen nach Satz 1 erstmals zum 28. Februar desselben Jahres ausgegeben.

§ 20 Ausschluss der Überführung von Berechtigungen
Abweichend von § 6 Abs. 4 Satz 4 des Treibhausgas-Emissionshandelsgesetzes werden die Berechtigungen der Zuteilungsperiode 2005 bis 2007 nicht in die folgende Zuteilungsperiode überführt. Berechtigungen nach Satz 1 werden mit Ablauf des 30. April 2008 gelöscht.

Abschnitt 5. Gemeinsame Vorschriften

§ 21 Ordnungswidrigkeiten
(1) Ordnungswidrig handelt, wer vorsätzlich oder fahrlässig
  1. entgegen § 8 Abs. 3 Satz 1 einen Nachweis nicht, nicht richtig, nicht vollständig oder nicht rechtzeitig erbringt,
  2. entgegen § 9 Abs. 2 eine Anzeige nicht, nicht richtig oder nicht rechtzeitig erstattet oder
  3. entgegen § 9 Abs. 3 Satz 2 in Verbindung mit § 21 Abs. 2 Satz 1 Nr. 1 oder 2 des Treibhausgas-Emissionshandelsgesetzes eine dort genannte Maßnahme nicht gestattet.

(2) Die Ordnungswidrigkeit kann mit einer Geldbuße bis zu fünfzigtausend Euro geahndet werden.

§ 22 Zuständigkeiten
(1) Zuständige Behörde im Sinne dieses Gesetzes ist die Behörde nach § 20 des Treibhausgas-Emissionshandelsgesetzes.

(2) Soweit für Streitigkeiten nach diesem Gesetz der Verwaltungsrechtsweg gegeben ist, ist bei Anfechtungsklagen gegen Verwaltungsakte des Umweltbundesamtes das Gericht örtlich zuständig, in dessen Bezirk der Verwaltungsakt erlassen wurde. Satz 1 gilt entsprechend für Verpflichtungsklagen sowie für Klagen auf Feststellung der Nichtigkeit von Verwaltungsakten.

§ 23 Kosten von Amtshandlungen nach diesem Gesetz
Für Amtshandlungen nach diesem Gesetz werden kostendeckende Gebühren erhoben. Damit verbundene Auslagen sind auch abweichend von § 10 Abs. 1 Verwaltungskostengesetz zu erstatten. Das Bundesministerium für Umwelt, Naturschutz und Reaktorsicherheit setzt durch Rechtsverordnung die Höhe der Gebühren und zu erstattende Auslagen für Amtshandlungen nach diesem Gesetz und nach aufgrund dieses Gesetzes erlassenen Rechtsverordnungen fest.

§ 24 Inkrafttreten
Dieses Gesetz tritt am Tage nach der Verkündung in Kraft. Die verfassungsmäßigen Rechte des Bundesrates sind gewahrt. Das vorstehende Gesetz wird hiermit ausgefertigt. Es ist im Bundesgesetzblatt zu verkünden.

Anhang 1 Berechnungsformeln

Formel 1
Zuteilung für bestehende Anlagen auf Basis historischer Emissionen
$$EB = E_{BP} * EF_P * t_P$$

Formel 2
Zuteilung für bestehende Anlagen auf Basis angemeldeter Emissionen
$$EB = K * t_A * EW * t_P$$

Formel 3
Zuteilung für zusätzliche Neuanlagen
$$EB = K * t_A * BAT * \frac{RT}{GT_P} * t_P$$

Formel 4
Zuteilung für zusätzliche Neuanlagen der Kraft-Wärme-Kopplung
$$EB = (AN_A * BAT_A + AN_Q * BAT_Q) * \frac{RT}{GT_P} * t_P$$

Formel 5
Zuteilung für Anlagen mit frühzeitigen Emissionsminderungen

$$EB = E_{BP} * EF * t_P \quad \text{mit } EF = 1 \text{ wenn } EM_{EA} \geq x$$
mit
$x = 7\%$ wenn Inbetriebnahme in 1994
....
$x = 15\%$ wenn Inbetriebnahme in 2002

$$\text{und } EM_{EA} = \frac{\dfrac{E_{RP} - E_{RP,proz}}{P_{tRP}} - \dfrac{E_{BP} - E_{BP,proz}}{P_{tBP}}}{\dfrac{E_{RP} - E_{RP,proz}}{P_{tRP}}}$$

Formel 6
Zuteilung für bestehende Anlagen auf Basis historischer Emissionen bei einem Anteil prozeßbedingter Kohlendioxid-Emissionen größer 10 Prozent
$$EB = (E_{BP} - E_{BP,proz}) * EF_P * t_P + E_{BP,proz} * t_P$$

Formel 7
Sonderzuteilung für bestehende Anlagen der Kraft-Wärme-Kopplung
$EB = A_{Bne-KWK} * 27\ t\ CO2/GWh * t_p$

Erläuterung der Abkürzungen

$A_{Bne-KWK}$	durchschnittliche jährliche in Kraft-Wärme-Kopplung erzeugte Nettostromerzeugung in der Basisperiode in Gigawattstunden
AN_A	Stromerzeugung der Kraft-Wärme-Kopplungsanlage in Megawattstunden
AN_Q	Nutzwärmeerzeugung der Kraft-Wärme-Kopplungsanlage in Megawattstunden
BAT	Emissionswert je Produkteinheit der Anlage in Tonnen Kohlendioxidäquivalent je Produkteinheit gemäß bester verfügbarer Technik
BAT_A	Emissionswert je Produkteinheit für Stromerzeugungsanlagen in Tonnen Kohlendioxidäquivalent je Megawattstunde gemäß bester verfügbarer Technik
BAT_Q	Emissionswert je Produkteinheit für Wärmeerzeugungsanlagen in Tonnen Kohlendioxidäquivalent je Megawattstunde gemäß bester verfügbarer Technik
E_{BP}	durchschnittliche jährliche Kohlendioxid-Emissionen der Anlage in der Basisperiode
E_{RP}	durchschnittliche jährliche Kohlendioxid-Emissionen der Anlage in der Referenzperiode
EB	Menge der Emissionsberechtigungen für die Zuteilungsperiode in Tonnen Kohlendioxidäquivalent
$E_{BP,proz}$	durchschnittliche jährliche prozessbedingte Kohlendioxid-Emissionen der Anlage in der Basisperiode in Tonnen Kohlendioxid-Äquivalent je Jahr
$E_{RP,proz}$	durchschnittliche jährliche prozessbedingte Kohlendioxid-Emissionen der Anlage in der Referenzperiode in Tonnen Kohlendioxidäquivalent je Jahr
EF_P	Erfüllungsfaktor für die Zuteilungsperiode
EM_{EA}	Emissionsminderung je Produkteinheit, die in der Zeit von 1996 bis 2002 wirksam geworden ist, bezogen auf die Referenzperiode
EW	Emissionswert der Anlage je Produkteinheit in Tonnen Kohlendioxidäquivalent

GT_P	Gesamtanzahl der Tage der Zuteilungsperiode
K	Produktionskapazität der Anlage je Stunde
P_{tRP}	durchschnittliche jährliche Produktionsmenge in der Referenzperiode
P_{tBP}	durchschnittlich jährliche Produktionsmenge in der Referenzperiode
RT	Anzahl der Tage von der Inbetriebnahme der Anlage bis zum Ende der Zuteilungsperiode
t_A	erwartete durchschnittliche jährliche Auslastung der jeweiligen Anlage in Vollbenutzungsstunden
t_p	Anzahl der Jahre der Zuteilungsperiode

Anhang 2 Vergleichbarkeit von Anlagen

Anlagen sind vergleichbar im Sinne von § 10 Abs. 1 Satz 1, wenn sie derselben der nachfolgenden Kategorien zuzuordnen sind wie die Anlage, welche sie ersetzen.

Kategorie 1	Anlagen zur Erzeugung von Strom einschließlich Kraft-Wärme-Kopplungsanlagen, die dem Treibhausgas-Emissionshandelsgesetz nach dessen Anhang 1 Nr. I bis III unterliegen.
Kategorie 2	Anlagen zur Erzeugung von Dampf, Warmwasser, Prozesswärme oder erhitztem Abgas einschließlich zugehöriger Dampfkessel einschließlich Kraft-Wärme-Kopplungsanlagen, die dem Treibhausgas-Emissionshandelsgesetz nach dessen Anhang 1 Nr. I bis III unterliegen.
Kategorie 3	Verbrennungsmotoranlagen und Gasturbinenanlagen zum Antrieb von Arbeitsmaschinen, die dem Treibhausgas-Emissionshandelsgesetz nach dessen Anhang 1 Nr. IV und V unterliegen.
Kategorie 4	Anlagen zur Destillation oder Raffination oder sonstiger Weiterverarbeitung von Erdöl oder Erdölerzeugnissen in Mineralöl- oder Schmierstoffraffinerien, die dem Treibhausgas-Emissionshandelsgesetz nach dessen Anhang 1 Nr. VI unterliegen.
Kategorie 5	Anlagen zur Trockendestillation von Steinkohle oder Braunkohle (Kokereien), die dem Treibhausgas-Emissionshandelsgesetz nach dessen Anhang 1 Nr. VII unterliegen.
Kategorie 6	Anlagen zum Rösten, Schmelzen oder Sintern von Eisenerzen, die dem Treibhausgas-Emissionshandelsgesetz nach dessen Anhang 1 Nr. VIII unterliegen.

Kategorie 7	Anlagen zur Herstellung oder zum Erschmelzen von Roheisen oder Stahl einschließlich Stranggießen, die dem Treibhausgas-Emissionshandelsgesetz nach dessen Anhang 1 Nr. IX unterliegen.
Kategorie 8	Anlagen zur Herstellung von Zementklinker, die dem Treibhausgas-Emissionshandelsgesetz nach dessen Anhang 1 Nr. X unterliegen.
Kategorie 9	Anlagen zum Brennen von Kalkstein oder Dolomit, die dem Treibhausgas-Emissionshandelsgesetz nach dessen Anhang 1 Nr. XI unterliegen.
Kategorie 10	Anlagen zur Herstellung von Glas, auch soweit Altglas hergestellt wird, einschließlich Anlagen zur Herstellung von Glasfasern, die dem Treibhausgas-Emissionshandelsgesetz nach dessen Anhang 1 Nr. XII unterliegen.
Kategorie 11	Anlagen zum Brennen keramischer Erzeugnisse, die dem Treibhausgas-Emissionshandelsgesetz nach dessen Anhang 1 Nr. XIII unterliegen.
Kategorie 12	Anlagen zur Gewinnung von Zellstoff aus Holz, Stroh oder ähnlichen Faserstoffen, die dem Treibhausgas-Emissionshandelsgesetz nach dessen Anhang 1 Nr. XIV unterliegen.
Kategorie 13	Anlagen zur Herstellung von Papier, Karton oder Pappe, die dem Treibhausgas-Emissionshandelsgesetz nach dessen Anhang 1 Nr. XV unterliegen.

Zuteilungsverordnung 2007 (ZuV 2007)

Verordnung über die Zuteilung von Treibhausgas-Emissionsberechtigungen

in der Zuteilungsperiode 2005 bis 2007
(Zuteilungsverordnung 2007 – ZuV 2007)
vom 31. August 2004 (BGBl. I S. 2255)

Inhaltsverzeichnis

Abschnitt 1. Allgemeine Vorschriften
§ 1 Anwendungsbereich und Zweck
§ 2 Begriffsbestimmungen
§ 3 Allgemeine Anforderungen an die Zuteilungsanträge

Abschnitt 2. Allgemeine Regeln zur Bestimmung der Kohlendioxid-Emissionen
§ 4 Bestimmung der Emissionsfaktoren
§ 5 Bestimmung der energiebedingten Kohlendioxid-Emissionen
§ 6 Bestimmung der prozessbedingten Kohlendioxid-Emissionen
§ 7 Emissionsberechnung auf der Grundlage einer Bilanzierung des Kohlenstoffgehalts
§ 8 Ermittlung der Emissionen auf Grundlage des Eigenverbrauchs
§ 9 Messung der Kohlendioxid-Emissionen

Abschnitt 3. Besondere Regeln der Berechnung der Kohlendioxid-Emissionen
§ 10 Zuteilung für bestehende Anlagen auf Basis historischer Emissionen
§ 11 Zuteilung für Anlagen auf Basis angemeldeter Emissionen
§ 12 Zuteilung für zusätzliche Neuanlagen
§ 13 Frühzeitige Emissionsminderungen

Abschnitt 4. Gemeinsame Vorschriften
§ 14 Anforderungen an die Verifizierung der Zuteilungsanträge
§ 15 Ordnungswidrigkeiten
§ 16 Inkrafttreten

Anhänge 1 bis 9

Auf Grund des § 7 Abs. 1 Satz 2, § 8 Abs. 1 Satz 5, § 11 Abs. 1 Satz 4 und Abs. 2 Satz 4, § 12 Abs. 2 Satz 3 und Abs. 4 Satz 3, § 13 Abs. 2 Satz 2 jeweils in Verbindung mit § 16 des Zuteilungsgesetzes 2007 vom 26. August 2004 (BGBl. I S. 2211) und des § 10 Abs. 5 Nr. 1 und 2 des Treibhausgas-Emissionshandelsgesetzes vom 8. Juli 2004 (BGBl. I S. 1578) verordnet die Bundesregierung:

Abschnitt 1. Allgemeine Vorschriften

§ 1 Anwendungsbereich und Zweck. Diese Verordnung gilt innerhalb des Anwendungsbereichs des Treibhausgas-Emissionshandelsgesetzes. Sie dient der näheren Bestimmung der Berechnung der Zuteilung von Berechtigungen zur Emission von Treibhausgasen, der im Zuteilungsverfahren nach § 10 Abs. 1 des Treibhausgas-Emissionshandelsgesetzes zu fordernden Angaben und der Art der beizubringenden Nachweise sowie deren Überprüfung.

§ 2 Begriffsbestimmungen. Im Sinne dieser Verordnung ist

1. Kapazität: die auf den Regelbetrieb bezogene, installierte Produktionsleistung pro Jahr; sofern sich aus den Anforderungen der Genehmigung der Anlage eine geringere maximale Produktionsleistung ergibt, so ist diese maßgeblich;

2. Auslastung: der Quotient aus der durchschnittlichen tatsächlichen Produktionsleistung und der Kapazität einer Anlage;

3. Inbetriebnahme: die erstmalige Aufnahme des Regelbetriebs; der Regelbetrieb beginnt zu dem Zeitpunkt, an dem die Anlage entsprechend dem Ablauf der Inbetriebsetzung nach Abschluss eines Probebetriebs erstmals die mit ihr bezweckte Funktion unter Normalbetriebsbedingungen aufnimmt und fortführen kann; die Sonderregelungen in § 10 Abs. 1 Satz 1 und § 11 Abs. 1 Satz 1 des Zuteilungsgesetzes 2007 bleiben unberührt;

4. Probebetrieb: der zeitweilige Betrieb einer Anlage zur Prüfung ihrer Betriebstüchtigkeit;

5. Aktivitätsrate: die eingesetzte Menge eines Stoffs pro Kalenderjahr, der zur Emission von Kohlendioxid führt;

6. unterer Heizwert: die Wärmemenge, die bei vollständiger Verbrennung einer definierten Menge Brennstoff entsteht, sofern der Wassergehalt des Brennstoffs und des Wassers, das bei der Verbrennung entsteht, sich in gasförmigem Zustand befinden, wobei die Wärmerückgewinnung durch die Kondensierung des Wasserdampfes im Abgas nicht mitgerechnet wird;

7. Emissionsfaktor: Quotient aus der bei der Handhabung eines Stoffs freigesetzten Menge nicht biogenen Kohlendioxids und der eingesetzten Menge dieses Stoffs. Dabei bezieht sich der Emissionsfaktor eines Brennstoffes auf den unteren Heizwert des Brennstoffes. Für den Zweck der Kohlenstoffbilanz entspricht der Emissionsfaktor auch dem Einbindungsfaktor;

8. biogene Kohlendioxid-Emissionen: Emissionen aus der Oxidation von nicht fossilem und biologisch abbaubarem, organischem Kohlenstoff zu Kohlendioxid;

9. Konversionsfaktor: Koeffizient, der den Grad der Umwandlung des in den Brennstoffen oder Rohstoffen enthaltenen Kohlenstoffs zu Kohlendioxid angibt. Bei vollständiger Umwandlung ist der Konversionsfaktor 1. Bei Verbrennungsprozessen entspricht der Konversionsfaktor dem Oxidationsfaktor; bei Nicht-Verbrennungsprozessen entspricht der Konversionsfaktor dem Umsetzungsfaktor;

10. Gichtgas: das bei der Roheisenerzeugung aus dem Hochofen an der Gicht (oberer Abschluss des Hochofens) austretende Gasgemisch aus ca. 23 Volumen-Prozent Kohlendioxid, ca. 23 Volumen-Prozent Kohlenmonoxid, ca. 49,5 Volumen-Prozent Stickstoff und ca. 4,5 Volumen-Prozent Wasserstoff;

11. Konvertergas: das bei der Rohstahlerzeugung nach dem Sauerstoffblasverfahren aus dem Konverter austretende Gasgemisch aus ca. 15 Volumen-Prozent Kohlendioxid, ca. 65 Volumen-Prozent Kohlenmonoxid, ca. 18 Volumen-Prozent Stickstoff und ca. 2 Volumen-Prozent Wasserstoff;

12. Kuppelgas: als Nebenprodukt bei der Erzeugung von Grundstoffen entstehendes, brennbares Prozessgas, z.B. Gichtgas und Konvertergas.

§ 3 Allgemeine Anforderungen an die Zuteilungsanträge. (1) Soweit die Vorschriften der Abschnitte 2 und 3 keine abweichenden Regelungen enthalten, sind die für die Zuteilung von Emissionsberechtigungen im Zuteilungsantrag nach § 10 Abs. 1 des Treibhausgas-Emissionshandelsgesetzes anzugebenden Daten und Informationen, soweit verfügbar, im Einklang mit der Entscheidung 2004/156/EG der Kommission vom 29. Januar 2004 zur Festlegung von Leitlinien für Überwachung und Berichterstattung betreffend Treibhausgasemissionen gemäß der Richtlinie 2003/87/EG des Europäischen Parlaments und des Rates (ABl. EU Nr. L 59 S. 1; Nr. L 177 S. 4) zu erheben und anzugeben. Soweit die Anforderungen der in Satz 1 genannten Leitlinien nicht eingehalten werden können, sind die Daten und Informationen mit dem im Einzelfall höchsten erreichbaren Grad an Genauigkeit und Vollständigkeit zu erheben und anzugeben.

(2) Der Antragsteller ist verpflichtet, die nach § 7 Abs. 8, § 8 Abs. 2, § 10 Abs. 5, § 11 Abs. 4, § 12 Abs. 6 und § 14 Abs. 3 des Zuteilungsgesetzes 2007 sowie nach § 5 Abs. 2, § 6 Abs. 9, § 7 Abs. 3, § 9 Abs. 4, § 10 Abs. 7, § 11 Abs. 7, § 12 Abs. 6 oder § 13 Abs. 7 dieser Verordnung erforderlichen Angaben in den Zuteilungsanträgen zu machen. Soweit diese Angaben die vorherige Durchführung von Berechnungen voraussetzen, ist neben den geforderten Angaben jeweils auch die angewandte Berechnungsmethode zu erläutern und die Ableitung der Angaben nachvollziehbar darzustellen. Der Betreiber ist verpflichtet, die den Angaben zugrunde liegenden Einzelnachweise auf Verlangen der zuständigen Behörde bis zum Ablauf der übernächsten auf die Zuteilungsentscheidung folgende Zuteilungsperiode vorzuweisen.

Abschnitt 2. Allgemeine Regeln zur Bestimmung der Kohlendioxid-Emissionen

§ 4 Bestimmung der Emissionsfaktoren. (1) Die Angabe von Emissionsfaktoren erfolgt auf der Grundlage der spezifischen Eigenschaften der eingesetzten Stoffe. Dabei sind die Genauigkeitsgrade nach dem Ebenenkonzept der Entscheidung 2004/156/EG zu wählen. Soweit die Anforderungen dieser Leitlinien aus technischen Gründen nicht eingehalten werden können oder der erforderliche Mehraufwand wirtschaftlich nicht vertretbar ist, können allgemein anerkannte Standardwerte für die Emissionsfaktoren der Stoffe verwendet werden, die von der nach § 20 Abs. 1 Satz 2 des Treibhausgas- Emissionshandelsgesetzes zuständigen Behörde veröffentlicht werden. Sofern für die eingesetzten Stoffe keine allgemein anerkannten Standardwerte vorhanden sind, ist eine Ableitung der spezifischen Emissionsfaktoren mit dem im Einzelfall höchsten Grad an Genauigkeit und Bestimmtheit erforderlich.

(2) Die Emissionsfaktoren für energiebedingte Emissionen berechnen sich als Quotient aus dem Kohlenstoffgehalt und dem unteren Heizwert des Brennstoffs sowie der anschließenden Umrechnung in Kohlendioxid durch die Multiplikation mit dem Quotienten aus 44 und 12. Dabei sind der Kohlenstoffgehalt und der untere Heizwert nach den allgemein anerkannten Regeln der Technik zu bestimmen.

(3) Eine Berechnung des Kohlenstoffgehalts aus dem unteren Heizwert der Brennstoffe über statistische Methoden ist grundsätzlich nicht zulässig. Soweit bei dem Brennstoff Vollwert-Steinkohle keine Angaben über den Kohlenstoffgehalt des Brennstoffs vorliegen und das Gemisch der Brennstoffchargen wegen spezifischer örtlicher Umstände nicht bekannt ist, kann ausnahmsweise eine statistische Methode nach der Formel in Anhang 1 zu dieser Verordnung angewandt werden, wenn die Methodenkonsistenz zwischen der Ermittlung der Emissionsfaktoren für den Zuteilungsantrag und für die Berichterstattung nach § 5 des Treibhausgas-Emissionshandelsgesetzes sichergestellt ist. Satz 2 gilt nicht für Anthrazit.

(4) Die Emissionsfaktoren für prozessbedingte Emissionen ermitteln sich vorbehaltlich der Regelungen in § 6 Abs. 2 bis 8 aus der stöchiometrischen Analyse der entsprechenden chemischen Reaktionen und der anschließenden Umrechnung des hierdurch bestimmten Kohlenstoffs in Kohlendioxid durch Multiplikation mit dem Quotienten aus 44 und 12.

§ 5 Bestimmung der energiebedingten Kohlendioxid-Emissionen. (1) Die energiebedingten Kohlendioxid-Emissionen einer Anlage pro Jahr sind das rechnerische Produkt aus der Aktivitätsrate des Brennstoffs, dem unteren Heizwert, dem heizwertbezogenen Emissionsfaktor und dem Oxidationsfaktor des Brennstoffs. Wird mehr als ein Brennstoff in der Anlage eingesetzt, so sind die jährlichen energiebedingten Kohlendioxid-Emissionen je Brennstoff zu ermitteln und zu addieren.

(2) Für die Ermittlung der energiebedingten Kohlendioxid-Emissionen muss der Zuteilungsantrag die Angaben enthalten über

1. die Aktivitätsraten der Brennstoffe,
2. die heizwertbezogenen Emissionsfaktoren der Brennstoffe,

3. die Oxidationsfaktoren der Brennstoffe und
4. die unteren Heizwerte der Brennstoffe.

§ 6 Bestimmung der prozessbedingten Kohlendioxid-Emissionen. (1) Für die Berechnung prozessbedingter Emissionen sind alle Freisetzungen von Kohlendioxid in die Atmosphäre einzubeziehen, bei denen das Kohlendioxid als unmittelbares Produkt einer chemischen Reaktion entsteht, die keine Verbrennung ist, oder im direkten technologischen Verbund mittelbar und unvermeidbar aus dieser chemischen Reaktion resultiert. Die Ermittlung prozessbedingter Kohlendioxid-Emissionen erfolgt in der Regel über den für die Emission von Kohlendioxid relevanten Rohstoffeinsatz. Die prozessbedingten Kohlendioxid-Emissionen sind das rechnerische Produkt aus der Aktivitätsrate des Rohstoffs pro Jahr, dem Emissionsfaktor und dem Umsetzungsfaktor des Rohstoffs. Wird mehr als ein emissionsrelevanter Rohstoff in der Anlage eingesetzt, so sind die jährlichen prozessbedingten Kohlendioxid-Emissionen je Rohstoff zu ermitteln und zu addieren. Die besonderen Regelungen der Absätze 2 bis 8 bleiben unberührt.

(2) Die Ermittlung prozessbedingter Kohlendioxid- Emissionen aus der Produktion von Zementklinker, Branntkalk und Dolomit kann abweichend von Absatz 1 über den Produktausstoß erfolgen. Die prozessbedingten Emissionen sind in diesem Fall das rechnerische Produkt aus der Aktivitätsrate des emissionsrelevanten Produktes pro Jahr und dem produktbezogenen Emissionsfaktor. Dabei sind als produktbezogene Emissionsfaktoren

0,53 Tonnen prozessbedingtes Kohlendioxid je Tonne Zementklinker,
0,7848 Tonnen prozessbedingtes Kohlendioxid je Tonne Branntkalk oder
0,9132 Tonnen prozessbedingtes Kohlendioxid je Tonne Dolomit

in Ansatz zu bringen. Werden mehrere der in Satz 3 genannten Produkte in der Anlage erzeugt, so sind die jährlichen prozessbedingten Kohlendioxid-Emissionen dieser Produkte imeinzelnen zu ermitteln und zu addieren.

(3) Für den Hochofenprozess werden die gesamten prozessbedingten Kohlendioxid-Emissionen pro Jahr über den Rohstoffeinsatz und die Roheisenproduktion nach Formel 1 des Anhangs 2 zu dieser Verordnung ermittelt. Wird aus dem Hochofenprozess Kuppelgas an Anlagen Dritter abgegeben, wird die dem Hochofen zuzurechnende Menge an prozessbedingten Kohlendioxid-Emissionen aus der gesamten Menge an prozessbedingten Kohlendioxid-Emissionen entsprechend dem Verhältnis des insgesamt anfallenden Gichtgases und der Gichtgasabgabe an Anlagen Dritter ermittelt; die dem Hochofenprozess zuzurechnenden prozessbedingten Kohlendioxid-Emissionen werden nach Formel 2 des Anhangs 2 zu dieser Verordnung ermittelt. Wird aus dem Hochofenprozess kein Kuppelgas an Anlagen Dritter abgegeben, wird die gesamte Menge an prozessbedingten Kohlendioxid-Emissionen dem Hochofen zugerechnet.

(4) Für den Prozess der Stahlproduktion im Oxygenstahlwerk werden die gesamten prozessbedingten Kohlendioxid-Emissionen pro Jahr über den Rohstoffeinsatz sowie eine Kohlenstoffbilanz für den Ein- und Austrag von Kohlenstoff über Roheisen, Schrott, Stahl und andere Stoffe nach Formel 1 des Anhangs 3 zu dieser Verordnung ermittelt. Wird aus dem Oxygenstahlwerk Kuppelgas an Anlagen Dritter abgegeben, wird die dem Oxygenstahlwerk zuzurechnende Menge an

prozessbedingten Kohlendioxid-Emissionen aus der gesamten Menge an prozessbedingten Kohlendioxid-Emissionen entsprechend dem Verhältnis des insgesamt anfallenden Konvertergases und der Konvertergasabgabe an Anlagen Dritter ermittelt; die dem Oxygenstahlwerk zuzurechnenden prozessbedingten Kohlendioxid-Emissionen werden nach Formel 2 des Anhangs 3 zu dieser Verordnung ermittelt. Wird aus dem Oxygenstahlwerk kein Kuppelgas an Anlagen Dritter abgegeben, wird die gesamte Menge an prozessbedingten Kohlendioxid-Emissionen dem Oxygenstahlwerk zugerechnet.

(5) Die Betreiber der Hochöfen und Stahlwerke, die Kuppelgase an Dritte abgeben, sind verpflichtet, die den Anlagen Dritter zuzurechnenden prozessbedingten Kohlendioxid-Emissionen als Differenz zwischen der gesamten Menge an prozessbedingten Kohlendioxid-Emissionen nach Absatz 3 Satz 1 oder Absatz 4 Satz 1 und den entsprechend Absatz 3 Satz 2 oder Absatz 4 Satz 2 dem Hochofen und dem Oxygenstahlwerk zuzurechnenden prozessbedingten Kohlendioxid-Emissionen nach der Formel in Anhang 4 zu dieser Verordnung zu ermitteln, den Betreibern der Drittanlage das Ergebnis der Berechnung nach der Formel in Anhang 4 zu dieser Verordnung für die Antragstellung zur Verfügung zu stellen und die zuständige Behörde darüber zu informieren, an welche Anlagen Dritter Kuppelgaslieferungen erfolgen und welche Menge prozessbedingter Kohlendioxid-Emissionen nach dieser Formel den jeweiligen Anlagen zuzurechnen ist.

(6) Für die Regeneration von Katalysatoren für Crack- und Reformprozesse in Erdölraffinerien werden die prozessbedingten Kohlendioxid-Emissionen pro Jahr bestimmt durch:

1. Messung des Kohlenstoffgehalts des Katalysators vor und nach dem Regenerationsprozess und stöchiometrische Berechnung der Kohlendioxid-Emissionen nach Formel 1 des Anhangs 5 zu dieser Verordnung,

2. rechnerische Bestimmung des Kohlenstoffgehalts des Katalysators vor und nach dem Regenerationsprozess und die stöchiometrische Berechnung der Kohlendioxid-Emissionen nach Formel 2 des Anhangs 5 zu dieser Verordnung oder

3. Bestimmung der Kohlendioxid-Emissionen durch Messung der Konzentration im Abgasstrom und die Bestimmung der Gesamtmenge des Abgasstroms nach der Formel 3 des Anhangs 5 zu dieser Verordnung. Die Berechnung der trockenen Abgasmenge kann alternativ auch aus der zugeführten Luftmenge erfolgen. Dabei beträgt der Anteil der Inertgase in der zugeführten Luft konstant 79,07 Volumen-Prozent. Die Berechnung der trockenen Abgasmenge bestimmt sich nach Formel 4 des Anhangs 5 zu dieser Verordnung.

(7) Die Berechnung der prozessbedingten Kohlendioxid-Emissionen pro Jahr, die bei der Kalzinierung von Petrolkoks entstehen, erfolgt über eine vollständige Kohlenstoffbilanz des Kalzinierungsprozesses nach der Formel in Anhang 6 zu dieser Verordnung.

(8) Bei der Wasserstoffherstellung aus Kohlenwasserstoffen bestimmen sich die prozessbedingten Kohlendioxid- Emissionen pro Jahr durch:

1. Ermittlung über den Kohlenstoffgehalt der eingesetzten Kohlenwasserstoffe nach Formel 1 des Anhangs 7 zu dieser Verordnung oder

2. Ermittlung über die Produktionsmenge des Wasserstoffs und das Verhältnis von Kohlenstoff zu Wasserstoff in den eingesetzten Kohlenwasserstoffen sowie dem eingesetzten Wasser nach Formel 2 des Anhangs 7 zu dieser Verordnung.

Es ist das Verfahren in Ansatz zu bringen, bei dem die Angaben zu den Einsatzstoffen für die Berechnung mit höherer Genauigkeit ermittelt werden können.

(9) Für die Ermittlung der prozessbedingten Kohlendioxid-Emissionen muss der Zuteilungsantrag die nach den vorstehenden Absätzen erforderlichen Angaben enthalten über
1. die Aktivitätsraten der Rohstoffe oder Produkte,
2. die Emissionsfaktoren der Rohstoffe oder Produkte,
3. die Umsetzungsfaktoren der Rohstoffe oder Produkte und
4. die Einzelfaktoren der jeweils einschlägigen Berechnungsformeln in den Anhängen 2 bis 7 zu dieser Verordnung.

§ 7 Emissionsberechnung auf der Grundlage einer Bilanzierung des Kohlenstoffgehalts. (1) Abweichend von den Vorschriften der §§ 5 und 6 kann die Ermittlung der gesamten Kohlendioxid-Emissionen auf Basis einer Bilanzierung des Kohlenstoffgehalts des emissionsrelevanten Brenn- und Rohstoffeinsatzes sowie des aus den Brenn- und Rohstoffen stammenden Kohlenstoffs in den Produkten der Anlage erfolgen. Produkte umfassen hierbei auch Nebenprodukte und Abfälle. Die jährlichen durchschnittlichen Emissionen ergeben sich aus der Differenz zwischen dem Gesamtkohlenstoffgehalt des jährlichen Brenn- und Rohstoffeinsatzes und dem aus den eingesetzten Brennstoffen und emissionsrelevanten Rohstoffen stammenden Kohlenstoff in den Produkten einer Anlage sowie der anschließenden Umrechnung des in Kohlendioxid überführten Kohlenstoffs mit dem Quotienten aus 44 und 12.

(2) Betreiber von Anlagen haben prozessbedingte Emissionen parallel nach den Vorschriften des § 6 zu ermitteln, sofern eine Zuteilung nach § 13 des Zuteilungsgesetzes 2007 beantragt wird.

(3) Für die Ermittlung der Kohlendioxid-Emissionen nach Absatz 1 muss der Zuteilungsantrag Angaben enthalten über
1. die jährlichen Aktivitätsraten der Brenn- und der Rohstoffe und der Produkte,
2. die Kohlenstoffgehalte der Brenn- und der Rohstoffe und der Produkte und
3. im Fall des Absatzes 2 zusätzlich die nach § 6 ermittelten prozessbedingten Emissionen.

§ 8 Ermittlung der Emissionen auf Grundlage des Eigenverbrauchs. Die Emissionen einer einheitlichen Anlage im Sinne des § 25 des Treibhausgas-Emissionshandelsgesetzes können im Rahmen des Zuteilungsantrags gemeinsam ermittelt werden. Für einheitliche Anlagen zur Verarbeitung von Erdöl und Erdölerzeugnissen in Mineralöl- oder Schmierstoffraffinerien kann die Ermittlung der Emissionen nach den §§ 5 und 6 auf der Grundlage der Aktivitätsraten des im Rahmen der Mineralölsteuererhebung von den Inhabern von Mineralölherstellungsbetrieben nach § 4 Abs. 1 Nr. 1 des Mineralölsteuergesetzes für die Aufrechterhaltung des Betriebs verwendeten und von dem zuständigen Hauptzollamt anerkannten steuerfreien Mineralöls erfolgen. Dies gilt nur für Emissionen, die von dem durch die Zollsteuerbehörden anerkannten Eigenverbrauch erfasst werden.

§ 9 Messung der Kohlendioxid-Emissionen. (1) Abweichend von den Vorschriften der §§ 5 bis 7 können Kohlendioxid-Emissionen durch Messung direkt ermittelt werden, wenn diese Messung nachweislich ein genaueres Ergebnis bringt als die Emissionsermittlung über Aktivitätsraten, untere Heizwerte sowie Emissions- und Konversionsfaktoren oder über eine Bilanzierung des Kohlenstoffgehalts. Die Messung ist auch zulässig, soweit die Bestimmung der Kohlendioxid-Emissionen nach den Verfahren der §§ 5 bis 7 aus technischen Gründen nicht erfolgen kann oder zu einem unverhältnismäßigen Mehraufwand führen würde, wenn gewährleistet ist, dass die Messung ein hinreichend genaues Ergebnis bringt. Dabei müssen die direkt bestimmten Emissionen unmittelbar einer in den Anwendungsbereich des Treibhausgas- Emissionshandelsgesetzes fallenden Anlage zugeordnet werden können. Der Betreiber muss die Messungen anhand flankierender Emissionsberechnungen bestätigen.

(2) Im Hinblick auf die für die direkte Ermittlung der Emissionen anzuwendenden Messverfahren gilt § 3 entsprechend.

(3) Betreiber von Anlagen haben prozessbedingte Emissionen nach den Vorschriften des § 6 parallel zu ermitteln und anzugeben, sofern eine besondere Zuteilung nach § 13 des Zuteilungsgesetzes 2007 beantragt wird.

(4) Für die Emissionsermittlung nach Absatz 1 muss der Zuteilungsantrag die nach Absatz 1 erforderlichen Angaben enthalten über
1. die Gründe für die bessere Eignung der Messung gegenüber den Verfahren der §§ 5 bis 7,
2. die Methode und die hinreichende Genauigkeit des Messverfahrens,
3. die Maßzahl der gesamten direkt ermittelten jährlichen Kohlendioxid-Emissionen in Tonnen,
4. im Fall des Absatzes 3 zusätzlich die nach § 6 ermittelten prozessbedingten Emissionen und
5. im Fall des Absatzes 1 Satz 2 die technische Unmöglichkeit oder den unverhältnismäßigen Mehraufwand einer Bestimmung nach den §§ 5 bis 7.

Abschnitt 3. Besondere Regeln der Berechnung der Kohlendioxid-Emissionen

§ 10 Zuteilung für bestehende Anlagen auf Basis historischer Emissionen
(1) Die Kohlendioxid-Emissionen einer Anlage pro Jahr berechnen sich nach den Vorschriften des Abschnitts 2 unter Zugrundelegung der jeweiligen Basisperiode nach § 7 des Zuteilungsgesetzes 2007. Dabei werden die durchschnittlichen jährlichen Kohlendioxid-Emissionen aus dem rechnerischen Mittel der Kohlendioxid-Emissionen einer Anlage pro Jahr in den in Ansatz zu bringenden Jahren errechnet.

(2) Zur Bestimmung der Kohlendioxid-Emissionen einer Anlage in der für die Zuteilung relevanten Basisperiode nach § 7 Abs. 4 und 5 des Zuteilungsgesetzes 2007 sind für Anlagen, die im Zeitraum vom 1. Januar 2001 bis zum 31. Dezember 2002 in Betrieb genommen worden sind oder deren Kapazitäten in diesem Zeitraum letztmalig erweitert oder verringert worden sind, die Kohlendioxid-Emissionen des Kalenderjahres der Inbetriebnahme auf ein volles Betriebsjahr hochzurechnen. Dabei sind anlagen- und branchenspezifische Einflussfaktoren zu berücksichtigen. Für Anlagen, die zwischen dem 1. Januar 2001 und dem 31. Dezember 2001 in Betrieb genommen worden sind, erfolgt die Hochrechnung für das Betriebsjahr 2001. Für Anlagen, die zwischen dem 1. Januar 2002 und dem 31. Dezember 2002 in Betrieb genommen worden sind, erfolgt die Hochrechnung für das Betriebsjahr 2002.

(3) Die Hochrechnungen der Emissionen nach Absatz 2 werden durch den jeweiligen Antragssteller durchgeführt und sind Teil des Zuteilungsantrags nach § 7 Abs. 8 des Zuteilungsgesetzes 2007. Zur Berechnung werden die tagesdurchschnittlichen Emissionen der Anlage im Jahr der Inbetriebnahme auf ein volles Betriebsjahr hochgerechnet. Die Berechnung erfolgt nach Formel 1 des Anhangs 8 zu dieser Verordnung.

(4) Soweit der Betrieb einer Anlage besonderen anlagen- oder branchentypischen Einflussfaktoren unterliegt, sind diese bei der Hochrechnung der Emissionen nach Absatz 2 zu berücksichtigen. Dies betrifft insbesondere den witterungsabhängigen Anlagenbetrieb und saisonale Produktionsschwankungen. Die Berücksichtigung der Einflussfaktoren ist bei der Hochrechnung von Emissionen im Zuteilungsantrag auszuweisen. Die Berechnung für den witterungsabhängigen Anlagenbetrieb erfolgt nach Formel 2 des Anhangs 8 zu dieser Verordnung, die Berechnung der saisonalen Produktionsschwankungen nach Formel 3 oder Formel 4 des Anhangs 8 zu dieser Verordnung.

(5) Abweichend von den Vorschriften der Absätze 3 und 4 können Antragsteller andere Berechnungsverfahren für die Hochrechnung der Emissionen nach Absatz 2 in Ansatz bringen, sofern die in den Absätzen 3 und 4 aufgeführten Verfahren für die Emissionshochrechnung der Anlagen nicht geeignet sind. Dabei sind die Gründe für die Anwendung eines anlagenspezifischen Berechnungsverfahrens und der Berechnungsgang für das verwendete Verfahren im Rahmen des Zuteilungsantrags anzugeben.

(6) Bei Zuteilungsanträgen nach § 7 Abs. 12 des Zuteilungsgesetzes 2007 gilt § 12 Abs. 2 bis 6 entsprechend. Die Prognose nach § 12 Abs. 5 muss dabei unter Berücksichtigung der historischen Daten der Anlage aus der Basisperiode erfolgen. Bei Abweichungen von diesen historischen Daten sind die prognostizierten Angaben hinreichend ausführlich zu begründen und durch aussagekräftige Unterlagen zu belegen.

(7) Für die Zuteilung von Berechtigungen nach § 7 des Zuteilungsgesetzes 2007 muss der Zuteilungsantrag ergänzend zu den Angaben nach Abschnitt 2 Angaben enthalten über
1. die Kapazität der Anlage,
2. das Datum der Inbetriebnahme,

3. im Fall des § 7 Abs. 6 des Zuteilungsgesetzes 2007 das Datum der Wiederinbetriebnahme nach der letztmaligen Verringerung oder Erweiterung der Kapazität der Anlage und
4. im Fall des § 7 Abs. 4 oder 5 des Zuteilungsgesetzes 2007 die nach den Absätzen 2 bis 5 erforderlichen Angaben.

§ 11 Zuteilung für Anlagen auf Basis angemeldeter Emissionen. (1) Die nach § 8 Abs. 1 des Zuteilungsgesetzes 2007 anzumeldenden durchschnittlichen jährlichen Kohlendioxid- Emissionen einer Anlage bestimmen sich nach den Vorschriften des Abschnitts 2. Dabei werden die zu erwartenden jährlichen Aktivitätsraten, die vorgesehenen Brennstoffe, Rohstoffe oder die für die Emissionen von Kohlendioxid relevanten Produkte sowie die jeweiligen Emissionsfaktoren und Konversionsfaktoren zugrunde gelegt. Die in Ansatz zu bringenden jährlichen Aktivitätsraten ergeben sich aus der zu erwartenden durchschnittlichen jährlichen Produktionsmenge.

(2) Der Betreiber hat einen Emissionswert je erzeugter Produkteinheit anzugeben; dabei ist das Verhältnis der erzeugten Produkteinheit zur gesamten masse- oder volumenbezogenen Produktionsmenge zu benennen. Der Emissionswert je erzeugter Produkteinheit bestimmt sich aus dem Quotient der durchschnittlichen jährlichen Kohlendioxid-Emissionen und der zu erwartenden durchschnittlichen jährlichen Produktionsmenge der Anlage.

(3) Bei der Herstellung mehrerer Produkte in einer Anlage sind mehrere Emissionswerte zu bilden, sofern eine hinreichend genaue Zuordnung der Kohlendioxid-Emissionen zu den erzeugten Produkteinheiten möglich ist. Mehrere in einer Anlage erzeugte Produkte können zu Produktgruppen zusammengefasst werden, sofern die Emissionswerte der einzelnen Produkte innerhalb einer Produktgruppe nicht mehr als 10 Prozent voneinander abweichen. Dabei ist der Emissionswert für die Produktgruppen gewichtet nach dem jeweiligen Anteil der Produkte in der Produktgruppe zu ermitteln. Das jeweilige Verhältnis der erzeugten Produkteinheiten oder der gebildeten Produktgruppen zur gesamten masse- und volumenbezogenen Produktionsmenge ist anzugeben.

(4) Werden in einer Anlage unterschiedliche Produkte hergestellt und ist die Bildung eines Emissionswertes je erzeugter Produkteinheit nach den Absätzen 2 und 3 nicht möglich, so können die durchschnittlich jährlichen Emissionen auf eine andere Bezugsgröße bezogen werden. Dabei ist Voraussetzung, dass die Bezugsgröße in einem festen Verhältnis zur Produktionsmenge steht und somit Veränderungen der Produktionsmenge aufgrund geringerer oder höherer Kapazitätsauslastungen der Anlage und dadurch bedingten Veränderungen der durchschnittlichen jährlichen Kohlendioxid-Emissionen hinreichend genau abgebildet werden. Als Bezugsgröße kommt vor allem die Menge der vorgesehenen Brenn- oder Rohstoffe in Betracht. Das Verhältnis der Bezugsgröße zur gesamten masse- oder volumenbezogenen Produktionsmenge ist anzugeben. Die fehlende Möglichkeit der Bildung eines Emissionswertes je erzeugter Produkteinheit ist hinreichend genau zu begründen.

(5) Die Berechnung nach den vorstehenden Absätzen erfolgt auf der Grundlage einer vom Betreiber abzugebenden Prognose für die erforderlichen Angaben.

Hierfür hat der Betreiber alle zum Zeitpunkt der Antragstellung vorhandenen Informationen und Unterlagen zu verwerten. In den Fällen des § 8 Abs. 5 des Zuteilungsgesetzes 2007 soll die Prognose der erforderlichen Angaben unter Berücksichtigung der historischen Daten der Anlage erfolgen. Sind historische Daten nicht verfügbar oder Abweichungen bei bestimmten Angaben darzulegen, so sind branchen- und anlagentypische Angaben zu verwenden. Die prognostizierten Angaben sind hinreichend ausführlich zu begründen und durch aussagekräftige Unterlagen zu belegen.

(6) Bei Zuteilungsanträgen nach § 8 Abs. 6 des Zuteilungsgesetzes 2007 gilt § 12 Abs. 2 bis 6 entsprechend.

(7) Für die Zuteilung von Berechtigungen nach § 8 Abs. 1 des Zuteilungsgesetzes 2007 muss der Zuteilungsantrag ergänzend zu den entsprechend prognostizierten Angaben nach Abschnitt 2 Angaben enthalten über
1. die erwartete Kapazität und die erwartete Auslastung der Anlage,
2. die erwartete durchschnittliche jährliche Produktionsmenge sowie die Menge und Art der erzeugten Produkteinheiten der Anlage,
3. das Verhältnis der Produkteinheiten, Produktgruppen oder Stoffeinheiten zur gesamten Produktionsmenge der Anlage,
4. das Datum der Inbetriebnahme,
5. im Fall der Absätze 2 und 3 den Emissionswert je erzeugter Produkteinheit und
6. im Fall des Absatzes 4 die durchschnittlichen jährlichen Kohlendioxid-Emissionen der Anlage.

§ 12 Zuteilung für zusätzliche Neuanlagen. (1) Die nach § 11 Abs. 4 Nr. 5 des Zuteilungsgesetzes 2007 anzugebenden durchschnittlichen jährlichen Kohlendioxid-Emissionen einer Anlage sind das rechnerische Produkt aus der zu erwartenden durchschnittlichen jährlichen Produktionsmenge und dem Emissionswert je erzeugter Produkteinheit. Die in Ansatz zu bringenden jährlichen Aktivitätsraten leiten sich aus der sich aus Kapazität und Auslastung der Anlage zu erwartenden durchschnittlichen jährlichen Produktionsmenge der Anlage ab. Der Emissionswert je erzeugter Produkteinheit ist die Summe aus dem energiebezogenen Emissionswert je erzeugter Produkteinheit und dem prozessbezogenen Emissionswert je erzeugter Produkteinheit. Die Festlegung des Emissionswertes erfolgt nach Maßgabe der Absätze 2 bis 4.

(2) Als energiebezogener Emissionswert je erzeugter Produkteinheit gilt
1. bei Strom erzeugenden Anlagen maximal 750 Gramm Kohlendioxid je Kilowattstunde Nettostromerzeugung, jedoch nicht mehr als der bei Verwendung der besten verfügbaren Techniken erreichbare Emissionswert der Anlage, mindestens aber ein Emissionswert von 365 Gramm Kohlendioxid je Kilowattstunde Nettostromerzeugung; überschreitet der in Ansatz gebrachte Emissionswert 365 Gramm Kohlendioxid je Kilowattstunde Nettostromerzeugung, so hat der Betreiber zu begründen, dass er sich unter Zugrundelegung der besten verfügbaren Kraftwerkstechniken und dem vorgesehenen Brennstoff ableitet; Absatz 3 Satz 3 bis 5 gilt entsprechend;

2. bei Anlagen zur Erzeugung von Warmwasser (Niedertemperaturwärme) maximal 290 Gramm Kohlendioxid je Kilowattstunde, jedoch nicht mehr als der bei Verwendung der besten verfügbaren Techniken erreichbare Emissionswert der Anlage, mindestens aber ein Emissionswert von 215 Gramm Kohlendioxid je Kilowattstunde; überschreitet der in Ansatz gebrachte Emissionswert 215 Gramm Kohlendioxid je Kilowattstunde, so hat der Betreiber zu begründen, dass er sich unter Zugrundelegung der besten verfügbaren Techniken ableitet; Absatz 3 Satz 3 bis 5 gilt entsprechend;
3. bei Anlagen zur Erzeugung von Prozessdampf maximal 345 Gramm Kohlendioxid je Kilowattstunde, jedoch nicht mehr als der bei Verwendung der besten verfügbaren Techniken erreichbare Emissionswert der Anlage, mindestens aber ein Emissionswert von 225 Gramm Kohlendioxid je Kilowattstunde; überschreitet der in Ansatz gebrachte Emissionswert 225 Gramm Kohlendioxid je Kilowattstunde, so hat der Betreiber zu begründen, dass er sich unter Zugrundelegung der besten verfügbaren Techniken ableitet; Absatz 3 Satz 3 bis 5 gilt entsprechend;
4. bei Kraft-Wärme-Kopplungs-Anlagen hinsichtlich der Stromerzeugung der Emissionswert pro erzeugter Produkteinheit Strom in Kilowattstunden Nettostromerzeugung, der bei einer technisch vergleichbaren Anlage zur ausschließlichen Erzeugung von Strom gemäß Nummer 1 zugrunde zu legen ist; Absatz 3 Satz 3 bis 5 gilt entsprechend; hinsichtlich der Wärmeerzeugung gilt der Emissionswert je erzeugter Produkteinheit Wärme in Kilowattstunden, der bei einer technisch vergleichbaren Anlage zur ausschließlichen Erzeugung von Warmwasser gemäß Nummer 2 oder Prozessdampf nach Nummer 3 zugrunde zu legen ist;
5. bei Anlagen zur Herstellung von Zement oder Zementklinker in Produktionsanlagen mit
    a) drei Zyklonen 315 Gramm Kohlendioxid je erzeugtem Kilogramm Zementklinker,
    b) vier Zyklonen 285 Gramm Kohlendioxid je erzeugtem Kilogramm Zementklinker und
    c) fünf oder sechs Zyklonen 275 Gramm Kohlendioxid je erzeugtem Kilogramm Zementklinker;
6. bei Anlagen zur Herstellung von Glas
    a) für Behälterglas 280 Gramm Kohlendioxid je erzeugtem Kilogramm Glas und
    b) für Flachglas 510 Gramm Kohlendioxid je erzeugtem Kilogramm Glas;
7. bei Anlagen zur Herstellung von Ziegeln
    a) für Vormauerziegel 115 Gramm Kohlendioxid je erzeugtem Kilogramm Ziegel,
    b) für Hintermauerziegel 68 Gramm Kohlendioxid je erzeugtem Kilogramm Ziegel,
    c) für Dachziegel (U-Kassette) 130 Gramm Kohlendioxid je erzeugtem Kilogramm Ziegel und
    d) für Dachziegel (H-Kassette) 158 Gramm Kohlendioxid je erzeugtem Kilogramm Ziegel.

Der Emissionswert für prozessbedingte Kohlendioxid-Emissionen wird für die in Satz 1 genannten Produkte nach Maßgabe des § 6 ermittelt.

(3) Für eine Anlage, die andere als die in Absatz 2 genannten Produkte herstellt, gibt der Betreiber einen Emissionswert je erzeugter Produkteinheit an. Der anzusetzende Emissionswert für Kohlendioxid ist der Wert, der bei Zugrundelegung der besten verfügbaren Techniken erreichbar ist. Als beste verfügbare Techniken gelten die Produktionsverfahren und Betriebsweisen, die bei Gewährleistung eines hohen Schutzniveaus für die Umwelt insgesamt die Emission klimawirksamer Gase, insbesondere von Kohlendioxid, bei der Herstellung eines bestimmten Produkts auf ein Maß reduzieren, das unter Berücksichtigung des Kosten-/Nutzen-Verhältnisses, der unter wirtschaftlichen Gesichtspunkten nutzbaren Brenn- und Rohstoffe sowie der Zugänglichkeit der Techniken für den Betreiber möglich ist. Der Betreiber hat darzulegen, dass der in Ansatz gebrachte Emissionswert für Kohlendioxid der Wert ist, der bei Anwendung der besten verfügbaren Techniken erreichbar ist. Die Begründung muss hinreichend genaue Angaben enthalten über

1. die besten verfügbaren Produktionsverfahren und -techniken,
2. die Möglichkeiten der Effizienzverbesserung und
3. die Informationsquellen, nach denen die besten verfügbaren Techniken ermittelt wurden.

(4) Der Emissionswert je erzeugter Produkteinheit bestimmt sich aus dem Quotienten der durchschnittlichen jährlichen Kohlendioxid-Emissionen und der zu erwartenden durchschnittlichen jährlichen Produktionsmenge der Anlage. Sofern der gebildete Emissionswert energiebedingte und prozessbedingte Kohlendioxid-Emissionen je erzeugter Produkteinheit beinhaltet, so sind ihre Anteile getrennt auszuweisen. Sollen in einer Anlage mehrere Produkte hergestellt werden, gilt § 11 Abs. 3 und 4 entsprechend. Die in Ansatz zu bringende, erwartete durchschnittliche jährliche Produktionsmenge leitet sich aus Kapazität und Auslastung der Anlage ab. Das Verhältnis der erzeugten Produkteinheit zur gesamten masse- oder volumenbezogenen Produktionsmenge ist anzugeben.

(5) Die Berechnung nach den vorstehenden Absätzen erfolgt auf der Grundlage einer vom Betreiber abzugebenden Prognose für die erforderlichen Angaben. Hierzu hat der Betreiber alle zum Zeitpunkt der Antragstellung vorhandenen Informationen und Unterlagen zu verwerten. Die Prognose soll insbesondere bei Kapazitätserweiterungen nach § 11 Abs. 6 des Zuteilungsgesetzes 2007 vorrangig unter Berücksichtigung der historischen Daten der Anlage erfolgen. Sind historische Daten nicht verfügbar oder Abweichungen bei bestimmten Parametern darzulegen, so sind branchen- oder anlagentypische Angaben zu verwenden. Die prognostizierten Angaben sind hinreichend ausführlich zu begründen und durch aussagekräftige Unterlagen zu belegen.

(6) Für die Zuteilung von Berechtigungen nach § 11 Abs. 1 des Zuteilungsgesetzes 2007 muss der Zuteilungsantrag ergänzend zu den entsprechend prognostizierten Angaben nach Abschnitt 2 Angaben enthalten über

1. die erwartete Kapazität und die erwartete Auslastung der Anlage,
2. die durchschnittlichen jährlichen Kohlendioxid-Emissionen der Anlage,

3. die erwartete durchschnittliche jährliche Produktionsmenge sowie die Menge und Art der erzeugten Produkteinheiten der Anlage,
4. das Datum der Inbetriebnahme oder geplanten Inbetriebnahme,
5. in den Fällen des Absatzes 2 Nr. 1 bis 4 sowie des Absatzes 3 eine Begründung gemäß Absatz 3 Satz 4,
6. in den Fällen des Absatzes 2 Nr. 1 bis 4 sowie des Absatzes 3 die für die Emission von Kohlendioxid relevanten Brenn- und Rohstoffe und
7. in den Fällen des Absatzes 4 das Verhältnis der Produkteinheiten, Produktgruppen oder Stoffeinheiten zur gesamten Produktionsmenge der Anlage.

§ 13 Frühzeitige Emissionsminderungen. (1) Für die Berechnung frühzeitiger Emissionsminderungen werden die energiebedingten jährlichen Kohlendioxid-Emissionen einer Anlage nach den Vorschriften des Abschnitts 2 unter Zugrundelegung der jeweiligen Angaben für die in Ansatz zu bringenden Jahre der Referenzperiode und der Basisperiode bestimmt. Dabei werden die durchschnittlichen jährlichen energiebedingten Kohlendioxid-Emissionen aus dem rechnerischen Mittel der energiebedingten Kohlendioxid-Emissionen der Anlage pro Jahr in den jeweils in Ansatz zu bringenden Jahren der Referenzperiode oder Basisperiode errechnet.

(2) Der Betreiber hat die durchschnittlichen jährlichen energiebedingten Kohlendioxid-Emissionen der Anlage je erzeugter Produkteinheit in der Referenzperiode und in der Basisperiode anzugeben. Diese Angaben bestimmen sich aus dem Quotienten der jeweiligen durchschnittlichen jährlichen energiebedingten Kohlendioxid-Emissionen und der jeweiligen durchschnittlichen jährlichen Produktionsmengen der Anlage. Die jeweiligen Produktionsmengen leiten sich aus Kapazität und Auslastung der Anlage in den jeweils in Ansatz zu bringenden Jahren ab. Das Verhältnis der erzeugten Produkteinheiten zu den jeweiligen gesamten masse- oder volumenbezogenen Produktionsmengen ist anzugeben.

(3) Mehrere in einer Anlage hergestellte Produkte können zu Produktgruppen zusammengefasst werden, sofern eine hinreichend genaue Zuordnung der durchschnittlichen jährlichen energiebedingten Kohlendioxid-Emissionen zu den erzeugten Produkteinheiten möglich ist und die durchschnittlichen jährlichen energiebedingten Kohlendioxid-Emissionen der einzelnen Produkte nicht mehr als 10 Prozent voneinander abweichen. Dabei sind die durchschnittlichen jährlichen energiebedingten Kohlendioxid-Emissionen für die Produktgruppe gewichtet nach dem jeweiligen Anteil der Produkte in der Produktgruppe zu ermitteln. Das jeweilige Verhältnis der erzeugten Produkteinheiten oder der gebildeten Produktgruppen zu den gesamten masse- oder volumenbezogenen Produktionsmengen ist anzugeben.

(4) Die durchschnittlichen jährlichen energiebedingten Kohlendioxid-Emissionen können auf eine andere Bezugsgröße bezogen werden, sofern eine Zuordnung zu den erzeugten Produkteinheiten nach Absatz 3 Satz 1 nicht möglich ist. Dabei ist Voraussetzung, dass die Bezugsgröße in einem festen Verhältnis zur Produktionsmenge steht und somit Veränderungen der Produktionsmenge aufgrund geringerer oder höherer Kapazitätsauslastungen der Anlage und dadurch bedingten Veränderungen der durchschnittlichen jährlichen Kohlendioxid- Emis-

sionen hinreichend genau abgebildet werden. Als Bezugsgröße kommt vorrangig die Menge der vorgesehenen Brenn- oder Rohstoffe in Betracht. Das Verhältnis der Bezugsgröße zu den gesamten masse- oder volumenbezogenen Produktionsmengen ist anzugeben.

(5) Die Emissionsminderung ist die Differenz zwischen den durchschnittlichen jährlichen energiebedingten Kohlendioxid- Emissionen der Anlage je erzeugter Produkteinheit in der Referenzperiode und durchschnittlichen jährlichen energiebedingten Kohlendioxid-Emissionen der Anlage je erzeugter Produkteinheit in der Basisperiode. Dabei muss die gewählte Bezugsgröße in der Referenzperiode und in der Basisperiode identisch sein.

(6) Für Kraft-Wärme-Kopplungsanlagen gilt als erzeugte Produkteinheit die erzeugte Wärmemenge in Megajoule. Die Strom- und Wärmeproduktion der Kraft-Wärme-Kopplungsanlage wird als Wärmeäquivalent angegeben. Soweit eine Anlage vor der Modernisierung ausschließlich Strom produzierte, ist die erzeugte Produkteinheit Strom in Kilowattstunden. Die Strom- und Wärmeproduktion der Kraft-Wärme-Kopplungsanlage wird in diesem Fall als Stromäquivalent angegeben. Die relative Minderung der ermittelten Kohlendioxid-Emissionen je erzeugter Produkteinheit für Kraft-Wärme-Kopplungsanlagen wird nach Formel 1 oder 2 des Anhangs 9 zu dieser Verordnung ermittelt.

(7) Für die Zuteilung von Berechtigungen nach § 12 Abs. 4 des Zuteilungsgesetzes 2007 muss der Zuteilungsantrag ergänzend zu den Angaben nach Abschnitt 2 Angaben enthalten
1. über die Ermittlung der durchschnittlichen jährlichen Kohlendioxid-Emissionen, der durchschnittlichen jährlichen Produktionsmengen und der arbeitsbezogenen Stromverlustkennzahl der Kraft-Wärme-Kopplungsanlage in der Basisperiode und der Anlage vor der Modernisierung in der Referenzperiode und
2. für die Berechnung der Emissionsminderung die Faktoren der Berechnungsformeln in Anhang 9 zu dieser Verordnung.

Abschnitt 4. Gemeinsame Vorschriften

§ 14 Anforderungen an die Verifizierung der Zuteilungsanträge. (1) Der Sachverständige hat im Rahmen der Verifizierung der Zuteilungsanträge nach § 10 Abs. 1 Satz 3 des Treibhausgas-Emissionshandelsgesetzes die tatsachenbezogenen Angaben im Zuteilungsantrag auf ihre Richtigkeit hin zu überprüfen. Soweit dies insbesondere im Hinblick auf die Anzahl der beantragten Berechtigungen vertretbar ist und einer ordentlichen Aufgabenerfüllung entspricht, kann der Sachverständige die vorgelegten Belege stichprobenartig überprüfen.

(2) Von der Verifizierung ausgenommen sind Bewertungen mit erheblichem Beurteilungsspielraum; der Sachverständige überprüft dabei nur die tatsachenbezogenen Angaben, auf die der Betreiber in seiner jeweiligen Herleitung verweist. In den Fällen des § 12 Abs. 2 Nr. 1 bis 4 sowie § 12 Abs. 3 hat der Sachverständige zu bestätigen, dass nach seiner Einschätzung der im Zuteilungsantrag ausge-

wiesene Emissionswert für Kohlendioxid der Wert ist, der bei Zugrundelegung der besten verfügbaren Techniken erreichbar ist.

(3) Für die Überprüfung der Richtigkeit hat der Sachverständige die im Antrag gemachten Angaben oder deren Herleitung mit den vom Betreiber vorzulegenden Nachweisen sowie der Genehmigung nach § 4 des Bundes-Immissionsschutzgesetzes oder nach § 4 des Treibhausgas-Emissionshandelsgesetzes abzugleichen. Der Sachverständige hat über die Prüfung der tatsachenbezogenen Angaben hinaus den Antrag als Ganzes sowie die ihm vorgelegten Nachweise jeweils auf ihre innere Schlüssigkeit und Glaubwürdigkeit zu überprüfen.

(4) Der Sachverständige hat wesentliche Prüftätigkeiten selbst auszuführen. Soweit er Hilfstätigkeiten delegiert, hat er dies in seinem Prüfbericht anzuzeigen.

(5) Soweit dem Sachverständigen eine Überprüfung nicht oder nur bedingt möglich ist, hat er in seinem Prüfbericht zu vermerken, inwieweit ein Nachweis geführt wurde und zu begründen, warum die eingeschränkte Prüfbarkeit der Erteilung des Testats nicht entgegensteht.

(6) Der Sachverständige hat in seinem Prüfbericht eidesstattlich zu erklären, dass bei der Verifizierung des Antrags die Unabhängigkeit seiner Tätigkeit nach den jeweiligen Regelungen seiner Zulassung als Umweltgutachter oder seiner Bestellung als Sachverständiger gemäß § 36 der Gewerbeordnung gewahrt war und er bei der Erstellung des Antrags nicht mitgewirkt hat. Für sonstige nach § 10 Abs. 1 des Treibhausgas-Emissionshandelsgesetzes bekannt gegebene Sachverständige gilt Satz 1 entsprechend.

§ 15 Ordnungswidrigkeiten. Ordnungswidrig im Sinne des § 19 Abs. 1 Nr. 4 des Treibhausgas-Emissionshandelsgesetzes handelt, wer vorsätzlich oder fahrlässig entgegen § 3 Abs. 2 Satz 1 eine Angabe nicht richtig macht.

§ 16 Inkrafttreten. Diese Verordnung tritt am Tage nach der Verkündung in Kraft.

Anhänge

Anhang 1
(zu § 4 Abs. 3)

Bestimmung des spezifischen Kohlendioxid-Emissionsfaktors für Vollwert-Steinkohle über den unteren Heizwert

Formel

$$EF = \frac{0{,}054829 + H_u \cdot 0{.}023736}{H_u} \cdot \frac{44}{12}$$

EF   heizwertbezogener CO_2-Emissionsfaktor in t CO_2/GJ

H_u unterer Heizwert des Brennstoffs in GJ/t

Anhang 2
(zu § 6 Abs. 3)

Berechnung der prozessbedingten Kohlendioxid-Emissionen für den Hochofenprozess

Formel 1

$$E_{HO;proz} = P_{RE} \cdot (0{,}3565 - 0{,}047) \cdot \frac{44}{12} + E_{RS}$$

$E_{HO;proz}$ gesamte sondertatbestandsrelevante prozessbedingte CO_2-Emissionen aus dem Hochofenprozess in t CO_2

P_{RE} Roheisenproduktion in t

E_{RS} prozessbedingte CO_2-Emissionen aus dem anderen Rohstoffeinsatz (Kalkstein, Dolomit) in t

Formel 2

$$E_{ges;proz} = \left(P_{RE} \cdot (0{,}3565 - 0{,}047) \cdot \frac{44}{12} + E_{RS} \right) \cdot \frac{G_{ges} - G_{abg}}{G_{ges}}$$

$E_{ges;proz}$ gesamte sondertatbestandsrelevante prozessbedingte CO_2-Emissionen, die dem Hochofenprozess zuzurechnen sind, in t CO_2

P_{RE} Roheisenproduktion in t

E_{RS} prozessbedingte CO_2-Emissionen aus dem anderen Rohstoffeinsatz (Kalkstein, Dolomit) in t

G_{ges} gesamter Gichtgasanfall

G_{abg} Abgabe von Gichtgas an Anlagen Dritter

Anhang 3
(zu § 6 Abs. 4)

Berechnung der prozessbedingten Kohlendioxid-Emissionen für Oxygenstahlwerke

Formel 1

$$E_{ges;proz} = \left(RE_{in} \cdot 0{,}047 + \sum C_{in;and} - \sum C_{out}\right) \cdot \frac{44}{12} + E_{RS}$$

$E_{ges;proz}$ gesamte sondertatbestandsrelevante prozessbedingte CO_2-Emissionen aus der Stahlherstellung im Oxygenstahlwerk in t CO_2

RE_{in} Roheiseneinsatz im Stahlwerk in t

$C_{in;and}$ Input anderen Kohlenstoffs aus Schrott etc. in t

C_{out} Output an Kohlenstoff im Stahl etc. in t

E_{RS} prozessbedingte CO_2-Emissionen aus dem anderen Rohstoffeinsatz in t

Formel 2

$$E_{ges;proz} = \left(\left(RE_{in} \cdot 0{,}047 + \sum C_{in;and} - \sum C_{out}\right) \cdot \frac{44}{12} + E_{RS}\right) \cdot \frac{G_{ges} - G_{abg}}{G_{ges}}$$

$E_{ges;proz}$ gesamte sondertatbestandsrelevante prozessbedingte CO_2-Emissionen, die dem Oxygenstahlwerk zuzurechnen sind, in t CO_2

RE_{in} Roheiseneinsatz im Stahlwerk in t

$C_{in;and}$ Input anderen Kohlenstoffs aus Schrott etc. in t

C_{out} Output an Kohlenstoff im Stahl etc. in t

ERS prozessbedingte CO_2-Emissionen aus dem anderen Rohstoffeinsatz in t

G_{ges} gesamter Konvertergasanfall

G_{abg} Abgabe von Konvertergas an Anlagen Dritter

Anhang 4
(zu § 6 Abs. 5)

Berechnung der prozessbedingten Kohlendioxid-Emissionen für Anlagen, die Kuppelgase aus Hochofenanlagen und Oxygenstahlwerken nutzen Formel

$$E_{ges;proz} = \left(P_{RE} \cdot (0{,}3565 - 0{,}047) \cdot \frac{44}{12} + E_{RS}\right) \cdot \frac{G_{GichtG;abg}}{G_{GichtG;ges}}$$

$$+ \left(\left(RE_{in} \cdot 0{,}047 + \sum C_{in;and} - \sum C_{out}\right) \cdot \frac{44}{12} + E_{RS}\right) \cdot \frac{G_{InovG;abg}}{G_{KonvG;ges}}$$

$E_{ges;proz}$ gesamte sondertatbestandsrelevante prozessbedingte CO_2-Emissionen aus dem Hochofenprozess und der Stahlherstellung in Oxygenstahlwerken, die bei Abgabe von Kuppelgasen an Drittanlagen den Drittanlagen zuzurechnen ist, in t CO_2

P_{RE} Roheisenproduktion in t

E_{RS} prozessbedingte CO_2-Emissionen aus dem anderen Rohstoffeinsatz (Kalkstein, Dolomit) im Hochofen in t

RE_{in} Roheiseneinsatz im Stahlwerk in t

$C_{in;and}$ Input anderen Kohlenstoffs aus Schrott etc. im Stahlwerk in t

C_{out} Output an Kohlenstoff im Stahl etc. im Stahlwerk in t

E_{RS} prozessbedingte CO_2-Emissionen aus dem anderen Rohstoffeinsatz in t

$G_{KonvG;ges}$ gesamter Konvertergasanfall im Stahlwerk

$G_{KonvG;abg}$ Abgabe von Konvertergas an die jeweilige Drittanlage

$G_{GichtG;ges}$ gesamter Gichtgasanfall im Hochofen

$G_{GichtG;abg}$ Abgabe von Gichtgas an die jeweilige Drittanlage

Anhang 5
(zu § 6 Abs. 6)

Ermittlung der prozessbedingten Kohlendioxid-Emissionen aus der Regeneration von Katalysatoren in Erdölraffinerien

Formel 1

$$E_{ges;proz} = \left(C_{gem;t0} - C_{gem;t1}\right) \cdot \frac{44}{12}$$

$E_{ges;proz}$ gesamte prozessbedingte CO_2-Emissionen in t CO_2

$C_{gem;t0}$ gemessener Kohlenstoffgehalt des Katalysators unmittelbar vor dem Regenerationsprozess in t

$C_{gem;t1}$ gemessener Kohlenstoffgehalt des Katalysators unmittelbar nach dem Regenerationsprozess in t

Formel 2

$$E_{ges;proz} = \left(C_{ber;t0} - C_{ber;t1}\right) \cdot \frac{44}{12}$$

$E_{ges;proz}$ gesamte prozessbedingte CO_2-Emissionen in t CO_2

$C_{ber;t0}$ berechneter Kohlenstoffgehalt des Katalysators unmittelbar vor dem Regenerationsprozess in t

$C_{ber;t1}$ berechneter Kohlenstoffgehalt des Katalysators unmittelbar nach dem Regenerationsprozess in t

Formel 3

$$E_{ges;proz} = V_{ber} \cdot a_{CO2} \cdot \frac{44}{22{,}4 \cdot 1000}$$

$E_{ges;proz}$ gesamte prozessbedingte CO_2-Emissionen in t CO_2

V_{ber} aus der Mengenmessung des Gasstroms bestimmter Jahresvolumenstrom des Abgases (umgerechnet in trockenes Abgas) in Nm^3

a_{CO2} gemessener Kohlendioxidgehalt des trockenen Abgases in Anteilen (Konzentration in Vol-%/100)

Wenn eine Messung des Kohlenmonoxids vor der Umwandlung in Kohlendioxid erfolgt, ist das Kohlenmonoxid in die Rechnung einzubeziehen. Dabei wird unterstellt, dass das Kohlenmonoxid vollständig zu Kohlendioxid umgesetzt wird.

Formel 4

Berechnung der trockenen Abgasmenge aus der zugeführten Luftmenge bei konstantem Inertgasanteil von 79,07 Volumen-Prozent.

$$V_{ber} = \frac{V_{luft,tr} \cdot 79,07}{100 - a_{CO2} - b_{CO} - c_{O2}}$$

$V_{luft,tr}$ Volumenstrom der zugeführten Luft (umgerechnet in getrocknete Luft) in Nm³ pro Zeiteinheit

a_{CO2} gemessener Kohlendioxidgehalt des trockenen Abgases in Vol-%

b_{CO} gemessener Kohlenmonoxidgehalt des trockenen Abgases in Vol-%

c_{O2} gemessener Sauerstoffgehalt des trockenen Abgases in Vol-%

Anhang 6
(zu § 6 Abs. 7)

Ermittlung der prozessbedingten Kohlendioxid-Emissionen aus der Kalzinierung von Petrolkoks in Erdölraffinerien

Formel

$$E_{ges;proz} = \left(C_{in;ges} - C_{out;Koks}\right) \cdot \frac{44}{12}$$

$E_{ges;proz}$ gesamte prozessbedingte CO$_2$-Emissionen in t CO$_2$
$C_{in;ges}$ gesamter Kohlenstoff-Input des Kalzinierungsprozesses in t
$C_{out;Koks}$ Kohlenstoff-Output des Kalzinierungsprozesses im Koks in t

Anhang 7
(zu § 6 Abs. 8)

Ermittlung der prozessbedingten Kohlendioxid-Emissionen aus der Wasserstoffherstellung in Erdölraffinerien

Formel 1

$$E_{ges;proz} = \sum C_{in;KW} \cdot \frac{44}{12}$$

$E_{ges;proz}$ gesamte sondertatbestandsrelevante prozessbedingte CO_2-Emissionen in t CO_2

$C_{in;KW}$ Input an Kohlenstoff in den verarbeiteten Kohlenwasserstoffen in t (ohne Brennstoffeinsatz)

Formel 2

$$E_{ges;proz} = \left(H_{out;H2} - H_{in;H2O}\right) \cdot 2 \cdot k_{C/H} \cdot \frac{44}{12} \cdot 1000$$

$E_{ges;proz}$ gesamte prozessbedingte CO_2-Emissionen in t CO_2

$H_{out;H2}$ Output an Wasserstoff in kmol

$H_{in;H2O}$ Input an Wasserstoff im Wasserdampf in kmol

$k_{C/H}$ Kohlenstoff-Wasserstoff-Verhältnis der eingesetzten Kohlenwasserstoffe insgesamt in mol/mol

Anhang 8
(zu § 10)

Emissionshochrechnung ohne zusätzliche Einflüsse

Formel 1

$E_H = E_t \cdot 365$ und $E_t = E_{Bz} \div t_B$

E_H Emissionshochrechnung für volles Betriebsjahr

E_t tagesdurchschnittliche Emissionen im Betriebszeitraum des Kalenderjahres der Inbetriebnahme

t_B Anzahl der Kalendertage des Betriebszeitraums im Kalenderjahr der Inbetriebnahme

E_{Bz} Emissionen der Anlage im Betriebszeitraum im Kalenderjahr der Inbetriebnahme

Emissionshochrechnung für witterungsabhängigen Anlagenbetrieb (Berücksichtigung von Heizperioden)

In diesem Fall werden die Emissionen der Anlage im Jahr der Inbetriebnahme unter Berücksichtigung der witterungsabhängigen Produktion der Anlage das volle Jahr hochgerechnet. Die Bestimmung der Gradtagszahl erfolgt nach VDI 3807 (VDI 3807, Blatt 1: Energieverbrauchskennwerte für Gebäude, Grundlagen). Dabei sind die standortspezifischen Daten des Deutschen Wetterdienstes maßgeblich. Alternativ kann auf die Daten des Deutschen Wetterdienstes für ein Testreferenzjahr zurückgegriffen werden, die von der zuständigen Behörde auf ihrer Internetseite zur Verfügung gestellt wird.

Formel 2

$E_H = E_{Bz} \cdot G_{15} \div G_{TZ}$

G_{TZ} kumulierte Gradtagszahl für die Betriebsdauer der Anlage im ersten Betriebsjahr

G_{15} Gradtagszahl des Kalenderjahres nach VDI 3807, Blatt 1

E_H Emissionshochrechnung für volles Betriebsjahr

E_{Bz} Emissionen der Anlage im Betriebszeitraum im Kalenderjahr der Inbetriebnahme

Emissionshochrechnung bei saisonalen Produktionsschwankungen (Kampagnenbetrieb)

In diesem Fall werden die Emissionen der Anlage im Jahr der Inbetriebnahme unter Berücksichtigung saisonaler Produktionsschwankungen auf das volle Jahr hochgerechnet.

Formel 3

Für die Fälle des § 7 Abs. 4 Zuteilungsgesetz 2007

$$E_H = (E_{Bz} \div PM1) \cdot [PM2 + PM3) \div 2]$$

Formel 4

Für die Fälle des § 7 Abs. 5 Zuteilungsgesetz 2007

$$E_H = (E_{Bz} \div PM1) \cdot PM2$$

PM1	Produktionsmenge innerhalb des ersten Betriebsjahres
PM2	Produktionsmenge innerhalb des zweiten Betriebsjahres
PM3	Produktionsmenge innerhalb des dritten Betriebsjahres, 2003
E_H	Emissionshochrechnung für volles Betriebsjahr
E_{Bz}	Emissionen der Anlage im Betriebszeitraum im Kalenderjahr der Inbetriebnahme

Anhang 9
(zu § 13 Abs. 6)

Berechnung der relativen Emissionsminderung bei Kraft-Wärme-Kopplungsanlagen

Bei der Berechnung der spezifischen Emissionen wird neben der tatsächlich produzierten Wärme auch das Wärmeäquivalent des erzeugten Stroms als erzeugte Produktmenge in Ansatz gebracht.

Neben den Produktmengen und Emissionen in der Referenzperiode und der Basisperiode ist vom Betreiber die mittlere arbeitsbezogene Stromverlustkennzahl anhand konkreter, hinreichend genauer und verifizierter Zeitreihen für die abzubildenden Energieströme nachzuweisen.

Bezugsgröße Wärme
Formel 1

$$\Delta e_r = 1 - \frac{E_{Bestand}}{E_{Vorgänger}} \cdot \frac{Q_{Vorgänger} + \frac{W_{Vorgänger}}{\beta_{a,Vorgänger}}}{Q_{Bestand} + \frac{W_{Bestand}}{\beta_{a,Bestand}}}$$

Δe_r spezifische Emissionsminderung

$E_{Bestand}$ Gesamtemissionen der Kraft-Wärme-Kopplungsanlage in der Basisperiode in t CO_2

$E_{Vorgänger}$ Gesamtemissionen der Anlage vor der Modernisierung in der Referenzperiode in t CO_2

$Q_{Bestand}$ von der Kraft-Wärme-Kopplungsanlage in der Basisperiode bereitgestellte thermische Energie in MJ

$Q_{Vorgänger}$ von der Anlage vor der Modernisierung in der Referenzperiode bereitgestellte thermische Energie in MJ

$W_{Bestand}$ von der Kraft-Wärme-Kopplungsanlage in der Basisperiode bereitgestellte elektrische Energie in MJ

$W_{Vorgänger}$ sofern die Anlage vor der Modernisierung Strom in Kraft-Wärme-Kopplung erzeugt hat: von der Anlage vor der Modernisierung in der Referenzperiode bereitgestellte elektrische Energie in MJ

$\beta_{a,Bestand}$ Bestand arbeitsbezogene Stromverlustkennzahl der Kraft-Wärme-Kopplungsanlage in der Basisperiode nach FW 308 (11/2002)

$\beta_{a,Vorgänger}$ sofern die Anlage vor der Modernisierung Strom in Kraft-Wärme-Kopplung erzeugt hat: arbeitsbezogene Stromverlustkennzahl der Anlage vor der Modernisierung in der Referenzperiode entsprechend FW 308 (11/2002)

Bezugsgröße Strom

Formel 2

$$\Delta e_r = 1 - \frac{E_{Bestand}}{E_{Vorgänger}} \cdot \frac{W_{Vorgänger}}{W_{Bestand} + Q_{Bestand} \cdot \beta_a}$$

Δe_r spezifische Emissionsminderung

$E_{Bestand}$ Gesamtemissionen der Kraft-Wärme-Kopplungsanlage in der Basisperiode in t CO_2

$E_{Vorgänger}$ Gesamtemissionen der Anlage vor der Modernisierung in der Referenzperiode in t CO_2

$Q_{Bestand}$ von der Kraft-Wärme-Kopplungsanlage in der Basisperiode bereitgestellte thermische Energie in MJ

$W_{Vorgänger}$ von der Anlage vor der Modernisierung in der Referenzperiode bereitgestellte elektrische Energie in MJ

$W_{Bestand}$ von der Kraft-Wärme-Kopplungsanlage in der Basisperiode bereitgestellte elektrische Energie in MJ

β_a arbeitsbezogene Stromverlustkennzahl der Kraft-Wärme-Kopplungsanlage in der Basisperiode nach FW 308 (11/2002)

EU-Registerverordnung

Verordnung (EG) Nr. 2216/2004 der Kommission

vom 21. Dezember 2004

über ein standardisiertes und sicheres Registrierungssystem gemäß
der Richtlinie 2003/87/EG des
Europäischen Parlaments und des Rates sowie der Entscheidung
280/2004/EG des Europäischen
Parlaments und des Rates

DIE KOMMISSION DER EUROPÄISCHEN GEMEINSCHAFTEN —

gestützt auf den Vertrag zur Gründung der Europäischen Gemeinschaft,

gestützt auf die Richtlinie 2003/87/EG des Europäischen Parlaments und des Rates vom 13. Oktober 2003 über ein System für den Handel mit Treibhausgasemissionszertifikaten in der Gemeinschaft und zur Änderung der Richtlinie 96/61/EG des Rates[1], insbesondere auf Artikel 19 Absatz 3,

gestützt auf die Entscheidung Nr. 280/2004/EG des Europäischen Parlaments und des Rates vom 11. Februar 2004 über ein System zur Überwachung der Treibhausgasemissionen in der Gemeinschaft und zur Umsetzung des Kyoto-Protokolls[2], insbesondere auf Artikel 6 Absatz 1 erster Unterabsatz zweiter Satz,

in Erwägung nachstehender Gründe:

---

[1] ABl. L 275 vom 25.10.2003, S. 32.
[2] ABl. L 49 vom 19.2.2004, S. 1.

(1) Es wird ein integriertes gemeinschaftsweites Registrierungssystem benötigt, das aus den gemäß Artikel 6 der Entscheidung 280/2004/EG erstellten Registern der Gemeinschaft und ihrer Mitgliedstaaten, die die Register gemäß Artikel 19 der Richtlinie 2003/87/EG einbeziehen, sowie der unabhängigen Transaktionsprotokolliereinrichtung der Gemeinschaft gemäß Artikel 20 dieser Richtlinie besteht, das sicherstellen soll, dass bei der Vergabe, Übertragung und Löschung von Zertifikaten keine Unregelmäßigkeiten auftreten und die Transaktionen mit den Verpflichtungen aus dem Rahmenübereinkommen der Vereinten Nationen über Klimaänderungen (UNFCCC) und dem Kyoto-Protokoll vereinbar sind.

(2) Entsprechend der Richtlinie 2003/4/EG vom 28. Januar 2003 über den Zugang der Öffentlichkeit zu Umweltinformationen[3] und dem Beschluss 19/CP.7 der Konferenz der Vertragsparteien des UNFCCC sind regelmäßig einschlägige Berichte zu veröffentlichen, in denen der Öffentlichkeit — vorbehaltlich bestimmter Vertraulichkeitsregelungen — Informationen aus dem integrierten Registrierungssystem zugänglich gemacht werden.

(3) Im Zusammenhang mit Informationen und ihrer Verarbeitung im Rahmen dieser Verordnung sind gegebenenfalls die Gemeinschaftsvorschriften zum Schutz natürlicher Personen bei der Verarbeitung personenbezogener Daten und zum freien Datenverkehr, insbesondere die Richtlinie 95/46/EG zum Schutz natürlicher Personen bei der Verarbeitung personenbezogener Daten und zum freien Datenverkehr[4], die Richtlinie 2002/58/EG über die Verarbeitung personenbezogener Daten und den Schutz der Privatsphäre in der elektronischen Kommunikation[5] und die Verordnung (EG) Nr. 45/2001 zum Schutz natürlicher Personen bei der Verarbeitung personenbezogener Daten durch die Organe und Einrichtungen der Gemeinschaft und zum freien Datenverkehr[6] zu beachten.

(4) Jedes Register umfasst für jeden Verpflichtungszeitraum ein Konto einer Vertragspartei, ein Ausbuchungskonto sowie die Löschungs- und Ersatzkonten gemäß dem Beschluss 19/CP.7 der Konferenz der Vertragsparteien des UNFCCC. Jedes gemäß Artikel 19 der Richtlinie 2003/87/ EG eingerichtete Register muss die zur Erfüllung der Anforderungen der Richtlinie an Betreiber und sonstige Personen erforderlichen Konten enthalten. Jedes dieser Konten ist nach standardisierten Verfahren einzurichten, so dass die Integrität des Registrierungssystems und der Zugang der Öffentlichkeit zu den darin enthaltenen Informationen gewährleistet sind.

(5) Gemäß Artikel 6 der Entscheidung 280/2004/EG müssen die Gemeinschaft und ihre Mitgliedstaaten die funktionalen und technischen Spezifikationen der Datenaustauschnormen für Registrierungssysteme im Rahmen des Kyoto-Protokolls, die gemäß dem Beschluss 24/CP.8 der Konferenz der Vertragsparteien des UNFCCC festgelegt wurden, bei der Einrichtung und bei der Führung bzw. dem Betrieb der Register und der unabhängigen Transaktionsprotokolliereinrichtung der Gemeinschaft zugrunde legen. Die Anwendung und Weiterentwicklung

---

[3] ABl. L 41 vom 14.2.2003, S. 26.
[4] ABl. L 281 vom 23.11.1995, S. 31.
[5] ABl. L 201 vom 31.7.2002, S. 37.
[6] ABl. L 8 vom 12.1.2001, S. 1.

dieser Spezifikationen im Rahmen des integrierten Registrierungssystems der Gemeinschaft ermöglicht die Aufnahme der gemäß Artikel 19 der Richtlinie 2003/87/EG erstellten Register in die gemäß Artikel 6 der Entscheidung 280/2004/EG erstellten Register.

(6) Im Rahmen der unabhängigen Transaktionsprotokolliereinrichtung der Gemeinschaft werden automatisierte Kontrollen aller Vorgänge des Registrierungssystems der Gemeinschaft durchgeführt, die Zertifikate, geprüfte Emissionen, Konten und Kyoto-Einheiten betreffen, während im Rahmen der unabhängigen Transaktionsprotokolliereinrichtung des UNFCCC automatisierte Kontrollen der Vorgänge im Zusammenhang mit Kyoto-Einheiten vorgenommen werden, um Unregelmäßigkeiten auszuschließen. Vorgänge, die dieser Kontrolle nicht standhalten, werden beendet, damit alle Transaktionen im Rahmen des Registrierungssystems der Gemeinschaft den Anforderungen der Richtlinie 2003/87/EG und den aus dem UNFCCC und dem Kyoto-Protokoll hervorgegangenen Bestimmungen entsprechen.

(7) Sämtliche Transaktionen des Registrierungssystems der Gemeinschaft sind nach Standardverfahren und erforderlichenfalls nach einem harmonisierten Zeitplan durchzuführen, um die Erfüllung der Anforderungen der Richtlinie 2003/87/EG und der aus dem UNFCCC und dem Kyoto-Protokoll hervorgegangenen Bestimmungen sowie die Integrität des Systems zu gewährleisten.

(8) Zum Schutz der Sicherheit der Informationen des integrierten Registrierungssystems der Gemeinschaft müssen Mindestsicherheitsnormen und harmonisierte Vorschriften für die Authentifizierung und die Zugangsrechte gelten.

(9) Der Zentralverwalter und jeder Registerführer haben sicherzustellen, dass das integrierte Registrierungssystem der Gemeinschaft möglichst ohne Unterbrechung funktioniert, indem sie alle sinnvollen Maßnahmen zur Gewährleistung der Verfügbarkeit der Register und der unabhängigen Transaktionsprotokolliereinrichtung der Gemeinschaft ergreifen sowie robuste Systeme und Verfahren zur Sicherung der Informationen einsetzen.

(10) Aufzeichnungen zu sämtlichen im Registrierungssystem der Gemeinschaft aufgenommenen Vorgängen, Betreibern und Personen sind im Einklang mit den Datenprotokollierungsnormen der gemäß dem Beschluss 24/CP.8 der Konferenz UNFCCC-Parteien erstellten funktionalen und technischen Spezifikationen für Datenaustauschnormen bei Registrierungssystemen im Rahmen des Kyoto-Protokolls zu speichern.

(11) Die Integrität des Systems soll unter anderem durch ein transparentes Gebührensystem und das Verbot sichergestellt werden, von den Kontoinhabern für bestimmte Transaktionen im Rahmen des Registrierungssystems der Gemeinschaft eine Bezahlung zu verlangen.

(12) Die in dieser Verordnung vorgesehenen Maßnahmen entsprechen der Stellungnahme des in Artikel 23 Absatz 1 der Richtlinie 2003/87/EG und in Artikel 9 Absatz 2 der Entscheidung 280/2004/EG genannten Ausschusses —

HAT FOLGENDE VERORDNUNG ERLASSEN:

KAPITEL I

GEGENSTAND UND BEGRIFFSBESTIMMUNGEN

Artikel 1 Gegenstand. Diese Verordnung enthält die allgemeinen Bestimmungen, die funktionalen und technischen Spezifikationen sowie die Funktions- und Wartungsvorschriften für das aus einzelnen Registern — standardisierten elektronischen Datenbanken mit gemeinsamen Datenelementen — sowie der unabhängigen Transaktionsprotokolliereinrichtung der Gemeinschaft bestehende standardisierte und sichere Registrierungssystem. Ferner wird ein effizientes Kommunikationssystem zwischen der unabhängigen Transaktionsprotokolliereinrichtung der Gemeinschaft und der unabhängigen Transaktionsprotokolliereinrichtung des UNFCCC eingerichtet.

Artikel 2 Begriffsbestimmungen. Im Rahmen dieser Verordnung gelten die Begriffsbestimmungen des Artikels 3 der Richtlinie 2003/87/EG. Darüber hinaus bedeuten folgende Begriffe:

a) „Zeitraum 2005-2007": den Zeitraum vom 1. Januar 2005 bis zum 31. Dezember 2007, gemäß Artikel 11 Absatz 1 der Richtlinie 2003/87/EG;

b) „Zeitraum 2008-2012 und darauf folgende Fünfjahreszeiträume": den Zeitraum vom 1. Januar 2008 bis zum 31. Dezember 2012 sowie die darauf folgenden Fünfjahreszeiträume gemäß Artikel 11 Absatz 2 der Richtlinie 2003/ 87/EG;

c) „Kontoinhaber": eine Person, die im Rahmen des Registrierungssystems über ein Konto verfügt;

d) „zugeteilte Menge": die Menge an Treibhausgasemissionen (in Tonnen Kohlendioxidäquivalent), die auf der Grundlage der nach Artikel 7 der Entscheidung 280/2004/EG ermittelten Emissionsmengen berechnet wurde;

e) „zugeteilte Menge" (AAU): eine gemäß Artikel 7 Absatz 3 der Entscheidung 280/2004/EG zugeteilte Menge;

f) „Bevollmächtigter": eine natürliche Person, die gemäß Artikel 23 zur Vertretung des Zentralverwalters, des Registerführers, eines Kontoinhabers oder einer prüfenden Instanz befugt ist;

g) „CDM-Register": das Clean-Development-Mechanism-Register, das gemäß Artikel 12 des Kyoto-Protokolls und den aus dem UNFCCC und dem Kyoto-Protokoll hervorgegangenen Beschlüssen vom CDM-Exekutivrat erstellt und geführt wird;

h) „Zentralverwalter": die von der Kommission gemäß Artikel 20 der Richtlinie 2003/87/EG für die Führung der unabhängigen Transaktionsprotokolliereinrichtung der Gemeinschaft benannte Person;

i) „unabhängige Transaktionsprotokolliereinrichtung der Gemeinschaft": die unabhängige Transaktionsprotokolliereinrichtung gemäß Artikel 20 Absatz 1 der Richtlinie 2003/87/ EG, anhand derer die Vergabe, Übertragung und Löschung der Zertifikate erfasst wird und die im Einklang mit Artikel 5 aufzubauen und zu führen ist;

j) „zuständige Behörde": die von einem Mitgliedstaat gemäß Artikel 18 der Richtlinie 2003/87/EG benannte Behörde bzw. benannten Behörden;

k) „Anomalie": eine von der unabhängigen Transaktionsprotokolliereinrichtung der Gemeinschaft oder der unabhängigen Transaktionsprotokolliereinrichtung des UNFCCC ermittelte Unregelmäßigkeit der Art, dass der vorgeschlagene Vorgang nicht den in dieser Verordnung präzisierten Anforderungen gemäß der Richtlinie 2003/87/EG sowie den Anforderungen entspricht, die im Rahmen des UNFCCC und des Kyoto-Protokolls festgelegt wurden.

l) „Zertifikat für den Fall höherer Gewalt": ein Zertifikat, das gemäß Artikel 29 der Richtlinie 2003/87/EG vergeben wird;

m) „Abweichung": eine von der unabhängigen Transaktionsprotokolliereinrichtung der Gemeinschaft oder der unabhängigen Transaktionsprotokolliereinrichtung des UNFCCC ermittelte Unregelmäßigkeit der Art, dass die von einem Register beim regelmäßigen Abgleich gelieferten Informationen über Zertifikate, Konten oder Kyoto-Einheiten nicht mit den Informationen in mindestens einer der unabhängigen Transaktionsprotokolliereinrichtungen übereinstimmen.

n) „Kyoto-Einheit": eine AAU (zugeteilte Menge), RMU (Gutschrift aus Senken), ERU (Emissionsreduktionseinheit) oder CER (zertifizierte Emissionsreduktion);

o) „Vorgang": einer der in Artikel 32 genannten Vorgänge;

p) „Register": ein gemäß Artikel 6 der Entscheidung 280/2004/ EG eingerichtetes und geführtes Register, das ein gemäß Artikel 19 der Richtlinie 2003/87/EG eingerichtetes Register enthält;

q) „Registerführer": die von einem Mitgliedstaat oder der Kommission benannte zuständige Behörde, zuständige(n) Person oder Personen, die ein Register im Einklang mit den Bestimmungen der Richtlinie 2003/87/EG, der Entscheidung 280/ 2004/EG und dieser Verordnung führt bzw. führen.

r) „Gutschrift aus Senken" (RMU): eine Einheit, die gemäß Artikel 3 des Kyoto-Protokolls vergeben wird;

s) „befristete CER" (tCER): eine CER, die für eine Tätigkeit im Rahmen eines Aufforstungs- oder Wiederaufforstungsprojektes des CDM vergeben wird und die vorbehaltlich der Beschlüsse im Rahmen des UNFCCC oder des Kyoto-Protokolls mit dem Ende des Verpflichtungszeitraums ausläuft, der auf denjenigen folgt, während dessen sie vergeben wurde;

t) „langfristige CER" (lCER): eine CER, die für eine Tätigkeit im Rahmen eines Aufforstungs- oder Wiederaufforstungsprojektes des CDM vergeben wird und die vorbehaltlich der Beschlüsse im Rahmen des UNFCCC oder des Kyoto-Protokolls mit dem Ende des Gutschriftzeitraums für die Tätigkeit ausläuft, für die sie vergeben wurde;

u) „Register eines Drittlandes": ein Register, das von einem Land eingerichtet und geführt wird, das in Anhang B des Kyoto-Protokolls aufgeführt ist, das Kyoto-Protokoll ratifiziert hat und kein Mitgliedstaat ist;
v) „Transaktion": Vergabe, Übertragung, Erwerb, Rückgabe, Löschung und Ersatz von Zertifikaten sowie Vergabe, Übertragung, Erwerb, Löschung und Ausbuchung von ERU (Emissionsreduktionseinheiten), CER (zertifzierten Emissionsreduktionen), AAU (zugeteilten Mengen) und RMU (Gutschriften aus Senken) sowie die Übertragung von ERU, CER und AAU;
w) „unabhängige Transaktionsprotokolliereinrichtung des UNFCCC": die unabhängige Transaktionsprotokolliereinrichtung, die vom Sekretariat des Rahmenübereinkommens der Vereinten Nationen über Klimaänderungen aufgebaut und geführt wird;
x) „prüfende Instanz": eine geeignete, unabhängige, akkreditierte Prüfeinrichtung, die in Übereinstimmung mit den detaillierten, von den Mitgliedstaaten gemäß Anhang V der Richtlinie 2003/87/EG festgelegten Bestimmungen für die Durchführung des Prüfverfahrens und die diesbezügliche Berichterstattung verantwortlich ist;
y) „Jahr": das Kalenderjahr auf der Grundlage der Greenwich Mean Time.

KAPITEL II

REGISTER UND TRANSAKTIONSPROTOKOLLE

Artikel 3 Register. 1. Jeder Mitgliedstaat und die Kommission erstellen bis zum Tag nach dem Inkrafttreten dieser Verordnung ein Register in Form einer standardisierten elektronischen Datenbank.

2. Jedes dieser Register umfasst die in Anhang I beschriebene Hardware und Software, muss über das Internet zugänglich sein und den in dieser Verordnung festgelegten funktionalen und technischen Spezifikationen entsprechen.

3. Die Register müssen am Tag nach dem Inkrafttreten dieser Verordnung in der Lage sein, sämtliche in Anhang VIII beschriebenen Vorgänge im Zusammenhang mit geprüften Emissionen und Konten, den in Anhang X beschriebenen Informationsabgleich sowie die in Anhang XI beschriebenen Verwaltungsvorgänge korrekt auszuführen.

Die Register müssen am Tag nach dem Inkrafttreten dieser Verordnung in der Lage sein, sämtliche in Anhang IX beschriebenen Vorgänge im Zusammenhang mit Zertifikaten und Kyoto-Einheiten korrekt auszuführen, mit Ausnahme der Vorgänge des Typs 04-00, 06-00, 07-00 und 08-00.

Die Register müssen am 31. März 2005 in der Lage sein, die in Anhang IX beschriebenen Vorgänge im Zusammenhang mit Zertifikaten und Kyoto-Einheiten des Typs 04-00, 06-00, 07-00 und 08-00 korrekt auszuführen.

Artikel 4 Konsolidierte Register. Ein Mitgliedstaat oder die Kommission kann sein bzw. ihr Register gemeinsam mit einem oder mehreren Mitgliedstaaten oder der Kommission in konsolidierter Form einrichten und führen, sofern die jeweiligen Register klar unterscheidbar sind.

Artikel 5 Die unabhängige Transaktionsprotokolliereinrichtung der Gemeinschaft. 1. Die unabhängige Transaktionsprotokolliereinrichtung der Gemeinschaft ist von der Kommission bis zum Tag nach dem Inkrafttreten dieser Verordnung in Form einer standardisierten elektronischen Datenbank einzurichten.
2. Die unabhängige Transaktionsprotokolliereinrichtung der Gemeinschaft umfasst die in Anhang I beschriebene Hardware und Software, muss über das Internet zugänglich sein und den in dieser Verordnung festgelegten funktionalen und technischen Spezifikationen entsprechen.
3. Der gemäß Artikel 20 der Richtlinie 2003/87/EG benannte Zentralverwalter betreibt und pflegt die unabhängige Transaktionsprotokolliereinrichtung der Gemeinschaft im Einklang mit den Bestimmungen dieser Verordnung.
4. Der Zentralverwalter stellt die in Anhang XI genannten Verwaltungsvorgänge im Interesse der Integrität der Daten des Registrierungssystems zur Verfügung.
5. Der Zentralverwalter führt nur die Vorgänge im Zusammenhang mit Zertifikaten, geprüften Emissionen, Konten und Kyoto-Einheiten aus, die für die Ausübung seiner Funktion erforderlich sind.
6. Die unabhängige Transaktionsprotokolliereinrichtung der Gemeinschaft muss am Tag nach dem Inkrafttreten dieser Verordnung in der Lage sein, sämtliche in den Anhängen VIII und IX beschriebenen Vorgänge im Zusammenhang mit Zertifikaten, geprüften Emissionen, Konten und Kyoto-Einheiten korrekt auszuführen.

Die unabhängige Transaktionsprotokolliereinrichtung der Gemeinschaft muss am Tag nach dem Inkrafttreten dieser Verordnung in der Lage sein, den in Anhang X beschriebenen Informationsabgleich sowie die in Anhang XI beschriebenen Verwaltungsvorgänge korrekt auszuführen.

Artikel 6 Kommunikationsverbindung zwischen den Registern und der unabhängigen Transaktionsprotokolliereinrichtung der Gemeinschaft. 1. Bis zum 31. Dezember 2004 sind Kommunikationsverbindungen zwischen den einzelnen Registern und der unabhängigen Transaktionsprotokolliereinrichtung der Gemeinschaft einzurichten.

Der Zentralverwalter aktiviert die Kommunikationsverbindungen, nachdem die Prüfverfahren gemäß Anhang XIII und die einleitenden Maßnahmen gemäß Anhang XIV erfolgreich abgeschlossen sind, und unterrichtet die jeweiligen Registerführer davon.
2. Ab dem 1. Januar 2005 und bis zu dem Zeitpunkt, zu dem die in Artikel 7 genannte Kommunikationsverbindung hergestellt ist, finden sämtliche Vorgänge im Zusammenhang mit Zertifikaten, geprüften Emissionen und Konten mittels Datenaustausch über die unabhängige Transaktionsprotokolliereinrichtung der Gemeinschaft statt.

3. Die Kommission kann den Zentralverwalter anweisen, einen der von einem Register eingeleiteten, in den Anhängen VIII und IX genannten Vorgänge zeitweilig auszusetzen, wenn dieser nicht gemäß den Artikeln 32 bis 37 ausgeführt wird.

Die Kommission kann den Zentralverwalter anweisen, die Kommunikationsverbindung zwischen einem Register und der Transaktionsprotokolliereinrichtung der Gemeinschaft zeitweilig zu unterbrechen bzw. alle oder einige der in den Anhängen VIII und IX genannten Vorgänge auszusetzen, wenn das jeweilige Register nicht im Einklang mit den Bestimmungen dieser Verordnung geführt wird.

Artikel 7 Kommunikationsverbindung zwischen den unabhängigen Transaktionsprotokolliereinrichtungen. Unmittelbar nach der Schaffung der unabhängigen Transaktionsprotokolliereinrichtung des UNFCCC ist eine Kommunikationsverbindung zwischen der unabhängigen Transaktionsprotokolliereinrichtung der Gemeinschaft und der unabhängigen Transaktionsprotokolliereinrichtung des UNFCCC herzustellen.

Nach der Herstellung einer solchen Verbindung finden sämtliche Vorgänge im Zusammenhang mit Zertifikaten, geprüften Emissionen, Konten und Kyoto-Einheiten mittels Datenaustausch mit der unabhängigen Transaktionsprotokolliereinrichtung des UNFCCC und darauf folgender Weiterleitung an die unabhängige Transaktionsprotokolliereinrichtung der Gemeinschaft statt.

Artikel 8 Die Registerführer. 1. Jeder Mitgliedstaat und die Kommission benennen einen Registerführer zur Führung seiner bzw. ihrer Register im Einklang mit den Bestimmungen dieser Verordnung.

Die Mitgliedstaaten und die Kommission stellen sicher, dass kein Interessenkonflikt zwischen dem Registerführer und dessen Kontoinhabern bzw. zwischen dem Registerführer und dem Zentralverwalter besteht.

2. Jeder Mitgliedstaat teilt der Kommission im Einklang mit den einleitenden Maßnahmen gemäß Anhang XIV bis zum 1. September 2004 die Identität und die Kontaktanschrift ihres Registerführers mit.

3. Letztlich sind die Mitgliedstaaten und die Kommission für die Führung ihrer Register zuständig bzw. verantwortlich.

4. Die Kommission koordiniert die Umsetzung der Bestimmungen dieser Verordnung mit den Registerführern der einzelnen Mitgliedstaaten und dem Zentralverwalter.

KAPITEL III

INHALT DER REGISTER

ABSCHNITT 1

Berichterstattung und Vertraulichkeit

Artikel 9 Berichterstattung. 1. Jeder Registerführer muss die in Anhang XVI angeführten Informationen so häufig, wie in diesem Anhang vorgeschrieben, sowie in transparenter und geordneter Form über die Internetseite seines Registers den in diesem Anhang genannten Empfängern übermitteln. Die Registerführer geben keine weiteren in den Registern enthaltenen Informationen bekannt.

2. Der Zentralverwalter muss die in Anhang XVI angeführten Informationen so häufig, wie in diesem Anhang vorgeschrieben, in transparenter und geordneter Form über die Internetseite der unabhängigen Transaktionsprotokolliereinrichtung der Gemeinschaft den in diesem Anhang genannten Empfängern übermitteln. Der Zentralverwalter gibt keine weiteren in der unabhängigen Transaktionsprotokolliereinrichtung der Gemeinschaft gespeicherten Informationen bekannt.

3. Die Empfänger der in Anhang XVI genannten Berichte müssen die Möglichkeit haben, auf den einzelnen Internetseiten mittels Suchfunktionen eine Abfrage zu den genannten Berichten durchzuführen.

4. Jeder Registerführer ist für die Genauigkeit der aus seinem Register stammenden Informationen verantwortlich, die über die Internetseite der unabhängigen Transaktionsprotokolliereinrichtung der Gemeinschaft zugänglich gemacht werden.

5. Weder die unabhängige Transaktionsprotokolliereinrichtung der Gemeinschaft noch die Register dürfen von den Kontoinhabern Preisinformationen zu Zertifikaten oder Kyoto-Einheiten verlangen.

Artikel 10 Vertraulichkeit. 1. Alle in den Registern und der unabhängigen Transaktionsprotokolliereinrichtung der Gemeinschaft enthaltenen Informationen, einschließlich des Standes sämtlicher Konten und sämtlicher Transaktionen, sind — abgesehen von ihrer Nutzung zur Umsetzung der Bestimmungen dieser Verordnung, der Richtlinie 2003/87/EG oder nationaler Rechtsvorschriften — als vertraulich zu behandeln.

2. Informationen aus den Registern dürfen nicht ohne die vorherige Zustimmung des jeweiligen Kontoinhabers verwendet werden, abgesehen von ihrer Nutzung zur Führung dieser Register im Einklang mit den Bestimmungen dieser Verordnung.

3. Die zuständigen Behörden und die Registerführer führen nur die Vorgänge im Zusammenhang mit Zertifikaten, geprüften Emissionen, Konten und Kyoto-Einheiten aus, die für die Ausübung ihrer Funktion als zuständige Behörden bzw. Registerführer erforderlich sind.

ABSCHNITT 2

Konten

Artikel 11 Konten. 1. Ab dem 1. Januar 2005 muss jedes Register mindestens ein im Einklang mit Artikel 12 eingerichtetes Konto einer Vertragspartei enthalten.

2. Ab dem 1. Januar 2005 muss jedes Register eines Mitgliedstaates für jede Anlage ein gemäß Artikel 15 eingerichtetes Betreiberkonto sowie für jede Person mindestens ein gemäß Artikel 19 eingerichtetes Personenkonto enthalten.

3. Ab dem 1. Januar 2005 muss jedes Register ein Ausbuchuchungskonto, ein Löschungskonto für den Zeitraum 20052007 und ein Löschungskonto für den Zeitraum 2008-2012 enthalten, die gemäß Artikel 12 einzurichten sind.

4. Ab dem 1. Januar 2008 und vom 1. Januar des ersten Jahres jedes darauf folgenden Fünfjahreszeitraums an muss jedes Register ein Ausbuchungskonto sowie die in den einschlägigen Beschlüssen auf der Grundlage des UNFCCC und des Kyoto-Protokolls vorgeschriebenen Löschungs- und Ersatzkonten für den Zeitraum 2008-2012 und für jeden darauf folgenden Fünfjahreszeitraum enthalten. Diese sind gemäß Artikel 12 einzurichten.

5. Sofern nichts anderes verfügt wird, können in allen Konten Zertifikate und Kyoto-Einheiten gehalten werden.

ABSCHNITT 3

Konten der Vertragsparteien

Artikel 12 Einrichtung der Konten der Vertragsparteien. 1. Die jeweils zuständige Stelle der Mitgliedstaaten und der Kommission stellt beim jeweiligen Registerführer einen Antrag auf Einrichtung der in Artikel 11 Absätze 1, 3 und 4 genannten Konten in ihren Registern.

Die Antragsteller stellen dem jeweiligen Registerführer die erforderlichen Informationen zur Verfügung. Zu diesen gehören auch die in Anhang IV genannten Informationen.

2. Innerhalb von 10 Tagen nach Eingang eines Antrags gemäß Absatz 1 bzw. nach Aktivierung der Kommunikationsverbindung zwischen einem Register und der unabhängigen Transaktionsprotokolliereinrichtung der Gemeinschaft — je nachdem, welcher Zeitpunkt der spätere ist — richtet der Registerführer gemäß dem in Anhang VIII dargelegten Verfahren zur Einrichtung von Konten im Register das jeweilige Konto ein.

3. Der in Absatz 1 genannte Antragsteller teilt dem Registerführer innerhalb von 10 Tagen jede Änderung der Informationen mit, die er ihm gemäß Absatz 1 übermittelt hat. Innerhalb von 10 Tagen nach Eingang einer derartigen Mitteilung aktualisiert der Registerführer die Informationen gemäß dem in Anhang VIII beschriebenen Aktualisierungsverfahren.

4. Der Registerführer kann von den in Absatz 1 genannten Antragstellern die Einhaltung sinnvoller Bedingungen im Zusammenhang mit den in Anhang V genannten Punkten verlangen.

Artikel 13 Schließung von Konten der Vertragsparteien. Innerhalb von 10 Tagen nach Eingang eines Antrags der zuständigen Stelle eines Mitgliedstaates oder der Kommission auf Schließung des Kontos einer Vertragspartei muss dessen Registerführer das Konto gemäß dem in Anhang VIII beschriebenen Schließungsverfahren schließen.

Artikel 14 Unterrichtung. Der Registerführer unterrichtet den Kontoinhaber unverzüglich über die Einrichtung bzw. Aktualisierung der Konten der Vertragspartei sowie gegebenenfalls ihre Schließung.

ABSCHNITT 4

Betreiberkonten

Artikel 15 Einrichtung der Betreiberkonten. 1. Innerhalb von 14 Tagen nach jeder Erteilung einer Genehmigung zur Emission von Treibhausgasen an den Betreiber einer Anlage, die zuvor nicht über eine Genehmigung verfügte, oder nach Aktivierung der Kommunikationsverbindung zwischen dem Register und der unabhängigen Transaktionsprotokolliereinrichtung der Gemeinschaft — je nachdem, welcher Zeitpunkt der spätere ist — übermittelt die zuständige Behörde bzw., wenn die zuständige Behörde dies vorschreibt, der Betreiber dem Registerführer des jeweiligen Mitgliedstaates die in Anhang III genannten Informationen.
2. Innerhalb von 10 Tagen nach Erhalt der Informationen gemäß Absatz 1 bzw. nach Aktivierung der Kommunikationsverbindung zwischen dem Register und der unabhängigen Transaktionsprotokolliereinrichtung der Gemeinschaft — je nachdem, welcher Zeitpunkt der spätere ist — richtet der Registerführer gemäß dem in Anhang VIII dargelegten Verfahren zur Einrichtung von Konten in seinem Register für jede Anlage ein Betreiberkonto gemäß Artikel 11 Absatz 2 ein.
3. Die zuständige Behörde bzw., wenn die zuständige Behörde dies vorschreibt, der Betreiber teilt dem jeweiligen Registerführer innerhalb von 10 Tagen jede Änderung der Informationen mit, die sie bzw. er ihm gemäß Absatz 1 übermittelt hat. Innerhalb von 10 Tagen nach Eingang einer derartigen Mitteilung aktualisiert der Registerführer die Angaben des Betreibers gemäß dem in Anhang VIII beschriebenen Aktualisierungsverfahren.
4. Der Registerführer kann von den Betreibern die Einhaltung sinnvoller Bedingungen im Zusammenhang mit den in Anhang V genannten Punkten verlangen.

Artikel 16 Aufnahme von Kyoto-Einheiten in Betreiberkonten. Ein Betreiberkonto kann Kyoto-Einheiten enthalten, wenn dies gemäß den Rechtsvorschriften des jeweiligen Mitgliedstaates oder der Gemeinschaft zulässig ist.

Artikel 17 Schließung von Betreiberkonten. 1. Die zuständige Behörde unterrichtet den jeweiligen Registerführer innerhalb von 10 Tagen über die Aufhebung oder die Rückgabe jeder Genehmigung zur Emission von Treibhausgasen, die dazu führt, dass die entsprechende Anlage über keinerlei derartige Genehmigung mehr verfügt. Unbeschadet des Absatzes 2 schließt der Registerführer sämtliche Betreiberkonten, die im Zusammenhang mit dieser Aufhebung bzw. Rückgabe stehen, gemäß dem in Anhang VIII beschriebenen Schließungsverfahren am 30. Juni des Jahres, das auf die Aufhebung bzw. Rückgabe folgt, wenn der Eintrag für die jeweilige Anlage in der Tabelle des Stands der Einhaltung für das letzte Jahr größer oder gleich Null ist. Ist dieser Eintrag kleiner als Null, schließt der Registerführer das Konto der Anlage einen Tag, nachdem der Eintrag größer oder gleich Null ist, oder aber einen Tag, nachdem die zuständige Behörde den Registerführer angewiesen hat, das Konto zu schließen, weil keine realistische Aussicht besteht, dass der Betreiber weitere Zertifikate zurückgibt.

2. Ist die Bilanz der Zertifikate oder Kyoto-Einheiten eines Betreiberkontos, das vom Registerführer gemäß Absatz 1 geschlossen werden soll, positiv, bittet der Registerführer den Betreiber zunächst um Angabe eines weiteren Kontos innerhalb des Registrierungssystems, auf das die Zertifikate oder Kyoto-Einheiten übertragen werden können. Antwortet der Betreiber innerhalb von 60 Tagen nicht auf die Anfrage des Registerführers, überträgt dieser die restlichen Zertifikate bzw. Einheiten auf das Konto der Vertragspartei.

Artikel 18 Unterrichtung. Der Registerführer unterrichtet den Kontoinhaber unverzüglich über die Einrichtung, Aktualisierung oder Schließung seines Kontos.

ABSCHNITT 5

Personenkonten

Artikel 19 Einrichtung von Personenkonten. 1. Anträge auf Einrichtung von Personenkonten sind dem jeweiligen Registerführer vorzulegen.

Die Antragsteller stellen dem Registerführer die erforderlichen Informationen zur Verfügung. Zu diesen gehören auch die in Anhang IV genannten Informationen.

2. Innerhalb von 10 Tagen nach Eingang eines Antrags gemäß Absatz 1 bzw. nach Aktivierung der Kommunikationsverbindung zwischen dem Register und der unabhängigen Transaktionsprotokolliereinrichtung der Gemeinschaft — je nachdem, welcher Zeitpunkt der spätere ist — richtet der Registerführer gemäß dem in Anhang VIII dargelegten Verfahren zur Einrichtung von Konten in seinem Register ein Personenkonto ein.

Der Registerführer richtet in seinem Register auf den Namen ein und derselben Person höchstens 99 Personenkonten ein.

3. Der Antragsteller teilt dem jeweiligen Registerführer innerhalb von 10 Tagen jede Änderung der Informationen mit, die er ihm gemäß Absatz 1 übermittelt hat. Innerhalb von 10 Tagen nach Eingang einer derartigen Mitteilung aktualisiert der

Registerführer die Angaben der Person gemäß dem in Anhang VIII beschriebenen Aktualisierungsverfahren.

4. Der Registerführer kann von den in Absatz 1 genannten Antragstellern die Einhaltung sinnvoller Bedingungen im Zusammenhang mit den in Anhang V genannten Punkten verlangen.

Artikel 20 Aufnahme von Kyoto-Einheiten in Personenkonten. Ein Personenkonto kann Kyoto-Einheiten enthalten, wenn dies gemäß den Rechtsvorschriften des jeweiligen Mitgliedstaates oder der Gemeinschaft zulässig ist.

Artikel 21 Schließung von Personenkonten. 1. Innerhalb von 10 Tagen nach Eingang des Antrags einer Person auf Schließung eines Personenkontos muss der Registerführer das Konto gemäß dem in Anhang VIII beschriebenen Schließungsverfahren (account closure) schließen.

2. Ist die Bilanz eines Personenkontos gleich Null und sind in den vergangenen 12 Monaten keinerlei Transaktionen zu verzeichnen, teilt der Registerführer dem Kontoinhaber mit, das sein Personenkonto innerhalb von 60 Tagen geschlossen wird, es sei denn, vor Ablauf dieses Zeitraums geht bei ihm ein Antrag des Kontoinhabers auf Weiterführung des Kontos ein. Geht beim Registerführer kein derartiger Antrag ein, schließt er das Konto gemäß dem in Anhang VIII beschriebenen Schließungsverfahren.

Artikel 22 Unterrichtung. Der Registerführer unterrichtet die Kontoinhaber unverzüglich über die Einrichtung, Aktualisierung oder Schließung ihrer jeweiligen Personenkonten.

Artikel 23 Bevollmächtigte. 1. Jeder Kontoinhaber benennt einen Hauptbevollmächtigten und einen Unterbevollmächtigten für jedes im Einklang mit den Artikeln 12, 15 und 19 eingerichtete Konto. Anträge an den Registerführer auf Ausführung von Vorgängen im Namen eines Kontoinhabers sind von einem Bevollmächtigten zu stellen.

2. Die Mitgliedstaaten und die Kommission können Kontoinhabern ihres Registers die Benennung eines weiteren Bevollmächtigten gestatten, dessen Zustimmung — neben der Zustimmung des Hauptbevollmächtigten oder des Unterbevollmächtigten — bei der Stellung eines Antrags beim Registerführer auf Ausführung eines oder mehrerer Vorgänge gemäß Artikel 49 Absatz 1 sowie den Artikeln 52, 53 und 62 erforderlich ist.

3. Jede prüfende Instanz benennt mindestens einen Bevollmächtigten für die jährliche Eintragung bzw. Genehmigung von Einträgen geprüfter Emissionen von Anlagen in die Tabelle der geprüften Emissionen gemäß Artikel 51 Absatz 1.

4. Alle Registerführer und der Zentralverwalter ernennen mindestens einen Bevollmächtigten für die Führung ihrer Register bzw. den Betrieb und die Pflege der unabhängigen Transaktionsprotokolliereinrichtung der Gemeinschaft in ihrem Namen.

ABSCHNITT 6

Tabellen

Artikel 24 Tabellen. 1. Ab dem 1. Januar 2005 muss jedes Register eines Mitgliedstaates eine Tabelle der geprüften Emissionen, eine Tabelle der zurückgegebenen Zertifikate und eine Tabelle des Stands der Einhaltung enthalten.

Die Register können weitere Tabellen für sonstige Zwecke enthalten.

2. Die unabhängige Transaktionsprotokolliereinrichtung der Gemeinschaft enthält für jeden Mitgliedstaat eine nationale Zuteilungstabelle (für die Zeiträume 2005-2007, 2008-2012 und die darauf folgenden Fünfjahreszeiträume).

Die unabhängige Transaktionsprotokolliereinrichtung der Gemeinschaft kann weitere Tabellen für sonstige Zwecke enthalten.

3. Die Tabellen der Register der Mitgliedstaaten müssen die in Anhang II genannten Informationen enthalten. Die Betreiber und Personenkonten müssen die in Anhang XVI genannten Informationen enthalten.

Die nationale Zuteilungstabelle in der unabhängigen Transaktionsprotokolliereinrichtung der Gemeinschaft muss die in Anhang XVI genannten Informationen enthalten.

ABSCHNITT 7

Codes und Kennungen

Artikel 25 Codes. Jedes Register enthält die in Anhang VII definierten Eingabecodes und die in Anhang XII beschriebenen Antwortcodes, um die korrekte Interpretation der bei einem Vorgang ausgetauschten Informationen sicherzustellen.

Artikel 26 Kontokennung und alphanumerische Bezeichnung. Vor der Einrichtung eines Kontos weist der Registerführer jedem Konto eine eindeutige Kontokennung sowie die vom Kontoinhaber im Rahmen der Informationen gemäß Anhang III bzw. Anhang IV angegebene alphanumerische Bezeichnung zu. Ferner weist der Registerführer vor der Einrichtung eines Kontos jedem Kontoinhaber eine eindeutige Kontoinhaberkennung zu, die die in Anhang VI genannten Bestandteile umfasst.

KAPITEL IV

KONTROLLEN UND VORGÄNGE

ABSCHNITT 1

Kontosperrung

Artikel 27 Sperrung von Betreiberkonten. 1. Sind am 1. April jeden Jahres - beginnend im Jahr 2006 - die geprüften Emissionsdaten einer Anlage für das vorangegangene Jahr nicht im Einklang mit dem in Anhang VIII beschriebenen Verfahren für den Eintrag geprüfter Emissionen in die Tabelle der geprüften Emissionen eingetragen worden, sperrt der Registerführer die Übertragung von Zertifikaten aus dem Betreiberkonto für die jeweilige Anlage.
2. Sobald die geprüften Emissionsdaten der Anlage für das in Absatz 1 genannte Jahr in die Tabelle der geprüften Emissionen eingetragen sind, hebt der Registerführer die Kontosperrung auf.
3. Der Registerführer unterrichtet den jeweiligen Kontoinhaber und die zuständige Behörde unverzüglich von der Sperrung eines Betreiberkontos bzw. deren Aufhebung.
4. Absatz 1 gilt nicht für die Rückgabe von Zertifikaten gemäß Artikel 52 oder die Löschung und den Ersatz von Zertifikaten gemäß den Artikeln 60 und 61.

ABSCHNITT 2

Automatisierte Kontrollen und Datenabgleich

Artikel 28 Ermittlung von Anomalien durch die unabhängige Transaktionsprotokolliereinrichtung der Gemeinschaft. 1. Der Zentralverwalter stellt sicher, dass die unabhängige Transaktionsprotokolliereinrichtung der Gemeinschaft die in den Anhängen VIII, IX und XI beschriebenen automatisierten Kontrollen für alle Vorgänge im Zusammenhang mit Zertifikaten, geprüften Emissionen, Konten und Kyoto-Einheiten ausführt, um Anomalien auszuschließen.
2. Wird bei den in Absatz 1 genannten Kontrollen bei einem Vorgang gemäß Anhang VIII, Anhang IX und Anhang XI eine Anomalie festgestellt, unterrichtet der Zentralverwalter den bzw. die jeweiligen Registerführer durch eine automatisierte Nachricht davon, in der die Art der Anomalie anhand der Antwortcodes der Anhänge VIII, IX und XI genau angegeben wird. Bei Erhalt eines solchen Antwortcodes bei einem der Vorgänge gemäß Anhang VIII oder Anhang IX beendet der Registerführer des Registers, das den Vorgang eingeleitet hat, den Vorgang und unterrichtet die unabhängige Transaktionsprotokolliereinrichtung der Gemeinschaft davon. Der Zentralverwalter aktualisiert die in der unabhängigen Transaktionsprotokolliereinrichtung der Gemeinschaft enthaltenen Informationen

nicht. Der bzw. die jeweiligen Registerführer unterrichten unverzüglich die betroffenen Kontoinhaber von der Beendigung des Vorgangs.

Artikel 29 Ermittlung von Abweichungen durch die unabhängige Transaktionsprotokolliereinrichtung der Gemeinschaft. 1. Der Zentralverwalter stellt sicher, dass die unabhängige Transaktionsprotokolliereinrichtung der Gemeinschaft die in den Anhängen VIII, IX und XI beschriebenen automatisierten Kontrollen für alle Vorgänge im Zusammenhang mit Zertifikaten, geprüften Emissionen, Konten und Kyoto-Einheiten ausführt, um Anomalien auszuschließen.

Mit diesem Abgleich kontrolliert die unabhängige Transaktionsprotokolliereinrichtung der Gemeinschaft, dass die Bestände an Kyoto-Einheiten und Zertifikaten jedes Kontos eines Registers mit denen übereinstimmen, die in der unabhängigen Transaktionsprotokolliereinrichtung der Gemeinschaft verzeichnet sind.

2. Wird beim Datenabgleich eine Abweichung festgestellt, unterrichtet der Zentralverwalter unverzüglich den bzw. die jeweiligen Registerführer davon. Wird die Abweichung nicht behoben, stellt der Zentralverwalter sicher, dass die unabhängige Transaktionsprotokolliereinrichtung der Gemeinschaft keine weiteren Vorgänge gemäß Anhang VIII und Anhang IX im Zusammenhang mit den Zertifikaten, Konten oder Kyoto-Einheiten, die Gegenstand der genannten Abweichung sind, zulässt.

Artikel 30 Ermittlung von Anomalien und Abweichungen durch die unabhängige Transaktionsprotokolliereinrichtung des UNFCCC. 1. Unterrichtet die unabhängige Transaktionsprotokolliereinrichtung des UNFCCC im Rahmen einer automatisierten Kontrolle den bzw. die jeweiligen Registerführer von einer Anomalie bei einem Vorgang, beendet der Registerführer des Registers, das den Vorgang eingeleitet hat, den Vorgang und unterrichtet die unabhängige Transaktionsprotokolliereinrichtung des UNFCCC davon. Der bzw. die jeweiligen Registerführer unterrichten unverzüglich die betroffenen Kontoinhaber von der Beendigung des Vorgangs.

2. Wird durch die unabhängige Transaktionsprotokolliereinrichtung des UNFCCC eine Abweichung festgestellt, stellt der Zentralverwalter sicher, dass die unabhängige Transaktionsprotokolliereinrichtung der Gemeinschaft keine weiteren Vorgänge gemäß Anhang VIII und Anhang IX im Zusammenhang mit den Kyoto-Einheiten, die Gegenstand der genannten Abweichung sind, die nicht unter die automatisierten Kontrollen der unabhängigen Transaktionsprotokolliereinrichtung des UNFCCC fallen, zulässt.

Artikel 31 Automatisierte Registerkontrollen. Vor Beginn und während der Ausführung aller Vorgänge stellt jeder Registerführer sicher, dass automatisierte Kontrollen des Registers stattfinden, um eventuelle Anomalien zu ermitteln und Vorgänge noch vor den automatisierten Kontrollen der unabhängigen Transaktionsprotokolliereinrichtung der Gemeinschaft und der unabhängigen Transaktionsprotokolliereinrichtung des UNFCCC zu beenden.

ABSCHNITT 3

Vorgänge und ihr Abschluss

Artikel 32 Vorgänge. Bei jedem Vorgang ist die vollständige Abfolge für den Nachrichtenaustausch bei der jeweiligen Vorgangsart gemäß den Anhängen VIII, IX, X und XI zu beachten. Die Nachrichten müssen den im Rahmen der UNFCCC bzw. des Kyoto-Protokolls festgelegten Anforderungen an das Format und den Informationsgehalt genügen, denen die WSDL (web services description language) zugrunde liegt.

Artikel 33 Kennungen. Der Registerführer weist jedem der in Anhang VIII aufgeführten Vorgänge eine eindeutige Korrelationskennung und jedem der in Anhang IX aufgeführten Vorgänge eine eindeutige Transaktionskennung zu. Jede dieser Kennungen muss die in Anhang VI genannten Bestandteile umfassen.

Artikel 34 Abschluss von Vorgängen im Zusammenhang mit Konten und geprüften Emissionen. Alle in Anhang VIII genannten Vorgänge gelten als abgeschlossen, wenn das Register, das den Vorgang eingeleitet hat, von den beiden unabhängigen Transaktionsprotokolliereinrichtungen die Nachricht erhält, dass keine Anomalien in dem von ihm übermittelten Vorschlag festgestellt wurden.

Bis zur Einrichtung der Kommunikationsverbindung zwischen der unabhängigen Transaktionsprotokolliereinrichtung der Gemeinschaft und der unabhängigen Transaktionsprotokolliereinrichtung der UNFCCC gelten jedoch alle in Anhang VIII genannten Vorgänge als abgeschlossen, wenn das Register, das den Vorgang eingeleitet hat, von der unabhängigen Transaktionsprotokolliereinrichtung der Gemeinschaft die Nachricht erhält, dass keine Anomalien in dem von ihm übermittelten Vorschlag festgestellt wurden.

Artikel 35 Abschluss von Vorgängen im Zusammenhang mit Transaktionen in Registern. Alle in Anhang IX genannten Vorgänge gelten — abgesehen von externen Übertragungen — als abgeschlossen, wenn das Register, das den Vorgang eingeleitet hat, von den beiden unabhängigen Transaktionsprotokolliereinrichtungen die Nachricht erhalten hat, dass keine Anomalien in dem von ihm übermittelten Vorschlag festgestellt wurden, und beide unabhängigen Transaktionsprotokolliereinrichtungen von dem Register, das den Vorgang eingeleitet hat, die Bestätigung erhalten haben, dass seine Aufzeichnungen entsprechend dem Vorschlag aktualisiert wurden.

Bis zur Einrichtung der Kommunikationsverbindung zwischen der unabhängigen Transaktionsprotokolliereinrichtung der Gemeinschaft und der unabhängigen Transaktionsprotokolliereinrichtung der UNFCCC gelten jedoch alle in Anhang IX genannten Vorgänge — abgesehen von externen Übertragungen — als abgeschlossen, wenn das Register, das den Vorgang eingeleitet hat, von der unabhängigen Transaktionsprotokolliereinrichtung der Gemeinschaft die Nachricht erhalten hat, dass keine Anomalien in dem von ihm übermittelten Vorschlag festgestellt wurden, und die unabhängige Transaktionsprotokolliereinrichtung der Gemeinschaft von dem Register, das den Vorgang eingeleitet hat, die Bestätigung erhalten hat, dass seine Aufzeichnungen entsprechend dem Vorschlag aktualisiert wurden.

Artikel 36 Abschluss der externen Übertragung. Eine externe Übertragung gilt als abgeschlossen, wenn die beiden unabhängigen Transaktionsprotokolliereinrichtungen das Empfängerregister davon unterrichtet haben, dass keine Anomalien in dem von dem Register, das den Vorgang eingeleitet hat, übermittelten Vorschlag festgestellt wurden, und beide unabhängigen Transaktionsprotokolliereinrichtungen von dem Empfängerregister die Bestätigung erhalten haben, dass dessen Aufzeichnungen entsprechend dem Vorschlag des Registers, das den Vorgang eingeleitet hat, aktualisiert wurden.

Bis zur Einrichtung der Kommunikationsverbindung zwischen der unabhängigen Transaktionsprotokolliereinrichtung der Gemeinschaft und der unabhängigen Transaktionsprotokolliereinrichtung der UNFCCC gelten jedoch externe Übertragungen als abgeschlossen, wenn das Empfängerregister von der unabhängigen Transaktionsprotokolliereinrichtung der Gemeinschaft die Nachricht erhalten hat, dass keine Anomalien in dem von dem Register, das den Vorgang eingeleitet hat, übermittelten Vorschlag festgestellt wurden, und die unabhängige Transaktionsprotokolliereinrichtung der Gemeinschaft von dem Empfängerregister die Bestätigung erhalten hat, dass dessen Aufzeichnungen entsprechend dem Vorschlag des Registers, das den Vorgang eingeleitet hat, aktualisiert wurden.

Artikel 37 Abschluss des Datenabgleichs. Der in Anhang X genannte Datenabgleich gilt dann als abgeschlossen, wenn alle Abweichungen zwischen den in einem Register enthaltenen Daten und den in der unabhängigen Transaktionsprotokolliereinrichtung der Gemeinschaft enthaltenen Daten für ein bestimmtes Datum und einen bestimmten Zeitpunkt beseitigt sind und der Datenabgleich für dieses Register erneut eingeleitet und erfolgreich abgeschlossen wurde.

KAPITEL V

TRANSAKTIONEN

ABSCHNITT 1

Zuteilung und Vergabe von Zertifikaten für den Zeitraum 2005-2007

Artikel 38 Nationale Zuteilungstabelle (2005-2007). 1. Bis zum 1. Oktober 2004 übermittelt jeder Mitgliedstaat der Kommission die Zuteilungstabelle seines nationalen Zuteilungsplans, entsprechend der Entscheidung nach Artikel 11 der Richtlinie 2003/87/EG. Wurde diese Tabelle auf der Grundlage des der Kommission übermittelten nationalen Zuteilungsplans erstellt (und dieser wurde von der Kommission nicht nach Artikel 9 Absatz 3 der 2003/87/EG abgelehnt bzw. die Kommission hat die vorgeschlagenen Änderungen akzeptiert), weist die Kommission den Zentralverwalter an, die Tabelle in die unabhängige Transaktionsprotokolliereinrichtung der Gemeinschaft aufzunehmen, im Einklang mit den einleitenden Maßnahmen gemäß Anhang XIV.

2. Die Mitgliedstaaten teilen der Kommission jede Korrektur ihrer nationalen Zuteilungspläne sowie die entsprechenden Korrekturen der nationalen Zuteilungstabellen mit. Stützt sich die Korrektur der nationalen Zuteilungstabelle auf den der Kommission übermittelten nationalen Zuteilungsplan (und dieser wurde von der Kommission nicht nach Artikel 9 Absatz 3 der 2003/ 87/EG abgelehnt bzw. die Kommission hat die vorgeschlagenen Änderungen akzeptiert), und befindet sie sich im Einklang mit den Verfahren des nationalen Zuteilungsplans bzw. ergibt sie sich aus präziseren Daten, weist die Kommission den Zentralverwalter an, die Korrektur der Tabelle in die unabhängige Transaktionsprotokolliereinrichtung der Gemeinschaft zu übernehmen, im Einklang mit den einleitenden Maßnahmen gemäß Anhang XIV. In allen anderen Fällen teilt der Mitgliedstaat der Kommission die Korrektur seines nationalen Zuteilungsplans mit. Lehnt die Kommission diese Korrektur nicht ab (s. Verfahren nach Artikel 9 Absatz 3 der 2003/87/EG), weist die Kommission den Zentralverwalter an, die Korrektur in die nationale Zuteilungstabelle in der unabhängigen Transaktionsprotokolliereinrichtung der Gemeinschaft zu übernehmen, im Einklang mit den einleitenden Maßnahmen gemäß Anhang XIV.

3. Nach jeder Korrektur gemäß Absatz 2, die nach der Vergabe von Zertifikaten gemäß Artikel 39 vorgenommen wird und durch die sich die Gesamtmenge der nach Artikel 39 für den Zeitraum 2005-2007 vergebenen Zertifikate reduziert, überträgt der Registerführer die von der zuständigen Behörde angegebene Anzahl von Zertifikaten von den jeweiligen in Artikel 11 Absätze 1 und 2 genannten Konten auf das Löschungskonto für den Zeitraum 2005-2007.

Die Korrektur findet im Einklang mit dem in Anhang IX beschriebenen Verfahren für die Korrektur der Anzahl der Zertifikate statt.

Artikel 39 Vergabe von Zertifikaten. Nach Aufnahme der nationalen Zuteilungstabelle in die unabhängige Transaktionsprotokolliereinrichtung der Gemeinschaft vergibt der Registerführer vorbehaltlich Artikel 38 Absatz 2 bis zum 28. Februar 2005 die Gesamtmenge aller in der nationalen Zuteilungstabelle aufgeführten Zertifikate und registriert sie im Konto der Vertragspartei.

Bei der Vergabe der Zertifikate weist der Registerverwalter jedem Zertifikat eine eindeutige Einheitenkennung zu, die die in Anhang VI genannten Bestandteile umfasst.

Die Zertifikate werden im Einklang mit dem in Anhang IX beschriebenen Verfahren für die Vergabe von Zertifikaten (2005-2007) vergeben.

Artikel 40 Zuteilung von Zertifikaten an Betreiber. Unbeschadet Artikel 38 Absatz 2 und Artikel 41 überträgt der Registerführer bis zum 28. Februar 2005 sowie bis zum 28. Februar jedes darauf folgenden Jahres des Zeitraumes 2005-2007 den Anteil der Gesamtmenge der nach Artikel 39 vergebenen Zertifikate vom Konto der Vertragspartei auf das jeweilige Betreiberkonto, der der entsprechenden Anlage für dieses Jahr im Einklang mit dem entsprechenden Abschnitt der nationalen Zuteilungstabelle zugeteilt wurde.

Ist dies im nationalen Zuteilungsplan eines Mitgliedstaates für eine bestimmte Anlage vorgesehen, kann der Registerführer diesen Anteil auch jedes Jahr zu einem späteren Zeitpunkt übertragen.

Die Zertifikate werden im Einklang mit dem in Anhang IX beschriebenen Verfahren für die Zuteilung von Zertifikaten zugeteilt.

Artikel 41 Rückgabe von Zertifikaten auf Anweisung der zuständigen Behörde. Erhält ein Registerführer von der zuständigen Behörde eine entsprechende Anweisung gemäß Artikel 16 Absatz 1 der Richtlinie 2003/87/EG, gibt er den gesamten Anteil der Gesamtmenge der nach Artikel 39 vergebenen Zertifikate, der einer Anlage für ein bestimmtes Jahr zugeteilt worden war, oder einen Teil davon zurück, indem er die Anzahl der zurückgegebenen Zertifikate in den Teil der Tabelle für zurückgegebene Zertifikate einträgt, der für die jeweilige Anlage und das entsprechende Jahr vorgesehen ist. Die zurückgegebenen Zertifikate verbleiben im Konto der Vertragspartei.

Auf Anweisung der zuständigen Behörde zurückgegebene Zertifikate sind im Einklang mit dem in Anhang IX beschriebenen Verfahren für die Zuteilung von Zertifikaten abzugeben.

Artikel 42 Zuteilung von Zertifikaten an neue Marktteilnehmer. Erhält ein Registerführer von der zuständigen Behörde eine entsprechende Anweisung, überträgt er einen Teil der Gesamtmenge der nach Artikel 39 vergebenen und noch im Konto der Vertragspartei verbuchten Zertifikate auf das Betreiberkonto eines neuen Marktteilnehmers.

Die Zertifikate sind im Einklang mit dem in Anhang IX beschriebenen Verfahren für die interne Übertragung zu übertragen.

Artikel 43 Vergabe von Zertifikaten für Fälle höherer Gewalt. 1. Erhält ein Registerführer von der zuständigen Behörde eine entsprechende Anweisung, vergibt er die Anzahl der von der Kommission gemäß Artikel 29 der Richtlinie 2003/87/EG für den Zeitraum 2005-2007 für Fälle höherer Gewalt genehmigten Zertifikate an das Konto der Vertragspartei.

Zertifikate für Fälle höherer Gewalt sind im Einklang mit dem in Anhang IX beschriebenen Verfahren für die Vergabe von Zertifikaten für Fälle höherer Gewalt zu vergeben.

2. Der Registerführer trägt die Anzahl der für Fälle höherer Gewalt vergebenen Zertifikate in die Abschnitte der Tabelle für zurückgegebene Zertifikate ein, die für die Anlagen und Jahre bestimmt sind, für die Genehmigungen vorliegen.

3. Bei der Vergabe der Zertifikate für Fälle höherer Gewalt weist der Registerverwalter jedem dieser Zertifikate eine eindeutige Einheitenkennung zu, die die in Anhang VI genannten Bestandteile umfasst.

ABSCHNITT 2

Zuteilung und Vergabe von Zertifikaten für den Zeitraum 2008-2012 und die darauf folgenden Fünfjahreszeiträume

Artikel 44 Nationale Zuteilungstabelle (2008-2012 und darauf folgende Fünfjahreszeiträume). 1. Bis zum 1. Januar 2007 sowie mindestens 12 Monate vor Beginn jedes darauf folgenden Fünfjahreszeitraums, jeweils bis zum 1. Januar, übermittelt jeder Mitgliedstaat der Kommission seine nationale Zuteilungstabelle, entsprechend der Entscheidung nach Artikel 11 der Richtlinie 2003/87/EG. Wurde diese Tabelle auf der Grundlage des der Kommission übermittelten nationalen Zuteilungsplans erstellt (und dieser wurde von der Kommission nicht nach Artikel 9 Absatz 3 der Richtlinie 2003/87/EG abgelehnt bzw. die Kommission hat die vorgeschlagenen Änderungen akzeptiert), weist die Kommission den Zentralverwalter an, die nationale Zuteilungstabelle in die unabhängige Transaktionsprotokolliereinrichtung der Gemeinschaft aufzunehmen, im Einklang mit den einleitenden Maßnahmen gemäß Anhang XIV.

2. Die Mitgliedstaaten teilen der Kommission jede Korrektur ihrer nationalen Zuteilungspläne sowie die entsprechenden Korrekturen der nationalen Zuteilungstabellen mit. Stützt sich die Korrektur der nationalen Zuteilungstabelle auf den der Kommission übermittelten nationalen Zuteilungsplan (und dieser wurde von der Kommission nicht nach Artikel 9 Absatz 3 der Richtlinie 2003/87/EG abgelehnt bzw. die Kommission hat die vorgeschlagenen Änderungen akzeptiert), und ergibt sie sich aus präziseren Daten, weist die Kommission den Zentralverwalter an, die Korrektur in die nationale Zuteilungstabelle in der unabhängigen Transaktionsprotokolliereinrichtung der Gemeinschaft zu übernehmen, im Einklang mit den einleitenden Maßnahmen gemäß Anhang XIV. In allen anderen Fällen teilt der Mitgliedstaat der Kommission die Korrektur seines nationalen Zuteilungsplans mit. Lehnt die Kommission diese Korrektur nicht im Einklang mit dem Verfahren nach Artikel 9 Absatz 3 der Richtlinie 2003/87/EG ab, weist die Kommission den Zentralverwalter an, die Korrektur in die nationale Zuteilungstabelle in der unabhängigen Transaktionsprotokolliereinrichtung der Gemeinschaft zu übernehmen, im Einklang mit den einleitenden Maßnahmen gemäß Anhang XIV.

3. Nach jeder Korrektur gemäß Absatz 2, die nach der Vergabe von Zertifikaten gemäß Artikel 45 vorgenommen wird und durch die sich die Gesamtmenge der nach Artikel 45 für den Zeitraum 2008-2012 oder darauf folgende Fünfjahreszeiträume vergebenen Zertifikate reduziert, wandelt der Registerführer die von der zuständigen Behörde angegebene Anzahl von Zertifikaten in AAU um, indem er den Zertifikat-Bestandteil aus der eindeutigen Einheitenkennung, die die in Anhang VI genannten Bestandteile umfasst, entfernt.

Die Korrektur findet im Einklang mit dem in Anhang IX beschriebenen Verfahren für die Korrektur der Anzahl der Zertifikate statt.

Artikel 45 Vergabe von Zertifikaten. Nach Aufnahme der nationalen Zuteilungstabelle in die unabhängige Transaktionsprotokolliereinrichtung der Gemeinschaft und vorbehaltlich Artikel 44 Absatz 2 vergibt der Registerführer bis zum

28. Februar des ersten Jahres des Zeitraums 2008-2012 und danach bis zum 28. Februar des ersten Jahres jedes darauf folgenden Fünfjahreszeitraums die Gesamtmenge der im nationalen Zuteilungsplan aufgeführten Zertifikate und nimmt sie in das Konto der Vertragspartei auf, indem er die gleiche Menge an AAU aus diesem Konto in Zertifikate umwandelt.

Diese Umwandlung geschieht durch Hinzufügung des Zertifikat-Bestandteils zur eindeutigen Einheitenkennung der entsprechenden AAU, die die in Anhang VI genannten Bestandteile umfasst.

Die Vergabe von Zertifikaten für den Zeitraum 2008-2012 und die darauf folgenden Fünfjahreszeiträume findet im Einklang mit dem in Anhang IX beschriebenen Verfahren für die Vergabe von Zertifikaten (ab 2008-2012) statt.

Artikel 46 Zuteilung von Zertifikaten an Betreiber. Unbeschadet des Artikels 44 Absatz 2 und des Artikels 47 überträgt der Registerführer bis zum 28. Februar 2008 sowie bis zum 28. Februar jedes darauf folgenden Jahres den Anteil der Gesamtmenge der nach Artikel 45 vergebenen Zertifikate vom Konto der Vertragspartei auf das jeweilige Betreiberkonto, der der entsprechenden Anlage für dieses Jahr im Einklang mit dem entsprechenden Abschnitt der nationalen Zuteilungstabelle zugeteilt wurde.

Ist dies im nationalen Zuteilungsplan eines Mitgliedstaates für eine bestimmte Anlage vorgesehen, kann der Registerführer diesen Anteil jedes Jahr auch zu einem späteren Zeitpunkt übertragen.

Die Zertifikate werden im Einklang mit dem in Anhang IX beschriebenen Verfahren für die Zuteilung von Zertifikaten zugeteilt.

Artikel 47 Rückgabe von Zertifikaten auf Anweisung der zuständigen Behörde. Erhält ein Registerführer von der zuständigen Behörde eine entsprechende Anweisung gemäß Artikel 16 Absatz 1 der Richtlinie 2003/87/EG, gibt er den gesamten Anteil an der Gesamtmenge der nach Artikel 45 vergebenen Zertifikate, der einer Anlage für ein bestimmtes Jahr zugeteilt worden war, oder einen Teil davon zurück, indem er die Anzahl der zurückgegebenen Zertifikate in den Teil der Tabelle für zurückgegebene Zertifikate einträgt, der für die jeweilige Anlage und das entsprechende Jahr vorgesehen ist. Die zurückgegebenen Zertifikate verbleiben im Konto der Vertragspartei.

Auf Anweisung der zuständigen Behörde zurückgegebene Zertifikate sind im Einklang mit dem in Anhang IX beschriebenen Verfahren für die Zuteilung von Zertifikaten abzugeben.

Artikel 48 Zuteilung von Zertifikaten an neue Marktteilnehmer. Erhält ein Registerführer von der zuständigen Behörde eine entsprechende Anweisung, überträgt er einen Teil der Gesamtmenge der nach Artikel 45 vergebenen und noch im Konto der Vertragspartei verbuchten Zertifikate auf das Betreiberkonto eines neuen Marktteilnehmers.

Die Zertifikate sind im Einklang mit dem in Anhang IX beschriebenen Verfahren für die interne Übertragung zu übertragen.

ABSCHNITT 3

Übertragung und Berechtigung

Artikel 49 Übertragung von Zertifikaten und Kyoto-Einheiten durch Kontoinhaber. 1. Übertragungen zwischen Konten gemäß Artikel 11 Absätze 1 und 2 nimmt der Registerführer wie folgt vor:

a) innerhalb seines Registers auf Antrag eines Kontoinhabers, im Einklang mit dem in Anhang IX beschriebenen Verfahren für die interne Übertragung;

b) von einem Register auf ein anderes auf Antrag eines Kontoinhabers bei Zertifikaten, die für den Zeitraum 2005-2007 vergeben wurden, im Einklang mit dem in Anhang IX beschriebenen Verfahren für die externe Übertragung (20052007); und

c) von einem Register auf ein anderes auf Antrag eines Kontoinhabers bei Zertifikaten, die für den Zeitraum 2008-2012 oder darauf folgende Fünfjahreszeiträume vergeben wurden, sowie bei Kyoto-Einheiten, im Einklang mit dem in Anhang IX beschriebenen Verfahren für die externe Übertragung (ab 2008-2012).

2. Zertifikate können von einem Konto eines Registers nur dann auf ein Konto im Register eines Drittlandes oder im CDM-Register übertragen werden (oder von einem Konto im Register eines Drittlandes oder im CDM-Register erworben werden), wenn ein Abkommen gemäß Artikel 25 Absatz 1 der Richtlinie 2003/87/EG geschlossen wurde und die Übertragungen von der Kommission gemäß Artikel 25 Absatz 2 der Richtlinie 2003/ 87/EG festgelegten Vorschriften für die gegenseitige Anerkennung der Zertifikate im Rahmen dieses Abkommens entsprechen.

Artikel 50 Berechtigung und Reserve für den Verpflichtungszeitraum. 1. Ein Mitgliedstaat kann ERU oder AAU erst übertragen oder erwerben bzw. CER verwenden, wenn 16 Monate nach der Vorlage des Berichts gemäß Artikel 7 Absatz 1 der Entscheidung 280/2004/EG vergangen sind oder das Sekretariat des UNFCCC diesem Mitgliedstaat mitgeteilt hat, dass keine Verfahren wegen Nichteinhaltung eingeleitet werden.

Teilt das UNFCCC-Sekretariat einem Mitgliedstaat mit, dass er die Anforderungen für eine Übertragung oder den Erwerb von ERU oder AAU bzw. die Verwendung von CER nicht erfüllt, weist gemäß Artikel 8 der Entscheidung 280/2004/EG die zuständige Stelle des jeweiligen Mitgliedstaats den Registerführer an, die Transaktionen, die eine solche Berechtigung voraussetzen, nicht einzuleiten.

2. Nähert sich ab dem 1. Januar 2008 der Bestand der für den jeweiligen Fünfjahreszeitraum gültigen ERU, CER, AAU und RMU in den Konten der Vertragsparteien, Betreiberkonten, Personenkonten und Ausbuchungskonten eines Mitgliedstaats einer Menge, die die Reserve für den Verpflichtungszeitraum (90 % der dem Mitgliedstaat zugeteilten Menge oder 100 % des Fünffachen des zuletzt geprüften Bestands, je nachdem, welcher Wert niedriger ist) gefährdet, macht die Kommission dem Mitgliedstaat davon Mitteilung.

ABSCHNITT 4

Geprüfte Emissionen

Artikel 51 Geprüfte Emissionen einer Anlage. 1. Wird der Bericht eines Betreibers über die Emissionen einer Anlage im vorausgehenden Jahr — in Übereinstimmung mit den detaillierten, von dem Mitgliedstaat gemäß Anhang V der Richtlinie 2003/87/EG festgelegten Bestimmungen — bei der Prüfung als zufriedenstellend eingestuft, trägt die prüfende Instanz die geprüften Emissionen dieser Anlage für das jeweilige Jahr im Einklang mit dem in Anhang VIII beschriebenen Verfahren zur Aktualisierung der geprüften Emissionen in den Abschnitt der Tabelle der geprüften Emissionen ein, der für die jeweilige Anlage und das Jahr vorgesehen ist, bzw. genehmigt einen solchen Eintrag.

2. Die zuständige Stelle kann den Registerführer anweisen, die geprüften Emissionsdaten einer Anlage für das vorangegangene Jahr zu berichtigen, indem er die berichtigten geprüften Emissionsdaten der Anlage für dieses Jahr im Einklang mit dem in Anhang VIII beschriebenen Verfahren zur Aktualisierung der geprüften Emissionen in den Abschnitt der Tabelle der geprüften Emissionen einträgt, der für die Anlage und das Jahr vorgesehen ist, damit die Einhaltung der detaillierten, von dem Mitgliedstaat gemäß Anhang V der Richtlinie 2003/87/EG festgelegten Bestimmungen gewährleistet ist.

ABSCHNITT 5

Rückgabe von Zertifikaten

Artikel 52 Rückgabe von Zertifikaten. Ein Betreiber gibt Zertifikate für eine Anlage dadurch zurück, dass er beim Registerführer beantragt bzw., wenn dies in den Rechtsvorschriften des jeweiligen Mitgliedstaates vorgesehen ist, dass davon ausgegangen werden kann, dass er beantragt,

a) eine bestimmte Anzahl von Zertifikaten für ein bestimmtes Jahr von dem jeweiligen Betreiberkonto des Registers auf das Konto der Vertragspartei zu übertragen

b) und die Anzahl der übertragenen Zertifikate in den Abschnitt der Tabelle für zurückgegebene Zertifikate einzutragen, die für die jeweilige Anlage und das jeweilige Jahr bestimmt sind.

Übertragung und Eintrag müssen im Einklang mit dem in Anhang IX beschriebenen Verfahren für die Rückgabe von Zertifikaten vorgenommen werden.

Artikel 53 Verwendung von CER und ERU. Ein Betreiber verwendet CER und ERU im Einklang mit Artikel 11a der Richtlinie 2003/87/EG für eine Anlage, indem er beim Registerführer beantragt,

a) eine bestimmte Anzahl von CER bzw. ERU für ein bestimmtes Jahr von dem jeweiligen Betreiberkonto in diesem Register auf das Konto der Vertragspartei zu übertragen
b) und die Anzahl der übertragenen CER bzw. ERU in den Abschnitt der Tabelle für zurückgegebene Zertifikate einzutragen, die für die jeweilige Anlage und das jeweilige Jahr bestimmt sind.

Ab dem 1. Januar 2008 akzeptiert der Registerführer nur Anträge auf Verwendung von CER bzw. ERU bis zu einem bestimmten Prozentsatz der Zuteilungen für die einzelnen Anlagen, entsprechend dem nationalen Zuteilungsplan des Mitgliedstaates dieses Registerführers für den jeweiligen Zeitraum.

Übertragung und Eintrag müssen im Einklang mit dem in Anhang IX beschriebenen Verfahren für die Rückgabe von Zertifikaten vorgenommen werden.

Artikel 54 Rückgabe von Zertifikaten für Fälle höherer Gewalt. Die Vergabe von Zertifikaten für Fälle höherer Gewalt im Einklang mit Artikel 43 ist gleichbedeutend mit der Rückgabe dieser Zertifikate.

Artikel 55 Berechnungen zum Stand der Einhaltung. Bei einem Eintrag in einen für eine bestimmte Anlage vorgesehenen Abschnitt der Tabelle für zurückgegebene Zertifikate oder geprüfte Emissionen ermittelt der Registerführer
a) in den Jahren 2005, 2006 und 2007 die jährlichen Zahlen zum Stand der Einhaltung für die jeweilige Anlage, indem er die Summe aller ab dem Jahr 2005 bis zum laufenden Jahr einschließlich zurückgegebenen Zertifikate errechnet und davon die Summe aller geprüften Emissionen ab dem Jahr 2005 bis zum laufenden Jahr einschließlich abzieht;
b) 2008 und in den Jahren danach die jährlichen Zahlen zum Stand der Einhaltung für die jeweilige Anlage, indem er die Summe aller ab dem Jahr 2008 bis zum laufenden Jahr einschließlich zurückgegebenen Zertifikate errechnet, davon die Summe aller geprüften Emissionen ab dem Jahr 2008 bis zum laufenden Jahr einschließlich abzieht und eine Berichtigungszahl anwendet. Diese Zahl beträgt 0 (Null), wenn die Zahl für das Jahr 2007 größer als Null war, entspricht jedoch der Zahl des Jahres 2007, wenn diese kleiner oder gleich Null ist.

Artikel 56 Einträge in die Tabelle des Stands der Einhaltung. 1. Der Registerführer trägt die gemäß Artikel 55 jährlich für eine Anlage berechnete Zahl zum Stand der Einhaltung in den Abschnitt der Tabelle zum Stand der Einhaltung ein, der für diese Anlage bestimmt ist.
2. Am 1. Mai 2006 und am 1. Mai jedes darauf folgenden Jahres übermittelt der Registerführer der zuständigen Behörde die Tabelle zum Stand der Einhaltung. Ferner teilt der Registerführer der zuständigen Behörde alle Änderungen der Einträge in die Tabelle des Stands der Einhaltung für vergangene Jahre mit.

Artikel 57 Einträge in die Tabelle der geprüften Emissionen. Ist am 1. Mai 2006 und am 1. Mai jedes darauf folgenden Jahres für eine Anlage für das vorhergehende Jahr keine Zahl für geprüfte Emissionen in die Tabelle der geprüften Emissionen eingetragen, können gemäß Artikel 16 Absatz 1 der Richtlinie 2003/87/EG ermittelten Ersatzwerte, die nicht in Übereinstimmung mit den detaillierten, von dem jeweiligen Mitgliedstaat gemäß Anhang V der Richtlinie 2003/87/EG festgelegten Bestimmungen berechnet wurden, nicht in die genannte Tabelle eingetragen werden.

ABSCHNITT 6

Löschung und Ausbuchung

Artikel 58 Löschung und Ausbuchung zurückgegebener Zertifikate und von Zertifikaten für Fälle höherer Gewalt für den Zeitraum 2005-2007. Am 30. Juni 2006, 2007 und 2008 löscht der Registerführer eine bestimmte Anzahl der Zertifikate, CER und Zertifikate für Fälle höherer Gewalt, die gemäß den Artikeln 52, 53 und 54 auf dem Konto der Vertragspartei verbucht sind. Die Anzahl der zu löschenden Zertifikate, CER und Zertifikate für Fälle höherer Gewalt entspricht der Gesamtzahl der zurückgegebenen Zertifikate, die für die Zeiträume vom 1. Januar 2005 bis zum 30. Juni 2006, vom 30. Juni 2006 bis zum 30. Juni 2007 und vom 30. Juni 2007 bis zum 30. Juni 2008 in die Tabelle der zurückgegebenen Zertifikate eingetragen sind.

Die Löschung wird durch Übertragung der CER — mit Ausnahme der CER im Zusammenhang mit Projekten gemäß Artikel 11 a) Absatz 3 der Richtlinie 2003/87/EG — vom Konto der Vertragspartei auf das Löschungskonto für den Zeitraum 20082012 vorgenommen, sowie durch Übertragung der Zertifikate und Zertifikate für Fälle höherer Gewalt vom Konto der Vertragspartei auf das Ausbuchungskonto für den Zeitraum 20052007, im Einklang mit dem in Anhang IX beschriebenen Verfahren für die Löschung (2005-2007).

Artikel 59 Löschung und Ausbuchung zurückgegebener Zertifikate für den Zeitraum 2008-2012 und darauf folgende Zeiträume. Am 30. Juni 2009 sowie am 30. Juni in jedem darauf folgenden Jahr löscht der Registerführer für den Zeitraum 2008-2012 und jeden darauf folgenden Fünfjahreszeitraum zurückgegebene Zertifikate im Einklang mit dem in Anhang IX beschriebenen Verfahren für die Ausbuchung (ab 2008-2012), indem er
a) die Anzahl für den jeweiligen Fünfjahreszeitraum vergebener und im Konto der Vertragspartei verbuchter Zertifikate, die gemäß dem Eintrag in die Tabelle der zurückgegebenen Zertifikate (Einträge zum 30. Juni 2009, ab dem 1. Januar 2008, und Einträge zum 30. Juni jedes Jahres, jeweils ab dem 30. Juni des Vorjahres in den darauf folgenden Jahren) der Gesamtzahl der gemäß Artikel 52 zurückgegebenen Zertifikate entspricht, in AAU umwandelt. Dies geschieht durch Entfernung des Zertifikat-Bestandteils aus der eindeutigen Einheitenkennung, die die in Anhang VI genannten Bestandteile umfasst; und
b) die Anzahl der Kyoto-Einheiten der von der zuständigen Behörde benannten Art (mit Ausnahme der Kyoto-Einheiten im Zusammenhang mit

Projekten gemäß Artikel 11a Absatz 3 der Richtlinie 2003/87/EG), die gemäß dem Eintrag in die Tabelle der zurückgegebenen Zertifikate (Einträge zum 30. Juni 2009, ab dem 1. Januar 2008, und Einträge zum 30. Juni jedes Jahres, jeweils ab dem 30. Juni des Vorjahres in den darauf folgenden Jahren) der Gesamtzahl der gemäß den Artikeln 52 und 53 zurückgegebenen Zertifikate entspricht, vom Konto der Vertragspartei auf das Ausbuchungskonto für den jeweiligen Zeitraum überträgt.

ABSCHNITT 7

Löschung und Ersatz

Artikel 60 Löschung und Ersatz von Zertifikaten für den Zeitraum 2005-2007. Am 1. Mai 2008 löschen alle Registerführer die in ihren Registern verbuchten Zertifikate und ersetzen sie, sofern sie von der zuständigen Behörde eine entsprechende Anweisung erhalten, im Einklang mit dem in Anhang IX beschriebenen Verfahren für Löschung und Ersatz, indem sie

a) die Anzahl der Zertifikate von den in Artikel 11 Absätze 1 und 2 genannten Konten auf die Löschungskonten für den Zeitraum 2005-2007 übertragen, die der Anzahl der für diesen Zeitraum vergebenen Zertifikate abzüglich der Anzahl der ab dem 30. Juni des Vorjahres gemäß den Artikeln 52 und 54 zurückgegebenen Zertifikaten entspricht;

b) eine von der zuständigen Behörde bestimmte Anzahl von Ersatzzertifikaten vergeben, sofern sie von dieser Behörde eine entsprechende Anweisung erhalten, indem sie eine entsprechende Anzahl von AAU für den Zeitraum 2008-2012 aus dem Konto der Vertragspartei in Zertifikate umwandeln. Diese Umwandlung geschieht durch Hinzufügung des Zertifikat-Bestandteils zur eindeutigen Einheitenkennung der jeweiligen AAU, die die in Anhang VI genannten Bestandteile umfasst;

c) gegebenenfalls die unter b) genannten Ersatzzertifikate vom Konto der Vertragspartei auf die von der zuständigen Behörde benannten Betreiberkonten und Personenkonten übertragen, von denen gemäß Absatz a) Zertifikate übertragen wurden.

Artikel 61 Löschung und Ersatz von Zertifikaten für den Zeitraum 2008-2012 und darauf folgende Zeiträume. Am 1. Mai 2013 und danach am 1. Mai jedes ersten Jahres eines Fünfjahreszeitraums löschen und ersetzen die Registerführer Zertifikate in ihren Registern im Einklang mit dem in Anhang IX beschriebenen Verfahren für Löschung und Ersatz, indem sie

a) sämtliche für den vorhergehenden Fünfjahreszeitraum vergebenen Zertifikate von den Betreiberkonten und Personenkonten ihres Registers auf das Konto der Vertragspartei übertragen,

b) die Anzahl der Zertifikate, die der Anzahl der für den vorhergehenden Fünfjahreszeitraum vergebenen Zertifikate abzüglich der Anzahl der ab dem 30. Juni des Vorjahres gemäß Artikel 52 zurückgegebenen Zertifika-

te entspricht, in AAU umwandeln, indem sie den Zertifikat-Bestandteil aus der eindeutigen Einheitenkennung, die die in Anhang VI genannten Bestandteile umfasst, entfernen,
c) die gleiche Anzahl von Ersatzzertifikaten vergeben, indem sie für den laufenden Zeitraum vergebene AAU aus dem Konto der Vertragspartei in Zertifikate umwandeln. Dies geschieht durch Hinzufügung des Zertifikat-Bestandteils zur eindeutigen Einheitenkennung der jeweiligen AAU, die die in Anhang VI genannten Bestandteile umfasst,
d) die Anzahl der gemäß Unterabsatz c) für den laufenden Zeitraum vergebenen Zertifikate vom Konto der Vertragspartei auf die Betreiberkonten und Personenkonten übertragen, von denen gemäß Unterabsatz a) Zertifikate übertragen wurden, die der Anzahl der von diesen Konten gemäß Unterabsatz a) übertragenen Zertifikate entspricht.

ABSCHNITT 8

Freiwillige Löschung und Ausbuchung

Artikel 62 Freiwillige Löschung von Zertifikaten und Kyoto-Einheiten. 1. Der Registerführer entspricht jedem Antrag eines Kontoinhabers gemäß Artikel 12 Absatz 4 der Richtlinie 2003/87/EG auf freiwillige Löschung von Zertifikaten oder Kyoto-Einheiten aus einem seiner Konten. Die freiwillige Löschung von Zertifikaten oder Kyoto-Einheiten wird im Einklang mit den Absätzen 2 und 3 vorgenommen.
2. Bei Zertifikaten, die für den Zeitraum 2005-2007 vergeben wurden, überträgt der Registerverwalter die vom Kontoinhaber angegebene Anzahl von Zertifikaten von dessen Konto auf das Löschungskonto für den Zeitraum 2005-2007, im Einklang mit dem in Anhang IX beschriebenen Verfahren für die Löschung von Zertifikaten (2005-2007).
3. Bei Kyoto-Einheiten und Zertifikaten, die für den Zeitraum 2008-2012 und darauf folgende Fünfjahreszeiträume vergeben wurden, überträgt der Registerverwalter die vom Kontoinhaber angegebene Anzahl von Kyoto-Einheiten bzw. Zertifikaten von dessen Konto auf das entsprechende Löschungskonto für den Zeitraum 2008-2012 oder die darauf folgenden Fünfjahreszeiträume, im Einklang mit dem in Anhang IX beschriebenen Verfahren für die Löschung (ab 2008-2012).
4. In einem Löschungskonto verbuchte Zertifikate oder Kyoto-Einheiten können auf kein anderes Konto des Registrierungssystems, des CDM-Registers oder des Registers eines Drittlandes übertragen werden.

Artikel 63 Ausbuchung von Kyoto-Einheiten. 1. Erhält ein Registerführer von der zuständigen Stelle des jeweiligen Mitgliedstaates eine entsprechende Anweisung, überträgt er die von dieser Stelle angegebenen Mengen und Arten von Kyoto-Einheiten, die noch nicht gemäß Artikel 59 aus dem Konto der Vertragspartei ausgebucht sind, auf das entsprechende Ausbuchungskonto in seinem Register, im

Einklang mit dem in Anhang IX beschriebenen Verfahren für die Ausbuchung (ab 2008-2012).
2. Betreiber und Personen können keine Zertifikate von ihrem Betreiberkonto bzw. Personenkonto auf ein Ausbuchungskonto übertragen.
3. In einem Ausbuchungskonto verbuchte Kyoto-Einheiten können auf kein anderes Konto des Registrierungssystems, des CDM-Registers oder des Registers eines Drittlandes übertragen werden.

KAPITEL VI

SICHERHEITSNORMEN, AUTHENTIFIZIERUNG UND ZUGANGSRECHTE

Artikel 64 Sicherheitsnormen. 1. Für alle Register gelten die in Anhang XV dargelegten Sicherheitsnormen.
2. Für die unabhängige Transaktionsprotokolliereinrichtung der Gemeinschaft gelten ebenfalls die in Anhang XV dargelegten Sicherheitsnormen.

Artikel 65 Authentifizierung. Die Mitgliedstaaten und die Gemeinschaft verwenden für die Authentifizierung ihrer Register und der unabhängigen Transaktionsprotokolliereinrichtung der Gemeinschaft gegenüber der unabhängigen Transaktionsprotokolliereinrichtung des UNFCCC die vom UNFCCC-Sekretariat oder einer von diesem benannten Stelle ausgestellten digitalen Zertifikate.
Ab dem 1. Januar 2005 und bis zur Einrichtung der Kommunikationsverbindung zwischen der unabhängigen Transaktionsprotokolliereinrichtung der Gemeinschaft und der unabhängigen Transaktionsprotokolliereinrichtung der UNFCCC wird die Identität der einzelnen Register und der unabhängigen Transaktionsprotokolliereinrichtung der Gemeinschaft mittels der in Anhang XV beschriebenen digitalen Zertifikate, Benutzernamen und Passwörter authentifiziert. Die Kommission bzw. eine von ihr benannte Stelle fungiert als Zertifizierungsstelle für sämtliche digitalen Zertifikate und verteilt die Benutzernamen und Passwörter.

Artikel 66 Zugang zu den Registern. 1. Den Bevollmächtigten wird ausschließlich zu den Konten eines Registers Zugang gewährt, bei denen sie zugangsberechtigt sind, und sie können nur die Veranlassung der Vorgänge beantragen, deren Beantragung ihnen gemäß Artikel 23 zusteht. Der Zugang findet über einen gesicherten Bereich der Internetseiten des jeweiligen Registers statt bzw. die Anträge werden über diesen Bereich gestellt.
Der Registerführer weist jedem Bevollmächtigten einen Benutzernamen und ein Passwort zu, damit dieser in dem ihm zustehenden Umfang Zugang zu Konten bzw. Vorgängen hat. Die Registerführer können zusätzliche Sicherheitsvorkehrungen treffen, die mit den Bestimmungen dieser Verordnung vereinbar sein müssen.

2. Die Registerführer können davon ausgehen, dass es sich bei einem Benutzer, der einen Benutzernamen und das dazugehörige Passwort eingegeben hat, um den unter dem jeweiligen Benutzernamen und Passwort registrierten Bevollmächtigten handelt, es sei denn, der Bevollmächtigte unterrichtet den Registerführer davon, dass die Sicherheit seines Passworts nicht mehr gewährleistet ist, und fordert ein neues an. Der Registerführer vergibt dann unverzüglich ein neues Passwort.

3. Der Registerführer stellt sicher, dass der gesicherte Bereich der Register-Webseiten über jeden Computer mittels eines allgemein verfügbaren Internet-Browsers zugänglich ist. Die Kommunikation zwischen den Bevollmächtigten und dem gesicherten Bereich der Register-Webseiten wird im Einklang mit den Sicherheitsnormen gemäß Anhang XV verschlüsselt.

4. Der Registerführer ergreift die erforderlichen Maßnahmen, um den unbefugten Zugang zum gesicherten Bereich der Register-Webseite zu verhindern.

Artikel 67 Aussetzung des Zugangs zu Konten. 1. Der Zentralverwalter und jeder Registerführer kann die Nutzung des Passworts eines Bevollmächtigten für den Zugang zu Konten und Vorgängen, zu denen dieser normalerweise Zugang hätte, nur dann aussetzen, wenn der Bevollmächtigte

    a) versucht hat, Zugang zu Konten bzw. Vorgängen zu erhalten, für die er nicht zugangsberechtigt ist,

    b) wiederholt versucht hat, mit einem falschen Benutzernamen oder Passwort Zugang zu einem Konto bzw. einem Vorgang zu erhalten, oder

    c) versucht hat bzw. versucht, die Sicherheit des Registers oder des Registrierungssystems zu beeinträchtigen

bzw. der Zentralverwalter oder Registerführer Grund hat, dies anzunehmen.

2. Wird in einem Jahr ab 2006 zwischen dem 28. April und dem 30. April der Zugang zu einem Betreiberkonto nach Absatz 1 oder Artikel 69 ausgesetzt, gibt der Registerführer — wenn der Kontoinhaber dies beantragt und die Identität seines Bevollmächtigten entsprechend nachweist — die Anzahl von Zertifikaten zurück bzw. verwendet die Anzahl an CER und ERU, die der Kontoinhaber im Einklang mit dem in den Artikeln 52 und 53 sowie Anhang IX beschriebenen Verfahren für die Rückgabe von Zertifikaten angibt.

KAPITEL VII

VERFÜGBARKEIT UND ZUVERLÄSSIGKEIT VON INFORMATIONEN

Artikel 68 Verfügbarkeit und Zuverlässigkeit der Register und der unabhängigen Transaktionsprotokolliereinrichtung der Gemeinschaft. Der Zentralverwalter und alle Registerführer ergreifen alle sinnvollen Maßnahmen, um sicherzustellen, dass

    a) das jeweilige Register für die Kontoinhaber 7 Tage pro Woche 24 Stunden täglich zugänglich ist, die Kommunikationsverbindung zwischen dem Register und der unabhängigen Transaktionsprotokolliereinrichtung der Gemeinschaft ebenfalls ununterbrochen aufrechterhalten wird, und Sicherungshardware und -software für einen eventuellen Ausfall der primären Hardware und Software bereit steht,

b) das jeweilige Register und die unabhängige Transaktionsprotokolliereinrichtung der Gemeinschaft unverzüglich auf Anträge der Kontoinhaber reagieren.

Sie stellen ferner sicher, dass die jeweiligen Register und die unabhängige Transaktionsprotokolliereinrichtung der Gemeinschaft über robuste Systeme und Verfahren zur Sicherung der Informationen bzw. unverzüglichen Rückgewinnung der Daten und Wiederherstellung der Vorgänge im Katastrophenfall verfügen.

Unterbrechungen der Funktionsfähigkeit der Register und der unabhängigen Transaktionsprotokolliereinrichtung der Gemeinschaft müssen auf ein Minimum beschränkt werden.

Artikel 69 Aussetzung des Zugangs. Der Zentralverwalter kann den Zugang zur unabhängigen Transaktionsprotokolliereinrichtung der Gemeinschaft aussetzen und ein Registerführer kann den Zugang zu seinem Register aussetzen, wenn in der unabhängigen Transaktionsprotokolliereinrichtung der Gemeinschaft oder in einem Register eine Sicherheitsverletzung aufgetreten ist, die die Integrität der unabhängigen Transaktionsprotokolliereinrichtung der Gemeinschaft, eines Registers, des Registrierungssystems oder der Datensicherungsvorkehrungen gemäß Artikel 68 gefährdet.

Artikel 70 Benachrichtigung über eine Aussetzung des Zugangs. 1. Bei einer Sicherheitsverletzung in der unabhängigen Transaktionsprotokolliereinrichtung der Gemeinschaft, die zu einer Aussetzung des Zugangs führen kann, unterrichtet der Zentralverwalter unverzüglich die Registerführer über mögliche Risiken für die Register.

2. Bei einer Sicherheitsverletzung in einem Register, die zu einer Aussetzung des Zugangs führen kann, unterrichtet der zuständige Registerführer unverzüglich den Zentralverwalter, der seinerseits unverzüglich die Registerführer über mögliche Risiken für die Register unterrichtet.

3. Stellt ein Registerführer fest, dass der Zugang zu Konten oder anderen Vorgängen des Registers ausgesetzt werden muss, teilt er dies den betroffenen Kontoinhabern und prüfenden Instanzen, dem Zentralverwalter und den anderen Registerführern möglichst früh im Voraus mit.

4. Stellt der Zentralverwalter fest, dass der Zugang zu Vorgängen der unabhängigen Transaktionsprotokolliereinrichtung der Gemeinschaft ausgesetzt werden muss, teilt er dies den Registerführern so früh wie möglich im Voraus mit.

5. Die Mitteilungen gemäß den Absätzen 3 und 4 müssen die wahrscheinliche Dauer der Aussetzung enthalten und im öffentlich zugänglichen Bereich der Internetseiten des jeweiligen Registers bzw. der unabhängigen Transaktionsprotokolliereinrichtung der Gemeinschaft eindeutig erkennbar sein.

Artikel 71 Testbereich der Register und der unabhängigen Transaktionsprotokolliereinrichtung der Gemeinschaft. 1. Alle Registerführer richten einen Testbereich ein, in dem neue Registerversionen bzw. neue Register im Einklang mit den Prüfverfahren gemäß Anhang XIII geprüft werden können, um sicherzustellen, dass
a) die Prüfung einer neuen Registerversion bzw. eines neuen Registers durchgeführt wird, ohne dass für die Kontoinhaber die Verfügbarkeit der Registerversion bzw. des Registers, für die/das zum jeweiligen Zeitpunkt eine Kommunikationsverbindung zur unabhängigen Transaktionsprotokolliereinrichtung der Gemeinschaft oder zur unabhängigen Transaktionsprotokolliereinrichtung des UNFCCC besteht, beeinträchtigt wird, und
b) die Einrichtung und Aktivierung von Kommunikationsverbindungen zwischen einer neuen Registerversion bzw. einem neuen Register und der unabhängigen Transaktionsprotokolliereinrichtung der Gemeinschaft oder der unabhängigen Transaktionsprotokolliereinrichtung des UNFCCC für die Kontoinhaber so geringe Störungen wie möglich mit sich bringt.

2. Der Zentralverwalter richtet einen Testbereich ein, um die in Absatz 1 genannten Prüfungen zu erleichtern.

3. Die Registerführer und der Zentralverwalter stellen sicher, dass die Hardware und Software ihres jeweiligen Testbereichs die Leistung und Funktionalität der in Artikel 68 genannten primären Hardware und Software widerspiegeln.

Artikel 72 Änderungsmanagement. 1. Der Zentralverwalter koordiniert mit den Registerführern und dem UNFCCC-Sekretariat die Abfassung und Umsetzung eventueller Änderungen dieser Verordnung, die Änderungen der funktionalen und technischen Spezifikationen des Registrierungssystems mit sich bringen, bevor diese angewendet werden.

2. Ist aufgrund solcher Änderungen eine neue Registerversion bzw. ein neues Register erforderlich, müssen die Prüfverfahren gemäß Anhang XIII von jedem Registerführer erfolgreich durchgeführt worden sein, bevor eine Kommunikationsverbindung zwischen der neuen Registerversion bzw. dem neuen Register und der unabhängigen Transaktionsprotokolliereinrichtung der Gemeinschaft oder der unabhängigen Transaktionsprotokolliereinrichtung des UNFCCC hergestellt und aktiviert wird.

3. Jeder Registerführer überwacht fortlaufend die Verfügbarkeit, Zuverlässigkeit und Effizienz seines Registers, um ein Leistungsniveau sicherzustellen, das den Anforderungen dieser Verordnung entspricht. Ist aufgrund dieser Überwachung oder der Aussetzung der Kommunikationsverbindung gemäß Artikel 6 Absatz 3 eine neue Registerversion bzw. ein neues Register erforderlich, müssen die Prüfverfahren gemäß Anhang XIII von jedem Registerführer erfolgreich durchgeführt worden sein, bevor eine Kommunikationsverbindung zwischen der neuen Registerversion bzw. dem neuen Register und der unabhängigen Transaktionsprotokolliereinrichtung der Gemeinschaft oder der unabhängigen Transaktionsprotokolliereinrichtung des UNFCCC hergestellt und aktiviert wird.

KAPITEL VIII

AUFZEICHNUNGEN UND GEBÜHREN

Artikel 73 Aufzeichnungen. 1. Der Zentralverwalter und alle Registerführer bewahren die Aufzeichnungen über alle Vorgänge und Kontoinhaber gemäß den Anhängen III, IV, VIII, IX, X und XI 15 Jahre lang bzw. so lange auf, bis diese betreffende Fragen der Durchführung geklärt sind, je nachdem, welcher der spätere Zeitpunkt ist.
2. Die Aufzeichnungen werden im Einklang mit den Datenprotokollierungsnormen aufbewahrt, die im Rahmen des UNFCCC bzw. des Kyoto-Protokolls festgelegt wurden.

Artikel 74 Gebühren. Gebühren, die der Registerführer gegebenenfalls dem Kontoinhaber in Rechnung stellt, müssen sich in einem vernünftigen Rahmen bewegen und im öffentlich zugänglichen Bereich der Internetseiten des jeweiligen Registers eindeutig angegeben werden. Die Registerführer dürfen keine je nach Niederlassungsort der Kontoinhaber in der Gemeinschaft unterschiedlichen Gebühren erheben.

Für Zertifikate betreffende Transaktionen gemäß den Artikeln 49, 52 bis 54 und 58 bis 63 darf der Registerführer von den Kontoinhabern keine Gebühren verlangen.

KAPITEL IX

SCHLUSSBESTIMMUNGEN

Artikel 75 Inkrafttreten. Diese Verordnung tritt am Tag nach ihrer Veröffentlichung im Amtsblatt der Europäischen Union in Kraft.

Diese Verordnung ist in allen ihren Teilen verbindlich und gilt unmittelbar in jedem Mitgliedstaat.

Brüssel, den 21. Dezember 2004.

Für die Kommission
Stavros DIMAS
Mitglied der Kommission

ANHANG I

Hardware- und Softwareanforderungen der Register und der unabhängigen Transaktionsprotokolliereinrichtung der Gemeinschaft

Anforderungen an die Architektur

1. Die Architektur jedes Registers und der unabhängigen Transaktionsprotokolliereinrichtung der Gemeinschaft umfasst folgende Hard-und Software:
   a) Webserver;
   b) Anwendungsserver;
   c) Datenbankserver auf einer anderen Maschine als der (bzw. denen) des Webservers und des Anwendungsservers;
   d) Firewalls.

Kommunikationsanforderungen

2. Ab dem 1. Januar 2005 und bis zur Einrichtung der Kommunikationsverbindung zwischen der unabhängigen Transaktionsprotokolliereinrichtung der Gemeinschaft und der unabhängigen Transaktionsprotokolliereinrichtung des UNFCCC gilt Folgendes:
   a) Die Zeitangaben in der unabhängigen Transaktionsprotokolliereinrichtung der Gemeinschaft und in jedem Register beziehen sich auf die Greenwich Mean Time;
   b) alle Vorgänge in Bezug auf Zertifikate, geprüfte Emissionen und Konten werden durch den Austausch von Daten ergänzt, die unter Verwendung des simple object access protocol (SOAP) Version 1.1 über das hypertext transfer protocol (HTTP) Version 1.1 (remote procedure call (RPC) encoded style) im Format XML (extensible markup language) geschrieben wurden.

3. Nach der Einrichtung der Kommunikationsverbindung zwischen der unabhängigen Transaktionsprotokolliereinrichtung der Gemeinschaft und der unabhängigen Transaktionsprotokolliereinrichtung des UNFCCC gilt Folgendes:
   a) Die Zeitangaben in der unabhängigen Transaktionsprotokolliereinrichtung des UNFCCC und in der unabhängigen Transaktionsprotokolliereinrichtung der Gemeinschaft sowie in jedem Register sind synchronisiert und
   b) alle Vorgänge im Zusammenhang mit Zertifikaten, geprüften Emissionen, Konten und Kyoto-Einheiten werden durch den Datenaustausch ergänzt,

und zwar unter Anwendung der funktionellen und technischen Spezifikationen der Datenaustauschnormen für Registrierungssysteme im Rahmen des Kyoto-Protokolls, die gemäß dem Beschluss 24/CP.8 der Konferenz der Vertragsparteien des UNFCCC festgelegt wurden.

ANHANG II

Tabellen, die die Register der Mitgliedstaaten enthalten müssen

1. Jedes Register eines Mitgliedstaats muss die Tabelle der geprüften Emissionen aus folgenden Informationen zusammenstellen können:
   a) Jahre: in einzelnen Zellen ab 2005 in aufsteigender Reihenfolge
   b) Anlagenkennung: in einzelnen Zellen für die in Anhang VI erläuterten Bestandteile, in aufsteigender Reihenfolge
   c) Geprüfte Emissionen: Die geprüften Emissionen für ein bestimmtes Jahr und eine bestimmte Anlage sind in die Zelle einzugeben, die dieses Jahr mit der Kennung der Anlage verknüpft.
2. Jedes Register eines Mitgliedstaats muss die folgenden Informationen in Tabellenform auflisten können, die zusammen die Tabelle der zurückgegebenen Zertifikate bilden:
   a) Jahre: in einzelnen Zellen ab 2005 in aufsteigender Reihenfolge
   b) Anlagenkennung: in einzelnen Zellen für die in Anhang VI erläuterten Bestandteile, in aufsteigender Reihenfolge
   c) Abgegebene Zertifikate: Die Zahl der gemäß Artikel 52, 53 und 54 für ein bestimmtes Jahr und eine bestimmte Anlage zurückgegebenen Zertifikate sind in die drei Zellen einzugeben, die dieses Jahr mit der Kennung der Anlage verknüpfen.
3. Jedes Register eines Mitgliedstaats muss die folgenden Informationen in Tabellenform auflisten können, die zusammen die Tabelle des Stands der Einhaltung bilden:
   a) Jahre: in einzelnen Zellen ab 2005 in aufsteigender Reihenfolge
   b) Anlagenkennung: in einzelnen Zellen für die in Anhang VI erläuterten Bestandteile, in aufsteigender Reihenfolge
   c) Stand der Einhaltung: Der Stand der Einhaltung für ein bestimmtes Jahr und eine bestimmte Anlage ist in die Zelle einzugeben, die dieses Jahr mit der Kennung der Anlage verknüpft. Der Stand der Einhaltung ist gemäß Artikel 55 zu berechnen.

ANHANG III

Informationen über jedes Betreiberkonto, die dem Registerführer mitzuteilen sind

1. Ziffern 1 bis 4.1, 4.4 bis 5.5 und 7 (Tätigkeit 1) der Anlagedaten gemäß Abschnitt 11.1 von Anhang I der Entscheidung 2004/156/EG.
2. Die von der zuständigen Behörde festgelegte Genehmigungskennung mit den in Anhang VI erläuterten Bestandteilen.
3. Die Anlagenkennung mit den in Anhang VI erläuterten Bestandteilen.

4. Die innerhalb des Registers eindeutige, vom Betreiber für das Konto festgelegte alphanumerische Bezeichnung des Kontos.
5. Name, Anschrift, Stadt, Postleitzahl, Land, Telefon- und Faxnummer sowie elektronische Anschrift des vom Betreiber benannten Hauptbevollmächtigten für das Betreiberkonto.
6. Name, Anschrift, Stadt, Postleitzahl, Land, Telefon- und Faxnummer sowie elektronische Anschrift des vom Betreiber benannten Unterbevollmächtigten für das Betreiberkonto.
7. Name, Anschrift, Stadt, Postleitzahl, Land, Telefon- und Faxnummer sowie elektronische Anschrift eventueller vom Betreiber benannter zusätzlicher Bevollmächtigter für das Betreiberkonto sowie ihre Zugriffsrechte auf das Konto.
8. Nachweise der Identität der Bevollmächtigten für das Betreiberkonto.

ANHANG IV

Dem Registerführer mitzuteilende Angaben über die in Artikel 11
Absätze 1, 3 und 4 genannten Konten sowie über Personenkonten

1. Name, Anschrift, Stadt, Postleitzahl, Land, Telefon- und Faxnummer sowie elektronische Anschrift der Person, die die Eröffnung des Personenkontos beantragt.
2. Nachweis der Identität der Person, die die Eröffnung des Personenkontos beantragt.
3. Die innerhalb des Registers eindeutige, vom Mitgliedstaat, der Kommission oder der betreffenden Person für das Konto festgelegte alphanumerische Kennung des Kontos.
4. Name, Anschrift, Stadt, Postleitzahl, Land, Telefon- und Faxnummer sowie elektronische Anschrift des vom Mitgliedstaat, der Kommission oder der betreffenden Person benannten Hauptbevollmächtigten für dieses Konto.
5. Name, Anschrift, Stadt, Postleitzahl, Land, Telefon- und Faxnummer sowie elektronische Anschrift des vom Mitgliedstaat, der Kommission oder der betreffenden Person benannten Unterbevollmächtigten für dieses Konto.
6. Wo Name, Anschrift, Stadt, Postleitzahl, Land, Telefon- und Faxnummer sowie elektronische Anschrift eventueller, vom Mitgliedstaat, der Kommission oder der betreffenden Person benannter zusätzlicher Bevollmächtigter für dieses Konto sowie ihre Zugriffsrechte auf das Konto.
7. Nachweise der Identität der Bevollmächtigten für das Konto.

ANHANG V

Zentrale Punkte, in denen bestimmte Bedingungen eingehalten werden müssen

Aufbau und Wirkung der wichtigsten Bedingungen

1. Beziehung zwischen Kontoinhabern und Registerführern

Verpflichtungen des Kontoinhabers und des Bevollmächtigten

2. Verpflichtungen in Bezug auf Sicherheit, Benutzernamen und Passwörter sowie den Zugang zu den Internetseiten des Registers
3. Verpflichtung, die Internetseiten des Registers mit Daten zu versorgen und die Genauigkeit dieser Daten zu gewährleisten
4. Verpflichtung, die Nutzungsbedingungen der Internetseiten des Registers einzuhalten

Verpflichtungen des Registerführers

5. Verpflichtung zur Ausführung der Anweisungen des Kontoinhabers
6. Verpflichtung zur Protokollierung der Angaben zum Kontoinhaber
7. Verpflichtung zur Einrichtung, Aktualisierung oder Schließung des Kontos nach den Bestimmungen der Verordnung

Vorgehensweise bei den Vorgängen

8. Bestimmungen für den Abschluss und die Bestätigung eines Vorgangs

Zahlungsmodalitäten

9. Bedingungen bezüglich der Registergebühren für die Konteneinrichtung und -führung

Pflege der Internetseiten des Registers

10. Bestimmungen bezüglich des Rechts des Registerführers, Änderungen an den Internetseiten des Registers vorzunehmen
11. Bedingungen für die Nutzung der Internetseiten des Registers

Gewährleistung und Schadensersatz

12. Genauigkeit der Angaben
13. Berechtigung zur Einleitung von Vorgängen

Anpassung dieser zentralen Bedingungen an Änderungen dieser Verordnung oder innerstaatlicher Rechtsvorschriften

Sicherheit und Reaktion auf Sicherheitsverletzungen

Streitbeilegung

14. Bestimmungen in Bezug auf Streitigkeiten zwischen Kontoinhabern

Haftung

15. Haftungsbegrenzung für den Registerführer
16. Haftungsbegrenzung für den Kontoinhaber

Rechte Dritter

Vertreter, Mitteilungen und anwendbares Recht

ANHANG VI

Festlegung der Kennungen

Einleitung

1. In diesem Anhang werden die Bestandteile der folgenden Kennungen festgelegt:
    a) Einheitenkennung,
    b) Kontokennung,
    c) Genehmigungskennung,
    d) Kontoinhaberkennung,
    e) Anlagenkennung,
    f) Korrelationskennung,
    g) Transaktionskennung,
    h) Datenabgleichskennung,
    i) Projektkennung.

Die Version der ISO3166-Codes entspricht den funktionellen und technischen Spezifikationen der Datenaustauschnormen für Registrierungssysteme im Rahmen des Kyoto-Protokolls, die gemäß dem Beschluss 24/CP.8 der Konferenz der Vertragsparteien des UNFCCC festgelegt wurden.

Anzeige und Weitergabe von Kennungen

2. Bei der Anzeige und Weitergabe der in diesem Anhang festgelegten Kennungen werden die einzelnen Bestandteile einer Kennung ohne Zwischenraum durch einen Bindestrich „-" getrennt. Führende Nullen in numerischen Werten werden nicht angezeigt. Der Trennungsstrich „-" wird nicht in den Bestandteilen der Kennung gespeichert.

Einheitenkennung

3. In Tabelle VI-1 sind die Bestandteile der Einheitenkennung aufgeführt. Jede Kyoto-Einheit und jedes Zertifikat erhalten eine Einheitenkennung. Die Einheitenkennungen werden von den Registern generiert und sind im Registrierungssystem eindeutig.

4. Sätze von Einheiten werden blockweise übertragen. Ein Block beginnt mit der Anfangsblockkennnummer und endet mit der Endblockkennnummer. Alle Einheiten eines Blocks sind identisch, abgesehen von ihrer eindeutigen Kennnummer. Alle eindeutigen Kennnummern der Einheiten eines Blocks von Einheiten folgen einander. Wenn eine Transaktion durchgeführt werden oder eine Einheit oder ein Block von Einheiten nachverfolgt, aufgezeichnet oder auf andere Weise gekennzeichnet werden muss, dann fügen die Register oder Transaktionsprotokolle Blöcke mit einzelnen Einheiten zu solchen mit mehreren Einheiten zusammen. Bei der Übermittlung einer einzelnen Einheit sind die Anfangsblockkennnummer und die Endblockkennnummer gleich.

5. Blöcke aus mehreren Einheiten überlappen sich mit ihren Kennnummern nicht. Blöcke mit mehreren Einheiten in der gleichen Nachricht erscheinen dort in aufsteigender Reihenfolge ihrer Anfangsblockkennnummern.

Tabelle VI-1 Einheitenerkennung

Bestandteil	Reihenfolge der Anzeige	Arten von Einheiten, für die dieser Bestandteil erforderlich ist	Datentyp	Länge	Bereich oder Codes

Bestandteil	Reihenfolge der Anzeige	Arten von Einheiten, für die dieser Bestandteil erforderlich ist	Datentyp	Länge	Bereich oder Codes
Originating Registry	1	AAU, RMU, CER, ERU	A	3	ISO3166 (zweibuchstabiger Code), „EU" für das Gemeinschaftsregister
Unit Type	2	AAU, RMU, CER, ERU	N	2	0 = keine Kyoto-Einheit 1 = AAU 2 = RMU 3 = ERU, aus AAU umgewandelt 4 = ERU, aus RMU umgewandelt 5 = CER (nicht lCER oder tCER) 6 = tCER 7 = lCER
Supplementary Unit Type	3	AAU, RMU, CER, ERU	N	2	Leer für Kyotoeinheiten 1 = für den Zeitraum 2008-2012 und folgende Fünfjahreszeiträume vergebenes Zertifikat 2 = für den Zeitraum 2005-2007 vergebenes Zertifikat 3 = Zertifikat für den Fall höherer Gewalt

Unit Serial Block Start	4	AAU, RMU, CER, ERU	N	15	Vom Register zugeteilter, eindeutiger numerischer Wert zwischen 1 und 999 999 999 999 999
Bestandteil	Reihenfolge der Anzeige	Arten von Einheiten, für die dieser Bestandteil erforderlich ist	Datentyp	Länge	Bereich oder Codes
Unit Serial Block End	5	AAU, RMU, CER, ERU	N	15	Vom Register zugeteilter, eindeutiger numerischer Wert zwischen 1 und 999 999 999 999 999
Original Commitment Period	6	AAU, RMU, CER, ERU	N	2	0 = 2005-2007 1 = 2008-2012 ... 99
Applicable Commitment Period	7	AAU, CER, ERU	N	2	0 = 2005-2007 1 = 2008-2012 ... 99
LULUCF Activity	8	RMU, CER, ERU	N	3	1 = Aufforstung und Wiederaufforstung 2 = Abholzung 3 = Forstwirtschaft 4 = Ackerwirtschaft 5 = Weidewirtschaft 6 = Begrünung
Project Identifier	9	CER, ERU	N	7	dem Projekt zugeteilter, eindeutiger numerischer Wert

Track	10	ERU	N	2	1 oder 2
Expiry Date	11	lCER, tCER	Datum		Ablaufdatum für lCER oder tCER

6. In Tabelle VI-2 sind die gültigen Kombinationen von „initial unit type" und „supplementary unit type" aufgeführt. Ein Zertifikat enthält unabhängig von dem Zeitraum, für das es vergeben wurde, und davon, ob es aus einem AAU oder einer anderen Kyoto-Einheit umgewandelt wurde, den Bestandteil „supplementary unit type". Eine AAU oder eine andere Kyoto-Einheit, die nicht in ein Zertifikat umgewandelt wurde, enthält nicht den Bestandteil supplementary unit type. Bei der Umwandlung einer AAU in ein Zertifikat gemäß dieser Verordnung erhält supplementary unit type den Wert 1. Bei der Umwandlung eines Zertifikat in eine AAU gemäß dieser Verordnung gibt es keine supplementary unit type.

Tabelle VI-2 Gültige Kombination von Arten anfänglicher und zusätzlicher Einheiten

Art der anfänglichen Einheit	Art der zusätzlichen Einheit	Beschreibung
1	[entfällt]	AAU
2	[entfällt]	RMU
3	[entfällt]	ERU, aus AAU umgewandelt
4	[entfällt]	ERU, aus RMU umgewandelt
5	[entfällt]	CER (nicht lCER oder tCER)
6	[entfällt]	tCER
7	[entfällt]	lCER
1	1	Für den Zeitraum 2008-2012 und folgende Fünfjahreszeiträume vergebenes, aus einer AAU umgewandeltes Zertifikat
0	2	Für den Zeitraum 2005-2007 vergebenes und nicht aus einer AAU oder einer anderen Kyoto-Einheit umgewandeltes Zertifikat
0	3	Zertifikat für den Fall höherer Gewalt

Kontokennung

7. In Tabelle VI-3 sind die Bestandteile der Kontokennung aufgeführt. Jedem Konto wird eine Kontokennung zugeteilt. Die Kontokennungen werden von den Registern generiert und sind im Registrierungssystem eindeutig. Kontokennungen früher geschlossener Konten werden nicht erneut benutzt.

8. Eine Betreiberkontokennung wird mit einer Anlage verknüpft. Eine Anlage wird mit einer Betreiberkontokennung verknüpft. Für die in Artikel 11 Absätze 1 und 2 genannten Konten ist – unabhängig von der Kontoart – kein Verpflichtungszeitraum anwendbar.

Tabelle VI-3 Kontokennung

Bestandteil	Reihenfolge der Anzeige	Datentyp	Länge	Bereich oder Codes
Originating Registry	1	A	3	ISO3166 (zweibuchstabiger Code), „CDM" für das CDM-Register, „EU" für das Gemeinschaftsregister
Account Type	2	N	3	100 = Konto der Vertragspartei 120 = Betreiberkonto 121 = Personenkonto Die übrigen Kontoarten entsprechen den funktionellen und technischen Spezifikationen der Datenaustauschnormen für Registrierungssysteme im Rahmen des Kyoto-Protokolls, die gemäß dem Beschluss 24/CP.8 der Konferenz der Vertragsparteien des UNFCCC festgelegt wurden.
Account Identifier	3	N	15	Von einem Register zugeteilter, eindeutiger numerischer Wert zwischen 1 und 999 999 999 999 999
Applicable Commitment Period	4	N	2	0 für Besitzkonten 0-99 für Ausbuchungs- und Löschungskonten

Genehmigungskennung

9. In Tabelle VI-4 sind die Bestandteile der Genehmigungskennung aufgeführt. Jeder Genehmigung wird eine Genehmigungskennung zugeteilt. Die Genehmigungskennungen werden von der zuständigen Behörde generiert und sind im Registrierungssystem eindeutig.

10. Eine Genehmigungskennung wird einem Betreiber zugeteilt. Einem Betreiber wird mindestens eine Genehmigungskennung zugeteilt. Eine Genehmigungskennung wird mindestens einer Anlage zugeteilt. Eine Anlage wird zu jedem Zeitpunkt eine Genehmigungskennung besitzen.

Tabelle VI-4 Genehmigungskennung

Bestandteil	Reihenfolge der Anzeige	Datentyp	Länge	Bereich oder Codes
Originating Registry	1	A	3	ISO3166 (zweibuchstabiger Code), „EU" für das Gemeinschaftsregister
Permit Identifier	2	A	50	([0-9] | [A-Z] |[„-"]) +

Kontoinhaberkennung

11. In Tabelle VI-5 sind die Bestandteile der Kontoinhaberkennung aufgeführt. Jedem Kontoinhaber wird eine Kontoinhaberkennung zugeteilt. Die Kontoinhaberkennungen werden von den Registern generiert und sind im Registrierungssystem eindeutig. Kontoinhaberkennungen werden nicht erneut für einen anderen Kontoinhaber benutzt und während ihres Bestehens für einen Kontoinhaber nicht geändert.

Tabelle VI-5 Kontoinhaberkennung

Bestandteil	Reihenfolge der Anzeige	Datentyp	Länge	Bereich oder Codes
Originating Registry	1	A	3	ISO3166 (zweibuchstabiger Code), „EU" für das Gemeinschaftsregister
Permit Identifier	2	A	50	([0-9] | [A-Z]) +

Anlagenkennung

12. In Tabelle VI-6 sind die Bestandteile der Anlagenkennung aufgeführt. Jeder Anlage wird eine Anlagenkennung zugeteilt. Die Anlagenkennungen werden von den Registern generiert und sind im Registrierungssystem eindeutig. Die Anlagenkennnummer (installation identifier) ist eine ganze Zahl, die, beginnend mit 1, in monoton steigender Folge zugeteilt wird. In der Reihe der Anlagenkennnummern gibt es keine Lücken. Wenn also die Anlagenkennnummer n generiert wird, so hat ein Register bereits jede Kennnummer im Bereich 1 bis n-1 generiert. Anlagenkennungen werden nicht erneut für eine andere Anlage benutzt und während ihres Bestehens für eine Anlage nicht geändert.

13. Eine Anlagenkennung wird nur jeweils einer Anlage zugeteilt. Einer Anlage wird nur eine Anlagenkennung zugeteilt.

Tabelle VI-6 Anlagenkennung

Bestandteil	Reihenfolge der Anzeige	Datentyp	Länge	Bereich oder Codes
Originating Registry	1	A	3	ISO3166 (zweibuchstabiger Code), „EU" für das Gemeinschaftsregister
Installation Identifier	2	N	15	Von einem Register zugeteilter, eindeutiger numerischer Wert zwischen 1 und 999 999 999 999 999

Korrelationskennung

14. In Tabelle VI-7 sind die Bestandteile der Korrelationskennung aufgeführt. Jedem in Anhang VIII aufgeführten Vorgang wird eine Korrelationskennung zugeteilt. Die Korrelationskennungen werden von den Registern generiert und sind im Registrierungssystem eindeutig. Korrelationskennungen werden nicht erneut verwendet. Bei Neuaufnahme eines früher abgeschlossenen oder gelöschten Vorgangs bezüglich eines Kontos oder geprüfter Emissionen erhält dieser Vorgang eine neue eindeutige Korrelationskennung.

Tabelle VI-7 Korrelationskennung

Bestandteil	Reihenfolge der Anzeige	Datentyp	Länge	Bereich oder Codes
Originating Registry	1	A	3	ISO3166 (zweibuchstabiger Code), „EU" für das Gemeinschaftsregister
Correlation Identifier	2	N	15	Von einem Register zugeteilter, eindeutiger numerischer Wert zwischen 1 und 999 999 999 999

Transaktionskennung

15. Jedem in Anhang IX aufgeführten Vorgang wird eine Transaktionskennung zugeteilt. Die Transaktionskennungen werden von den Registern generiert und sind im Registrierungssystem eindeutig. Transaktionskennungen werden nicht erneut verwendet. Bei Neuaufnahme eines früher abgeschlossenen oder gelöschten Vorgangs bezüglich einer Transaktion erhält dieser Vorgang eine neue eindeutige Transaktionskennung.

16. Die Bestandteile der Transaktionskennungen werden in den funktionellen und technischen Spezifikationen der Datenaustauschnormen für Registrierungssysteme im Rahmen des Kyoto-Protokolls genannt, die gemäß dem Beschluss 24/CP.8 der Konferenz der Vertragsparteien des UNFCCC festgelegt wurden.

Datenabgleichskennung

17. Jedem in Anhang X aufgeführten Vorgang wird eine Datenabgleichskennung zugeteilt. Bis zur Einrichtung der Kommunikationsverbindung zwischen der unabhängigen Transaktionsprotokolliereinrichtung der Gemeinschaft und der unabhängigen Transaktionsprotokolliereinrichtung des UNFCCC generiert die unabhängige Transaktionsprotokolliereinrichtung der Gemeinschaft die Datenabgleichskennung, wenn sie von den Registern Abgleichsinformationen für eine bestimmte Zeit und ein bestimmtes Datum anfordert. Danach erhalten die Register die Datenabgleichskennung von der unabhängigen Transaktionsprotokolliereinrichtung des UNFCCC. Die Datenabgleichskennung ist im Registrierungssystem eindeutig, und alle Nachrichten, die während aller Stufen eines Abgleichsvorgangs für eine bestimmte Zeit und ein bestimmtes Datum ausgetauscht werden, verwenden die gleiche Datenabgleichskennung.

18. Die Bestandteile der Datenabgleichskennungen werden in den funktionellen und technischen Spezifikationen der Datenaustauschnormen für Registrierungssysteme im Rahmen des Kyoto-Protokolls genannt, die gemäß dem Beschluss 24/CP.8 der Konferenz der Vertragsparteien des UNFCCC festgelegt wurden.

Projektkennung

19. Jedes Projekt erhält eine Projektkennung zugeteilt. Die Projektkennungen werden für CER vom CDM-Exekutivrat und für ERU von der zuständigen Stelle der Vertragspartei oder von Überwachungsausschuss nach Artikel 6 gemäß dem Beschluss 16/CP.7 der Konferenz der Vertragsparteien des UNFCCC zugeteilt und sind im Registrierungssystem eindeutig.

20. Die Bestandteile der Projektkennungen werden in den funktionellen und technischen Spezifikationen der Datenaus-tauschnormen für Registrierungssysteme im Rahmen des Kyoto-Protokolls genannt, die gemäß dem Beschluss 24/ CP.8 der Konferenz der Vertragsparteien des UNFCCC festgelegt wurden.

ANHANG VII

Verzeichnis der Eingabecodes

Einleitung

1. In diesem Anhang werden die Codes für alle Elemente und Code-Unterstützungstabellen festgelegt. Die Version der ISO3166-Codes entspricht den funktionellen und technischen Spezifikationen der Datenaustauschnormen für Registrierungssysteme im Rahmen des Kyoto-Protokolls, die gemäß dem Beschluss 24/CP.8 der Konferenz der Vertrags-parteien des UNFCCC festgelegt wurden.

EU-spezifische Codes

2. Feldname: Activity Type

Feldbeschreibung: numerischer Code für die Art der Tätigkeit einer Anlage

Code	Beschreibung
1	Feuerungsanlagen mit einer Feuerungswärmeleistung von über 20 MW
2	Mineralölraffinerien
3	Kokereien
4	Röst- oder Sinteranlagen für Metallerz einschließlich sulfidischer Erze
5	Anlagen für die Herstellung von Roheisen oder Stahl (Primär- oder Sekundärschmelzung) einschließlich Stranggießen
6	Anlagen zur Herstellung von Zementklinkern in Drehrohröfen oder von Kalk in Drehrohröfen oder in anderen Öfen
7	Anlagen zur Herstellung von Glas einschließlich Anlagen zur Herstellung von Glasfasern
8	Anlagen zur Herstellung von keramischen Erzeugnissen durch Brennen, und zwar insbesondere von Dachziegeln, Ziegelsteinen, feuerfesten Steinen, Fliesen, Steinzeug oder Porzellan
9	Industrieanlagen zur Herstellung von a) Zellstoff aus Holz oder anderen Faserstoffen, b) Papier und Pappe
99	Weitere, gemäß Artikel 24 der Richtlinie 2003/87/EG einbezogene Tätigkeiten

3. Feldname: Relationship Type

Feldbeschreibung: numerischer Code für die Art der Beziehung zwischen einem Konto und einer Person oder einem Betreiber

Code	Beschreibung
1	Kontoinhaber
2	Hauptbevollmächtigter des Kontoinhabers
3	Unterbevollmächtigter des Kontoinhabers
4	Weiterer Bevollmächtigter des Kontoinhabers
5	Bevollmächtigter der prüfenden Instanz
6	Ansprechpartner für die Anlage

4. Feldname: Process Type

Feldbeschreibung: numerischer Code für die Vorgangsart einer Transaktion

Code	Beschreibung
01-00	Vergabe von AAU und RMU
02-00	Umwandlung von AAU und RMU in ERU
03-00	Externer Transfer (ab 2008-2012)
04-00	Löschung (ab 2008-2012)
05-00	Ausbuchung (ab 2008-2012)
06-00	Löschung und Ersatz von tCER und lCER
07-00	Übertragung von Kyoto-Einheiten und Zertifikaten, die für den Zeitraum 2008-2012 und folgende Fünfjahreszeiträume vergeben wurden
08-00	Änderung des Ablaufdatums von tCER und lCER
10-00	Interner Transfer
01-51	Vergabe von Zertifikaten (2005-2007)
10-52	Vergabe von Zertifikaten (ab 2008-2012)

10-53	Zuteilung von Zertifikaten
01-54	Vergabe von Zertifikaten für Fälle höherer Gewalt
10-55	Korrektur der Anzahl der Zertifikate
03-21	Externer Transfer (2005-2007)
10-01	Löschung von Zertifikaten (2005-2007)
10-02	Rückgabe von Zertifikaten
04-03	Ausbuchung (2005-2007)
10-41	Löschung und Ersatz

5. Feldname: Supplementary Unit Type

Feldbeschreibung: numerischer Code für die Art der zusätzlichen Einheit

Code	Beschreibung
0	Kein *Supplementary Unit Type*
1	Für den Zeitraum 2008-2012 und folgende Fünfjahreszeiträume vergebenes, aus einer AAU umgewandeltes Zertifikat
2	Für den Zeitraum 2005-2007 vergebenes und nicht aus einer AAU oder einer anderen Kyoto-Einheit umgewandeltes Zertifikat
3	Zertifikat für den Fall höherer Gewalt

6. Feldname: Action Code

Feldbeschreibung: numerischer Code für die Aktion im Vorgang Kontoaktualisierung

Code	Beschreibung
1	Hinzufügung von Personen zum Konto oder zur Anlage
2	Aktualisierung von Personen
3	Löschung von Personen

UNFCCC-Codes

7. Die UNFCCC-Codes werden in den funktionellen und technischen Spezifikationen der Datenaustauschnormen für Registrierungssysteme im Rahmen des Kyoto-Protokolls genannt, die gemäß dem Beschluss 24/CP.8 der Konferenz der Vertragsparteien des UNFCCC festgelegt wurden.

ANHANG VIII

Vorgänge in Bezug auf Konten und geprüfte Emissionen mit Antwortcodes

Anforderungen an alle Vorgänge

1. Bei Vorgängen in Bezug auf ein Konto oder geprüfte Emissionen gilt folgende Abfolge von Nachrichten:
   a) Der Kontobevollmächtigte übermittelt dem Registerführer des entsprechenden Registers eine Anforderung;
   b) der Registerführer teilt der Anforderung eine eindeutige Korrelationskennung mit den in Anhang VI genannten Bestandteilen zu;
   c) Bis zur Einrichtung der Kommunikationsverbindung zwischen der unabhängigen Transaktionsprotokolliereinrichtung der Gemeinschaft und der unabhängigen Transaktionsprotokolliereinrichtung des UNFCCC ruft der Registerführer die entsprechende Funktion im Webdienst für die Kontenverwaltung der unabhängigen Transaktionsprotokolliereinrichtung der Gemeinschaft auf, danach im Webdienst für die Kontenverwaltung der unabhängigen Transaktionsprotokolliereinrichtung des UNFCCC.
   d) Die unabhängige Transaktionsprotokolliereinrichtung der Gemeinschaft validiert die Anforderung, indem es die passende Validierungsfunktion in der unabhängigen Transaktionsprotokolliereinrichtung der Gemeinschaft aufruft.
   e) Nach erfolgreicher Validierung und damit Billigung der Anforderung aktualisiert die unabhängige Transaktionsprotokolliereinrichtung der Gemeinschaft ihre Daten der Anforderung entsprechend.
   f) Die unabhängige Transaktionsprotokolliereinrichtung der Gemeinschaft (CITL) ruft im Webdienst für die Konto-bearbeitung des Registers, das die Anforderung übermittelte, die Methode „ReceiveAccountOperation Outcome" auf und teilt dem Register mit, ob die Anforderung erfolgreich validiert und damit gebilligt wurde oder ob sie eine Anomalie aufwies und damit abgelehnt wurde.
   g) Wenn die Anforderung erfolgreich validiert und damit gebilligt wurde, aktualisiert der Registerführer, der die Anforderung übermittelt hatte, die Daten seines Registers der validierten Anforderung entsprechend. Wies

die Anforderung eine Anomalie auf und wurde damit abgelehnt, so aktualisiert der Registerführer die Daten seines Registers nicht.

Tabelle VIII-1 Nachrichtenabfolgediagramm für Vorgänge in Bezug auf ein Konto oder geprüfte Emissionen

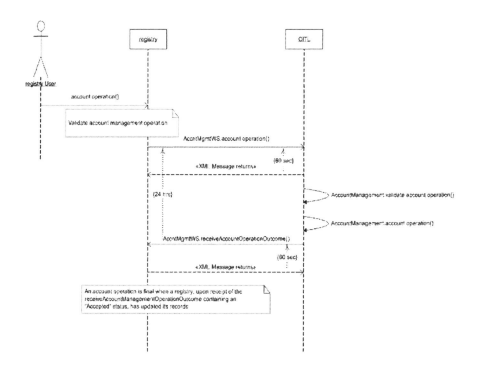

2. Bis zur Einrichtung der Kommunikationsverbindung zwischen der unabhängigen Transaktionsprotokolliereinrichtung der Gemeinschaft und der unabhängigen Transaktionsprotokolliereinrichtung des UNFCCC sollte ein Registerführer innerhalb von 60 Sekunden nach Übermittlung einer Anforderung von der unabhängigen Transaktionsprotokolliereinrichtung der Gemeinschaft eine Empfangsbestätigung erhalten. Danach sollte ein Registerführer innerhalb von 60 Sekunden nach Übermittlung einer Anforderung von der unabhängigen Transaktionsprotokolliereinrichtung des UNFCCC eine Empfangsbestätigung erhalten. Innerhalb von 24 Stunden nach Übermittlung einer Anforderung sollte ein Registerführer von der unabhängigen Transaktionsprotokolliereinrichtung der Gemeinschaft eine Validierungsmitteilung erhalten.

3. Für den Status des Vorgangs während der Nachrichtenabfolge gilt Folgendes:

Tabelle VIII-2 Statusdiagramm für Vorgänge in Bezug auf ein Konto oder geprüfte Emissionen

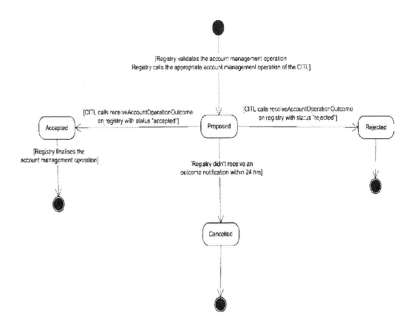

4. Die Tabellen VIII-3 bis VIII-18 enthalten die Komponenten und Funktionen, die während der Nachrichtenabfolge verwandt werden. Öffentliche Funktionen werden wie angegeben implementiert. Private Funktionen werden nur zu Informationszwecken aufgeführt. Die Eingaben für alle Funktionen wurden so strukturiert, dass sie den in WSDL (Webdienst-Beschreibungssprache) formulierten Format- und Informationsanforderungen entsprechen, die in den funktionellen und technischen Spezifikationen der Datenaustauschnormen für Registrierungssysteme im Rahmen des Kyoto-Protokolls genannt sind, die gemäß dem Beschluss 24/CP.8 der Konferenz der Vertragsparteien des UNFCCC festgelegt wurden. Ein Stern „(*)" bedeutet, dass ein Bestandteil mehrmals als Eingabe erscheinen kann.

Tabelle VIII-3 Komponenten und Funktionen für Vorgänge in Bezug auf ein Konto oder geprüfte Emissionen

Komponente	Funktion	Anwendungsbereich
MgmtOfAccountWS	CreateAccount()	Öffentlich
	UpdateAccount()	Öffentlich
	CloseAccount()	Öffentlich
	UpdateVerifiedEmissions()	Öffentlich
	ReceiveAccountOperationOutcome()	Öffentlich
AccountManagement	ValidateAccountCreation()	Privat
	CreateAccount()	Privat
	ValidateAccountUpdate()	Privat
	UpdateAccount()	Privat
	ValidateAccountClosure()	Privat
	CloseAccount()	Privat
	ValidateVerifiedEmissionsUpdate()	Privat
	UpdateVerifiedEmissions()	Privat
Data Validation	AuthenticateMessage()	Privat
	Check Version()	Privat
	DataFormatsChecks()	Privat

Tabelle VIII-4 Komponente MgmtOfAccountWS

Zweck	
Diese Komponente dient der Abwicklung von Anträgen auf Leistung von Webdiensten für die Verwaltung von Konten und geprüften Emissionen	
Über Webdienste zur Verfügung gestellte Funktionen	
CreateAccount()	Bearbeitung von Anträgen auf Einrichtung eines Kontos
UpdateAccount()	Bearbeitung von Anträgen auf Aktualisierung eines Kontos
CloseAccount()	Bearbeitung von Anträgen auf Schließung eines Kontos
UpdateVerifiedEmissions()	Bearbeitung von Anträgen auf Aktualisierung geprüfter Emissionen

ReceiveAccountOperationOutcome()	Liefert das Ergebnis einer Kontobearbeitung (Einrichtung, Aktualisierung, …), also „accepted" oder „rejected"
Weitere Funktionen	
Entfällt.	
Rollen	
Unabhängige Transaktionsprotokolliereinrichtung der Gemeinschaft (für alle Funktionen) und Register (nur für die Funktion ReceiveAccountOperationOutcome)	

Tabelle VIII-5 Funktion MgmtOfAccountWS.CreateAccount ()

Zweck

Diese Funktion erhält eine Anforderung zur Einrichtung eines Kontos (*account creation*).
Die unabhängige Transaktionsprotokolliereinrichtung der Gemeinschaft authentifiziert das Register, das den Vorgang eingeleitet hat (Originating Registry), durch Aufruf der Funktion AuthenticateMessage() und prüft die Version dieses Registers durch Aufruf der Funktion CheckVersion().
Nach erfolgreicher Authentifizierung und Versionsprüfung wird als Ergebnis (result identifier) „1" ohne Antwortcode zurückgegeben, die Inhalte der Anforderung werden mit Hilfe der Funktion WriteToFile() in eine Datei geschrieben, und die Anforderung wird an eine Warteschlange angehängt.
Schlagen die Authentifizierung oder die Versionsprüfung fehl, wird als Ergebnis „0" geliefert, zusammen mit einem einzigen Antwortcode, der die Fehlerursache angibt.
Handelt es sich bei der Person (People) nicht um eine natürliche Person, dann ist ihr Name dem Parameter LastName zuzuweisen.
„PersonIdentifier" ist die Kontoinhaberkennung mit den in Anhang VI genannten Bestandteilen.
„IdentifierInRegistry" ist die vom Kontoinhaber gemäß den Anhängen III und IV angegebene alphanumerische Bezeichnung des Kontos.

Eingabeparameter	
From	Obligatorisch
To	Obligatorisch
CorrelationId	Obligatorisch
MajorVersion	Obligatorisch
MinorVersion	Obligatorisch
Account (*)	Obligatorisch

AccountType	Obligatorisch
AccountIdentifier	Obligatorisch
IdentifierInReg	Obligatorisch
CommitmentPeriod	Optional
Installation	Optional
InstallationIdentifier	Obligatorisch
PermitIdentifier	Obligatorisch
Name	Obligatorisch
MainActivityType	Obligatorisch
Country	Obligatorisch
PostalCode	Obligatorisch
City	Obligatorisch
Address1	Obligatorisch
Address2	Optional
ParentCompany	Optional
SubsidiaryCompany	Optional
EPERIdentification	Optional
Latitude	Optional
Longitude	Optional
ContactPeople (see People)	Obligatorisch
People (*)	Obligatorisch
RelationshipCode	Obligatorisch
PersonIdentifier	Obligatorisch

FirstName	Optional
LastName	Obligatorisch
Country	Obligatorisch
PostalCode	Obligatorisch
City	Obligatorisch
Address1	Obligatorisch
Address2	Optional
PhoneNumber1	Obligatorisch
PhoneNumber2	Obligatorisch
FaxNumber	Obligatorisch
Email	Obligatorisch
Ausgabeparameter	
Result Identifier	Obligatorisch
Response Code	Optional
Verwendung	
— AuthenticateMessage — WriteToFile — CheckVersion	
Verwendet von	
Entfällt (wird als Webdienst aufgerufen)	

Tabelle VIII-6 Funktion MgmtOfAccountWS.UpdateAccount()

Zweck
Diese Funktion erhält eine Anforderung zur Aktualisierung eines Kontos (account update). Die unabhängige Transaktionsprotokolliereinrichtung der Gemeinschaft authentifiziert das Register, das den Vorgang eingeleitet hat (Originating Registry), durch Aufruf der Funktion AuthenticateMessage() und prüft die Version dieses Registers durch Aufruf der Funktion CheckVersion().
Nach erfolgreicher Authentifizierung und Versionsprüfung wird als Ergebnis (result identifier) „1" ohne Antwortcode zurückgegeben, die Inhalte der Anforderung werden mit Hilfe der Funktion WriteToFile() in eine Datei geschrieben, und die Anforderung wird an eine Warteschlange angehängt.
Schlagen die Authentifizierung oder die Versionsprüfung fehl, wird als Ergebnis „0" geliefert, zusammen mit einem einzigen Antwortcode, der die Fehlerursache angibt.
Handelt es sich bei der Person (People) nicht um eine natürliche Person, dann ist ihr Name dem Parameter LastName zuzuweisen.
„PersonIdentifier" ist die Kontoinhaberkennung mit den in Anhang VI genannten Bestandteilen.
„IdentifierInRegistry" ist die vom Kontoinhaber gemäß den Anhängen III und IV angegebene alphanumerische Bezeichnung des Kontos.

Eingabeparameter	
From	Obligatorisch
To	Obligatorisch
CorrelationId	Obligatorisch
MajorVersion	Obligatorisch
MinorVersion	Obligatorisch
Account (*)	Obligatorisch
AccountIdentifier	Obligatorisch
IdentifierInReg	Optional
Installation	Optional
PermitIdentifier	Optional
Name	Optional

MainActivityType	Optional
Country	Optional
PostalCode	Optional
City	Optional
Address1	Optional
Address2	Optional
ParentCompany	Optional
SubsidiaryCompany	Optional
EPERIdentification	Optional
Latitude	Optional
Longitude	Optional
ContactPeople (see People)	Optional
People (*)	Optional
Action	Obligatorisch
RelationshipCode	Obligatorisch
PersonIdentifier	Obligatorisch
FirstName	Optional
LastName	Optional
Country	Optional
PostalCode	Optional
City	Optional
Address1	Optional
Address2	Optional

PhoneNumber1	Optional
PhoneNumber2	Optional
FaxNumber	Optional
Email	Optional
Ausgabeparameter	
Result Identifier	Obligatorisch
Response Code	Optional
Verwendung	
— AuthenticateMessage — WriteToFile — CheckVersion	
Verwendet von	
Entfällt (wird als Webdienst aufgerufen)	

Tabelle VIII-7 Funktion MgmtOfAccountWS.CloseAccount()

Zweck
Diese Funktion erhält eine Anforderung zur Schließung eines Kontos (*account closure*).
Die unabhängige Transaktionsprotokolliereinrichtung der Gemeinschaft authentifiziert das Register, das den Vorgang eingeleitet hat (Originating Registry), durch Aufruf der Funktion AuthenticateMessage() und prüft die Version dieses Registers durch Aufruf der Funktion CheckVersion().
Nach erfolgreicher Authentifizierung und Versionsprüfung wird als Ergebnis (*result identifier*) „1" ohne Antwortcode zurückgegeben, die Inhalte der Anforderung werden mit Hilfe der Funktion WriteToFile() in eine Datei geschrieben, und die Anforderung wird an eine Warteschlange angehängt.
Schlagen die Authentifizierung oder die Versionsprüfung fehl, wird als Ergebnis „0" geliefert, zusammen mit einem einzigen Antwortcode, der die Fehlerursache angibt.

Eingabeparameter	
From	Obligatorisch
To	Obligatorisch
CorrelationId	Obligatorisch
MajorVersion	Obligatorisch
MinorVersion	Obligatorisch
Account (*)	Obligatorisch
AccountIdentifier	Obligatorisch
Ausgabeparameter	
Result Identifier	Obligatorisch
Response Code	Optional
Verwendung	
— AuthenticateMessage	
— WriteToFile	
— CheckVersion	
Verwendet von	
Entfällt (wird als Webdienst aufgerufen)	

Tabelle VIII-8 Funktion MgmtOfAccountWS.ReceiveAccountOperationOutcome()

Zweck
Diese Funktion erhält eine Anforderung zur Aktualisierung der geprüften Emissionen (*verified emissions update*).
Die unabhängige Transaktionsprotokolliereinrichtung der Gemeinschaft authentifiziert das Register, das den Vorgang eingeleitet hat (Originating Registry), durch Aufruf der Funktion AuthenticateMessage() und prüft die Version dieses Registers durch Aufruf der Funktion CheckVersion().
Nach erfolgreicher Authentifizierung und Versionsprüfung wird als Ergebnis (*result identifier*) „1" ohne Antwortcode zurückgegeben, die Inhalte der Anforderung werden mit Hilfe der Funktion WriteToFile() in eine Datei geschrieben, und die Anforderung wird an eine Warteschlange angehängt.
Schlagen die Authentifizierung oder die Versionsprüfung fehl, wird als Ergebnis „0" geliefert, zusammen mit einem einzigen Antwortcode, der die Fehlerursache angibt.

Eingabeparameter	
From	Obligatorisch
To	Obligatorisch
CorrelationId	Obligatorisch
MajorVersion	Obligatorisch
MinorVersion	Obligatorisch
VerifiedEmissions (*)	Obligatorisch
Year	Obligatorisch
Installations (*)	Obligatorisch
InstallationIdentifier	Obligatorisch
VerifiedEmission	Obligatorisch
Ausgabeparameter	
Result Identifier	Obligatorisch
Response Code	Optional
Verwendung	
— AuthenticateMessage	
— WriteToFile	
— CheckVersion	
Verwendet von	
Entfällt (wird als Webdienst aufgerufen)	

Tabelle VIII-9 Funktion MgmtOfAccountWS.ReceiveAccountOperationOutcome()

Zweck
Diese Funktion erhält das Ergebnis einer Kontobearbeitungsfunktion.

Das Register, das den Vorgang eingeleitet hat (Originating Registry), authentifiziert die unabhängige Transaktionsprotokolliereinrichtung des UNFCCC (bzw., bis zur Einrichtung der Kommunikationsverbindung zwischen der unabhängigen Transaktionsprotokolliereinrichtung der Gemeinschaft und der unabhängigen Transaktionsprotokolliereinrichtung des UNFCCC, die unabhängige Transaktionsprotokolliereinrichtung der Gemeinschaft), durch Aufruf der Funktion AuthenticateMessage() und prüft die Version der Transaktionsprotokolliereinrichtung durch Aufruf der Funktion CheckVersion().

Nach erfolgreicher Authentifizierung und Versionsprüfung wird als Ergebnis (*result identifier*) „1" ohne Antwortcode zurückgegeben, die Inhalte der Anforderung werden mit Hilfe der Funktion WriteToFile() in eine Datei geschrieben, und die Anforderung wird an eine Warteschlange angehängt.

Schlagen die Authentifizierung oder die Versionsprüfung fehl, wird als Ergebnis „0" geliefert, zusammen mit einem einzigen Antwortcode, der die Fehlerursache angibt.

Wenn das Ergebnis aufgrund anderer Fehlerursachen „0" ist, wird die Antwortcodeliste um Paare ergänzt (Konto- oder Anlagenkennnummer mit entsprechendem Antwortcode).

Eingabeparameter	
From	Obligatorisch
To	Obligatorisch
CorrelationId	Obligatorisch
MajorVersion	Obligatorisch
MinorVersion	Obligatorisch
Outcome	Obligatorisch
Response List	Optional
Ausgabeparameter	
Result Identifier	Obligatorisch
Response Code	Optional
Verwendung	
— AuthenticateMessage	
— WriteToFile	
— CheckVersion	
Verwendet von	
Entfällt (wird als Webdienst aufgerufen)	

Tabelle VIII-10 Komponente AccountManagement

Zweck
Diese Komponente stellt Validierungs- und Aktualisierungsfunktionen für die Verwaltung von Konten und geprüften Emissionen zur Verfügung

Über Webdienste zur Verfügung gestellte Funktionen	
Entfällt.	
Weitere Funktionen	
ValidateAccountCreation()	Validierung der Einrichtung eines Kontos

ValidateAccountUpdate()	Validierung der Aktualisierung eines Kontos
ValidateAccountClosure()	Validierung der Schließung eines Kontos
ValidateVerifiedEmissionsUpdate()	Validierung einer Aktualisierung geprüfter Emissionen
CreateAccount()	Einrichtung von Konten
UpdateAccount()	Aktualisierung von Konten
CloseAccount()	Schließung von Konten
UpdateVerifiedEmissions()	Aktualisierung geprüfter Emissionen für Anlagen
Rollen	
Transaktionsprotokolliereinrichtung (alle Funktionen), Register (nur zur Information)	

Tabelle VIII-11 Funktion ManagementOfAccount.ValidateAccountCreation()

Zweck	

Diese Funktion validiert eine Anforderung zur Einrichtung eines Kontos (*account creation*).

Schlägt eine Validierung fehl, so werden die Kontokennnummer (*account identifier*) und der Antwortcode der Antwortcodeliste hinzugefügt.

Eingabeparameter	
From	Obligatorisch
To	Obligatorisch
CorrelationId	Obligatorisch
MajorVersion	Obligatorisch
MinorVersion	Obligatorisch
Account (*)	Obligatorisch

AccountType	Obligatorisch
AccountIdentifier	Obligatorisch
IdentifierInReg	Obligatorisch
CommitmentPeriod	Optional
Installation	Optional
InstallationIdentifier	Obligatorisch
PermitIdentifier	Obligatorisch
Name	Obligatorisch
MainActivityType	Obligatorisch
Country	Obligatorisch
PostalCode	Obligatorisch
City	Obligatorisch
Address1	Obligatorisch
Address2	Optional
ParentCompany	Optional
SubsidiaryCompany	Optional
EPERIdentification	Optional
Latitude	Optional
Longitude	Optional
ContactPeople (see People)	Obligatorisch
People (*)	Obligatorisch
RelationshipCode	Obligatorisch
PersonIdentifier	Obligatorisch

FirstName	Optional
LastName	Obligatorisch
Country	Obligatorisch
PostalCode	Obligatorisch
City	Obligatorisch
Address1	Obligatorisch
Address2	Optional
PhoneNumber1	Obligatorisch
PhoneNumber2	Optional
FaxNumber	Obligatorisch
Email	Optional
Ausgabeparameter	
Result Identifier	Obligatorisch
Response List	Optional
Nachrichten	
Bereich 7101 bis 7110; Bereich 7122 bis 7160.	

Tabelle VIII-12 Funktion ManagementOfAccount.CreateAccount()

Zweck
Diese Funktion richtet Konten ein.

Für jedes Konto (*Account*) geschieht Folgendes:

Einrichtung des Kontos mit seinen Bestandteilen

Generierung aller Personen (*People*) und ihrer Bestandteile, sofern die Personen noch nicht vorhanden waren, und

deren Verknüpfung mit dem Konto

Aktualisierung aller mit bereits bestehenden Personen (*People*), die mit dem Konto ver- |

bunden sind, verknüpften Angaben

Generierung der Anlage (*Installation*) mit ihren Bestandteilen, wenn eine Anlage mit dem Konto verknüpft ist

Generierung aller Personen (*People*), die mit der Anlage verbunden sind (Ansprechpartner), wenn sie nicht schon vorhanden waren

Aktualisierung aller mit bereits bestehenden Personen (*People*), die mit der Anlage verbunden sind, verknüpften Angaben

Eingabeparameter	
From	Obligatorisch
To	Obligatorisch
CorrelationId	Obligatorisch
MajorVersion	Obligatorisch
MinorVersion	Obligatorisch
Account (*)	Obligatorisch
AccountType	Obligatorisch
AccountIdentifier	Obligatorisch
IdentifierInReg	Obligatorisch
CommitmentPeriod	Optional
Installation	Optional
InstallationIdentifier	Obligatorisch
PermitIdentifier	Obligatorisch
Name	Obligatorisch
MainActivityType	Obligatorisch
Country	Obligatorisch
PostalCode	Obligatorisch
City	Obligatorisch

Address1	Obligatorisch
Address2	Optional
ParentCompany	Optional
SubsidiaryCompany	Optional
EPERIdentification	Optional
Latitude	Optional
Longitude	Optional
ContactPeople (see People)	Obligatorisch
People (*)	Obligatorisch
RelationshipCode	Obligatorisch
PersonIdentifier	Obligatorisch
FirstName	Optional
LastName	Obligatorisch
Country	Obligatorisch
PostalCode	Obligatorisch
City	Obligatorisch
Address1	Obligatorisch
Address2	Optional
PhoneNumber1	Obligatorisch
PhoneNumber2	Optional
FaxNumber	Obligatorisch
Email	Optional
Ausgabeparameter	
Result Identifier	Obligatorisch

Verwendung
Entfällt.

Verwendet von
Entfällt (wird als Webdienst aufgerufen)

Tabelle VIII-13 Funktion AccountManagement.ValidateAccountUpdate()

Zweck
Diese Funktion validiert eine Anforderung zur Aktualisierung eines Kontos (*account update*). Schlägt eine Validierung fehl, so werden die Kontokennnummer (*account identifier*) und der Antwortcode der Antwortcodeliste hinzugefügt.

Eingabeparameter	
From	Obligatorisch
To	Obligatorisch
CorrelationId	Obligatorisch
MajorVersion	Obligatorisch
MinorVersion	Obligatorisch
Account (*)	Obligatorisch
AccountIdentifier	Obligatorisch
IdentifierInReg	Optional
Installation	Optional
PermitIdentifier	Optional
Name	Optional
MainActivityType	Optional
Country	Optional
PostalCode	Optional
City	Optional
Address1	Optional
Address2	Optional

ParentCompany	Optional
SubsidiaryCompany	Optional
EPERIdentification	Optional
Latitude	Optional
Longitude	Optional
ContactPeople (see People)	Optional
People (*)	Optional
Action	Obligatorisch
RelationshipCode	Obligatorisch
PersonIdentifier	Obligatorisch
FirstName	Optional
LastName	Optional
Country	Optional
PostalCode	Optional
City	Optional
Address1	Optional
Address2	Optional
PhoneNumber1	Optional
PhoneNumber2	Optional
FaxNumber	Optional
Email	Optional
Ausgabeparameter	
Result Identifier	Obligatorisch
Response List	Optional
Nachrichten	
Bereich 7102 bis 7107; Bereich 7111 bis 7113; 7120; 7122; 7124; Bereich 7126 bis 7158.	

Tabelle VIII-14 Funktion ManagementOfAccount.CreateAccount()

Zweck
Diese Funktion aktualisiert die Bestandteile eines Kontos. Wenn Aktion = „Add", dann geschieht für jede neu hinzuzufügende Verknüpfung Folgendes: Wenn die Person (*People*) bereits bestand, werden erforderlichenfalls ihre Bestandteile aktualisiert. Wenn die Person (*People*) nicht bestand, wird sie erzeugt und mit dem Konto verknüpft. Wenn Aktion = „Update", dann werden die Einzelangaben (Bestandteile) aller zu aktualisierenden Personen (*People*), die mit dem Konto verknüpft sind, aktualisiert. Wenn Aktion = „Delete", dann wird die Verknüpfung zwischen der Person (*People*) und dem Konto entfernt (zum Beispiel wird ein zusätzlicher Bevollmächtigter entfernt). Ist mit dem Konto eine Anlage (*Installation*) verknüpft, dann werden die Einzelangaben zur Anlage erforderlichenfalls aktualisiert. Aktualisierung der Einzelangaben zu den Personen (*People*), die mit der Anlage verknüpft sind, wenn solche Einzelangaben übermittelt wurden (unter Verwendung der gleichen Aktionen „Add", „Update" und „Delete")

Eingabeparameter	
From	Obligatorisch
To	Obligatorisch
CorrelationId	Obligatorisch
MajorVersion	Obligatorisch
MinorVersion	Obligatorisch
Account (*)	Obligatorisch
AccountType	Obligatorisch
AccountIdentifier	Obligatorisch
IdentifierInReg	Obligatorisch

Installation	Optional
InstallationIdentifier	Obligatorisch
PermitIdentifier	Obligatorisch
Name	Obligatorisch
MainActivityType	Obligatorisch
Country	Obligatorisch
PostalCode	Obligatorisch
City	Obligatorisch
Address1	Obligatorisch
Address2	Optional
ParentCompany	Optional
SubsidiaryCompany	Optional
EPERIdentification	Optional
Latitude	Optional
Longitude	Optional
ContactPeople (see People)	Obligatorisch
People (*)	Obligatorisch
RelationshipCode	Obligatorisch
PersonIdentifier	Obligatorisch
FirstName	Optional
LastName	Obligatorisch
Country	Obligatorisch
PostalCode	Obligatorisch
City	Obligatorisch
Address1	Obligatorisch
Address2	Optional
PhoneNumber1	Optional
PhoneNumber2	Optional

FaxNumber	Optional
Email	Optional
Ausgabeparameter	
Result Identifier	Obligatorisch
Verwendung	
Entfällt.	
Verwendet von	
Entfällt (wird als Webdienst aufgerufen)	

Tabelle VIII-15 Funktion ManagementOfAccount.ValidateAccountClosure()

Zweck	
Diese Funktion validiert eine Anforderung zur Schließung eines Kontos (*account closure*). Schlägt eine Validierung fehl, so werden die Kontokennnummer (*account identifier*) und der Antwortcode der Antwortcodeliste hinzugefügt.	

Eingabeparameter	
From	Obligatorisch
To	Obligatorisch
CorrelationId	Obligatorisch
MajorVersion	Obligatorisch
MinorVersion	Obligatorisch
Account (*)	Obligatorisch
Zweck	
AccountIdentifier	Obligatorisch
Ausgabeparameter	
Result Identifier	Obligatorisch
Response List	Optional
Nachrichten	
7111; Bereich 7114 bis 7115; 7117; Bereich 7153 bis 7156; 7158.	

Tabelle VIII-16 Funktion ManagementOfAccount.CloseAccount()

Zweck
Diese Funktion schließt ein Konto oder mehrere Konten, indem sie dem letzten Gültigkeitsdatum des Kontos bzw. der Konten das laufende Datum zuweist.

Eingabeparameter	
Registry	Obligatorisch
CorrelationId	Obligatorisch
MajorVersion	Obligatorisch
MinorVersion	Obligatorisch
Account (*)	Obligatorisch
AccountIdentifier	Obligatorisch
Ausgabeparameter	
Result Identifier	Obligatorisch

Tabelle VIII-17 Funktion ManagementOfAccount.ValidateVerifiedEmissionsUpdate()

Zweck
Diese Funktion validiert eine Aktualisierung der geprüften Emissionen (*verified emissions update*).
Schlägt eine Validierung fehl, so werden die Anlagenkennnummer (*installation identifier*) und der Antwortcode der Antwortcodeliste hinzugefügt.

Eingabeparameter	
From	Obligatorisch
To	Obligatorisch
CorrelationId	Obligatorisch
MajorVersion	Obligatorisch
MinorVersion	Obligatorisch
VerifiedEmissions (*)	Obligatorisch

Year	Obligatorisch
Installations (*)	Obligatorisch
InstallationIdentifier	Obligatorisch
VerifiedEmission	Obligatorisch
Ausgabeparameter	
Result Identifier	Obligatorisch
Response List	Optional
Nachrichten	
Bereich 7118 bis 7119; Bereich 7152 bis 7156; 7159.	

Tabelle VIII-18 Funktion ManagementOfAccount.UpdateVerifiedEmissions

Zweck
Aktualisierung der geprüften Emissionen für das angegebene Jahr und die angegebene Anlage.

Eingabeparameter	
From	Obligatorisch
To	Obligatorisch
CorrelationId	Obligatorisch
MajorVersion	Obligatorisch
VerifiedEmissions (*)	Obligatorisch
Year	Obligatorisch
Installations (*)	Obligatorisch
InstallationIdentifier	Obligatorisch
VerifiedEmission	Obligatorisch
Ausgabeparameter	
Result Identifier	Obligatorisch

Erstprüfungen für jeden Vorgang

5. Die unabhängige Transaktionsprotokolliereinrichtung der Gemeinschaft prüft den Status eines Registers für jeden Vorgang, der ein Konto oder geprüfte Emissionen betrifft. Wenn die Kommunikationsverbindung zwischen dem Register und der unabhängigen Transaktionsprotokolliereinrichtung der Gemeinschaft noch nicht eingerichtet oder gemäß Artikel 6 Absatz 3 in Bezug auf den angeforderten Vorgang betreffend ein Konto oder geprüfte Emissionen zeitweilig unterbrochen ist, wird der Vorgang abgewiesen und der Antwortcode 7005 als Ergebnis zurückgegeben.

6. Bis zur Einrichtung der Kommunikationsverbindung zwischen der unabhängigen Transaktionsprotokolliereinrichtung der Gemeinschaft und der unabhängigen Transaktionsprotokolliereinrichtung des UNFCCC prüft die unabhängige Transaktionsprotokolliereinrichtung der Gemeinschaft für jeden Vorgang, der ein Konto oder geprüfte Emissionen betrifft, die Registerversion und die Registerauthentifizierung sowie die Gültigkeitsdauer der Nachricht und gibt beim Auftreten einer Anomalie die entsprechenden Antwortcodes zurück, die in den auf der Grundlage des Beschlusses 24/CP.8 der Konferenz der Parteien des UNFCCC erstellten funktionellen und technischen Spezifikationen der Datenaustauschnormen für Registrierungssysteme im Rahmen des Kyoto-Protokolls enthalten sind. Danach erhält jedes Register solche Antwortcodes von der unabhängigen Transaktionsprotokolliereinrichtung des UNFCCC.

7. Die unabhängige Transaktionsprotokolliereinrichtung der Gemeinschaft überprüft bei jedem Vorgang, der ein Konto oder geprüfte Emissionen betrifft, die Integrität der Daten und liefert bei Feststellung einer Anomalie Antwortcodes im Bereich 7122 bis 7159.

Zweitprüfungen für jeden Vorgang

8. Die unabhängige Transaktionsprotokolliereinrichtung der Gemeinschaft führt bei jedem Vorgang, der ein Konto oder geprüfte Emissionen betrifft und alle Erstprüfungen bestanden hat, Zweitprüfungen durch. Tabelle VIII-19 enthält die Zweitprüfungen und die entsprechenden Antwortcodes, die bei Feststellung einer Anomalie zurückgegeben werden.

Tabelle VIII-19 Zweitprüfungen

Bezeichnung des Vorgangs	Antwortcodes der unabhängigen Transaktionsprotokolliereinrichtung der Gemeinschaft
Account creation	Bereich 7101 bis 7110 7160
Account update	Bereich 7102 bis 7105 Bereich 7107 bis 7108 7111 7113 7120 7160
Account closure	7111 Bereich 7114 bis 7115 7117
Verified emissions update	Bereich 7118 bis 7119

ANHANG IX

Vorgänge, die Transaktionen mit Antwortcodes betreffen

Arten von Vorgängen

1. Jedem Vorgang in Bezug auf eine Transaktion wird eine Vorgangsart zugewiesen, die sich aus einer anfänglichen Vorgangsart und einer zusätzlichen Vorgangsart zusammensetzt. Die anfängliche Vorgangsart beschreibt seine Kategorie, wie sie in den funktionellen und technischen Spezifikationen der Datenaustauschnormen für Registrierungssysteme im Rahmen des Kyoto-Protokolls genannt ist, die gemäß dem Beschluss 24/CP.8 der Konferenz der Vertragsparteien des UNFCCC festgelegt wurden. Die zusätzliche Vorgangsart beschreibt seine Kategorie, wie sie in den gemäß der Richtlinie 2003/87/EG ausgearbeiteten Bestimmungen dieser Verordnung genannt ist. Die Vorgangsarten sind in Tabelle IX-1 aufgeführt.

Anforderungen an alle Vorgänge

2. Die Nachrichtenabfolge für Vorgänge in Bezug auf eine Transaktion, der Status der Transaktionen und der Status der Kyoto-Einheiten oder Zertifikate, die während der Nachrichtenabfolge an der Transaktion beteiligt sind, sowie die Komponenten und Funktionen, die während der Nachrichtenabfolge verwandt werden, werden in den funktionellen und technischen Spezifikationen der Datenaustauschnormen für Registrierungssysteme im Rahmen des Kyoto-Protokolls genannt, die gemäß dem Beschluss 24/CP.8 der Konferenz der Vertragsparteien des UNFCCC festgelegt wurden.

Erstprüfungen für jeden Vorgang

3. Die unabhängige Transaktionsprotokolliereinrichtung der Gemeinschaft prüft den Status eines Registers für jeden Vorgang in Bezug auf eine Transaktion. Wenn die Kommunikationsverbindung zwischen dem Register und der unabhängigen Transaktionsprotokolliereinrichtung der Gemeinschaft noch nicht eingerichtet oder gemäß Artikel 6 Absatz 3 in Bezug auf den angeforderten Vorgang zeitweilig unterbrochen ist, wird der Vorgang abgewiesen und der Antwortcode 7005 oder 7006 als Ergebnis geliefert.

4. Bis zur Einrichtung der Kommunikationsverbindung zwischen der unabhängigen Transaktionsprotokolliereinrichtung der Gemeinschaft und der unabhängigen Transaktionsprotokolliereinrichtung des UNFCCC führt die unabhängige Transaktionsprotokolliereinrichtung der Gemeinschaft bei jedem Vorgang in Bezug auf eine Transaktionen Erstprüfungen folgender Art durch:
   a) Prüfung der Registerversion und der Registerauthentifizierung,
   b) Prüfung der Gültigkeitsdauer der Nachricht,
   c) Prüfung der Datenintegrität,
   d) allgemeine Prüfungen der Transaktion und
   e) Prüfungen der Nachrichtenabfolge

und gibt bei der Feststellung einer Anomalie als Ergebnis die entsprechenden Antwortcodes zurück, wie sie in den funktionellen und technischen Spezifikationen der Datenaustauschnormen für Registrierungssysteme im Rahmen des Kyoto-Protokolls genannt sind, die gemäß dem Beschluss 24/CP.8 der Konferenz der Vertragsparteien des UNFCCC festgelegt wurden. Danach erhält jedes Register solche Antwortcodes von der unabhängigen Transaktionsprotokolliereinrichtung des UNFCCC.

Zweit- und Drittprüfungen für jeden Vorgang

5. Für jeden Vorgang in Bezug auf eine Transaktion, der alle vorläufigen Prüfungen erfolgreich durchlaufen hat, führt die unabhängige Transaktionsprotokolliereinrichtung der Gemeinschaft folgende Zweitprüfungen durch, um festzustellen, ob
   a) die Kyoto-Einheiten oder Zertifikate im übertragenden Konto gehalten werden (bei einer Anomalie wird der Antwortcode 7027 zurückgegeben);

b) das übertragende Konto im angegebenen Register vorhanden ist (bei einer Anomalie wird der Antwortcode 7021 zurückgegeben);
c) das empfangende Konto im angegebenen Register vorhanden ist (bei einer Anomalie wird der Antwortcode 7020 zurückgegeben);
d) für einen internen Transfer beide Konten im gleichen Register vorhanden sind (bei einer Anomalie wird der Antwortcode 7022 zurückgegeben);
e) für einen externen Transfer beide Konten in verschiedenen Registern vorhanden sind (bei einer Anomalie wird der Antwortcode 7023 zurückgegeben);
f) das übertragende Konto nicht gemäß Artikel 27 gesperrt ist (bei einer Anomalie wird der Antwortcode 7025 zurückgegeben).
g) keine Zertifikate für Fälle höherer Gewalt übertragen werden (bei einer Anomalie wird der Antwortcode 7024 zurückgegeben).

6. Die unabhängige Transaktionsprotokolliereinrichtung der Gemeinschaft führt bei jedem Vorgang in Bezug auf eine Transaktion, der alle vorläufigen Prüfungen bestanden hat, Drittprüfungen durch. Tabelle IX-1 enthält die Drittprüfungen und die entsprechenden Antwortcodes, die bei Feststellung einer Anomalie zurückgegeben werden.

Tabelle IX-1 Drittprüfungen

Bezeichnung des Vorgangs	Art des Vorgangs	Antwortcodes der unabhängigen Transaktionsprotokolliereinrichtung der Gemeinschaft
Vergabe von AAU und RMU	01-00	[entfällt]
Umwandlung von AAU und RMU in ERU	02-00	7218
Externe Transfer (ab 2008-2012)	03-00	Bereich 7301 bis 7302 7304
Löschung (ab 2008-2012)	04-00	[entfällt]
Ausbuchung (ab 2008-2012)	05-00	Bereich 7358 bis 7361
Löschung und Ersatz von tCER und lCER	06-00	[entfällt]
Übertragung von Kyoto-Einheiten und Zertifikaten, die für den Zeitraum 2008-2012 und folgende Fünfjahreszeiträume vergeben wurden	07-00	[entfällt]
Änderung des Ablaufdatums von tCER und lCER	08-00	[entfällt]

Bezeichnung des Vorgangs	Art des Vorgangs	Antwortcodes der unabhängigen Transaktionsprotokolliereinrichtung der Gemeinschaft
Interner Transfer	10-00	7304 Bereich 7406 bis 7407
Vergabe von Zertifikaten (2005-2007)	01-51	Bereich 7201 bis 7203 7219
Vergabe von Zertifikaten (ab 2008-2012)	10-52	Bereich 7201 bis 7203 7205 7219
Zuteilung von Zertifikaten	10-53	7202 7203 Bereich 7206 bis 7208 7214 7216 7304 7360
Bezeichnung des Vorgangs	Art des Vorgangs	Antwortcodes der unabhängigen Transaktionsprotokolliereinrichtung der Gemeinschaft
Vergabe von Zertifikaten für Fälle höherer Gewalt	01-54	7202 Bereich 7210 bis 7211 7215 7217 7220
Korrektur der Anzahl der Zertifikate	10-55	Bereich 7212 bis 7213
Externer Transfer (2005-2007)	03-21	7302 Bereich 7304 bis 7305 Bereich 7406 bis 7407
Löschung von Zertifikaten (2005-2007)	10-01	7212 7305
Rückgabe von Zertifikaten	10-02	7202 7304 Bereich 7353 bis 7356
Ausbuchung (2005-2007)	04-03	7209 7305 7357 Bereich 7360 bis 7362

Löschung und Ersatz	10-41	(2005 bis 2007)
		7205
		7212
		7219
		7360
		7402
		7404
		Bereich 7406 bis 7407
		(ab 2008-2012)
		7202
		7205
		7219
		7360
		Bereich 7401 bis 7402
		Bereich 7404 bis 7407

ANHANG X

Abgleichsvorgang (reconciliation process) mit Antwortcodes

Anforderungen an den Vorgang

1. Bis zur Einrichtung der Kommunikationsverbindung zwischen der unabhängigen Transaktionsprotokolliereinrichtung der Gemeinschaft und der unabhängigen Transaktionsprotokolliereinrichtung des UNFCCC reagiert jedes Register auf alle Anforderungen der unabhängigen Transaktionsprotokolliereinrichtung der Gemeinschaft, für eine bestimmte Uhrzeit und ein bestimmtes Datum folgende Informationen zu übermitteln:
   a) Gesamtzahl aller Zertifikate pro Kontoart in diesem Register;
   b) Einheitenkennungen aller Zertifikate pro Kontoart in diesem Register;
   c) Transaktionsprotokoll und Prüfungslogbuch-Aufzeichnungen (audit log history) aller Zertifikate pro Kontoart in diesem Register.
   d) Gesamtzahl aller Zertifikate pro Konto in diesem Register;
   e) Einheitenkennungen aller Zertifikate pro Konto in diesem Register; und
   f) Transaktionsprotokolliereinrichtung und Prüfungslogbuch-Geschichte aller Zertifikate pro Konto in diesem Register.

2. Nach der Einrichtung der Kommunikationsverbindung zwischen der unabhängigen Transaktionsprotokolliereinrichtung der Gemeinschaft und der unabhängigen Transaktionsprotokolliereinrichtung des UNFCCC reagiert jedes Register auf alle Anforderungen der unabhängigen Transaktionsprotokolliereinrichtung des

UNFCCC, für eine bestimmte Uhrzeit und ein bestimmtes Datum folgende Informationen zu übermitteln:
  a) Gesamtzahl aller Zertifikate sowie von AAU, RMU, ERU, CEs (nicht tCER oder lCER), lCER und tCER pro Kontoart in diesem Register;
  b) Einheitenkennungen aller Zertifikate sowie von AAU, RMU, ERU, CER (nicht tCER oder lCER), lCER und tCER pro Kontoart in diesem Register; und
  c) Transaktionsprotokolliereinrichtung und protokollarische Geschichte aller Zertifikate sowie von AAU, RMU, ERU, CER (nicht tCER oder lCER), lCER und tCER pro Kontoart in diesem Register.

3. Nach der Einrichtung der Kommunikationsverbindung zwischen der unabhängigen Transaktionsprotokolliereinrichtung der Gemeinschaft und der unabhängigen Transaktionsprotokolliereinrichtung des UNFCCC reagiert jedes Register auf alle Anforderungen der unabhängigen Transaktionsprotokolliereinrichtung des UNFCCC im Namen der unabhängigen Transaktionsprotokolliereinrichtung der Gemeinschaft, für eine bestimmte Uhrzeit und ein bestimmtes Datum folgende Informationen zu übermitteln:
  a) Gesamtzahl aller Zertifikate sowie von AAU, RMU, ERU, CEs (nicht tCER oder lCER), lCER und tCER pro Konto in diesem Register;
  b) Einheitenkennungen aller Zertifikate sowie von AAU, RMU, ERU, CER (nicht tCER oder lCER), lCER und tCER pro Konto in diesem Register; und
  c) Transaktionsprotokolliereinrichtung und protokollarische Geschichte aller Zertifikate sowie von AAU, RMU, ERU, CER (nicht tCER oder lCER), lCER und tCER pro Konto in diesem Register.

4. Die Nachrichtenabfolge für Abgleichsvorgänge, der Status des Abgleichsvorgangs und der Status der Kyoto-Einheiten oder Zertifikate, die während der Nachrichtenabfolge am Abgleichsvorgang beteiligt sind, sowie die Komponenten und Funktionen, die während der Nachrichtenabfolge verwandt werden, werden in den funktionellen und technischen Spezifikationen der Datenaustauschnormen für Registrierungssysteme im Rahmen des Kyoto-Protokolls genannt, die gemäß dem Beschluss 24/CP.8 der Konferenz der Vertragsparteien des UNFCCC festgelegt wurden.

Erstprüfungen für den Vorgang

5. Die unabhängige Transaktionsprotokolliereinrichtung der Gemeinschaft prüft den Status eines Registers während des Abgleichsvorgangs. Wenn die Kommunikationsverbindung zwischen dem Register und der unabhängigen Transaktionsprotokolliereinrichtung der Gemeinschaft noch nicht eingerichtet oder gemäß Artikel 6 Absatz 3 in Bezug auf den Abgleichsvorgang zeitweilig unterbrochen ist, wird der Vorgang abgewiesen und der Antwortcode 7005 als Ergebnis zurückgegeben.

6. Bis zur Einrichtung der Kommunikationsverbindung zwischen der unabhängigen Transaktionsprotokolliereinrichtung der Gemeinschaft und der unabhängigen Transaktionsprotokolliereinrichtung des UNFCCC prüft die unabhängige Transaktionsprotokolliereinrichtung der Gemeinschaft während des Abgleichsvorgangs die Registerversion und die Registerauthentifizierung sowie die Plausibilität der Nachricht und die Datenintegrität und gibt beim Auftreten einer Anomalie die entsprechenden Antwortcodes zurück, die in den auf der Grundlage des Beschlusses 24/CP.8 der Konferenz der Parteien des UNFCCC erstellten funktionellen und technischen Spezifikationen der Datenaustauschnormen für Registrierungssysteme im Rahmen des Kyoto-Protokolls enthalten sind. Danach erhält jedes Register solche Antwortcodes von der unabhängigen Transaktionsprotokolliereinrichtung des UNFCCC.

Zweitprüfungen für den Vorgang

7. Wurden die vorläufigen Prüfungen erfolgreich abgeschlossen, so führt die unabhängige Transaktionsprotokolliereinrichtung der Gemeinschaft während des Abgleichsvorgangs Zweitprüfungen durch. Tabelle VIII-1 enthält die Zweitprüfungen und die entsprechenden Antwortcodes, die bei Feststellung einer Abweichung zurückgegeben werden.

Tabelle X-1 Zweitprüfungen

Bezeichnung des Vorgangs	Antwortcodes der unabhängigen Traditionsprotokolliereinrichtung der Gemeinschaft
Reconciliation	Bereich 7501 bis 7524

Manueller Eingriff

8. Wenn die Informationen in einem Register als Reaktion auf einen Vorgang, der eingeleitet, nicht aber gemäß Artikel 34, 35 oder 36 abgeschlossen wurde, geän-

dert wurden, so weist der Zentralverwalter den Registerführer des Registers an, den Vorgang umzukehren, indem er die Änderungen der Informationen rückgängig macht.

Wenn die Informationen in einem Register als Reaktion auf einen Vorgang, der eingeleitet und gemäß Artikel 34, 35 oder 36 abgeschlossen wurde, nicht geändert wurden, so weist der Zentralverwalter den Registerführer des Registers an, den Vorgang abzuschließen, indem er die entsprechenden Änderungen durchführt.

9. Ist beim Abgleichsvorgang eine Abweichung aufgetreten, so schließt sich der Zentralverwalter mit dem (den) betreffenden Registerführer(n) kurz, um die Ursache der Abweichung zu ermitteln. Erforderlichenfalls ändert der Zentralverwalter entweder die Informationen in der unabhängigen Transaktionsprotokolliereinrichtung der Gemeinschaft oder fordert den (die) betreffenden Registerführer(n) auf, die Informationen in seinem (ihren) Register(n) in bestimmter Weise manuell zu ändern.

ANHANG XI

Verwaltungsvorgänge mit Antwortcodes

Verwaltungsvorgänge

1. Die unabhängige Transaktionsprotokolliereinrichtung der Gemeinschaft stellt die folgenden Verwaltungsvorgänge bereit:
   a) Transaction clean-up: Alle Vorgänge gemäß Anhang IX, die eingeleitet, nicht aber innerhalb von 24 Stunden beendet, abgeschlossen oder annulliert wurden, werden annulliert. Der transaction clean-up erfolgt stündlich.
   b) Outstanding units: Gemäß Artikel 60 und 61 werden alle Zertifikate ermittelt, die am oder nach dem 1. Mai 2008 bzw. am oder nach dem 1. Mai im ersten Jahr jedes folgenden Fünfjahreszeitraums nicht gelöscht wurden.
   c) Process status: Ein Registerführer kann nach dem Status eines Vorgangs gemäß Anhang IX fragen, der von ihm eingeleitet wurde.
   d) Time synchronisation: Zwecks Prüfung der Übereinstimmung der Systemzeit eines Registers und der Systemzeit der unabhängigen Transaktionsprotokolliereinrichtung der Gemeinschaft und der eventuellen Synchronisierung dieser beiden Zeiten teilt jeder Registerführer auf Anforderung die Systemzeit seines Registers mit. Auf Anforderung ändert ein Registerführer die Systemzeit seines Registers, damit die Zeiten synchronisiert werden.
2. Nach der Einrichtung der Kommunikationsverbindung zwischen der unabhängigen Transaktionsprotokolliereinrichtung der Gemeinschaft und der unabhängigen Transaktionsprotokolliereinrichtung des UNFCCC stellt die unabhängige

Transaktionsprotokolliereinrichtung der Gemeinschaft nur noch den unter Absatz 1 Buchstabe b genannten Verwaltungsvorgang bereit.

3. Jedes Register muss in der Lage sein, die von der unabhängigen Transaktionsprotokolliereinrichtung des UNFCCC bereitgestellten zusätzlichen Verwaltungsvorgänge ordnungsgemäß auszuführen, die in den auf der Grundlage des Beschlusses 24/CP.8 der Konferenz der Parteien des UNFCCC erstellten funktionellen und technischen Spezifikationen der Datenaustauschnormen für Registrierungssysteme im Rahmen des Kyoto-Protokolls enthalten sind.

Anforderungen an alle Vorgänge

4. Die Nachrichtenabfolge für Verwaltungsvorgänge und die Komponenten und Funktionen, die während der Nachrichtenabfolge verwandt werden, sind in den funktionellen und technischen Spezifikationen der Datenaustauschnormen für Registrierungssysteme im Rahmen des Kyoto-Protokolls genannt, die gemäß dem Beschluss 24/CP.8 der Konferenz der Vertragsparteien des UNFCCC festgelegt wurden.

Prüfungen für jeden Vorgang

5. Wenn die unabhängige Transaktionsprotokolliereinrichtung der Gemeinschaft während des in Absatz 2 genannten Zeitraums eine Anomalie im Sinne von Absatz 1 Buchstabe a entdeckt, gibt sie die entsprechenden Antwortcodes zurück, wie sie in den funktionellen und technischen Spezifikationen der Datenaustauschnormen für Registrierungssysteme im Rahmen des Kyoto-Protokolls genannt sind, die gemäß dem Beschluss 24/CP.8 der Konferenz der Vertragsparteien des UNFCCC festgelegt wurden.

6. Wenn die unabhängige Transaktionsprotokolliereinrichtung der Gemeinschaft eine Anomalie im Sinne von Absatz 1 Buchstabe b entdeckt, gibt sie den Antwortcode 7601 zurück.

7. Wenn die unabhängige Transaktionsprotokolliereinrichtung der Gemeinschaft während des in Absatz 2 genannten Zeitraums gemäß Absatz 1 Buchstabe c von einem Register eine Nachricht zu einem in Anhang IX genannten Vorgang erhält, führt sie folgende Prüfungen durch:

    a) Status eines Registers: Wenn die Kommunikationsverbindung zwischen dem Register und der unabhängigen Transaktionsprotokolliereinrichtung der Gemeinschaft noch nicht eingerichtet oder gemäß Artikel 6 Absatz 3 in Bezug auf den angeforderten Vorgang zeitweilig unterbrochen ist, wird die Nachricht abgewiesen und der Antwortcode 7005 als Ergebnis zurückgegeben.

    b) Registerversion und Registerauthentifizierung, Gültigkeitsdauer der Nachricht und Datenintegrität: Wenn die unabhängige Transaktionsprotokolliereinrichtung der Gemeinschaft eine Anomalie entdeckt, weist sie die Nachricht ab und gibt die entsprechenden Antwortcodes zurück, wie sie in den funktionellen und technischen Spezifikationen der Datenaustauschnormen für Registrierungssysteme im Rahmen des Kyoto-Protokolls genannt sind, die gemäß dem Beschluss 24/CP.8 der Konferenz der Vertragsparteien des UNFCCC festgelegt wurden.

8. Wenn die unabhängige Transaktionsprotokolliereinrichtung der Gemeinschaft während des in Absatz 2 genannten Zeitraums gemäß Absatz 1 Buchstabe d von einem Register eine Nachricht erhält, führt sie folgende Prüfungen durch:

a) Status eines Registers: Wenn die Kommunikationsverbindung zwischen dem Register und der unabhängigen Transaktionsprotokolliereinrichtung der Gemeinschaft noch nicht eingerichtet oder gemäß Artikel 6 Absatz 3 in Bezug auf den angeforderten Vorgang zeitweilig unterbrochen ist, wird die Nachricht abgewiesen und der Antwortcode 7005 als Ergebnis zurückgegeben.

b) Registerversion und Registerauthentifizierung, Gültigkeitsdauer der Nachricht, Datenintegrität und Synchronisierung der Zeit (time synchronisation): Wenn die unabhängige Transaktionsprotokolliereinrichtung der Gemeinschaft eine Anomalie entdeckt, weist sie die Nachricht ab und gibt die entsprechenden Antwortcodes zurück, wie sie in den funktionellen und technischen Spezifikationen der Datenaustauschnormen für Registrierungssysteme im Rahmen des Kyoto-Protokolls genannt sind, die gemäß dem Beschluss 24/CP.8 der Konferenz der Vertragsparteien des UNFCCC festgelegt wurden.

ANHANG XII

Verzeichnis der Antwortcodes für alle Vorgänge

1. Die unabhängige Transaktionsprotokolliereinrichtung der Gemeinschaft gibt als Teil jedes Vorgangs Antwortcodes zurück, wo dies in den Anhängen VIII, IX, X und XI angegeben ist. Jeder Antwortcode ist eine ganze Zahl im Bereich 7000 bis 7999. Die Bedeutung jedes Antwortcodes ist Tabelle XII-1 zu entnehmen.

2. Jeder Registerführer sorgt dafür, dass die Bedeutung jedes Antwortcodes beibehalten bleibt, wenn er dem Bevollmächtigten, der diesen Vorgang einleitete, Informationen in Bezug auf einen Vorgang gemäß Anhang XVI anzeigt.

Tabelle XII-1 Antwortcodes der unabhängigen Transaktionsprotokolliereinrichtung der Gemeinschaft

Antwortcode	Beschreibung
7005	Aufgrund des derzeitigen Status des einleitenden (oder übertragenden) Registers darf dieser Vorgang nicht stattfinden.
7006	Aufgrund des derzeitigen Status des Empfängerregisters darf dieser Vorgang nicht stattfinden.
Antwortcode	Beschreibung
7020	Die angegebene Kontokennung gibt es im Empfängerregister nicht.
7021	Die angegebene Kontokennung gibt es im übertragenden Register nicht.
7022	Das übertragende Konto und das Empfängerkonto müssen sich bei allen Transaktionen außer bei externen Transfers im gleichen Register befinden.
7023	Das übertragende Konto und das Empfängerkonto müssen sich bei externen Transfers in verschiedenen Registern befinden.
7024	Zertifikate für Fälle höherer Gewalt können nicht vom Konto der Vertragspartei übertragen werden, es sei denn, sie werden im Einklang mit Artikel 58 gelöscht und ausgebucht.
7025	Das übertragende Konto ist für alle Transfers von Zertifikaten aus diesem Konto gesperrt, mit Ausnahme der Vorgänge Rückgabe, Löschung und Ausbuchung gemäß den Artikel 52, 53, 60 und 61.
7027	Eine oder mehrere Einheiten im *Unit Serial Block* werden nicht als im übertragenden Konto eingetragen anerkannt.
7101	Das Konto wurde bereits eingerichtet.
7102	Ein Konto muss genau einen Kontoinhaber haben.
7103	Ein Konto muss genau einen Hauptbevollmächtigten haben.
7104	Ein Konto muss genau einen Unterbevollmächtigten haben.
7105	Eine Anlage muss genau einen Ansprechpartner haben.
7106	Die mit diesem Konto assoziierte Anlage ist bereits mit einem anderen Konto assoziiert.
7107	Alle Bevollmächtigten für das Konto müssen verschieden sein.

7108	Die für das Konto festgelegte alphanumerische Bezeichnung wurde bereits für ein anderes Konto festgelegt.
7109	Die neu geschaffene Kontoart hat nicht den richtigen Verpflichtungszeitraum erhalten.
7110	Mit einem Betreiberkonto muss genau eine Anlage assoziiert sein.
7111	Das angegebene Konto existiert nicht und kann daher nicht aktualisiert oder geschlossen werden.
7113	Es ist nicht möglich, den Kontoinhaber eines Personenkontos zu ändern.
Antwortcode	Beschreibung
7114	Das angegebene Konto kann nicht geschlossen werden, da es bereits geschlossen ist.
7115	Das angegebene Konto kann nicht geschlossen werden, da es noch Einheiten enthält.
7117	Das angegebene Konto kann nicht geschlossen werden, da die mit ihm verknüpfte Anlage nicht den Anforderungen entspricht.
7118	Die angegebene Anlage existiert nicht, und daher kann die Tabelle der geprüften Emissionen für diese Anlage nicht aktualisiert werden.
7119	Das angegebene Jahr liegt in der Zukunft, und daher kann die Tabelle der geprüften Emissionen für dieses Jahr nicht aktualisiert werden.
7120	Die Person (*People*) und ihre Beziehung mit dem Konto existieren nicht. Daher kann diese Beziehung nicht aktualisiert werden.
7122	Der *correlation identifier* hat ein ungültiges Format oder liegt außerhalb des zulässigen Bereichs.
7124	Der *account alphanumeric identifier* hat ein ungültiges Format oder liegt außerhalb des zulässigen Bereichs.
7125	Der *permit identifier* hat ein ungültiges Format oder liegt außerhalb des zulässigen Bereichs.
7126	Der Name (*Name*) der Anlage hat ein ungültiges Format oder liegt außerhalb des zulässigen Bereichs.
7127	Die Hauptaktivität (*MainActivity*) der Anlage hat ein ungültiges Format oder liegt außerhalb des zulässigen Bereichs.
7128	Das Land (*Country*) der Anlage hat ein ungültiges Format oder liegt außerhalb des zulässigen Bereichs.

7129	Die Postleitzahl (*PostalCode*) der Anlage hat ein ungültiges Format oder liegt außerhalb des zulässigen Bereichs.
7130	Die Stadt (*City*) der Anlage hat ein ungültiges Format oder liegt außerhalb des zulässigen Bereichs.
7131	Die Hauptadresse (*Address1*) der Anlage hat ein ungültiges Format oder liegt außerhalb des zulässigen Bereichs.
7132	Die Nebenadresse (*Address2*) der Anlage hat ein ungültiges Format oder liegt außerhalb des zulässigen Bereichs.
Antwortcode	Beschreibung
7133	Die Muttergesellschaft (*ParentCompany*) der Anlage hat ein ungültiges Format oder liegt außerhalb des zulässigen Bereichs.
7134	Die Tochtergesellschaft (*SubsidiaryCompany*) der Anlage hat ein ungültiges Format oder liegt außerhalb des zulässigen Bereichs.
7135	Die EPER-Kennung (*EPERIdentification*) der Anlage hat ein ungültiges Format oder liegt außerhalb des zulässigen Bereichs.
7136	Die geografische Breite (*Latitude*) der Anlage hat ein ungültiges Format oder liegt außerhalb des zulässigen Bereichs.
7137	Die geografische Länge (*Longitude*) der Anlage hat ein ungültiges Format oder liegt außerhalb des zulässigen Bereichs.
7138	Der Beziehungscode (*RelationshipCode*) der Person (*People*) hat ein ungültiges Format oder liegt außerhalb des zulässigen Bereichs.
7139	Der *PersonIdentifier* hat ein ungültiges Format oder liegt außerhalb des zulässigen Bereichs.
7140	Der Vorname (*FirstName*) der Person hat ein ungültiges Format oder liegt außerhalb des zulässigen Bereichs.
7141	Der Nachname (*LastName*) der Person hat ein ungültiges Format oder liegt außerhalb des zulässigen Bereichs.
7142	Das Land (*Country*) der Person hat ein ungültiges Format oder liegt außerhalb des zulässigen Bereichs.
7143	Die Postleitzahl (*PostalCode*) der Person hat ein ungültiges Format oder liegt außerhalb des zulässigen Bereichs.
7144	Die Stadt (*City*) der Person hat ein ungültiges Format oder liegt außerhalb des zulässigen Bereichs.

7145	Die Hauptadresse (*Address1*) der Person hat ein ungültiges Format oder liegt außerhalb des zulässigen Bereichs.
7146	Die Nebenadresse (*Address2*) der Person hat ein ungültiges Format oder liegt außerhalb des zulässigen Bereichs.
7147	Die erste Telefonnummer (*Phonenumber1*) der Person hat ein ungültiges Format oder liegt außerhalb des zulässigen Bereichs.
7148	Die zweite Telefonnummer (*Phonenumber2*) der Person hat ein ungültiges Format oder liegt außerhalb des zulässigen Bereichs.
Antwortcode	Beschreibung
7149	Die Faxnummer (*FaxNumber*) der Person hat ein ungültiges Format oder liegt außerhalb des zulässigen Bereichs.
7150	Die elektronische Anschrift (*Email*) der Person hat ein ungültiges Format oder liegt außerhalb des zulässigen Bereichs.
7151	Die Aktion (*Action*) zu der Person hat ein ungültiges Format oder liegt außerhalb des zulässigen Bereichs.
7152	Die geprüfte Emission (*VerifiedEmission*) der Anlage hat ein ungültiges Format oder liegt außerhalb des zulässigen Bereichs.
7153	Der Bestandteil *from* hat ein ungültiges Format oder liegt außerhalb des zulässigen Bereichs.
7154	Der Bestandteil *to* hat ein ungültiges Format oder liegt außerhalb des zulässigen Bereichs.
7155	Die *MajorVersion* hat ein ungültiges Format oder liegt außerhalb des zulässigen Bereichs.
7156	Die *MinorVersion* hat ein ungültiges Format oder liegt außerhalb des zulässigen Bereichs.
7157	Die Kontoart (*AccountType*) hat ein ungültiges Format oder liegt außerhalb des zulässigen Bereichs.
7158	Die Kontokennnummer (*AccountIdentifier*) hat ein ungültiges Format oder liegt außerhalb des zulässigen Bereichs.
7159	Die Anlagenkennnummer (*InstallationIdentifier*) hat ein ungültiges Format oder liegt außerhalb des zulässigen Bereichs.
7160	Mit einem Personenkonto können weder ein Ansprechpartner oder Einzelangaben dazu noch eine Anlage oder Einzelangaben dazu (gemäß Anhang I Abschnitt 11.1 der Entscheidung 2004/156/EG der Kommission) verbunden sein.

7201	Für den angegebenen Zeitraum wurden mehr Zertifikate angefordert als von der Kommission im nationalen Zuteilungsplan genehmigt.
7202	Das Empfängerkonto ist kein Konto einer Vertragspartei.
7203	Die nationale Zuteilungstabelle wurde der Kommission nicht übermittelt. Daher können für den angegebenen Zeitraum keine Zertifikate vergeben oder zugeteilt werden.
Antwortcode	Beschreibung
7205	Bei den Einheiten, deren Umwandlung in Zertifikate beantragt wird, muss es sich um AAU handeln, die für einen Verpflichtungszeitraum vergeben wurden, der dem Verpflichtungszeitraum entspricht, für den Zertifikate vergeben werden.
7206	Das angegebene Empfängerkonto ist nicht das Betreiberkonto, das mit der angegebenen Anlage verbunden ist.
7207	Die Anlage ist in der nationalen Zuteilungstabelle nicht berücksichtigt.
7208	Das angegebene Jahr gibt es in der nationalen Zuteilungstabelle nicht.
7209	Das Empfängerkonto ist nicht das Ausbuchungskonto für den Zeitraum 2005-2007.
7210	Zertifikate für Fälle höherer Gewalt können nur bis zum 30. Juni 2008 vergeben werden.
7211	Es wurden mehr Zertifikate für Fälle höherer Gewalt angefordert als von der Kommission für den Verpflichtungszeitraum genehmigt.
7212	Das Empfängerkonto ist nicht das Löschungskonto für den Zeitraum 2005-2007.
7213	Die Verringerung der Zahl der Zertifikate überschreitet die von der Kommission genehmigte Korrektur des nationalen Zuteilungsplans.
7214	Die Zahl der übertragenen Zertifikate ist nicht genau gleich der im nationalen Zuteilungsplan für die angegebene Anlage und das angegebene Jahr vorgesehenen Zahl.
7215	Die Anlage existiert im Register nicht.
7216	Die Zahl der wie im nationalen Zuteilungsplan vorgesehen übertragenen Zertifikate für die angegebene Anlage und das angegebene Jahr wurde bereits übertragen.
7217	Das angegebene Jahr fällt nicht in den Zeitraum 2005-2007.

7218	Die angegebenen AAU sind Zertifikate und können daher nicht in ERU umgewandelt werden.
7219	Die Einheiten, deren Vergabe angefordert wurde, tragen nicht die richtige Zertifikatekennung. Daher kann die Vergabe nicht erfolgen.
7220	Die Einheiten, deren Vergabe angefordert wurde, tragen nicht die richtige Kennung als Zertifikate für Fälle höherer Gewalt. Daher kann die Vergabe nicht erfolgen.
Antwortcode	Beschreibung
7301	Warnung: Die Menge, die die Reserve für den Verpflichtungszeitraum gefährdet, ist beinahe erreicht.
7302	Zwischen dem übertragenden Register und dem Empfängerregister besteht keine Vereinbarung gegenseitiger Anerkennung, die die Übertragung von Zertifikaten ermöglicht.
7304	Nach dem 30. April des ersten Jahres des laufenden Zeitraums dürfen für den vorangegangenen Zeitraum vergebene Zertifikate nur in das Löschungskonto oder das Ausbuchungskonto für diesen Zeitraum übertragen werden.
7305	Die Zertifikate sind nicht diejenigen, die für den Zeitraum 2005-2007 vergeben wurden.
7353	Für den Zeitraum 2008-2012 und nachfolgende Fünfjahreszeiträume können keine Zertifikate zurückgegeben werden, die für den Zeitraum 2005-2007 vergeben wurden.
7354	Das übertragende Konto ist kein Konto einer Vertragspartei.
7355	Für den laufenden Zeitraum vergebene Zertifikate können nicht für den vorangegangenen Zeitraum zurückgegeben werden.
7356	Diese Einheiten können nicht gemäß Artikel 53 zurückgegeben werden.
7357	Die Zahl der Zertifikate und Zertifikate für Fälle höherer Gewalt, deren Übertragung in das Ausbuchungskonto beantragt wird, ist nicht gleich der Zahl der Zertifikate, die gemäß Artikel 52 und Artikel 54 zurückgegeben wurden.
7358	Die Zahl der AAU, deren Umwandlung aus Zertifikaten beantragt wird, ist nicht gleich der Zahl der gemäß Artikel 52 zurückgegebenen Zertifikate.
7359	Die Zahl der Einheiten, deren Übertragung in das Ausbuchungskonto beantragt wird, ist nicht gleich der Zahl der Zertifikate, die gemäß Artikel 52 und Artikel 53 zurückgegeben wurden.
7360	Mindestens ein übertragendes Konto ist kein Konto einer Vertragspartei.

7361	Diese Einheiten können nicht gemäß Artikel 58 oder 59 ausgebucht werden.
7362	Die Zahl der CER, deren Übertragung in das Löschungskonto beantragt wird, ist nicht gleich der Zahl der Zertifikate, die gemäß Artikel 53 zurückgegeben wurden.
7401	Die Zahl der AAU, deren Umwandlung in Zertifikate beantragt wird, ist nicht gleich der Zahl gelöschten Zertifikate.
Antwortcode	Beschreibung
7402	Die angegebene Art der Einheit, deren Löschung im Vorgriff auf ihren Ersatz beantragt wird, ist nicht die eines für den vorangegangenen Zeitraum vergebenen Zertifikates.
7404	Die Zahl der gelöschten Zertifikate ist nicht gleich der Zahl der gemäß Artikel 60 Buchstabe a und 61 Buchstabe b zu löschenden Zertifikate.
7405	Die Zahl der vom übertragenden Konto gelöschten Zertifikate ist nicht gleich der Zahl der zu diesem Konto zurück übertragenen Zertifikate.
7406	Bei übertragenden Konten muss es sich um Konten gemäß Artikel 11 Absatz 1 oder Absatz 2 handeln.
7407	Bei Empfängerkonten muss es sich um Konten gemäß Artikel 11 Absatz 1 oder Absatz 2 handeln.
7501	In Bezug auf Blöcke von Einheiten (*unit serial blocks*), die in Betreiberkonten gehalten werden, besteht eine Abweichung zwischen dem Register und der unabhängigen Transaktionsprotokolliereinrichtung der Gemeinschaft (CITL).
7502	In Bezug auf Blöcke von Einheiten, die in Personenkonten gehalten werden, besteht eine Abweichung zwischen dem Register und der CITL.
7503	Hinweis: In Bezug auf Blöcke von Einheiten, die in Betreiberkonten gehalten werden, besteht keine Abweichung zwischen dem Register und der CITL.
7504	Hinweis: In Bezug auf Blöcke von Einheiten, die in Personenkonten gehalten werden, besteht keine Abweichung zwischen dem Register und der CITL.
7505	In Bezug auf die Gesamtzahl der Blöcke von Einheiten, die in Betreiberkonten gehalten werden, besteht eine Abweichung zwischen dem Register und der CITL.
7506	In Bezug auf die Gesamtzahl der Blöcke von Einheiten, die in Personenkonten gehalten werden, besteht eine Abweichung zwischen dem Register und der CITL.

7507	Hinweis: In Bezug auf die Gesamtzahl der Blöcke von Einheiten, die in Betreiberkonten gehalten werden, besteht keine Abweichung zwischen dem Register und der CITL.
7508	Hinweis: In Bezug auf die Gesamtzahl der Blöcke von Einheiten, die in Personenkonten gehalten werden, besteht keine Abweichung zwischen dem Register und der CITL.
Antwortcode	Beschreibung
7509	In Bezug auf Blöcke von Einheiten, die in Konten einer Vertragspartei gehalten werden, besteht eine Abweichung zwischen dem Register und der CITL.
7510	In Bezug auf Blöcke von Einheiten, die in Ausbuchungskonten gehalten werden, besteht eine Abweichung zwischen dem Register und der CITL.
7511	In Bezug auf Blöcke von Einheiten, die in Löschungskonten gehalten werden, besteht eine Abweichung zwischen dem Register und der CITL.
7512	Hinweis: In Bezug auf Blöcke von Einheiten, die in Konten einer Vertragspartei gehalten werden, besteht keine Abweichung zwischen dem Register und der CITL.
7513	Hinweis: In Bezug auf Blöcke von Einheiten, die in Ausbuchungskonten gehalten werden, besteht keine Abweichung zwischen dem Register und der CITL.
7514	Hinweis: In Bezug auf Blöcke von Einheiten, die in Löschungskonten gehalten werden, besteht keine Abweichung zwischen dem Register und der CITL.
7515	In Bezug auf die Gesamtzahl der Blöcke von Einheiten, die in Konten einer Vertragspartei gehalten werden, besteht eine Abweichung zwischen dem Register und der CITL.
7516	In Bezug auf die Gesamtzahl der Blöcke von Einheiten, die in Ausbuchungskonten gehalten werden, besteht eine Abweichung zwischen dem Register und der CITL.
7517	In Bezug auf die Gesamtzahl der Blöcke von Einheiten, die in Löschungskonten gehalten werden, besteht eine Abweichung zwischen dem Register und der CITL.
7518	Hinweis: In Bezug auf die Gesamtzahl der Blöcke von Einheiten, die in Konten einer Vertragspartei gehalten werden, besteht keine Abweichung zwischen dem Register und der CITL.
7519	Hinweis: In Bezug auf die Gesamtzahl der Blöcke von Einheiten, die in Ausbuchungskonten gehalten werden, besteht keine Abweichung zwischen dem Register und der CITL.

Antwort-code	Beschreibung
7520	Hinweis: In Bezug auf die Gesamtzahl der Blöcke von Einheiten, die in Löschungskonten gehalten werden, besteht keine Abweichung zwischen dem Register und der CITL.
7521	In Bezug auf Blöcke von Einheiten, die in Ersatzkonten gehalten werden, besteht eine Abweichung zwischen dem Register und der CITL.
7522	Hinweis: In Bezug auf Blöcke von Einheiten, die in Ersatzkonten gehalten werden, besteht keine Abweichung zwischen dem Register und der CITL.
7523	In Bezug auf die Gesamtzahl der Blöcke von Einheiten, die in Ersatzkonten gehalten werden, besteht eine Abweichung zwischen dem Register und der CITL.
7524	Hinweis: In Bezug auf die Gesamtzahl der Blöcke von Einheiten, die in Ersatzkonten gehalten werden, besteht keine Abweichung zwischen dem Register und der CITL.
7601	Erinnerung: Die angegebenen Blöcke von Einheiten von Zertifikaten, die für den vorangegangenen Zeitraum vergeben wurden, wurden nicht gemäß Artikel 60 oder 61 gelöscht.

ANHANG XIII

Prüfverfahren

1. Jedes Register und die unabhängige Transaktionsprotokolliereinrichtung der Gemeinschaft führen folgende Prüfungen durch:
   a) Prüfungen von Einheiten: Einzelbestandteile werden mit ihren Spezifikationen verglichen.
   b) Integrationsprüfungen: Gruppen von Bestandteilen, die Teile des Gesamtsystems umfassen, werden mit ihren Spezifikationen verglichen.
   c) Systemprüfungen: Das Gesamtsystem wird mit seinen Spezifikationen verglichen.
   d) Belastungsprüfungen: Das System wird Spitzenbelastungen unterworfen, die den wahrscheinlichen Anforderungen der Nutzer an das System entsprechen.
   e) Sicherheitsprüfung: Sicherheitsmängel des Systems werden ermittelt.
2. Einzelprüfungen für ein Register, die als Teil der in Absatz 1 genannten Prüfschritte durchgeführt werden, müssen einem vorher festgelegten Prüfplan folgen, und die Ergebnisse sind zu dokumentieren. Diese Dokumentation ist dem Zentralverwalter auf Anforderung vorzulegen. Während der in Absatz 1 genannten Prüfschritte entdeckte Mängel in einem Register sind zu beheben, bevor der Datenaus-

tausch zwischen diesem Register und der unabhängigen Transaktionsprotokolliereinrichtung der Gemeinschaft geprüft wird.

3. Der Zentralverwalter schreibt jedem Register vor, die folgenden Prüfschritte durchzuführen:

a) Authentifizierungsprüfungen: Prüfung der Fähigkeit des Registers, die unabhängige Transaktionsprotokolliereinrichtung der Gemeinschaft zu erkennen, und umgekehrt.

b) Prüfung der Zeitsynchronisierung: Prüfung der Fähigkeit des Registers, seine Systemzeit zu ermitteln und sie zu ändern, um sie in Übereinstimmung mit der Systemzeit der unabhängigen Transaktionsprotokolliereinrichtung der Gemeinschaft und der unabhängigen Transaktionsprotokolliereinrichtung des UNFCCC zu bringen.

c) Datenformatprüfungen: Prüfung der Fähigkeit des Registers, Nachrichten für den entsprechenden Prozessstatus und die entsprechende Stufe und im geeigneten Format zu erzeugen, das den funktionellen und technischen Spezifikationen der Datenaustauschnormen für Registrierungssysteme im Rahmen des Kyoto-Protokolls genügt, die gemäß dem Beschluss 24/CP.8 der Konferenz der Vertragsparteien des UNFCCC festgelegt wurden.

d) Prüfungen das Programmcodes und das Datenbankbetriebs: Prüfung der Fähigkeit des Registers, empfangene Nachrichten im entsprechenden Format zu verarbeiten, das den funktionellen und technischen Spezifikationen der Datenaustauschnormen für Registrierungssysteme im Rahmen des Kyoto-Protokolls genügt, die gemäß dem Beschluss 24/CP.8 der Konferenz der Vertragsparteien des UNFCCC festgelegt wurden.

e) Integrierte Vorgangsprüfung: Prüfung der Fähigkeit des Registers, alle Vorgänge einschließlich aller relevanten Status und Schritte, die in den Anhängen VIII, IX, X und XI erläutert werden, auszuführen und manuelle Eingriffe in die Datenbanken gemäß Anhang X zuzulassen.

f) Prüfungen der Datenprotokollierung: Prüfung der Fähigkeit des Registers, die Aufzeichnungen gemäß Artikel 73 Absatz 2 zu erstellen und aufzubewahren.

4. Der Zentralverwalter schreibt einem Register vor nachzuweisen, dass die in Anhang VII beschriebenen Eingabecodes und die in den Anhängen VIII, IX, X und XI beschriebenen Antwortcodes in der Datenbank dieses Registers enthalten sind und in Bezug auf Vorgänge richtig interpretiert und verwandt werden.

5. Die in Absatz 3 erläuterten Prüfschritte erfolgen zwischen dem Testbereich des Registers und dem Testbereich der unabhängigen Transaktionsprotokolliereinrichtung der Gemeinschaft, die gemäß Artikel 71 eingerichtet worden.

6. Als Teil der in Absatz 3 erläuterten Prüfschritte durchgeführte Einzelprüfungen können abhängig von der von einem Register verwandten Software und Hardware variieren.

7. Einzelprüfungen, die als Teil der in Absatz 3 genannten Prüfschritte durchgeführt werden, müssen einem vorher festgelegten Prüfplan folgen, und die Ergebnisse sind zu dokumentieren. Diese Dokumentation ist dem Zentralverwalter auf Anforderung vorzulegen. Während der in Absatz 3 genannten Prüfschritte entdeckte Mängel in einem Register sind zu beheben, bevor eine Kommunikations-

verbindung zwischen diesem Register und der unabhängigen Transaktionsprotokolliereinrichtung der Gemeinschaft eingerichtet wird. Der Registerführer weist die Behebung solcher Mängel durch erfolgreichen Abschluss der in Absatz 3 genannten Prüfschritte nach.

ANHANG XIV

Einleitende Maßnahmen

Spätestens zum 1. September 2004 übermittelt jeder Mitgliedstaat der Kommission die folgenden Angaben:
- a) Namen, Anschrift, Stadt, Postleitzahl, Land, Telefonnummer, Faxnummer und elektronische Anschrift des Registerführers seines Registers
- b) Anschrift, Stadt, Postleitzahl und Land des Registerstandorts
- c) Uniform resource locator (URL) und Port(s) sowohl des gesicherten als auch des öffentlich zugänglichen Bereichs des Registers, sowie URL und Port(s) des Testbereichs.
- d) Beschreibung der primären und der zur Sicherung eingesetzten Hardware und Software des Registers sowie der Hardware und Software zur Unterstützung des Testbereich gemäß Artikel 68.
- e) Beschreibung der Systeme und Verfahren für die Sicherung aller Daten, einschließlich der Häufigkeit der Erstellung einer Sicherungskopie der Datenbank, sowie der Systeme und Verfahren zur raschen Wiederherstellung aller Daten und Vorgänge im Katastrophenfall gemäß Artikel 68.
- f) Beschreibung des nach den allgemeinen, in Anhang XV aufgeführten Sicherheitsanforderungen aufgestellten Sicherheitsplans des Registers
- g) Beschreibung des Systems und der Verfahren des Registers für das Änderungsmanagement gemäß Artikel 72
- h) Vom Zentralverwalter angeforderte Informationen, damit die Verteilung digitaler Zertifikate gemäß Anhang XV erfolgen kann.

Alle späteren Änderungen sind der Kommission unverzüglich mitzuteilen.

2. Jeder Mitgliedstaat teilt der Kommission die Zahl der für den Zeitraum 2005-2007 zu vergebenden Zertifikate für Fälle höherer Gewalt mit, nachdem die Kommission die Vergabe solcher Zertifikate gemäß Artikel 29 der Richtlinie 2003/87/EG gestattet hat.

3. Vor dem Zeitraum 2008-2012 und jedem nachfolgenden Fünfjahreszeitraum macht jeder Mitgliedstaat der Kommission folgende Angaben:
- a) Gesamtzahl an ERU und CER, die die Betreiber gemäß Artikel 11a Absatz 1 der Richtlinie 2003/87/EG für jeden Zeitraum verwenden dürfen;
- b) die Reserve für den Verpflichtungszeitraum, die nach dem Beschluss 18/CP.7 der Konferenz der Vertragsparteien des UNFCCC berechnet wird als 90 Prozent der dem Mitgliedstaat zugeteilten Menge oder, falls dieser Wert niedriger ist, 100 Prozent des Fünffachen des zuletzt geprüf-

ten Bestands. Alle späteren Änderungen sind der Kommission unverzüglich mitzuteilen.

Anforderungen an die nationale Zuteilungstabelle

4. Alle nationalen Zuteilungspläne sind in den in den Absätzen 5 und 7 aufgeführten Formaten zu übermitteln.

5. Eine nationale Zuteilungstabelle ist der Kommission in folgendem Format zu übermitteln:
   a) Gesamtzahl der zugeteilten Zertifikate: in einer einzelnen Zelle die Gesamtzahl der für den Zeitraum, den der nationale Zuteilungsplan umfasst, zugeteilten Zertifikate
   b) Gesamtzahl der Zertifikate in der Reserve für neue Marktteilnehmer: in einer einzelnen Zelle die Gesamtzahl der für den Zeitraum, den der nationale Zuteilungsplan umfasst, für neue Marktteilnehmer reservierten Zertifikate
   c) Jahre: in einzelnen Zellen für jedes der Jahre, die der nationale Zuteilungsplan umfasst, ab 2005 in aufsteigender Reihenfolge
   d) Anlagenkennung: in einzelnen Zellen für die in Anhang VI erläuterten Bestandteile, in aufsteigender Reihenfolge
   e) Zugeteilte Zertifikate: Die zugeteilten Zertifikate für ein bestimmtes Jahr und eine bestimmte Anlage sind in die Zelle einzugeben, die dieses Jahr mit der Kennung der Anlage verknüpft.

6. Die unter Absatz 5 Buchstabe d aufgeführten Anlagen umfassen einseitig einbezogene Anlagen gemäß Artikel 24 der Richtlinie 2003/87/EG, nicht aber vorübergehend ausgeschlossene Anlagen gemäß Artikel 27 der Richtlinie 2003/87/EG.

7. Eine nationale Zuteilungstabelle ist der Kommission nach folgendem XML-Schema zu übermitteln:

```xml
<?xml version="1.0" encoding="UTF-8"?>
<xs:schema targetNamespace="urn:KyotoProtocol:RegistrySystem:CITL:1.0:0.0" xmlns:xs="http://www.w3.org/2001/XMLSchema" xmlns="urn:KyotoProtocol:RegistrySystem:CITL:1.0:0.0" elementFormDefault="qualified">
    <xs:simpleType name="ISO3166MemberStatesType">
        <xs:restriction base="xs:string">
            <xs:enumeration value="BE"/>
            <xs:enumeration value="GR"/>
            <xs:enumeration value="IE"/>
            <xs:enumeration value="NL"/>
            <xs:enumeration value="FI"/>
            <xs:enumeration value="DK"/>
            <xs:enumeration value="ES"/>
            <xs:enumeration value="IT"/>
            <xs:enumeration value="AT"/>
            <xs:enumeration value="SE"/>
            <xs:enumeration value="DE"/>
            <xs:enumeration value="FR"/>
            <xs:enumeration value="LU"/>
            <xs:enumeration value="PT"/>
            <xs:enumeration value="UK"/>
            <xs:enumeration value="CY"/>
            <xs:enumeration value="CZ"/>
            <xs:enumeration value="EE"/>
            <xs:enumeration value="HU"/>
            <xs:enumeration value="LV"/>
            <xs:enumeration value="LT"/>
            <xs:enumeration value="MT"/>
            <xs:enumeration value="PL"/>
            <xs:enumeration value="SK"/>
            <xs:enumeration value="SI"/>
        </xs:restriction>
    </xs:simpleType>
    <xs:simpleType name="AmountOfAllowancesType">
        <xs:restriction base="xs:integer">
            <xs:minInclusive value="1"/>
            <xs:maxInclusive value="999999999999999"/>
        </xs:restriction>
    </xs:simpleType>
    <xs:group name="YearAllocation">
        <xs:sequence>
            <xs:element name="yearInCommitmentPeriod">
                <xs:simpleType>
                    <xs:restriction base="xs:int">
                        <xs:minInclusive value="2005"/>
                        <xs:maxInclusive value="2058"/>
                    </xs:restriction>
                </xs:simpleType>
            </xs:element>
            <xs:element name="allocation" type="AmountOfAllowancesType"/>
        </xs:sequence>
    </xs:group>

    <xs:simpleType name="ActionType">
        <xs:annotation>
            <xs:documentation>The action to be undertaken for the installation
A == Add the installation to the NAP
U == Update the allocations for the installation in the NAP
D == Delete the installation from the NAP
For each action, all year of a commitment period need to be given
</xs:documentation>
        </xs:annotation>
        <xs:restriction base="xs:string">
            <xs:enumeration value="A"/>
            <xs:enumeration value="U"/>
            <xs:enumeration value="D"/>
```

```xml
        </xs:restriction>
    </xs:simpleType>
    <xs:complexType name="InstallationType">
        <xs:sequence>
            <xs:element name="action" type="ActionType"/>
            <xs:element name="installationIdentifier">
                <xs:simpleType>
                    <xs:restriction base="xs:integer">
                        <xs:minInclusive value="1"/>
                        <xs:maxInclusive value="999999999999999"/>
                    </xs:restriction>
                </xs:simpleType>
            </xs:element>
            <xs:element name="permitIdentifier">
                <xs:simpleType>
                    <xs:restriction base="xs:string">
                        <xs:minLength value="1"/>
                        <xs:maxLength value="9"/>
                        <xs:pattern value="[A-Z0-9|'-]+"/>
                    </xs:restriction>
                </xs:simpleType>
            </xs:element>
            <xs:group ref="YearAllocation" minOccurs="3" maxOccurs="5"/>
        </xs:sequence>
    </xs:complexType>
    <xs:simpleType name="CommitmentPeriodType">
        <xs:restriction base="xs:int">
            <xs:minInclusive value="0"/>
            <xs:maxInclusive value="10"/>
        </xs:restriction>
    </xs:simpleType>
    <xs:element name="nap">
        <xs:complexType>
            <xs:sequence>
                <xs:element name="originatingRegistry" type="ISO3166MemberStatesType"/>
                <xs:element name="commitmentPeriod" type="CommitmentPeriodType"/>

                <xs:element name="installation" type="InstallationType" maxOccurs="unbounded">
                    <xs:unique name="yearAllocationConstraint">
                        <xs:selector xpath="yearInCommitmentPeriod"/>
                        <xs:field xpath="."/>
                    </xs:unique>
                </xs:element>

                <xs:element name="reserve" type="AmountOfAllowancesType"/>
            </xs:sequence>
        </xs:complexType>
        <xs:unique name="installationIdentifierConstraint">
            <xs:selector xpath="installation"/>
            <xs:field xpath="installationIdentifier"/>
        </xs:unique>
    </xs:element>
</xs:schema>
```

8. Als Teil der einleitenden Maßnahmen, die in den funktionellen und technischen Spezifikationen der Datenaustauschnormen für Registrierungssysteme im Rahmen des Kyoto-Protokolls erläutert sind, die gemäß dem Beschluss 24/CP.8 der Konferenz der Vertragsparteien des UNFCCC festgelegt wurden, informiert die Kommission das Sekretariat des UNFCCC über die Kontokennungen der Löschungskonten, Ausbuchungskonten und Ersatzkonten jedes Registers.

ANHANG XV

Sicherheitsnormen

Kommunikationsverbindung zwischen der unabhängigen Transaktionsprotokolliereinrichtung der Gemeinschaft und jedem Register

1. Ab dem 1. Januar 2005 bis zur Einrichtung der Kommunikationsverbindung zwischen der unabhängigen Transaktionsprotokolliereinrichtung der Gemeinschaft und der unabhängigen Transaktionsprotokolliereinrichtung des UNFCCC werden alle Vorgänge im Bezug auf Zertifikate, geprüfte Emissionen und Konten unter Verwendung einer Kommunikationsverbindung mit folgenden Eigenschaften abgeschlossen:

    a) Die sichere Übertragung wird durch den Einsatz der SSL-Technologie (secure socket layer) mit einer Mindestverschlüsselung von 128 Bit erreicht.

    b) Für Anforderungen, die von der unabhängigen Transaktionsprotokolliereinrichtung der Gemeinschaft ausgehen, wird die Identität jedes Registers durch digitale Zertifikate authentifiziert. Für Anforderungen, die von einem Register ausgehen, wird die Identität der unabhängigen Transaktionsprotokolliereinrichtung der Gemeinschaft durch digitale Zertifikate authentifiziert. Für jede Anforderung, die von einem Register ausgeht, wird die Identität jedes Registers unter Verwendung eines Benutzernamens und eines Passworts authentifiziert. Für jede Anforderung, die von der unabhängigen Transaktionsprotokolliereinrichtung der Gemeinschaft ausgeht, wird die Identität der unabhängigen Transaktionsprotokolliereinrichtung der Gemeinschaft unter Verwendung eines Benutzernamens und eines Passworts authentifiziert. Digitale Zertifikate werden von der Zertifizierungsstelle als gültig eingetragen. Zur Speicherung der digitalen Zertifikate sowie der Benutzernamens und Passwörter werden sichere Systeme mit eingeschränktem Zugang eingesetzt. Benutzernamen und Passwörter haben eine Mindestlänge von 10 Zeichen und entsprechen dem hypertext transfer protocol (HTTP) basic authentication scheme (http://www.ietf.org /rfc/rfc2617.txt).

2. Nach der Einrichtung der Kommunikationsverbindung zwischen der unabhängigen Transaktionsprotokolliereinrichtung der Gemeinschaft und der unabhän-

gigen Transaktionsprotokolliereinrichtung des UNFCCC werden alle Vorgänge in Bezug auf Zertifikate, geprüfte Emissionen, Konten und Kyoto-Einheiten unter Verwendung einer Kommunikationsverbindung mit den Eigenschaften abgeschlossen, die in den auf der Grundlage des Beschlusses 24/CP.8 der Konferenz der Parteien des UNFCCC erstellten funktionellen und technischen Spezifikationen der Datenaustauschnormen für Registrierungssysteme im Rahmen des Kyoto-Protokolls enthalten sind.

Kommunikationsverbindung zwischen der unabhängigen Transaktionsprotokolliereinrichtung der Gemeinschaft und ihren Bevollmächtigten sowie zwischen jedem Register und allen Bevollmächtigten des betreffenden Registers

3. Die Kommunikationsverbindung zwischen der unabhängigen Transaktionsprotokolliereinrichtung der Gemeinschaft und ihren Bevollmächtigten und zwischen einem Register und den Bevollmächtigten der Kontoninhaber, prüfenden Instanzen und des Registerführers muss, wenn die Bevollmächtigten Zugang von einem anderen Netz als dem erhalten, in dem sich die unabhängige Transaktionsprotokolliereinrichtung der Gemeinschaft oder das jeweilige Register befindet, folgende Eigenschaften besitzen:

    a) Die sichere Übertragung wird durch den Einsatz der SSL-Technologie (secure socket layer) mit einer Mindestverschlüsselung von 128 Bit erreicht.

    b) Die Identität jedes Bevollmächtigten wird mittels Benutzernamen und Passwörtern authentifiziert, die vom Register als gültig eingetragen sind.

4. Das System zur Vergabe von Benutzernamen und Passwörtern im Sinne von Absatz 3 Buchstabe b an Bevollmächtigte muss folgende Eigenschaften besitzen:

    a) Jeder Bevollmächtigte hat jederzeit einen eindeutigen Benutzernamen und ein eindeutiges Passwort.

    b) Der Registerführer führt eine Liste aller Bevollmächtigten, die Zugang zum Register haben, einschließlich ihrer Zugangsrechte innerhalb dieses Registers.

    c) Die Zahl der Bevollmächtigten des Zentralverwalters und der Registerführer ist möglichst klein zu halten. Es werden nur diejenigen Zugangsrechte gewährt, die zur Durchführung der Verwaltungsaufgaben erforderlich sind.

    d) Voreingestellte Passwörter des Lieferanten mit Zugangsrechten als Zentralverwalter oder Registerführer sind unmittelbar nach Installation der Software und Hardware für die unabhängige Transaktionsprotokolliereinrichtung der Gemeinschaft oder das Register zu ändern.

    e) Bevollmächtigte müssen vorübergehende Passwörter, die sie beim ersten Zugang zum gesicherten Bereich der unabhängigen Transaktionsprotokolliereinrichtung der Gemeinschaft oder des Registers erhalten haben, ändern, und ihre Passwörter dann mindestens alle zwei Monate ändern.

f) Das Passwortverwaltungssystem speichert die früheren Passwörter jedes Bevollmächtigten und verhindert die Wiederverwendung der letzten zehn Passwörter dieses Bevollmächtigten. Passwörter müssen mindestens 8 Zeichen lang sein und aus Ziffern und Buchstaben bestehen.

g) Passwörter werden bei ihrer Eingabe durch einen Bevollmächtigten nicht am Bildschirm angezeigt, und die Passwortdateien sind für einen Bevollmächtigten des Zentralverwalters oder des Registerführers nicht direkt sichtbar.

Kommunikationsverbindung zwischen der unabhängigen Transaktionsprotokolliereinrichtung der Gemeinschaft und der Öffentlichkeit sowie zwischen jedem Register und der Öffentlichkeit

5. Der öffentlich zugängliche Bereich der Internetseiten der unabhängigen Transaktionsprotokolliereinrichtung der Gemeinschaft und die öffentlich zugänglichen Internetseiten eines Registers erfordern keine Authentifizierung ihrer Nutzer aus der breiten Öffentlichkeit.

6. Der öffentlich zugängliche Bereich der Internetseiten der unabhängigen Transaktionsprotokolliereinrichtung der Gemeinschaft und der öffentlich zugängliche Bereich der Internetseiten eines Registers ermöglichen es ihren Nutzern aus der breiten Öffentlichkeit nicht, direkt auf Daten aus der Datenbank der unabhängigen Transaktionsprotokolliereinrichtung der Gemeinschaft oder der Datenbank dieses Registers zuzugreifen. Im Einklang mit Anhang XVI öffentlich zugängliche Daten sind über eine eigene Datenbank erhältlich.

Allgemeine Sicherheitsanforderungen für die unabhängige Transaktionsprotokolliereinrichtung der Gemeinschaft und jedes Register

7. Für die unabhängige Transaktionsprotokolliereinrichtung der Gemeinschaft und für jedes Register gelten folgende allgemeine Sicherheitsanforderungen:
   a) Die unabhängige Transaktionsprotokolliereinrichtung der Gemeinschaft und jedes Register werden durch einen Firewall vom Internet abgetrennt, der so restriktiv wie möglich konfiguriert ist, um den Verkehr nach dem und vom Internet zu beschränken.
   b) Die unabhängige Transaktionsprotokolliereinrichtung der Gemeinschaft und jedes Register überprüfen alle Knoten, Arbeitsrechner und Server ihres Netzes regelmäßig auf Viren. Die Antivirenprogramme sind regelmäßig zu aktualisieren.
   c) Die unabhängige Transaktionsprotokolliereinrichtung der Gemeinschaft und jedes Register sorgen dafür, dass alle Software für Knoten, Arbeitsrechner und Server korrekt konfiguriert ist und regelmäßig ausgebessert wird, wenn neue Korrekturen (Patches) zur Verbesserung der Sicherheit und der Funktionen herauskommen.

d) Erforderlichenfalls treffen die unabhängige Transaktionsprotokolliereinrichtung der Gemeinschaft und jedes Register zusätzliche Sicherheitsvorkehrungen, um zu gewährleisten, dass das Registrierungssystem neuen Bedrohungen der Sicherheit widerstehen kann.

ANHANG XVI

Anforderungen an die Berichterstattung durch jeden Registerführer und den Zentralverwalter

In jedem Register und in der unabhängigen Transaktionsprotokolliereinrichtung der Gemeinschaft öffentlich verfügbare Informationen

1. Der Zentralverwalter veröffentlicht und aktualisiert die in den Absätzen 2 bis 4 genannten Daten in Bezug auf das Registrierungssystem im öffentlich zugänglichen Bereich der Internetseiten der unabhängigen Transaktionsprotokolliereinrichtung der Gemeinschaft entsprechend dem angegebenen Zeitplan, und jeder Registerführer veröffentlicht und aktualisiert diese Daten in Bezug auf sein Register im öffentlich zugänglichen Bereich der Internetseiten dieses Registers entsprechend dem angegebenen Zeitplan.

2. Für jedes Konto sind folgende Informationen in der Woche nach Einrichtung des Kontos in einem Register anzuzeigen und wöchentlich zu aktualisieren:
    a) Name des Kontoinhabers: Kontoinhaber (Person, Betreiber, Kommission, Mitgliedstaat);
    b) alphanumerische Bezeichnung: vom Kontoinhaber für das jeweilige Konto gewählte Bezeichnung;
    c) Name, Anschrift, Stadt, Postleitzahl, Land, Telefon- und Faxnummer sowie elektronische Anschrift der vom Betreiber benannten Haupt- und Unterbevollmächtigten für das Betreiberkonto.

3. Für jedes Betreiberkonto sind folgende Zusatzinformationen in der Woche nach Einrichtung des Kontos in einem Register anzuzeigen und wöchentlich zu aktualisieren:
    a) Ziffern 1 bis 4.1, 4.4 bis 5.5 und 7 (Tätigkeit 1) der Anlagedaten der mit dem Betreiberkonto verknüpften Anlage gemäß Abschnitt 11.1 von Anhang I der Entscheidung 2004/156/EG der Kommission;
    b) Genehmigungskennung: der mit dem Betreiberkonto verknüpften Anlage zugewiesene Code, der die in Anhang VI genannten Bestandteile umfasst;
    c) Anlagenkennnummer: der mit dem Betreiberkonto verknüpften Anlage zugewiesene Code, der die in Anhang VI genannten Bestandteile umfasst;
    d) Zertifikate und eventuelle Zertifikate für Fälle höherer Gewalt, die der mit dem Betreiberkonto verknüpften Anlage zugeteilt wurden, die Teil

der nationalen Zuteilungstabelle ist oder bei der es sich um einen neuen Marktteilnehmer handelt, gemäß Artikel 11 der Richtlinie 2003/87/EG.

4. Für jedes Betreiberkonto sind folgende Zusatzinformationen für die Jahre ab 2005 entsprechend dem nachstehend genannten Zeitplan erforderlich:

a) Geprüfte Emissionen für die mit dem Betreiberkonto verknüpfte Anlage für das Jahr X sind ab dem 15. Mai des Jahres (X+1) anzuzeigen.

b) Gemäß Artikel 52, 53 oder 54 zurückgegebene Zertifikate sind nach Einheitenkennung geordnet für das Jahr X ab dem 15. Mai des Jahres (X+1) anzuzeigen.

c) Ein Symbol, das angibt, ob die mit dem Betreiberkonto verknüpfte Anlage ihre Verpflichtungen nach Artikel 6 Absatz 2 Buchstabe e der Richtlinie 2003/87/EG für das Jahr X erfüllt oder nicht, ist ab dem 15. Mai des Jahres (X+1) anzuzeigen.

In jedem Register öffentlich verfügbare Informationen

5. Jeder Registerführer veröffentlicht und aktualisiert die in den Absätzen 6 bis 10 genannten Daten in Bezug auf sein Register im öffentlich zugänglichen Bereich der Internetseiten dieses Registers entsprechend dem angegebenen Zeitplan.

6. Für jeden project identifier sind folgende Angaben zu einer Projekttätigkeit, die gemäß Artikel 6 des Kyoto-Protokolls durchgeführt wird und für die ein Mitgliedstaat ERU vergeben hat, in der Woche nach der Vergabe anzuzeigen:

a) Projektbezeichnung: eindeutiger Name für das Projekt;

b) Projektstandort: Mitgliedstaat und Stadt oder Region, in der das Projekt beheimatet ist;

c) Jahre der Vergabe von ERU: Jahre, in denen als Ergebnis der gemäß Artikel 6 des Kyoto-Protokolls durchgeführten Projekttätigkeit ERU vergeben wurden;

d) Berichte: herunterladbare elektronische Fassungen aller öffentlichen verfügbaren Unterlagen über das Projekt, einschließlich Vorschlägen, Überwachung, Prüfung und gegebenenfalls Vergabe von ERU, vorbehaltlich der Bestimmungen in Bezug auf die Vertraulichkeit im Beschluss ./. CMP.1 [Artikel 6] der Konferenz der Vertragsparteien des UNFCCC, die als Tagung der Vertragsparteien des Kyoto-Protokolls gilt.

7. Folgende Angaben über Konteninhalte und Transaktionen, die für dieses Register für die Jahre ab 2005 relevant sind, sind geordnet nach Einheitenkennung und mit allen in Anhang VI aufgeführten Bestandteilen zu den nachstehend genannten Daten erforderlich:

a) Die Gesamtzahl der ERU, CER, AAU und RMU in jedem Konto (Personenkonto, Betreiberkonto, Konto einer Vertragspartei, Löschung, Ersatz oder Ausbuchung) am 1. Januar des Jahres X ist ab dem 15. Januar des Jahres (X+5) anzuzeigen.

b) Die Gesamtzahl der im Jahr X auf der Grundlage der zugeteilten Menge gemäß Artikel 7 der Entscheidung 280/2004/EG vergebenen AAU ist ab dem 15. Januar des Jahres (X+1) anzuzeigen.

c) Die Gesamtzahl der im Jahr X auf der Grundlage der Projekttätigkeit, die gemäß Artikel 6 des Kyoto-Protokolls durchgeführt wurde, vergebenen ERU ist ab dem 15. Januar des Jahres (X+1) anzuzeigen.
d) Die Gesamtzahl der von anderen Registern im Jahr X erworbenen ERU, CER, AAU und RMU und die Identität der übertragenden Konten und Register ist ab dem 15. Januar des Jahres (X+5) anzuzeigen.
e) Die Gesamtzahl der im Jahr X auf der Grundlage jeglicher Projekttätigkeit gemäß Artikel 3 Absätze 3 und 4 des Kyoto-Protokolls vergebenen RMU ist ab dem 15. Januar des Jahres (X+1) anzuzeigen.
f) Die Gesamtzahl der an andere Register im Jahr X übertragenen ERU, CER, AAU und RMU und die Identität der Empfängerkonten und -register ist ab dem 15. Januar des Jahres (X+5) anzuzeigen.
g) Die Gesamtzahl der im Jahr X auf der Grundlage von Tätigkeiten gemäß Artikel 3 Absätze 3 und 4 des Kyoto-Protokolls gelöschten ERU, CER, AAU und RMU ist ab dem 15. Januar des Jahres (X+1) anzuzeigen.
h) Die Gesamtzahl der im Jahr X nach Feststellung durch den Ausschuss für die Überwachung der Einhaltung des Kyoto-Protokolls, dass der Mitgliedstaat seine Verpflichtungen gemäß Artikel 3 Absatz 1 des Kyoto-Protokolls nicht einhält, gelöschten ERU, CER, AAU und RMU ist ab dem 15. Januar des Jahres (X+1) anzuzeigen.
i) Die Gesamtzahl der sonstigen, im Jahr X gelöschten ERU, CER, AAU und RMU oder Zertifikate und der Hinweis auf den Artikel, nach dem diese Kyoto-Einheiten oder Zertifikate im Rahmen dieser Verordnung gelöscht wurden, sind ab dem 15. Januar des Jahres (X+1) anzuzeigen.
j) Die Gesamtzahl der im Jahr X ausgebuchten ERU, CER, AAU, RMU und Zertifikate ist ab dem 15. Januar des Jahres (X+1) anzuzeigen.
k) Die Gesamtzahl der ins Jahr X aus dem vorangehenden Verpflichtungszeitraum übertragenen ERU, CER und AAU ist ab dem 15. Januar des Jahres (X+1) anzuzeigen.
l) Die Gesamtzahl der Zertifikate aus dem vorangehenden Verpflichtungszeitraum, die im Jahr X gelöscht und ersetzt wurden, ist ab dem 15. Mai des Jahres X anzuzeigen.
m) Die Gesamtzahl der ERU, CER, AAU und RMU in jedem Konto (Personenkonto, Betreiberkonto, Konto einer Vertragspartei, Löschung oder Ausbuchung) am 31. Dezember des Jahres X ist ab dem 15. Januar des Jahres (X+5) anzuzeigen.

8. Das Verzeichnis der Personen, die vom Mitgliedstaat zur Bewahrung von ERU, CER, AAU und/oder RMU unter seiner Verantwortung bevollmächtigt wurden, ist in der Woche nach diesen Bevollmächtigungen anzuzeigen und wöchentlich zu aktualisieren.

9. Die Gesamtzahl an CER und ERU, die Betreiber für jeden Zeitraum gemäß Artikel 11a Absatz 1 der Richtlinie 2003/87/EG verwenden dürfen, ist gemäß Artikel 30 Absatz 3 der Richtlinie 2003/87/EG anzuzeigen.

10. Die Reserve für den Verpflichtungszeitraum, die nach dem Beschluss 18/CP.7 der Konferenz der Vertragsparteien des UNFCCC berechnet wird als 90 Prozent der dem Mitgliedstaat zugeteilten Menge oder, falls dies niedriger liegt,

100 Prozent des Fünffachen des zuletzt geprüften Registers, und die Zahl der Kyoto-Einheiten, mit der der Mitgliedstaat seine Reserve für den Verpflichtungszeitraum überschreitet und damit seine Verpflichtungen einhält, ist auf Anforderung anzuzeigen.

In der unabhängigen Transaktionsprotokolliereinrichtung der Gemeinschaft öffentlich verfügbare Informationen

11. Der Zentralverwalter veröffentlicht und aktualisiert die im Absatz 12 genannten Daten in Bezug auf das Registrierungssystem im öffentlich zugänglichen Bereich der Internetseiten der unabhängigen Transaktionsprotokolliereinrichtung der Gemeinschaft entsprechend dem angegebenen Zeitplan.

12. Für jede abgeschlossene, für das Registrierungssystem für das Jahr X relevante Transaktionen sind folgende Angaben ab dem 15. Januar des Jahres (X+5) anzuzeigen:
    a) Kontokennung des übertragenden Kontos: dem Konto zugewiesener Code mit den in Anhang VI genannten Bestandteilen
    b) Kontokennung des Empfängerkontos: dem Konto zugewiesener Code mit den in Anhang VI genannten Bestandteilen
    c) Name des Kontoinhabers des übertragenden Kontos: Kontoinhaber (Person, Betreiber, Kommission, Mitgliedstaat)
    d) Name des Kontoinhabers des Empfängerkontos: Kontoinhaber (Person, Betreiber, Kommission, Mitgliedstaat)
    e) Zertifikate oder Kyoto-Einheiten, die an der Transaktion beteiligt sind, geordnet nach Einheitenkennung mit den in Anhang VI genannten Bestandteilen
    f) Transaktionskennung: der Transaktion zugewiesener Code mit den in Anhang VI genannten Bestandteilen
    g) Datum und Uhrzeit des Abschlusses der Transaktion (Greenwich Mean Time)
    h) Vorgangsart: die Einstufung eines Vorgangs gemäß Anhang VII.

Informationen, die jedes Register den Kontoinhabern zur Verfügung stellen muss

13. Jeder Registerführer veröffentlicht und aktualisiert die im Absatz 14 genannten Daten in Bezug auf sein Register im öffentlich zugänglichen Bereich der Internetseiten dieses Registers entsprechend dem angegebenen Zeitplan.

14. Folgende Bestandteile jedes Kontos sind, geordnet nach Einheitenkennung mit den in Anhang VI genannten Bestandteilen, auf Anforderung des Kontoinhabers nur diesem anzuzeigen:
    a) Derzeitiger Besitz an Zertifikaten oder Kyoto-Einheiten
    b) Liste der von diesem Kontoinhaber vorgeschlagenen Transaktionen, wobei für jede vorgeschlagene Transaktion die in Absatz 12 Buchstaben a

bis f genannten Elemente angezeigt werden, das Datum und die Uhrzeit, zu der der Vorschlag erfolgte (in Greenwich Mean Time), der derzeitige Status der vorgeschlagenen Transaktion und eventuelle Antwortcodes, die nach den Prüfungen gemäß Anhang IX zurückgegeben wurden

c) Liste der Zertifikate oder Kyoto-Einheiten, die von diesem Konto als Ergebnis abgeschlossener Transaktionen erworben wurden, wobei für jede Transaktion die in Absatz 12 Buchstaben a bis g genannten Elemente angezeigt werden

d) Liste der Zertifikate oder Kyoto-Einheiten, die aus diesem Konto als Ergebnis abgeschlossener Transaktionen übertragen wurden, wobei für jede Transaktion die in Absatz 12 Buchstaben a bis g genannten Elemente angezeigt werden.

Projekt-Mechanismen-Gesetz (ProMechG)

Gesetz über projektbezogene Mechanismen

nach dem Protokoll von Kyoto zum Rahmenübereinkommen der Vereinten Nationen über Klimaänderungen vom 11. Dezember 1997

(ProMechG)[1]

Vom 22. September 2005

Teil 1. Allgemeine Vorschriften

§ 1 Anwendungsbereich

(1) Dieses Gesetz gilt für die Erzeugung von Emissionsreduktionseinheiten und zertifizierten Emissionsreduktionen aus der Durchführung von Projekttätigkeiten im Sinne der Artikel 6 und 12 des Protokolls, an denen die Bundesrepublik Deutschland als Investor- oder Gastgeberstaat beteiligt werden soll.

(2) Dieses Gesetz gilt nicht für die Erzeugung von Emissionsreduktionseinheiten

---

[1] Art. 1 des Gesetzes zur Einführung der projektbezogenen Mechanismen nach dem Protokoll von Kyoto zum Rahmenübereinkommen der Vereinten Nationen über Klimaänderungen vom 11. Dezember 1997, zur Umsetzung der Richtlinie 2004/101/EG des Europäischen Parlaments und Rates vom 27. Oktober 2004 zur Änderung der Richtlinie 2003/87/EG über ein System für den Handel mit Treibhausgasemissionszertifikaten in der Gemeinschaft im Sinne der projektbezogenen Mechanismen des Kyoto-Protokolls (ABl EU Nr. L 338, S.18) und zur Änderung des Kraft-Wärme-Kopplungsgesetzes, BGBl. I S. 2826. Hinweis: Das Gesetz ist ohne die Anhänge abgedruckt.

und zertifizierten Emissionsreduktionen aus der Durchführung von Projekttätigkeiten, die Nuklearanlagen zum Gegenstand haben.

§ 2 Begriffsbestimmungen

Im Sinne dieses Gesetzes ist

1. Übereinkommen: das Rahmenübereinkommen der Vereinten Nationen über Klimaänderungen vom 9. Mai 1992 (BGBl. 1993 II S. 1784),

2. Protokoll: das Protokoll von Kyoto zum Rahmenübereinkommen der Vereinten Nationen über Klimaänderungen vom 11. Dezember 1997 (BGBl. 2002 II S.967),

3. Emissionshandelsrichtlinie: die Richtlinie 2003/87/EG des Europäischen Parlaments und des Rates vom 13. Oktober 2003 über ein System für den Handel mit Treibhausgasemissionszertifikaten in der Gemeinschaft und zur Änderung der Richtlinie 96/61/EG des Rates, geändert durch die Richtlinie 2004/01/EG des Europäischen Parlaments und des Rates vom 27. Oktober 2004 (ABl. EU Nr. L 338 S.18),

4. Emission: die Freisetzung von in Anlage A des Protokolls aufgeführten Treibhausgasen,

5. Emissionsminderung: die Minderung der Emission aus Quellen, nicht hingegen die Verstärkung des Abbaus von Treibhausgasen durch Senken in den Bereichen Landnutzung, Landnutzungsänderung und Forstwirtschaft,

6. zusätzliche Emissionsminderung: eine Emissionsminderung, soweit sie diejenige Menge an Emissionen unterschreitet, die ohne die Durchführung der Projekttätigkeit entstanden wäre (Referenzfallemissionen),

7. Gemeinsame Projektumsetzung: ein projektbezogener Mechanismus im Sinne des Artikels 6 des Protokolls,

8. Mechanismus für umweltverträgliche Entwicklung: ein projektbezogener Mechanismus im Sinne des Artikels 12 des Protokolls,

9. Gastgeberstaat: der Staat, auf dessen Staatsgebiet oder in dessen ausschließlicher Wirtschaftszone die Projekttätigkeit durchgeführt werden soll,

10. Investorstaat: der Staat, der ohne Gastgeberstaat zu sein, die Billigung im Sinne des Artikels 6 Abs. 1 Buchstabe a und des Artikels 12 Abs. 5 Buchstabe a des Protokolls erteilt,

11. Projektträger: die natürliche oder juristische Person, die die Entscheidungsgewalt über eine Projekttätigkeit innehat; Projektträger können auch mehrere Personen gemeinschaftlich sein,

12. Projekttätigkeit: die Entwicklung und Durchführung eines Projektes entsprechend den Voraussetzungen des Artikels 6 oder Artikels 12 des Protokolls und den im Anhang zu diesem Gesetz abgedruckten Beschlüssen 16/CP.7 oder 17/CP.7 der Konferenz der Vertragsparteien des Übereinkommens,

13. Projektdokumentation: die Dokumentation des Projektträgers zur Beschreibung der geplanten Durchführung der Projekttätigkeit,

14. Überwachungsplan: der Teil der Projektdokumentation, der Art und Umfang der während des Projektverlaufs, insbesondere zur Ermittlung der Emissionen der Projekttätigkeit, zu erhebenden Daten festlegt,

15. Überwachungsbericht: der Bericht des Projektträgers über die nach den Vorgaben des Überwachungsplans ermittelten Daten,

16. Zustimmung: die Anerkennung der nach diesem Gesetz zuständigen Behörde, dass für eine Emissionsminderung durch eine validierte Projekttätigkeit auf der Grundlage der in der Projektdokumentation getroffenen Festlegungen, insbesondere von bestimmten Referenzfallemissionen, Emissionsreduktionseinheiten oder zertifizierte Emissionsreduktionen ausgestellt werden können; sie umfasst die Billigung im Sinne des Artikels 6 Abs. 1 Buchstabe a und des Artikels 12 Abs. 5 Buchstabe a des Protokolls sowie die Ermächtigung des Projektträgers im Sinne des Artikels 6 Abs. 3 und des Artikels 12 Abs. 9 des Protokolls,

17. Registrierung: die Eintragung einer Projekttätigkeit, die im Bundesgebiet durchgeführt wird, in ein nationales Verzeichnis,

18. Validierungsbericht: der Bericht einer sachverständigen Stelle darüber, ob ein Projekt die im Einzelfall für die Zustimmung maßgeblichen Voraussetzungen dieses Gesetzes erfüllt,

19. Verifizierungsbericht: der Bericht und die Zertifizierung einer sachverständigen Stelle darüber, in welchem Umfang die im Überwachungsbericht angegebene Emissionsminderung aus der Projekttätigkeit im Prüfungszeitraum eingetreten ist,

20. Emissionsreduktionseinheit: eine nach Artikel 6 des Protokolls und dem Beschluss 16/CP.7 der Konferenz der Vertragsparteien des Übereinkommens ausgestellte Einheit, die einer Tonne Kohlendioxidäquivalent entspricht,

21. zertifizierte Emissionsreduktion: eine nach Artikel 12 des Protokolls und dem Beschluss 17/CP.7 der Konferenz der Vertragsparteien des Übereinkommens ausgestellte Einheit, die einer Tonne Kohlendioxidäquivalent entspricht,

22. Exekutivrat: das von der Konferenz der Vertragsparteien des Übereinkommens eingesetzte Aufsichtsgremium im Sinne des Artikels 12 Abs. 4 des Protokolls,

23. Verzeichnis über den Teilnahmestatus: das Verzeichnis, das von dem nach Artikel 8 des Übereinkommens eingesetzten Sekretariat über den Teilnahmestatus der Vertragsparteien des Protokolls nach Nummer 27 des Abschnitts D der Anlage des Beschlusses 16/CP7 und nach Nummer 34 des Abschnitts F der Anlage des Beschlusses 17/CP.7 der Konferenz der Vertragsparteien des Übereinkommens geführt wird.

Teil 2. Gemeinsame Projektumsetzung

Abschnitt 1. Projekttätigkeiten außerhalb des Bundesgebietes

§ 3 Zustimmung

(1) Im Rahmen der Gemeinsamen Projektumsetzung außerhalb des Bundesgebiets hat die zuständige Behörde die Zustimmung zu erteilen, wenn

1. die den Anforderungen des Absatzes 4 entsprechende Projektdokumentation und der sach- und fachgerecht erstellte Validierungsbericht ergeben, dass die Projekttätigkeit eine zusätzliche Emissionsminderung erwarten lässt und

2. die Projekttätigkeit keine schwerwiegenden nachteiligen Umweltauswirkungen verursacht.

Für Projekttätigkeiten zur Erzeugung von Elektrizität aus Wasserkraft mit einer Erzeugungskapazität über 20 Megawatt ist zusätzlich erforderlich, dass die in Artikel 11 b Abs. 6 der Emissionshandelsrichtlinie genannten internationalen Kriterien und Leitlinien eingehalten werden. Wird eine Projekttätigkeit in den Mitgliedstaaten der Europäischen Union durchgeführt, so ist bei der Berechnung der zu erwartenden zusätzlichen Emissionsminderung im Sinne der Nummer 1 zu gewährleisten, dass die festgelegten Referenzfallemissionen mindestens den Anforderungen des Gemeinschaftsrechts unbeschadet der Ausnahmevorschriften in den Beitrittsverträgen entsprechen.

(2) Die Zustimmung ist zu versagen, wenn

1. Tatsachen die Annahme rechtfertigen, dass der Projektträger nicht die notwendige Gewähr für die ordnungsgemäße Durchführung der Projekttätigkeit, insbesondere die Erfüllung der Pflichten nach diesem Gesetz bietet oder

2. eine Projekttätigkeit zu einer unmittelbaren oder mittelbaren Minderung von Emissionen aus einer Anlage führt, die der Emissionshandelsrichtlinie unterliegt, und der Gastgeberstaat keine § 5 Abs. 1 Satz 3 entsprechende Regelung oder vergleichbare Maßnahme zum Ausgleich der Doppelzählung einer Emissionsminderung vorsieht.

(3) Die Zustimmung wird entsprechend der vom Projektträger beantragten Laufzeit befristet. Die einmalige Laufzeit darf den Zeitraum von zehn Jahren nicht überschreiten. Beträgt die Erstlaufzeit höchstens sieben Jahre, kann für dieselbe Projekttätigkeit auf Antrag zweimal erneut eine Zustimmung mit einer jeweiligen Befristung auf höchstens sieben Jahre erteilt werden. Soweit die Laufzeit über den 31. Dezember 2012 hinausgeht, wird die Zustimmung unter der Bedingung erteilt, dass die Gemeinsame Projektumsetzung nach Ablauf der Verpflichtungsperiode aus Artikel 3 Abs. 1 des Protokolls auf der Grundlage eines von der Konferenz der Vertragsparteien des Protokolls gefassten Beschlusses fortgeführt wird.

(4) Die Zustimmung erfolgt auf schriftlichen Antrag des Projektträgers bei der zuständigen Behörde. Dem Antrag hat der Projektträger folgende Dokumente beizufügen:

1. die Projektdokumentation,

2. den Validierungsbericht und

3. ein Befürwortungsschreiben des Gastgeberstaates, falls ein solches ausgestellt worden ist.

Die Projektdokumentation einschließlich des Überwachungsplans ist nach den formalen und inhaltlicher Anforderungen des Anhangs B zur Anlage des Beschlusses 16/CP.7 der Konferenz der Vertragsparteien des Übereinkommens zu erstellen. Das Bundesministerium für Umwelt, Naturschutz und Reaktorsicherheit kann im Einvernehmen mit dem Bundesministerium für Wirtschaft und Arbeit die formalen und inhaltlichen Anforderungen an die Projektdokumentation einschließlich derer für der Überwachungsplan unter Beachtung der Anhänge E und C zur Anlage des Beschlusses 17/CP.7 sowie des Anhangs B zur Anlage des Beschlusses 16/CP.7 der Konferenz der Vertragsparteien des Übereinkommens durch Rechtsverordnung, die nicht der Zustimmung des Bundesrates bedarf, regeln. In der Rechtsverordnung können für kleine und mittlere Projekttätigkeiten vereinfachte Anforderungen an die Antragsunterlagen und den Nachweis der zu erwartenden zusätzlichen Emissionsminderung festgelegt werden. Die zuständige Behörde hat dem Projektträger den Eingang des Antrags und der beigefügten Unterlagen unverzüglich schriftlich zu bestätigen. Sie teilt dem Projektträger innerhalb von zwei Wochen mit, welche zusätzlichen Unterlagen und Angaben sie für ihre Entscheidung benötigt.

(5) Die zuständige Behörde soll innerhalb von zwei Monaten nach Eingang der vollständigen Antragsunterlagen abschließend über den Antrag entscheiden.

(6) Die zuständige Behörde soll auf Antrag des Projektträgers mit einem Befürwortungsschreiben die Entwicklung einer Projekttätigkeit unterstützen, wenn die Zustimmung zu der Projekttätigkeit wahrscheinlich ist. Dieses Befürwortungsschreiben erlangt keine rechtliche Verbindlichkeit; es beinhaltet insbesondere keine Zusicherung einer Zustimmung nach Absatz 1.

(7) Die Absätze 1 bis 5 finden keine Anwendung, wenn sich aus dem Verzeichnis über den Teilnahmestatus ergibt, dass die Bundesrepublik Deutschland als möglicher Investorstaat und der mögliche Gastgeberstaat die Teilnahmevoraussetzungen der Nummer 21 des Abschnitts D der Anlage des Beschlusses 16/CP.7 der Konferenz der Vertragsparteien des Übereinkommens nicht erfüllt.

§ 4 Überprüfung der Verifizierung

Die zuständige Behörde soll, soweit nach Bekanntgabe des Verifizierungsberichts begründete Zweifel an der Richtigkeit oder Vollständigkeit dieses Berichts bestehen, die durch den Projektträger nicht ausgeräumt werden können, unverzüglich ein Überprüfungsgesuch bei der zuständigen Behörde des Gaststaates einreichen. Der Projektträger ist hiervon unverzüglich zu unterrichten.

Abschnitt 2. Projekttätigkeiten im Bundesgebiet

§ 5 Zustimmung und Registrierung

(1) Im Rahmen einer Gemeinsamen Projektumsetzung im Bundesgebiet hat die zuständige Behörde die Zustimmung zu erteilen, wenn

1. die den Anforderungen des Absatzes 4 entsprechende Projektdokumentation und der sach- und fachgerecht erstellte Validierungsbericht ergeben, dass die Projekttätigkeit eine zusätzliche Emissionsminderung erwarten lässt und

2. die Projekttätigkeit keine schwerwiegenden nachteiligen Umweltauswirkungen verursacht.

§ 3 Abs.1 Satz 2 gilt entsprechend. Führt eine Projekttätigkeit zu einer unmittelbaren oder mittelbaren Minderung von Emissionen aus einer Anlage, die der Emissionshandelsrichtlinie unterliegt, so ist diese Emissionsminderung bei der Berechnung der im Sinne der Nummer 1 zu erwartenden zusätzlichen Emissionsminderung Bestandteil der Referenzfallemissionen. Wird eine Projekttätigkeit durch öffentliche Fördermittel der Bundesrepublik Deutschland finanziert, ist der Anteil derjenigen Emissionsminderung der Projekttätigkeit, der durch öffentliche Fördermittel finanziert wird, Bestandteil der Referenzfallemissionen; dies gilt nicht, wenn die öffentlichen Fördermittel der Absicherung von Investitionen dienen. Die Vergütung von Strom nach § 5 Abs. 1 des Erneuerbare-Energien-Gesetzes und der Zuschlag für KWK-Strom aus Anlagen nach § 5 des Kraft-Wärme-Kopplungsgesetzes stehen einer Finanzierung durch öffentliche Fördermittel gleich.

(2) Die Zustimmung ist zu versagen, wenn

1. Tatsachen die Annahme rechtfertigen, dass der Projektträger nicht die notwendige Gewähr für die ordnungsgemäße Durchführung der Projekttätigkeit, insbesondere die Erfüllung der Pflichten nach diesem Gesetz bietet oder

2. keine Bereitschaft des Investorstaates besteht, unter vergleichbaren Bedingungen Projekttätigkeiten auf seinem Staatsgebiet zuzulassen.

(3) Die Zustimmung wird entsprechend der vom Projektträger beantragten Laufzeit befristet. Die Laufzeit darf nicht über den 31. Dezember 2012 hinausgehen.

(4) Die Zustimmung erfolgt auf schriftlichen Antrag des Projektträgers bei der zuständigen Behörde. Dem Antrag hat der Projektträger folgende Dokumente beizufügen:

1. die Projektdokumentation und

2. den Validierungsbericht.

§ 3 Abs. 4 Satz 3 gilt entsprechend. Das Bundesministerium für Umwelt, Naturschutz und Reaktorsicherheit kann im Einvernehmen mit dem Bundesministerium für Wirtschaft und Arbeit die formalen und inhaltlichen Anforderungen an die Projektdokumentation einschließlich derer für den Überwachungsplan unter Beachtung die Anhänge B und C zur Anlage des Beschlusses 17/CP.7 sowie des Anhangs B zur Anlage des Beschlusses 161 CP7 der Konferenz der Vertragsparteien des Übereinkommens durch Rechtsverordnung, die nicht der Zustimmung des Bundesrates bedarf, regeln. In der Rechtsverordnung können für kleine und mittlere Projekttätigkeiten vereinfachte Anforderungen an die Antragsunterlagen und den Nachweis der zu erwartenden zusätzlicher Emissionsminderung festgelegt werden. § 3 Abs. 4 Satz E und 7 gilt entsprechend.

(5) Der Antragsteller hat die Projektdokumentation und die Adresse der von ihm mit der Validierung beauftragten Stelle unverzüglich nach Erstellung der zuständigen Behörde zuzuleiten. Die zugeleiteten Informationen sind nach § 10 des Umweltinformationsgesetzes zu veröffentlichen.

(6) Die Zustimmung nach Absatz 1 umfasst nicht die sonstigen behördlichen Entscheidungen, die nach anderen öffentlich-rechtlichen Vorschriften zur Durchführung der Projekttätigkeit erforderlich sind.

(7) Die Zustimmung enthält die Festlegung, dass Emissionsreduktionseinheiten nur für ab 1. Januar 2008 erzielte Emissionsminderungen ausgestellt werden können.

(8) Die zuständige Behörde führt nach Maßgabe des Artikels 24 Abs. 1 Satz 2 der Verordnung (EG) Nr. 2216 2004 der Kommission vom 21. Dezember 2004 über ein standardisiertes und sicheres Registrierungssystem gemäß der Richtlinie 2003/87/EG sowie der Entscheidung 280/2004/EG des Europäischen Parlaments und des Rates (ABl. EU Nr. L 386 S. 1) ein nationales Verzeichnis über Projekttätigkeiten im Rahmen der Gemeinsamer Projektumsetzung im Bundesgebiet. Die zuständige Behörde nimmt die Registrierung der Projekttätigkeit vor, sobald die Zustimmung nach Absatz 1 erteilt wurde und ihr die Billigung des Investorstaates vorliegt.

(9) § 3 Abs. 5 gilt entsprechend.

(10) Diese Vorschrift findet keine Anwendung, wenn sich aus dem Verzeichnis über den Teilnahmestatus ergibt, dass der mögliche Investorstaat oder die Bundesrepublik Deutschland als möglicher Gastgeberstaat die Teilnahmevoraussetzungen der Nummer 21 des Abschnitts D der Anlage des Beschlusses 16/CP.7 der Konferenz der Vertragsparteien des Übereinkommens nicht erfüllt.

§ 6 Bestätigung des Verifizierungsberichts

(1) Die zuständige Behörde hat den Verifizierungsbericht zu bestätigen, wenn

1. die registrierte Projekttätigkeit entsprechend der Projektdokumentation, die der Zustimmung zu Grunde lag, durchgeführt wurde, insbesondere der Überwachungsbericht den Vorgaben des validierten Überwachungsplans entspricht,

2. der Verifizierungsbericht sach- und fachgerecht erstellt wurde und

3. der Verfizierungsbericht ergibt, dass Doppelzählungen auf Grund unmittelbarer oder mittelbarer Emissionsminderungen oder Doppelbegünstigungen auf

Grund einer Finanzierung durch öffentliche Fördermittel im Sinne des § 5 Abs. 1 Satz 4 und 5 ausgeschlossen sind.

Bevor die zuständige Behörde die Bestätigung des Verifizierungsberichts ablehnt, ist dem Projektträger und der mit der Verifizierung beauftragten sachverständigen Stelle Gelegenheit zu geben, sich zu den für die Entscheidung erheblichen Tatsachen zu äußern.

(2) Die Bestätigung erfolgt auf schriftlichen Antrag des Projektträgers bei der zuständigen Behörde. Dem Antrag hat der Projektträger folgende Dokumente beizufügen:

1. den Überwachungsbericht und

2. den Verifizierungsbericht.

Der Projektträger ist verpflichtet, im Überwachungsbericht richtige und vollständige Angaben zu machen. § 3 Abs. 4 Satz 6 und 7 gilt entsprechend.

(3) Die zuständige Behörde unterrichtet unverzüglich nach der Bestätigung des Verifizierungsberichts den Registerführer im Sinne des Artikels 2 Buchstabe q der Verordnung (EG) Nr. 2216/2004. Der Registerführer überträgt die Anzahl von Emissionsreduktionseinheiten, die der verifizierten Menge an Emissionsminderungen in Tonnen Kohlendioxidäquivalent entspricht, auf das vom Projektträger benannte Konto.

Abschnitt 3. Sachverständige Stellen

§ 7 Sachverständige Stellen

(1) Zur Validierung und Verifizierung sind nur solche sachverständigen Stellen befugt, die durch den Exekutivrat akkreditiert und bekannt gegeben worden sind. Die sachverständigen Stellen werden vom Projektträger beauftragt. Sie sind verpflichtet, die Angaben des Projektträgers auf Richtigkeit und Vollständigkeit zu überprüfen sowie richtige und vollständige Angaben im Validierungs- und Verifizierungsbericht zu machen.

(2) Das Bundesministerium für Umwelt, Naturschutz und Reaktorsicherheit kann im Einvernehmen mit dem Bundesministerium für Wirtschaft und Arbeit durch Rechtsverordnung, die nicht der Zustimmung des Bundesrates bedarf, unter Berücksichtigung der in Anhang A des Beschlusses 16/CP.7 der Konferenz der Vertragsparteien des Übereinkommens aufgestellten Anforderungen festlegen, dass auch andere als die in Absatz 1 genannten Stellen zur Validierung und Verifizierung befugt sind.

(3) Bei der sach- und fachgerechten Erstellung des Validierungs- und Verifizierungsberichts sind die Vorgaben des Abschnitts E der Anlage des Beschlusses 16/CP.7 und die Abschnitte E, G und 1 der Anlage des Beschlusses 17/CP.7 der Konferenz der Vertragsparteien des Übereinkommens zu beachten. Das Bundesministerium für Umwelt, Naturschutz und Reaktorsicherheit kann im Einvernehmen mit dem Bundesministerium für Wirtschaft und Arbeit die Voraussetzungen

und das Verfahren durch Rechtsverordnung, die nicht der Zustimmung des Bundesrates bedarf, regeln. Dabei ist sicherzustellen, dass bei der Verifizierung Doppelzählungen auf Grund unmittelbarer oder mittelbarer Emissionsminderungen und Doppelbegünstigungen auf Grund einer Finanzierung durch öffentliche Fördermittel im Sinne des § 5 Abs. 1 Satz 4 und 5 ausgeschlossen werden.

Teil 3. Mechanismus für umweltverträgliche Entwicklung

§ 8 Zustimmung

(1) Im Rahmen des Mechanismus für umweltverträgliche Entwicklung hat die zuständige Behörde die Zustimmung zu erteilen, wenn

1. die den Anforderungen des Absatzes 3 entsprechende Projektdokumentation und der sach- und fachgerecht erstellte Validierungsbericht ergeben, dass die Projekttätigkeit eine zusätzliche Emissionsminderung erwarten lässt,

und die Projekttätigkeit

2. keine schwerwiegenden nachteiligen Umweltauswirkungen verursacht und

3. der nachhaltigen Entwicklung des Gastgeberstaates in wirtschaftlicher, sozialer und ökologischer Hinsicht, insbesondere vorhandenen nationalen Nachhaltigkeitsstrategien, nicht zuwiderläuft.

§ 3 Abs.1 Satz 2 gilt entsprechend.

(2) Die Zustimmung ist zu versagen, wenn

1. Tatsachen die Annahme rechtfertigen, dass der Projektträger nicht die notwendige Gewähr für die ordnungsgemäße Durchführung der Projekttätigkeit, insbesondere die Erfüllung der Pflichten nach diesem Gesetz bietet oder

2. sich aus dem Verzeichnis über den Teilnahmestatus ergibt, dass die Bundesrepublik Deutschland als möglicher Investorstaat die Teilnahmevoraussetzung der Nummer 31 oder der mögliche Gastgeberstaat die Teilnahmevoraussetzung der Nummer 30 des Abschnitts F der Anlage des Beschlusses 17/CP.7 der Konferenz der Vertragsparteien des Übereinkommens nicht erfüllt.

(3) Die Zustimmung erfolgt auf schriftlichen Antrag des Projektträgers bei der zuständigen Behörde. Dem Antrag hat der Projektträger folgende Dokumente beizufügen:

1. die Projektdokumentation,

2. den Validierungsbericht und

3. ein Befürwortungsschreiben des Gastgeberstaates, falls ein solches ausgestellt worden ist.

Die Projektdokumentation einschließlich des Überwachungsplans ist nach den formalen und inhaltlichen Anforderungen des Anhangs B sowie dem Abschnitt H zur Anlage des Beschlusses 17/CP.7 der Konferenz der Vertragsparteien des Übereinkommens zu erstellen. Aus der Projektdokumentation muss sich ergeben, dass eine Öffentlichkeitsbeteiligung entsprechend den Anforderungen nach Nummer 40 des Abschnitts G der Anlage des Beschlusses 17/CP.7 der Konferenz der Vertragsparteien des Übereinkommens stattgefunden hat.

(4) Die zuständige Behörde kann den Projektträger zum Nachweis, dass die Anforderung der Nummer 2 des Absatzes 1 erfüllt ist, zur Durchführung einer Umweltverträglichkeitsprüfung verpflichten, wenn sie insbesondere auf Grund der in der validierten Projektdokumentation beschriebenen Projekttätigkeit und der dort dargestellten Umweltauswirkungen zu der Einschätzung gelangt, dass nach Umfang, Standort und Folgen der Projekttätigkeit erhebliche nachteilige Umweltauswirkungen wahrscheinlich sind. Das Bundesministerium für Umwelt, Naturschutz und Reaktorsicherheit kann im Einvernehmen mit dem Bundesministerium für Wirtschaft und Arbeit und dem Bundesministerium für wirtschaftliche Zusammenarbeit und Entwicklung durch Rechtsverordnung, die nicht der Zustimmung des Bundesrates bedarf, festlegen, welche Anforderungen im Einzelnen an die Umweltverträglichkeitsprüfung nach Satz 1 zu stellen sind. Dabei sind vorhandene internationale Standards, die ökologische und gesellschaftliche Belange aufnehmen, zu berücksichtigen.

(5) § 3 Abs. 4 Satz 6 und 7, Abs. 5 und 6 gilt entsprechend.

(6) Die zuständige Behörde hat auf Antrag des Projektträgers eine natürliche oder juristische Person im Sinne des Artikels 12 Abs. 9 des Protokolls zu ermächtigen, sich an der Projekttätigkeit zu beteiligen, der nach Absatz 1 zugestimmt wurde.

§ 9 Überprüfungsgesuch

Die zuständige Behörde kann, soweit die Voraussetzungen der Nummer 41 des Abschnitts G oder der Nummer 65 des Abschnitts J der Anlage des Beschlusses 17/CP.7 der Konferenz der Vertragsparteien des Übereinkommens vorliegen, ein Überprüfungsgesuch beim Exekutivrat einreichen. Der Projektträger ist hiervon unverzüglich zu unterrichten.

Teil 4. Gemeinsame Vorschriften

§ 10 Zuständige Behörde; Aufgabenübertragung

(1) Zuständige Behörde im Sinne dieses Gesetzes ist das Umweltbundesamt.

(2) Die nach Absatz 1 zuständige Behörde kann die Aufgaben und Befugnisse mit Ausnahme der Zuständigkeit für die Verfolgung und Ahndung von Ordnungswidrigkeiten nach § 15 ganz oder teilweise auf eine juristische Person übertragen, wenn diese die Gewähr dafür bietet, dass die übertragenen Aufgaben ordnungsgemäß und zentral für das Bundesgebiet erfüllt werden. Die Beliehene untersteht der Aufsicht der nach Absatz 1 zuständigen Behörde. Bei einer Aufgabenübertragung auf eine juristische Person des öffentlichen Rechts gilt Satz 2 entsprechend.

§ 11 Benennung eines Bevollmächtigten

Besteht der Projektträger aus mehreren natürlichen oder juristischen Personen, ist der zuständigen Behörde eine natürliche Person als gemeinsamer Bevollmächtigter mit Zustelladresse im Inland zu benennen. Hat der Projektträger seinen Firmensitz im Ausland und keine Zweigniederlassung in der Bundesrepublik Deutschland, hat er eine im Inland ansässige Person als Empfangsberechtigten für Zustellungen zu benennen.

§ 12 Mengenbeobachtung

(1) Die zuständige Behörde hat der Bundesregierung erstmals zum 31. Dezember 2006 und danach jährlich über die Anzahl der tatsächlichen und für den folgenden Berichtszeitraum absehbaren Registrierungen im Sinne des § 5 Abs. 8 zu berichten.

(2) Ist nach dem Bericht der zuständigen Behörde nach Absatz 1 eine Gefährdung der Einhaltung der Reserve für den Verpflichtungszeitraum im Sinne der Nummer 6 der Anlage des im Anhang zu diesem Gesetz abgedruckten Beschlusses 18/CP.7 der Konferenz der Vertragsparteien des Übereinkommens zu besorgen, kann die Bundesregierung durch Rechtsverordnung, die nicht der Zustimmung des Bundesrates bedarf, eine Begrenzung der Menge von Emissionsreduktionseinheiten, die durch Projekttätigkeiten im Bundesgebiet erzeugt werden, beschließen. Die Bundesregierung legt zugleich den Umfang und Zeitpunkt des Wirksamwerdens dieser Mengenbegrenzung fest und gibt dies im Bundesanzeiger oder im elektronischen Bundesanzeiger bekannt.

(3) Ab dem Zeitpunkt, zu dem die Bundesregierung nach Absatz 2 die Einführung einer Mengenbegrenzung beschlossen hat, bedarf die Registrierung gemäß § 5 Abs. 8 einer Vorregistrierung. Die Vorregistrierung einer Projekttätigkeit im Rahmen einer Gemeinsamen Projektumsetzung im Bundesgebiet erfolgt durch die zuständige Behörde.

(4) Das Bundesministerium für Umwelt, Naturschutz und Reaktorsicherheit wird ermächtigt, durch Rechtsverordnung, die nicht der Zustimmung des Bundesrates bedarf, das Verfahren der Vorregistrierung nach Absatz 3 und die Maßnahmen zu regeln, die die Einhaltung der Mengenbegrenzung gewährleisten. Dabei ist sicherzustellen, dass eine Vorregistrierung gelöscht wird, soweit die betreffende Projekttätigkeit nicht innerhalb von zwei Jahren ab Vorregistrierung nach § 5 Abs. 8 registriert wird.

§ 13 Rechtsverordnung zu Zustimmungsvoraussetzungen

Das Bundesministerium für Umwelt, Naturschutz und Reaktorsicherheit kann im Einvernehmen mit dem Bundesministerium für Wirtschaft und Arbeit und dem Bundesministerium für wirtschaftliche Zusammenarbeit und Entwicklung unter Beachtung der Beschlüsse 16/CP.7 und 17/CP.7 der Konferenz der Vertragsparteien des Übereinkommens durch Rechtsverordnung, die nicht der Zustimmung des Bundesrates bedarf, regeln, welche Anforderungen an das Vorliegen der einzelnen Zustimmungsvoraussetzungen des § 3 Abs.1, des § 5 Abs. 1 und des § 8

Abs.1 und Versagungsgründe des § 3 Abs. 2, des § 5 Abs. 2 und des § 8 Abs. 2 zu stellen sind.

§ 14 Kosten

Für Amtshandlungen nach diesem Gesetz und den zur Durchführung dieses Gesetzes erlassenen Rechtsverordnungen erhebt die zuständige Behörde Gebühren und Auslagen. Das Bundesministerium für Umwelt, Naturschutz und Reaktorsicherheit bestimmt durch Rechtsverordnung, die nicht der Zustimmung des Bundesrates bedarf, die gebührenpflichtigen Tatbestände, die Höhe der Gebühren und die zu erstattenden Auslagen für Amtshandlungen nach diesem Gesetz und nach den auf Grund dieses Gesetzes erlassenen Rechtsverordnungen. Die Gebührensätze sind so zu bemessen, dass der gesamte Verwaltungsaufwand der Behörde für die Wahrnehmung der Aufgaben nach diesem Gesetz abgedeckt wird.

§ 15 Bußgeldvorschriften

(1) Ordnungswidrig handelt, wer vorsätzlich oder leichtfertig entgegen § 6 Abs. 2 Satz 3 oder § 7 Abs. 1 Satz 3

1. im Überwachungsbericht oder im Validierungsbericht oder

2. im Verifizierungsbericht

eine Angabe nicht richtig oder nicht vollständig macht.

(2) Die Ordnungswidrigkeit kann in den Fällen des Absatzes 1 Nr. 2 mit einer Geldbuße bis zu hunderttausend Euro, in den übrigen Fällen mit einer Geldbuße bis zu fünfzigtausend Euro geahndet werden.

Literaturverzeichnis

Alternativkommentar	zur Strafprozessordnung, Bd. 2, Teilband 1, Berlin 1992
Baumbach, Jürgen Weber, Ullrich Mitsch, Wolfgang	Strafrecht. Allgemeiner Teil, Lehrbuch, 11. Auflage, Bielefeld 2003
Beck, Heinz Samm, Carl-Theodor	Gesetz über das Kreditwesen: Kommentar nebst Materialien und ergänzenden Vorschriften [KWG], Heidelberg, Stand 44. Ergänzungslieferung [1993]
Beckmann, Martin Hagmann, Joachim	Die Berücksichtigung von „Early Action" bei Anlagenteilen und Nebeneinrichtungen im Sinne des § 2 Abs. 1 S. 2 TEHG, in: EurUP 2005, S. 115-121
Begemann, Arndt Lustermann, Henning	Emissionshandel: Probleme des Anwendungsbereichs und Auslegungsfragen zu Härtefallregelungen des ZuG 2007, in: NVwZ 2004, S. 1292-1297
Bloy, René	Zur Systematik der Einstellungsgründe im Strafverfahren, in: GA 1980, S. 161-181
Böhm, Monika	Ausstieg im Konsens?, in: NuR 2001, S. 61-64
Brandt, Kerstin	Präklusion im Verwaltungsverfahren, in: NVwZ 1997, S. 233-237
Breuer, Rüdiger	Rechtsschutz beim Handel mit Emissionszertifikaten, in: Hendler/Marburger/Reinhardt/Schröder (Hrsg.), Emissionszertifikate und Umweltrecht, 2004, S. 145-186
Bröwing, Andreas	Deutscher Atomrechtstag 2002, Baden-Baden 2003, S. 131-146
Burgi, Martin	Ersatzanlagen im Emissionshandelssystem, Stuttgart u. a., 2004

Burgi, Martin	Die Rechtsstellung von Unternehmen im Emissionshandelsrecht, in: Frenz (Hrsg.), Auswirkungen des Emissionshandelsrechts auf die Praxis, 2005, S. 59-69
Burgi, Martin	Grundprobleme des deutschen Emissionshandelssystems, in: Gesellschaft für Umweltrecht (Hrsg.), Rechtsprobleme des CO_2-Emissionshandels, 2005, S. 115-137
Burgi, Martin	Grundprobleme des deutschen Emissionshandelssystems: Zuteilungskonzept und Rechtsschutz, in: NVwZ 2004, S. 1162-1168
Cremer, Wolfram	Individualrechtsschutz gegen Richtlinien, in: EuZW 2001, S. 453-458
Dessecker, Axel	Gewinnabschöpfung im Strafrecht und in der Strafrechtspraxis, Freiburg 1992
Düsing, Mechthild Kauch, Petra	Die Zusatzabgabe im Milchsektor. Ein Ratgeber für die Praxis, Münster-Hiltrup 2001
Ebsen, Peter	Emissionshandel in Deutschland, Köln u.a., 2004
Ehricke, Ullrich Köhn, Kai	Die Regelungen über den Handel mit Berechtigungen zur Emission von Treibhausgasen – Ein Überblick über das Treibhausgas-Emissionshandelsgesetz (TEHG) –, in: WM 2004, S. 1903-1912
Ehrmann, Markus	Das ProMechG – Verknüpfung des europäischen Emissionshandels mit den flexiblen Mechanismen des Kyoto-Protokolls, in: EurUP 2005, 206-212
Epiney, Astrid	Umweltrecht in der Europäischen Union, 2. Auflage, Köln u. a., 2005
Eser, Albin	Neue Wege der Gewinnabschöpfung im Kampf gegen die organisierte Kriminalität?, in Festschrift für Walter Stree und Johannes Wessels, Heidelberg 1993, S. 833-853
Frenz, Walter	Emissionshandelsrecht, Kommentar zum TEHG und ZuG, Berlin 2005
Frenz, Walter	Atomkonsens und Landesvollzugskompetenz, in: NVwZ 2002, S. 561-563

Gemeinschafts-kommentar	zum Bundes-Immissionsschutzgesetz, Düsseldorf (Stand Oktober 2004)
Giesberts, Ludger Hilf, Juliane	Emissionshandel: Der deutsche Allokationsplan, in: EurUP 2004, S. 21-29
Göhler, Erich	Gesetz über Ordnungswidrigkeiten, Kommentar, 13. Auflage, München 2002
Greinacher, Dominik	Allokation von Emissionsberechtigungen – Verfahren und materielle Maßstäbe, in: Frenz (Hrsg.), Auswirkungen des Emissionshandels auf die Praxis, 2005, S. 117-132
Hansjürgens, Bernd Gagelmann, Frank	Zur Ausgestaltung des Handelssystems im Europäischen CO_2-Emissionshandel, in: et 2004, S. 234-237
Hellmann, Uwe	Strafprozessrecht, Berlin u.a., 1998
Hoyer, Andreas	Die Rechtsnatur des Verfalls angesichts des neuen Verfallsrechts, in: GA 1993, S. 406-422
Huber, Peter	Restlaufzeiten und Strommengenregelungen, in: DVBl. 2003, S. 157-165
Jarass, Hans D.	Bundes-Immissionsschutzgesetz, Kommentar, 6. Auflage, München 2005
Karlsruher Kommentar	zum Gesetz über Ordnungswidrigkeiten, 2. Auflage, München 2000
Klein, Michael Völker-Lehmkuhl, Katharina	Die Bilanzierung von Emissionsrechten nach den deutschen Grundsätzen ordnungsgemäßer Bilanzierung, in: DB 2004, S. 332-336
Kloepfer, Michael	Umweltrecht in Bund und Ländern, unter Mitarbeit von Stefan Assenmacher, Anne-Kathrin Fenner, Guido Wustlich, Berlin 2003
Kloepfer, Michael	Der Handel mit Emissionsrechten im System des Umweltrechts, in: Hendler/Marburger/Reinhardt/Schröder (Hrsg.), Emissionszertifikate und Umweltrecht, Berlin 2004, S. 71-122
Kloepfer, Michael	Umweltrecht, 3. Auflage, München, 2004

Knopp, Lothar	Europarechtliche Dominanz und deutscher Konzeptwechsel an den Beispielen Emissionsrechtshandel und Umwelthaftung, in: UPR 2004, S. 379-382
Kobes, Stefan	Grundzüge des Emissionshandels in Deutschland, in: NVwZ 2004, S. 513-520
Kobes, Stefan	Das Zuteilungsgesetz 2007, in: NVwZ 2004, S. 1153 – 1158
Koenig, Christian Haratsch, Andreas	Europarecht, 4. Auflage, Tübingen 2003
Kopp, Ferdinand O. Ramsauer, Ullrich	Verwaltungsverfahrensgesetz, Kommentar, 8. Auflage, München 2003
Körner, Raimund Vierhaus, Hans-Peter	Treibhaus-Emissionshandelsgesetz, Zuteilungsgesetz 2007, Kommentar, München 2005
Landmann, Robert von Rohmer, Gustav	Umweltrecht, Kommentar, Loseblatt, München, Stand: März 2005
Laufhütte, Heinrich Möhrenschlager, Manfred	Umweltstrafrecht in neuer Gestalt, in: ZStW (92) 1980, S. 912-972
Leipziger Kommentar	Strafgesetzbuch, Großkommentar, 11. Auflage, Berlin/New York, Stand 1999
Löwe, Ewald Rosenberg, Werner	Die Strafprozessordnung und das Gerichtsverfassungsgesetz: Großkommentar, 25. Auflage, Berlin u.a., Stand 2004
Lucht, Michael Spangardt, Gorden	Emissionshandel: Ökonomische Prinzipien, rechtliche Regelungen und technische Lösungen für den Klimaschutz, Berlin 2004
Mager, Ute	Das europäische System für den Handel mit Treibhausgas-Emissionszertifikaten, in: DÖV 2004, S. 561-566
Marci, Mika	Trading, in: Lucht/Spangardt (Hrsg.), Emissionshandel, Berlin 2004, S. 117-135

Marr, Simon	Emissionshandel in Deutschland: Der Entwurf des Treibhausgas-Emissionshandelsgesetzes und der Verordnung zur Umsetzung der Emissionshandels-Richtlinie für Anlagen nach dem Bundes-Immissionsschutzgesetz, in: EurUP 2004, S. 10-21
Maslaton, Martin	Treibhausgas-Emissionshandelsgesetz, Handkommentar, Baden-Baden 2005
Maslaton, Martin Hauk, Ulrich	Einführung des Treibhausgasemissionshandels zur CO_2-Reduzierung rechtmäßig, in: NVwZ 2005, 1150-1153
Meyer-Goßner, Lutz	Strafprozessordnung, Kommentar, 47. Auflage, München 2004
Meyer-Goßner, Lutz	Änderungen der Strafprozessordnung durch das Rechtspflegeentlastungsgesetz, in: NJW 1993, S. 498-501
Michaelis, Lars Oliver Holtwisch, Christoph	Die deutsche Umsetzung der europäischen Emissionshandelsrichtlinie, in: NJW 2004, S. 2127-2132
Mitsch, Wolfgang	Recht der Ordnungswidrigkeiten, Berlin u.a. 2005
Münchener Kommentar	Zum Bürgerlichen Gesetzbuch, Band 3, Schuldrecht, Besonderer Teil I, § 433-610, 4. Auflage, München 2004
Mutschler, Ulrich Lang, Matthias	Das System des Emissionshandels und seine Auswirkungen auf die Rechtsstellung der Unternehmen, in: DB 2004, S. 1711-1718
Ossenbühl, Fritz	Umweltrecht und richterliche Praxis, in: Festschrift für Ernst Kutscheidt, München 2003, S. 213-224
Palandt, Otto	Bürgerliches Gesetzbuch, 64. Auflage, München 2005
Pauly, Heike	Der Handel mit Emissionszertifikaten: Eine Betrachtung aus völkerrechtlicher, europäischer und mitgliedstaatlicher Sicht, in: ZNER 2005, S. 42-53
Pfeiffer, Joachim	Der neue Straftatbestand zum Schutz der Luft – vertane Chance?, in: DRiZ 1995, S. 299-304

Pfromm, Rene Dodel, Beate	Verfahrens- und prozessrechtliche Herausforderungen des EG-Emissionshandels, in: EurUP 2004, S. 209-217
Posser, Herbert Altenschmidt, Stefan	Rechtsschutz im Emissionshandelssystem, in: Frenz (Hrsg.), Auswirkungen des Emissionshandels auf die Praxis, 2005, S. 141-159
Posser, Herbert Schmans, Malte Müller-Dehn, Christian	Atomgesetz, Kommentar zur Novelle 2002, Köln u.a. 2003
Ranft, Otfried	Grundzüge des Strafbefehlsverfahrens, in: JuS 2000, S. 633-640
Rat von Sachverständigen für Umweltfragen	Umweltgutachten 2004 – Umweltpolitische Handlungsfähigkeit sichern, BT-Drs. 15/3600
Rat von Sachverständigen für Umweltfragen	Kontinuität in der Klimapolitik – Kyoto-Protokoll als Chance, Stellungnahme, September 2005
Rebentisch, Manfred	Chancen und Risiken des Emissionshandelssystems aus der Perspektive der betroffenen Betreiber, in: Gesellschaft für Umweltrecht (Hrsg.), Rechtsprobleme des CO_2-Emissionshandels, 2005, S. 95-109
Rebmann, Kurt Roth, Werner Herrmann, Siegfried	Gesetz über Ordnungswidrigkeiten, Kommentar, Band 1, 3. Auflage, 4. Lieferung (Stand: April 2004), Stuttgart, Berlin, Köln
Rehbinder, Eckard Schmalholz, Michael	Handel mit Emissionsrechten für Treibhausgase in der EU, in: UPR 2002, S. 1-10
Roxin, Claus	Strafverfahrensrecht, 25. Auflage, München 1998
Ruffert, Matthias	Dogmatik und Praxis des subjektiven-öffentlichen Rechts unter dem Einfluss des Gemeinschaftsrechts, in: DVBl. 1998, S. 69-75
Sach, Karsten Reese, Moritz	Das Kyoto-Protokoll nach Bonn und Marrakesch, in: ZUR 2002, S. 65-73
Schirvani, Foroud	Rechtsschutz gegen Zuteilungsentscheidungen im Emissionshandelsrecht, in: NVwZ 2005, 868-875

Schleich, Joachim Betz, Regina Bradke, Harald Walz, Rainer	Allokationsplan, in: Lucht/Spangardt (Hrsg.), Emissionshandel, Berlin 2004, S. 101-116
Schlüter, Jochen	Emissionshandel ante portas, in: NVwZ 2003, S. 1213-1216
Schnekenburger, Franz	Zur Pfändbarkeit und Insolvenzzugehörigkeit der Milchreferenzmenge, in: Agrar- und Umweltrecht 2003, S. 133-138
Schoch, Friedrich	Individualrechtsschutz im deutschen Umweltrecht unter dem Einfluss des Gemeinschaftsrechts, in: NVwZ 1999, S. 457-467
Schönke, Adolf Schröder, Horst	Strafgesetzbuch, Kommentar, 26. Auflage, München 2001
Schweer, Carl-Stephan von Hammerstein, Christian	Treibhausgas-Emissionshandelsgesetz (TEHG), Kommentar, Köln 2004
Soergel, Theodor	Bürgerliches Gesetzbuch mit Einführungsgesetz und Nebengesetzen, Bd. 3, Schuldrecht II, § 433-515, 12. Auflage, Stuttgart u. a., 1991
Sommer, Uta	Sind Emissionszertifikate Wertpapiere im Sinne des Kreditwesengesetzes?, in: et 2003, S. 186-190
Sparwasser, Reinhard	Gerichtlicher Rechtsschutz im Umweltrecht, in: Gesellschaft für Umweltrecht (Hrsg.), Umweltrecht im Wandel, 2001, S. 1017-1054
Spieth, Wolf Friedrich Hamer, Martin	Rechtsprobleme des Treibhausgas-Emissionshandelsgesetzes, in: ZUR 2004, S. 427-434
Staudinger, Julius von	Kommentar zum Bürgerlichen Gesetzbuch mit Einführungsgesetz und Nebengesetzen, Buch 2, Recht der Schuldverhältnisse, § 433-487, 13. Bearbeitung, Berlin 1995
Stelkens, Paul Bonk, Heinz-Joachim Sachs, Michael	Verwaltungsverfahrensgesetz, Kommentar, 6. Auflage, München 2001

Streck, Michael Binnewies, Burkhard	Gestaltungsmöglichkeiten, Bilanzierungs- und Steuerfragen zum Handel mit Berechtigungen zur Emission von Treibhausgasen nach dem Treibhausgas-Emissionshandelsgesetz (TEHG), in: DB 2004, S. 1116-1122
Theuer, Andreas	Prozessbedingte Emissionen, in: Frenz (Hrsg.), Auswirkungen des Emissionshandels auf die Praxis, 2005, S. 133-139
Voßkuhle, Andreas	Beteiligung Privater an der Wahrnehmung öffentlicher Aufgaben, in: VVDStRL 62 (2003), S. 266-335
Wagner, Gerhard	Handel mit Emissionsrechten: Die privatrechtliche Dimension, in: ZBB 2003, S. 409-424
Wagner, Hellmut	Atomkompromiss und Ausstiegsgesetz, in: NVwZ 2001, S. 1089-1098
Wallat, Rita	Beaufsichtigung des organisierten Emissionshandels, KWG – Rechtliche Erlaubnispflicht bei der professionellen Vermittlung, Verwaltung oder dem Handel mit Emissionszertifikaten, in: et 2003, S. 180-184
Weidemann, Clemens	Emissionserlaubnis zwischen Markt und Plan, in: DVBl 2004, S. 727-736
Weinreich, Dirk Marr, Simon	Handel gegen Klimawandel – Überblick und ausgewählte Rechtsfragen zum neuen Emissionshandelssystem, in: NJW 2005, S. 1078-1084
Wertenbruch, Johannes	Zivilrechtliche Haftung beim Handel mit Umwelt-Emissionsrechten, in: ZIP 2005, S. 516-520

Stichwortverzeichnis

„De Minimis"-Regelung 191
Abfälle
  gefährliche 14
Abgabenordnung 121
Abgabepflicht 111
  Erfüllung der 112
Akteneinsicht 136, 142
Aktivitätsrate 79
Analogieverbot 130
Änderungsgenehmigung 21
Anfechtungsklage 83
Anhörung 142
Anlage
  gemeinsame 13
  Hauptanlage 12
Anlagenbetreiber 18
Anlagenfonds 84
Anordnung
  nachträgliche 20
Anprangerung 126
Anspruch
  materieller 40
Antragsergänzung 44
Anzeigepflicht 21
Ausbuchungskonto 153
Ausgleichscharakter 122
Auskunftsverweigerungsrecht 137
Ausschlussfristen 42
Außenvertretung 91
banking 114
Basisperiode 54, 75
Bekanntgabe 48, 106
Benchmarks 62
Benutzeridentifikation 156
Berechnungsgrundlage 59
Bestandsanlagen 21
Bestandsschutz 53, 88
Betreiber
  gemeinsamer 87
Betreiberbegriff 18
Betreibereigenschaft 135

Betreiberkonto 152
Betriebsbeauftragte für
  Immissionsschutz 30
Betriebseinstellung 70
  temporäre 70
Betriebsgelände 13, 87
Betriebsorganisation 29
Betriebsstillstand 70
Bevollmächtigte 156
Beweislastverteilung 119
Biomasse 15
Blankettvorschriften 132
borrowing 115
Branntkalk 79
Braunkohlekraftwerke 56
Braunkohleverstromung 189
Brennstoffeinsatzwechsel 17
Buchungsbestätigung 157
Bundeszentralregister 50
Bußgeldbescheid 141, 143
  Rechtsbehelf gegen 143
Bußgeldverfahren 141
Chipkartenlesegeräte 90
Clean Development 184
CO_2-Emissionen
  Berechnung 99
  Messung 98
Community Independant Transaction
  Log (CITL) 153
Datenaustausch
  elektronischer 89
Demokratieprinzip 119
Derivatehandel 158
Dienstleistungsfreiheit 51
Dokumentation 46
Dolomit 79
Doppel-Benchmark 65
Durchsuchungen 136
Durchsuchungsanordnung 138
Durchsuchungsbeschluss 137
Early Actions 73

Ebenenkonzept 100
　Änderung 102
　Genehmigung des 101
Eigentumsschutz 175
Eignung
　persönliche 50
Einigung 160
Einsatzoptimierung 34
Einstellungsmöglichkeit 139
Eintragung 161
Einwirkungsbereich 17
Einzelnachweise 44
Einzelzwangsvollstreckung 163
Emissionen
　angemeldete 55, 58
　historische 53
　prozessbedingte 75, 78, 79, 80, 81
Emissionsberechtigung 147
　Qualifizierung der 148
Emissionsbericht 32, 103
　Prüfung 104, 106
Emissionsbudget
　nationales 4
Emissionserheblichkeit 10
Emissionserklärung 103
Emissionsfaktor 79
　gewichteter 99
Emissionsfaktoren 99
Emissionsgenehmigung 18, 31, 147
Emissionsgenehmigungsbehörde 20, 22
Emissionsgenehmigungsteil 131
Emissionsgutschriften 185
Emissionshandelsregister 112, 151
Emissionsmessung 98
Emissionsminderung
　Berechnung der 75
Emissionsquellen 13
Emissionsrechtebudget 184
Emissionsschätzungen 97
Emissionswert 64
　festgesetzter 63
　produktspezifischer 63, 65
Emissionsziele
　nationale 56
Energieeffizienz 78
Energiewirtschaft 10
EPER-Code 103
Erdölraffinerien 81
Erfassungssoftware 45
Erfüllungsfaktor 4, 53, 55
Ermessensspielraum 83

Ermittlungsakte 136
Ermittlungsverfahren 135
Ersatzanlage 61
Erstallokation 93
Erwerb
　gutgläubiger 162
Ex-post-
　Kontrolle 60
　Korrektur 172
Fachkunde 31
Fernwärmeversorgung 82
Feuerungswärmeleistung 11, 18
Fiktion
　gesetzliche 19
Formularvorlagen
　elektronische 89
Forschungs- und Entwicklungsanlagen 14
forwards 167
Freisetzung 129
Führungszeugnis 48
futures 167
Gastland 186
Gebühren 154
Gefährdungsdelikt
　abstraktes 129
Geldbuße 141
Genehmigung
　immissionsschutzrechtliche 13
Genehmigungssituation 15
Genehmigungsunterlagen 45
Genehmigungsverfahren 15
Gerichtsstandsregelung 178
Gesamtjahresemission 101
Geschäftsführung 123
Geschäftsleitung 29
Gesetzgebungsverfahren 16
Gesundheitsschädigung 128
Gewerbeordnung 21
Gewerbezentralregister 146
Gichtgas 80
Glas
　Herstellung von 66
Glockenbildung 86
Grandfathering 53, 188
Grenzwert 10
Gutachter 106
Handelsplattformen 165
Handelsregisterauszug 90
Handlungsvollmacht 91
Härtefallregelung 58

Haushaltssektor 190
Heizwert 79
Hilfspersonen 46
Hochofen-Oxygenstahlwerk 80
höhere Gewalt 113, 123
Immissionsschutzbeauftragter 33
Inbetriebnahme 61, 62
    erstmalige 76
Individualrechtsschutz 170
Innovationsanreiz 60
Insolvenzrisiko 35, 166
IPCC-Code 103
IVU-Richtlinie 9
Jahresvolllaststunden 18
Joint Implementation 185
Kalte Reserve 70
Kapazitätserweiterung 54, 61, 76
Kardinalpflichten 19, 30, 105, 111, 114, 117
Kernkraftwerke 84
Klagebefugnis 177
Klimarahmenkonvention 2
Klimaschutz 75
Klimaschutzbeauftragter 33
Klimaschutzinstrument 17
Klimaschutzprojekte 184
Kohlenstoffgehalt 99
Kondensationskraftwerke 56
Kontensperrung 118
    Aufhebung der 119
Kontobevollmächtigte 34
Kontoeröffnung 152
Koppelproduktion 190
Kostenwirksamkeit 96
Kraft-Wärme-Kopplung
    siehe KWK 43, 77, 81
Kreditrisiko 167
Kreditsicherheit 163
Kreditwesengesetz 157
Kuppelgas 80
Kürzungsfaktor 4
KWK 64, 77, 81, 82, 83, 190
    Kraft-Wärme-Kopplung 43
    Kraft-Wärme-Kopplungsanlagen 65, 77, 190
    KWK-Anlagen 77
    KWK-Nettostromerzeugung 82, 83
    KWK-Stromanteils 81
Kyoto-Protokoll 2, 181
Liefertermin 167
Linking-Directive 183

Löschungskonto 153
Luftveränderung 128
Luftverunreinigung 16
Makler 166
Makroplan 4
Marrakesh Accords 2
Mehrproduktion 72
Merit Order 34
Messstelle 52, 104
Mikroplan 4
Milchquotenrecht 121
Mineralölindustrie 81
Mineralölsteuergesetz 56
Mitverbrennung 14
Modernisierungsmaßnahme 73
Monitoring-Guidelines 20, 86, 93
Monitoringkonzept 20, 32, 94
Montrealer Protokoll 1
Muster-Monitoring Konzept 94
Musterverträge 160
Nace-Code 49
Nachweisprüfung 47
Nebeneinrichtung 12, 13
Neuanlagen 60
Newcomer 39
Normenkontrollverfahren 173
Nutzungsbedingungen 154
Optionsregeln 68
Ordnungswidrigkeiten 117
Organisationsnormen 29
Organisationspflichten 123
Organisationsverschulden 124
Oxidationsfaktor 100
Ozonloch 1
Personalcomputer 89
Personenkonto 152
Petrokoks 81
Pfändung 163
Planungssicherheit 68
Plausibilitätskontrollen 109
Pooling 85
Portfoliomanagement 34
Poststelle
    virtuelle 90, 152
Präklusion 40
Praxistauglichkeit 94
Privatrecht
    Internationales 165
Probebetrieb 67
Produkteinheit 59
    maßgebliche 77

Stichwortverzeichnis

Produktionsmenge
  jährliche 64
Produktionsprognose 189
Produktionsrückgang 55, 71
Produktionsverlagerung 71
Prognose 68
Projektdokumentation 184
Prozessanalyse 108
Prozessdampf 66
Prozessemissionen 100
  Berechnungsformel 100
Prüfungsbericht 46
Prüfungsplan 46
Prüfungsrichtlinie 45
Prüfvermerk 110
Rat der Sachverständigen für Umweltfragen 181
Rechte
  Registrierung von 161
Rechtsabteilung 36
Rechtsbehelfsverfahren 44
Rechtsschutz 169, 170
  gegen Kontosperrung 119
  mitgliedstaatlicher 172
Rechtsschutzbegehren 171
Referenzfallemissionen 184
Referenzoxidationsfaktoren 100
Referenzperiode 75
Regelbetrieb 61
Regelungsgehalt 19
Registersoftware 156
Registerverordnung 151
Reservefonds 4, 63, 68, 177
Risikoanalyse 109
Risikomanagement 36
Roheisenproduktion 79
Rohstoffeinsatz 79
Sachkunde 48
Sachverständige 44, 45, 46, 48, 51, 82, 106, 107, 108, 109, 118, 119
Sachverständigenanhörung 5
Sachverständigenliste 51
Sachverständiger
  Bestellung 51
  Unzuverlässigkeit 50
  Vereidigung als 50
Sanktionssystem 117
Schadstoffausstoß 129
Schätzung 125
Schätzungsbefugnis 124
Schnittstellen 36

Schutzgüter 129
Schwellenländer 185
Schwellenwert 10
Sektoren 4
Signatur
  elektronische 90, 91
Signaturkarte
  digitale 156
Signaturschlüssel 91
Software 89
spot contract 167
Stahlherstellung 80
Stand der Technik 16, 21
Standardemissionsfaktoren 94
Steinkohlekraftwerk 56
Steuerungseffekt 3
Stichproben 109
Stilllegung 72
Stilllegungsprämie 72
Strafbefehlsverfahren 140
Stromerzeugung 65
Stromverlustkennzahl 77
Tätigkeit 9
Tätigkeitsdaten 99
Tatverdacht
  hinreichender 138
Techniken
  beste verfügbare 64
Termingeschäfte 158
Testaterteilung 46
Transaktionen 156
Transaktionsprotokolliereinrichtung 160
Treibhauseffekt 1
Treuhänder 85
Überprüfungsprozess 94
Übertragungsakt 149
Überwachung
  betreibereigene 104
Überwachung und Berichterstattung
  Grundsätze der 95
Überwachungsdefizit 35
Überwachungsfehler 98
Überwachungsmethode 97
  Genehmigung der 97
Umsatzsteuerpflichtigkeit 168
Umsetzungsakt
  legislativer 173
Umweltauditgesetz 48
Umweltausschuss 5
Umwelteinwirkungen

schädliche 16
Umweltgesetzgebung 5
Umweltgutachter 48
Umweltmanagement 108
Umweltschutz
   betrieblicher 29, 33, 49
UN-Kaufrechtsübereinkommen 164
Unterlagen
   erforderliche 42
Unternehmensinhaber 18
Untersagungsverfügung 127
Unterschriftenregelungen 92
Untersuchungsmaxime 119
Unvollständigkeit 44
Unzuverlässigkeit 127
Validierung 108
Verantwortlicher 18, 152
   Veröffentlichung im Bundesanzeiger 122
Verantwortlichkeit
   strafrechtliche 128
Verfassungskonformität 41
Vergütung 52
Verhältnismäßigkeitsgrundsatz 58
Verifizierung 45
Vermittlungsausschuss 5
Versteigerungsoption 191
Vertrag
   öffentlich-rechtlicher 149
Verwaltungsgebühr 179
Verwaltungsvollstreckungsrechts 125
Verzahnung 15
Verzicht 116
Verzichtserklärung 116
Vorleistungen 73
Vorsorgepflicht 16, 127
Vorwerfbarkeit 121
Wärmeäquivalent 77
Wertpapier 157
   Wertpapierbegriff 158
Wettbewerbsbedingungen 178
Wettbewerbsnachteile 40
Widerrufsbefugnis 67
Widerrufsentscheidung 71

Wiederaufnahme des Betriebs 70
Wiedereinsetzung 113
Wiedereinsetzungsantrag 41
Wiener Rahmenübereinkommen 1
Willenserklärung 91
Windkraft 182
Wirkung
   aufschiebende 120
Wirkungsgrad
   elektrischer 56
Zahlungsbescheid 124
Zahlungspflicht 113, 120
Zement
   Herstellung von 66
Zementklinker 61, 66, 79
Zentralverwalter 154
Zertifikat
   qualifiziertes 91
Zertifikate
   generierte 186
Zertifizierungsdienst 90
Zeugen 137
Zeugnisverweigerungsrecht 137
Ziegel
   Herstellung von 66
Zusatzausstattung 190
Zuteilung
   Widerruf der Zuteilungsentscheidung 60, 83
Zuteilungsadressat 176
Zuteilungsanspruch 115
Zuteilungsanträge 39
Zuteilungsentscheidung 3, 31, 44, 62, 70, 72, 83, 85, 88, 169, 172, 175, 176, 177, 178, 179
Zuteilungsgesetz 2012 187
Zuteilungsperiode 113
Zuteilungsregeln 43, 46, 53, 59, 63, 64, 67, 68, 73, 77, 78, 81, 87, 88, 187
Zuteilungsentscheidung 176
Zuteilungsperiode
   erste 39